"十二五"国家重点出版物出版规划项目

固体与软物质准晶数学弹性与相关理论及应用

范天佑 著

北京理工大学出版社
BEIJING INSTITUTE OF TECHNOLOGY PRESS

版权专有　侵权必究

图书在版编目（CIP）数据

固体与软物质准晶数学弹性与相关理论及应用／范天佑著．—北京：北京理工大学出版社，2014.9（2025.2重印）

ISBN 978-7-5640-9024-1

Ⅰ.①固…　Ⅱ.①范…　Ⅲ.①准晶体-弹性理论　Ⅳ.①O753

中国版本图书馆 CIP 数据核字（2014）第 057314 号

出版发行／北京理工大学出版社有限责任公司
社　　址／北京市海淀区中关村南大街 5 号
邮　　编／100081
电　　话／（010）68914775（总编室）
　　　　　　82562903（教材售后服务热线）
　　　　　　68948351（其他图书服务热线）
网　　址／http://www.bitpress.com.cn
经　　销／全国各地新华书店
印　　刷／廊坊市印艺阁数字科技有限公司
开　　本／710 毫米×1000 毫米　1/16　　　　　责任编辑／王玲玲
印　　张／30　　　　　　　　　　　　　　　　　　　　莫　莉
字　　数／534 千字　　　　　　　　　　　　　　文案编辑／王玲玲
版　　次／2014 年 9 月第 1 版　2025 年 2 月第 2 次印刷　责任校对／周瑞红
定　　价／149.00 元　　　　　　　　　　　　　　责任印制／王美丽

图书出现印装质量问题，请拨打售后服务热线，本社负责调换

前 言

《准晶数学弹性理论及应用》于 1999 年出版，其英文版《Mathematical Theory of Elasticity and Its Applications》于 2010 年由我国科学出版社和德国 Springer 出版社共同出版，英文版比 1999 年的中文版补充了许多新内容。英文版出版后，国内读者建议出相应的中文版。现在的中文版即在英文版的基础上补充了正文共 5 章和主附录Ⅲ，介绍新近发现的软物质准晶和相关的内容，以及有关数学内容的补充推导。

固体准晶于 1982 年 4 月发现，1984 年 11 月才得以报道。当时，与晶体学关系最密切的晶体化学、结构化学、物理化学工作者和凝聚态物理学工作者，对此最敏感，确实既惊又喜。在理论物理学多个领域有重大贡献的若干物理学家，在准晶发现后不久，就指出准晶的重要性，倡导大家研究准晶。2011 年，固体准晶的发现被授予诺贝尔化学奖。以上事实表明，准晶的意义不仅在于它是一种新结构，或一种新材料，还向我们展示了做出创新贡献的科学工作者所具有的洞察力。

准晶发现一经报道，就有大批成果涌现出来，这说明准晶及其分支学科的诞生和发展有其历史必然性。实际上，在 20 世纪 80 年代已经具备了研究准晶的物理学和数学的若干基础。例如统计物理学和凝聚体物理学中的 Landau 对称性破缺原理已经成熟，无公度相理论从 20 世纪 60 年代起便已发展起来，几何学中的非周期对称性（包括 Penrose 准周期对称性，即 Penrose 拼砌的离散几何学）研究在 1964 年以后方兴未艾，代数学中的群论早就成熟。所以瑞典晶体物理学和理论物理学家 P. Bak 率先根据无公度相理论中的相位子概念和 Landau 对称性破缺与元激发原理，提出准晶存在声子和相位子两种元激发，固体准晶弹性的物理基础得以建立，并且引发了一个研究热潮。Penrose 拼砌成了固体准晶（同时也是软物质准晶）的几何理论。群论和群表示理论帮助科学工作者完成准晶分类和确定已发现的各固体准晶系的全部独立非零弹性常数等工作。很显然，准晶弹性的物理基础是凝聚态物理学而不是经典力学。若干物理学家指出，20 世纪物理学有三个主旋律，即量子化、对称性和相位。准晶中的声子和相位子就是量子化的产物，它们虽然不能等同于单个原子和单个分子，但是属于 Landau[①]对大量原子集体激发的量子力学描述的"准粒子"。而对称性和相位对准晶的重要性就更明显了。Anderson 把 Landau 理论用于晶体，从序参量的相位定义了声子。Bak 等发展了 Landau-Anderson 的理论，把序参量的相位推广到高维空间，因而定义了相位子。准晶与晶体的不同，准晶内不同晶系的区别，都是由对称性来区分的。这些事例说明准晶及其弹性属于现代物理学的主旋律领域。虽然本书并不进一步讨论准晶物理学，但是认识以上物理思想，对我们会有帮助。

固体准晶弹性的物理基础建立以后，有一个发展方向同经典弹性的发展道路相类似，即同数学物理建立密切关系，只有依据强有力的数学物理，才能把前述物理思想和物理理论转化成偏微分方程，按照理论和应用的需要，把物理问题转换成偏微分方程的边值问题或初值–边值问题，讨论问题的适定性和可解性，并且用解析方法（尤其是复分析）和数值方法，得到数学解，才能为科学和工程服务。本书的工作主要限于这一讨论。

对于已经习惯了研究二元与三元合金固体准晶的工作者来说（2009 年报道发现了天然准晶，所以固体准晶并不局限于人工研制的合金系），20 年后在液晶、胶体和聚合物中发现了准晶，可能是又一个惊喜。这些准晶可以称为软物质准晶。软物质包括液晶（单体液晶和聚合液晶）、聚合物、胶体、泡沫、表面活性剂、乳状液和生物大分子等。软物质态甚至被称为物质的第四态，与固态、液态和气态并列。软物质准晶是物理学、化学中的软物质和准晶这两个分支的交叉学科，这无疑大大扩充了准晶的研究范围，并突显了准晶的重要性。为了研究软物质准晶，今天可能面临当初研究固体准晶相类似的形势。鉴于固体准晶研究中，声子和相位子元激发奠定了固体准晶弹性研究的基础，对软物质准晶的弹性-/流体–动力学，或广义流体动力学，是否可以用声子、相位子和流体声子这三种元激发作为它的基础？按照《统计物理学 II》[①]，认为流体声波就是一种声子，即流体声子。采用声子、相位子和流体声子研究软物质准晶，借鉴液晶的研究成果，借鉴固体准晶广义流体动力学的研究成果，这是我们的尝试。这种尝试提出了软物质的一种数学模型和相应的数学理论，以便定量描写它们的运动。运动方程的建立要用到主附录III中介绍的方法。这些方程的求解又和数学物理紧密结合，希望为科学与工程服务。众所周知，固体准晶广义

[①] Landau L D and Lifshitz E M，1980，Theoretical Physics，Vol 9，Lifshitz E M and Pitaevskii L P，Statistical Physics，Part 2，Butterworth-Heinemann，Oxford；中文译本，Landau L D，Lifshitz E M，理论物理学，第九卷，Lifshitz E M，Pitaevskii L P，统计物理学，II，王锡绂译，高等教育出版社，2011，北京。

流体动力学的研究存在巨大的困难，因而发展迟缓，现在把它推广到软物质准晶，困难将更大，能否取得进展，要靠大家努力。

由于内容的扩充，新版书名也由《准晶数学弹性理论及应用》改为《固体与软物质准晶数学弹性与相关理论及应用》。

感谢国家自然科学基金委（通过项目 11272053、10672022、10372016 和 K19972011）和德国洪堡基金会（Alexander von Humboldt Foundation）多年的资助，邢修三、应隆安、叶其孝、高歌、马中骐、胡承正等同志就书中涉及的统计物理、数学物理、流体物理、群论、准晶等领域有关问题的讨论与帮助，本小组过去和现在学生们——特别是中南大学李显方同志——的贡献和协助。感谢德国著名衍射实验与理论和准晶专家 Prof. U. Messerschmidt（Max-Planck Institut fuer Mikrostruturphysik，Halle）赠送刚出版的专著，对本书的新版很有帮助，同时感谢美国著名液晶、准晶和软物质专家 Prof. T. C. Lubensky（University of Pennsylvania）的讨论，对理解凝聚态物理学的 Poisson 括号方法很有帮助。

虽然新版修改了过去版本中的疏漏之处，但是还会留下许多错误，又因为加进了很不成熟的软物质准晶的内容，尤其是现在提出的一些观点、方程和方法，是不成熟的，书中缺点与错误一定很多，希望广大读者批评指正！

范天佑
2014 年 6 月 1 日

符号表

$r(x_1, x_2, x_3) = r(x, y, z)$ ——矢径
D ——区域
S ——区域的边界
S_u ——给定位移的边界
S_σ ——给定应力的边界（或 S_t ——给定面力的边界）
ρ ——质量密度
p ——流体压力
$u(u_1, u_2, u_3) = u(u_x, u_y, u_z)$ ——声子场
$w(w_1, w_2, w_3) = w(w_x, w_y, w_z)$ ——相位子场（或称第二相位子场——仅在讨论十八次对称准晶时用此名称）
$V(V_1, V_2, V_3) = V(V_x, V_y, V_y)$ ——流体速度场（或流体声子场）
$\varepsilon_{ij} = \dfrac{1}{2}\left(\dfrac{\partial u_i}{\partial x_j} + \dfrac{\partial u_j}{\partial x_i}\right)$ ——声子应变张量
$w_{ij} = \dfrac{\partial w_i}{\partial x_j}$ ——相位子应变张量（或称第二相位子应变张量——仅在讨论十八次对称准晶时用此名称）
$\dot{\xi}_{ij} = \dfrac{1}{2}\left(\dfrac{\partial V_i}{\partial x_j} + \dfrac{\partial V_j}{\partial x_i}\right)$ ——流体声子变形速度张量
σ_{ij} ——声子应力张量
σ'_{ij} ——流体声子应力张量
H_{ij} ——相位子应力张量（或称第二相位子应力张量——仅在讨论十八次对称准晶时用此名称）
C_{ijkl} ——声子弹性系数张量
K_{ijkl} ——相位子弹性系数张量（或第二相位子弹性系数张量——仅在讨论十八

次对称准晶时用此名称）

R_{ijkl} ——声子-相位子耦合弹性系数张量（或 $u-w$ 耦合弹性系数张量）

η ——流体第一黏性系数

ζ ——流体第二黏性系数

Γ_u ——声子耗散系数

Γ_w ——相位子耗散系数（或第二相位子耗散系数——仅针对十八次对称准晶用此名称）

$v(v_1, v_2, v_3) = v(v_x, v_y, v_z)$ ——第一相位子场（仅针对十八次对称准晶用此名称）

$v_{ij} = \dfrac{\partial v_i}{\partial x_j}$ ——第一相位子应变张量（仅针对十八次对称准晶用此名称）

τ_{ij} ——第一相位子应力张量（仅针对十八次对称准晶用此名称）

r_{ijkl} ——声子-第一相位子耦合弹性系数张量（或 $u-v$ 耦合弹性系数张量，仅针对十八次对称准晶用此量）

目 录

第 1 章　晶体 ··· 1
　1.1　晶体结构的周期性，晶胞（元胞） ·· 1
　1.2　三维晶格的种类 ·· 2
　1.3　对称性和点群 ··· 3
　1.4　倒格子 ·· 5
　1.5　第一章附录　若干基本概念 ·· 6
　参考文献 ··· 11

第 2 章　经典弹性理论的框架 ··· 12
　2.1　一些基本概念复习 ··· 12
　2.2　弹性理论的基本假定 ·· 15
　2.3　位移与变形 ·· 15
　2.4　应力分析和运动方程 ·· 17
　2.5　广义 Hooke 定律 ·· 18
　2.6　弹性动力学，波动 ··· 21
　2.7　小结 ··· 22
　参考文献 ··· 22

第 3 章　准晶及其性质 ·· 23
　3.1　准晶的发现 ·· 23
　3.2　准晶的结构与对称性 ·· 26
　3.3　准晶物理性能的简单介绍 ·· 27
　3.4　一维、二维和三维准晶 ··· 28
　3.5　二维准晶和平面准晶 ·· 29
　参考文献 ··· 29

第 4 章　固体准晶弹性的物理基础 34
- 4.1　固体准晶弹性的物理基础 34
- 4.2　变形张量 35
- 4.3　应力张量和运动方程 37
- 4.4　自由能和弹性常数 38
- 4.5　广义 Hooke 定律 40
- 4.6　边界条件和初始条件 41
- 4.7　准晶相关常数的简短介绍 42
- 4.8　小结和边值或初值–边值问题的数学可解性 42
- 4.9　第 4 章附录：基于 Landau 密度波理论的准晶弹性物理基础的描述 44
- 参考文献 47

第 5 章　一维准晶弹性理论及其化简 51
- 5.1　六方准晶的弹性 52
- 5.2　把弹性问题分解成平面和反平面弹性问题的叠加 54
- 5.3　单斜准晶系的弹性 56
- 5.4　正交准晶系的弹性 59
- 5.5　四方准晶系的弹性 60
- 5.6　一维六方准晶空间弹性问题和解的表示 61
- 5.7　一维准晶弹性的其他结果 63
- 参考文献 63

第 6 章　二维准晶弹性及其化简 65
- 6.1　二维准晶平面弹性基本方程：五次和十次对称晶系中的点群 $5m$ 和 $10mm$ 情形 69
- 6.2　基本方程组的化简：位移势函数法 74
- 6.3　基本方程组的化简：应力势函数法 77
- 6.4　点群 $5,\bar{5}$ 五次和点群 $10,\bar{10}$ 十次对称准晶平面弹性 79
- 6.5　点群 $12mm$ 十二次对称准晶平面弹性 83
- 6.6　点群 $8mm$ 八次对称准晶平面弹性，位移势 86
- 6.7　点群 $5,\bar{5}$ 五次和点群 $10,\bar{10}$ 十次对称准晶弹性的应力势 91
- 6.8　点群 $8mm$ 八次对称准晶弹性的应力势 93
- 6.9　准晶的工程弹性与数学弹性 96

参考文献 ………………………………………………………………………… 99

第 7 章　应用 I —— 一维和二维准晶中的若干位错和界面问题及其解答 …… 101
7.1　一维六方准晶中的位错 ………………………………………………… 102
7.2　点群 $5m$ 和 $10mm$ 对称准晶中的位错 ………………………………… 103
7.3　点群 $5,\bar{5}$ 五次对称和点群 $10,\overline{10}$ 十次对称准晶中的位错 ………… 109
7.4　点群 $8mm$ 八次对称准晶中的位错 …………………………………… 114
7.5　点群 $12mm$ 十二次对称准晶中的位错 ………………………………… 116
7.6　准晶和晶体的界面问题 ………………………………………………… 117
7.7　位错塞集、位错群和塑性区 …………………………………………… 121
7.8　总结和讨论 ……………………………………………………………… 121
参考文献 ………………………………………………………………………… 121

第 8 章　应用 II —— 一维和二维准晶中的孔洞和裂纹问题及解 …………… 124
8.1　一维准晶中的裂纹问题 ………………………………………………… 125
8.2　一维准晶中有限尺寸构型的裂纹问题 ………………………………… 130
8.3　点群 $5m$ 和 $10mm$ 准晶中的 Griffith 裂纹问题——位移函数法 …… 135
8.4　点群 $5,\bar{5}$ 及 $10,\overline{10}$ 准晶中的椭圆孔及裂纹问题——基于应力势的方法 ………………………………………………………………………… 140
8.5　二维八次对称准晶的椭圆孔/裂纹问题 ……………………………… 146
8.6　二维五次和十次对称准晶带椭圆孔/裂纹的弯曲试样的近似分析解 ………………………………………………………………………… 147
8.7　二维五次和十次对称准晶带裂纹的有限高度狭长体的分析解 …… 150
8.8　二维十次对称准晶单边裂纹有限宽度试样的精确分析解 ………… 152
8.9　一维六方准晶的三维椭圆盘状裂纹的摄动解 ……………………… 154
8.10　其他一维、二维准晶裂纹问题 ……………………………………… 157
8.11　裂纹顶端的塑性区 …………………………………………………… 158
8.12　第 8 章附录 1：第 8.1 节中解的推导 ……………………………… 158
8.13　第 8 章附录 2：第 8.9 节中解的进一步推导 ……………………… 160
参考文献 ………………………………………………………………………… 164

第 9 章　三维准晶弹性理论及其应用 ………………………………………… 167
9.1　二十面体准晶弹性的基本方程和材料常数 ………………………… 168
9.2　二十面体准晶反平面弹性问题和准晶–晶体界面问题 ……………… 172

9.3 假设声子–相位子不耦合的二十面体准晶平面弹性 ………………… 177
9.4 二十面体准晶的声子场–相位子场耦合的平面弹性问题——
位移势函数方法，六重调和方程 …………………………………… 179
9.5 二十面体准晶的声子场–相位子场耦合的平面弹性问题——
应力势函数方法 ……………………………………………………… 181
9.6 二十面体准晶中的直位错 …………………………………………… 183
9.7 二十面体准晶中的 Griffith 裂纹——Fourier 分析 ………………… 187
9.8 二十面体准晶中的椭圆缺口/Griffith 裂纹——复分析 …………… 194
9.9 立方准晶的弹性理论——反平面和轴对称变形及三维裂纹问题 … 200
参考文献 ……………………………………………………………………… 203

第 10 章 准晶弹性和缺陷动力学 …………………………………………… 206
10.1 基于 Bak 的论点的准晶弹性动力学 ……………………………… 207
10.2 某些准晶的反平面弹性动力学 …………………………………… 207
10.3 反平面弹性的运动螺型位错 ……………………………………… 209
10.4 反平面弹性Ⅲ型运动 Griffith 裂纹 ………………………………… 212
10.5 二维准晶简化型弹性-/流体-动力学，基本解 …………………… 215
10.6 二维准晶的简化型弹性-/流体-动力学及其在断裂动力学
中的应用，数值分析 ………………………………………………… 220
10.7 三维二十面体准晶简化型弹性-/流体-动力学及其在断裂
动力学中的应用，数值分析 ………………………………………… 228
10.8 第 10 章附录：有限差分格式的细节 …………………………… 232
参考文献 ……………………………………………………………………… 237

第 11 章 准晶弹性的复分析方法 ………………………………………… 240
11.1 一维准晶反平面弹性问题中的调和方程及准双调和方程 ……… 240
11.2 点群 $12mm$ 二维准晶平面弹性问题的双调和方程 ……………… 241
11.3 四重调和方程的复分析方法及其在二维准晶中的应用 ………… 241
11.4 六重调和方程的复分析方法及其在三维二十面体准晶中的应用 … 253
11.5 准四重调和方程的复分析 ………………………………………… 263
11.6 结论与讨论 ………………………………………………………… 263
11.7 第 11 章附录：复分析基础知识 ………………………………… 264
参考文献 ……………………………………………………………………… 271

第 12 章 准晶弹性的变分原理和数值分析与应用 ·················· 273
12.1 二十面体准晶弹性问题的基本方程 ····························· 274
12.2 准晶弹性静力学的广义变分原理 ······························· 275
12.3 二十面体准晶弹性的有限元方法 ······························· 278
12.4 数值分析算例 ··· 282
12.5 结论与讨论 ·· 288
参考文献 ·· 288

第 13 章 准晶弹性解的某些数学原理 ······························· 290
13.1 准晶弹性解的唯一性 ··· 290
13.2 广义 Lax-Milgram 定理 ·· 291
13.3 三维准晶弹性的矩阵表示 ··· 295
13.4 准晶弹性边值问题的弱解 ··· 298
13.5 弱解的唯一性 ··· 299
13.6 结论与讨论 ·· 302
参考文献 ·· 303

第 14 章 固体准晶的非线性性能 ······································ 304
14.1 准晶塑性变形性能 ··· 305
14.2 准晶可能的塑性本构方程 ··· 307
14.3 非线性弹性和求解公式 ·· 309
14.4 基于某些简单模型的非线性解 ·································· 309
14.5 基于广义 Eshelby 理论的非线性解 ···························· 315
14.6 基于位错模型的非线性分析 ····································· 318
14.7 结论与讨论 ·· 322
14.8 第 14 章附录：若干数学细节 ···································· 323
参考文献 ·· 327

第 15 章 固体准晶断裂理论 ··· 330
15.1 准晶线性弹性断裂理论 ·· 330
15.2 建议的标准试样裂纹扩展力和它的临界值 G_{IC} 的测量 ··· 333
15.3 非线性断裂理论 ·· 335
15.4 动态断裂理论 ··· 337
15.5 固体准晶材料断裂韧性和有关力学性能的测量 ············ 338

参考文献 ·· 341

第 16 章　固体准晶广义流体动力学简介 ································ 343
16.1　固体的黏性 ·· 344
16.2　晶体广义流体动力学方程，对称性破缺 ···························· 345
16.3　固体准晶广义流体动力学方程 ···································· 346
16.4　一个没有解决的困难问题 ·· 347
16.5　数值计算举例 ·· 347
16.6　结论与讨论 ·· 348
16.7　第 16 章附录：有关热力学公式介绍 ······························ 349
参考文献 ·· 350

第 17 章　可能的十八次对称的固体准晶及相关理论探索 ················ 351
17.1　"六维埋藏空间"或"六维镶嵌空间"概念 ··························· 351
17.2　十八次对称固体准晶的弹性理论 ·································· 352
17.3　十八次对称固体准晶的弹性-/流体-动力学 ························· 355
17.4　十八次对称准晶的弹性和动力学问题的分析解 ······················ 356
17.5　十八次对称准晶的位错 ·· 358
参考文献 ·· 360

第 18 章　软物质准晶的概况 ··· 361
18.1　软物质准晶的发现 ·· 361
18.2　软物质准晶的特点 ·· 363
18.3　软物质准晶的研究内容 ·· 363
18.4　软物质材料的初步介绍 ·· 365
参考文献 ·· 367

第 19 章　一类软物质的可能的数学模型 ······························· 369
19.1　软物质概况再介绍 ·· 369
19.2　一类软物质材料的数学模型 ······································ 370
19.3　一类软物质的弹性-/流体-动力学 ································· 371
19.4　简化情形——不可压缩假定 ······································ 373
19.5　软物质流体动力学——改进的模型 ································ 375
19.6　软物质中声音的传播 ·· 375

19.7 边界条件和边值问题的可解性讨论 ·········· 376
19.8 第19章附录：经典流体力学简介 ·········· 376
参考文献 ·········· 378

第20章 软物质准晶理论探索与应用和可能的应用 ·········· 380
20.1 十二次对称软物质准晶 ·········· 380
20.2 十八次对称软物质准晶 ·········· 384
20.3 软物质准晶的位错解 ·········· 386
20.4 软物质准晶的比热 ·········· 388
20.5 软物质准晶的 Stokes-Oseen 流，交替近似解 ·········· 389
20.6 软物质准晶的动力学——对冲击载荷的瞬态响应，有限差分分析 ·········· 397
20.7 线性化静力学解的积分表示 ·········· 402
20.8 可能的五次与十次对称软物质准晶及其广义流体动力学 ·········· 404
20.9 结论与讨论 ·········· 405
参考文献 ·········· 406

第21章 结束语 ·········· 408
参考文献 ·········· 409

主附录 某些数学补充材料 ·········· 413
附录 I 与复分析有关某些补充计算 ·········· 413
 AI.1 解（8.2-19）的补充计算 ·········· 414
 AI.2 解（11.3-54）的补充计算 ·········· 415
 AI.3 点群 $5m$，$10mm$ 和 $10,\overline{10}$ 二维准晶平面塑性的广义内聚力模型复分析的补充推导 ·········· 417
 AI.4 关于积分（9.2-14）的计算 ·········· 419
 AI.5 关于积分（8.8-9）的计算 ·········· 420
参考文献 ·········· 423
附录 II 对偶积分方程和某些补充计算 ·········· 423
 AII.1 对偶积分方程 ·········· 423
 AII.2 对偶积分方程（8.3-8）和（9.7-4）的解的详细推导 ·········· 430
 AII.3 对偶积分方程的解（9.8-8）的推导 ·········· 432
参考文献 ·········· 433

附录Ⅲ　凝聚态物理学的 Poisson 括号方法、Lie 群和 Lie 代数方法及其
　　　 在固体准晶和软物质准晶的应用 ································· 435
　　AⅢ.1　凝聚态物理学的 Poisson 括号 ································· 435
　　AⅢ.2　有关公式和变分计算 ··· 437
　　AⅢ.3　有关动力学方程的推导 ··· 438
　　AⅢ.4　Lie 群概念和有关公式的推导 ································· 442
　　参考文献 ··· 445

索引 ··· 447

第 1 章

晶 体

本书主要讨论准晶的弹性与缺陷和一部分流体动力学问题。由于准晶和晶体存在内在的联系，因此，本章介绍晶体的基本知识，并对凝聚态物理学的对称性破缺原理和群论基本概念做初步介绍，这对我们学习后面的论题有帮助。

1.1 晶体结构的周期性，晶胞（元胞）

基于 X 射线的衍射图像，人们知道晶体由粒子（即原子、离子和分子）在空间规则排列而成。这种排列是一个最小单位的无限重复，形成完整晶体的周期性，这个最小单位称为晶胞（或元胞）。上述质点的重心的周期排列称为晶格。这样，不同晶胞的对应点具有相同的性质。这些点的位置，在以 e_1，e_2，e_3 为标架的坐标系中可以用矢径 r 和 r' 代表，又 a，b 和 c 是三个不共线的矢量（矢量的严格数学定义参考第 2 章），则

$$r' = r + la + mb + nc \qquad (1.1\text{-}1)$$

其中 a，b 和 c 是描写完整晶体质点排列的平移性质的基矢；l, m 和 n 是任意整数。如果晶体的物理性质可以用函数 $f(r)$ 描写，那么上面说到的不变性可以用下面数学公式表示

$$f(r') = f(r + la + mb + nc) = f(r) \qquad (1.1\text{-}2)$$

这个公式是晶体平移对称性或平移不变性的数学描写，因为这种不变性是通过平移操作实现的，故称为平移不变性。

式（1.1-1）代表一种平移变换，而式（1.1-2）表示晶格在这种变换下的不变性。变换（1.1-1）的集合（全体）构成平移群。群的数学概念见本章的附录。

1.2 三维晶格的种类

晶格的元胞可以用三个边 a, b 和 c 以及它们之间的夹角 α, β 和 γ 构成的平行六面体去描述。按照边的长度和它们之间的夹角的关系，存在 7 种不同类型的元胞，因而形成七大晶系，见表 1.2-1。

表 1.2-1 晶体和它们边长与夹角的关系

晶系	晶胞（元胞）特征
三斜	$a \neq b \neq c, \alpha \neq \beta \neq \gamma$
单斜	$a \neq b \neq c, \alpha = \gamma = 90°, \beta \neq 90°$
正交	$a \neq b \neq c, \alpha = \beta = \gamma = 90°$
三方	$a = b = c, \alpha = \beta = \gamma \neq 90°$
四方	$a = b \neq c, \alpha = \beta = \gamma = 90°$
六方	$a = b \neq c, \alpha = \beta = 90°, \gamma = 120°$
立方	$a = b = c, \alpha = \beta = \gamma = 90°$

在每一晶系中往往包含若干类晶体，可依据它们的晶面中心或晶体中心是否存在格点来分类。例如，立方晶体包含三类：简单立方、体心立方、面心立方。根据这一分类方法，七大晶系就包含了 14 类不同的晶胞，称为 Bravais 晶胞，如图 1.2-1 所示。

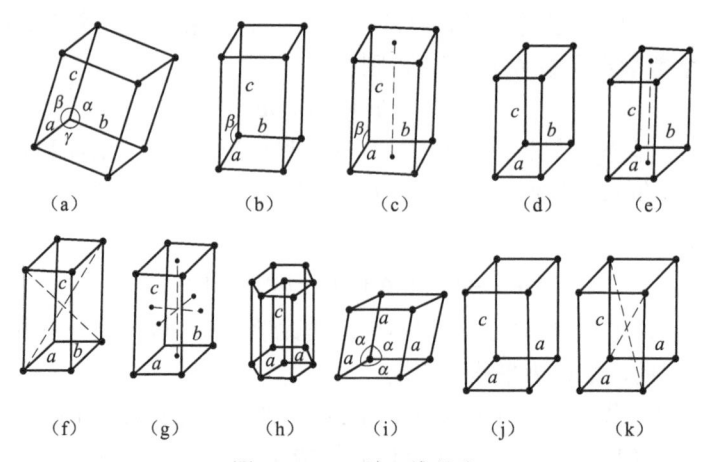

图 1.2-1 14 种三维晶胞

(a) 简单三斜；(b) 简单单斜；(c) 底心单斜；(d) 简单正交；(e) 底心正交；(f) 体心正交；(g) 面心正交；(h) 六方；(i) 三方；(j) 简单四方；(k) 体心四方

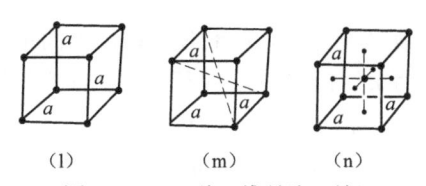

图 1.2-1　14 种三维晶胞（续）
(1) 简单立方；(m) 体心立方；(n) 面心立方

除了上面列举的 14 种 Bravais 三维晶格外，还有 5 种 Bravais 二维晶格，此处不再进一步讨论。

1.3　对称性和点群

在 1.1 节中讨论了晶体的平移对称性。这种对称性是在平移变换

$$T = l\boldsymbol{a} + m\boldsymbol{b} + n\boldsymbol{c} \tag{1.3-1}$$

下，揭示的晶体的对称性，或者称作不变性。

式（1.3-1）代表一种对称操作，它是一种平移操作。此外，还有旋转操作和映射（或镜面）操作。它们属于点操作。下面给出关于旋转操作和取向对称性的简单介绍。

环绕晶格内任何一根轴旋转，如果旋转角为 $2\pi/1, 2\pi/2, 2\pi/3, 2\pi/4$ 和 $2\pi/6$ 或它们的整数倍，晶体都能恢复到原来的状态。这是晶体的取向对称性，或长程取向序。由于平移对称性的制约，取向对称性只在 $n = 1, 2, 3, 4$ 和 6 的情形下成立，n 不能等于 5，也不能大于 6，这里的 n 是分数 $2\pi/n$ 的分母（例如，一个分子可以具有五重旋转对称性，但是晶体就不可能具有这种对称性，否则，将导致重叠或缝隙，图 1.3-1 就是 $n = 5$ 情形下晶体不可能存在的例子）。这一事实构成了如下晶体学对称基本定律。

图 1.3-1　晶体中五次旋转对称性不可能成立

晶体对称定律 在旋转操作下，n 重对称轴可以简单地用 n 代表，由于平移对称性的制约，轴只有 $n=1,2,3,4$ 和 6，没有 5，也不能大于 6。

不同于平移对称性，旋转是一种点对称性。其他的点对称性有：对称面，相应的操作是映射（或称镜面），用符号 m 表示；对称中心，对应的操作是反演，用符号 I 表示；旋转–反演轴，对应的操作是旋转和反演的复合操作，当旋转 $2\pi/n$ 后反演，用符号 $\bar{n}$ 表示。

对晶体而言，点操作只包含相互独立的 8 种，亦即

$$1,2,3,4,6,\ I=(\bar{1}),\ m=\bar{2},\bar{4} \tag{1.3-2}$$

它们是点对称的基本对称元素。

旋转对称也可以用符号 C_n，$n=1,2,3,4,6$ 表示。

σ 表示镜面（映射），σ_v 代表过主轴的镜面操作，σ_h 代表垂直于主轴的镜面操作。水平镜面用符号 m_h 或 S_h 标记，铅直镜面用符号 S_v 表示。

镜面–旋转是一种复合操作，用符号 S_n 表示，它可以理解为

$$S_n = C_n \sigma_h = \sigma_h C_n$$

前面说到的反演可以理解为

$$I = S_2 = C_2 \sigma_h = \sigma_h C_2$$

另一个复合操作——与 S_n 相联系的旋转–反演 $\bar{n}$，例如 $\bar{1}=S_2=I$，$\bar{2}=S_1=\sigma$，$\bar{3}=S_6$，$\bar{4}=S_4$，$\bar{6}=S_3$。

所以式（1.3-2）又可以表示成

$$C_1,C_2,C_3,C_4,C_6,I,\sigma,S_4 \tag{1.3-3}$$

这 8 个基本操作中的每一个的集合构成一个点群，它们及其复合操作的集合（即全体）构成晶体 32 个点群，见表 1.3-1。

表 1.3-1 晶体的 32 点群

符号	符号的意义	点群	数目
C_n	具有 n 重对称轴	C_1,C_2,C_3,C_4,C_6	5
I	对称中心	$I(i)$	1
$\sigma(m)$	对称面（镜面）	$\sigma(m)$	1
C_{nh}	具有 n 重对称轴和水平对称面	$C_{2h},C_{3h},C_{4h},C_{6h}$	4
C_{nv}	具有 n 重对称轴和垂直对称面	$C_{2v},C_{3v},C_{4v},C_{6v}$	4
D_n	具有 n 重对称轴和 n 个 2 重轴，它们相互垂直	D_2,D_3,D_4,D_6	4

续表

符号	符号的意义	点群	数目
D_{nh}	h 的意义与前面的相同	$D_{2h}, D_{3h}, D_{4h}, D_{6h}$	4
D_{nd}	d 的意义是在 D_n 中存在一个对称平面，平分两个 2 重轴之间的夹角	D_{2d}, D_{3d}	2
S_n	具有 n 重镜面–旋转轴	$S_4, S_6 = C_{3i}$	2
T	具有 4 个 3 重对称轴和 3 个 2 重对称轴	T	1
T_h	h 的意义与前面的相同	T_h	1
T_d	d 的意义与前面的相同	T_d	1
O	具有 3 个相互垂直的 4 重对称轴和 6 个 2 重对称轴以及 4 个 3 重对称轴	O, O_h	2

注：
$T = C_{3'} D_{2''}$，代表操作 $C_{3'}$ 和 $D_{2''}$ 之间的复合，其中下标 3′ 代表一个 3 重对称轴；
$O = C_{3'} C_4 C_{2''}$，表示操作 $C_{3'}$， C_4 和 $C_{2''}$ 之间的复合，下标 3′ 代表一个三重对称轴，2″ 代表一个 2 重对称轴。
以上概念和符号在下面各章的叙述中经常用到。

1.4 倒格子

倒格子的概念在以下各章经常用到，这里做一简单介绍。

假设一个晶格（L）的基矢 $\boldsymbol{a}_1$， $\boldsymbol{a}_2$ 和 $\boldsymbol{a}_3$ 与另外一个晶格（L_R）的基矢 $\boldsymbol{b}_1$， $\boldsymbol{b}_2$ 和 $\boldsymbol{b}_3$ 存在关系

$$\boldsymbol{b}_i \cdot \boldsymbol{a}_j = \delta_{ij} = \begin{cases} 1, & i = j \\ 0, & i \neq j \end{cases} \quad (i, j = 1, 2, 3) \qquad (1.4\text{-}1)$$

那么 $\boldsymbol{b}_1$， $\boldsymbol{b}_2$， $\boldsymbol{b}_3$ 称为晶格 L（其基矢为 $\boldsymbol{a}_1$， $\boldsymbol{a}_2$， $\boldsymbol{a}_3$）的倒晶格 L_R 的基矢，它们被称为倒格矢。倒格矢 $\boldsymbol{b}_i$ 与基矢 $\boldsymbol{a}_j$ 存在如下关系

$$\boldsymbol{b}_1 = \frac{\boldsymbol{a}_2 \times \boldsymbol{a}_3}{\Omega}, \boldsymbol{b}_2 = \frac{\boldsymbol{a}_3 \times \boldsymbol{a}_1}{\Omega}, \boldsymbol{b}_3 = \frac{\boldsymbol{a}_1 \times \boldsymbol{a}_2}{\Omega} \qquad (1.4\text{-}2)$$

其中 $\Omega = \boldsymbol{a}_1 \cdot (\boldsymbol{a}_2 \times \boldsymbol{a}_3)$，晶胞的体积。

记

$$\Omega^* = \boldsymbol{b}_1 \cdot (\boldsymbol{b}_2 \times \boldsymbol{b}_3)$$

那么

$$\Omega^* = \frac{1}{\Omega}$$

任意点在倒晶格中的位置可以表示为

$$G = h_1 b_1 + h_2 b_2 + h_3 b_3 \qquad (1.4-3)$$

其中

$$h_1, h_2, h_3 = \pm 1, \pm 2, \cdots$$

晶格中的点既可以用 a_1, a_2, a_3 表示,也可以用 b_1, b_2, b_3 表示。

用类似的方式可以把上述倒晶格的概念推广到高维——例如六维——空间,它们将在第 4 章介绍。

以上简短的介绍为下面的讨论提供了若干基础知识,关于晶体的更详细的材料,可以在专著［1］查到;关于群论更系统的知识,可以在著作［2］中去了解。我们在本书后面的讨论中会适当地重提有关概念。

1.5 第一章附录 若干基本概念

在下面各章的叙述中会涉及若干概念,其中已为大部分物理学家所熟悉。本节为阅读本书的非物理学家,例如材料科学家、应用数学家、工程技术专家,提供有关知识的初步介绍,更详细的内容,读者可以在所引用的文献中查到。

1.5.1 声子概念

在一般晶体学教程中,不包含这一节的内容。考虑到本书讨论准晶,尤其是讨论准晶弹性,声子是用得最多的概念之一,这里不得不对有关概念做一简单介绍。

1900 年,Planck 提出量子理论。很快地,Einstein 发展了这一理论,成功地解释了光电效应,并且导致光子概念的建立。Einstein 还用 Planck 的量子理论研究了晶格振动导致的晶体比热 c_V,成功地解释了绝对温度(Kelvin 温度)趋于零度,即 $T=0$ 时,比热趋近零($c_V = 0$)的现象。然而,Einstein 关于比热的工作还存在一些同实验结果不太一致的地方。为了改进 Einstein 的工作,Debye[3] 和 Born 等[4, 5] 分别在 1912 年和 1913 年做了一些进一步的研究,并取得巨大的成就。他们的理论预言同实验结果完全吻合,至少对原子晶体是这样。

晶格振动的传播称为格波。在长波长近似下,晶格振动可以看作连续弹性振动,即格波被近似看作连续弹性波。虽然这一运动为宏观连续运动,但是 Debye 和 Born 按照 Planck 的学说,假定其能量是量子化的。采用弹性波近似和量子化，Debye 和 Born 成功地解释了晶体的低温比热，其理论预言在很宽的温度范围内都和实验结果一致。弹性振动的量子，或者弹性波能量的最小单位，称为声子，这是因为弹性波是一种声波。不同于光子，也不同于单个原子或单个分子，声子并不是一种基本粒子，但是从量子化的意义上考虑，声子与光子和其他基本粒子的能谱存在类似的性质，可以称为一种准粒子。Debye 和 Born 创立的这个概念，开创了晶格动力学，是固体物理学的一个重要分支。按照现在的观点，尽管 Debye 和 Born 用到了经典量子论，但他们关于固体的理论属于唯象理论。

Landau[6] 进一步发展了这一唯象理论，并且提出元激发的概念。按照这个概念，光子和声子都属于元激发。一般地，一个元激发对应一个场，例如光子对应于电磁波，声子对应于弹性波等。Born[5] 进一步发展了声子概念。他指出，Debye 的理论对应于描述一个物体的整体振动，它属于声频振动模式，或称为声子的声学支。在这种情形下，物理量声子描写晶格上的质点（原子、离子或分子）对平衡位置的偏离，或称为声子型位移，或简称声子场。在宏观上，它就是弹性体的位移场 u。Born 同时强调复杂晶体的另外一种运动，即分子内原子之间的相对振动，这种振动的频率比声频振动模式的频率高，称为光频振动模式，或声子的光学支。对光学支声子运动，不能简单地理解为宏观位移场。由于本书仅限于在连续介质框架内讨论，不涉及光学支声子，今后所说的声子，就是声学支声子，它可以理解为位移场。

以上的分析是从晶格动力学的角度，对声子的物理意义做了初步讨论。但是这仅仅是问题的一个方面，还有必要对声子概念从另外一个角度，即从对称性的角度，确切地讲，是从对称性破缺的角度，再进行一些讨论。

在许多物理体系（经典的或量子的体系），运动呈现离散谱（能谱或频谱，从数学的观点看，它们对应于某些算子的特征值的离散谱）。最低的能量（频率）状态称为基态，超过基态的状态称为激发态。所谓元激发（状态），是指从基态到最低的非零（能量或频率）态的转化。严格地讲，它就是最低的激发态。

固体物理学在 20 世纪六七十年代取得巨大的发展，然后进化成凝聚态物理学。凝聚态物理学不但研究范畴比固体物理学的大（因为它把液体和微颗粒结构包括进来），而且它在基本概念和原理上有重大发展。现代凝聚态物理学的建立是它的范式（Paradigm）构建的结果，其中对称性破缺概念和原理居于中心位置。在这一发展过程中，Landau[6] 和 Anderson[7] 等科学家做出了巨大贡献。

考虑到对称性破缺概念和原理对发展准晶弹性和流体动力学的重要意义，

下面主要围绕声子概念，对 Landau-Anderson 对称性破缺原理做初步介绍。

人们熟知，具有常体积的系统，其热力学平衡要求自由能

$$F = E - TS \qquad (1.5\text{-}1)$$

极小。其中 E 是内能；S 代表熵；T 为绝对温度。

在 Landau 的二级相变理论中，引进一个描写有序–无序转变的宏观序参量 η，假设自由能可以展开成 η 的幂级数

$$F(\eta, T) = F_0(T) + A(T)\eta^2 + B(T)\eta^4 + \cdots \qquad (1.5\text{-}2)$$

其中展开式的奇次幂的系数取为零，这是相变稳定性条件所要求的（稳定性要求变分取极值，即 $\delta F = 0$ 或 $\partial F / \partial \eta = 0$），同时要求 $B(T) > 0$。在高温状态，系统处于无序状态，这要求 $A(T) > 0$；在温度降低时，$A(T)$ 将改变它的符号；在临界温度 T_C 时，$A(T_C) = 0$。在满足这些条件下的最简单的选择是

$$A(T) = \alpha(T - T_C), \ B(T) = B(T_C) \qquad (1.5\text{-}3)$$

其中 α 是一个常数。由于不涉及具体微观机制，Landau 相变和对称性破缺理论具有简单性和普遍性的优点，可以用到许多体系，例如超导、液晶、高能物理学等，并且取得成就。按照著者的理解，准晶也是在这一理论引导下，取得进展的一个重要领域。应用上述原理到周期晶体，有[7]

$$F = \frac{1}{2}\alpha(|\boldsymbol{G}|)[T - T_C(\boldsymbol{G})]\eta^2 + \text{高阶项} \qquad (1.5\text{-}4)$$

其中常数 α 与倒格矢 $\boldsymbol{G}$ 有关（倒格矢和倒晶格的概念见 1.4 节）。进而，Anderson[7] 证明，对一个周期晶体，晶体的密度可以展开成 Fourier 级数（这一展开成立，因为无论在晶格或倒晶格，这一结构都具有周期性）。

$$\rho(\boldsymbol{r}) = \sum_{\boldsymbol{G} \in L_R} \rho_{\boldsymbol{G}} \exp\{i\boldsymbol{G}\cdot\boldsymbol{r}\} = \sum_{\boldsymbol{G} \in L_R} |\rho_{\boldsymbol{G}}| \exp\{-i\varPhi_{\boldsymbol{G}} + i\boldsymbol{G}\cdot\boldsymbol{r}\} \qquad (1.5\text{-}5)$$

其中 $\boldsymbol{G}$ 是倒格矢；L_R 是倒晶格；$\rho_{\boldsymbol{G}}$ 为展开式的系数，为一复数

$$\rho_{\boldsymbol{G}} = |\rho_{\boldsymbol{G}}|e^{i\varPhi_{\boldsymbol{G}}} \qquad (1.5\text{-}6)$$

具有幅值（模）$|\rho_{\boldsymbol{G}}|$ 和相位角 $\varPhi_{\boldsymbol{G}}$。但是密度 $\rho(\boldsymbol{r})$ 在物理上自然是一个实数，$|\rho_{\boldsymbol{G}}| = |\rho_{-\boldsymbol{G}}|$，并且 $\varPhi_{\boldsymbol{G}} = -\varPhi_{-\boldsymbol{G}}$，那么序参量为

$$\eta = |\rho_{\boldsymbol{G}}| \qquad (1.5\text{-}7)$$

Anderson 进一步指出，对晶体而言，相位角 $\varPhi_{\boldsymbol{G}}$ 包含声子 $\boldsymbol{u}$，也就是

$$\varPhi_{\boldsymbol{G}} = \boldsymbol{G} \cdot \boldsymbol{u} \qquad (1.5\text{-}8)$$

其中 $\boldsymbol{G}$ 和 $\boldsymbol{u}$ 两者都在三维空间。如果仅考虑声子的声学支，那么这里 $\boldsymbol{u}$ 可以被理解为位移场。式（1.5-8）是 Anderson 根据 Landau 对称性破缺原理对周期晶

体声子的一个解释，说明它是对称性破缺的产物，这一解释比我们通常从宏观连续力学角度对位移的直观理解要深入一步，因为机械直观的理解只在长波长近似下成立（请参考第 2 章）。对声子的讨论，我们只限于这一程度，也就是唯象理论的程度。按照 Landau 学派的进一步发展，声子和其他准粒子是凝聚态物质中大量原子集体激发的一种量子力学描写，读者可以参考 Landau《理论物理学》的第五卷和第九卷，特别是第九卷，该书中提醒读者不要把声子等准粒子与单个原子、分子等同起来，这里就不再进一步讨论了。

由于以上概念对今后讨论准晶弹性具有重要意义，这里不得不再重复。声子概念来源于 Debye[3] 和 Born[4, 5] 的经典性工作，它描写晶格质点（原子，或离子，或分子）偏离其平衡位置的机械振动，振动的传播导致格波，该运动可以量子化。这是凝聚态物质的一种元激发。它又是对称性破缺的产物。对称性破缺导致新的有序相的出现（例如晶体）、新的序参量的出现（例如 $\eta = |\rho_G|$，晶体密度波的波幅）、新的元激发的出现（例如声子）和新的守恒定律出现（例如晶体对称定律，见 1.3 节）。前面也指出，从这种观点去理解声子，要比完全从直观的角度去理解深入了一步。尤其对有些问题，不宜从直观的角度去理解，借助于上面的方法论，也可以得到解释。

后面所要讲述的准晶，就是一个例子。它的变形和运动，除了需要用声子去描写外，还需要引进另外一个物理量——相位子（Phason），这个量暂时还没有简单直观的意义，用 Landau 的理论，就可以给以描写，详见第 4 章。上面的讨论虽然是针对声子所给出的，也是为后面讨论相位子概念做准备。从后面的讨论可知，相位子不仅没有声子那种直观的图像，也没有与声子在晶格动力学中类似的对应的物理基础。声子刻画晶格的振动，而相位子并不刻画准晶格的振动。从物理上讲，它和声子很不相同。但是把 Anderson 公式（1.5-8）加以扩充，相位子的物理本质将会被揭示出来。声子和相位子的讨论不仅贯穿第 1～15 章关于固体准晶的研究中，而且贯穿第 18～20 章关于软物质准晶的研究中。这就是我们要用以上篇幅反复讨论声子物理意义的原因。

再重复一遍，元激发与对称性破缺有关，例如一个液体可以具有任意的平移对称性和取向对称性，而周期晶体（也就是晶格）破坏了这种对称性，这种对称性破缺导致了元激发——声子。准晶中的相位子是另一种对称性破缺的产物，因而出现了新的元激发。声子和相位子构成本书的核心内容。

如果不是为相位子概念的叙述做准备，这一节可以删去。对此不感兴趣的读者也可以暂时不阅读这一节。

1.5.2 无公度晶体

本书不讨论无公度晶体，但是准晶同无公度晶体有关，这里不得不做简单介绍。

许多物理学家于 20 世纪 60 年代开始研究无公度晶体，见文献 [8]。所谓无公度相，是指基本晶格上附加一个无公度调制，这个调制可以是位移，或原子化合物，或自旋排列等。例如调制位移 λ 加到周期为 a 的晶格上，当 λ/a 是有理数时，晶体变成具有长周期的超结构（它是 a 的整数倍）；当 λ/a 是无理数时，晶体变成无公度结构。在这种情形下，沿调制方向，周期性就失去了。调制可以是一维的，例如 Na_2CO_3，$NaNO_2$ 等，或二维的，例如 $TaSe_2$、石英等，或三维的，例如 $Fe_{1-x}O$ 等。在无公度相，调制仅仅是另外一种基本周期晶格的"摄动"，基本晶格的衍射图形仍然不变，晶体学对称性仍然保持不变，所以称它为无公度晶体。但是出现了一种新的自由度，称为相位子。这里的相位子模式代表长波传播，与声子类似。在第 4 章中讨论的相位子模式，与无公度相的相位子不同，它代表原子不连续的跳跃，而不代表长波传播。另外，准晶具有非晶体学取向对称性，和普通无公度晶体具有本质的不同。

1.5.3 玻璃体结构

晶体是由于原子规则排列而形成的长程有序的结构。与此相反，有一种固体，长程无序，但是在原子尺寸有序。这种材料称为玻璃体。

1.5.4 群的数学概念

前面通过晶体对称操作引进群的概念，比较直观，读者易于了解。在某个变换下，一个系统保持不变，称这一变换为对称变换。进而再做一个对称变换，称为两个变换的乘积。显然这依然是对称变换。三个以上对称变换的乘积将满足结合律。对称变换的逆变换仍然是对称变换。还有恒等变换，也是对称变换。这种变换的集合（全体）组成一个群，具体的变换是这个群中的一个元素。除了前面讨论过的晶体平移变换群、点群外，下一章的式（2.1-2）所代表的坐标变换，如果它的矩阵的行列式不等于零，那么它存在逆变换，单位矩阵等价于一个恒等变换。这类坐标变换的全体也是群的一个例子。把各种具体的群的例子的共同特性加以总结，可以归结为：

① 封闭性。g_i 和 g_j 为集合 G 中的两个元素，即 $g_i \in G$，$g_j \in G$，那么 $g_i g_j \in G$。

② 结合律。如果 $g_i, g_j, g_k \in G$，那么 $g_i(g_j, g_k) = (g_i, g_j)g_k$。

③ 存在恒元素 E。如果 $g_i \in G$，那么 $Eg_i = g_i = g_i E$。

④ 存在逆元素 g_i^{-1}。如果 $g_i \in G$，那么 $g_i g_i^{-1} = E = g_i^{-1} g_i$。

以上四点又称为群的四条公设，它们自然适合于点群。在本书中主要涉及点群，只在第 16、19、20 章和主附录Ⅲ中才涉及 Lie 群。

1.5.4.2 群的线性表示

假设元素 g_i 属于群 G，它对应矩阵 A_i，并且假设所有矩阵具有相同的阶，它们的行列式不等于零，如果乘积 $g_i g_j$ 对应于乘积 $A_i A_j$，就称矩阵 A_i 是群 G 的线性表示。

假设群 G 的线性表示对应于 n 阶矩阵 A_i，又有同一个群的线性表示对应于 m 阶矩阵 B_i，A_i 和 B_i 组成 $(n+m)$ 阶准对角矩阵

$$[A_i, B_i] = \begin{bmatrix} A_i & O \\ O & B_i \end{bmatrix} \equiv [C_i]$$

假设按照矩阵 $XC_i X^{-1}$ 转到等价表示，那么，一般说来，矩阵的准对角特征就消失了。如果这种特征仍然得到保持，就说这种表示是可约的（reducible），否则就是不可约的（irreducible）。

参考文献

［1］ Kittel C. Introduction to the Solid State Physics [M]. New York: Wiley John & Sons, Inc., 1976.

［2］ Wybourne B G. Classical Group Theory for Physicists [M]. New York: Wiley John & Sons, Inc., 1974.

［3］ Debye P. Die Eigentuemlichkeit der spezifischen Waermen bei tiefen Temperaturen [J]. Arch de Genéve, 1912, 33 (4): 256-258.

［4］ Born M, von Kármán Th. Zur Theorie der spezifischen Waermen [J]. Physikalische Zeitschrift, 1913, 14 (1): 15-19.

［5］ Born M, Huang K. Dynamic Theory of Crystal Lattices [M]. Oxford: Clarendon Press, 1954.

［6］ Landau L D, Lifshitz M E. Theoretical Physics V, IX: Statistical Physics Part 1, Part 2[M]. Oxford: Pergamon Press, 1988.

［7］ Anderson P W. Basic Notations of Condensed Matter Physics [M]. Menlo Park: Benjamin- Cummings, 1984.

［8］ Blinc B, Lavanyuk A P. Incommensurate Phases in Dielectrics I, II [M]. Amsterdam: North Holland, 1986.

第 2 章
经典弹性理论的框架

像晶体知识对于了解准晶是必要的一样，在了解准晶弹性之前，有必要先回顾一下经典弹性理论。这里给出了经典弹性理论的一个简短描述。更详细的材料可以在许多专著和教材中查到，例如 Landau 和 Lifshitz[1] 的专著。尽管本书讨论局限于连续介质力学的框架内，但是仍然存在许多涉及晶体弹性的物理本质的内容（在第 1.5 节中讨论过）。建议读者查阅 Born 和黄昆[2]、Anderson[3] 的专著，这些著作有助于我们理解声子的概念，以及下面章节给出的准晶的相位子和弹性。事实表明，如果将我们的知识局限于经典弹性介质和完全的直觉，则很难理解相位子和相位子弹性。

为了便于叙述，在下文中将采用张量代数记法。

2.1 一些基本概念复习

2.1.1 矢量

一个具有大小和方向的量称为矢量，用 a 表示，以 $a=|a|$ 表示它的大小。矢量 a 和 b 的算术积为 $a \cdot b = ab\cos(a,b)$，矢量积为 $a \times b = nab\sin(a,b)$，其中 n 是既与 a 垂直又与 b 垂直的单位矢量，即 $|n|=1$。

2.1.2 标架

为了便于描写矢量和张量，现在引入标架。标架有很多种，例如仿射标架、正交标架等，这里仅介绍正交标架，它是指，引进三个互相垂直的单位矢量 e_1，e_2 和 e_3，并且 $e_1 \cdot e_2 = 0$，$e_2 \cdot e_3 = 0$，$e_3 \cdot e_1 = 0$，以及 $e_3 = e_1 \times e_2$，$e_2 = e_3 \times e_1$，$e_1 = e_2 \times e_3$，则称它们为正交标架的基矢量，有时简称基。

在正交标架 e_1，e_2，e_3 下，任一矢量 a 可以表示成

$$a = a_1 e_1 + a_2 e_2 + a_3 e_3 \tag{2.1-1}$$

或 $\boldsymbol{a} = (a_1, a_2, a_3)$。

2.1.3 坐标变换

考虑另一正交标架 $\boldsymbol{e}'_1$，$\boldsymbol{e}'_2$，$\boldsymbol{e}'_3$，它可以用老标架 $\boldsymbol{e}_1$，$\boldsymbol{e}_2$，$\boldsymbol{e}_3$ 表示，例如由式（2.1-1）可知，有

$$\begin{aligned} \boldsymbol{e}'_1 &= c_{11}\boldsymbol{e}_1 + c_{12}\boldsymbol{e}_2 + c_{13}\boldsymbol{e}_3 \\ \boldsymbol{e}'_2 &= c_{21}\boldsymbol{e}_1 + c_{22}\boldsymbol{e}_2 + c_{23}\boldsymbol{e}_3 \\ \boldsymbol{e}'_3 &= c_{31}\boldsymbol{e}_1 + c_{32}\boldsymbol{e}_2 + c_{33}\boldsymbol{e}_3 \end{aligned} \qquad (2.1\text{-}2)$$

其中 $c_{11}, c_{12}, \cdots, c_{33}$ 是一些标量。关系式（2.1-2）又称为坐标变换，也可用矩阵表示为

$$\begin{bmatrix} \boldsymbol{e}'_1 \\ \boldsymbol{e}'_2 \\ \boldsymbol{e}'_3 \end{bmatrix} = \boldsymbol{C} \begin{bmatrix} \boldsymbol{e}_1 \\ \boldsymbol{e}_2 \\ \boldsymbol{e}_3 \end{bmatrix} \qquad (2.1\text{-}3)$$

其中

$$\boldsymbol{C} = \begin{bmatrix} c_{11} & c_{12} & c_{13} \\ c_{21} & c_{22} & c_{23} \\ c_{31} & c_{32} & c_{33} \end{bmatrix}$$

是一个正交矩阵，因而有

$$\boldsymbol{C}^{\mathrm{T}} = \boldsymbol{C}^{-1} \qquad (2.1\text{-}4)$$

这里的记号"T"表示转置运算，上标"-1"表示求逆运算。自然有

$$\begin{bmatrix} \boldsymbol{e}_1 \\ \boldsymbol{e}_2 \\ \boldsymbol{e}_3 \end{bmatrix} = \boldsymbol{C}^{\mathrm{T}} \begin{bmatrix} \boldsymbol{e}'_1 \\ \boldsymbol{e}'_2 \\ \boldsymbol{e}'_3 \end{bmatrix} = \boldsymbol{C}^{-1} \begin{bmatrix} \boldsymbol{e}'_1 \\ \boldsymbol{e}'_2 \\ \boldsymbol{e}'_3 \end{bmatrix} \qquad (2.1\text{-}5)$$

根据式（2.1-1）可知，在标架 $\boldsymbol{e}'_1$，$\boldsymbol{e}'_2$，$\boldsymbol{e}'_3$ 下

$$\boldsymbol{a} = a'_1 \boldsymbol{e}'_1 + a'_2 \boldsymbol{e}'_2 + a'_3 \boldsymbol{e}'_3 \qquad (2.1\text{-}6)$$

把式（2.1-5）代入式（2.1-1），得到

$$\boldsymbol{a} = (c_{11}a_1 + c_{12}a_2 + c_{13}a_3)\boldsymbol{e}'_1 + (c_{21}a_1 + c_{22}a_2 + c_{23}a_3)\boldsymbol{e}'_2 + (c_{31}a_1 + c_{32}a_2 + c_{33}a_3)\boldsymbol{e}'_3 \qquad (2.1\text{-}7)$$

比较式（2.1-6）与式（2.1-7），得到

$$\begin{aligned} a'_1 &= c_{11}a_1 + c_{12}a_2 + c_{13}a_3 \\ a'_2 &= c_{21}a_1 + c_{22}a_2 + c_{23}a_3 \\ a'_3 &= c_{31}a_1 + c_{32}a_2 + c_{33}a_3 \end{aligned} \qquad (2.1\text{-}8)$$

或者用矩阵表示，即

$$\begin{bmatrix} a_1' \\ a_2' \\ a_3' \end{bmatrix} = \boldsymbol{C} \begin{bmatrix} a_1 \\ a_2 \\ a_3 \end{bmatrix} \qquad (2.1\text{-}8')$$

无论是式（2.1-8）还是式（2.1-8'），都可以写成

$$a_i' = \sum_{j=1}^{3} c_{ij} a_j = c_{ij} a_j \qquad (2.1\text{-}9)$$

在式（2.1-9）的最后一个等式中，把求和符号取消了，$c_{ij}a_j$ 中重复下标代表求和，今后无论是矢量还是张量，都用这一约定代表求和。

一组数 (a_1, a_2, a_3) 在坐标变换（2.1-2）下满足关系式（2.1-9），称为仿射正交矢量。这是矢量的代数学定义，比"同时具有大小与方向的量为矢量"的定义更具有普遍意义。

2.1.4 张量

在一个正交标架中，一个能被式（2.1-1）表示的矢量代表在线性变换（2.1-2）下的三个满足式（2.1-9）的数。

类似地，在正交标架 $\boldsymbol{e}_1, \boldsymbol{e}_2, \boldsymbol{e}_3$ 中，我们能定义 9 个数

$$\boldsymbol{A} = \begin{bmatrix} A_{11} & A_{12} & A_{13} \\ A_{21} & A_{22} & A_{23} \\ A_{31} & A_{32} & A_{33} \end{bmatrix} \qquad (2.1\text{-}10)$$

如果它们满足关系式

$$A_{kl}' = \sum_{i,j=1}^{3} c_{ki} c_{lj} A_{ij} = c_{ki} c_{lj} A_{ij} \qquad (2.1\text{-}11)$$

在线性变换下，它们形成一个 2 阶张量，其中 c_{ij} 由式（2.1-3）给出，且求和号在式（2.1-11）后面的等式中忽略了。很明显，张量的概念是矢量概念的推广。根据 A_{ij}（$i=1,2,3, j=1,2,3$）表示一个张量的定义，也可理解为它是这个张量的指标为 i 和 j 的一个分量。

2.1.5 张量的代数运算

（1）单位张量

$$\boldsymbol{I} = \delta_{ij} = \begin{cases} 0 & i \neq j \\ 1 & i = j \end{cases} \qquad (2.1\text{-}12)$$

称为 Kronecker 符号。

（2）张量的转置

$$A^{\mathrm{T}} = \begin{bmatrix} A_{11} & A_{21} & A_{31} \\ A_{12} & A_{22} & A_{32} \\ A_{13} & A_{23} & A_{33} \end{bmatrix} \qquad (2.1\text{-}13)$$

（3）张量的代数和

$$A \pm B = A_{ij} \pm B_{ij} \qquad (2.1\text{-}14)$$

（4）张量与标量的点积

$$mA = mA_{ij} \qquad (2.1\text{-}15)$$

（5）张量的积

$$AB = A_{ij}B_{kl} \qquad (2.1\text{-}16)$$

对于其他张量代数运算，在后面的章节中出现时再做介绍。

2.2 弹性理论的基本假定

弹性理论是连续力学的一个组成部分，它遵从连续力学的一些基本假定：
（1）连续性
弹性理论认为介质充满其所在的空间，这意味着介质是连续的。同这点相关，研究这种介质的场变量是坐标的连续和可导函数。
（2）均匀性
描写这种介质的物理常数不随坐标变化，因而介质是均匀的。
（3）微小变形
介质中任何一点的位移很小，且 $\partial u_i / \partial x_j$ 的绝对值远远小于 1。由于微小变形，虽然介质与外界作用之后发生了变形，但边界条件仍在变形前的边界上列写。这使问题的求解大为简化。

2.3 位移与变形

弹性体中，每一点相对位移的变化导致物体的变形。首先讨论位移场。
考虑弹性体中的一个区域 R，见图 2.3-1，变形后它变为区域 R'。变形前，在 R 中具有径矢 r 的任一点 O，变形后变为 O'，其径矢为 r'，而 u 是点 O 在变形过程中的位移矢量（图 2.3-1），即

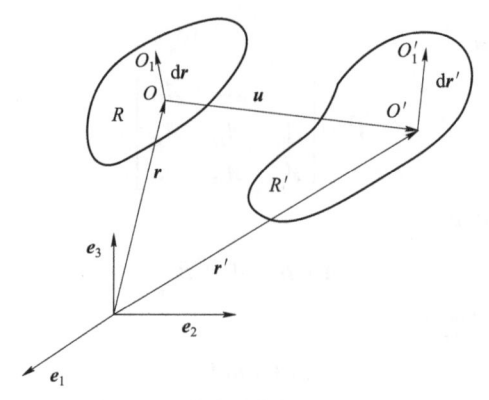

图 2.3-1 弹性体中任一点的位移

$$r' = r + u \tag{2.3-1}$$

或者

$$u = r' - r = x'_i - x_i \tag{2.3-1'}$$

在图 2.3-1 中，标架 e_1，e_2，e_3 代表任意正交坐标系，特别地，我们用 (x_1, x_2, x_3) 或 (x, y, z) 代表直角坐标系。假设 O_1 是 R 中 O 附近的一个点，与它们相关的径矢为 $\mathrm{d}r = \mathrm{d}x_i$。而它在变形之后成了 R' 中的点 O'_1。与点 O_1 和点 O'_1 有关的径矢为 $\mathrm{d}r' = \mathrm{d}x'_i = \mathrm{d}x_i + \mathrm{d}u_i$。点 O_1 的位移为 u'，有

$$u' = u + \mathrm{d}u \tag{2.3-2}$$

即

$$\mathrm{d}u_i = u'_i - u_i \tag{2.3-3}$$

且

$$\mathrm{d}u_i = \frac{\partial u_i}{\partial x_j} \mathrm{d}x_j \tag{2.3-4}$$

式（2.3-4）表示在点 O 附近的 Taylor 展开仅保留 1 阶项。在小变形假定下，这一近似精度很高。它可表示为

$$\frac{\partial u_i}{\partial x_j} = \varepsilon_{ij} + \omega_{ij} \tag{2.3-5}$$

其中

$$\varepsilon_{ij} = \frac{1}{2}\left(\frac{\partial u_i}{\partial x_j} + \frac{\partial u_j}{\partial x_i}\right) \tag{2.3-6}$$

$$\omega_{ij} = \frac{1}{2}\left(\frac{\partial u_i}{\partial x_j} - \frac{\partial u_j}{\partial x_i}\right) \tag{2.3-7}$$

这里 ε_{ij} 是对称张量，称为应变张量，有

$$\varepsilon_{ij} = \varepsilon_{ji} \tag{2.3-8}$$

而 ω_{ij} 是反对称张量，它只有三个独立分量

$$\Omega_x = \omega_{yz} = \frac{1}{2}\left(\frac{\partial u_y}{\partial z} - \frac{\partial u_z}{\partial y}\right)$$

$$\Omega_y = \omega_{zx} = \frac{1}{2}\left(\frac{\partial u_z}{\partial x} - \frac{\partial u_x}{\partial z}\right) \tag{2.3-9}$$

$$\Omega_z = \omega_{xy} = \frac{1}{2}\left(\frac{\partial u_x}{\partial y} - \frac{\partial u_y}{\partial x}\right)$$

张量 ε_{ij} 的物理意义为晶胞体积和形状的改变；而 ω_{ij} 仅代表刚体转动，它和变形无关。因而下面只研究应变张量 ε_{ij}。

张量 ε_{ij} 的分量 ε_{11}，ε_{22} 和 ε_{33}（若取 $x = x_1$，$y = x_2$，$z = x_3$，也可表示为 ε_{xx}，ε_{yy} 和 ε_{zz}）代表正应变，描写晶胞体积的变化，而 $\varepsilon_{32} = \varepsilon_{23}$，$\varepsilon_{13} = \varepsilon_{31}$ 和 $\varepsilon_{12} = \varepsilon_{21}$（或 $\varepsilon_{yz} = \varepsilon_{zy}$，$\varepsilon_{zx} = \varepsilon_{xz}$ 和 $\varepsilon_{xy} = \varepsilon_{yx}$）称为剪应变，描写晶胞形状的变化。

2.4 应力分析和运动方程

在物体变形时，单位面积上的内力称为应力，用 σ_{ij} 表示，即假如没有变形，则这种应力将不存在。当物体处于静态平衡时，由动量守恒定律，可以得到

$$\frac{\partial \sigma_{ij}}{\partial x_i} + f_j = 0 \tag{2.4-1}$$

其中方程对物体中每一个无穷小体积元都成立，σ_{ij} 为上述的应力张量分量，且指标 j 代表力的作用方向，i 代表体积元表面外法线方向；f_j 代表体积力密度。

在 σ_{ij} 所有的分量中，σ_{xx}，σ_{yy} 和 σ_{zz} 是指向表面元的法线方向，而 σ_{yz}，σ_{zy}，σ_{zx}，σ_{xz}，σ_{xy} 和 σ_{yx} 是指向表面元的切线方向，前者称为正应力分量，后者称为剪应力分量。

根据角动量守恒定律，得到

$$\sigma_{ij} = \sigma_{ji} \tag{2.4-2}$$

这表明应力张量是一个对称张量，且式（2.4-2）称为剪应力互等定律。

作用在物体表面上的外力（面力）与物体内应力构成平衡，这导致

$$\sigma_{ij} \boldsymbol{n}_j = T_i \tag{2.4-3}$$

其中 n_j 是物体表面上的外法线的单位矢量。人们也称 T_i 为面力密度。

式（2.4-3）描述了在弹性理论中占有重要地位的边界条件。

2.5 广义 Hooke 定律

应力 σ_{ij} 和应变 ε_{ij} 之间存在一定的关系。这种关系是由材料的性质决定的。若仅讨论线性弹性材料，且假设不存在初应变的状态，这样，经典实验定律——Hooke 定律可以总结成

$$\sigma_{ij} = \frac{\partial U}{\partial \varepsilon_{ij}} = C_{ijkl}\varepsilon_{kl} \tag{2.5-1}$$

其中 U 代表自由能密度，也称应变能密度，即

$$U = F = \frac{1}{2}C_{ijkl}\varepsilon_{ij}\varepsilon_{kl} \tag{2.5-2}$$

C_{ijkl} 为弹性常数，包含 81 个元素。由于 σ_{ij} 和 ε_{ij} 的对称性，它们中独立的分量仅有 6 个，这样 C_{ijkl} 独立的分量仅有 36 个。由式（2.5-2）可知 U 是 ε_{ij} 的 2 阶齐次量，根据 ε_{ij} 的对称性，有

$$C_{ijkl} = C_{klij} \tag{2.5-3}$$

因而 36 个分量中独立的仅有 21 个。

具有 21 个独立弹性常数的关系式（2.5-1）称为广义 Hooke 定律。

广义 Hooke 定律描写一般的各向异性线性弹性体，包括晶体。应力与应变分别被当作具有 6 个独立分量的列向量，若弹性常数用 $[B_{ijkl}]$ 表示，则有

$$\begin{bmatrix} \sigma_{11} \\ \sigma_{22} \\ \sigma_{33} \\ \sigma_{23} \\ \sigma_{31} \\ \sigma_{12} \end{bmatrix} = \begin{bmatrix} B_{1111} & B_{1122} & B_{1133} & B_{1123} & B_{1131} & B_{1112} \\ & B_{2222} & B_{2233} & B_{2223} & B_{2231} & B_{2212} \\ & & B_{3333} & B_{3323} & B_{3331} & B_{3312} \\ & & & B_{2323} & B_{2331} & B_{2312} \\ & \text{对称} & & & B_{3131} & B_{3112} \\ & & & & & B_{1212} \end{bmatrix} \begin{bmatrix} \varepsilon_{11} \\ \varepsilon_{22} \\ \varepsilon_{33} \\ \varepsilon_{23} \\ \varepsilon_{31} \\ \varepsilon_{12} \end{bmatrix} \tag{2.5-4}$$

把式（2.5-4）用于晶体时，要考虑到晶体本身具有的某些对称性，因而 C_{ijkl}（或 B_{ijkl}）之间存在一些关系，实际独立常数少于 21 个。现在分别讨论如下。

（1）三斜晶系（1 类或 C_1 和 C_i 类）

三斜对称性并不给弹性系数 C_{ijkl}（或 B_{ijkl}）任何限制，然而我们可以任意选择合适的坐标系去缩减非零独立弹性常数。因为坐标系的定向由 3 个转角表示，这使得我们选择 3 个条件来限制 C_{ijkl}（或 B_{ijkl}）中的一些分量。例如，可

以令其中 3 个为 0，这样，三斜晶系有 18 个独立的弹性模量。

（2）单斜晶系（C_s，C_2 和 C_{2h} 类）

在 C_s 类中，存在一个对称面，我们在坐标系 e_1, e_2, e_3 中把它取为 $x_3 = 0 (z = 0)$。以这个对称面做一个坐标变换得到一个新坐标系 e_1', e_2', e_3'。这两个坐标系存在以下关系

$$e_1' = e_1, e_2' = e_2, e_3' = -e_3 \qquad (2.5\text{-}5)$$

这是一种映射（或镜面）操作。我们又知道在新旧坐标系中，应力 σ_{ij}' 与 σ_{ij} 存在如下关系（见 2.1 节）

$$\sigma_{kl}' = \alpha_{kj}\alpha_{li}\sigma_{ji} \qquad (2.5\text{-}6)$$

其中 α_{ij} 是坐标变换系数，即有

$$e_i' = \alpha_{ij} e_j \qquad (2.5\text{-}7)$$

对于变换式（2.5-5），有

$$\alpha_{11} = 1, \alpha_{22} = 1, \alpha_{33} = -1 \qquad (2.5\text{-}8)$$

其余为零，因此，在上述变换下，对于式（2.5-1）中的 C_{ijkl}（或式（2.5-4）中的 B_{ijkl}），凡具有下标 3 并且它在角标中出现的个数为奇数的那些弹性常数，将保持不变。考虑到晶体的对称性，然而，其物理性质包括 C_{ijkl}（或 B_{ijkl}）保持不变，那么所有含有 3 的下标且为奇数个数的弹性常数必须等于零，即

$$B_{1123} = B_{1131} = B_{2223} = B_{2231} = B_{3323} = B_{3331} = B_{2312} = B_{3112} = 0 \qquad (2.5\text{-}9)$$

这样，独立的弹性常数只有 13 个。

对于类 C_2 和 C_{2h}，可以做类似的讨论。

（3）正交晶系（C_{2v}，D_2 和 D_{2h} 类）

这种晶系同宏观上的正交各向异性材料一样，存在两个互相垂直的对称面。现取 $x_3 = 0$ 和 $x_1 = 0$ 为这两个面。以 $x_3 = 0$ 作映射，这正是刚才讨论的单斜晶系。现在考虑以 $x_1 = 0$ 为对称平面，在新旧坐标系之间存在如下坐标变换关系

$$\begin{bmatrix} e_1' \\ e_2' \\ e_3' \end{bmatrix} = \begin{bmatrix} -1 & 0 & 0 \\ 0 & 1 & 0 \\ 0 & 0 & 1 \end{bmatrix} \begin{bmatrix} e_1 \\ e_2 \\ e_3 \end{bmatrix}$$

采用与单斜晶系相类似的讨论，发现

$$B_{1112} = B_{2212} = B_{3312} = B_{2331} = 0 \qquad (2.5\text{-}10)$$

联系到式（2.5-9），可知正交晶系具有 9 个独立的弹性常数。

（4）四方晶系（C_{4v}，D_{2d}，D_4 和 D_{4h} 类）

这一晶系具有 4 个对称轴。采用类似的讨论可知，独立的弹性常数只有 6

个，即为

$$B_{1111}, B_{3333}, B_{1122}, B_{1212}, B_{1133}, B_{1313}$$

（5）三方晶系（C_{3v},3 或 C_3, D_3, D_{3d} 和 S_6 类）

这个晶系具有一个三次对称轴（或三重对称轴）。取轴 e_3 为对称轴，通过烦琐的描述，6 个独立的弹性常数如下

$$B_{3333}, B_{\xi\eta\xi\eta}, B_{\xi\xi\eta\eta}, B_{\xi\eta 33}, B_{\xi 3\eta 3}, B_{\xi\xi\xi 3}$$

其中引用三坐标变换

$$\xi = x_1 + \mathrm{i}x_2, \eta = x_1 - \mathrm{i}x_2$$

进行讨论，则这些弹性模量可以写成传统的形式

$$B_{3333}, B_{1212}, B_{1122}, B_{1233}, B_{1323}, B_{1113}$$

（6）六方晶系（C_6 类）

这种晶系有一个宏观的对应者——横观各向同性材料，它的弹性对一维和二维准晶呈现出基本的重要性。

这个晶系具有一个六重对称轴。取这个轴为 x_3 轴，同时采用坐标代换 $\xi = x_1 + \mathrm{i}x_2$，$\eta = x_1 - \mathrm{i}x_2$。对 x_3 轴做角度为 $2\pi/6$ 的旋转，坐标 ξ 和 η 将会变为 $\xi \to \xi \mathrm{e}^{\mathrm{i}2\pi/6}$，$\eta \to \eta \mathrm{e}^{-\mathrm{i}2\pi/6}$。然后可以发现分量 C_{ijkl} 不会变化，它们具有与 ξ 和 η 同样的指标，为

$$B_{3333}, B_{\xi\eta\xi\eta}, B_{\xi\xi\eta\eta}, B_{\xi\eta 33}, B_{\xi 3\eta\xi}$$

或用传统的表达式

$$C_{1111} = C_{2222}, C_{3333}, C_{2323} = C_{3131}, C_{1122}, C_{1133} = C_{2233}, C_{1212}$$

其中 $2C_{1212} = C_{1111} - C_{1122}$，因此，独立的弹性常数为 5 个。

（7）立方晶系

这个晶系具有 3 个四重对称轴，其中存在四方对称性。如果取四方对称性的四重对称轴为 x_3 方向，独立的弹性常数 C_{ijkl}（或式（2.5-4）中的 B_{ijkl}）为

$$B_{1111}, B_{1122}, B_{1212}$$

（8）各向同性体

这种情形下存在两个弹性模量，它们可以分别用 Young 模量和 Poisson 比表示

$$E, \nu$$

或者用 Lamé 常数表示

$$\lambda = \frac{\nu E}{(1+\nu)(1-2\nu)}, \quad \mu = \frac{E}{2(1+\nu)} \qquad (2.5\text{-}11)$$

或者用体积压缩模量和剪切模量

$$K = \frac{E}{3(1-2\nu)}, \mu = \frac{E}{2(1+\nu)} = G$$

表示。

此时广义 Hooke 定律具有简单的形式，即

$$\sigma_{ij} = 2\mu\varepsilon_{ij} + \lambda\varepsilon_{kk}\delta_{ij} \tag{2.5-12}$$

其中 $\varepsilon_{kk} = \varepsilon_{11} + \varepsilon_{22} + \varepsilon_{33} = \varepsilon_{xx} + \varepsilon_{yy} + \varepsilon_{zz}$，$\delta_{ij}$ 为单位张量。式（2.5-12）的等价形式为

$$\varepsilon_{ij} = \frac{1+\nu}{E}\sigma_{ij} - \frac{\nu}{E}\sigma_{kk}\delta_{ij} \tag{2.5-13}$$

其中 $\sigma_{kk} = \sigma_{11} + \sigma_{22} + \sigma_{33} = \sigma_{xx} + \sigma_{yy} + \sigma_{zz}$。

2.6 弹性动力学，波动

在式（2.4-1）中考虑惯性力，则

$$\frac{\partial \sigma_{ij}}{\partial x_j} + f_i = \rho \frac{\partial^2 u_i}{\partial t^2} \tag{2.6-1}$$

其中 ρ 为材料的质量密度。

在各向同性且略去体积力的情况下，从式（2.6-1）、式（2.3-6）和式（2.5-12）出发，得到波动方程

$$(c_1^2 - c_2^2)\frac{\partial^2 u_i}{\partial x_i \partial x_j} + c_2^2 \frac{\partial^2 u_j}{\partial x_i^2} = \frac{\partial^2 u_j}{\partial t^2} \tag{2.6-2}$$

其中 c_1 和 c_2 为

$$c_1 = \left(\frac{\lambda + 2\mu}{\rho}\right)^{\frac{1}{2}}, c_2 = \left(\frac{\mu}{\rho}\right)^{\frac{1}{2}} \tag{2.6-3}$$

它们分别为纵波和横波的传播速度。

若令

$$u = \nabla\phi + \nabla \times \psi \tag{2.6-4}$$

则式（2.6-2）可化为

$$\nabla^2\phi = \frac{1}{c_1^2}\frac{\partial^2\phi}{\partial t^2}, \nabla^2\psi = \frac{1}{c_2^2}\frac{\partial^2\psi}{\partial t^2} \tag{2.6-5}$$

其中ϕ是标量势；且ψ为矢量势；

$$\nabla^2 = \frac{\partial^2}{\partial x^2} + \frac{\partial^2}{\partial y^2} + \frac{\partial^2}{\partial z^2}$$

式（2.6-5）为典型的数学物理中标准的波动方程。求解这个问题除了需边界条件之外，还需要初始条件，即

$$\begin{aligned} u_i(x_i,0) &= u_{i0}(x_i) \\ \dot{u}_i(x_i,0) &= \dot{u}_{i0}(x_i) \end{aligned} \quad x_i \in D$$

2.7 小结

经典弹性理论归结于求解下列初-边值问题

$$\varepsilon_{ij} = \frac{1}{2}\left(\frac{\partial u_i}{\partial x_j} + \frac{\partial u_j}{\partial x_i}\right)$$

$$\frac{\partial \sigma_{ij}}{\partial x_i} = \rho \frac{\partial^2 u_j}{\partial t^2} - f_j \quad t > 0, x_i \in D$$

$$\sigma_{ij} = C_{ijkl}\varepsilon_{ijkl}$$

$$u_i(x_i,0) = u_{i0}(x_i) \quad x_i \in D$$

$$\dot{u}_i(x_i,0) = \dot{u}_{i0}(x_i) \quad x_i \in D$$

$$\sigma_{ij}n_j = T_i \quad t > 0, x_i \in S_t$$

$$u_i = \bar{u}_i \quad t > 0, x_i \in S_u$$

其中$u_{i0}(x_i)$，$\dot{u}_{i0}(x_i)$，T_i和$\bar{u}_i$是已知函数；D代表研究材料所占区域；S_t和S_u为给定面力和给定位移的边界部分，且$S = S_t + S_u$。若$\frac{\partial^2 u_j}{\partial t^2} = 0$，则初始条件不出现，以上问题便化为一个静力学问题。

参考文献

[1] Landau L D, Lifshitz E M. Theoretical Physics V: Theory of Elasticity [M]. Oxford: Pergamon Press, 1986.

[2] Born M, Huang K. Dynamic Theory of Crystal Lattices [M]. Oxford: Clarendon Press, 1954.

[3] Anderson P W. Basic Notations of Condensed Matter Physics [M]. Menlo Park: Benjamin- Cummings, 1984.

第3章 准晶及其性质

3.1 准晶的发现[①]

第一个固体准晶由以色列材料研究者 D. Shechtman 于 1982 年 4 月发现，他当时正在美国约翰–霍普金斯大学做访问学者。他从急冷的 Al-Mn 合金的电子衍射图形中观察到斑点鲜明的 Bragg 反射峰，显示五重旋转对称性，如图 3.1-1 所示。由于五重旋转对称性同晶体学对称定律（见第 1 章）相矛盾，这一结果在发现后两年半时间里并没有为同行所接受。D. Shechtman 在以色列工业大学的同事 I. Blech 给了他很大的帮助，重复了该实验结果，并且称这种合金为二十面体玻璃。他们共同起草了一篇报道此发现的稿子，投寄《应用物理学》杂志，被退了回来，说不宜发表，还建议他们投《冶金学报》。于是他们把稿子投到《冶金学报》，仍被拒绝接受。后来他们得到美国标准局的物理学家和材料科学家 J. W. Cahn 的帮助。Cahn 建议对文稿进行修改，去掉一些细节，突出新的实验结果。同时，他建议邀请正在美国加州访问的法国晶体数学研究工作者 D. Gratias 共同参加论文的修改。修改之后，他们四人共同署名的这篇稿件于 1984 年 10 月投美国《Physical Review Letter》（PRL），结果在当年 11 月份发表。四个星期之后，Levine 和 Steinhardt [2] 在 PRL 上发表了一篇论文，指出 Shechtman 等人发现的正是具有非晶体学对称性的三维二十面体准周期结构，或称准周期晶体，简称准晶。他们对无限大的理想准晶做了理论计算，得到衍射强度，其图形具有 Bragg 峰的自相似排列，同 Al-Mn 合金的电子衍射图形非常一致。理想准晶具有平移对称性，但不是周期的，而是准周期的。同时，其具有晶体学所不允许的旋转对称性。2009 年，发现了天然准晶，成分为

[①] 这里参考了论文 PRL Top 10: #8 of APS。

Al、Cu 和 Fe[①]。

(a)

(b)

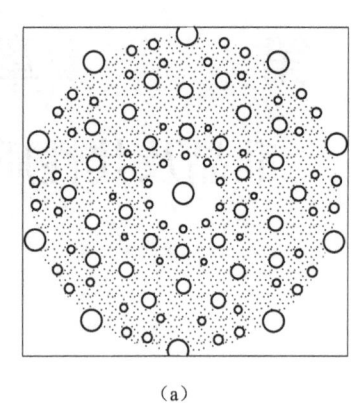

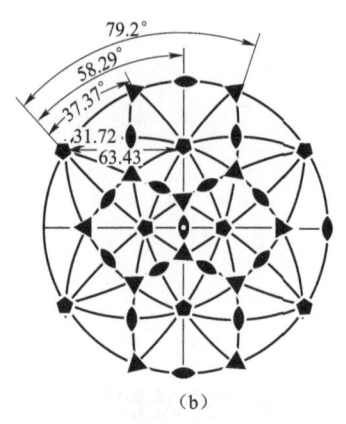

图 3.1-1 二十面体准晶的衍射图形
(a) 五次对称性; (b) 二十面体准晶的立体结构

比文献 [1] 和 [2] 发表稍微晚一点, 我国材料和电子衍射专家郭可信领导的研究组在文献 [3] 和 [4] 中报道了他们在 Ni-V 和 Ni-Ti 合金中发现的五重旋转对称性和二十面体准晶。

二十面体准晶是三维准晶的一种, 其原子排列在三个方向都是准周期的。另外一种三维准晶是立方准晶, 是我国冯国光等[5]发现的。

紧接着, 具有 5, 8, 10 和 12 次旋转对称性的四种二维准晶被先后发现。在二维准晶中, 其原子排列在两个方向是准周期的, 在一个方向上是周期的。这个周期排列方向正好是五次、八次、十次和十二次对称轴的方向。5, 8, 10 和 12 次对称准晶又被称为五角形、八角形、十角形和十二角形准晶。它们由 Bendersky[6]、Chatopadihyay 等[7]、Fung 等[8]、Urban 等[9]、Wang 等[10]、Li 等[11]观察到。

另一类准晶为一维准晶, 其原子排列在一个方向上为准周期的, 在另外两个方向上为周期的, 它由 Merdin 等[12]、Hu 等[13]、Feng 等[14]、Terauchi 等[15]、Chen 等[16]、Yang 等[17]发现。

上述具有长程准周期平移对称性和非晶体学旋转对称性的准晶的发现, 从根本上改变了长期流行的传统观念: 固体要么为晶体, 要么为非晶体。现在人们认识到, 固体分为晶体、准晶体和非晶体三类。这是对晶体学、物理学和化学的重大发展, 使人们对物质结构和对称性的认识产生了深刻的进步。不仅如此, 其对数学的有关分支 (例如群论、离散几何等) 也产生了重大影响。

---

① Bindi L, Steinhardt P J, Yao N and Lu P J, 2009, Natural quasicrystals, Science, 324, 1306-1309.

早于准晶发现的报道前十年，数学家 Penrose[18] 就提出了"数学准晶"的概念，后来被称为 Penrose 拼砌，其是由两个不同的菱面体无缝隙和不重叠地拼成理想的准晶结构。物理准晶发现后，Penrose 拼砌成了固体准晶的几何理论。以图 3.1-2 所示五次对称二维准晶的 Penrose 拼砌为例。由图可见，拼砌的局部结构是类似的，称为局部同构（LI）。准周期对称和局部同构在描写这个新固体相方面具有重要意义。物理准晶的发现大大促进了 Penrose 几何和其他离散几何的发展，同时也促进了遍历论、群论和 Fourier 分析的发展。

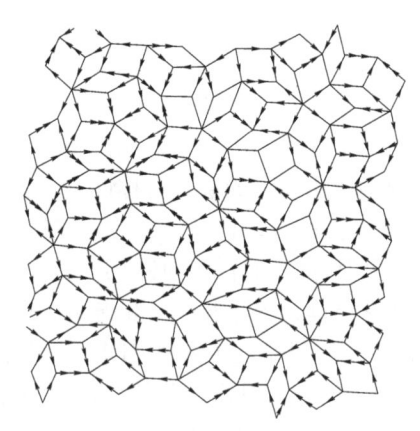

图 3.1-2　五次对称二维准晶的 Penrose 拼砌

相当大一部分实验中发现的准晶具有热力学稳定性，因而其成了一种材料，包括功能材料和结构材料，这展现了工程应用价值或潜在的工程应用价值。鉴于此，其物理和力学性能的研究很快被提上日程。在力学性能的研究中，弹性和缺陷既是基础课题，又是核心课题。这向连续力学的研究提出了挑战，又提供了机遇。

这里所谈仅仅是准晶的发现取得进展的一面，其实问题远不是这么简单。在准晶被观察到的事实被耽误两年半才发表后，仍然不断有人怀疑和否定准晶的存在，例如量子化学创始人，先后获得诺贝尔化学奖和诺贝尔和平奖，并担任国际晶体学协会主席的 Pauling[①]，既不承认准晶的实验结果，也不承认 Levine 等人的理论分析，他以丰富的实验资料分析，认为新观察到的五次对称二十面体准晶实际上是一种多重扭曲的立方晶体。由于 Pauling 在学术界的权威地位，他的抵制对准晶学科的发展产生了不利影响。不过，由于其他准晶的陆续发现，未再见到他的进一步否定准晶存在的论文。

---

① Pauling L, 1985, Apparent icosahedral symmetry is due to directed multiple twinning of cubic crystals, Nature, 317, 512-514.

3.2 准晶的结构与对称性

准晶虽然不同于周期对称的晶体，但是它具有一定的对称性，它是非周期晶体的一种。准晶的不寻常的结构来自它的特殊的原子排列。这种结构特征是由它的电子衍射图形揭示出来的。正是这种衍射图形，人们从中揭示了这种新结构与寻常晶体的不同，从而导致准晶的发现。

类似于其他非周期晶体，准周期性导致新的自由度，这一点将在下面给以说明。在晶体学和固体物理学中，Miller 指标 (h,k,l) 通常用于描写晶体结构。用这三个指标就可以解释所有晶体的衍射图谱。第 1 章中提及，晶体的基矢的数目 N 和晶体的维数 d 相等，即 $N=d$。然而，由于准晶具有准周期对称性（即准周期平移对称性和晶体学所不允许的旋转对称性），Miller 指标并不能描写准晶，相反，必须采用 6 个指标 $(n_1,n_2,n_3,n_4,n_5,n_6)$ 才能描写准晶的衍射图谱。这一特点暗示，为了刻画准晶对称性的特征，必须引进高维（四维、五维、六维）空间概念。这一思想和群论一致。按照群论，准周期结构在高维（四维、五维、六维）空间是周期对称的，实三维空间（物理空间）的准晶，可以看作高维空间（数学空间）"周期对称晶体"的一个投影。四维、五维和六维空间的"周期晶格"向三维空间的投影，分别形成一维、二维和三维实际准晶。六维空间用符号 E^6 表示，它由两个子空间组成，其中一个为物理空间，又称为平行空间，用符号 $E_\parallel^3$ 表示；另一个是它的补空间，或者称为垂直空间，用 $E_\perp^3$ 表示。因而有

$$E^6 = E_\parallel^3 \oplus E_\perp^3 \qquad (3.2\text{-}1)$$

这里记号 $\oplus$ 代表直接和。

对一维、二维和三维准晶，它们基矢的个数 $N=4,5,6$，而材料（在物理空间）真实的维数 $d=3$，所以 $N>d$，这和晶体完全不同。

群论方法是描写准晶对称性最适宜的工具。

一维准晶具有 31 个点群，包含 6 个准晶系、10 个 Laue 类，其中全部点群都是晶体学点群，见表 3.2-1。

表 3.2-1 一维准晶的晶系、Laue 类和点群

晶系	Laue 类	点群
三斜	1	$1,\bar{1}$
单斜	2 3	$2,\ m_h,\ 2/m_h$ $2_h,\ m,\ 2_h/m$

续表

晶系	Laue 类	点群
正交	4	2_h2_h2，$mm2$，2_hmm_h，mmm_h
四方	5 6	4，$\bar{4}$，$4/m_h$ 42_h2_h，$4mm$，$4/m_h$，mm
三方	7 8	3，$\bar{3}$ 32_h，$3m$，$\bar{3}m$
六方	9 10	6，$\bar{6}$，$6/m_h$ 62_h2_h，$6mm$，$\bar{6}m2_h$，$6/m_hmm$

二维固体准晶（不包括软物质准晶，它们将在第 18~20 章介绍）具有 57 个点群，其中 31 个属于晶体学点群，已由表 3.2-1 列出，其余 26 个点群见表 3.2-2。

表 3.2-2　二维（固体）准晶的晶系、Laue 类和点群

晶系	Laue 类	点群
五角	11 12	5，$\bar{5}$ $5m$，52，$\bar{5}m$
八角	13 14	8，$\bar{8}$，$8/m$ $8mm$，822，$\bar{8}m2$，$8/mmm$
十角	15 16	10，$\bar{10}$，$10/m$ $10mm$，1022，$\bar{10}m2$，$10/mmm$
十二角	17 18	12，$\bar{12}$，$12/m$ $12mm$，1222，$\bar{12}m2$，$12/mmm$

三维准晶具有 60 个点群。它们是：32 个晶体学点群和 28 个非晶体学点群，包括二十面体点群（235，$\frac{2}{m}\bar{3}5$）和 26 个二维固体准晶点群，分别具有五、八、十、十二次对称性（5，$\bar{5}$，52，$\bar{5}m$，$5m$，以及 N，$\bar{N}$，N/m，$N22$，Nmm，$\bar{N}m2$，N/mmm，$N=8$，10，12），这 26 个点群已由表 3.2-2 列出。

3.3　准晶物理性能的简单介绍

准晶的不寻常的结构导致这种材料具有若干新的物理特性。准晶的力学特

性，包括弹性与缺陷，与晶体有很大的不同，引起了人们极大的关注，从第 4 章开始，将做详细讨论，这里暂时不涉及这一内容。下面简单介绍一下固体准晶在力学性质之外的其他物理性质，软物质准晶的性质将在第 18~20 章中讨论。

固体准晶的热学性质是很吸引人们注意力的，见文献 [19-27]，准晶的导热率比普通金属的要小，热容小。

准晶的磁学和电学性质，也许是除了准晶结构和弹性之外，为迄今研究得最深刻的领域之一。它与普通金属不同，具有抗磁性，随着温度增高，电阻降低，Seebeck 系数大。准晶的导电率比较低。其 Hall 效应得到较好的研究[28-32]。Hall 系数的绝对数 RH 比正常金属的值大两个数量级。另外，准晶压力-阻抗性质也为若干文献所讨论，例如文献 [33]。

准晶光导率的变化率与普通金属不同，它没有 Drude 峰，人们对它的奇异性感兴趣，见文献 [34-36]。近来，准晶光子晶体研究很热[37-39]，这方面的研究正在进一步发展[40-42]。

在准晶被发现后，对其电子结构的研究也成了人们感兴趣的内容之一[43-45]。由于准晶不具有晶体的周期对称性，因此，Bloch 定理和 Brillouin 区概念不能使用。采用一些简化模型和数值计算，人们可以近似得到其电子能谱的一些结果。关于波函数的结果展示，其行为既不表现为扩展态，也不表现为局域态。对某些准晶材料，例如 AlCuLi、AlFe 等，在其能量超过 Fremi 能时，存在膺隙。

许多数学工作者发展了不少数学模型去描写准晶电子能谱，有兴趣的读者不妨参考文献 [46-60]。

由于本书主要讨论准晶弹性，准晶的其他物理性质基本不涉及，这里对准晶物理性质的介绍也很粗略。

3.4 一维、二维和三维准晶

这里有必要再重提一下一维、二维和三维准晶概念。一维准晶在一个方向上原子排列为准周期的，在另外两个方向上原子排列为周期的。二维准晶在两个方向上原子排列为准周期的，在另外一个方向上原子排列为周期的。三维准晶在三个方向上原子排列都是准周期的。

在 200 多种已经发现的固体准晶中，二十面体准晶超过 100 多种，十次对称二维准晶超过 1/3，这两类准晶最重要。近来，在软物质中发现了十二次对称和十八次对称二维准晶[61-66]。最近，通过纳米生产工艺发现了三十六次对称二维准晶，刚刚开始研究。

3.5 二维准晶和平面准晶

二维准晶和平面准晶是两个不同的概念。二维准晶上面刚介绍过，它是三维物体，由具有二维准周期对称性的平面沿着第三个方向堆垛而成，这第三个方向即周期排列方向。平面准晶是指具有二维准周期对称性的平面，它是二维的，不存在第三方向的材料。

参考文献

［1］Shechtman D, Blech I, Gratias D, et al. Metallic phase with long-range orientational order and no translational symmetry [J]. Phys. Rev. Lett, 1984, 53(20): 1951-1953.

［2］Levine D, Steinhardt P J. Quasicrystals: A new class of ordered structure [J]. Phys. Rev. Lett., 1984, 53(26): 2477-2450.

［3］Ye H Q, Wang D, Kuo K H. Five-fold symmetry in real and reciprocal space [J]. Ultramicrossopy, 1985, 16(2): 273-277.

［4］Zhang Z, Ye H Q, Kuo K H. A new icosahedral phase with m35 symmetry [J]. Phil. Mag., 1985, A, 52(6): L49-L52.

［5］Feng Y C, Lu G, Witers R I. An incommensurate structure with cubic point group symmetry in rapidly solidified V-Vi-Si alloy [J]. J. Phys. Condens Matter, 1989, 1(23): 3695-3700.

［6］Bendersky L. Quasicrystal with one-dimensional translational symmetry and a tenfold rotation axis [J]. Phys. Rev. Lett., 1985, 55(14): 1461-1463.

［7］Chatopadihyay K, Lele S, Thangarai N, et al, Vacancy ordered phases and one-dimensional quasiperiodicity [J]. Acta Metall., 1987, 35(3): 727-733.

［8］Fung K K, Yang C Y, Zhou Y Q, et al. Icosahedrally related decagonal quasicrystal in rapidly cooled Al-14-at.%-Fe alloy [J]. Phys. Rev. Lett., 1986, 56(19): 2060-2063.

［9］Urban K, Mayer J, Rapp M, et al. Studies on aperiodic crystals in Al-Mn and Al-V alloys by means of transmission electron microscopy [J]. Journal de Physique Colloque, 1986, 47C(3): 465-475.

［10］Wang N, Chen H, Kuo K H. Two-dimensional quasicrystal with eightfold

rotational symmetry [J]. Phys. Rev. Lett., 1987, 59(9): 1010-1013.
[11] Li X Z, Guo K H. Decagonal quasicrystals with different periodicities along the tenfold axis in rapidly solidified Al-Ni alloys [J]. Phil. Mag. Lett., 1988, 58(3): 167-171.
[12] Merdin R, Bajema K, Clarke R, Juang F-Y, Bhattacharya P K. Quasiperiodic GaAs-AlAs heterostructures [J]. Phys. Rev. Lett., 1985, 55(17): 1768-1770.
[13] Hu A, Tien C, Li X, et al. X-ray diffraction pattern of quasiperiodic (Fibonacci) Nb-Cu superlattices [J]. Phys. Lett. A, 1986, 119(6): 313-314.
[14] Feng D, Hu A, Chen K J, et al. Research on quasiperiodic superlattice [J]. Mater. Sci. Forum, 1987, 22 (24): 489-498.
[15] Teranchi H, Noda Y, Kamigami K, et al. X-Ray diffraction patterns of configurational Fibonacci lattices [J]. J. Phys. Jpn, 1988, 57(7): 2416-2424.
[16] Chen K J, Mao G M, Fend D, et al. Quasiperiodic a-Si: H/a-SiNx: H multilayer structures [J]. J. Non-cryst. Solids, 1987, 97(1): 341-344.
[17] Yang W G, Wang R H, Gui J. Some new stable one-dimensional quasicrystals in $Al_{65}Cu_{20}Fe_{10}Mn_5$ alloy [J]. Phil. Mag. Lett, 1996, 74(5): 357-366.
[18] He L X, Li X Z, Zhang Z, et al. One-dimensional quasicrystal in rapid solidified allys [J]. Phys. Rev. Lett., 1988, 61(9): 1116-1118.
[19] Biham O, Mukamel D, Shtrikman. Symmetry and stability of icosahedral and other quasicrystalline phases [J]. Phys. Rev. Lett., 1986, 56(20): 2191-2194.
[20] Scheater R J, Bendersky L A. Introduction to Quasicrystals [M]. MA: Academic Press, 1988.
[21] Widom M, Deng D P, Henleg C L. Transfer-matrix analysis of a two-dimensional quasicrystal [J]. Phys. Rev. Lett., 1989, 63(3): 310-313.
[22] Yang W G, Ding D H, Wang R H, et al. Thermodynamics of equilibrium properties of quasicrystals [J]. Z Phys. B, 100 (3): 447-454.
[23] Hu C Z, Yang W G, Wang R H, et al. Quasicrystal symmetry and physical properties [J]. Progress in Phys. (in Chinese), 1997, 17 (4): 345-367.
[24] Fan T Y. A study on specific heat of one-dimensional hexagonal quasicrystal [J]. J. Phys.:Condens. Matter, 1999, 11(45): L513-517.
[25] Fan T Y, Mai Y W. Partition function and state equation of point group 12mm two-dimensional dodecagonal quasicrystals [J]. Euro. Phys. J.B, 2003, 31(2): 17-21.
[26] Li C Y, Liu Y Y. Phason-strain influence on low-temperature specific heat of

the decagonal Al-Ni-Co quasicrystal [J]. Chin. Phys. Lett., 2001, 18(4): 570-573.
[27] Li C Y, Liu Y Y. Low-temperature lattice excitation of icosahedral Al-Mn-Pd quasicrystals [J]. Phys. Rev. B, 2001, 63(6): 064203-064211.
[28] Biggs B D, Li Y, Poon S J. Electronic properties of icosahedral, approximant, and amorphous phases of an Al-Cu-Fe alloy [J]. Phys.Rev.B, 1991, 43(10): 8747-8750.
[29] Lindqvist P, Berger C, Klein T, et al. Role of Fe and sign reversal of the Hall coefficient in quasicrystalline Al-Cu-Fe [J]. Phys.Rev.B, 1993, 48(1): 630-633.
[30] Klein T, Gozlen A, Berger C, et al. Anomalous transport properties in pure AlCuFe icosahedral phases of high structural quality [J]. Europhys.Lett., 1990, 13(2): 129-134.
[31] Pierce F S, Guo Q, Poon S J. Enhanced insulatorlike electron transport behavior of thermally tuned quasicrystalline states of Al-Pd-Re alloys [J]. Phys. Rev. Lett., 1994, 73(16): 2220-2223.
[32] Wang A J, Zhou X, Hu C Z, et al. Properties of nonlinear elasticity of quasicrystals with five-fold symmetry [J]. Wuhan University Journal, Nat. Sci., 2005, 51(5): 536-566.
[33] Zhou X, Hu C Z, Gong P, et al. Piezoresistance properties of quasicrystals [J]. J.Phys.:Condens.Matter, 2004, 16(30): 5419-5425.
[34] Homes C C, Timusk T, Wu X, et al. Optical conductivity of the stable icosahedral quasicrystal $Al_{63.5}Cu_{24.5}Fe_{12}$ [J]. Phy.Rev.Lett., 1991, 67(19): 2694-2696.
[35] Burkov S E. Optical conductivity of icosahedral quasi-crystals [J]. J.Phys.: Condens. Matter, 1992, 4(47): 9447-9458.
[36] BasovD N, Timusk T, Barakat F, et al. Anisotropic optical conductivity of decagonal quasicrystals [J]. Phys. Rev. Lett., 1994, 72(12): 1937-1940.
[37] Villa D, Enoch S, Tayeb G, et al. Band gap formation and multiple scattering in photonic quasicrystals with a Penrose-type lattice [J]. Phys. Rev. Lett., 2005, 94(18): 183903-183907.
[38] Didier Mayou. Generalized drude formula for the optical conductivity of Quasicrystals [J]. Phys. Rev. Lett., 2000, 85(6): 1290-1293.
[39] Notomi M, Suzuk H, Tamamura T, et al. Lasing action due to the two-

dimensional quasiperiodicity of photonic quasicrystals with a Penrose lattice [J]. Phys. Rev. Lett., 2004, 90(12): 123906-123910.
[40] Feng Z F, Zhang X D, Wang Y Q. Negative refraction and imaging using 12-fold-symmetry quasicrystals [J]. Phys. Rev. Lett., 2005, 94(24): 247402-247406.
[41] Lifshitz R, Arie A, Bahabad A. Photonic quasicrystals for nonlinear optical frequency conversion [J]. Phys. Rev. Lett., 2005, 95(13): 13390.
[42] Marn W, Megens M. Experimental measurement of the photonic properties of icosahedral quasicrystals [J]. Nature, 2005, 436(7053): 993-996.
[43] Kohmoto M, Sutherland B. Electronic states on a Penrose Lattice [J]. Phys. Rev. Lett., 1986, 56(25): 2740-2743.
[44] Sutherland B. Simple system with quasiperiodic dynamics: a spin in a magnetic field [J]. Phys. Rev. B, 1986, 34(8): 5208-5211.
[45] Fujiwara T, Yokokawa T. Universal pseudogap at Fermi energy in quasicrystals [J]. Phys. Rev. Lett., 1991, 66(3): 333-336.
[46] Casdagli M. Symbolic dynamics for the renormalization map of a quasiperiodic Schroedinger equation [J]. Commun. Math. Phys., 1986, 107(2): 295-318.
[47] Sueto A. The spectrum of a quasiperiodic Schroedinger operator [J]. Commun. Math. Phys, 1987, 111(3): 409-415.
[48] Kotani S. Jacobi matrices with random potentials taking finitely many values [J]. Rev. Math. Phys., 1989, 1(1): 129-133.
[49] Bellissard J, Lochum B, Scoppola E, Testart D. Spectral properties of one dimensional quasi-crystals [J]. Commun. Math. Phys., 1989, 125(3): 527-543.
[50] Bovier A, Ghez J-M. Spectrum properties of one-dimensional Schroedinger operators with potentials generated by substitutions [J]. Commun. Math. Phys., 1993, 158(1): 45-66.
[51] Liu Q H, Tan B, Wen Z X, et al. Measure zero spectrum of a class of Schroedinger operators [J]. J. Statist. Phys., 2002, 106(3-4): 681-691.
[52] Lenz D. Singular spectrum of Lebesgue measure zero for one-dimensional quasicrystals [J]. Commun. Math. Phys., 2002, 227(1): 119-130.
[53] Furman A. On the multiplicative ergodic theorem for uniquely ergodic systems [J]. Ann. Inst. H. Poincare Probab. Statist, 1997, 33(6): 797-815.
[54] Damanik D, Lenz D. A condition of Boshernitzan and uniform convergence

in the multiplicative ergodic theorem [J]. Duke Math. J., 2006, 133(1): 95-123.
[55] Liu Q H, Qu Y H. Uniform convergence of schroedinger cocycles over simple toeplitz subshift [J]. Annales Henri Poincare, 2011, 12(1): 153-172.
[56] Liu Q H, Qu Y H. Uniform convergence of schroedinger cocycles over bounded toeplitz subshift [J]. Annales Henri Poincare, 2012, 13(6): 1483-1550.
[57] Liu Q H, Wen Z Y. Hausdorff dimension of spectrum of one-dimensional Schroedinger operator with Sturmian potentials [J]. Potential Analysis, 2004, 20(1): 33-59.
[58] Damanik D, Embree M, Gorodetski A. Tcheremchantsev S, the fractal dimension of the spectrum of the Fibonacci Hamiltonian [J]. Commun. Math. Phys., 2008, 280(2): 499-516.
[59] Liu Q H, Peyrière J, Wen Z Y. Dimension of the spectrum of one-dimensional discrete Schrodinger operators with Sturmian potentials [J]. Comptes Randus Mathematique, 2007, 345(12): 667-672.
[60] Fan S, Liu Q H, Wen Z Y. Gibbs-like measure for spectrum of a class of quasi-crystals [J]. Ergodic Theory Dynam. Systems, 2011, 31(6): 1669-1695.
[61] Fischer S, Exner A, Zielske K, et al. Colloidal quasicrystals with 12-fold and 18-fold symmery [J]. Proc. Nat. Acad. Sci., 2011, 108(5): 1810-1814.
[62] Denton A R, Loewen H. Stability of colloidal quasicrystals [J]. Phys. Rev. Lett., 1998, 81(2): 469-472.
[63] Zeng X, Ungar G, Liu Y S, et al. Supermolecular dentritic liquid quasicrystals [J]. Nature, 2004, 428: 157-160.
[64] Takano K. A mesoscopic Archimedian tiling having a complexity in polymeric stars [J]. J. Polym. Sci. Pol. Phys., 2005, 43(18): 2427-2432.
[65] Hayashida K, Dotera T, Takano A, et al. Polymeric quasicrystal: Mesoscopic quasicrystalline tiling in ABC star polymers [J]. Phys. Rev. Lett., 2007, 98(19): 195502.
[66] Talapin V D. Quasicrystalline order in self-assembled binary nanoparticle superlattices [J]. Nature, 2009, 461: 964-967.

第 4 章
固体准晶弹性的物理基础

准晶（这里暂时限于固体准晶）弹性的物理背景和经典弹性的是完全不同的，这个问题的讨论将为本书后续部分提供基础。

4.1 固体准晶弹性的物理基础

固体准晶已经变成一种功能材料和结构材料，具有很多潜在的工程应用。准晶作为一种材料，其在外力、热载荷和特定的内部因素（例如位错）影响下，是可以变形的。晶体的变形在第 2 章做了讨论。现在的问题是如何刻画准晶的变形过程，如何通过数学定量描述准晶的变形行为。为了解决这些问题，考虑准晶弹性的物理背景是必要的。在这种固体相发现后不久，该研究引起了重视。事实上，准晶弹性理论并不是在传统力学的框架内产生的，它是凝聚态物理学的产物。所以，弄清楚准晶弹性的物理基础对我们极为重要。

因为准晶是一种新固体结构，对于它的弹性理论，物理学家提出了很多描述。大多数观点认为 Landau 的密度波理论（文献 [1-25]）是准晶弹性的物理基础。本章第 4.9 节将介绍这个理论。本质上，这个描述认为在准晶中存在两个位移场 u 和 w；前者类似于一般晶体，按照物理学的术语称为声子场，它的宏观力学行为在第 2 章已经讨论过了；后者是另一种位移场，命名为相位子场。相位子的名称是从无公度晶体物理学借来的。准晶中的整个位移可以表示为

$$\bar{u} = u^{\parallel} \oplus u^{\perp} = u \oplus w \tag{4.1-1}$$

其中 $\oplus$ 代表直接和；u 在物理空间，或平行空间 $E_{\parallel}^{3}$ 中；w 在补空间，或垂直空间 $E_{\perp}^{3}$ 中，它是一个"内空间"。

此外，两个位移矢量仅与物理空间中的坐标矢量 $r^{\parallel}$ 有关

$$u = u(r^{\parallel}), w = w(r^{\parallel}) \tag{4.1-2}$$

为了简便化，此后 $r^{\parallel}$ 的上标将略去。如果仅仅从准晶弹性数学理论和它的技术

应用角度出发,理解本书的后续内容只需式(4.1-1)和式(4.1-2)便已足够。如果读者希望更深入地了解准晶声子场和相位子场的物理背景,建议阅读本章的附录(即第4.9节),它完全超出了经典力学的范畴,它是凝聚态物理学的对称性破缺原理的产物。

有了式(4.1-1)、式(4.1-2),以及物理学中的一些基本守恒定律和对称性破缺原理,准晶弹性连续介质模型的宏观基础基本上能够建立起来,在某种程度上,这些讨论是第2章理论本质性的全新发展,它将在后面的各节中展开。

4.2 变形张量

第2章引入了处于相对位移的声子场变形(即刚体平移和转动不导致变形),如下式表示

$$d\boldsymbol{u} = \boldsymbol{u}' - \boldsymbol{u}$$

如果建立一个正交坐标系 (x_1, x_2, x_3) 或 (x, y, z),那么得到 $\boldsymbol{u} = (u_x, u_y, u_z) = (u_1, u_2, u_3)$,并且有

$$du_i = \frac{\partial u_i}{\partial x_j} dx_j \tag{4.2-1}$$

其中 $\partial u_i / \partial x_j$ 表示矢量 $\boldsymbol{u}$ 的梯度。它也能表示为

$$\nabla \boldsymbol{u} = \frac{\partial u_i}{\partial x_j} = \begin{bmatrix} \dfrac{\partial u_x}{\partial x} & \dfrac{\partial u_x}{\partial y} & \dfrac{\partial u_x}{\partial z} \\ \dfrac{\partial u_y}{\partial x} & \dfrac{\partial u_y}{\partial y} & \dfrac{\partial u_y}{\partial z} \\ \dfrac{\partial u_z}{\partial x} & \dfrac{\partial u_y}{\partial y} & \dfrac{\partial u_y}{\partial z} \end{bmatrix} \tag{4.2-2}$$

和

$$\begin{bmatrix} \dfrac{\partial u_x}{\partial x} & \dfrac{\partial u_x}{\partial y} & \dfrac{\partial u_x}{\partial z} \\ \dfrac{\partial u_y}{\partial x} & \dfrac{\partial u_y}{\partial y} & \dfrac{\partial u_y}{\partial z} \\ \dfrac{\partial u_z}{\partial x} & \dfrac{\partial u_z}{\partial y} & \dfrac{\partial u_z}{\partial z} \end{bmatrix} = \begin{bmatrix} \dfrac{\partial u_x}{\partial x} & \dfrac{1}{2}\left(\dfrac{\partial u_x}{\partial y} + \dfrac{\partial u_y}{\partial x}\right) & \dfrac{1}{2}\left(\dfrac{\partial u_x}{\partial z} + \dfrac{\partial u_z}{\partial x}\right) \\ \dfrac{1}{2}\left(\dfrac{\partial u_x}{\partial y} + \dfrac{\partial u_y}{\partial x}\right) & \dfrac{\partial u_y}{\partial y} & \dfrac{1}{2}\left(\dfrac{\partial u_y}{\partial z} + \dfrac{\partial u_z}{\partial y}\right) \\ \dfrac{1}{2}\left(\dfrac{\partial u_x}{\partial z} + \dfrac{\partial u_z}{\partial x}\right) & \dfrac{1}{2}\left(\dfrac{\partial u_y}{\partial z} + \dfrac{\partial u_z}{\partial y}\right) & \dfrac{\partial u_z}{\partial z} \end{bmatrix} +$$

$$\begin{bmatrix} 0 & -\frac{1}{2}\left(\frac{\partial u_y}{\partial x} - \frac{\partial u_x}{\partial y}\right) & -\frac{1}{2}\left(\frac{\partial u_z}{\partial x} - \frac{\partial u_x}{\partial z}\right) \\ -\frac{1}{2}\left(\frac{\partial u_x}{\partial y} - \frac{\partial u_y}{\partial x}\right) & 0 & -\frac{1}{2}\left(\frac{\partial u_z}{\partial y} - \frac{\partial u_y}{\partial z}\right) \\ -\frac{1}{2}\left(\frac{\partial u_x}{\partial z} - \frac{\partial u_z}{\partial x}\right) & -\frac{1}{2}\left(\frac{\partial u_y}{\partial z} - \frac{\partial u_z}{\partial y}\right) & 0 \end{bmatrix}$$

$$= \frac{1}{2}\left(\frac{\partial u_i}{\partial x_j} + \frac{\partial u_j}{\partial x_i}\right) - \frac{1}{2}\left(\frac{\partial u_j}{\partial x_i} - \frac{\partial u_i}{\partial x_j}\right) = \varepsilon_{ij} + \omega_{ij}$$

$$\varepsilon_{ij} = \frac{1}{2}\left(\frac{\partial u_i}{\partial x_j} + \frac{\partial u_j}{\partial x_i}\right) \tag{4.2-3}$$

$$\omega_{ij} = \frac{1}{2}\left(\frac{\partial u_i}{\partial x_j} - \frac{\partial u_j}{\partial x_i}\right) \tag{4.2-4}$$

这意味着声子矢量 $\boldsymbol{u}$ 的梯度能被分解为 ε_{ij} 和 ω_{ij} 两部分，其中 ε_{ij} 和变形能有关，ω_{ij} 代表一种刚体转动。我们仅仅考虑 ε_{ij}，它是声子变形张量或应变张量，具有对称性：$\varepsilon_{ij} = \varepsilon_{ji}$。

类似对于相位子场，有

$$\mathrm{d}w_i = \frac{\partial w_i}{\partial x_j} \mathrm{d}x_j \tag{4.2-5}$$

和

$$\nabla \boldsymbol{w} = \frac{\partial w_i}{\partial x_j} = \begin{bmatrix} \frac{\partial w_x}{\partial x} & \frac{\partial w_x}{\partial y} & \frac{\partial w_x}{\partial z} \\ \frac{\partial w_y}{\partial x} & \frac{\partial w_y}{\partial y} & \frac{\partial w_y}{\partial z} \\ \frac{\partial w_z}{\partial x} & \frac{\partial w_z}{\partial y} & \frac{\partial w_z}{\partial z} \end{bmatrix} \tag{4.2-6}$$

尽管它能被解耦为对称和非对称部分，但是所有分量 $\frac{\partial w_i}{\partial x_j}$ 都对准晶变形有贡献，相位子变形张量或相位子应变张量定义为

$$w_{ij} = \frac{\partial w_i}{\partial x_j} \tag{4.2-7}$$

它为非对称的，即 $w_{ij} \neq w_{ji}$，描述一个晶胞中的原子局部重排（或形象地说成

Penrose 拼砌的局部重排）。

由式（4.2-3）给出的 ε_{ij} 和由式（4.2-7）给出的 w_{ij} 不同之处在于分别起源于声子模式和相位子模式的物理性质。这也能用群论来解释，即，大部分准晶系在一些对称变换下服从点群不同的不可约表示（不可约表示的意义见第 1 章附录的群论部分），除了三维立方准晶系，细节在这里略去。

对于三维立方准晶，相位子模式呈现和声子模式一样的行为，将在第 9 章对它们做专门的讨论。

4.3 应力张量和运动方程

位移场 w 的梯度表示准晶中一个晶胞中的原子局部重排。当原子在晶胞中做局部重排时，要使原子突破阻碍，外部力是必要的。即，对于准晶的变形，存在不同于传统体积力密度 f 和面积力密度 T 的另外一种体积力密度和面积力密度，命名为广义体积力密度 g 和广义面积力密度 h。

首先，考虑静态情形。

用 σ_{ij} 表示与 ε_{ij} 相应的声子应力张量，用 H_{ij} 表示与 w_{ij} 相应的相位子应力张量，基于动量守恒定律，有下面的平衡方程

$$\left.\begin{array}{l}\dfrac{\partial \sigma_{ij}}{\partial x_j}+f_i=0\\[2mm]\dfrac{\partial H_{ij}}{\partial x_j}+g_i=0\end{array}\right\}\quad (x,y,z)\in D \qquad (4.3\text{-}1)$$

对声子场应用角动量守恒定律

$$\frac{\mathrm{d}}{\mathrm{d}t}\int_D r^{\parallel}\times\rho\dot{u}\mathrm{d}\Omega=\int_D r^{\parallel}\times f\mathrm{d}\Omega+\int_S r^{\parallel}\times T\mathrm{d}S \qquad (4.3\text{-}2)$$

同时运用 Gauss 定理，得到

$$\sigma_{ij}=\sigma_{ji} \qquad (4.3\text{-}3)$$

这表明声子场应力张量是对称的。

因为矢量 $r^{\parallel}$ 和 $w(g,h)$ 在不同的点群表示下变换，更准确地说，前者像位置矢量那样变化，但是后者却不是，矢量积（叉积）表示 $r^{\parallel}\times w$、$r^{\parallel}\times g$ 和 $r^{\parallel}\times h$ 无定义。这意味着对于相位子应力场不存在类似式（4.3-2）那样的方程，所以它不是对称张量，即

$$H_{ij}\neq H_{ji} \qquad (4.3\text{-}4)$$

这个结论对目前发现的除了三维立方准晶之外的所有固体准晶系都成立。

对于动态情形，变形过程相当复杂，存在很多不同的观点。Lubensky 等人[5]认为声子模式和相位子模式在六维流体动力学扮演不同的角色，它们的物理本质是不同的，声子代表波传播，而相位子代表扩散。Dolinsek 等人[22,23]更进一步发展了 Lubensky 等人的观点，同时提出了相位子动力学中原子跳跃或翻转的概念。但是根据 Bak 的观点[1,2]，相位子描述了准晶中特定结构涨落，同时，它能够用一个六维空间来描述。由于有六个连续对称性，所以存在六个流体动力振动模式。下面分别基于 Bak 和 Lubensky 等人的观点，我们给出弹性动力学的一个简短的介绍。

基于动量守恒定律，丁棣华等[26]和胡承正等[16]得到

$$\left.\begin{array}{l}\dfrac{\partial \sigma_{ij}}{\partial x_j}+f_i=\rho\dfrac{\partial^2 u_i}{\partial t^2}\\ \dfrac{\partial H_{ij}}{\partial x_j}+g_i=\rho\dfrac{\partial^2 w_i}{\partial t^2}\end{array}\right\}\quad (x,y,z)\in D, t>0 \quad (4.3\text{-}5)$$

我们认为这是遵循 Bak 观点的产物，其中 ρ 为准晶的密度。

如果按照 Lubensky 等人的观点，不能得到式（4.3-5），取代它的是

$$\left.\begin{array}{l}\dfrac{\partial \sigma_{ij}}{\partial x_j}+f_i=\rho\dfrac{\partial^2 u_i}{\partial t^2}\\ \dfrac{\partial H_{ij}}{\partial x_j}+g_i=\kappa\dfrac{\partial w_i}{\partial t}\end{array}\right\}\quad (x,y,z)\in D, t>0 \quad (4.3\text{-}6)$$

其中 $\kappa=1/\varGamma_w$，$\varGamma_w$ 为相位子场耗散系数。这些方程由范天佑等人[27]以及 Rochal 与 Norman[28] 给出，在线性情况下并且忽略流体速度场，它们和 Lubensky 等人[5]的准晶流体动力学是一致的。基于 Landau 对称性破缺原理，Lubensky 等人发展了固体准晶的流体动力学（Hydrodynamics）的理论，给出了它们的非线性方程，因此，式（4.3-6）被视为准晶的弹性-/流体-动力学的简化的线性化方程。特别地，式（4.3-6）的第二个方程提出了相位子自由度运动在动态过程中的耗散（迟豫）效应，它在热力学上是不可逆的。

准晶的动力学是一个巨大的挑战，参见文献 [28-30]，更详细的讨论见第 10 章、第 16 章、第 19 章以及主附录Ⅲ的全面介绍。

4.4 自由能和弹性常数

考虑准晶的自由能密度或应变能密度 $F(\varepsilon_{ij},w_{ij})$，它的一般表达式能够得到。我们在 $\varepsilon_{ij}=0$ 和 $w_{ij}=0$ 邻域做 Taylor 展开，且只保留到 2 阶项，那么

$$F(\varepsilon_{ij}, w_{ij}) = \frac{1}{2}\left[\frac{\partial^2 F}{\partial \varepsilon_{ij} \partial \varepsilon_{kl}}\right]_0 \varepsilon_{ij}\varepsilon_{kl} + \frac{1}{2}\left[\frac{\partial^2 F}{\partial \varepsilon_{ij} \partial w_{kl}}\right]_0 \varepsilon_{ij}w_{kl} + \frac{1}{2}\left[\frac{\partial^2 F}{\partial w_{ij} \partial w_{kl}}\right]_0 w_{ij}w_{kl} +$$
$$\frac{1}{2}\left[\frac{\partial^2 F}{\partial w_{ij} \partial \varepsilon_{kl}}\right]_0 w_{ij}\varepsilon_{kl} = \frac{1}{2}C_{ijkl}\varepsilon_{ij}\varepsilon_{kl} + \frac{1}{2}R_{ijkl}\varepsilon_{ij}w_{kl} + \frac{1}{2}K_{ijkl}w_{ij}w_{kl} + \frac{1}{2}R'_{ijkl}w_{ij}\varepsilon_{kl}$$
$$= F_u + F_w + F_{uw}$$

(4.4-1)

其中 F_u，F_w 和 F_{uw} 分别代表自由能密度中声子的贡献、相位子贡献、声子-相位子耦合贡献的部分，且

$$C_{ijkl} = \left[\frac{\partial^2 F}{\partial \varepsilon_{ij} \partial \varepsilon_{kl}}\right]_0 \tag{4.4-2}$$

是声子弹性常数张量，在第 2 章已经讨论过，这里

$$C_{ijkl} = C_{klij} = C_{jikl} = C_{ijlk} \tag{4.4-3}$$

这个张量可表示成一个对称矩阵 $\boldsymbol{C}_{9\times9}$。

在式（4.4-1）中，另一个张量为

$$K_{ijkl} = \left[\frac{\partial^2 F}{\partial w_{ij} \partial w_{kl}}\right]_0 \tag{4.4-4}$$

其中指标 j, l 属于空间 $E_\parallel^3$，i, k 属于空间 $E_\perp^3$，并有

$$K_{ijkl} = K_{klij} \tag{4.4-5}$$

K_{ijkl} 所有的分量也能表示成一个对称矩阵 $\boldsymbol{K}_{9\times9}$。

此外，

$$R_{ijkl} = \left[\frac{\partial^2 F}{\partial \varepsilon_{ij} \partial w_{kl}}\right]_0 \tag{4.4-6}$$

$$R'_{ijkl} = \left[\frac{\partial^2 F}{\partial w_{ij} \partial \varepsilon_{kl}}\right]_0 \tag{4.4-7}$$

为声子-相位子耦合弹性常数。值得注意的是，指标 i, j, l 属于空间 $E_\parallel^3$，k 属于空间 $E_\perp^3$，并有

$$R_{ijkl} = R_{jikl}, \quad R'_{ijkl} = R_{klij}, \quad R'_{klij} = R_{ijkl} \tag{4.4-8}$$

但

$$R_{ijkl} \neq R_{klij}, \quad R'_{ijkl} \neq R'_{klij} \tag{4.4-9}$$

它们所有的分量都可表示成对称矩阵

$$\boldsymbol{R}_{9\times 9}, \quad \boldsymbol{R}'_{9\times 9}$$

且有

$$\boldsymbol{R}^{\mathrm{T}} = \boldsymbol{R}' \tag{4.4-10}$$

其中 T 表示转置算子。四个矩阵 $\boldsymbol{C}$，$\boldsymbol{K}$，$\boldsymbol{R}$ 和 $\boldsymbol{R}'$ 构成了一个 18×18 阶的矩阵

$$\boldsymbol{C},\boldsymbol{K},\boldsymbol{R} = \begin{bmatrix} \boldsymbol{C} & \boldsymbol{R} \\ \boldsymbol{R}' & \boldsymbol{K} \end{bmatrix} = \begin{bmatrix} \boldsymbol{C} & \boldsymbol{R} \\ \boldsymbol{R}^{\mathrm{T}} & \boldsymbol{K} \end{bmatrix} \tag{4.4-11}$$

如果用 18 个元素的行向量表示应变张量，即

$$[\varepsilon_{ij}\ w_{ij}] = [\varepsilon_{11}\ \varepsilon_{22}\ \varepsilon_{33}\ \varepsilon_{23}\ \varepsilon_{31}\ \varepsilon_{12}\ \varepsilon_{32}\ \varepsilon_{13}\ \varepsilon_{21}\ w_{11}\ w_{22}\ w_{33}\ w_{23}\ w_{31}\ w_{12}\ w_{32}\ w_{13}\ w_{21}] \tag{4.4-12}$$

其转置表示一个列向量，那么自由能密度（应变能密度）可表示为

$$F = \frac{1}{2}\begin{bmatrix} \varepsilon_{ij} & w_{ij}\end{bmatrix}\begin{bmatrix} \boldsymbol{C} & \boldsymbol{R} \\ \boldsymbol{R}^{\mathrm{T}} & \boldsymbol{K} \end{bmatrix}\begin{bmatrix} \varepsilon_{ij} & w_{ij}\end{bmatrix}^{\mathrm{T}} \tag{4.4-13}$$

这和式 (4.4-1) 的表示是一致的。

4.5 广义 Hooke 定律

为了建立准晶的弹性理论，必须确定其位移场和应力场，这就要求我们建立应变和应力之间的联系，这便是准晶材料的广义 Hooke 定律。从自由能密度表达式 (4.4-1) 或式 (4.4-13) 出发，有

$$\begin{aligned}\sigma_{ij} &= \frac{\partial F}{\partial \varepsilon_{ij}} = C_{ijkl}\varepsilon_{kl} + R_{ijkl}w_{kl} \\ H_{ij} &= \frac{\partial F}{\partial w_{ij}} = K_{ijkl}w_{kl} + R_{klij}\varepsilon_{kl}\end{aligned} \tag{4.5-1}$$

或者有其矩阵形式

$$\begin{bmatrix} \sigma_{ij} \\ H_{ij} \end{bmatrix} = \begin{bmatrix} \boldsymbol{C} & \boldsymbol{R} \\ \boldsymbol{R}^{\mathrm{T}} & \boldsymbol{K} \end{bmatrix}\begin{bmatrix} \varepsilon_{ij} \\ w_{ij} \end{bmatrix} \tag{4.5-2}$$

其中

$$\begin{bmatrix} \sigma_{ij} \\ H_{ij} \end{bmatrix} = \begin{bmatrix} \sigma_{ij} & H_{ij} \end{bmatrix}^{\mathrm{T}}$$

$$\begin{bmatrix} \varepsilon_{ij} \\ w_{ij} \end{bmatrix} = \begin{bmatrix} \varepsilon_{ij} & w_{ij} \end{bmatrix}^{\mathrm{T}} \tag{4.5-3}$$

4.6 边界条件和初始条件

上面的公式对准晶弹性基本法则进行了描述，也为理论研究和工程应用的实现提供了一种方法，这些公式对于材料内部是成立的，即 $(x,y,z) \in D$，其中 (x,y,z) 表示内部任意一点的坐标，且 D 表示材料本身。这些公式能被归纳为一些偏微分方程。为了求解它们，必须要知道场变量在区域 D 的边界 S 上的情况，没有边界上的合适信息，所得的解没有任何物理意义。根据实际情况，边界 S 由 S_t 和 S_u 两部分组成，即 $S = S_t + S_u$，在 S_t 上给出面力，在 S_u 上给出位移。对于前种情形

$$\left. \begin{array}{l} \sigma_{ij}n_j = T_i \\ H_{ij}n_j = h_i \end{array} \right\} \quad (x,y,z) \in S_t \quad (4.6\text{-}1)$$

其中 n_j 表示 S 上任一点的外单位法向量；T_i 和 h_i 为面力和广义面力向量，它们为边界上的给定函数。式（4.6-1）称为应力边界条件。对于后一种情形

$$\left. \begin{array}{l} u_i = \bar{u}_i \\ w_i = \bar{w}_i \end{array} \right\} \quad (x,y,z) \in S_u \quad (4.6\text{-}2)$$

其中 $\bar{u}_i$ 和 $\bar{w}_i$ 为边界上的已知函数。式（4.6-2）称为位移边界条件。

如果 $S = S_t$（即 $S_u = 0$），在边界条件（4.6-1）下求解问题（4.2-3），（4.2-7），（4.3-1）和（4.5-1），称为应力边值问题。而 $S = S_u$（即 $S_t = 0$），在边界条件（4.6-2）下求解问题（4.2-3），（4.2-7），（4.3-1）和（4.5-1），称为位移边值问题。如果 $S = S_t + S_u$，同时 $S_t \neq 0$，$S_u \neq 0$，在边界条件（4.6-1）和（4.6-2）下求解式（4.2-3），（4.2-7），（4.3-1）和（4.5-1），称为混合边值问题。

对于动态问题，除了边界条件（4.6-1）和（4.6-2）外，如果选取波动方程（4.3-5）与式（4.2-3），（4.2-7）和（4.5-1），必须给定初值条件：

$$\left. \begin{array}{l} u_i(x,y,z,0) = u_{i0}(x,y,z), \dot{u}_i(x,y,z,0) = \dot{u}_{i0}(x,y,z) \\ w_i(x,y,z,0) = w_{i0}(x,y,z), \dot{w}_i(x,y,z,0) = \dot{w}_{i0}(x,y,z) \end{array} \right\} (x,y,z) \in D \quad (4.6\text{-}3)$$

其中 $u_{i0}(x,y,z,0)$，$\dot{u}_{i0}(x,y,z,0)$，$w_{i0}(x,y,z,0)$ 和 $\dot{w}_{i0}(x,y,z,0)$ 是已知函数；$\dot{u}_i = \dfrac{\partial u_i}{\partial t}$。这种情况下问题称为初值–边值问题。

如果选取波动与扩散联立的式（4.3-6）和（4.2-3），（4.2-7）和（4.5-1），初值条件为

$$\left. \begin{array}{l} u_i(x,y,z,0) = u_{i0}(x,y,z), \dot{u}_i(x,y,z,0) = \dot{u}_{i0}(x,y,z) \\ w_i(x,y,z,0) = w_{i0}(x,y,z) \end{array} \right\} (x,y,z) \in D \quad (4.6\text{-}4)$$

这也是一个初值–边值问题，但是和上一个很不相同。

4.7 准晶相关常数的简短介绍

在上面的讨论中，我们发现准晶具有和晶体不同的性质。联系到这些，这种固体的材料常数应该和晶体及其他传统结构材料不同，出现在以上基本方程中的常数的数值是十分有趣的。这里从概念的角度做简单的介绍，以帮助读者了解。更详细的介绍将在第 6 章、第 9 章和第 10 章给出。

准晶材料常数的测定是困难的，但是，近年来实验技术的进步改变了这种情况。由于准晶中二十面体和十次对称准晶占大多数，测定所得的数据主要集中于这两种固体相。

对于二十面体准晶，独立的非零声子弹性常数 C_{ij} 分量仅有 λ 和 μ，相位子弹性常数 K_{ij} 仅有 K_1 和 K_2，且声子–相位子耦合弹性常数 R_{ij} 仅有 R。对于最重要的二十面体 Al-Pd-Mn 准晶，测定的数据包括质量密度和相位子场耗散系数[31, 32]：

$\rho = 5.1 \text{ g/cm}^3, \lambda = 74.9, \mu = 72.4 \text{ GPa}, K_1 = 72, K_2 = -37 \text{ MPa}, R \approx 0.01\mu,$
$\Gamma_w = 4.8 \times 10^{-19} \text{ m}^3 \cdot \text{s/kg} = 4.8 \times 10^{-10} \text{ cm}^3 \cdot \mu\text{s/g}$

对于二维十次对称准晶，独立的非零声子弹性常数分量仅有 $C_{11}, C_{33}, C_{44}, C_{12}, C_{13}$ 和 $C_{66} = (C_{11} - C_{12})/2$，相位子弹性常数仅有 K_1, K_2, K_3，声子–相位子耦合弹性常数仅有 R_1, R_2。对于十次对称 Al-Ni-Co 准晶，测得的数据为[31]

$\rho = 4.186 \text{ g/cm}^3, C_{11} = 234.3, C_{33} = 232.22, C_{44} = 70.19, C_{12} = 57.41,$
$C_{13} = 66.63 \text{ GPa}, R_1 = -1.1, |R_2| < 0.2 \text{ GPa}$

对于 K_1, K_2 等没有测得的数据，可以通过 Monte-Carlo 模拟获得这些数据，可取二十面体准晶相应的值。此外，十次对称 Al-Ni-Co 准晶退火前拉伸极限应力为 $\sigma_c = 450$ MPa，退火后为 $\sigma_c = 550$ MPa。十次对称 Al-Ni-Co 准晶的硬度为 4.10 GPa[33, 34]，其断裂韧性为 $1.0 \sim 1.2 \text{ MPa}\sqrt{\text{m}}$ [33]。

有了这些基本数据，便可进行静态和动态的应力分析计算。

4.8 小结和边值或初值–边值问题的数学可解性

对于静态平衡问题，其数学公式为

$$\frac{\partial \sigma_{ij}}{\partial x_j} + f_i = 0, \frac{\partial H_{ij}}{\partial x_j} + h_i = 0 \quad x_i \in D \qquad (4.8\text{-}1)$$

$$\varepsilon_{ij} = \frac{1}{2}\left(\frac{\partial u_i}{\partial x_j} + \frac{\partial u_j}{\partial x_i}\right), w_{ij} = \frac{\partial w_i}{\partial x_j} \quad x_i \in D \quad (4.8\text{-}2)$$

$$\left.\begin{array}{l}\sigma_{ij} = C_{ijkl}\varepsilon_{kl} + R_{ijkl}w_{kl} \\ H_{ij} = K_{ijkl}w_{kl} + R_{klij}\varepsilon_{kl}\end{array}\right\} x_i \in D \quad (4.8\text{-}3)$$

$$\sigma_{ij}n_j = T_i, H_{ij}n_j = h_i \quad x_i \in S_t \quad (4.8\text{-}4)$$

$$u_i = \overline{u}_i, w_i = \overline{w}_i \quad x_i \in S_u \quad (4.8\text{-}5)$$

对于动态问题，基于 Bak 的观点，其数学公式为

$$\frac{\partial \sigma_{ij}}{\partial x_j} + f_i = \rho \frac{\partial^2 u_i}{\partial t^2}, \frac{\partial H_{ij}}{\partial x_j} + g_i = \rho \frac{\partial^2 w_i}{\partial t^2} \quad x_i \in D, t > 0 \quad (4.8\text{-}6)$$

$$\varepsilon_{ij} = \frac{1}{2}\left(\frac{\partial u_i}{\partial x_j} + \frac{\partial u_j}{\partial x_i}\right), w_{ij} = \frac{\partial w_i}{\partial x_j} \quad x_i \in D, t > 0 \quad (4.8\text{-}7)$$

$$\left.\begin{array}{l}\sigma_{ij} = C_{ijkl}\varepsilon_{kl} + R_{ijkl}w_{kl} \\ H_{ij} = K_{ijkl}w_{kl} + R_{klij}\varepsilon_{kl}\end{array}\right\} x_i \in D, t > 0 \quad (4.8\text{-}8)$$

$$\sigma_{ij}n_j = T_i, H_{ij}n_j = h_i \quad x_i \in S_t, t > 0 \quad (4.8\text{-}9)$$

$$u_i = \overline{u}_i, w_i = \overline{w}_i \quad x_i \in S_u, t > 0 \quad (4.8\text{-}10)$$

$$u_i\big|_{t=0} = u_{i0}, \dot{u}_i\big|_{t=0} = \dot{u}_{i0}, w_i\big|_{t=0} = w_{i0}, \dot{w}_i\big|_{t=0} = \dot{w}_{i0} \quad x_i \in D \quad (4.8\text{-}11)$$

对于动态问题，基于 Lubensky 等人的观点，其数学公式为

$$\frac{\partial \sigma_{ij}}{\partial x_j} + f_i = \rho \frac{\partial^2 u_i}{\partial^2 t}, \frac{\partial H_{ij}}{\partial x_j} + h_i = \kappa \frac{\partial w_i}{\partial t}, \kappa = \frac{1}{\Gamma_w} \quad x_i \in D, t > 0 \quad (4.8\text{-}12)$$

$$\varepsilon_{ij} = \frac{1}{2}\left(\frac{\partial u_i}{\partial x_j} + \frac{\partial u_j}{\partial x_i}\right), w_{ij} = \frac{\partial w_i}{\partial x_j} \quad x_i \in D, t > 0 \quad (4.8\text{-}13)$$

$$\left.\begin{array}{l}\sigma_{ij} = C_{ijkl}\varepsilon_{kl} + R_{ijkl}w_{kl} \\ H_{ij} = K_{ijkl}w_{kl} + R_{klij}\varepsilon_{kl}\end{array}\right\} x_i \in D, t > 0 \quad (4.8\text{-}14)$$

$$\sigma_{ij}n_j = T_j, H_{ij}n_j = h_i \quad x_i \in S_t, t > 0 \quad (4.8\text{-}15)$$

$$u_i = \overline{u}_i, w_i = \overline{w}_i \quad x_i \in S_u, t > 0 \quad (4.8\text{-}16)$$

$$u_i\big|_{t=0} = u_{i0}, \dot{u}_i\big|_{t=0} = \dot{u}_{i0}, w_i\big|_{t=0} = w_{i0} \quad x_i \in D \quad (4.8\text{-}17)$$

满足所有方程和相应初始条件及边界条件的解才是准晶弹性数学上的适定解，并且具有物理意义。

准晶弹性解的存在性和唯一性将在第 13 章中进行更深入的讨论。

4.9 第 4 章附录:基于 Landau 密度波理论的准晶弹性物理基础的描述

在第 4.1 节中,我们给出式(4.1-1)为准晶弹性的物理基础,没有讨论其深刻的物理源由,这是因为要涉及十分复杂的背景,这对初学者而言,在阅读第 4.2~4.8 节之前,这些内容并不是最需要的。在阅读第 4.2~4.8 节之后,进一步学习其物理背景是有益的。我们建议读者先阅读第 1.5 节(第 1 章的附录)。

第 3 章指出准晶属于凝聚态物理学的科目而不是传统的固态物理学的内容,尽管前者来源于后者的。在发展中,对称性破缺原理形成凝聚态物理学的范式。根据物理学家的理解,虽然准晶弹性也有一些其他的描述,例如基于 Penrose 拼砌的单胞描述,但普遍认为 Landau 密度波描述是一个自然的选择。现在的困难在于,其他学科的读者不是很熟悉 Landau 理论及相关论题。出于这个原因,我们在第 1 章附录中介绍了 Landau 理论(即第 1.5 节中,对无公度相晶体也做了介绍,尽管它和 Landau 理论无关),且在第 3.1 节介绍了 Penrose 拼砌。这些重要的物理学和数学结果可以帮助我们理解准晶的弹性。

发现准晶后,Bak[1]立即发表了其弹性理论,在文章中,他采用了上面提到的物理和数学中三个重要的结果,但是核心是 Landau 元激发理论和凝聚态物质的对称性破缺原理。Bak[1,2]也指出,理想情况下,要想用第一性原理来解释这个结构,可进一步考虑构成原子的实际电子性质。这样的计算目前几乎不可能。因此,他建议采用 Landau 的唯象理论[3],即对称性破缺原理。连续相变的序参量描述的凝聚态物质,相对于具有高度平移和旋转对称性的流体,准晶发生了对称性破缺。根据 Landau 的理论,准晶的序参量是密度波在倒格矢空间展式的波矢(确切地说,是波矢幅值的模)。有序的密度,对低温 d 维准晶,能表示为一个 Fourier 级数(1.5~5)(Fourier 展开存在,因为在高维空间的倒格子中,准晶晶格具有周期性)

$$\rho(r) = \sum_{G \in L_R} \rho_G \exp\{iG \cdot r\} = \sum_{G \in L_R} |\rho_G| \exp\{-i\Phi_G + iG \cdot r\} \qquad (4.9\text{-}1)$$

其中 G 为倒格矢;L_R 为倒格子(倒格矢和倒格子的概念可以参考第 1 章);幅度 ρ_G 为一个复数

$$\rho_G = |\rho_G| e^{-i\Phi_G} \qquad (4.9\text{-}2)$$

其模为 $|\rho_G|$,相位角为 Φ_G。由于 $\rho(r)$ 是实数,则有 $|\rho_G| = |\rho_{-G}|$ 和 $\Phi_G = -\Phi_{-G}$。

如果存在 N 个基矢量 $\{G_n\}$,则每个 $G \in L_R$,能够用整数 m_n 写成 $\sum m_n G_n$。

此外，$N=kd$，其中 k 为 d 维准晶中互为无公度的矢量的数目。一般 $k=2$（注意在第 17 章和第 19 章，出现 $k=3$ 的情形）。一种方便的参数化的相位角由下式给出

$$\Phi_n = \boldsymbol{G}_n^{\parallel} \cdot \boldsymbol{u} + \boldsymbol{G}_n^{\perp} \cdot \boldsymbol{w} \tag{4.9-3}$$

其中 $\boldsymbol{u}$ 能像传统晶体的声子那样理解，而 $\boldsymbol{w}$ 应理解为准晶中的相位子自由度，它描述基于 Penrose 拼砌的晶胞中的局部重排。它们都仅是物理空间的位置矢量的函数，其中 $\boldsymbol{G}_n^{\parallel}$ 为刚才所提到的物理空间 $E_{\parallel}^3$ 的倒格矢，而 $\boldsymbol{G}_n^{\perp}$ 是垂直空间 $E_{\perp}^3$ 中与 $\boldsymbol{G}_n^{\parallel}$ 共轭的矢量。人们会发现，上面所提到的 Bak 的假设是第 1.5 节介绍的 Anderson 理论的一个逻辑的发展。

几乎同时，Levine 等[4]、Lubensky 等[5-8]、Kalugin 等[9]、Torian 和 Mermin[10]、Jaric[11]、Duneau 和 Katz[12]、Socolar 等[13]、Gahler 和 Phyner[14] 也对准晶的弹性做了研究。尽管这些研究者从不同的描述出发对准晶弹性做了相关研究，例如基于 Penrose 拼砌的单胞描述，但是基于对称性破缺的 Landau 唯象理论的密度波描述扮演了主要角色且得到了广泛认可。这就意味着准晶中存在两个低能元激发：声子 $\boldsymbol{u}$ 和相位子 $\boldsymbol{w}$。其中矢量 $\boldsymbol{u}$ 处于平行空间 $E_{\parallel}^3$ 中，矢量 $\boldsymbol{w}$ 处于垂直空间 $E_{\perp}^3$ 中。因此，准晶的整个位移场为

$$\bar{\boldsymbol{u}} = \boldsymbol{u}^{\parallel} \oplus \boldsymbol{u}^{\perp} = \boldsymbol{u} \oplus \boldsymbol{w}$$

这就是式（4.1-1），其中 $\oplus$ 代表直接和。

根据 Bak 等人的观点

$$\boldsymbol{u} = \boldsymbol{u}(\boldsymbol{r}^{\parallel}), \boldsymbol{w} = \boldsymbol{w}(\boldsymbol{r}^{\parallel})$$

即，$\boldsymbol{u}$ 和 $\boldsymbol{w}$ 仅依靠平行空间 $E_{\parallel}^3$ 中的矢径 $\boldsymbol{r}^{\parallel}$，这就是式（4.1-2）。为方便起见，在第 4.2～4.8 节中，矢径 $\boldsymbol{r}^{\parallel}$ 的上指标被略去了。

即使像这样引进 $\boldsymbol{u}$ 和 $\boldsymbol{w}$，相位子的概念还是很难被读者接受。以下将根据投影的概念做一些额外的解释。

我们原来说过，三维空间中的准晶可以被视为高维空间的周期结构的一个投影。例如，物理空间中的一维准晶可以被视为四维空间中周期晶体向物理空间的一个投影，在一维准晶中，原子排列仅在一个方向为准周期的，假设为 z 轴方向，而在另外两个方向是周期的。原子排列的周期轴能被视为图 4.9-1（a）所示的二维周期晶体的一个投影，其中的点构成二维，即正方形，具有无理数斜率的线和准周期结构对应（相反地，如果斜率为有理数，则和周期结构对应）。为此，可以使用所谓的 Fibonacci 数列，它由一个长段 L 和一个短段 S 构成（其几何描述如图 4.9-1（b）所示），即

$$F_{n+1} = F_n + F_{n-1}$$

和

$$F_0 : S$$
$$F_1 : L$$
$$F_2 : LS$$
$$F_3 : LSL$$
$$F_4 : LSLLS$$

(a)

(b)

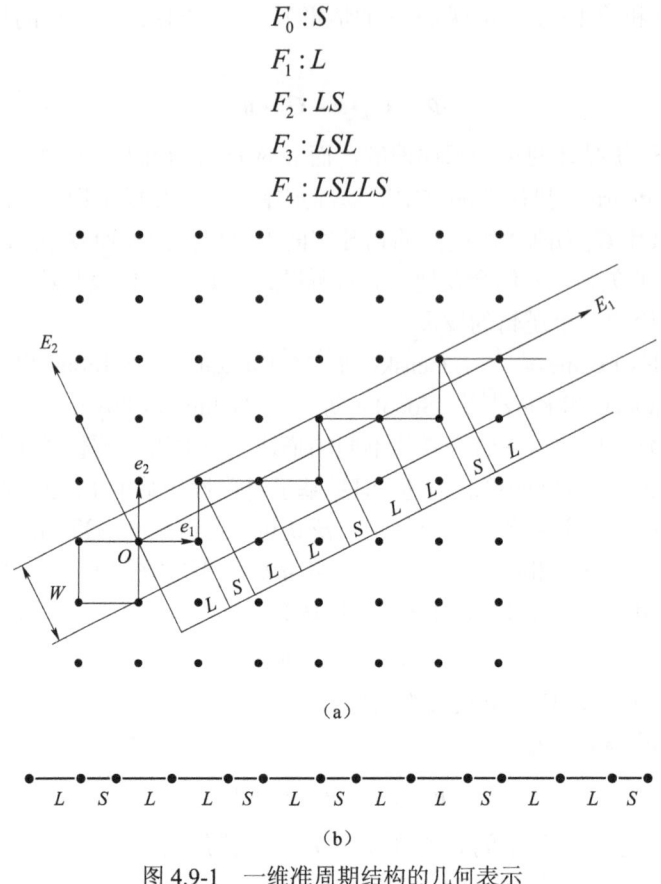

图 4.9-1　一维准周期结构的几何表示

(a) 二维晶体的一个投影可以生成一维准周期结构；(b) Fibinacci 数列

Fibinacci 数列是有序的，但是为非周期的。序列的几何表示如图 4.9-1 (a) 中轴 E_1 所示，即所谓的平行空间 $E_\parallel$，与其垂直的是所谓的垂直空间 E_2，即 $E_\perp$。

Fibonacci 数列是描述一维准周期结构几何形状的有用工具，就像 Penrose 拼砌描述二维准晶和三维准晶的几何构型一样。图 4.9-1 可以帮助我们理解内空间 $E_\perp$。对于一维准晶，图形给出了一个清楚的描述，而对于二维准晶，却不存在这样清楚的图形描述。因为准晶属于一种无公度相，并且在无公度晶体中存在相位子模式（或称相位子自由度），用 $w(r^\parallel)$ 表示，它理解为相应的新位移场。如果具备了无公度晶体方面的知识，那么就很容易理解准晶中相位子模式的来源，尽管传统无公度晶体和真实准晶不同。

出现在物理空间 $E_\parallel^3$ 中的声子变量 $u(r^\parallel)$ 代表晶格点由于晶格振动偏离其平衡位置的位移。这种振动的传播就是固体中的声波。尽管它是宏观机械运动，其能量可以量子化，其量子命名为声子（见第 1 章附录）。因此，u 场的物理术语称为声子场。u 的梯度刻画了晶胞的体积和形状的改变——这和经典弹性是一致的（参看第 2 章，以及本章前面的各小节）。

像以前提到一样，相位子变量实质上和合金的结构变换有关，可以从衍射图形的特点中观察到。Lubensky 等[5,7]和 Horn 等[15]讨论了这种现象和相位子应变之间的联系。这些深刻的观察这里不做讨论，读者可以查看胡承正等人的评论[16]。这能够使我们相信相位子模式确实存在。相位子变量的物理含义能被解释为描述一个晶胞中原子局部重排的一个量。比如晶体材料中的相变是由原子局部重排产生的。以上的准晶的单胞描述预言了 w，描述了 Penrose 拼砌的局部重排。这些发现能帮助我们理解这些不寻常场变量的含义。之后的一些中子散射、Moesburg（穆斯堡尔）波谱、核磁共振实验和比热测定，导致了热引起的相位子翻转被提出，这就是相位子扩散的本质。注意，这里所谓的扩散和金属周期晶体的扩散完全不同（金属周期晶体的扩散是晶格空位扩散，而准晶结构中的扩散不一定表现为空位扩散）。在第 10 章和第 16 章将进一步讨论这方面的问题。

必须指出的是，矢量 u 和 w 在特定的对称操作中本质上是不同的。这可以由群论来解释。这些讨论在这里略去。

参考文献

[1] Bak P. Phenomenological theory of icosahedral incommensurate ("quaisiperiodic") order in Mn-Al alloys [J]. Phys. Rev. Lett., 1985, 54(8): 1517-1519.

[2] Bak P. Symmetry, stability and elastic properties of icosahedral incommensurate crystals [J]. Phys. Rev. B, 1985, 32(9): 5764-5772.

[3] Landau L D, Lifshitz E M. Theoretical Physics V: Statistical Physics [M]. 3rd ed. New York: Pregamen Press, 1980.

[4] Levine D, Lubensky T C, Ostlund S, et al. Elasticity and dislocations in pentagonal and icosahedral quasicrystals [J]. Phys. Rev. Lett., 1985, 54(8): 1520-1523.

[5] Lubensky T C, Ramaswamy S, Nad Toner J. Hydrodynamics of icosahedral quasicrystals [J]. Phys. Rev. B, 1985 32(11): 7444-7452.

[6] Lubensky T C, Ramaswamy S, Toner J. Dislocation motion in quasicrystals

and implications for macroscopic properties [J]. Phys. Rev. B, 1986, 33(11): 7715-7719.
[7] Lubensky T C, Socolar J E S, Steinhardt P J, et al. Distortion and peak broadening in quasicrystal diffraction patterns [J]. Phys. Rev. Lett., 1986, 57(12):1440-1443.
[8] Lubensky T C. Symmetry, elasticity and hydrodynamics of quasiperiodic structures, in Introduction to Quasicrystals [M]. Boston: Academic Press, 1988.
[9] Kalugin P A, Kitaev A, Levitov L S. 6-dimensional properties of $Al_{0.86}Mn_{0.14}$alloy [J]. J. Phys. Lett., 1985, 46(13): 601-607.
[10] Torian S M, Mermin D. Mean-field theory of quasicrystalline order [J]. Phys. Rev. Lett., 1985, 54(14): 1524-1527.
[11] Jaric M V. Long-range icosahedral orientational order and quasicrystals [J]. Phys.Rev. Lett., 1985, 55(6): 607-610.
[12] Duneau M, Katz A. Quasiperiodic patterns [J]. Phys. Rev. Lett., 1985, 54(25): 2688-2691.
[13] Socolar J E S, Lubensky T C, Steinhardt P J. Phonons, phasons, and dislocations in quasicrystals [J]. Phys. Rev. B, 1986, 34(5):3345-3360.
[14] Gahler F, Rhyner J. Equivalence of the generalised grid and projection methods for the construction of quasiperiodic tilings [J]. J. Phys. A: Math. Gen, 1986, 19(2): 267-277.
[15] Horn P M, Melzfeldt W, Di Vincenzo D P, et al. Systematics of disorder in quasiperiodic material [J]. Phys.Rev. Lett., 1986, 57(12): 1444-1447.
[16] Hu C Z, Wang R H, Ding D H. Symmetry groups, physical property tensors, elasticity and dislocations in quasicrystals [J]. Rep. Prog. Phys., 2000, 63(1): 1-39.
[17] Coddens G, Bellissent R, Calvayrac Y, et al. Evidence for phason hopping in icosahedral AlFeCu quasi-crystals [J]. Europhys. Lett., 1991, 16(3): 271-276.
[18] Coddens G, Sturer W. Time-of-flight neutron-scattering study of phason hopping in decagonal Al-Co-Ni quasicrystals [J]. Phys. Rev. B, 1999, 60(1): 270-276.
[19] Coddens G, Lyonnard S, Hennion B, et al. Triple-axis neutron-scattering study of phason dynamics in Al-Mn-Pd quasicrystals [J]. Phys. Rev. B, 2000, 62(10): 6268-6295.

[20] Coddens G, Lyonnard S, Calvayrac Y, et al. Atomic (phason) hopping in perfect icosahedral quasicrystals Al70.3Pd21.4Mn8.3 by time-of-flight quasielastic neutron scattering [J]. Phys. Rev. B, 1996, 53(6): 3150-3160.

[21] Coddens G, Lyonnard S, Sepilo B, et al. Evidence for atomic hopping of Fe in perfectly icosahedral AlFeCu quasicrystals by [57]Fe Moessbauer spectroscopy [J]. J. Phys., 1995, 5(7):771-776.

[22] Dolinsek J, Ambrosini B, Vonlanthen P, et al. Atomic motion in quasicrystalline $Al_{70}Re_{8.6}Pd_{21.4}$: A two-dimensional exchange NMR study [J]. Phys. Rev. Lett., 1998, 81(17): 3671-3674.

[23] Dolisek J, Apih T, Simsic M, et al. Self-diffusion in icosahedral $Al_{72.4}Pd_{20.5}Mn_{7.1}$ and phason percolation at low temperatures studied by ^{27}AlNMR [J]. Phys. Rev. Lett., 1999, 82(3): 572-575.

[24] Edagawa K, Kajiyama K. High temperature specific heat of Al-Pd-Mn and Al-Cu-Co quasicrystals [J]. Mater. Sci. and Eng. A, 2000, 294-296(5): 646-649.

[25] Edagawa K, Kajiyama K, Tamura R, et al. High-temperature specific heat of quasicrystals and a crystal approximant [J]. Mater. Sci. and Eng. A, 2001, 312(1-2): 293-298.

[26] Ding D H, Yang W G, Hu C Z, et al. Generalized elasticity theory of quasicrystals [J]. Phys. Rev. B, 1993, 48(10): 7003-7010.

[27] Fan T Y, Wang X F, Li W, et al. Elasto-/hydro-dynamics of quasicrystals [J]. Phil. Mag., 2009, 89(6): 501-512.

[28] Rochal S B, Norman V L. Minimal model of the phonon-phason dynamics on icosahedral quasicrystals and its application for the problem of internal friction in the i-AlPdMn alloys [J]. Phys. Rev. B, 2002, 66(14): 144-204.

[29] Francoual S, Levit F, de Boussieu M, et al. Dynamics of phason fluctuations in the i - Al-Pd-Mn quasicrystals [J]. Phys. Rev. Lette., 2003, 91(22): 225501.

[30] Coddens G. On the problem of the relation between phason elasticity and phason dynamics in quasicrystals [J]. Eur. Phys. J. B, 2006, 54(1):37-65.

[31] Edagawa K, Takeuchi S. Elasticity, dislocations and their motion in quasicrystals [J]. Dislocation in Solids, Chpater 76,: 367-417.

[32] Edagawa K, Giso Y. Experimental evaluation of phonon-phason coupling in icosahedral quasicrystals [J]. Phil. Mag., 2007, 87(1): 77-95.

[33] Meng X M, Tong B Y, Wu Y K. Mechanical properties of quasicrystal $Al_{65}Cu_{20}Co_{15}$ [J]. Acta Metallurgica Sinica (in Chinese), 1994, 30(2): 61-64.
[34] Takeuchi S, Iwanhaga H, Shibuya T. Hardness of quasicrystals [J]. Japanese J. Appl. Phys., 1991, 30(3): 561-562.

第 5 章
一维准晶弹性理论及其化简

如在第 4 章所说,实验中观察到一维、二维和三维三类固体准晶,其中在每一类的内部,由于对称性的不同,又包含若干子类。

在一维准晶中,原子排列只在一个方向(例如 z 方向)上为准周期的,而在另外两个方向(也就是 xy 平面)上为周期的。虽然是一维准晶,其结构是三维的,亦即,它生成在一个三维物体中。严格地讲,一维准晶是四维空间中的"周期晶体"向三维空间的一个投影。所以,从对称性的角度去看,它是一个四维问题,存在 4 个非零的位移分量,即 u_x, u_y, u_z 和 w_z(并且 $w_x = w_y = 0$)。这里简单地列出一维准晶的点群和 Laue 类,见表 5.0-1,不过,此表并不涉及有关的空间群。

表 5.0-1 一维准晶的晶系、Laue 类和点群

晶系	Laue 类	点群
三斜	1	1, $\bar{1}$
单斜	2 3	2, m_h, $2/m_h$ 2_h, m, $2_h/m$
正交	4	$2_h 2 2$, $2mm$, $2_h mm_h$, $m_h mm$
四方	5 6	4, $\bar{4}$, $4/m_h$ $42_h 2_h$, $4mm$, $\bar{4}2_h m$, $4/m_h mm$
三方	7 8	3, $\bar{3}$ 32_h, $3m$, $\bar{3}m$
六方	9 10	6, $\bar{6}$, $6/m_h$ $62_h 2_h$, $6mm$, $\bar{6}2_h m$, $6/m_h mm$

下面将讨论列于表 5.0-1 的各一维准晶系的弹性。

5.1 六方准晶的弹性

如前面指出的，一维准晶存在声子位移 u_x，u_y，u_z 和相位子位移 w_z（同时，$w_x = w_y = 0$），对应的应变有

$$\left. \begin{array}{l} \varepsilon_{xx} = \dfrac{\partial u_x}{\partial x}, \quad \varepsilon_{yy} = \dfrac{\partial u_y}{\partial y}, \quad \varepsilon_{zz} = \dfrac{\partial u_z}{\partial z} \\[2mm] \varepsilon_{yz} = \varepsilon_{zy} = \dfrac{1}{2}\left(\dfrac{\partial u_z}{\partial y} + \dfrac{\partial u_y}{\partial z}\right), \quad \varepsilon_{zx} = \varepsilon_{xz} = \dfrac{1}{2}\left(\dfrac{\partial u_z}{\partial x} + \dfrac{\partial u_x}{\partial z}\right), \\[2mm] \varepsilon_{xy} = \varepsilon_{yx} = \dfrac{1}{2}\left(\dfrac{\partial u_x}{\partial y} + \dfrac{\partial u_y}{\partial x}\right) \end{array} \right\} \quad (5.1\text{-}1)$$

$$w_{zx} = \frac{\partial w_z}{\partial x}, \quad w_{zy} = \frac{\partial w_z}{\partial y}, \quad w_{zz} = \frac{\partial w_z}{\partial z} \quad (5.1\text{-}2)$$

并且其他 $w_{ij} = 0$。式（5.1-1）和式（5.1-2）对所有一维准晶都成立。在这一节仅讨论一维六方准晶。

如果把式（5.1-1）和式（5.1-2）定义的应变写成具有 9 个分量的矢量，即

$$[\varepsilon_{11} \ \varepsilon_{22} \ \varepsilon_{33} \ 2\varepsilon_{23} \ 2\varepsilon_{31} \ 2\varepsilon_{12} \ w_{33} \ w_{31} \ w_{32}] \quad (5.1\text{-}3)$$

或

$$[\varepsilon_{xx} \ \varepsilon_{yy} \ \varepsilon_{zz} \ 2\varepsilon_{yz} \ 2\varepsilon_{zx} \ 2\varepsilon_{xy} \ w_{zz} \ w_{zx} \ w_{zy}] \quad (5.1\text{-}4)$$

而对应的应力写成

$$[\sigma_{xx} \ \sigma_{yy} \ \sigma_{zz} \ \sigma_{yz} \ \sigma_{zx} \ \sigma_{xy} \ H_{zz} \ H_{zx} \ H_{zy}] \quad (5.1\text{-}5)$$

并且弹性常数矩阵表示成

$$\mathbf{CKR} = \begin{bmatrix} C_{11} & C_{12} & C_{13} & 0 & 0 & 0 & R_1 & 0 & 0 \\ C_{12} & C_{11} & C_{13} & 0 & 0 & 0 & R_1 & 0 & 0 \\ C_{13} & C_{13} & C_{33} & 0 & 0 & 0 & R_2 & 0 & 0 \\ 0 & 0 & 0 & C_{44} & 0 & 0 & 0 & 0 & R_3 \\ 0 & 0 & 0 & 0 & C_{44} & 0 & 0 & R_3 & 0 \\ 0 & 0 & 0 & 0 & 0 & C_{66} & 0 & 0 & 0 \\ R_1 & R_1 & R_2 & 0 & 0 & 0 & K_1 & 0 & 0 \\ 0 & 0 & 0 & 0 & R_3 & 0 & 0 & K_2 & 0 \\ 0 & 0 & 0 & R_3 & 0 & 0 & 0 & 0 & K_2 \end{bmatrix}$$

其中声子弹性常数张量的元素按下列简化符号编写，即下标 $11 \to 1, 22 \to 2, 33 \to 3, 23 \to 4, 31 \to 5, 12 \to 6$，那么元素 C_{ijkl} 用记号 C_{pq} 代表：

$$C_{11} = C_{1111} = C_{2222}, C_{12} = C_{1122}, C_{33} = C_{3333}, C_{44} = C_{2323} = C_{3131}$$
$$C_{13} = C_{1133} = C_{2233}, C_{66} = (C_{11} - C_{12})/2 = (C_{1111} - C_{1122})/2$$

这表明现在的声子场非零的独立弹性常数只有 5 个；同时，$K_1 = K_{3333}$，$K_2 = K_{3131} = K_{3232}$，亦即相位子场非零的独立弹性常数只有 2 个；$R_1 = R_{1133} = R_{2233}$，$R_2 = R_{3333}$，$R_3 = R_{2332} = R_{3131}$，这表明声子–相位子场耦合非零的独立弹性常数只有 3 个。

由上面定义的弹性常数矩阵，容易得到应力-应变关系（或所谓的本构方程，或广义 Hooke 定律）如下

$$\left.\begin{aligned}
\sigma_{xx} &= C_{11}\varepsilon_{xx} + C_{12}\varepsilon_{yy} + C_{13}\varepsilon_{zz} + R_1 w_{zz} \\
\sigma_{yy} &= C_{12}\varepsilon_{xx} + C_{11}\varepsilon_{yy} + C_{13}\varepsilon_{zz} + R_1 w_{zz} \\
\sigma_{zz} &= C_{13}\varepsilon_{xx} + C_{13}\varepsilon_{yy} + C_{33}\varepsilon_{zz} + R_2 w_{zz} \\
\sigma_{yz} &= \sigma_{zy} = 2C_{44}\varepsilon_{yz} + R_3 w_{zy} \\
\sigma_{zx} &= \sigma_{xz} = 2C_{44}\varepsilon_{zx} + R_3 w_{zx} \\
\sigma_{xy} &= \sigma_{yx} = 2C_{66}\varepsilon_{xy} \\
H_{zz} &= R_1(\varepsilon_{xx} + \varepsilon_{yy}) + R_2\varepsilon_{zz} + K_1 w_{zz} \\
H_{zx} &= 2R_3\varepsilon_{zx} + K_2 w_{zx} \\
H_{zy} &= 2R_3\varepsilon_{yz} + K_2 w_{zy}
\end{aligned}\right\} \quad (5.1\text{-}6)$$

而其他的相位子应力分量 $H_{ij} = 0$。

应力分量满足下列平衡方程：

$$\left.\begin{aligned}
\frac{\partial \sigma_{xx}}{\partial x} + \frac{\partial \sigma_{xy}}{\partial y} + \frac{\partial \sigma_{xz}}{\partial z} &= 0 \\
\frac{\partial \sigma_{yx}}{\partial x} + \frac{\partial \sigma_{yy}}{\partial y} + \frac{\partial \sigma_{yz}}{\partial z} &= 0 \\
\frac{\partial \sigma_{zx}}{\partial x} + \frac{\partial \sigma_{zy}}{\partial y} + \frac{\partial \sigma_{zz}}{\partial z} &= 0 \\
\frac{\partial H_{zx}}{\partial x} + \frac{\partial H_{zy}}{\partial y} + \frac{\partial H_{zz}}{\partial z} &= 0
\end{aligned}\right\} \quad (5.1\text{-}7)$$

以上结果由王仁卉等[1]得到。

显然，一维六方准晶弹性平衡问题要比普通弹性的三维问题更复杂。这里有 4 个位移分量、9 个应变分量和 9 个应力分量，共 22 个场变量，自然相应的场方程也是 22 个，即平衡方程 4 个、变形几何学方程 9 个、应力-应变关系 9

个。这 22 个方程组的完全解在后面给出。这里先讨论简化处理，使问题容易求解，为后面其他更复杂的问题的求解提供有益的经验。

5.2 把弹性问题分解成平面和反平面弹性问题的叠加

如果沿原子准周期排列的方向——z 方向——存在一直位错或一 Griffith 裂纹，也就是物体的变形与这个方向无关，或者说

$$\frac{\partial}{\partial z} = 0 \tag{5.2-1}$$

那么有

$$\frac{\partial u_i}{\partial z} = 0 \quad (i=1,2,3), \quad \frac{\partial w_z}{\partial z} = 0 \tag{5.2-2}$$

因而导致

$$\varepsilon_{zz} = w_{zz} = 0, \quad \varepsilon_{yz} = \varepsilon_{zy} = \frac{1}{2}\frac{\partial u_z}{\partial y}, \quad \varepsilon_{zx} = \varepsilon_{xz} = \frac{1}{2}\frac{\partial u_z}{\partial x} \tag{5.2-3}$$

$$\frac{\partial \sigma_{ij}}{\partial z} = 0, \quad \frac{\partial H_{ij}}{\partial z} = 0 \tag{5.2-4}$$

在这种情形下，广义 Hooke 定律化简为

$$\left. \begin{array}{l} \sigma_{xx} = C_{11}\varepsilon_{xx} + C_{12}\varepsilon_{yy} \\ \sigma_{yy} = C_{12}\varepsilon_{xx} + C_{11}\varepsilon_{yy} \\ \sigma_{xy} = \sigma_{yx} = 2C_{66}\varepsilon_{xy} \\ \sigma_{zz} = C_{13}(\varepsilon_{xx} + \varepsilon_{yy}) \\ \sigma_{yz} = \sigma_{zy} = 2C_{44}\varepsilon_{yz} + R_3 w_{zy} \\ \sigma_{zx} = \sigma_{xz} = 2C_{44}\varepsilon_{zx} + R_3 w_{zx} \\ H_{zz} = R_1(\varepsilon_{xx} + \varepsilon_{yy}) \\ H_{zx} = 2R_3\varepsilon_{zx} + K_2 w_{zx} \\ H_{zy} = 2R_3\varepsilon_{yz} + K_2 w_{zy} \end{array} \right\} \tag{5.2-5}$$

平衡方程也大大化简为（忽略体积力和广义体积力）

$$\frac{\partial \sigma_{xx}}{\partial x} + \frac{\partial \sigma_{xy}}{\partial y} = 0, \quad \frac{\partial \sigma_{yx}}{\partial x} + \frac{\partial \sigma_{yy}}{\partial y} = 0, \quad \frac{\partial \sigma_{zx}}{\partial x} + \frac{\partial \sigma_{zy}}{\partial y} = 0 \tag{5.2-6}$$

$$\frac{\partial H_{zx}}{\partial x} + \frac{\partial H_{zy}}{\partial y} = 0 \tag{5.2-7}$$

式 (5.1-2)，式 (5.1-3)，式 (5.2-5)~式(5.2-7) 定义了两个解耦的问题[2]，其中第

一个为

$$\left.\begin{aligned}
&\sigma_{xx} = C_{11}\varepsilon_{xx} + C_{12}\varepsilon_{yy} \\
&\sigma_{yy} = C_{12}\varepsilon_{xx} + C_{11}\varepsilon_{yy} \\
&\sigma_{xy} = (C_{11} - C_{12})\varepsilon_{xy} \\
&\sigma_{zz} = C_{13}(\varepsilon_{xx} + \varepsilon_{yy}) \\
&H_{zz} = R_1(\varepsilon_{xx} + \varepsilon_{yy}) \\
&\frac{\partial \sigma_{xx}}{\partial x} + \frac{\partial \sigma_{xy}}{\partial y} = 0, \quad \frac{\partial \sigma_{yx}}{\partial x} + \frac{\partial \sigma_{yy}}{\partial y} = 0 \\
&\varepsilon_{xx} = \frac{\partial u_x}{\partial x}, \quad \varepsilon_{yy} = \frac{\partial u_y}{\partial y}, \quad \varepsilon_{xy} = \frac{1}{2}\left(\frac{\partial u_y}{\partial x} + \frac{\partial u_x}{\partial y}\right)
\end{aligned}\right\} \quad (5.2\text{-}8)$$

这是一个普通六方晶体的平面弹性问题。第二个问题为

$$\left.\begin{aligned}
&\sigma_{yz} = \sigma_{zy} = 2C_{44}\varepsilon_{yz} + R_3 w_{zy} \\
&\sigma_{zx} = \sigma_{xz} = 2C_{44}\varepsilon_{zx} + R_3 w_{zx} \\
&H_{zx} = 2R_3\varepsilon_{zx} + K_2 w_{zx} \\
&H_{zy} = 2R_3\varepsilon_{zy} + K_2 w_{zy} \\
&\frac{\partial \sigma_{zx}}{\partial x} + \frac{\partial \sigma_{zy}}{\partial y} = 0, \quad \frac{\partial H_{zx}}{\partial x} + \frac{\partial \sigma_{zy}}{\partial y} = 0 \\
&\varepsilon_{zx} = \frac{1}{2}\frac{\partial u_z}{\partial x} = \varepsilon_{xz}, \quad \varepsilon_{zy} = \frac{1}{2}\frac{\partial u_z}{\partial y} = \varepsilon_{yz} \\
&w_{zx} = \frac{\partial w_z}{\partial x}, \quad w_{zy} = \frac{\partial w_z}{\partial y}
\end{aligned}\right\} \quad (5.2\text{-}9)$$

这是一个声子–相位子耦合弹性问题。不过这里非零的位移仅仅是 u_z 和 w_z，它是一个反平面弹性问题。

式（5.2-8）描述的是一个经典弹性平面问题，如果引进

$$\sigma_{xx} = \frac{\partial^2 U}{\partial y^2}, \quad \sigma_{yy} = \frac{\partial^2 U}{\partial x^2}, \quad \sigma_{xy} = -\frac{\partial^2 U}{\partial x \partial y}$$

那么式（5.2-8）化成求解

$$\nabla^2 \nabla^2 U = 0$$

的问题。这个问题在晶体（或经典）弹性问题中得到了充分的研究，这里没有必要去讨论它。

我们感兴趣的是式（5.2-9）描述的声子–相位子耦合反平面弹性问题，它的求解会给探索准晶弹性方面带来新的启发。

把变形几何关系代入应力-应变关系，再代入平衡方程，得到终态控制方程

$$\left.\begin{array}{r}C_{44}\nabla^2 u_z + R_3\nabla^2 w_z = 0 \\ R_3\nabla^2 u_z + K_2\nabla^2 w_z = 0\end{array}\right\} \quad (5.2\text{-}10)$$

由于这个齐次方程组的行列式不等于零，即 $C_{44}K_2 - R_3^2 \neq 0$，得到式（5.2-10）的简化形式

$$\nabla^2 u_z = 0, \quad \nabla^2 w_z = 0 \quad (5.2\text{-}11)$$

其中 $\nabla^2 = \dfrac{\partial}{\partial x^2} + \dfrac{\partial}{\partial y^2}$，为二维 Laplace 算子，这表明 u_z 和 w_z 是调和函数。

由调和函数的熟知的理论，u_z 和 w_z 能够用任意复解析函数 $\phi(t)$ 和 $\psi(t)$ 的实部或虚部表示，例如

$$\left.\begin{array}{r}u_z(x,y) = \operatorname{Re}\phi(t) \\ w_z(x,y) = \operatorname{Re}\psi(t)\end{array}\right\} \quad (5.2\text{-}12)$$

这里 $t = x + iy$，$i = \sqrt{-1}$。这样式（5.1-11）将自动满足。未知函数 $\phi(t)$ 和 $\psi(t)$ 由适当的边界条件确定，第 7 章和第 8 章将详细讨论有关的计算。而一维、二维和三维准晶弹性的复分析将在第 11 章进一步讨论。

5.3 单斜准晶系的弹性[3, 4]

著者建议的分解与叠加程序[2,5]不仅适用于六方准晶系，也适用于其他准晶系，例如单斜准晶系。

对于这种一维准晶系，存在 25 个非零的独立弹性常数，它们是声子弹性常数 $C_{1111}, C_{2222}, C_{3333}, C_{1122}, C_{1133}, C_{1112}, C_{2233}, C_{2212}, C_{3312}, C_{3232}, C_{3231}, C_{3131}, C_{1212}$，相位子弹性常数 $K_{3333}, K_{3131}, K_{3232}, K_{3132}$ 和声子–相位子耦合弹性常数 $R_{1133}, R_{2233}, R_{3333}, R_{1233}, R_{2331}, R_{2332}, R_{3131}, R_{3132}$。

在这种情形下，相应的广义 Hooke 定律由下列式子表示[1]

$$\left.\begin{array}{l}\sigma_{xx} = C_{11}\varepsilon_{xx} + C_{12}\varepsilon_{yy} + C_{13}\varepsilon_{zz} + 2C_{16}\varepsilon_{xy} + R_1 w_{zz} \\ \sigma_{yy} = C_{12}\varepsilon_{xx} + C_{22}\varepsilon_{yy} + C_{23}\varepsilon_{zz} + 2C_{26}\varepsilon_{xy} + R_2 w_{zz} \\ \sigma_{zz} = C_{13}\varepsilon_{xx} + C_{23}\varepsilon_{yy} + C_{33}\varepsilon_{zz} + 2C_{36}\varepsilon_{xy} + R_3 w_{zz} \\ \sigma_{yz} = \sigma_{zy} = 2C_{44}\varepsilon_{yz} + 2C_{45}\varepsilon_{zx} + R_4 w_{zx} + R_5 w_{zy} \\ \sigma_{zx} = \sigma_{xz} = 2C_{45}\varepsilon_{yz} + 2C_{55}\varepsilon_{zx} + R_6 w_{zx} + R_7 w_{zy} \\ \sigma_{xy} = \sigma_{yx} = C_{16}\varepsilon_{xx} + C_{26}\varepsilon_{yy} + C_{36}\varepsilon_{zz} + 2C_{66}\varepsilon_{xy} + R_8 w_{zz} \\ H_{zx} = 2R_4\varepsilon_{yz} + 2R_6\varepsilon_{zx} + K_1 w_{zx} + K_4 w_{zy} \\ H_{zy} = 2R_5\varepsilon_{yz} + 2R_7\varepsilon_{zx} + K_4 w_{zx} + K_2 w_{zy} \\ H_{zz} = R_1\varepsilon_{xx} + R_2\varepsilon_{yy} + R_3\varepsilon_{zz} + 2R_8\varepsilon_{xy} + K_3 w_{zz}\end{array}\right\} \quad (5.3\text{-}1)$$

这里再重复一下关于声子弹性常数张量元素的标记方式,也就是下标 $11 \to 1$,$22 \to 2$,$33 \to 3$,$23 \to 4$,$31 \to 5$,$12 \to 6$,因而 C_{ijkl} 被简记为 C_{pq},同时,相位子弹性常数张量的元素被记为 $K_{3131}=K_1$,$K_{3232}=K_2$,$K_{3333}=K_3$,$K_{3132}=K_4$,声子–相位子耦合弹性常数张量的元素被记为 $R_{1133}=R_1$,$R_{2233}=R_2$,$R_{3333}=R_3$,$R_{2331}=R_4$,$R_{2332}=R_5$,$R_{3131}=R_6$,$R_{3132}=R_7$,$R_{1233}=R_8$。

在假设(5.2-1)下,现在的问题可以分解为两个单独的问题如下

$$\left.\begin{array}{l}\sigma_{xx}=C_{11}\varepsilon_{xx}+C_{12}\varepsilon_{yy}+2C_{16}\varepsilon_{xy}\\ \sigma_{yy}=C_{12}\varepsilon_{xx}+C_{22}\varepsilon_{yy}+2C_{26}\varepsilon_{xy}\\ \sigma_{xy}=\sigma_{yx}=C_{16}\varepsilon_{xx}+C_{26}\varepsilon_{yy}+2C_{66}\varepsilon_{xy}\\ \sigma_{zz}=C_{13}\varepsilon_{xx}+C_{23}\varepsilon_{yy}+2C_{36}\varepsilon_{xy}\\ H_{zz}=R_1\varepsilon_{xx}+R_2\varepsilon_{yy}+R_3\varepsilon_{zz}+2R_8\varepsilon_{xy}\end{array}\right\} \quad (5.3\text{-}2)$$

和

$$\left.\begin{array}{l}\sigma_{yz}=\sigma_{zy}=2C_{44}\varepsilon_{yz}+2C_{45}\varepsilon_{zx}+R_4w_{zx}+R_5w_{zy}\\ \sigma_{zx}=\sigma_{xz}=2C_{45}\varepsilon_{yz}+2C_{55}\varepsilon_{zx}+R_6w_{zx}+R_7w_{zy}\\ H_{zx}=2R_4\varepsilon_{yz}+2R_6\varepsilon_{zx}+K_1w_{zx}+K_4w_{zy}\\ H_{zy}=2R_5\varepsilon_{yz}+2R_7\varepsilon_{zx}+K_4w_{zx}+K_2w_{zy}\end{array}\right\} \quad (5.3\text{-}3)$$

其中,方程组(5.3-2)描述的是单斜晶系的平面弹性问题,在引进位移势 $G(x,y)$

$$u_x=\left[C_{16}\frac{\partial^2}{\partial x^2}+C_{26}\frac{\partial^2}{\partial y^2}+(C_{12}+C_{66})\frac{\partial^2}{\partial x\partial y}\right]G$$

$$u_y=-\left[C_{11}\frac{\partial^2}{\partial x^2}+C_{66}\frac{\partial^2}{\partial y^2}+2C_{16}\frac{\partial^2}{\partial x\partial y}\right]G$$

之后,问题化成下列广义双调和方程

$$\left(c_1\frac{\partial^4}{\partial x^4}+c_2\frac{\partial^4}{\partial x^3\partial y}+c_3\frac{\partial^4}{\partial x^2\partial y^2}+c_4\frac{\partial^4}{\partial x\partial y^3}+c_5\frac{\partial^4}{\partial y^4}\right)G=0$$

有关的常数为

$$c_1=C_{16}^2-C_{11}C_{66}, \quad c_2=2(C_{16}C_{12}-C_{11}C_{26})$$
$$c_3=C_{12}^2-2C_{16}C_{26}+2C_{12}C_{66}-C_{11}C_{22}$$
$$c_4=2(C_{26}C_{12}-C_{16}C_{22}), \quad c_5=C_{26}^2-C_{22}C_{66}$$

由于这是一个经典弹性问题,并且同一维准晶的相位子弹性无直接的联系,这

里不进一步讨论。

我们感兴趣的是方程组（5.3-3）描写的问题，它是一个声子–相位子耦合的反平面弹性问题。把变形几何关系代入应力-应变关系后再代入平衡方程，得到终态控制方程如下

$$\left(a_1 \frac{\partial^4}{\partial x^4} + a_2 \frac{\partial^4}{\partial x^3 \partial y} + a_3 \frac{\partial^4}{\partial x^2 \partial y^2} + a_4 \frac{\partial^4}{\partial x \partial y^3} + a_5 \frac{\partial^4}{\partial y^4} \right) F = 0 \quad (5.3\text{-}4)$$

其中引进了位移势函数

$$\left. \begin{aligned} u_z &= \left[R_6 \frac{\partial^2}{\partial x^2} + R_5 \frac{\partial^2}{\partial y^2} + (R_4 + R_7) \frac{\partial^2}{\partial x \partial y} \right] F \\ w_z &= -\left(c_{55} \frac{\partial^2}{\partial x^2} + c_{44} \frac{\partial^2}{\partial y^2} + 2c_{45} \frac{\partial^2}{\partial x \partial y} \right) F \end{aligned} \right\} \quad (5.3\text{-}5)$$

并且式（5.3-4）中的常数为

$$\left. \begin{aligned} &a_1 = R_6^2 - K_1 C_{55}, \quad a_2 = 2[R_6(R_4 + R_7) - K_1 C_{45} - K_4 C_{55}] \\ &a_3 = 2R_5 R_6 + (R_4 + R_7)^2 - K_1 C_{44} - K_2 C_{55} - 4K_4 C_{45} \\ &a_4 = 2[R_5(R_4 + R_7) - K_2 C_{45} - K_4 C_{44}], \quad a_5 = R_5^2 - K_2 C_{44} \end{aligned} \right\} \quad (5.3\text{-}6)$$

在后面的讨论中，仅考虑单斜准晶系的反平面弹性问题的求解，它的解有如下的复表示：

$$F(x,y) = 2\operatorname{Re} \sum_{k=1}^{2} F_k(z_k), \quad z_k = x + \mu_k y \quad (5.3\text{-}7)$$

其中 $F_k(z_k)$ 是复变量 z_k 的解析函数，参量

$$\mu_k = \alpha_k + \mathrm{i}\beta_k \quad (5.3\text{-}8)$$

代表不同的复常数，由下面的特征方程

$$a_5 \mu^4 + a_4 \mu^3 + a_3 \mu^2 + a_2 \mu + a_1 = 0 \quad (5.3\text{-}9)$$

的根确定，并且 $\mu_1 \neq \mu_2$。

如果式（5.3-9）具有多重根，即 $\mu_1 = \mu_2$，那么

$$F(x,y) = 2\operatorname{Re}[F_1(z_1) + \overline{z}_1 F_2(z_1)], \quad z_1 = x + \mu_1 y \quad (5.3\text{-}10)$$

把式（5.3-7）代入式（5.3-5），然后再代入式（5.3-3），得到位移和应力的复表示

$$\left.\begin{aligned}
u_z &= 2\operatorname{Re}\sum_{k=1}^{2}[R_6 + (R_4+R_7)\mu_k + R_5\mu_k^2]f_k(z_k) \\
w_z &= -2\operatorname{Re}\sum_{k=1}^{2}(C_{55}+2C_{45}\mu_k+C_{44}\mu_k^2)f_k(z_k) \\
\sigma_{zy} &= \sigma_{yz} = 2\operatorname{Re}\sum_{k=1}^{2}[R_6C_{45}-R_4C_{55}+(R_6C_{44}-R_4C_{45}+R_7C_{45}- \\
&\quad R_5C_{55})\mu_k + (R_7C_{44}-R_5C_{45})\mu_k^2]f_k'(z_k) \\
\sigma_{zx} &= \sigma_{xz} = 2\operatorname{Re}\sum_{k=1}^{2}[R_4C_{55}-R_6C_{45}+(R_5C_{55}+R_4C_{45}-R_6C_{44}- \\
&\quad R_5C_{55})\mu_k + (R_3C_{45}-R_7C_{44})\mu_k^2]\mu_k f_k'(z_k) \\
H_{zx} &= 2\operatorname{Re}\sum_{k=1}^{2}[(R_7+R_5\mu_k)(R_6+R_4\mu_k+R_7\mu_k+R_5\mu_k^2)-(K_4+K_2\mu_k) \\
&\quad (C_{55}+2C_{45}\mu_k+C_{44}\mu_k^2)]f_k'(z_k) \\
H_{zy} &= 2\operatorname{Re}\sum_{k=1}^{2}[(R_6+R_4\mu_k)(R_6+R_4\mu_k+R_7\mu_k+R_5\mu_k^2)-(K_4+K_2\mu_k) \\
&\quad (C_{55}+2C_{45}\mu_k+C_{44}\mu_k^2)]f_k'(z_k)
\end{aligned}\right\} \quad (5.3\text{-}11)$$

其中 $f_k(z_k) \equiv \partial^2 F_k(z_k)/\partial z_k^2 = F_k''(z_k)$。

针对具体问题的边界条件，可以确定未知的解析函数 $F_k(z_k)$，将在第 7 章和第 8 章中讨论。

5.4 正交准晶系的弹性

由表 5.0-1 可知，正交准晶系包含点群 2_h2_h2，$mm2$，2_hmm_h 和 mmm_h，它们属于第 4 Laue 类。与单斜准晶系相比，正交准晶系的对称元素增加了，导致零元素弹性模量的个数增加，即

$$C_{16}=C_{26}=C_{36}=C_{45}=K_4=R_4=R_7=R_8=0 \quad (5.4\text{-}1)$$

因而这使得总的非零弹性模量元素减少到 17 个，也就是，声子弹性常数为 C_{11}，C_{22}，C_{33}，C_{12}，C_{13}，C_{23}，C_{44}，C_{55}，C_{66}，相位子弹性常数为 K_1，K_2，K_3，声子–相位子耦合弹性常数为 R_1，R_2，R_3，R_5，R_6。

考虑到结果（5.4-1），则式（5.3-6）化简为

$$\left.\begin{aligned} a_2 &= a_4 = 0, \ a_1 = R_6^2 - K_1 C_{55}, \ a_3 = 2R_5R_6 - K_1C_{44} - K_2C_{55}, \\ a_5 &= R_5^2 - K_2C_{66} \end{aligned}\right\} \quad (5.4\text{-}2)$$

并且 a_1 和 a_5 与式（5.3-6）中的表示相同。于是式（5.3-4）化成

$$\left(a_1\frac{\partial^4}{\partial x^4}+a_3\frac{\partial^4}{\partial x^2\partial y^2}+a_5\frac{\partial^4}{\partial y^4}\right)F=0 \tag{5.4-3}$$

可以得到解的复表示

$$\left.\begin{aligned}
u_z &= 2\operatorname{Re}\sum_{k=1}^{2}(R_6+R_5\mu_k^2)f_k(z_k) \\
w_z &= -2\operatorname{Re}\sum_{k=1}^{2}(C_{55}+C_{44}\mu_k^2)f_k(z_k) \\
\sigma_{zy} &= \sigma_{yz} = 2\operatorname{Re}\sum_{k=1}^{2}(R_6C_{44}-R_5C_{55})\mu_k f_k'(z_k) \\
\sigma_{zx} &= \sigma_{xz} = 2\operatorname{Re}\sum_{k=1}^{2}(R_5C_{55}-R_6C_{44})\mu_k^2 f_k'(z_k) \\
H_{zy} &= 2\operatorname{Re}\sum_{k=1}^{2}[R_5R_6-K_2C_{55}+(R_5^2-K_2C_{44})\mu_k^2-(K_4+K_2\mu_k)]\mu_k f_k'(z_k) \\
H_{zx} &= 2\operatorname{Re}\sum_{k=1}^{2}[R_6^2-K_1C_{55}+(R_5R_6-K_1C_{44})\mu_k^2]f_k'(z_k)
\end{aligned}\right\} \tag{5.4-4}$$

$f_k(z_k)$ 是式（5.4-3）的解，为复变量 $z_k=x+\mu_k y$ 的任意解析函数，参量 μ_k 与式（5.3-8）的表示相同。

5.5 四方准晶系的弹性

由表 5.0-1 可知，一维四方准晶系包含 7 个点群，其中点群 $\overline{4}2_hm$，$4mm$，42_h2_h 和 $4/m_hmm$ 属于第 6 Laue 类，那么由式（5.4-1）有

$$C_{11}=C_{22},C_{13}=C_{23},C_{44}=C_{55},K_1=K_2,R_1=R_2,R_5=R_6 \tag{5.5-1}$$

因而非零弹性常数的总个数减少到 11 个。

由式（5.5-1）和式（5.4-2）可以得到第 6 Laue 类的准晶的反平面弹性问题解的复表示。

点群 4，$\overline{4}$ 和 $4/m_h$ 属于第 5 Laue 类，它的反平面弹性问题的解可以类似地表示出来。

这类反平面弹性问题的终态控制方程为

$$\nabla^2\nabla^2 F=0 \tag{5.5-2}$$

因而其解的复表示是熟知的。

5.6 一维六方准晶空间弹性问题和解的表示

前面若干节采用文献[2]建议的分解与叠加程序，化简了若干一维准晶系的弹性。这一程序的主要特点是把空间弹性分解成平面和反平面弹性来处理，然后由它们的解叠加，近似刻画空间弹性的解。这一程序的优点从第 7 和第 8 章的介绍可以看到。

在某些情形下，上述程序无法使用，则不得不求解空间弹性。作为例子，这里仅介绍一维六方准晶的空间问题的解，它由 Peng 和 Fan[6] 给出，另外，Chen 等[9]、Wang[10] 以及 Gao 等[11] 都讨论过一维准晶空间弹性问题。

把式（5.5-1）代入式（5.1-6），再代入式（5.1-7），得到位移表示的平衡方程：

$$\left.\begin{aligned}&\left(C_{11}\frac{\partial^2}{\partial x^2}+C_{66}\frac{\partial^2}{\partial y^2}+C_{44}\frac{\partial^2}{\partial z^2}\right)u_x+(C_{11}-C_{66})\frac{\partial^2 u_y}{\partial x\partial y}+\\&(C_{13}+C_{44})\frac{\partial^2 u_z}{\partial x\partial z}+(R_1+R_3)\frac{\partial^2 w_z}{\partial x\partial z}=0\\&(C_{11}-C_{66})\frac{\partial^2 u_x}{\partial x\partial y}+\left(C_{66}\frac{\partial^2}{\partial x^2}+C_{11}\frac{\partial^2}{\partial y^2}+C_{44}\frac{\partial^2}{\partial z^2}\right)u_y+\\&(C_{13}+C_{44})\frac{\partial^2 u_z}{\partial y\partial z}+(R_1+R_3)\frac{\partial^2 w_z}{\partial y\partial z}=0\\&(C_{13}+C_{44})\left(\frac{\partial^2 u_x}{\partial x\partial z}+\frac{\partial^2 u_y}{\partial y\partial z}\right)+\left(C_{44}\frac{\partial^2}{\partial x^2}+C_{44}\frac{\partial^2}{\partial y^2}+C_{33}\frac{\partial^2}{\partial z^2}\right)u_z+\\&\left[R_3\left(\frac{\partial^2}{\partial x^2}+\frac{\partial^2}{\partial y^2}\right)+R_2\frac{\partial^2}{\partial z^2}\right]w_z=0\\&(R_1+R_3)\left(\frac{\partial^2 u_x}{\partial x\partial z}+\frac{\partial^2 u_y}{\partial y\partial z}\right)+\left[R_3\left(\frac{\partial^2}{\partial x^2}+\frac{\partial^2}{\partial y^2}\right)+R_2\frac{\partial^2}{\partial z^2}\right]u_z+\\&\left[K_2\left(\frac{\partial^2}{\partial x^2}+\frac{\partial^2}{\partial y^2}\right)+K_1\frac{\partial^2}{\partial z^2}\right]w_z=0\end{aligned}\right\} \quad (5.6\text{-}1)$$

如果引进下列四个位移势函数

$$\left.\begin{aligned}&u_x=\frac{\partial}{\partial x}(F_1+F_2+F_3)-\frac{\partial F_4}{\partial y},\ u_y=\frac{\partial}{\partial y}(F_1+F_2+F_3)+\frac{\partial F_4}{\partial x}\\&u_z=\frac{\partial}{\partial z}(m_1 F_1+m_2 F_2+m_3 F_3),\ w_z=\frac{\partial}{\partial z}(l_1 F_1+l_2 F_2+l_3 F_3)\end{aligned}\right\} \quad (5.6\text{-}2)$$

使得

$$\nabla_i^2 F_i = 0 \quad i=1,2,3,4 \tag{5.6-3}$$

$$\nabla_i^2 = \frac{\partial^2}{\partial x^2} + \frac{\partial^2}{\partial y^2} + \gamma_i^2 \frac{\partial^2}{\partial z^2} \quad i=1,2,3,4 \tag{5.6-4}$$

m_i, l_i 和 γ_i 定义为

$$\left.\begin{aligned}
&\frac{C_{44} + (C_{13}+C_{44})m_i + (R_1+R_3)l_i}{C_{11}} = \frac{C_{33}m_i + R_2 l_i}{C_{13}+C_{44}+C_{44}m_i+R_3 l_i} = \\
&\frac{R_2 m_i + K_1 l_i}{R_1 + R_2 + R_3 m_i + K_2 l_i} = \gamma_i^2 \quad i=1,2,3 \\
&C_{44}/C_{66} = \gamma_4^2
\end{aligned}\right\} \tag{5.6-5}$$

那么式（5.6-1）将自动满足。

显然，终态控制方程（5.6-3）是三维调和方程组，这极大地简化了求解过程。

把式（5.6-2）代入式（5.1-1）和式（5.1-2），然后再代入式（5.1-6），可以得到由位移函数 F_1, F_2, F_3 和 F_4 表达的应力公式

$$\sigma_{xx} = \left[C_{11}\frac{\partial^2}{\partial x^2} + (C_{11}-2C_{66})\frac{\partial^2}{\partial y^2}\right](F_1+F_2+F_3) - 2C_{66}\frac{\partial^2 F_4}{\partial x \partial y} + C_{13}\frac{\partial^2}{\partial z^2}(m_1 F_1 + m_2 F_2 + m_3 F_3) + R_1 \frac{\partial^2}{\partial z^2}(l_1 F_1 + l_2 F_2 + l_3 F_3)$$

$$\sigma_{yy} = \left[(C_{11}-2C_{66})\frac{\partial^2}{\partial x^2} + C_{11}\frac{\partial^2}{\partial y^2}\right](F_1+F_2+F_3) + 2C_{66}\frac{\partial^2 F_4}{\partial x \partial y} + C_{13}\frac{\partial^2}{\partial z^2}(m_1 F_1 + m_2 F_2 + m_3 F_3) + R_1\frac{\partial^2}{\partial z^2}(l_1 F_1 + l_2 F_2 + l_3 F_3)$$

$$\sigma_{zz} = -C_{13}\frac{\partial^2}{\partial z^2}(\gamma_1^2 F_1 + \gamma_2^2 F_2 + \gamma_3^2 F_3) + C_{33}\frac{\partial^2}{\partial z^2}(m_1 F_1 + m_2 F_2 + m_3 F_3) + R_2\frac{\partial^2}{\partial z^2}(l_1 F_1 + l_2 F_2 + l_3 F_3)$$

$$\sigma_{xy} = \sigma_{yx} = 2C_{66}\frac{\partial^2}{\partial x \partial y}(F_1+F_2+F_3) + C_{66}\left(\frac{\partial^2}{\partial x^2} - \frac{\partial^2}{\partial y^2}\right)F_4$$

$$\sigma_{yz} = \sigma_{zy} = C_{44}\frac{\partial^2}{\partial y \partial z}[(m_1+1)F_1 + (m_2+1)F_2 + (m_3+1)F_3] + C_{44}\frac{\partial^2 F_4}{\partial x \partial z} + R_3\frac{\partial^2}{\partial y \partial z}(l_1 F_1 + l_2 F_2 + l_3 F_3)$$

$$\sigma_{zx} = \sigma_{xz} = C_{44}\frac{\partial^2}{\partial x \partial z}[(m_1+1)F_1 + (m_2+1)F_2 + (m_3+1)F_3] - C_{44}\frac{\partial^2 F_4}{\partial y \partial z} +$$
$$R_3\frac{\partial^2}{\partial x \partial z}(l_1 F_1 + l_2 F_2 + l_3 F_3)$$

$$H_{zz} = -R_1\frac{\partial^2}{\partial z^2}(\gamma_1^2 F_1 + \gamma_2^2 F_2 + \gamma_3^2 F_3) + R_2\frac{\partial^2}{\partial z^2}(m_1 F_1 + m_2 F_2 + m_3 F_3) +$$
$$K_1\frac{\partial^2}{\partial z^2}(l_1 F_1 + l_2 F_2 + l_3 F_3)$$

$$H_{zx} = R_3\frac{\partial^2}{\partial x \partial z}[(m_1+1)F_1 + (m_2+1)F_2 + (m_3+1)F_3] - R_3\frac{\partial^2 F_4}{\partial y \partial z} +$$
$$K_2\frac{\partial^2}{\partial x \partial z}(l_1 F_1 + l_2 F_2 + l_3 F_3)$$

$$H_{zy} = R_3\frac{\partial^2}{\partial y \partial z}[(m_1+1)F_1 + (m_2+1)F_2 + (m_3+1)F_3] + R_3\frac{\partial^2 F_4}{\partial y \partial z} +$$
$$K_2\frac{\partial^2}{\partial y \partial z}(l_1 F_1 + l_2 F_2 + l_3 F_3)$$

调和方程组（5.6-3）将在适当的边界条件下求解，这将在第 8 章中讨论。

5.7 一维准晶弹性的其他结果

一维准晶弹性有许多研究成果，例如范天佑等[8]研究了一维准晶-晶体共生和它们的界面问题（可以参考第 7 章），陈伟球等[9]、王旭[10]、高阳等[11]推导了一维准晶弹性的其他求解公式，发展了包括算子理论等方法，李翔宇等[12-14]发展了一维六方准晶热弹性三维问题的通解和基本解，以及 Green 函数的研究，还有其他作者都做出了许多成果，由于著者对这些工作缺乏研究，这里未能一一介绍，建议读者去阅读原始文献。

参考文献

[1] Wang R H, Yang W G, Hu C Z, et al. Point and space groups and elastic behaviour of one-dimensional quasicrystals [J]. J.Phys.:Condens.Matter, 1997, 9(11): 2411-2422.

[2] Fan T Y. 准晶弹性与缺陷的数学理论[J]. 力学进展，2000，30(2): 161-174.

[3] Liu G T, Fan T Y, Guo R P. Governing equations and general solutions of plane

elasticity of one-dimensional quasicrystals [J]. Int. J. Solid and Structures, 2004, 41(14): 3949-3959.

[4] 刘官厅. 准晶弹性与缺陷的复变函数方法与非线性发展方程的辅助函数法 [D]. 北京：北京理工大学, 2004.

[5] Fan T Y, Mai Y W. Elasticity theory, fracture mechanics and some relevant thermal properties of quasicrystalline materials [J]. Appl. Mech. Rev., 2004, 57(5): 325-344.

[6] Peng Y Z, Fan T Y. Elastic theory of 1-D quasiperiodic stacking 2-D crystals [J]. J.Phys.:Condens.Matter, 2000, 12(45): 9381-9387.

[7] 彭彦泽. 准晶裂纹三维弹性问题研究 [D]. 北京：北京理工大学，2001.

[8] Fan T Y, Xie L Y, Fan L, et al. Study on interface of quasicrystal-crystal [J]. Chin Phys. B, 2011, 20(7):076102.

[9] Chen W Q, Ma Y L, Ding H J. On three-dimensional elastic problems of one-dimensional hexagonal quasicrystal bodies [J]. Mech. Res. Commun., 2004, 31(5): 633-641.

[10] Wang X. The general solution of one-dimensional hexagonal quasicrystal [J]. Appl. Math. Mech., 2006, 33(4): 576-580.

[11] Gao Y，Zhao Y T, Zhao B S. Boundary value problems of holomorphic vector functions in one-dimensional hexagonal quasicrystals [J]. Physica B, 2007, 394(1): 56-61.

[12] Li X Y, Li PD. Three-dimensional thermal-elastic general solution of one-dimensional hexagonal thermal quasicrystals and fundamental solution [J]. Phys. Lett A, 2012, 376(30): 2004-2009.

[13] Li X Y, Deng H. On 2D Green's functions for 1D hexagonal quasicrystals [J]. Physica B, 2013, 430(1): 45-51.

[14] Li PD, Li X Y , Zheng R F. Thermo-elastic Green's functions for an infinite bi-material of one-dimensional hexagonal quasicrystals [J]. Phys. Lett A, 2013, 377(11): 637-642.

第 6 章
二维准晶弹性及其化简

如第 5 章所述,在场变量和准周期轴无关的情况下,一维准晶弹性可以分解成平面弹性和反平面弹性。在这个情形下,平面弹性是一个经典弹性问题并且其解为已知,而反平面问题才是和准周期结构有关的问题,这正是我们所关心的。这种解耦极大地简化了求解过程。

现在考虑二维准晶的弹性,数学上它比一维准晶的弹性更加复杂。第 5 章发展的解耦程序暗示二维准晶的弹性也可能以某种方式分解并得到广泛应用。这样问题能极大地简化并且使用解析方法求解边值问题成为可行。

目前观察到的二维固体准晶包含四种晶系,它们具有五重、八重、十重和十二重对称性,分别命名为五次、八次、十次和十二次对称准晶,并且它们含有不同的 Laue 类。二维准晶的重要性仅仅次于三维二十面体准晶。到目前为止,在超过 200 种已发现的固体准晶中,有 100 多种二十面体准晶、70 多种十次对称准晶。这两种准晶占这类材料的绝大多数。二十面体准晶的弹性将在第 9 章讨论。

首先,给出一个关于二维准晶点群和 Laue 类的简短描述。二维固体准晶共含有 57 个点群,其中有 31 种晶体学点群和 26 种非晶体学点群,前者见第 5 章,在此仅讨论后者,它们更进一步地被分为 8 个 Laue 类,见表 6.0-1。

表 6.0-1 二维固体准晶系、Laue 类和点群

准晶系	Laue 类	点 群
五角形准晶	11	$5, \bar{5}$
	12	$5m, 52, \bar{5}m$
十角形准晶	13	$10, \bar{10}, 10/m$
	14	$10mm, 1022, \bar{10}m2, 10/mmm$

续表

准晶系	Laue 类	点群
八角形准晶	15	$8, \bar{8}, 8/m$
八角形准晶	16	$8mm, 822, \bar{8}m2, 8/mmm$
十二角形准晶	17	$12, \bar{12}, 12/m$
十二角形准晶	18	$12mm, 1222, \bar{12}m2, 12/mmm$

像一维准晶一样，二维准晶中的声子场弹性是横观各向同性的。如果用 xy 平面（或 x_1x_2 平面）作为准周期平面，z 轴（或 x_3 轴）作为周期轴，那么 xy 平面为弹性各向同性平面，其中的弹性常数为

$$C_{1111} = C_{2222} = C_{11}$$
$$C_{1122} = C_{12}$$
$$C_{1212} = C_{1111} - C_{1122} = C_{11} - C_{12} = 2C_{66}$$

这说明 C_{66} 不是独立的。xy 平面外的独立弹性常数为

$$C_{2323} = C_{3131} = C_{44}$$
$$C_{1133} = C_{2233} = C_{13}$$
$$C_{3333} = C_{33}$$

见表 6.0-2。

表 6.0-2 二维准晶声子场弹性常数（C_{ijkl}）

	11	22	33	23	31	12
11	C_{11}	C_{12}	C_{13}	0	0	0
22	C_{12}	C_{11}	C_{13}	0	0	0
33	C_{13}	C_{13}	C_{33}	0	0	0
23	0	0	0	C_{44}	0	0
31	0	0	0	0	C_{66}	0
12	0	0	0	0	0	C_{66}

相关的相位子场弹性常数和声子–相位子场耦合弹性常数列在表 6.0-3～表 6.0-6 中。

表 6.0-3 第 11 Laue 类准晶的相位子场弹性常数（K_{ijkl}）

	11	22	23	12	13	21
11	K_1	K_2	K_7	0	K_6	0
22	K_2	K_1	K_7	0	K_6	0
23	K_7	K_7	K_4	K_6	0	$-K_6$
12	0	0	K_6	K_1	$-K_7$	$-K_2$
13	K_6	K_6	0	$-K_7$	K_4	K_7
21	0	0	$-K_6$	$-K_2$	K_7	K_1

表 6.0-4 第 11 Laue 类准晶的声子–相位子场耦合弹性常数（R_{ijkl}）

ε_{ij}	\multicolumn{6}{c}{w_{ij}}
	11	22	23	12	13	21
11	R_1	R_1	R_6	R_2	R_5	$-R_2$
22	$-R_1$	$-R_1$	$-R_6$	$-R_2$	$-R_5$	R_2
33	0	0	0	0	0	0
23	R_4	$-R_4$	0	R_3	0	R_3
31	$-R_3$	R_3	0	R_4	0	R_4
12	R_2	R_2	$-R_5$	$-R_1$	R_6	R_1

表 6.0-5 第 15 Laue 类准晶的相位子场弹性常数（K_{ijkl}）

	11	22	23	12	13	21
11	K_1	K_2	0	K_5	0	K_5
22	K_2	K_1	0	$-K_5$	0	$-K_5$
23	0	0	K_4	0	0	0
12	K_5	$-K_5$	0	K	0	K_3
13	0	0	0	0	K_4	0
21	K_5	$-K_5$	0	K_3	0	K

注：$K = K_1 + K_2 + K_3$。

对第 12 Laue 类准晶：

如果 $2 // x_1$，$m \perp x_1$：$K_6 = R_2 = R_3 = R_6 = 0$

如果 $2 // x_2$，$m \perp x_2$：$K_7 = R_2 = R_4 = R_6 = 0$

对第 13 Laue 类准晶：

$$K_6 = K_7 = R_3 = R_4 = R_5 = R_6 = 0$$

对第 14 Laue 类准晶：

$$K_6 = K_7 = R_2 = R_3 = R_4 = R_5 = R_6 = 0$$

表 6.0-6　第 15 Laue 类准晶的声子–相位子场耦合弹性常数（R_{ijkl}）

ε_{ij}	w_{ij}					
	11	22	23	12	13	21
11	R_1	R_1	0	R_2	0	$-R_2$
22	$-R_1$	$-R_1$	0	$-R_2$	0	R_2
33	0	0	0	0	0	0
23	0	0	0	0	0	0
31	0	0	0	0	0	0
12	R_2	R_2	0	$-R_1$	0	R_1

对第 16 Laue 类准晶：

$$K_6 = R_2 = 0$$

对第 17 Laue 类准晶：常数 K_{ijkl} 同表 6.0-5，并且 $R_{ijkl} = 0$。

对第 18 Laue 类准晶：常数 K_{ijkl} 同第 16 Laue 类准晶，并且 $R_{ijkl} = 0$。

各种不同的准晶实验测量材料所得的数据对于研究其弹性是必备的。表 6.0-7～表 6.0-9 列出了一些十次对称准晶的数据。

表 6.0-7　十次对称准晶声子场弹性常数（C_{ij}，B，G 的单位为 GPa）[1]

合金	C_{11}	C_{33}	C_{44}	C_{12}	C_{13}	B	G	v
Al-Ni-Co	234.33	232.22	70.19	57.41	66.63	120.25	79.98	0.228

其中 B 为体积模量，G 为剪切模量，v 为 Poisson 比。

对于一种十次对称准晶，其相位子弹性常数通过同步加速器 X 射线衍射的各向异性扩散散射观察到[2]。这个结果显示这个测量对相位子弹性常数是有用的，虽然目前对 K_1 和 K_2 还没有定量的结果。相位子弹性常数由 Monte-Carlo 模拟法观察到，见表 6.0-8[3]。

表 6.0-8　十次对称 Al-Ni-Co 准晶相位子场弹性
常数，由 Monte-Carlo 模拟得到[3]　　　　10^{12}dyn/cm^2

合金	K_1	K_2
Al-Ni-Co	1.22	0.24

其中 1 GPa=10^{10} dyn①/cm^2。值得注意的是，Monte-Carlo 模拟法所得数据还需要证实。

---

① 1 dyn=10^{-5} N。

最近十次对称准晶声子–相位子耦合弹性常数的实验数据也已获得，结果见表 6.0-9。

表 6.0-9　十次对称点群 $10,\overline{10}$ Al-Ni-Co 准晶声子–相位子耦合场弹性常数[4]

合金	R_1/GPa	$\|R_2\|$/GPa
Al-Ni-Co	−1.1	<0.2

表 6.0-2～表 6.0-6 表明，二维准晶的声子弹性、相位子和声子–相位子耦合弹性是三维的，而不是二维的。一般地，它们不能简化为二维问题。这样就有 29 个场变量和 29 个场方程，难以获取它们的解析解。

实际上，存在一种物理和几何上沿周期轴 z 均匀的构型，导致场变量和 z 是无关的，即

$$\frac{\partial}{\partial z} = 0 \qquad (6.0\text{-}1)$$

考虑到这个条件，二维准晶的弹性能够被解耦成准晶的平面弹性和晶体的反平面弹性，其中后者是一个纯粹声子或经典弹性，其控制方程和边界条件与准周期结构平面弹性是解耦的，它能单独地处理。

沿 z 轴均匀的构型，在物理和几何意义上，代表了大量有用的物理问题，例如，一个直位错线或一条 Griffith 裂纹穿过这个方向等。这表明这种解耦处理和平面模型具有重要的物理意义。

接下来，通过引入位移势和应力势函数推导四种不同准晶系的平面弹性和反平面弹性的最终控制方程。我们会发现，场方程将会戏剧性地简化，这对采用解析方法求解它们是很有帮助的，另外，采用 Fourier 分析和复分析来获取这些方程的一些边值问题的解析解。不过，不同边值问题的数学方法和精确解将在第 7 章和第 8 章给出，因为具体计算的计算量较大。

6.1　二维准晶平面弹性基本方程：五次和十次对称晶系中的点群 $5m$ 和 $10mm$ 情形

如第 1 章里介绍的那样，我们能够理解符号 $10mm$ 中的 10 代表十次旋转对称性，m 代表镜面对称性。因此，$10mm$ 记号意味着一个旋转对称和两个镜面对称的复合。对其他符号的解释是类似的。

点群 $5m$ 和 $10mm$ 准晶分别具有五次和十次对称性，它们的平面弹性问题很容易研究，参看范天佑和 Mai[5] 的评论或胡承正等[6]、Bohsung 等[7] 的评

论。第一个五次对称准晶的位错解由 De 和 Pelcovits[8] 给出，据了解，它是点群 5 二维准晶的第一个解。这里所发展的公式和求解方案与文献［8］是不同的。

十次对称准晶的衍射图形和相关的 Penrose 拼砌如图 6.1-1 和图 6.1-2 所示。五次对称准晶的 Penrose 拼砌在第 3 章已经给出。

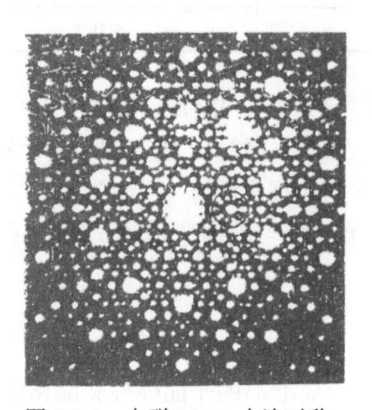

图 6.1-1　点群 10mm 十次对称二维准晶的衍射图像

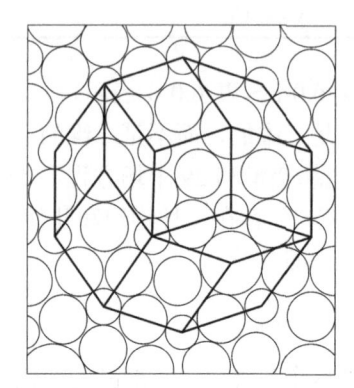

图 6.1-2　点群 10mm 十次对称二维准晶的 Penrose 拼砌

具有这些对称性的准晶为二维准晶类，即，平面内的原子排列是准周期的，在第三个方向是周期的。为清晰起见，准晶可以定义为五次和十次对称性的平面准周期结构沿第三对称轴的堆垛。这里的准周期平面为 xy 平面，且五次和十次旋转轴为 z 轴，它是周期对称轴。由于准周期平面存在无公度的度量，导致了额外自由度的存在，这在传统晶体中是没有的，它被命名为相位子场 w。

虽然二维准晶可以理解为平面准周期结构沿周期对称轴的堆垛，然而其弹性是三维的，而且和经典弹性平面问题不同。但特殊情况下它可以解耦成平面和反平面弹性。这里仅仅考虑平面弹性，因为反平面弹性是一个经典问题，和相位子变量无关。

表 6.0-2~表 6.0-6 列出了所有的弹性常数。考虑二维准晶的一个平面，并且假定它和周期对称轴（z 轴）是垂直的。在这种情况下，

$$\boldsymbol{u}=(u_x, u_y, u_z), \quad \boldsymbol{w}=(w_x, w_y, 0)$$

因此，应变为 $w_{zz}=w_{zx}=w_{xz}=w_{zy}=w_{yz}=0$。式（6.0-1）的假设导致了 $\varepsilon_{zz}=\varepsilon_{xz}=\varepsilon_{yz}=0$，平面弹性中声子场弹性常数的表 6.1-1 是由表 6.0-2 做了相应的简化而得来的。

表 6.1-1　二维准晶平面弹性声子场弹性常数

	11	22	12	21
11	C_{11}	C_{12}	0	0
22	C_{12}	C_{11}	0	0
12	0	0	C_{66}	C_{66}
21	0	0	C_{66}	C_{66}

表 6.1-1 列出的声子弹性常数能被表示成 4 阶张量

$$C_{ijkl} = L\delta_{ij}\delta_{kl} + M(\delta_{jk}\delta_{jl} + \delta_{il}\delta_{jk}) \quad i,j,k,l=1,2 \quad (6.1\text{-}1)$$

其中

$$L = C_{12}, \quad M = (C_{11} - C_{12})/2 = C_{66} \quad (6.1\text{-}2)$$

仅仅存在两个独立的声子场弹性常数。

表 6.1-1 给出的数据和式（6.1-1）、式（6.1-2）对目前发现的所有的二维准晶平面弹性都是成立的。

在点群 $5m$，52，$\bar{5}m$，$10mm$，1022，$\overline{10}m2$ 和 $10/mmm$ 二维准晶平面弹性中，列有相位子场弹性常数的表 6.0-3 能被简化为表 6.1-2。

表 6.1-2　二维准晶平面弹性相位子场弹性常数

	11	22	12	21
11	K_1	K_2	0	0
22	K_2	K_1	0	0
12	0	0	K_1	$-K_2$
21	0	0	$-K_2$	K_1

这意味着

$$\begin{aligned} K_{1111} = K_{2222} = K_{2121} &= K_1 \\ K_{1122} = K_{2211} = -K_{2112} = -K_{1221} &= K_2 \end{aligned} \quad (6.1\text{-}3)$$

且其他 $K_{ijkl} = 0$，它们的 4 阶张量表达式为

$$K_{ijkl} = K_1\delta_{ik}\delta_{jl} + K_2(\delta_{ij}\delta_{kl} - \delta_{il}\delta_{jk}) \quad i,j,k,l=1,2 \quad (6.1\text{-}4)$$

列有声子–相位子耦合场弹性常数的表 6.0-4 能被简化为表 6.1-3。

表 6.1-3　平面弹性声子–相位子耦合场弹性常数

ε_{ij}	w_{ij}			
	11	22	12	21
11	R	R	0	0
22	$-R$	$-R$	0	0
12	0	0	$-R$	R
21	0	0	$-R$	R

这表明

$$R_{1111} = R_{1122} = -R_{2222} = R_{1221} = R_{2121} = -R_{1212} = -R_{2211} = -R_{2112} = R \quad (6.1\text{-}5)$$

或

$$R_{ijkl} = R(\delta_{i1} - \delta_{i2})(\delta_{ij}\delta_{kl} - \delta_{ik}\delta_{jl} + \delta_{il}\delta_{jk}) \quad i,j,k,l = 1,2 \quad (6.1\text{-}6)$$

人们能发现点群 $5m$ 和点群 $10mm$ 准晶平面弹性有相同的弹性常数，因此，它们能够被一起加以讨论。

应变张量的定义与第 4 章的一样，即

$$\varepsilon_{ij} = \frac{1}{2}\left(\frac{\partial u_i}{\partial x_j} + \frac{\partial u_j}{\partial x_i}\right), \quad w_{ij} = \frac{\partial w_i}{\partial x_j} \quad (6.1\text{-}7)$$

在第 4 章中已经表明，应力、应变和弹性常数张量都能表示成矩阵形式。上述的弹性常数能用矩阵 **CKR** 表示。对于目前的情况，由式（4.4-12）定义的应变向量可以简化为

$$[\varepsilon_{ij}\ w_{ij}] = [\varepsilon_{11}\ \varepsilon_{22}\ \varepsilon_{12}\ \varepsilon_{21}\ w_{11}\ w_{22}\ w_{12}\ w_{21}] \quad (6.1\text{-}8)$$

其中矩阵 **CKR** 为

$$CKR = \begin{bmatrix} L+2M & L & 0 & 0 & R & R & 0 & 0 \\ L & L+2M & 0 & 0 & -R & -R & 0 & 0 \\ 0 & 0 & M & M & 0 & 0 & -R & R \\ 0 & 0 & M & M & 0 & 0 & -R & R \\ R & -R & 0 & 0 & K_1 & K_2 & 0 & 0 \\ R & -R & 0 & 0 & K_2 & K_1 & 0 & 0 \\ 0 & 0 & -R & -R & 0 & 0 & K_1 & -K_2 \\ 0 & 0 & R & R & 0 & 0 & -K_2 & K_1 \end{bmatrix}$$

$$= \begin{bmatrix} L+2M & L & 0 & 0 & R & R & 0 & 0 \\ & L+2M & 0 & 0 & -R & -R & 0 & 0 \\ & & M & M & 0 & 0 & -R & R \\ & & & M & 0 & 0 & -R & R \\ & & & & K_1 & K_2 & 0 & 0 \\ & 对称 & & & & K_1 & 0 & 0 \\ & & & & & & K_1 & -K_2 \\ & & & & & & & K_1 \end{bmatrix} \quad (6.1\text{-}9)$$

应变能密度为

$$F = \frac{1}{2} L \varepsilon_{ii} \varepsilon_{ii} + M \varepsilon_{ij} \varepsilon_{ij} + \frac{1}{2} K_1 w_{ij} w_{ij} + K_2 (w_{xx} w_{yy} - w_{xy} w_{xy}) + \\ R[(\varepsilon_{xx} - \varepsilon_{yy})(w_{xx} + w_{yy}) + 2 \varepsilon_{xy} (w_{xy} - w_{yx})] \quad (6.1\text{-}10)$$

通过式（6.1-9）和式（4.5-3）或通过式（6.1-10）和式（4.5-1），十次对称的点群 10mm 准晶平面弹性的广义 Hooke 定律为

$$\left.\begin{aligned} \sigma_{xx} &= L(\varepsilon_{xx} + \varepsilon_{yy}) + 2M\varepsilon_{xx} + R(w_{xx} + w_{yy}) \\ \sigma_{yy} &= L(\varepsilon_{xx} + \varepsilon_{yy}) + 2M\varepsilon_{yy} - R(w_{xx} + w_{yy}) \\ \sigma_{xy} &= \sigma_{yx} = 2M\varepsilon_{xy} + R(w_{yx} - w_{xy}) \\ H_{xx} &= K_1 w_{xx} + K_2 w_{yy} + R(\varepsilon_{xx} - \varepsilon_{yy}) \\ H_{yy} &= K_1 w_{yy} + K_2 w_{xx} + R(\varepsilon_{xx} - \varepsilon_{yy}) \\ H_{xy} &= K_1 w_{xy} - K_2 w_{yx} - 2R\varepsilon_{xy} \\ H_{yx} &= K_1 w_{yx} - K_2 w_{xy} + 2R\varepsilon_{xy} \end{aligned}\right\} \quad (6.1\text{-}11)$$

此外，对反平面弹性，有

$$\left.\begin{aligned} \sigma_{xz} &= 2M\varepsilon_{xz} \\ \sigma_{yz} &= 2M\varepsilon_{yz} \end{aligned}\right\} \quad (6.1\text{-}12)$$

专著 [9] 首先指出了式（6.1-9）～式（6.1-11）对点群 5m 和点群 10mm 平面弹性都是成立的，这与文献 [6] 的观点是一致的。

式（6.1-11）是点群 5m 和点群 10mm 准晶弹性的物理基础。其变形几何基础为式（6.1-7）。静态情形另一个必要的基础为平衡方程，即

$$\left.\begin{array}{ll} \dfrac{\partial \sigma_{xx}}{\partial x}+\dfrac{\partial \sigma_{xy}}{\partial y}=0, & \dfrac{\partial \sigma_{yx}}{\partial x}+\dfrac{\partial \sigma_{yy}}{\partial y}=0 \\[2mm] \dfrac{\partial H_{xx}}{\partial x}+\dfrac{\partial H_{xy}}{\partial y}=0, & \dfrac{\partial H_{yx}}{\partial x}+\dfrac{\partial H_{yy}}{\partial y}=0 \end{array}\right\} \qquad (6.1\text{-}13)$$

此外，对于反平面弹性，有

$$\dfrac{\partial \sigma_{zx}}{\partial x}+\dfrac{\partial \sigma_{zy}}{\partial y}=0 \qquad (6.1\text{-}14)$$

这里略去了体积力密度。

从式（6.1-7）、式（6.1-11）和式（6.1-13）出发，我们发现有 18 个场变量，即，4 个位移 u_x, u_y, w_x, w_y，7 个应变 $\varepsilon_{xx}, \varepsilon_{yy}, \varepsilon_{xy}=\varepsilon_{yx}, w_{xx}, w_{yy}, w_{xy}, w_{yx}$，7 个应力 $\sigma_{xx}, \sigma_{yy}, \sigma_{xy}=\sigma_{yx}, H_{xx}, H_{yy}, H_{xy}, H_{yx}$。同时，相应的场方程数目也是 18 个，包括 4 个静态平衡方程、7 个应力-应变关系和 7 个变形几何方程。场方程的数目和场变量的数目是一致的。这意味着此问题在合适的边界条件下在数学上是可解的。此外，式（6.1-7）、式（6.1-12）和式（6.1-14）给出了反平面纯经典（声子）弹性的描述。De 和 Pelcovits[10] 用 Green 函数法和交替方法求解了位错问题的解。丁棣华等[11] 基于 Fourier 变换和 Green 函数法求解相同的问题。我们发展的是与 De 和 Pelcovits 或丁棣华等不同的方法，通过引入一些位移势或者应力势，首先把 18 个方程化为一个高阶的单未知函数的偏微分方程，这使得我们能够采用 Fourier 分析和复分析来求解这个问题。这种方法是一种系统和直接的方法。下面推导不同准晶晶系的最终控制方程和基本解。同时，这种理论和方法在准晶位错和裂纹问题的应用的细节将分别在第 7 章和第 8 章给出。

6.2 基本方程组的化简：位移势函数法

上节给出的基本方程数目很大，且很难直接求解。在数学物理中，通常的方法是减少场方程的数目。在经典弹性理论中，可通过引入所谓的位移或应力势函数的途径来实现这个目的，分别称为位移势法或应力势法。本节在基本方程中消去应力和应变分量，同时，获取了一些由位移分量表示的平衡方程，因而应变相容性会自动满足。此外，通过引入一个位移势函数，最终控制方程变为一个关于位移势函数的四重调和方程，这就是所谓的位移势法。在下一节，将引入应力势法，其控制方程变成一个关于应力势函数的四重调和方程，这就是所谓的应力势法。采取这些势函数方法，数目庞大的准晶弹性方程组得到戏剧性的化简。

将式（6.1-7）代入式（6.1-11），然后代入式（6.1-12），得到

$$\left.\begin{aligned} & M\nabla^2 u_x + (L+M)\frac{\partial}{\partial x}\nabla \cdot \boldsymbol{u} + R\left(\frac{\partial^2 w_x}{\partial x^2} + 2\frac{\partial^2 w_y}{\partial x \partial y} - \frac{\partial w_x}{\partial y^2}\right) = 0 \\ & M\nabla^2 u_y + (L+M)\frac{\partial}{\partial y}\nabla \cdot \boldsymbol{u} + R\left(\frac{\partial^2 w_y}{\partial x^2} - 2\frac{\partial^2 w_x}{\partial x \partial y} - \frac{\partial^2 w_y}{\partial y^2}\right) = 0 \\ & K_1 \nabla^2 w_x + R\left(\frac{\partial^2 u_x}{\partial x^2} - 2\frac{\partial^2 u_y}{\partial x \partial y} - \frac{\partial^2 u_x}{\partial y^2}\right) = 0 \\ & K_1 \nabla^2 w_y + R\left(\frac{\partial^2 u_y}{\partial x^2} + 2\frac{\partial^2 u_x}{\partial x \partial y} - \frac{\partial^2 u_y}{\partial y^2}\right) = 0 \end{aligned}\right\} \quad (6.2\text{-}1)$$

其中

$$\nabla^2 = \frac{\partial^2}{\partial x^2} + \frac{\partial^2}{\partial y^2}, \quad \nabla \cdot \boldsymbol{u} = \frac{\partial u_x}{\partial x} + \frac{\partial u_y}{\partial y}$$

式（6.2-1）实际上是上一小节提到的五次对称点群 5m 和十次对称点群 10mm 准晶平面弹性的位移平衡方程。这里仅有 4 个位移分量 u_x, u_y, w_x, w_y，即，场变量的数目为 4，且方程组的阶数为 8。

通过观察式（6.2-1）的前两个式子，发现如果引入未知函数 $\varphi(x,y)$ 和 $\psi(x,y)$

$$\left.\begin{aligned} u_x &= (L+M)\frac{\partial^2 \varphi}{\partial x \partial y} + M\frac{\partial^2 \psi}{\partial x^2} + (L+2M)\frac{\partial^2 \psi}{\partial y^2} \\ u_y &= -\left[(L+2M)\frac{\partial^2 \varphi}{\partial x^2} + M\frac{\partial^2 \varphi}{\partial y^2} + (L+M)\frac{\partial^2 \psi}{\partial x \partial y}\right] \\ w_x &= -\frac{M(L+2M)}{R}\left(2\frac{\partial^2 \varphi}{\partial x \partial y} + \frac{\partial^2 \psi}{\partial x^2} - \frac{\partial^2 \psi}{\partial y^2}\right) \\ w_y &= \frac{M(L+2M)}{R}\left(\frac{\partial^2 \varphi}{\partial x^2} - \frac{\partial^2 \varphi}{\partial y^2} - 2\frac{\partial^2 \psi}{\partial x \partial y}\right) \end{aligned}\right\} \quad (6.2\text{-}2)$$

那么前两个方程自动满足。将式（6.2-2）代入式（6.2-1）的后两式，会产生

$$\left.\begin{array}{l}(\alpha\Pi_1+\beta\Pi_2)\dfrac{\partial^2\varphi}{\partial x\partial y}+\left(\alpha\Pi_1\dfrac{\partial^2}{\partial y^2}-\beta\Pi_2\dfrac{\partial^2}{\partial x^2}\right)\psi=0\\ \left(\alpha\Pi_2\dfrac{\partial^2}{\partial x^2}-\beta\Pi_1\dfrac{\partial^2}{\partial y^2}\right)\varphi+(\alpha\Pi_2+\beta\Pi_1)\dfrac{\partial^2\psi}{\partial x\partial y}=0\end{array}\right\} \quad (6.2\text{-}3)$$

其中

$$\Pi_1=3\dfrac{\partial^2}{\partial x^2}-\dfrac{\partial^2}{\partial y^2},\quad \Pi_2=3\dfrac{\partial^2}{\partial y^2}-\dfrac{\partial^2}{\partial x^2} \quad (6.2\text{-}4)$$

$$\left.\begin{array}{l}\alpha=R(L+2M)-\omega K_1,\quad \beta=RM-\omega K_1\\ \delta=RM-\omega K_1,\quad \omega=M(L+2M)/R\end{array}\right\} \quad (6.2\text{-}5)$$

其中 δ 并未出现，它将在下面的式（6.2-6）中用到。式（6.2-3）相对于式（6.2-1）更简单，它还可以化简，如果令

$$\varphi=\left(\beta\Pi_2\dfrac{\partial^2}{\partial x^2}-\alpha\Pi_1\dfrac{\partial^2}{\partial y^2}\right)F,\quad \psi=(\alpha\Pi_1+\delta\Pi_2)\dfrac{\partial^2 F}{\partial x\partial y} \quad (6.2\text{-}6)$$

其中 $F(x,y)$ 是任意函数，那么式（6.2-3）的第一个方程已经满足。将式（6.2-6）代入式（6.2-3）第二式，化为

$$\nabla^2\nabla^2\nabla^2\nabla^2 F=0 \quad (6.2\text{-}7)$$

这就是点群 5m 和点群 10mm 二维准晶平面弹性的最终控制方程。我们称 $F(x,y)$ 为位移势函数，其阶数比经典弹性控制方程的阶数要高很多，经典弹性控制方程为双调和方程。

所有位移和应力分量都可以用位移势函数表示：

$$\left.\begin{array}{l}u_x=[M\alpha\Pi_1+(L+2M)\beta\Pi_2]\dfrac{\partial^2}{\partial x\partial y}\nabla^2 F\\ u_y=\left[M\alpha\Pi_1\dfrac{\partial^2}{\partial y^2}-(L+2M)\beta\Pi_2\dfrac{\partial^2}{\partial x^2}\right]\nabla^2 F\end{array}\right\} \quad (6.2\text{-}8)$$

$$\left.\begin{array}{l}w_x=\omega(\alpha-\beta)\Pi_1\Pi_2\dfrac{\partial^2}{\partial x\partial y}F\\ w_y=-\omega\left(\alpha\Pi_1^2\dfrac{\partial^2}{\partial y^2}+\beta\Pi_2^2\dfrac{\partial^2}{\partial x^2}\right)F\end{array}\right\} \quad (6.2\text{-}9)$$

$$\left.\begin{aligned}\sigma_{xx} &= 2M(L+M)\alpha\prod_1\frac{\partial^3}{\partial y^3}\nabla^2 F \\ \sigma_{yy} &= 2M(L+M)\alpha\prod_1\frac{\partial^3}{\partial x^2\partial y}\nabla^2 F \\ \sigma_{xy} &= \sigma_{yx} = -2M(L+M)\alpha\prod_1\frac{\partial^3}{\partial x\partial y^2}\nabla^2 F\end{aligned}\right\} \quad (6.2\text{-}10)$$

$$\left.\begin{aligned}H_{xx} &= \alpha\beta\frac{\partial}{\partial y}\nabla^2\nabla^2\nabla^2 F + \omega(K_1-K_2)\frac{\partial}{\partial y}\left(\alpha\prod_1^2\frac{\partial^2}{\partial y^2}+\beta\prod_2^2\frac{\partial^2}{\partial x^2}\right)F \\ H_{yy} &= \alpha\beta\frac{\partial}{\partial y}\nabla^2\nabla^2\nabla^2 F - \omega(K_1-K_2)(\alpha-\beta)\prod_1\prod_2\frac{\partial^3}{\partial x^2\partial y}F \\ H_{xy} &= -\alpha\beta\frac{\partial}{\partial x}\nabla^2\nabla^2\nabla^2 F - \omega(K_1-K_2)\frac{\partial}{\partial x}\left(\alpha\prod_1^2\frac{\partial^2}{\partial y^2}+\beta\prod_2^2\frac{\partial^2}{\partial x^2}\right)F \\ H_{yx} &= \alpha\beta\frac{\partial}{\partial x}\nabla^2\nabla^2\nabla^2 F + \omega(K_1-K_2)(\alpha-\beta)\prod_1\prod_2\frac{\partial^3}{\partial x\partial y^2}F\end{aligned}\right\} \quad (6.2\text{-}11)$$

李显方和范天佑[12]提出了这种方法，事实表明，这是非常有效的。在下面两章中，将会给出该方法的许多应用。

此外，式（6.1-12）和式（6.1-14）会产生反平面弹性的最终控制方程

$$\nabla^2 u_z = 0 \quad (6.2\text{-}12)$$

这表明反平面问题和平面问题是解耦的。

6.3 基本方程组的化简：应力势函数法

应力势函数法广泛地应用于经典弹性理论中。现将它推广到准晶的弹性中[13,14]。

从应变相容方程（6.1-7）

$$\left.\begin{aligned}\frac{\partial^2\varepsilon_{xx}}{\partial y^2}+\frac{\partial^2\varepsilon_{yy}}{\partial x^2} &= 2\frac{\partial^2\varepsilon_{xy}}{\partial x\partial y} \\ \frac{\partial w_{xy}}{\partial x} &= \frac{\partial w_{xx}}{\partial y},\quad \frac{\partial w_{yx}}{\partial y}=\frac{\partial w_{yy}}{\partial x}\end{aligned}\right\} \quad (6.3\text{-}1)$$

出发，应变分量 ε_{ij} 和 w_{ij} 能够由应力分量 σ_{ij} 和 H_{ij} 表示，即

$$\left.\begin{aligned}
\varepsilon_{xx} &= \frac{1}{4(L+M)}(\sigma_{xx}+\sigma_{yy}) + \frac{1}{4C}[(K_1+K_2)(\sigma_{xx}+\sigma_{yy})-2R(H_{xx}+H_{yy})] \\
\varepsilon_{yy} &= \frac{1}{4(L+M)}(\sigma_{xx}+\sigma_{yy}) - \frac{1}{4C}[(K_1+K_2)(\sigma_{xx}+\sigma_{yy})-2R(H_{xx}+H_{yy})] \\
\varepsilon_{xy} &= \varepsilon_{yx} = \frac{1}{C}[(K_1+K_2)\sigma_{xy}-R(H_{xy}+H_{yx})] \\
w_{xx} &= \frac{1}{2(K_1-K_2)}(H_{xx}-H_{yy}) + \frac{1}{2C}[M(H_{xx}+H_{yy})-R(\sigma_{xx}-\sigma_{yy})] \\
w_{yy} &= -\frac{1}{2(K_1-K_2)}(H_{xx}-H_{yy}) + \frac{1}{2C}[M(H_{xx}+H_{yy})-R(\sigma_{xx}-\sigma_{yy})] \\
w_{xy} &= \frac{1}{C}\left[R\sigma_{xy} - \frac{(R^2-MK_1)H_{xy}+(R^2-MK_2)H_{yx}}{K_1-K_2}\right] \\
w_{yx} &= \frac{1}{C}\left[-R\sigma_{xy} - \frac{(R^2-MK_1)H_{xy}+(R^2-MK_2)H_{yx}}{K_1-K_2}\right]
\end{aligned}\right\} \quad (6.3\text{-}2)$$

和

$$C = M(K_1+K_2) - 2R^2 \tag{6.3-3}$$

如果将式（6.3-2）代入式（6.3-1），人们能发现，应变相容方程能用应力分量表示（由于它们很长，将在第 6.9 节给出）。此外，平衡方程为

$$\left.\begin{aligned}
\frac{\partial \sigma_{xx}}{\partial x}+\frac{\partial \sigma_{xy}}{\partial y}=0, \quad \frac{\partial \sigma_{yx}}{\partial x}+\frac{\partial \sigma_{yy}}{\partial y}=0 \\
\frac{\partial H_{xx}}{\partial x}+\frac{\partial H_{xy}}{\partial y}=0, \quad \frac{\partial H_{yx}}{\partial x}+\frac{\partial H_{yy}}{\partial y}=0
\end{aligned}\right\} \quad (6.3\text{-}4)$$

因此，共有 7 个方程，其中有 3 个能用应力分量表示的（详见式（6.9-2a）～（6.9-2c））相容方程和 4 个平衡方程，同时，未知函数的数目也为 7，即，σ_{xx}，σ_{yy}，$\sigma_{xy}=\sigma_{yx}$，H_{xx}，H_{yy}，H_{xy}，H_{yx}。这个方程组是封闭和可解的。

如果引入应力势函数 φ，ψ_1 和 ψ_2，则

$$\left.\begin{aligned}
\sigma_{xx} &= \frac{\partial^2 \varphi}{\partial y^2}, \quad \sigma_{yy} = \frac{\partial^2 \varphi}{\partial x^2}, \quad \sigma_{xy}=\sigma_{yx}=-\frac{\partial^2 \varphi}{\partial x \partial y} \\
H_{xx} &= \frac{\partial \psi_1}{\partial y}, \quad H_{xy}=-\frac{\partial \psi_1}{\partial x}, \quad H_{yx}=-\frac{\partial \psi_2}{\partial y}, \quad H_{yy}=\frac{\partial \psi_2}{\partial x}
\end{aligned}\right\} \quad (6.3\text{-}5)$$

那么平衡方程（6.3-4）自动满足。将式（6.3-5）代入由应力分量表示的变形协

调方程，会导致

$$\left.\begin{aligned}&\frac{1}{2C(L+M)}\nabla^2\nabla^2\varphi+\frac{K_1+K_2}{2C}\nabla^2\nabla^2\varphi+\frac{R}{C}\left(\frac{\partial}{\partial y}\Pi_1\psi_1-\frac{\partial}{\partial x}\Pi_2\psi_2\right)=0\\&\left(\frac{C}{K_1-K_2}+M\right)\nabla^2\psi_1+R\frac{\partial}{\partial y}\Pi_1\varphi=0\\&\left(\frac{C}{K_1-K_2}+M\right)\nabla^2\psi_2-R\frac{\partial}{\partial x}\Pi_2\varphi=0\end{aligned}\right\} \quad (6.3\text{-}6)$$

其中 Π_1 和 Π_2 由式（6.2-4）定义，C 由式（6.3-3）给出。目前为止，方程的数目和未知函数的数目减少为 3 个。

现在引入一个新的未知函数 $G(x,y)$ 如下

$$\left.\begin{aligned}&\varphi=D\frac{\partial}{\partial y}\Pi_1\nabla^2 G\\&\psi_1=-\frac{1}{R}(MK_1-R^2)[(L+2M)(K_1-K_2)-2R^2]\nabla^2\nabla^2\nabla^2 G+\\&\qquad(L+M)(K_1-K_2)R\frac{\partial^2}{\partial x\partial y}\Pi_1\Pi_2 G\\&\psi_2=(L+M)(K_1-K_2)R\frac{\partial^2}{\partial x\partial y}\Pi_1\Pi_2 G\end{aligned}\right\} \quad (6.3\text{-}7)$$

其中

$$D=2(MK_1-R^2)(L+M) \quad (6.3\text{-}8)$$

如果

$$\nabla^2\nabla^2\nabla^2\nabla^2 G=0 \quad (6.3\text{-}9)$$

那么式（6.3-6）是满足的。

同时，式（6.2-12）对反平面弹性也是成立的。

6.4 点群 $5,\bar{5}$ 五次和点群 $10,\overline{10}$ 十次对称准晶平面弹性

对于平面弹性，点群 $5,\bar{5}$ 五次和点群 $10,\overline{10}$ 十次对称准晶与点群 $5m$ 和点群 $10mm$ 是不同的，其不同之处仅仅在于声子–相位子场耦合弹性常数，前者有两个耦合弹性常数 R_1 和 R_2 而非一个 R。因此，有

$$\begin{aligned}R_{ijkl}=&R_1(\delta_{i1}-\delta_{i2})(\delta_{ij}\delta_{kl}-\delta_{ik}\delta_{jl}+\delta_{il}\delta_{jk})+\\&R_2[(1-\delta_{ij})\delta_{kl}+\delta_{ij}(\delta_{i1}-\delta_{i2})(\delta_{k1}\delta_{l2}-\delta_{k2}\delta_{l1})]\end{aligned} \quad i,j,k,l=1,2 \quad (6.4\text{-}1)$$

除此之外，点群 $5,\bar{5}$ 五次和点群 $10,\overline{10}$ 十次对称准晶的声子和相位子场弹性常数与点群 $5m$ 和点群 $10mm$ 准晶的相同。相应的弹性常数矩阵为

$$CKR = \begin{bmatrix} L+2M & L & 0 & 0 & R_1 & R_1 & R_2 & -R_2 \\ L & L+2M & 0 & 0 & -R_1 & -R_1 & -R_2 & R_2 \\ 0 & 0 & M & M & R_2 & R_2 & -R_1 & R_1 \\ 0 & 0 & M & M & R_2 & R_2 & -R_1 & R_1 \\ R_1 & -R_1 & R_2 & R_2 & K_1 & K_2 & 0 & 0 \\ R_1 & -R_1 & R_2 & R_2 & K_2 & K_1 & 0 & 0 \\ R_2 & -R_2 & -R_1 & -R_1 & 0 & 0 & K_1 & -K_2 \\ -R_2 & R_2 & R_1 & R_1 & 0 & 0 & -K_2 & K_1 \end{bmatrix}$$

$$= \begin{bmatrix} L+2M & L & 0 & 0 & R_1 & R_1 & R_2 & -R_2 \\ & L+2M & 0 & 0 & -R_1 & -R_1 & -R_2 & R_2 \\ & & M & M & R_2 & R_2 & -R_1 & R_1 \\ & & & M & R_2 & R_2 & -R_1 & R_1 \\ & 对称 & & & K_1 & K_2 & 0 & 0 \\ & & & & & K_1 & 0 & 0 \\ & & & & & & K_1 & -K_2 \\ & & & & & & & K_1 \end{bmatrix} \quad (6.4\text{-}2)$$

由这个弹性常数矩阵，应力-应变关系可以写为

$$\left.\begin{aligned} \sigma_{xx} &= L(\varepsilon_{xx}+\varepsilon_{yy})+2M\varepsilon_{xx}+R_1(w_{xx}+w_{yy})+R_2(w_{xy}-w_{yx}) \\ \sigma_{yy} &= L(\varepsilon_{xx}+\varepsilon_{yy})+2M\varepsilon_{yy}-R_1(w_{xx}+w_{yy})-R_2(w_{xy}-w_{yx}) \\ \sigma_{xy} &= \sigma_{yx} = 2M\varepsilon_{xy}+R_1(w_{yx}-w_{xy})+R_2(w_{xx}+w_{yy}) \\ H_{xx} &= K_1 w_{xx}+K_2 w_{yy}+R_1(\varepsilon_{xx}-\varepsilon_{yy})+2R_2\varepsilon_{xy} \\ H_{yy} &= K_1 w_{yy}+K_2 w_{xx}+R_1(\varepsilon_{xx}-\varepsilon_{yy})+2R_2\varepsilon_{xy} \\ H_{xy} &= K_1 w_{xy}-K_2 w_{yx}-2R_1\varepsilon_{xy}+R_2(\varepsilon_{xx}-\varepsilon_{yy}) \\ H_{yx} &= K_1 w_{yx}-K_2 w_{xy}+2R_1\varepsilon_{xy}-R_2(\varepsilon_{xx}-\varepsilon_{yy}) \end{aligned}\right\} \quad (6.4\text{-}3)$$

此外，应力 σ_{ij} 和 H_{ij} 满足像式（6.1-13）一样的平衡方程。

将式（6.1-7）代入式（6.4-3），然后再代入式（6.1-12），得到由位移表示的平衡方程

$$\left.\begin{aligned}&M\nabla^2 u_x+(L+M)\frac{\partial}{\partial x}\nabla\cdot\boldsymbol{u}+R_1\left(\frac{\partial^2 w_x}{\partial x^2}+2\frac{\partial^2 w_y}{\partial x\partial y}-\frac{\partial^2 w_x}{\partial y^2}\right)-\\ &R_2\left(\frac{\partial^2 w_y}{\partial x^2}-2\frac{\partial^2 w_x}{\partial x\partial y}-\frac{\partial^2 w_y}{\partial y^2}\right)=0\\ &M\nabla^2 u_y+(L+M)\frac{\partial}{\partial y}\nabla\cdot\boldsymbol{u}+R_1\left(\frac{\partial^2 w_y}{\partial x^2}-2\frac{\partial^2 w_x}{\partial x\partial y}-\frac{\partial^2 w_y}{\partial y^2}\right)+\\ &R_2\left(\frac{\partial^2 w_x}{\partial x^2}+2\frac{\partial^2 w_y}{\partial x\partial y}-\frac{\partial^2 w_x}{\partial y^2}\right)=0\\ &K_1\nabla^2 w_x+R_1\left(\frac{\partial^2 u_x}{\partial x^2}-2\frac{\partial^2 u_y}{\partial x\partial y}-\frac{\partial^2 u_x}{\partial y^2}\right)+R_2\left(\frac{\partial^2 u_y}{\partial x^2}+2\frac{\partial^2 u_x}{\partial x\partial y}-\frac{\partial^2 u_y}{\partial y^2}\right)=0\\ &K_1\nabla^2 w_y+R_1\left(\frac{\partial^2 u_y}{\partial x^2}+2\frac{\partial^2 u_x}{\partial x\partial y}-\frac{\partial^2 u_y}{\partial y^2}\right)-R_2\left(\frac{\partial^2 u_x}{\partial x^2}-2\frac{\partial^2 u_y}{\partial x\partial y}-\frac{\partial^2 u_x}{\partial y^2}\right)=0\end{aligned}\right\} \quad (6.4\text{-}4)$$

这些方程和式（6.2-1）类似，算子 ∇^2 和 $\nabla\cdot$ 的定义也是一样的。很明显，式（6.4-4）比式（6.2-1）更加复杂。基于位移势函数法，可以化简这些方程。

引入位移势函数 $\varphi(x,y)$ 和 $\psi(x,y)$ 如下

$$\left.\begin{aligned}u_x&=(L+M)\frac{\partial^2\varphi}{\partial x\partial y}+M\frac{\partial^2\psi}{\partial x^2}+(L+2M)\frac{\partial^2\psi}{\partial y^2}\\ u_y&=-(L+2M)\frac{\partial^2\varphi}{\partial x^2}+M\frac{\partial^2\varphi}{\partial y^2}+(L+M)\frac{\partial^2\psi}{\partial x\partial y}\\ w_x&=-\omega\left\{\left[2R_1\frac{\partial^2}{\partial x\partial y}-R_2\left(\frac{\partial^2}{\partial x^2}-\frac{\partial^2}{\partial y^2}\right)\right]\varphi+\left[R_1\left(\frac{\partial^2}{\partial x^2}-\frac{\partial^2}{\partial y^2}\right)+2R_2\frac{\partial^2}{\partial x\partial y}\right]\psi\right\}\\ w_y&=\omega\left\{\left[R_1\left(\frac{\partial^2}{\partial x^2}-\frac{\partial^2}{\partial y^2}\right)+2R_2\frac{\partial^2}{\partial x\partial y}\right]\varphi-\left[2R_1\frac{\partial^2}{\partial x\partial y}-R_2\left(\frac{\partial^2}{\partial x^2}-\frac{\partial^2}{\partial y^2}\right)\right]\psi\right\}\end{aligned}\right\}$$
$$(6.4\text{-}5)$$

其中

$$\omega=\frac{M(L+2M)}{R^2},\quad R^2=R_1^2+R_2^2 \quad (6.4\text{-}6)$$

由式（6.4-5）定义的函数 $\varphi(x,y)$ 和 $\psi(x,y)$ 自动满足式（6.4-4）前两式，且将式（6.4-6）代入式（6.4-4）的后两个方程，得到

$$\left.\begin{array}{l}(L+2M)c_2\dfrac{\partial}{\partial x}\Lambda_1\varphi+Mc_1\dfrac{\partial}{\partial y}\Lambda_2\varphi+(L+2M)c_2\dfrac{\partial}{\partial y}\Lambda_1\psi-Mc_1\dfrac{\partial}{\partial x}\Lambda_2\psi=0\\(L+2M)c_2\dfrac{\partial}{\partial x}\Lambda_2\varphi-Mc_1\dfrac{\partial}{\partial y}\Lambda_1\varphi+(L+2M)c_2\dfrac{\partial}{\partial y}\Lambda_2\psi+Mc_1\dfrac{\partial}{\partial x}\Lambda_1\psi=0\end{array}\right\} \quad (6.4\text{-}7)$$

和

$$\left.\begin{array}{l}\Lambda_1=R_1\dfrac{\partial}{\partial y}\Pi_1+R_2\dfrac{\partial}{\partial x}\Pi_2\\\Lambda_2=R_1\dfrac{\partial}{\partial x}\Pi_2-R_2\dfrac{\partial}{\partial y}\Pi_1\end{array}\right\} \quad (6.4\text{-}8)$$

$$c_1=(L+2M)K_1-R^2,\quad c_2=MK_1-R^2 \quad (6.4\text{-}9)$$

如果像这样引入一个新函数 $F(x,y)$

$$\left.\begin{array}{l}\varphi=-(L+2M)c_2R\dfrac{\partial}{\partial y}\Lambda_1 F+Mc_1R\dfrac{\partial}{\partial x}\Lambda_2 F\\\psi=(L+2M)c_2R\dfrac{\partial}{\partial x}\Lambda_1 F+Mc_1R\dfrac{\partial}{\partial y}\Lambda_2 F\end{array}\right\} \quad (6.4\text{-}10)$$

那么式（6.4-7）第一式相应满足，从第二式出发，得到[14]

$$\nabla^2\nabla^2\nabla^2 F=0 \quad (6.4\text{-}11)$$

算子 ∇^2 和 $\nabla\cdot$ 的定义和前面一样。

所有位移和应力分量都可以由势函数给出

$$u_x=R\left(c_2\dfrac{\partial}{\partial x}\Lambda_1+c_1\dfrac{\partial}{\partial y}\Lambda_2\right)\nabla^2 F \quad (6.4\text{-}12a)$$

$$u_y=R\left(c_2\dfrac{\partial}{\partial y}\Lambda_1-c_1\dfrac{\partial}{\partial x}\Lambda_2\right)\nabla^2 F \quad (6.4\text{-}12b)$$

$$w_x=-c_0\Lambda_1\Lambda_2 F \quad (6.4\text{-}12c)$$

$$w_y=-R^{-1}[c_2(L+2M)\Lambda_1^2+c_1M\Lambda_2^2]F \quad (6.4\text{-}12d)$$

$$\sigma_{xx}=2c_0c_2\dfrac{\partial^2}{\partial y^2}\Lambda_1\nabla^2 F \quad (6.4\text{-}12e)$$

$$\sigma_{yy}=2c_0c_2\dfrac{\partial^2}{\partial x^2}\Lambda_1\nabla^2 F \quad (6.4\text{-}12f)$$

$$\sigma_{xy}=\sigma_{yx}=-2c_0c_2\dfrac{\partial^2}{\partial x\partial y}\Lambda_1\nabla^2 F \quad (6.4\text{-}12g)$$

$$H_{xx} = -c_1c_2R\frac{\partial}{\partial y}\nabla^2\nabla^2\nabla^2 F + R^{-1}K_0\frac{\partial}{\partial y}[c_2(L+2M)\Lambda_1^2 + c_1M\Lambda_2^2]F \quad (6.4\text{-}12\text{h})$$

$$H_{xy} = c_1c_2R\frac{\partial}{\partial x}\nabla^2\nabla^2\nabla^2 F - R^{-1}K_0\frac{\partial}{\partial x}[c_2(L+2M)\Lambda_1^2 + c_1M\Lambda_2^2]F \quad (6.4\text{-}12\text{i})$$

$$H_{yx} = -c_1c_2R\frac{\partial}{\partial x}\nabla^2\nabla^2\nabla^2 F - c_0K_0\frac{\partial}{\partial y}\Lambda_1\Lambda_2 F \quad (6.4\text{-}12\text{j})$$

$$H_{yy} = -c_1c_2R\frac{\partial}{\partial y}\nabla^2\nabla^2\nabla^2 F + c_0K_0\frac{\partial}{\partial x}\Lambda_1\Lambda_2 F \quad (6.4\text{-}12\text{k})$$

以及

$$c_0 = R(L+M), \quad K_0 = K_1 - K_2 \quad (6.4\text{-}13)$$

这结果由李显方与范天佑和李显方[15, 16]给出。之后，李联合与范天佑[14]通过应力势法得到了该点群准晶弹性最终控制方程，结果也是四次调和方程，当然，未知函数是应力势。求解点群$5,\bar{5}$五次对称准晶和点群$10,\overline{10}$十次对称二维准晶椭圆孔和裂纹问题的应用将在第 8 章给出。

在式（6.2-7）、式（6.3-8）和式（6.4-11）中频繁出现四次调和方程，表明这种方程在理论和实践中都是非常重要的。

6.5 点群 12mm 十二次对称准晶平面弹性

点群 12mm 十二次对称准晶属于二维准晶，其 Penrose 拼砌和衍射图形分别由图 6.5-1 和图 6.5-2 给出。如果取 z 轴为周期排列方向，且假定场变量和 z 坐标无关，那么弹性问题能够解耦成平面弹性和反平面弹性。

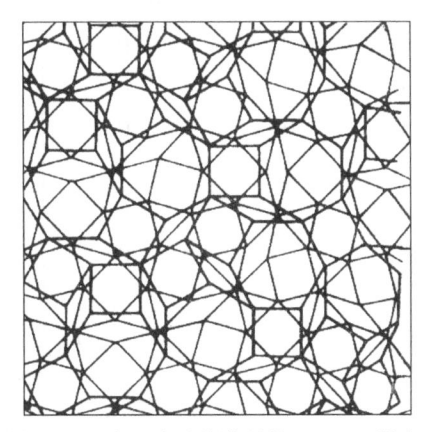

图 6.5-1　十二次对称准晶的 Penrose 拼砌

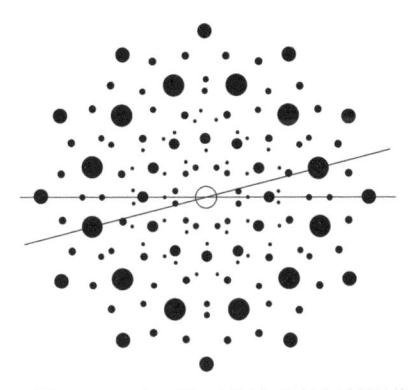

图 6.5-2　十二次对称准晶的衍射图像
（在相位子应变为均匀的条件下）

如前一小节所述，准周期平面取为 xy 平面，则 z 轴表示十二次对称方向。像在其他二维准晶中一样，准周期平面是一个弹性各向同性平面。在该平面内仅存在两个非零独立的弹性常数 C_{ijkl}，即

$$L = C_{12}, \quad M = (C_{11} - C_{12})/2 = C_{66} \tag{6.5-1}$$

这里有非零 K_{ijkl}，为

$$\left.\begin{array}{l} K_{1111} = K_{2222} = K_1, \quad K_{1122} = K_{2211} = K_2 \\ K_{1221} = K_{2112} = K_3, \quad K_{2121} = K_{1212} = K_1 + K_2 + K_3 \end{array}\right\} \tag{6.5-2}$$

其余为零。此结果可以如下表示

$$\begin{aligned} K_{ijkl} = &(K_1 - K_2 - K_3)(\delta_{ik} - \delta_{il}) + K_2 \delta_{ij}\delta_{kl} + \\ & K_3 \delta_{il}\delta_{jk} + 2(K_2 + K_3)(\delta_{i1}\delta_{j2}\delta_{k1}\delta_{l2} + \delta_{i2}\delta_{j1}\delta_{k2}\delta_{l1}) \quad i,j,k,l = 1,2 \end{aligned} \tag{6.5-3}$$

此外，声子和相位子是解耦的，即

$$R_{ijkl} = 0 \tag{6.5-4}$$

弹性常数矩阵为

$$\begin{aligned} \boldsymbol{CKR} &= \begin{bmatrix} L+2M & L & 0 & 0 & 0 & 0 & 0 & 0 \\ L & L+2M & 0 & 0 & 0 & 0 & 0 & 0 \\ 0 & 0 & M & M & 0 & 0 & 0 & 0 \\ 0 & 0 & M & M & 0 & 0 & 0 & 0 \\ 0 & 0 & 0 & 0 & K_1 & K_2 & 0 & 0 \\ 0 & 0 & 0 & 0 & K_2 & K_1 & 0 & 0 \\ 0 & 0 & 0 & 0 & 0 & 0 & K_1+K_2+K_3 & K_3 \\ 0 & 0 & 0 & 0 & 0 & 0 & K_3 & K_1+K_2+K_3 \end{bmatrix} \\ &= \begin{bmatrix} L+2M & L & 0 & 0 & 0 & 0 & 0 & 0 \\ & L+2M & 0 & 0 & 0 & 0 & 0 & 0 \\ & & M & M & 0 & 0 & 0 & 0 \\ & & & M & 0 & 0 & 0 & 0 \\ & & \text{对称} & & K_1 & K_2 & 0 & 0 \\ & & & & & K_1 & 0 & 0 \\ & & & & & & K_1+K_2+K_3 & K_3 \\ & & & & & & & K_1+K_2+K_3 \end{bmatrix} \end{aligned}$$

$$\tag{6.5-5}$$

相关自由能（或应变能密度）为

$$F = \frac{1}{2}L(\nabla \cdot u)^2 + M\varepsilon_{ij}\varepsilon_{ij} + \frac{1}{2}K_1 w_{ij}w_{ij} + \frac{1}{2}K_2(w_{yx}^2 + w_{xy}^2 + 2w_{xx}w_{yy}) + \frac{1}{2}K_3(w_{yx} + w_{xy})^2$$

(6.5-6)

其中 ε_{ij} 和 w_{ij} 为应变张量

$$\varepsilon_{ij} = \frac{1}{2}\left(\frac{\partial u_i}{\partial x_j} + \frac{\partial u_j}{\partial x_i}\right), \quad w_{ij} = \frac{\partial w_i}{\partial x_j} \qquad (6.5\text{-}7)$$

从式（4.5-1）和式（6.5-5）或式（6.5-6）出发，十二次对称准晶平面弹性的广义 Hooke 定律为

$$\left.\begin{aligned}
\sigma_{xx} &= L(\varepsilon_{xx} + \varepsilon_{yy}) + 2M\varepsilon_{xx} \\
\sigma_{yy} &= L(\varepsilon_{xx} + \varepsilon_{yy}) + 2M\varepsilon_{yy} \\
\sigma_{xy} &= \sigma_{yx} = 2M\varepsilon_{xy} \\
H_{xx} &= K_1 w_{xx} + K_2 w_{yy} \\
H_{yy} &= K_1 w_{yy} + K_2 w_{xx} \\
H_{xy} &= (K_1 + K_2 + K_3)w_{xy} + K_3 w_{yx} \\
H_{yx} &= (K_1 + K_2 + K_3)w_{yx} + K_3 w_{xy}
\end{aligned}\right\} \qquad (6.5\text{-}8)$$

并且平衡方程在不计体积力时为

$$\left.\begin{aligned}
\frac{\partial \sigma_{xx}}{\partial x} + \frac{\partial \sigma_{xy}}{\partial y} &= 0, \quad \frac{\partial \sigma_{yx}}{\partial x} + \frac{\partial \sigma_{yy}}{\partial y} = 0 \\
\frac{\partial H_{xx}}{\partial x} + \frac{\partial H_{xy}}{\partial y} &= 0, \quad \frac{\partial H_{yx}}{\partial x} + \frac{\partial H_{yy}}{\partial y} = 0
\end{aligned}\right\} \qquad (6.5\text{-}9)$$

消去式（6.5-7）~式（6.5-9）中的应力和应变分量，得到由位移分量表示的平衡方程如下

$$\left.\begin{aligned}
M\nabla^2 u_x + (L+M)\frac{\partial}{\partial x}\nabla \cdot \boldsymbol{u} &= 0 \\
M\nabla^2 u_y + (L+M)\frac{\partial}{\partial y}\nabla \cdot \boldsymbol{u} &= 0 \\
K_1\nabla^2 w_x + (K_2 + K_3)\frac{\partial}{\partial y}\left(\frac{\partial w_x}{\partial y} + \frac{\partial w_y}{\partial x}\right) &= 0 \\
K_1\nabla^2 w_y + (K_2 + K_3)\frac{\partial}{\partial x}\left(\frac{\partial w_x}{\partial y} + \frac{\partial w_y}{\partial x}\right) &= 0
\end{aligned}\right\} \qquad (6.5\text{-}10)$$

如果定义两个位移势 $F(x,y)$ 和 $G(x,y)$

$$\left.\begin{aligned} u_x &= (L+M)\frac{\partial^2 F}{\partial x \partial y} \\ u_y &= -(L+2M)\frac{\partial^2 F}{\partial x^2} - M\frac{\partial^2 F}{\partial y^2} \\ w_x &= (K_2+K_3)\frac{\partial^2 G}{\partial x \partial y} \\ w_y &= -K_1\frac{\partial^2 G}{\partial x^2} - (K_1+K_2+K_3)\frac{\partial^2 G}{\partial y^2} \end{aligned}\right\} \quad (6.5\text{-}11)$$

那么方程（6.5-10）将变为

$$\nabla^2\nabla^2 F = 0, \quad \nabla^2\nabla^2 G = 0 \quad (6.5\text{-}12)$$

它由文献 [12] 首先给出。

人们发现，该问题归结于求解两个双调和方程，且研究这种方程的理论和方法在经典弹性里面得到了很好的发展，这些理论和方法可用于研究准晶的弹性。在该课题中，最系统的方法为复变函数法。如果假定 $\phi_1(z), \psi_1(z), \pi_1(z)$ 和 $\chi_1(z)$ 为复变量 $z = x + iy (i = \sqrt{-1})$ 的解析函数，那么

$$\left.\begin{aligned} F(x,y) &= \text{Re}[\bar{z}\varphi_1(z) + \int \psi_1(z)\text{d}z] \\ G(x,y) &= \text{Re}[\bar{z}\pi_1(z) + \int \chi_1(z)\text{d}z] \end{aligned}\right\} \quad (6.5\text{-}13)$$

其中 $\bar{z} = x - iy$，且 Re 代表一个复数的实部。解析函数理论是求解调和、双调和和多重调和方程边值问题的有力工具，四重调和和六重调和方程的工作通过研究准晶的弹性而得以发展，其细节将在下面章节给出。对该方法的发展做一个完整的描述，一些详细总结将在第 11 章给出。

在第 18～20 章中，我们将讨论软物质准晶，在液晶、聚合物和胶体中频繁观察到十二次对称准晶，说明这一结构具有一定的普遍性，因而表现出它的重要性，详见那里的讨论。

6.6　点群 8mm 八次对称准晶平面弹性，位移势

八次对称准晶属于二维准晶，其准周期平面的 Penrose 拼砌如图 6.6-1 所示。平面沿着和它垂直的第三方向的堆垛产生了这种准晶。

下面考虑该材料弹性的一种简单情况，即所有的场变量与该轴是无关的，原子沿着该轴周期性排列。这样，弹性就解耦为平面弹性和反平面弹性。我们主要集中于平面弹性的解。在准周期平面内，声子弹性是各向同性的，因此，

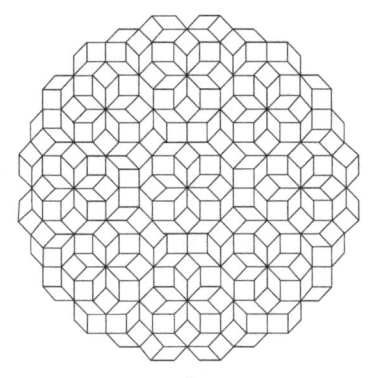

图 6.6-1　八次对称准晶的 Penrose 拼砌

C_{ijkl} 和前面小节是相同的。相位子弹性是各向异性的，但是 K_{ijkl} 与点群 $12mm$ 准晶的相同。在声子和相位子场之间存在耦合，相应的弹性常数和式（6.1-6）给出的相同，即

$$R_{ijkl} = R(\delta_{i1} - \delta_{i2})(\delta_{ij}\delta_{kl} - \delta_{ik}\delta_{jl} + \delta_{il}\delta_{jk}) \quad i,j,k,l=1,2 \quad (6.6\text{-}1)$$

因此，得到弹性常数矩阵

$$CKR = \begin{bmatrix} L+2M & L & 0 & 0 & R & R & 0 & 0 \\ L & L+2M & 0 & 0 & -R & -R & 0 & 0 \\ 0 & 0 & M & M & 0 & 0 & -R & R \\ 0 & 0 & M & M & 0 & 0 & -R & R \\ R & -R & 0 & 0 & K_1 & K_2 & 0 & 0 \\ R & -R & 0 & 0 & K_2 & K_1 & 0 & 0 \\ 0 & 0 & -R & -R & 0 & 0 & K_1+K_2+K_3 & K_3 \\ 0 & 0 & R & R & 0 & 0 & K_3 & K_1+K_2+K_3 \end{bmatrix}$$

$$= \begin{bmatrix} L+2M & L & 0 & 0 & R & R & 0 & 0 \\ & L+2M & 0 & 0 & -R & -R & 0 & 0 \\ & & M & M & 0 & 0 & -R & R \\ & & & M & 0 & 0 & -R & R \\ & & & & K_1 & K_2 & 0 & 0 \\ & \text{对称} & & & & K_1 & 0 & 0 \\ & & & & & & K_1+K_2+K_3 & K_3 \\ & & & & & & & K_1+K_2+K_3 \end{bmatrix}$$

$$(6.6\text{-}2)$$

相应的自由能为

$$F = \frac{1}{2}L(\nabla \cdot \boldsymbol{u})^2 + M\varepsilon_{ij}\varepsilon_{ij} + \frac{1}{2}K_1 w_{ij}w_{ij} + \frac{1}{2}K_2(w_{xy}^2 + w_{yx}^2 + 2w_{xx}w_{yy}) + \\ \frac{1}{2}K_3(w_{xy}+w_{yx})^2 + R[(\varepsilon_{xx}-\varepsilon_{yy})(w_{xx}+w_{yy}) + 2\varepsilon_{xy}(w_{yx}-w_{xy})]$$

（6.6-3）

其中 ε_{ij} 和 w_{ij} 与前面定义的一样，这里不再列写。

从式（6.6-3）和式（4.5-1）出发，广义 Hooke 定律可以表示为

$$\left.\begin{aligned}
\sigma_{xx} &= L(\varepsilon_{xx}+\varepsilon_{yy}) + 2M\varepsilon_{xx} + R(w_{xx}+w_{yy}) \\
\sigma_{yy} &= L(\varepsilon_{xx}+\varepsilon_{yy}) + 2M\varepsilon_{yy} - R(w_{xx}+w_{yy}) \\
\sigma_{xy} &= \sigma_{yx} = 2M\varepsilon_{xy} + R(w_{yx}-w_{xy}) \\
H_{xx} &= K_1 w_{xx} + K_2 w_{yy} + R(\varepsilon_{xx}-\varepsilon_{yy}) \\
H_{yy} &= K_1 w_{yy} + K_2 w_{xx} + R(\varepsilon_{xx}-\varepsilon_{yy}) \\
H_{xy} &= (K_1+K_2+K_3)w_{xy} + K_3 w_{yx} - 2R\varepsilon_{xy} \\
H_{yx} &= (K_1+K_2+K_3)w_{yx} + K_3 w_{xy} + 2R\varepsilon_{xy}
\end{aligned}\right\}$$

（6.6-4）

为简短起见，应力平衡方程这里不再列写。

通过类似的计算过程，由位移分量给出的平衡方程可以表示为

$$\left.\begin{aligned}
M\nabla^2 u_x + (L+M)\frac{\partial}{\partial x}\nabla \cdot \boldsymbol{u} + R\left(\frac{\partial^2 w_x}{\partial x^2} + 2\frac{\partial^2 w_y}{\partial x \partial y} - \frac{\partial^2 w_x}{\partial y^2}\right) &= 0 \\
M\nabla^2 u_y + (L+M)\frac{\partial}{\partial y}\nabla \cdot \boldsymbol{u} + R\left(\frac{\partial^2 w_y}{\partial x^2} - 2\frac{\partial^2 w_x}{\partial x \partial y} - \frac{\partial^2 w_y}{\partial y^2}\right) &= 0 \\
K_1\nabla^2 w_x + (K_2+K_3)\left(\frac{\partial^2 w_x}{\partial y^2} + \frac{\partial^2 w_y}{\partial x \partial y}\right) + R\left(\frac{\partial^2 u_x}{\partial x^2} - 2\frac{\partial^2 u_y}{\partial x \partial y} - \frac{\partial^2 u_x}{\partial y^2}\right) &= 0 \\
K_1\nabla^2 w_y + (K_2+K_3)\left(\frac{\partial^2 w_x}{\partial x \partial y} + \frac{\partial^2 w_y}{\partial x^2}\right) + R\left(\frac{\partial^2 u_y}{\partial x^2} + 2\frac{\partial^2 u_x}{\partial x \partial y} - \frac{\partial^2 u_y}{\partial y^2}\right) &= 0
\end{aligned}\right\}$$

（6.6-5）

很明显，如果 $K_2+K_3=0$，方程将会化为式（6.2-1）。事实上，$K_2+K_3 \neq 0$，因此，方程比前面给出的方程更加复杂。但是，目前这种情况的最终控制方程在数学物理上更有趣，我们立即会看到。

首先引入两个辅助函数 $\varphi(x,y)$ 和 $\psi(x,y)$

$$\left.\begin{aligned} u_x &= (L+M)\frac{\partial^2 \varphi}{\partial x \partial y} + M\frac{\partial^2 \psi}{\partial x^2} + (L+2M)\frac{\partial^2 \psi}{\partial y^2} \\ u_y &= -\left[(L+2M)\frac{\partial^2 \varphi}{\partial x^2} + M\frac{\partial^2 \varphi}{\partial y^2} + (L+M)\frac{\partial^2 \psi}{\partial x \partial y}\right] \\ w_x &= -\omega\left(2\frac{\partial^2 \varphi}{\partial x \partial y} + \frac{\partial^2 \psi}{\partial x^2} - \frac{\partial^2 \psi}{\partial y^2}\right) \\ w_y &= \omega\left(\frac{\partial^2 \varphi}{\partial x^2} - \frac{\partial^2 \varphi}{\partial y^2} - 2\frac{\partial^2 \psi}{\partial x \partial y}\right) \end{aligned}\right\} \quad (6.6\text{-}6)$$

其中 $\omega = M(L+M)/R$，因此式（6.6-5）简化为

$$\left.\begin{aligned} (\gamma\Pi_1 + \delta\Pi_2)\frac{\partial^2 \varphi}{\partial x \partial y} + \left(\alpha\Pi_1\frac{\partial^2}{\partial y^2} - \beta\Pi_2\frac{\partial^2}{\partial x^2}\right)\psi &= 0 \\ (\gamma\Pi_2 + \delta\Pi_1)\frac{\partial^2 \psi}{\partial x \partial y} + \left(\alpha\Pi_2\frac{\partial^2}{\partial y^2} - \beta\Pi_1\frac{\partial^2}{\partial x^2}\right)\varphi &= 0 \end{aligned}\right\} \quad (6.6\text{-}7)$$

其中

$$\left.\begin{aligned} \Pi_1 &= 3\frac{\partial^2}{\partial x^2} - \frac{\partial^2}{\partial y^2}, \quad \Pi_2 = 3\frac{\partial^2}{\partial y^2} - \frac{\partial^2}{\partial x^2} \\ \alpha &= R(L+2M) - \omega(K_1 + K_2 + K_3) \\ \beta &= RM - \omega K_1, \quad \delta = RM - \omega(K_1 + K_2 + K_3) \\ \gamma &= R(L+2M) - \omega K_1 \end{aligned}\right\} \quad (6.6\text{-}8)$$

ω 由上面给出了。最后引进位移势 $F(x,y)$

$$\left.\begin{aligned} \varphi &= \left(\beta\Pi_2\frac{\partial^2}{\partial x^2} - \alpha\Pi_1\frac{\partial^2}{\partial y^2}\right)F \\ \psi &= (\gamma\Pi_1 + \delta\Pi_2)\frac{\partial^2 F}{\partial x \partial y} \end{aligned}\right\} \quad (6.6\text{-}9)$$

且式（6.6-7）化为如下一个简单方程[12]

$$(\nabla^2\nabla^2\nabla^2\nabla^2 - 4\varepsilon\nabla^2\nabla^2\Lambda^2\Lambda^2 + 4\varepsilon\Lambda^2\Lambda^2\Lambda^2\Lambda^2)F = 0 \quad (6.6\text{-}10)$$

其中

$$\left.\begin{aligned} \nabla^2 &= \frac{\partial^2}{\partial x^2} + \frac{\partial^2}{\partial y^2}, \quad \Lambda^2 = \frac{\partial^2}{\partial x^2} - \frac{\partial^2}{\partial y^2} \\ \varepsilon &= \frac{R^2(L+M)(K_2+K_3)}{[M(K_1+K_2+K_3)-R^2][(L+2M)K_1-R^2]} \end{aligned}\right\} \quad (6.6\text{-}11)$$

明显地，如果 $K_2 + K_3 = 0$，那么 $\varepsilon = 0$，式（6.6-10）将化为式（6.2-7）。

如果 $F(x,y)$ 为式（6.6-10）的解，将它代入式（6.6-9），然后代入式（6.6-6），获得位移场为

$$\left.\begin{aligned}
u_x &= \frac{\partial^2}{\partial x \partial y}\{[M\alpha\Pi_1 + (L+2M)\beta\Pi_2] + 4\omega(K_2+K_3) \times \\
&\quad \left[M\frac{\partial^2}{\partial x^2} + (L+2M)\frac{\partial^2}{\partial y^2}\right]\Lambda^2\}F \\
u_y &= \left[M\alpha\Pi_1 \frac{\partial^2}{\partial y^2} - (L+2M)\beta\Pi_2 \frac{\partial^2}{\partial x^2}\right]\nabla^2 F - \\
&\quad 4\omega(K_2+K_3)(L+M)\frac{\partial^4}{\partial x^2 \partial y^2}\Lambda^2 F \\
w_x &= \frac{\partial^2}{\partial x \partial y}[\omega(\alpha-\beta)\Pi_1\Pi_2 - 4\omega^2(K_2+K_3)\Lambda^2\Lambda^2]F \\
w_y &= -\omega\left(\alpha\Pi_1^2 \frac{\partial^2}{\partial y^2} + \beta\Pi_2^2 \frac{\partial^2}{\partial x^2}\right)F - 8\omega^2(K_2+K_3)\frac{\partial^4}{\partial x^2 \partial y^2}\Lambda^2 F
\end{aligned}\right\} \quad (6.6\text{-}12)$$

类似地，应力场可以表示为

$$\sigma_{xx} = 2M(L+M)\alpha\Pi_1 \frac{\partial^3}{\partial y^3}\nabla^2 F + 8M\omega(L+M)(K_2+K_3)\frac{\partial^5}{\partial x^2 \partial y^3}\Lambda^2 F$$

$$\sigma_{yy} = 2M(L+M)\alpha\Pi_1 \frac{\partial^3}{\partial x^2 \partial y}\nabla^2 F + 8M\omega(L+M)(K_2+K_3)\frac{\partial^5}{\partial x^4 \partial y}\Lambda^2 F$$

$$\sigma_{xy} = \sigma_{yx} = -2M(L+M)\alpha\Pi_1 \frac{\partial^3}{\partial x \partial y^2}\nabla^2 F - 8M\omega(L+M)(K_2+K_3)\frac{\partial^5}{\partial x^3 \partial y^2}\Lambda^2 F$$

$$\begin{aligned}
H_{xx} &= \left\{R\frac{\partial}{\partial y}\left[M\alpha\Pi_1\Lambda^2 + 2(L+2M)\beta\Pi_2 \frac{\partial^2}{\partial x^2}\right]\nabla^2 + \right. \\
&\quad 4R\omega(K_2+K_3)\frac{\partial^3}{\partial x^2 \partial y}\left[M\frac{\partial^2}{\partial x^2} + (2L+5M)\frac{\partial^2}{\partial y^2}\right]\Lambda^2 + \\
&\quad K_1\omega\frac{\partial^3}{\partial x^2 \partial y}\left[(\alpha-\beta)\Pi_1\Pi_2 - 4\omega(K_2+K_3)\Lambda^2\Lambda^2\right] - \\
&\quad \left. K_2\omega\left[\alpha\frac{\partial^3}{\partial y^3}\Pi_1^2 + \beta\frac{\partial^3}{\partial x^2 \partial y}\Pi_2^2 + 8\omega(K_2+K_3)\frac{\partial^5}{\partial x^2 \partial y^3}\Lambda^2\right]\right\}F
\end{aligned}$$

$$H_{yy} = \left\{ R\frac{\partial}{\partial y}\left[M\alpha\Pi_1\Lambda^2 + 2(L+2M)\beta\Pi_2\frac{\partial^2}{\partial x^2} \right]\nabla^2 + \right.$$

$$4R\omega(K_2+K_3)\frac{\partial^3}{\partial x^2\partial y}\left[M\frac{\partial^2}{\partial x^2}(2L+5M)\frac{\partial^2}{\partial y^2} \right]\Lambda^2 +$$

$$K_2\omega\frac{\partial^3}{\partial x^2\partial y}\left[(\alpha-\beta)\Pi_1\Pi_2 - 4\omega(K_2+K_3)\Lambda^2\Lambda^2 \right] -$$

$$\left. K_1\omega\left[\alpha\frac{\partial^3}{\partial y^3}\Pi_1^2 + \beta\frac{\partial^3}{\partial x^2\partial y}\Pi_2^2 + 8\omega(K_2+K_3)\frac{\partial^5}{\partial x^2\partial y^3}\Lambda^2 \right] \right\} F$$

$$H_{xy} = \left\{ -R\frac{\partial}{\partial x}\left[2M\alpha\frac{\partial^2}{\partial y^2}\Pi_1 - (L+2M)\beta\Pi_2\Lambda^2 \right]\nabla^2 + \right.$$

$$4R\omega(L+2M)(K_2+K_3)\frac{\partial^3}{\partial x\partial y^2}\Lambda^2\Lambda^2 +$$

$$(K_1+K_2+K_3)\omega\frac{\partial^3}{\partial x\partial y^2}[(\alpha-\beta)\Pi_1\Pi_2 - 4\omega(K_2+K_3)\Lambda^2\Lambda^2] -$$

$$\left. K_3\omega\left[\alpha\frac{\partial^3}{\partial x\partial y^2}\Pi_1^2 + \beta\frac{\partial^3}{\partial x^3}\Pi_2^2 + 8\omega(K_2+K_3)\frac{\partial^5}{\partial x^3\partial y^2}\Lambda^2 \right] \right\} F$$

$$H_{yx} = \left\{ R\frac{\partial}{\partial x}\left[2M\alpha\frac{\partial^2}{\partial y^2}\Pi_1 - (L+2M)\beta\Pi_2\Lambda^2 \right]\nabla^2 - \right.$$

$$4R\omega(L+2M)(K_2+K_3)\frac{\partial^3}{\partial x\partial y^2}\Lambda^2\Lambda^2 +$$

$$K_3\omega\frac{\partial^3}{\partial x\partial y^2}\left[(\alpha-\beta)\Pi_1\Pi_2 - 4\omega(K_2+K_3)\Lambda^2\Lambda^2 \right] -$$

$$\left. (K_1+K_2+K_3)\omega\left[\alpha\frac{\partial^3}{\partial x\partial y^2}\Pi_1^2 + \beta\frac{\partial^3}{\partial x^3}\Pi_2^2 + 8\omega(K_2+K_3)\frac{\partial^5}{\partial x^3\partial y^2}\Lambda^2 \right] \right\} F$$

(6.6-13)

上面的部分结果可以参见文献[12,15,17]。

6.7 点群 5, $\bar{5}$ 五次和点群 10, $\overline{10}$ 十次对称准晶弹性的应力势

在第 6.4 节中讨论了点群 5, $\bar{5}$ 五次和点群 10, $\overline{10}$ 十次对称准晶平面弹性的位移势。但准晶的应力势也很重要，本小节将对它做介绍。

从第 6.4 节给出的基本公式出发，如果消去位移，那么有变形协调方程

$$\frac{\partial^2 \varepsilon_{xx}}{\partial y^2} + \frac{\partial^2 \varepsilon_{yy}}{\partial x^2} = 2\frac{\partial^2 \varepsilon_{xy}}{\partial x \partial y}, \quad \frac{\partial w_{xy}}{\partial x} = \frac{\partial w_{xx}}{\partial y}, \quad \frac{\partial w_{yx}}{\partial y} = \frac{\partial w_{yy}}{\partial x} \qquad (6.7\text{-}1)$$

如果引入应力势函数 $\phi(x,y)$，$\psi_1(x,y)$ 和 $\psi_2(x,y)$

$$\sigma_{xx} = \frac{\partial^2 \phi}{\partial y^2}, \quad \sigma_{yy} = \frac{\partial^2 \phi}{\partial x^2}, \quad \sigma_{xy} = \sigma_{yx} = -\frac{\partial^2 \phi}{\partial x \partial y}$$

$$H_{xx} = \frac{\partial \psi_1}{\partial y}, \quad H_{xy} = -\frac{\partial \psi_1}{\partial x}, \quad H_{yx} = -\frac{\partial \psi_2}{\partial y}, \quad H_{yy} = \frac{\partial \psi_2}{\partial x}$$

$(6.7\text{-}2)$

那么平衡方程 $\partial \sigma_{ij}/\partial x_j = 0$ 和 $\partial H_{ij}/\partial x_j = 0$ 将自动满足。基于广义 Hooke 定律（6.4-3），所有的应变分量都可以用相关的应力分量来表示：

$$\varepsilon_{xx} = \frac{1}{4(L+M)}(\sigma_{xx}+\sigma_{yy}) + \frac{1}{4c}[(K_1+K_2)(\sigma_{xx}-\sigma_{yy}) - 2R_1(H_{xx}+H_{yy}) - 2R_2(H_{xy}-H_{yx})]$$

$$\varepsilon_{yy} = \frac{1}{4(L+M)}(\sigma_{xx}+\sigma_{yy}) - \frac{1}{4c}[(K_1+K_2)(\sigma_{xx}-\sigma_{yy}) - 2R_1(H_{xx}+H_{yy}) - 2R_2(H_{xy}-H_{yx})]$$

$$\varepsilon_{xy} = \varepsilon_{yx} = \frac{1}{2c}\Big[(K_1+K_2)\sigma_{xy} - R_2(H_{xx}+H_{yy}) + R_1(H_{xy}-H_{yx})\Big]$$

$$w_{xx} = \frac{1}{2(K_1-K_2)}(H_{xx}-H_{yy}) + \frac{1}{2c}\Big[M(H_{xx}+H_{yy}) - R_1(\sigma_{xx}-\sigma_{yy}) - 2R_2\sigma_{xy}\Big]$$

$$w_{yy} = -\frac{1}{2(K_1-K_2)}(H_{xx}-H_{yy}) + \frac{1}{2c}\Big[M(H_{xx}+H_{yy}) - R_1(\sigma_{xx}-\sigma_{yy}) - 2R_2\sigma_{xy}\Big]$$

$$w_{xy} = \frac{1}{2c}\Big[-R_2(\sigma_{xx}-\sigma_{yy}) + 2R_1\sigma_{xy}\Big] + \frac{1}{2(K_1-K_2)}(H_{xy}+H_{yx}) + \frac{M}{2c}(H_{xy}-H_{yx})$$

$$w_{yx} = \frac{1}{2c}\Big[R_2(\sigma_{xx}-\sigma_{yy}) - 2R_1\sigma_{xy}\Big] + \frac{1}{2(K_1-K_2)}(H_{xy}+H_{yx}) - \frac{M}{2c}(H_{xy}-H_{yx})$$

$(6.7\text{-}3)$

其中

$$c = M(K_1+K_2) - 2(R_1^2+R_2^2) \qquad (6.7\text{-}4)$$

因此，变形协调方程（6.7-2）能用应力 σ_{ij}，H_{ij} 重写，那么通过利用式（6.4-6），得到

$$\left.\begin{array}{l}\left[\dfrac{1}{2(L+M)}+\dfrac{K_1+K_2}{2c}\right]\nabla^2\nabla^2\phi+\dfrac{R_1}{c}\left(\dfrac{\partial}{\partial y}\Pi_1\psi_1-\dfrac{\partial}{\partial x}\Pi_2\psi_2\right)+\\ \dfrac{R_2}{c}\left(\dfrac{\partial}{\partial x}\Pi_2\psi_1+\dfrac{\partial}{\partial y}\Pi_1\psi_2\right)=0\\ \left(\dfrac{c}{K_1-K_2}+M\right)\nabla^2\psi_1+R_1\dfrac{\partial}{\partial y}\Pi_1\phi+R_2\dfrac{\partial}{\partial x}\Pi_2\phi=0\\ \left(\dfrac{c}{K_1-K_2}+M\right)\nabla^2\psi_2-R_1\dfrac{\partial}{\partial x}\Pi_2\phi+R_2\dfrac{\partial}{\partial y}\Pi_1\phi=0\end{array}\right\}\quad(6.7\text{-}5)$$

其中

$$\nabla^2=\dfrac{\partial^2}{\partial x^2}+\dfrac{\partial^2}{\partial y^2},\quad \Pi_1=3\dfrac{\partial^2}{\partial x^2}-\dfrac{\partial^2}{\partial y^2},\quad \Pi_2=3\dfrac{\partial^2}{\partial y^2}-\dfrac{\partial^2}{\partial x^2}$$

当选择一个合适的新函数 G

$$\left.\begin{array}{l}\phi=c_1\nabla^2\nabla^2 G,\quad \psi_1=-\left(R_1\dfrac{\partial}{\partial y}\Pi_1+R_2\dfrac{\partial}{\partial x}\Pi_2\right)\nabla^2 G\\ \psi_2=\left(R_1\dfrac{\partial}{\partial x}\Pi_2-R_2\dfrac{\partial}{\partial y}\Pi_1\right)\nabla^2 G\end{array}\right\}\quad(6.7\text{-}6)$$

式（6.7-5）将被满足，则 G 被称为应力函数，其中

$$c_1=\dfrac{c}{K_1-K_2}+M \quad (6.7\text{-}7)$$

并且[16]

$$\nabla^2\nabla^2\nabla^2\nabla^2 G=0 \quad (6.7\text{-}8)$$

因此，基于应力势的最终控制函数和基于位移势的最终控制函数都是四重调和方程。

6.8 点群 8mm 八次对称准晶弹性的应力势

点群 8mm 八次对称准晶平面弹性的最终控制方程通过位移势在第 6.6 节中给出，类似地，也能通过应力势给出一套公式。

应变协调方程与应力势的定义和式（6.7-1）及式（6.7-2）的是相同的，应变-应力关系如下：

$$\varepsilon_{xx} = \frac{1}{(L+M)c}\left\{\frac{1}{4}\left[(K_1+K_2)(L+2M)-2R^2\right]\sigma_{xx} - \right.$$
$$\left.\frac{1}{4}\left[(K_1+K_2)L+2R^2\right]\sigma_{yy} - \frac{1}{2}R(L+M)(H_{xx}+H_{yy})\right\} \quad (6.8\text{-}1a)$$

$$\varepsilon_{yy} = \frac{1}{(L+M)c}\left\{-\frac{1}{4}\left[(K_1+K_2)L+2R^2\right]\sigma_{xx} + \right.$$
$$\left.\frac{1}{4}\left[(K_1+K_2)(L+2M)-2R^2\right]\sigma_{yy} + \frac{1}{2}R(L+M)(H_{xx}+H_{yy})\right\} \quad (6.8\text{-}1b)$$

$$\varepsilon_{xy} = \varepsilon_{yx} = \frac{1}{2c}[(K_1+K_2)\sigma_{xy}+R(H_{xy}-H_{yx})] \quad (6.8\text{-}1c)$$

$$w_{xx} = \frac{1}{(K_1-K_2)c}\left[\frac{1}{2}R(K_1-K_2)(\sigma_{yy}-\sigma_{xx})+(K_1M-R^2)H_{xx}-(K_2M-R^2)H_{yy}\right] \quad (6.8\text{-}1d)$$

$$w_{yy} = \frac{1}{(K_1-K_2)c}\left[\frac{1}{2}R(K_1-K_2)(\sigma_{yy}-\sigma_{xx})-(K_2M-R^2)H_{xx}+(K_1M-R^2)H_{yy}\right] \quad (6.8\text{-}1e)$$

$$w_{xy} = \frac{1}{(K_1+K_2+2K_3)c}\left\{R(K_1+K_2+2K_3)\sigma_{xy} + \right.$$
$$\left.\left[(K_1+K_2+K_3)M-R^2\right]H_{xy}-(K_3M+R^2)H_{yx}\right\} \quad (6.8\text{-}1f)$$

$$w_{yx} = \frac{1}{(K_1+K_2+2K_3)c}\left\{-R(K_1+K_2+2K_3)\sigma_{xy} - \right.$$
$$\left.(K_3M+R^2)H_{xy}+\left[(K_1+K_2+K_3)M-R^2\right]H_{yx}\right\} \quad (6.8\text{-}1g)$$

其中

$$c = M(K_1+K_2)-2R^2$$

如果引入应力势函数

$$\left.\begin{array}{l}\sigma_{xx} = \dfrac{\partial^2\phi}{\partial y^2}, \quad \sigma_{yy} = \dfrac{\partial^2\phi}{\partial x^2}, \quad \sigma_{xy} = \sigma_{yx} = -\dfrac{\partial^2\phi}{\partial x\partial y} \\[2mm] H_{xx} = \dfrac{\partial\psi_1}{\partial y}, \quad H_{xy} = -\dfrac{\partial\psi_1}{\partial x}, \quad H_{yx} = -\dfrac{\partial\psi_2}{\partial y}, \quad H_{yy} = \dfrac{\partial\psi_2}{\partial x}\end{array}\right\} \quad (6.8\text{-}2)$$

那么平衡方程（6.5-9）（或 $\partial\sigma_{ij}/\partial x_j = 0$，$\partial H_{ij}/\partial x_j = 0$）将自动满足。

将应力公式（6.8-2）代入应变-应力关系（6.8-1），然后代入变形协调方程

（6.7-1），得到

$$\left.\begin{aligned}&c_1\nabla^2\nabla^2\phi+2R(L+M)\frac{\partial}{\partial y}\Pi_1\psi_1-2R(L+M)\frac{\partial}{\partial x}\Pi_2\psi_2=0\\&-\frac{1}{2}R\frac{\partial}{\partial y}\Pi_1\phi+c_2\frac{\partial^2\psi_2}{\partial x\partial y}-c_3\frac{\partial^2\psi_1}{\partial x^2}-c_4\frac{\partial^2\psi_1}{\partial y^2}=0\\&\frac{1}{2}R\frac{\partial}{\partial x}\Pi_2\phi+c_2\frac{\partial^2\psi_1}{\partial x\partial y}-c_4\frac{\partial^2\psi_2}{\partial x^2}-c_3\frac{\partial^2\psi_2}{\partial y^2}=0\end{aligned}\right\}\quad(6.8\text{-}3)$$

其中

$$\left.\begin{aligned}&\nabla^2=\frac{\partial^2}{\partial x^2}+\frac{\partial^2}{\partial y^2},\quad \Pi_1=3\frac{\partial^2}{\partial x^2}-\frac{\partial^2}{\partial y^2},\quad \Pi_2=3\frac{\partial^2}{\partial y^2}-\frac{\partial^2}{\partial x^2}\\&c_1=(K_1+K_2)(L+2M)-2R^2,\quad c_2=\frac{K_3M+R^2}{K_1+K_2+2K_3}+\frac{K_2M+R^2}{K_1-K_2}\\&c_3=\frac{(K_1+K_2+K_3)M-R^2}{K_1+K_2+2K_3},\quad c_4=\frac{K_1M+R^2}{K_1-K_2}\end{aligned}\right\}\quad(6.8\text{-}4)$$

将式（6.8-3）的第二个方程乘以 $\frac{\partial}{\partial x}\Pi_2$，加上式（6.8-3）的第三个方程，再乘以 $\frac{\partial}{\partial y}\Pi_1$，得到

$$\begin{aligned}&\left(c_2\frac{\partial^3}{\partial x\partial y^2}\Pi_1-c_3\frac{\partial^3}{\partial x^3}\Pi_2-c_4\frac{\partial^3}{\partial x\partial y^2}\Pi_2\right)\psi_1=\\&\left(c_4\frac{\partial^3}{\partial x^2\partial y}\Pi_1+c_3\frac{\partial^3}{\partial y^3}\Pi_1-c_2\frac{\partial^3}{\partial x^2\partial y}\Pi_2\right)\psi_2\end{aligned}\quad(6.8\text{-}5)$$

如果存在这样的一个函数 $A(x,y)$

$$\left.\begin{aligned}\psi_1&=\left(c_4\frac{\partial^3}{\partial x^2\partial y}\Pi_1+c_3\frac{\partial^3}{\partial y^3}\Pi_1-c_2\frac{\partial^3}{\partial x^2\partial y}\Pi_2\right)A\\\psi_2&=\left(c_2\frac{\partial^3}{\partial x\partial y^2}\Pi_1-c_3\frac{\partial^3}{\partial x^3}\Pi_2-c_4\frac{\partial^3}{\partial x\partial y^2}\Pi_2\right)A\end{aligned}\right\}\quad(6.8\text{-}6)$$

将式（6.8-6）代入式（6.8-3）的第三个方程，将获得满足下列关系的函数 $G(x,y)$

$$\left.\begin{aligned}\phi&=-c_3c_4\nabla^2\nabla^2G\\A&=\frac{1}{2}RG\end{aligned}\right\}\quad(6.8\text{-}7)$$

在推导过程中用到了 $c_2=c_4-c_3$。应力势 ϕ，ψ_1，ψ_2 能由新函数 $G(x,y)$ 表示，即

$$\left.\begin{aligned}\phi &= -c_3 c_4 \nabla^2 \nabla^2 G \\ \psi_1 &= \frac{1}{2}R\left(c_4 \frac{\partial^3}{\partial x^2 \partial y}\Pi_1 + c_3 \frac{\partial^3}{\partial y^3}\Pi_1 - c_2 \frac{\partial^3}{\partial x^2 \partial y}\Pi_2\right)G \\ \psi_2 &= \frac{1}{2}R\left(c_2 \frac{\partial^3}{\partial x \partial y^2}\Pi_1 - c_3 \frac{\partial^3}{\partial x^3}\Pi_2 - c_4 \frac{\partial^3}{\partial x \partial y^2}\Pi_2\right)G\end{aligned}\right\} \quad (6.8\text{-}8)$$

将式（6.8-8）代入式（6.8-3）得到一个新的方程

$$-c_1 c_3 c_4 \nabla^2 \nabla^2 \nabla^2 \nabla^2 G + R^2(L+M)\left(c_4 \frac{\partial^4}{\partial x^2 \partial y^2}\Pi_1^2 + c_3 \frac{\partial^4}{\partial y^4}\Pi_1^2 - 2c_2 \frac{\partial^4}{\partial x^2 \partial y^2}\Pi_1 \Pi_2 + c_3 \frac{\partial^4}{\partial y^4}\Pi_2^2 + c_4 \frac{\partial^4}{\partial x^2 \partial y^2}\Pi_2^2\right)\Pi_2^2 G = 0 \quad (6.8\text{-}9)$$

考虑到下列关系

$$\frac{\partial^4}{\partial x^2 \partial y^2} = \frac{1}{4}(\nabla^2 \nabla^2 - \Lambda^2 \Lambda^2), \quad \Pi_1 \Pi_2 = \nabla^2 \nabla^2 - 4\Lambda^2 \Lambda^2, \quad c_2 = c_4 - c_3$$

$$\nabla^2 = \frac{\partial^2}{\partial x^2} + \frac{\partial^2}{\partial y^2}, \quad \Lambda^2 = \frac{\partial^2}{\partial x^2} - \frac{\partial^2}{\partial y^2}$$

式（6.8-9）能被化简为

$$\nabla^2 \nabla^2 \nabla^2 \nabla^2 G - 4\varepsilon \nabla^2 \nabla^2 \Lambda^2 \Lambda^2 G + 4\varepsilon \Lambda^2 \Lambda^2 \Lambda^2 \Lambda^2 G = 0 \quad (6.8\text{-}10)$$

其中

$$\varepsilon = \frac{R^2(L+M)(c_3 - c_4)}{-c_1 c_3 + R^2(L+M)c_3} = \frac{R^2(L+M)(K_2 + K_3)}{[(K_1 + K_2 + K_3)M - R^2][K_1(L+2M) - R^2]} \quad (6.8\text{-}11)$$

这种情形下的最终控制方程和第 6.6 节讨论的位移势给出的最终控制方程极其一致。

6.9 准晶的工程弹性与数学弹性

准晶的复杂结构导致其弹性方程十分复杂。尽管如此，其求解也是可行的，并且已经得到丰富的结果。这些公式不仅对准晶的线性弹性有效，而且如果采用一些简单的物理模型，在研究该种固体的非线性效应时也是有效的[18,19]。这些研究属于准晶弹性的数学理论。

在接下来的章节里，我们可以认识到得到解析解面临的困难不仅在于方程的复杂性，还在于边界条件。在某些情况下，如果简化边界条件，那么不需要很复杂的数学计算，也能获得一些有意义的近似解。出于这个目的，我们考虑一个例子。

由第 6.3 节，得变形协调方程

$$\left.\begin{array}{c}\dfrac{\partial^2 \varepsilon_{xx}}{\partial y^2}+\dfrac{\partial^2 \varepsilon_{yy}}{\partial x^2}=2\dfrac{\partial^2 \varepsilon_{xy}}{\partial x \partial y} \\ \dfrac{\partial w_{xy}}{\partial x}=\dfrac{\partial w_{xx}}{\partial y},\quad \dfrac{\partial w_{yx}}{\partial y}=\dfrac{\partial w_{yy}}{\partial x}\end{array}\right\} \quad (6.9\text{-}1)$$

将式 (6.3-2) 代入式 (6.9-1)，导出由应力分量 σ_{ij} 和 H_{ij} 表示的变形相容方程

$$\nabla^2(\sigma_{xx}+\sigma_{yy})-\frac{L+M}{C}\left(\frac{\partial^2}{\partial x^2}-\frac{\partial^2}{\partial y^2}\right)\left[(K_1+K_2)(\sigma_{xx}-\sigma_{yy})-\right.$$
$$\left. 2R(H_{xx}+H_{yy})\right]=8\frac{L+M}{C}\frac{\partial^2}{\partial x \partial y}\left[(K_1+K_2)\sigma_{xy}-R(H_{xy}+H_{yx})\right] \quad (6.9\text{-}2a)$$

$$\frac{1}{C}\frac{\partial}{\partial x}\left[R\sigma_{xy}-\frac{(R^2-MK_1)H_{xy}+(R^2-MK_2)H_{yx}}{K_1-K_2}\right]$$
$$=\frac{1}{2(K_1-K_2)}\frac{\partial}{\partial y}(H_{xx}-H_{yy})+\frac{1}{2C}\frac{\partial}{\partial y}[M(H_{xx}+H_{yy})-R(\sigma_{xx}-\sigma_{yy})] \quad (6.9\text{-}2b)$$

$$\frac{1}{C}\frac{\partial}{\partial y}\left[-R\sigma_{xy}-\frac{(R^2-MK_1)H_{xy}+(R^2-MK_2)H_{yx}}{K_1-K_2}\right]$$
$$=\frac{-1}{2(K_1-K_2)}\frac{\partial}{\partial x}(H_{xx}-H_{yy})+\frac{1}{2C}\frac{\partial}{\partial x}[M(H_{xx}+H_{yy})-R(\sigma_{xx}-\sigma_{yy})] \quad (6.9\text{-}2c)$$

其中 C，M，L，K_1，K_2 和 R 由第 6.3 节给出。这三个方程与平衡方程

$$\left.\begin{array}{c}\dfrac{\partial \sigma_{xx}}{\partial x}+\dfrac{\partial \sigma_{xy}}{\partial y}=0,\quad \dfrac{\partial \sigma_{yx}}{\partial x}+\dfrac{\partial \sigma_{yy}}{\partial y}=0 \\ \dfrac{\partial H_{xx}}{\partial x}+\dfrac{\partial H_{xy}}{\partial y}=0,\quad \dfrac{\partial H_{yx}}{\partial x}+\dfrac{\partial H_{yy}}{\partial y}=0\end{array}\right\} \quad (6.9\text{-}3)$$

联立，共 7 个方程，描写 7 个应力分量，这为求解该问题提供了基础。

一个非常有意义的例子为纯弯曲梁，如图 6.9-1 所示。

对于这个例子，在该梁的上表面和下表面有如下边界条件

$$\left.\begin{array}{c}\sigma_{yy}=0,\quad \sigma_{xy}=0 \\ H_{yy}=0,\quad H_{xy}=0\end{array}\right\} \quad (6.9\text{-}4)$$

除此之外，还存在所谓的 St Venant 边界条件

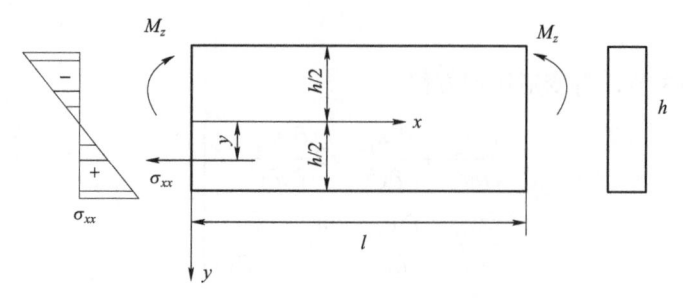

图 6.9-1 十次对称准晶梁在纯弯曲作用下

$$\left.\begin{array}{ll}\int_{-h/2}^{h/2}\sigma_{xx}\mathrm{d}y=0, & \int_{-h/2}^{h/2}y\sigma_{xx}\mathrm{d}y=M_z \\ \int_{-h/2}^{h/2}H_{xx}\mathrm{d}y=0, & \int_{-h/2}^{h/2}yH_{xx}\mathrm{d}y=L_z \\ \int_{-h/2}^{h/2}\sigma_{xy}\mathrm{d}y=0, & \int_{-h/2}^{h/2}H_{yx}\mathrm{d}y=0\end{array}\right\} \quad (6.9\text{-}5)$$

其中 M_z 和 L_z 代表 σ_{xx} 和 H_{xx} 的合力矩。该力矩的矢量方向为 z 方向。边界条件（6.9-5）为放松了的边界条件，这给出了求解的灵活性。

首先假定 L_z 的值待定，更一步假定

$$\sigma_{xx}=A_1 y, \quad \sigma_{yy}=\sigma_{xy}=\sigma_{yx}=0, \quad H_{yy}=H_{xy}=H_{yx}=0, \quad H_{xx}=f(y)$$

且 A_1 和 $f(y)$ 待定。将 $\sigma_{xx}=A_1 y$ 代入式（6.9-5），发现

$$A_1=\frac{2M_z}{h^3} \quad (6.9\text{-}6)$$

因此

$$\sigma_{xx}=\frac{M_z}{I}y \quad (6.9\text{-}7)$$

其中 $I=1\cdot h^3/12$ 表示高度为 h 和厚度为 1 的（梁）横截面的惯性矩。

将式（6.9-7）代入式（6.9-2b）得到

$$H_{xx}=\frac{R\sigma_{xx}}{\dfrac{1}{2(K_1-K_2)}+\dfrac{M}{2C}}=\frac{RM_z y}{\dfrac{1}{2(K_1-K_2)}+\dfrac{M}{2C}} \quad (6.9\text{-}8)$$

这样方程得以满足。因此，有解

$$\left.\begin{array}{l}\sigma_{xx}=\dfrac{M_z}{I}y, \quad \sigma_{yy}=\sigma_{xy}=\sigma_{yx}=0 \\ H_{xx}=\dfrac{RM_z y}{I[1/2(K_1-K_2)+M/2C]}, \quad H_{yy}=H_{xy}=H_{yx}=0\end{array}\right\} \quad (6.9\text{-}9)$$

最后，联立式（6.9-9）和式（6.9-5）确定 L_z 的值。

这里利用这个模型的物理特性，很容易地求解了该问题。这种处理对一些实际模型十分有效，且不需要太难的数学知识。这种处理方式和传统结构材料工程弹性中的处理是类似的，代表了准晶的工程弹性处理方式。但是本专著主要讨论准晶的数学弹性，像带有位错、裂纹，具有应力奇异性的拓扑缺陷或度量缺陷的问题，或物理量局部不连续的接触、冲击波等问题。边界条件的复杂性使上述工程近似处理无效，必须发展系统和直接的分析方法。在经典弹性中，一些系统和直接的方法由 Muskhelishvili[20]在 20 世纪 30 年代和 Sneddon[21]在 20 世纪 40 年代加以发展，且在促进弹性在科学和工程相关方面的应用显示出了重要的效力。通过把经典弹性的这种方法推广到准晶弹性，我们将分别在第 7、8 章给出其在一维和二维准晶中的应用，在第 9 章给出在三维准晶中的应用，在第 10 章给出在准晶动力学中的应用，在第 14 章给出在准晶非线性问题中的应用。但是，在第 16 章的固体准晶流体动力学和第 19 章与第 20 章的软物质流体动力学中，又遇到新的困难，需要新的求解方法。

参考文献

[1] Chernikov M A, Ott H R, Bianchi A, et al. Elastic moduli of a single quasicrystal of decagonal Al-Ni-Co: Evidence for transverse elastic isotropy [J]. Phys. Rev. Lett., 1998, 80(2): 321-324.

[2] Abe H, Taruma N, Le Bolloc'h D, et al. Anomalous-X-ray scattering associated with short-range order in an $Al_{70}Ni_{15}Co_{15}$ decagonal quasicrystal [J]. Mater. Sci. and Eng. A, 2000, 294-296(12): 299-302.

[3] Jeong H C, Steinhardt P J. Finite-temperature elasticity phase transition in decagonal quasicrystals [J]. Phys. Rev. B, 1993, 48(13): 9394-9403.

[4] Edagawa K. Phonon-phason coupling in decagonal quasicrystals [J]. Phil. Mag., 2007, 87(18-21): 2789-2798.

[5] Fan T Y, Mai Y W. Elasticity theory, fracture mechanics and relevant thermal properties of quasicrystalline materials [J]. Appl. Mech. Rev., 2004, 57(5): 325-344.

[6] Hu C Z, Yang W G, Wang R H, et al. Symmetry and physical properties of quasicrystals [J]. Prog. Phys., 1997, 17(4): 345-374. (in Chinese)

[7] Bohsung J, Trebin H R. Introduction to the Quasicrystal Mathematics [M]. New York: Academic Press, 1989.

［8］De P, Pelcovits R A. Disclinations in pentagonal quasicrystals [J]. Phys. Rev. B, 1987, 35 (17): 9604-9607.

［9］杨顺华，丁棣华. 晶体位错理论基础 [M]. 第二卷. 北京：科学出版社，1998.

［10］De P, Pelcovits R A. Linear elasticity of pentagonal quasicrystals [J]. Phys. Rev. B, 1987, 36(13): 8609-8620.

［11］Ding D H, Wang R H, Yang W G, et al. General expressions for the elastic displacement fields induced by dislocations in quasicrystals [J]. J. Phys. : Condens. Matter, 1995, 7(28): 5423-5426.

［12］Li X F, Fan T Y. New method for solving elasticity problems of some planar quasicrystals and solutions [J]. Chin. Phys. Letter., 1998, 15(4): 278-280.

［13］Guo Y C, Fan T Y. Mode II Griffith crack in decagonal quasicrystals [J]. Appl. Math. Mech. English Edition, 2001, 22(10): 1311-1317.

［14］Li L H, Fan T Y. Complex function method for solving notch problem of point 10 two-dimensional quasicrystal based on the stress potential function [J]. J. Phys.: Condens. Matter, 2006, 18(47): 10631-10641.

［15］Li X F, Fan T Y, Sun Y F. A decagonal quasicrystal with a Griffith crack [J]. Phil.Mag.A, 1999, 79(7): 1943-1952.

［16］Li X F, Duan X Y, Fan T Y, et al. Elastic field for a straight dislocation in a decagonal quasicryatal [J]. J. Phys.: Condens. Matter, 1999, 11(3): 703-711.

［17］Zhou W M, Fan T Y. Plane elasticity of octagonal quasicrystals and solutions [J]. Chin. Phys., 2001, 10(8): 743-747.

［18］Fan T Y, Trebin A R, Messerschmidt U, et al. Plastic flow coupled with a Griffith crack in some one- and two-dimensional quasicrystals [J]. J. Phys.: Condens. Matter., 2004, 16(37): 5419-5429.

［19］Fan T Y, Fan L. Plastic fracture of quasicrystals [J]. Phil. Mag., 2008, 88(4): 523-535.

［20］Muskhelishvili N I. Some Basic Problems in the Mathematical Theory of Elasticity [M]. English translation by Radok J R M, P. Groringen: Noordhoff Ltd, 1956.

［21］Sneddon I N. Fourier Transforms [M]. New York: McGraw-Hill, 1951.

第 7 章

应用 I —— 一维和二维准晶中的若干位错和界面问题及其解答

在第 5 章和第 6 章中，有了基于密度波模型的准晶弹性物理基础，我们发展了一些数学方法，通过合适的化简，将原始问题化为带边值条件的高阶偏微分方程问题，并且建立了标准求解步骤和基本解。这个工作是经典弹性的边值问题理论的发展。这里，人们会提出一个问题：前面的数学运算对求解准晶弹性问题有用吗？答案只有通过事实来给出。接下来两章将提供这些理论的应用，包括一维和二维准晶中一些位错、裂纹和界面问题的解。计算结果表明，第 5 章和第 6 章中的数学推导在求解这些问题方面是有用的。

据我们所知，几乎所有的经典弹性著作都没有将它们的全部注意力集中在位错和裂纹问题上，当然，位错和裂纹是材料科学和物理学的重要课题之一。本书是一本以准晶弹性理论为主的专著，其内容自然并不完全集中在准晶的位错和裂纹方面。这里，作为第一个尝试检验第 5 章和第 6 章提出的理论及其在准晶弹性中应用，我们给出了一些准晶弹性中某些实际位错和裂纹问题的计算实例。这一检验是严峻的，同时使著者和他的学生们深受激励，使他们认识到这些理论和方法也能够用来研究准晶中其他问题。

从其历史发展来看，在准晶发现后不久，科学家们提出准晶中存在位错的可能。法国液晶学家 De 和 Pelcovits[1, 2] 首先研究了二维五次对称准晶位错与向错周围的弹性场。之后，我国丁棣华等[3, 4] 用 Green 函数法比较系统地研究了二维准晶的位错位移场。

现在人们认为准晶是一种准周期长程有序相。与晶体长程序相一样，长程规律破缺通常由于存在拓扑缺陷而发生，即，位错导致了长程对称性破缺。像第 3 章所述，准晶也有取向对称性，但是这种取向对称性与晶体中的取向对称性是不相容的。在准晶中，其他类型的缺陷，如向错，也同时存在的，它导致了准晶的取向对称性的破缺。在某些情况下，晶体相和准晶相通常是共存的。

因此，存在另一种缺陷——准晶和晶体的界面问题。这些包括层错在内的缺陷的存在，极大地影响了准晶的力学性能。因此，研究位错、向错、界面和层错对准晶的弹性性质的影响很重要。

正如上面提到的，在研究准晶位错时，物理学家们已经采用了一些数学方法，例如 Green 函数法。这些重要的方法可以在相关论著中找到，这里不介绍。这里发展的方法同他们有所不同。首先，在第 5 章和第 6 章提出的基本解的基础上展开，问题化成一个或少数几个高阶偏微分方程的边值问题，其次，发展复分析和 Fourier 分析的方法，定量地研究一维和二维准晶位错和界面周围的位移和应力场。这是一种系统和直接的方法，是构造性的求解方法。第 8 章、第 9 章、第 10 章和第 14 章进一步把这种方法论加以发展，用于解决一维、二维和三维准晶的裂纹，三维准晶位错，动力学位错和裂纹以及非线性问题的解析求解。当然，这些方法并不是万能的，例如在第 16 章固体准晶的流体动力学和第 19 章与第 20 章软物质准晶流体动力学中，就遇到新的困难，需要发展新的有效方法。

7.1 一维六方准晶中的位错

遵循从简单到复杂的顺序，我们首先研究一维准晶中的位错。n 维准晶中一个位错的 Burgers 矢量 $\boldsymbol{b} = \boldsymbol{b}^{\parallel} \oplus \boldsymbol{b}^{\perp}$，其中 $\boldsymbol{b}^{\parallel} = (b_1^{\parallel}, b_2^{\parallel}, \cdots, b_n^{\parallel})$，为声子场 Burgers 矢量，而 $\boldsymbol{b}^{\perp} = (b_1^{\perp}, b_2^{\perp}, \cdots, b_n^{\perp})$，为相位子场 Burgers 矢量。$\boldsymbol{b}^{\parallel}$ 位于物理空间 $E_{\parallel}$ 中，$\boldsymbol{b}^{\perp}$ 位于补空间或垂直空间 $E_{\perp}$ 中。对于一维准晶，因为 $b_1^{\perp} = b_2^{\perp} = 0$，所以 $\boldsymbol{b}^{\parallel} = (b_1^{\parallel}, b_2^{\parallel}, b_3^{\parallel})$ 和 $\boldsymbol{b}^{\perp} = (0, 0, b_3^{\perp})$。因此，这里有 $\boldsymbol{b}^{\parallel} \oplus \boldsymbol{b}^{\perp} = (b_1^{\parallel}, b_2^{\parallel}, b_3^{\parallel}, b_3^{\perp})$，它能看作 $(b_1^{\parallel}, b_2^{\parallel}, 0, 0)$ 和 $(0, 0, b_3^{\parallel}, b_3^{\perp})$ 的叠加。$(b_1^{\parallel}, b_2^{\parallel}, 0, 0)$ 对应于一般六方晶体中的刃型位错，其弹性解在普通金属物理学或位错专著中可以找到（例如，文献 [5，6]）。分量 $(0, 0, b_3^{\parallel}, b_3^{\perp})$ 对应于一维准晶中的螺型位错。下面我们求解由这种位错形成的弹性场。

在第 5.2 小节中，已经获得了一维六方准晶弹性反平面应变问题的控制方程为

$$\nabla^2 u_z = 0, \qquad \nabla^2 w_z = 0 \qquad (7.1\text{-}1)$$

具有 Burgers 矢量 $(0, 0, b_3^{\parallel}, b_3^{\perp})$ 的螺型位错相应的边界条件（位错条件）为

$$\left. \begin{array}{l} u_z \big|_{y=0^+} - u_z \big|_{y=0^-} = b_3^{\parallel} \\ w_z \big|_{y=0^+} - w_z \big|_{y=0^-} = b_3^{\perp} \end{array} \right\} \qquad (7.1\text{-}2\text{a})$$

第 7 章 应用 I ——一维和二维准晶中的若干位错和界面问题及其解答　■　103

或

$$\int_\Gamma \mathrm{d}u_z = b_3^\parallel, \qquad \int_\Gamma \mathrm{d}w_z = b_3^\perp \qquad (7.1\text{-}2\mathrm{b})$$

其中 Γ 表示包围位错芯的一个任意回路。边值问题（7.1-1）和（7.1-2）的解为

$$u_z = \frac{b_3^\parallel}{2\pi}\arctan\frac{y}{x}, \qquad w_z = \frac{b_3^\perp}{2\pi}\arctan\frac{y}{x} \qquad (7.1\text{-}3)$$

根据第 5 章应力–应变关系（5.2-8），应力分量为

$$\left.\begin{aligned}
\sigma_{xz} = \sigma_{zx} &= -\frac{C_{44}b_3^\parallel}{2\pi}\frac{y}{x^2+y^2} - \frac{R_3 b_3^\perp}{2\pi}\frac{y}{x^2+y^2} \\
\sigma_{yz} = \sigma_{zy} &= -\frac{C_{44}b_3^\parallel}{2\pi}\frac{x}{x^2+y^2} + \frac{R_3 b_3^\perp}{2\pi}\frac{x}{x^2+y^2} \\
H_{zx} &= -\frac{K_2 b_3^\perp}{2\pi}\frac{y}{x^2+y^2} - \frac{R_3 b_3^\parallel}{2\pi}\frac{y}{x^2+y^2} \\
H_{zy} &= -\frac{K_2 b_3^\perp}{2\pi}\frac{x}{x^2+y^2} + \frac{R_3 b_3^\parallel}{2\pi}\frac{x}{x^2+y^2}
\end{aligned}\right\} \qquad (7.1\text{-}4)$$

对应于 Burgers 矢量 $\boldsymbol{b}^\parallel \oplus \boldsymbol{b}^\perp = (b_1^\parallel, b_2^\parallel, b_3^\parallel, b_3^\perp)$ 的位移和应力场，能够通过叠加普通晶体的刃型位错解和上述一维六方准晶弹性场而得到。

由螺型位错形成的一维六方准晶反平面弹性应变能为

$$\begin{aligned}
W &= \frac{1}{2}\iint_\Omega \left(\sigma_{zj}\frac{\partial u_z}{\partial x_j} + H_{zj}\frac{\partial w_z}{\partial x_j}\right)\mathrm{d}x_1 \mathrm{d}x_2 \\
&= \frac{1}{2}\int_{r_0}^{R_0}\int_0^{2\pi} r\left(\sigma_{zj}\frac{\partial u_z}{\partial x_j} + H_{zj}\frac{\partial w_z}{\partial x_j}\right)\mathrm{d}r\mathrm{d}\theta \\
&= (C_{44}b_3^{\parallel 2} + K_2 b_3^{\perp 2} + 2R_3 b_3^\parallel b_3^\perp)\frac{1}{4\pi}\ln\frac{R_0}{r_0}
\end{aligned} \qquad (7.1\text{-}5)$$

其中 r_0 为位错芯的尺寸；R_0 为位错网的尺寸，它们可以在一般的常规晶体位错理论中查到。

7.2　点群 $5m$ 和 $10mm$ 对称准晶中的位错

考虑点群 $5m$ 五次或点群 $10mm$ 十次对称准晶具有 Burgers 矢量 $\boldsymbol{b}^\parallel \oplus \boldsymbol{b}^\perp = (b_1^\parallel, b_2^\parallel, b_3^\parallel, b_1^\perp, b_2^\perp)$ 的位错，这里由于 $w_z = 0$，使得 $b_3^\perp = 0$。

该位错问题能看作两个 Burgers 矢量分别为 $(b_1^\parallel, b_2^\parallel, 0, b_1^\perp, b_2^\perp)$ 和 $(0,0,b_3^\parallel)$ 的位

错问题的叠加。平行于周期排列方向（z 方向）位错线，由 Burgers 矢量 $(b_1^\parallel, b_2^\parallel, 0, b_1^\perp, b_2^\perp)$ 位错生成的弹性场能够被简化为准晶弹性中的平面内弹性场，它能够以第 6.1 节和 6.2 节的方程为基础来分析。由 Burgers 矢量 $(0,0,b_3^\parallel)$ 位错激发的弹性场由方程 $\nabla^2 u_z = 0$ 控制，其解在第 7.1 节已经获得。因此，在下面两小节中，我们一直假定在准晶中位错线和原子周期排列方向相互平行，并且仅仅研究 Burgers 矢量 $(b_1^\parallel, b_2^\parallel, 0, b_1^\perp, b_2^\perp)$ 位错生成的弹性场。

为了简明地演示方法，我们首先考虑 $(b_1^\parallel, 0, 0, b_1^\perp, 0)$ 这一特殊情形。在运算过程中，为了进一步简化数学过程，首先分析 $b_1^\parallel \neq 0$ 和 $b_2^\parallel = b_1^\perp = b_2^\perp = 0$ 这种情形。在该情形下，考虑 $y \geq 0$ 上半平面问题，该问题有如下边界条件：

$$\left.\begin{array}{l} \sigma_{ij}(x,y) \to 0, H_{ij}(x,y) \to 0, \sqrt{x^2+y^2} \to +\infty \\ \sigma_{yy}(x,0) = 0 \\ w_x(x,0) = w_y(x,0) = 0 \\ u_x(x,0^+) - u_y(x,0^-) = b_1^\parallel \text{ 或 } \int_\Gamma \mathrm{d}u_x = b_1^\parallel \end{array}\right\} \quad (7.2\text{-}1)$$

其中 Γ 表示包围位错芯的一个任意回路。

为了求解这种边界条件下的位错问题，需要在边界条件式（7.2-1）下求解式（6.2-7），即，下列方程

$$\nabla^2 \nabla^2 \nabla^2 \nabla^2 F = 0$$

引入 Fourier 变换

$$\hat{F}(\xi, y) = \int_{-\infty}^{+\infty} F(x,y) \mathrm{e}^{\mathrm{i}\xi x} \mathrm{d}x \quad (7.2\text{-}2)$$

其中 ξ 为 Fourier 变换参数，上述方程可变为

$$\left(\frac{\mathrm{d}^2}{\mathrm{d}y^2} - \xi^2\right)^4 \hat{F}(\xi, y) = 0 \quad (7.2\text{-}3)$$

这是一个常系数的线性常微分方程，其通解为

$$\begin{aligned}\hat{F}(\xi, y) &= (A_1 + B_1 y + C_1 y^2 + D_1 y^3)\mathrm{e}^{-|\xi|y} + \\ &\quad (A_2 + B_2 y + C_2 y^2 + D_2 y^3)\mathrm{e}^{|\xi|y}\end{aligned} \quad (7.2\text{-}4)$$

其中 $A_1, B_1, \cdots, D_2$ 是未知的 ξ 的函数，需要由边界条件去确定。

后文将继续采用 Fourier 变换来寻求第 7~10 章中问题的解。为了方便起见，基于问题的对称和反对称性，仅考虑上半平面问题（或者下半平面问题）。值得注意的是，这里所谓的对称和反对称性，是指由于宏观连续介质，即位移函数 $F(x, y)$ 或应力函数 $G(x, y)$ 关于 x 的奇偶性，而不是指晶体结构（内在）的对称性。此外，在利用 Fourier 变换时，假设在无穷远处边界条件均匀（零边

第 7 章 应用 I——一维和二维准晶中的若干位错和界面问题及其解答

界条件)。例如,边界条件(7.2-1)在无穷远处是均匀的。如此,当仅仅考虑上半平面情形时,形式解(7.2-4)能被简化为

$$\hat{F}(\xi,y) = (A_1 + B_1 y + C_1 y^2 + D_1 y^3) e^{-|\xi|y} \qquad (7.2\text{-}5)$$

进而 A_1,B_1,C_1,D_1 的指标在下文中被略去。为了书写简明,引入下列标示:

$$X = (A, B, C, D), \quad Y = (1, y, y^2, y^3)^{\mathrm{T}} \qquad (7.2\text{-}6)$$

其中 T 表示矩阵转置。因此,Fourier 变换能被重写为

$$\hat{F}(\xi,y) = XY e^{-|\xi|y} \qquad (7.2\text{-}5')$$

因为 A,B,C 和 D 是关于 ξ 的任意函数,为不失一般性,式(7.2-5)能被重写为

$$\hat{F}(\xi,y) = (4\xi^4)^{-1} XY e^{-|\xi|y} \qquad (7.2\text{-}7)$$

对位移表达式(6.2-8)与式(6.2-9)和应力表达式(6.2-10)与式(6.2-11)施行 Fourier 变换,同时利用式(7.2-7),有

$$\hat{u}_x(\xi,y) = i\xi^{-1} X\left[2n\xi^2 Y' + (m-5n)|\xi|Y'' - (2m-5n)Y'''\right] e^{-|\xi|y} \qquad (7.2\text{-}8a)$$

$$\hat{u}_y(\xi,y) = |\xi|^{-1} X\left[2n\xi^2 Y' - (m+5n)|\xi|Y'' + (2m+5n)Y'''\right] e^{-|\xi|y} \qquad (7.2\text{-}8b)$$

$$\hat{w}_x(\xi,y) = -i\omega(\alpha-\beta)\xi^{-1} X\left(2n|\xi|^3 Y - 12\xi^2 Y' + 15|\xi|Y'' - 10Y'''\right) e^{-|\xi|y} \qquad (7.2\text{-}9a)$$

$$\hat{w}_y(\xi,y) = -\omega(\alpha-\beta)|\xi|^{-1} X\left[4|\xi|^3 Y - 12\xi^2 Y' + 15|\xi|Y'' - (10+e_0-e_1)Y'''\right] e^{-|\xi|y} \qquad (7.2\text{-}9b)$$

$$\hat{\sigma}_{xx}(\xi,y) = 2M\alpha(L+M) X\left(-2\xi^2 Y' + 8|\xi|Y'' - 13Y'''\right) e^{-|\xi|y} \qquad (7.2\text{-}10a)$$

$$\hat{\sigma}_{yy}(\xi,y) = 2M\alpha(L+M) X\left(2\xi^2 Y' - 4|\xi|Y'' + 3Y'''\right) e^{-|\xi|y} \qquad (7.2\text{-}10b)$$

$$\hat{\sigma}_{xy}(\xi,y) = \hat{\sigma}_{yx}(\xi,y) = i2M\alpha(L+M)\xi^{-1}|\xi| X\left(2\xi^2 Y' - 6|\xi|Y'' + \delta Y'''\right) e^{-|\xi|y} \qquad (7.2\text{-}10c)$$

$$\hat{H}_{xx}(\xi,y) = -\omega(\alpha-\beta)(K_1-K_2)|\xi|^{-1} X\left[4|\xi|^3 Y - 16\xi^2 Y' + 27|\xi|Y'' - (25+e_2)Y'''\right] e^{-|\xi|y} \qquad (7.2\text{-}11a)$$

$$\hat{H}_{yy}(\xi,y) = -\omega(\alpha-\beta)(K_1-K_2) X\left[-4|\xi|^3 Y + 12\xi^2 Y' - 15|\xi|Y'' + (10-e_1)Y'''\right] e^{-|\xi|y} \qquad (7.2\text{-}11b)$$

$$\hat{H}_{xy}(\xi,y) = i\omega(\alpha-\beta)(K_1-K_2)\xi^{-1}|\xi| X\left[-4|\xi|^3 Y + 12\xi^2 Y' - 15|\xi|Y'' + (10+e_2)Y'''\right] e^{-|\xi|y} \qquad (7.2\text{-}11c)$$

$$\hat{H}_{yx}(\xi,y) = -\mathrm{i}\omega(\alpha-\beta)(K_1-K_2)\xi^{-1}|\xi|X\left[-4|\xi|^3 Y + 16\xi^2 Y' - 27|\xi|Y'' + (25-e_1)Y'''\right]\mathrm{e}^{-|\xi|y}$$
(7.2-11d)

其中

$$\left.\begin{array}{l} m = M\alpha + (L+2M)\beta, \quad n = M\alpha - (L+2M)\beta \\ e_1 = \dfrac{2\alpha\beta}{\omega(\alpha-\beta)(K_1-K_2)}, \quad e_2 = \dfrac{2\alpha\beta}{\omega(\alpha-\beta)(K_1-K_2)} + \dfrac{\alpha+\beta}{\alpha-\beta} \end{array}\right\}$$
(7.2-12)

且 α, β, δ 和 ω 由式（6.2-5）给出。

根据 Fourier 逆变换

$$F(x,y) = \frac{1}{2\pi}\int_{-\infty}^{+\infty}\hat{F}(\xi,y)\mathrm{e}^{-\mathrm{i}\xi x}\mathrm{d}\xi \tag{7.2-13}$$

类似地，位移和应力的逆变换可以得到

$$u_j(x,y) = \frac{1}{2\pi}\int_{-\infty}^{+\infty}\hat{u}_j(\xi,y)\mathrm{e}^{-\mathrm{i}\xi x}\mathrm{d}\xi \tag{7.2-14}$$

$$w_j(x,y) = \frac{1}{2\pi}\int_{-\infty}^{+\infty}\hat{w}_j(\xi,y)\mathrm{e}^{-\mathrm{i}\xi x}\mathrm{d}\xi \tag{7.2-15}$$

$$\sigma_{jk}(x,y) = \frac{1}{2\pi}\int_{-\infty}^{+\infty}\hat{\sigma}_{jk}(\xi,y)\mathrm{e}^{-\mathrm{i}\xi x}\mathrm{d}\xi \tag{7.2-16}$$

$$H_{jk}(x,y) = \frac{1}{2\pi}\int_{-\infty}^{+\infty}\hat{H}_{jk}(\xi,y)\mathrm{e}^{-\mathrm{i}\xi x}\mathrm{d}\xi \tag{7.2-17}$$

在上面的位错问题中，$u_x(x,y)$ 是关于 x 的奇函数，因此，式（6.2-8）的第一个表达式 $F(x,y)$ 一定是关于 x 的一个奇函数。对于奇函数，Fourier 变换（7.2-2）能重写为

$$\hat{F}(\xi,y) = \int_0^{+\infty}F(x,y)\sin(\xi x)\,\mathrm{d}x \tag{7.2-18}$$

且其逆为

$$F(x,y) = \frac{2}{\pi}\int_0^{+\infty}\hat{F}(\xi,y)\sin(\xi x)\mathrm{d}\xi \tag{7.2-19}$$

如果 $F(x,y)$ 是关于 x 的偶函数，有

$$\hat{F}(\xi,y) = \int_0^{+\infty}F(x,y)\cos(\xi x)\mathrm{d}x \tag{7.2-20}$$

且其逆为

$$F(x,y) = \frac{2}{\pi}\int_0^{+\infty}\hat{F}(\xi,y)\cos(\xi x)\mathrm{d}\xi \tag{7.2-21}$$

第7章 应用Ⅰ——一维和二维准晶中的若干位错和界面问题及其解答

因此，关于 u_j，w_j，σ_{jk} 和 H_{jk} 相应的积分能够被化简。

到目前为止，已经得到了位移和应力分量的积分形式，它们都包含了由边界条件（7.2-1）第二式得到的未知函数 $A(\xi)$，$B(\xi)$，$C(\xi)$ 和 $D(\xi)$

$$A = (9J\operatorname{sgn}\xi)/4\xi^2, \quad B = 2J\xi^2, \quad C = (J\operatorname{sgn}\xi)/2\xi^2, \quad D = 0 \quad (7.2\text{-}22)$$

其中 J 是待定常数。通过利用边界条件（7.2-1）最后一个式子，即，位错条件，J 能表示为

$$J = \frac{b_1^\parallel}{8(n-m)} \quad (7.2\text{-}23)$$

将上述表达式代入式（7.2-8）～式（7.2-11），然后代入式（7.2-14）～式（7.2-17）就会得点群 $5m$ 五次对称和点群 $10mm$ 十次对称准晶中带有 Burgers 矢量 $(b_1^\parallel, 0, 0, 0)$ 的位错生成的位移和应力场如下

$$u_x = \frac{b_1^\parallel}{2\pi}\left[\arctan\frac{y}{x} + \frac{(L+M)K_1}{(L+M)K_1 + (MK_1 - R^2)}\frac{xy}{r^2}\right] \quad (7.2\text{-}24a)$$

$$u_y = \frac{b_1^\parallel}{2\pi}\left[-\frac{(MK_1 - R^2)}{(L+M)K_1 + (MK_1 - R^2)}\ln\frac{r}{a} + \frac{(L+M)K_1}{(L+M)K_1 + (MK_1 - R^2)}\frac{y^2}{r^2}\right]$$
$$(7.2\text{-}24b)$$

$$w_x = \frac{b_1^\parallel}{2\pi}\frac{(L+M)K_1}{(L+M)K_1 + (MK_1 - R^2)}\frac{2x^3 y}{r^4} \quad (7.2\text{-}25a)$$

$$w_y = \frac{b_1^\parallel}{2\pi}\frac{(L+M)K_1}{(L+M)K_1 + (MK_1 - R^2)}\frac{2x^2 y^2}{r^4} \quad (7.2\text{-}25b)$$

$$\sigma_{xx} = -A\frac{y(3x^2 + y^2)}{r^4} \quad (7.2\text{-}26a)$$

$$\sigma_{yy} = A\frac{y(x^2 - y^2)}{r^4} \quad (7.2\text{-}26b)$$

$$\sigma_{xy} = \sigma_{yx} = A\frac{x(x^2 - y^2)}{r^4} \quad (7.2\text{-}26c)$$

$$H_{xx} = -A\frac{R(K_1 - K_2)}{MK_1 - R^2}\frac{x^2 y(3x^2 - y^2)}{r^6} \quad (7.2\text{-}27a)$$

$$H_{yy} = -A\frac{R(K_1 - K_2)}{MK_1 - R^2}\frac{x^2 y(3y^2 - x^2)}{r^6} \quad (7.2\text{-}27b)$$

$$H_{xy} = A\frac{R(K_1 - K_2)}{MK_1 - R^2}\frac{xy^2(3x^2 - y^2)}{r^6} \quad (7.2\text{-}27c)$$

$$H_{yx} = -A\frac{R(K_1 - K_2)}{MK_1 - R^2}\frac{x^3(3y^2 - x^2)}{r^6} \qquad (7.2\text{-}27\text{d})$$

其中 $r = \sqrt{x^2 + y^2}$，a 为位错芯的尺寸，且

$$A = \frac{b_1^{\|}}{\pi}\frac{(L-M)(MK_1 - R^2)}{(L+M)K_1 + (MK_1 - R^2)} \qquad (7.2\text{-}28)$$

如果在式（6.1-1）中 $L = C_{12}$，$M = C_{11} - C_{12}/2 = C_{66}$，将它们代入式（7.2-24a）和式（7.2-25），所得结果和丁棣华等[4, 5]的结果完全一致。他们采用的是 Green 函数法。这证明了我们的推导是正确的。

如果 $R=0$，上面的解还原成了六方晶体位错的解[6]。如果材料为各向同性的，则有 $L = \lambda$ 和 $M = \mu$。将它们代入式（7.2-28），得到

$$A = \frac{\mu b_1^{\|}}{2\pi(1-\nu)} \qquad (7.2\text{-}29)$$

其中 λ 和 μ 为经典弹性的 Lamé 常数；ν 为经典弹性声子场 Poisson 比。在该情形下，u_j 和 σ_{ij} 变为带有刃型位错的各向同性弹性体的解，自然 $w_i = 0$ 和 $H_{ij} = 0$。

让我们来考虑另一种情形：$b_1^{\perp} \neq 0$ 和 $b_1^{\|} = b_2^{\|} = b_2^{\perp} = 0$。在该情形下，边界条件可写为

$$\left.\begin{array}{l}\sigma_{ij}(x,y) \to 0, \quad H_{ij}(x,y) \to 0, \quad \sqrt{x^2 + y^2} \to +\infty \\ H_{yy}(x,0) = 0 \\ u_x(x,0) = u_y(x,0) = 0 \\ w_x(x,0^+) - w_x(x,0^-) = b_1^{\perp} \text{ 或 } \int_\Gamma \mathrm{d}w_x = b_1^{\perp}\end{array}\right\} \qquad (7.2\text{-}30)$$

其中 Γ 意义如前面所述。

通过类似的分析，位移和应力场能被确定如下

$$u_x = \frac{b_1^{\perp}k_0}{2\pi c_2}\left(\frac{xy}{r^2} - \frac{c_1 - c_2}{2c_1}\frac{2xy^3}{r^4}\right) \qquad (7.2\text{-}31\text{a})$$

$$u_y = \frac{b_1^{\perp}k_0}{2\pi c_2}\left[-\frac{xy}{r^2} + \frac{c_1 - c_2}{2c_1}\frac{y^2(x^2 - y^2)}{r^4}\right] \qquad (7.2\text{-}31\text{b})$$

$$w_x = \frac{b_1^{\perp}}{2\pi}\left[\arctan\frac{y}{x} + \frac{c_0 k_0}{2c_1 c_2}\frac{xy(3x^2 - y^2)(3y^2 - x^2)}{3r^6}\right] \qquad (7.2\text{-}31\text{c})$$

$$w_y = \frac{b_1^{\perp}}{2\pi}\left[\left(1 - \frac{L+2M}{2c_1} - \frac{M}{2c_2}\right)\ln\frac{r}{a} + \frac{c_0 k_0}{2c_1 c_2}\frac{y^2(3x^2 - y^2)^2}{3r^6}\right] \qquad (7.2\text{-}31\text{d})$$

$$\sigma_{xx} = -\frac{c_0 b_1^{\perp} k_0}{\pi c_1 R}\frac{x^2 y(3x^2 - y^2)}{r^6} \qquad (7.2\text{-}32\text{a})$$

$$\sigma_{yy} = -\frac{c_0 b_1^\perp k_0}{\pi c_1 R} \frac{y^3(3x^2-y^2)}{r^6} \qquad (7.2\text{-}32\text{b})$$

$$\sigma_{xy} = \sigma_{yx} = \frac{c_0 b_1^\perp k_0}{\pi c_1 R} \frac{2xy^2(y^2-x^2)}{r^6} \qquad (7.2\text{-}32\text{c})$$

$$H_{xx} = \frac{k_0 b_1^\perp}{2\pi e_1}\left[(e_1+e_2)\frac{y}{r^2} - \frac{2x^2 y(3x^2-y^2)(3y^2-x^2)}{r^8}\right] \qquad (7.2\text{-}33\text{a})$$

$$H_{yy} = -\frac{k_0 b_1^\perp y}{2\pi e_1}\left[\frac{2(x^2-y^2)}{r^4} + \frac{(x^2-y^2)(3x^2-y^2)(3y^2-x^2)}{r^8}\right] \qquad (7.2\text{-}33\text{b})$$

$$H_{xy} = \frac{k_0 b_1^\perp}{2\pi e_1}\left[(e_1+e_2)\frac{x}{r^2} + \frac{2xy^2(3x^2-y^2)(3y^2-x^2)}{r^8}\right] \qquad (7.2\text{-}33\text{c})$$

$$H_{yx} = -\frac{k_0 b_1^\perp x}{2\pi e_1}\frac{2(x^2-y^2)}{r^4} + \frac{(x^2-y^2)(3x^2-y^2)(3y^2-x^2)}{r^8} \qquad (7.2\text{-}33\text{d})$$

其中 $e_1 = \dfrac{2c_1 c_2}{c_0 k_0}$，$e_2 = \dfrac{c_1 c_2}{c_0 k_0}\left(\dfrac{c_1'}{c_1}+\dfrac{c_2'}{c_2}\right)$，$c_1' = (L+2M)K_2 - R^2$，$c_2' = MK_2 - R^2$，且 c_0，c_1，c_2 和 k_0 在第 6 章已经给出，即

$$c_0 = (L+2M)R,\quad c_1 = (L+2M)K_1 - R^2,\quad c_2 = MK_1 - R^2,\quad k_0 = R(K_1-K_2)$$

上述两个解的叠加构成了位错问题 $(b_1^\parallel, 0, b_1^\perp, 0)$ 的解。位错问题 $(0, b_2^\parallel, 0, b_2^\perp)$ 的解也可以类似确定。它们的叠加构成了位错问题 $(b_1^\parallel, b_2^\parallel, b_1^\perp, b_2^\perp)$ 的解。这个工作部分可以在李显方和范天佑等[7,8]的论文中找到。读者可以验证此解和丁棣华等[4,5]采用 Green 函数方法求得的解是一致的（注意 $L=C_{12}$ 和 $M=C_{11}-C_{12}/2=C_{66}$）。

这个问题要想用 Fourier 方法成功求解，关键在于边界条件（7.2-1）的正确列写。读者不难发现，有些名著中一些很著名的位错解却是错误的，主要是由于边界条件列写不完全正确，或者边界条件和方程不完全相容。从偏微分方程的理论上讲，边值问题不适定，那样所得到的"解"肯定是错误的。

7.3 点群 $5,\bar{5}$ 五次对称和点群 $10,\overline{10}$ 十次对称准晶中的位错

类似于前面讨论的这方面问题，对于二维准晶，位错的 Burgers 矢量为 $\boldsymbol{b}^\parallel \oplus \boldsymbol{b}^\perp = (b_1^\parallel, b_2^\parallel, b_3^\parallel, b_1^\perp, b_2^\perp)$。由于 $w_3 = 0$ 和位错线与周期排列方向（z 方向）平行的假定，上述 Burgers 矢量可视为 $(b_1^\parallel, b_2^\parallel, b_1^\perp, b_2^\perp)$ 和 $(0, 0, b_3^\parallel)$ 的叠加。在这个条件下，场变量和变量 z 无关。因此，与 $(b_1^\parallel, b_2^\parallel, b_1^\perp, b_2^\perp)$ 相对应的弹性场能用第 6.4 节提出的二维准晶平面弹性理论来确定。$(0, 0, b_3^\parallel)$ 造成的反平面弹性场很简单，

并且能采用第 7.1 节的方法来求解。

从第 6.4 节出发,我们已经获得了点群 $5, \bar{5}$ 五次对称和点群 $10, \overline{10}$ 十次对称准晶平面弹性场的控制方程

$$\nabla^2\nabla^2\nabla^2\nabla^2 F = 0 \qquad (7.3\text{-}1)$$

其中 $F(x, y)$ 为位移势函数,由式(6.4-10)定义。通过对式(7.3-1)施行 Fourier 变换且只考虑上半平面情况($y \geq 0$),其 Fourier 变换函数 $\hat{F}(\xi, y)$ 有如下形式

$$\hat{F}(\xi, y) = (4\xi^4 R^2)^{-1} XY \mathrm{e}^{-|\xi|y} \qquad (7.3\text{-}2)$$

其中 X 和 Y 与第 7.2 节的意义是一样的,ξ 为 Fourier 变换参量,并且有

$$R^2 = R_1^2 + R_2^2 \qquad (7.3\text{-}3)$$

式(6.2-8)~式(6.2-11)经过一些代数运算之后,Fourier 变换区域中的位移分量为

$$\hat{u}_x(\xi, y) = \mathrm{i}\xi^{-1}\bar{R}_0 X\left[2n\xi^2 Y' + (m-5n)|\xi|Y'' - (2m-5n)Y'''\right]\mathrm{e}^{-|\xi|y} \quad (7.3\text{-}4\mathrm{a})$$

$$\hat{u}_y(\xi, y) = |\xi|^{-1}\bar{R}_0 X\left[2n\xi^2 Y' - (m+5n)|\xi|Y'' + (2m+5n)Y'''\right]\mathrm{e}^{-|\xi|y} \quad (7.3\text{-}4\mathrm{b})$$

$$\hat{w}_x(\xi, y) = \mathrm{i}c_0\xi^{-1}\bar{R}_0^2 X\left[4|\xi|^3 Y - 12\xi^2 Y' + 15|\xi|Y'' - 10Y'''\right]\mathrm{e}^{-|\xi|y} \quad (7.3\text{-}4\mathrm{c})$$

$$\hat{w}_y(\xi, y) = c_0|\xi|^{-1}\bar{R}_0^2 X\left[4|\xi|^3 Y - 12\xi^2 Y' + 15|\xi|Y'' - (10+e_0 R_0^2)Y'''\right]\mathrm{e}^{-|\xi|y} \quad (7.3\text{-}4\mathrm{d})$$

其中

$$\left.\begin{array}{l} m = c_2 + c_1, \quad n = c_2 - c_1, \quad e_0 = -[C_{66}c_1 + C_{11}c_2]/(Rc_0) \\ R_0 = (R_1 + \mathrm{i}R_2\,\mathrm{sgn}\,\xi)/R, \quad \bar{R}_0 = (R_1 - \mathrm{i}R_2\,\mathrm{sgn}\,\xi)/R \end{array}\right\} \qquad (7.3\text{-}5)$$

类似地,Fourier 变换区域中的应力分量为

$$\hat{\sigma}_{xx}(\xi, y) = 2c_0 c_2 R^{-1}\bar{R}_0 X(-2\xi^2 Y' + 8|\xi|Y'' - 13Y''')\mathrm{e}^{-|\xi|y} \qquad (7.3\text{-}6\mathrm{a})$$

$$\hat{\sigma}_{yy}(\xi, y) = 2c_0 c_2 R^{-1}\bar{R}_0 X(2\xi^2 Y' - 4|\xi|Y'' + 3Y''')\mathrm{e}^{-|\xi|y} \qquad (7.3\text{-}6\mathrm{b})$$

$$\hat{\sigma}_{xy}(\xi, y) = \hat{\sigma}_{yx}(\xi, y) = \mathrm{i}2c_0 c_2 R^{-1}\bar{R}_0(\mathrm{sgn}\,\xi)X(2\xi^2 Y' - 6|\xi|Y'' + 7Y''')\mathrm{e}^{-|\xi|y} \quad (7.3\text{-}6\mathrm{c})$$

$$\hat{H}_{xx}(\xi, y) = c_0 k_0 \bar{R}_0^2 X\left[4|\xi|^3 Y - 16\xi^2 Y' + 27|\xi|Y'' - (25+e_2 R_0^2)Y'''\right]\mathrm{e}^{-|\xi|y} \quad (7.3\text{-}6\mathrm{d})$$

$$\hat{H}_{yy}(\xi, y) = c_0 k_0 \bar{R}_0^2 X\left[-4|\xi|^3 Y + 12\xi^2 Y' - 15|\xi|Y'' + (10-e_1 R_0^2)Y'''\right]\mathrm{e}^{-|\xi|y} \quad (7.3\text{-}6\mathrm{e})$$

$$\hat{H}_{xy}(\xi, y) = \mathrm{i}c_0 k_0 \bar{R}_0^2(\mathrm{sgn}\,\xi)X\left[-4|\xi|^3 Y + 12\xi^2 Y' - 15|\xi|Y'' + (10+e_2 R_0^2)Y'''\right]\mathrm{e}^{-|\xi|y}$$
$$(7.3\text{-}6\mathrm{f})$$

$$\hat{H}_{yx}(\xi, y) = \mathrm{i}c_0 k_0 \bar{R}_0^2(\mathrm{sgn}\,\xi)X\left[-4|\xi|^3 Y + 16\xi^2 Y' - 27|\xi|Y'' + (25-e_1 R_0^2)Y'''\right]\mathrm{e}^{-|\xi|y}$$
$$(7.3\text{-}6\mathrm{g})$$

$$e_1 = \frac{2c_1c_2}{c_0k_0R}, \quad e_2 = \frac{c_1c_2}{c_0k_0R}\left(\frac{c_1'}{c_1} + \frac{c_2'}{c_2}\right) \atop c_1' = C_{11}K_2 - R^2, \quad c_2' = C_{66}K_2 - R^2 \right\} \quad (7.3\text{-}7)$$

其中 c_0 和 k_0 在式（6.4-13）给出。

像前一节一样，X 包含四个未知函数 $A(\xi)$，$B(\xi)$，$C(\xi)$ 和 $D(\xi)$，它们可以由边界条件确定。一旦它们被确定了，u_j，w_i，σ_{jk} 和 H_{jk} 能由 Fourier 逆变换确定。

在位错问题 $\boldsymbol{b}^{\|} \oplus \boldsymbol{b}^{\perp} = (b_1^{\|}, 0, b_1^{\perp}, 0)$ 的情形下，下面尝试确定这些函数和它们的 Fourier 逆变换。

为了简化计算，首先考虑 $b_1^{\|} \neq 0$ 和 $b_1^{\perp} = 0$ 的情形。该情形的边界条件为

$$\left. \begin{array}{l} \sigma_{ij}(x,y) \to 0, \ H_{ij}(x,y) \to 0, \ \sqrt{x^2+y^2} \to +\infty \\ \sigma_{yy}(x,0) = 0 \\ w_x(x,0) = w_y(x,0) = 0 \\ \int_\Gamma \mathrm{d}u_x = b_1^{\|}, \quad \int_\Gamma \mathrm{d}u_y = 0 \end{array} \right\} \quad (7.3\text{-}8)$$

在 Fourier 变换域内，解式（7.3-4）、式（7.3-6）和边界条件式（7.3-8）的前三个表达式得

$$A(\xi) = 9C(\xi)/4, \ B(\xi) = 2C(\xi), \ D(\xi) = 0 \quad (7.3\text{-}9)$$

并且由位错条件得到

$$\left. \begin{array}{l} \int_\Gamma \mathrm{d}u_x = -4c_1 R^{-1}(R_1 \operatorname{Re} C + R_2 \operatorname{sgn}\xi \operatorname{Im} C) \\ \int_\Gamma \mathrm{d}u_y = 4c_1 R^{-1}(R_2 \operatorname{Re} C - R_1 \operatorname{sgn}\xi \operatorname{Im} C) \end{array} \right\} \quad (7.3\text{-}10)$$

其中指标 Re 和 Im 分别表示复数的实部和虚部。最后，表达式（7.3-10）和（7.3-8）定义了

$$C(\xi) = \operatorname{Re} C + \mathrm{i}\operatorname{Im} C = -\frac{(R_1 + \mathrm{i}R_2 \operatorname{sgn}\xi)b_1^{\|}}{4\pi R c_1} = -\frac{R_0 b_1^{\|}}{4\pi c_1} \quad (7.3\text{-}11)$$

其中 R_0 由式（7.3-5）定义，c_1 由式（6.4-9）定义，即

$$c_1 = (L+2M)K_1 - R^2, \quad R^2 = R_1^2 + R_2^2 \quad (7.3\text{-}12)$$

因此

$$u_x = \frac{b_1^{\|}}{2\pi}\left(\arctan\frac{y}{x} + \frac{c_1-c_2}{c_1}\frac{xy}{r^2}\right) \quad (7.3\text{-}13a)$$

$$u_y = \frac{b_1^{\parallel}}{2\pi}\left[-\ln\frac{r}{a} + \frac{c_1 - c_2}{c_1}\left(\ln\frac{r}{a} + \frac{y^2}{r^2}\right)\right] \quad (7.3\text{-}13\text{b})$$

$$w_x = \frac{c_0 b_1^{\parallel}}{2\pi c_1}\left[\frac{R_1}{R}\frac{2x^3 y}{r^4} + \frac{R_2}{R}\frac{y^2(3x^2 + y^2)}{r^4}\right] \quad (7.3\text{-}13\text{c})$$

$$w_y = \frac{c_0 b_1^{\parallel}}{2\pi c_1}\left[\frac{R_1}{R}\frac{y^2(3x^2 + y^2)}{r^4} + \frac{R_2}{R}\frac{2x^3 y}{r^4}\right] \quad (7.3\text{-}13\text{d})$$

其中 c_0 由式（6.4-13）定义，a 表示位错芯的半径。

相应的应力分量可以由式（7.3-13）和广义 Hooke 定律（6.4-3）确定

$$\sigma_{xx} = -\frac{c_0 c_2 b_1^{\parallel}}{\pi c_1 R}\frac{y(3x^2 + y^2)}{r^4} \quad (7.3\text{-}14\text{a})$$

$$\sigma_{yy} = \frac{c_0 c_2 b_1^{\parallel}}{\pi c_1 R}\frac{y(x^2 - y^2)}{r^4} \quad (7.3\text{-}14\text{b})$$

$$\sigma_{xy} = \sigma_{yx} = \frac{c_0 c_2 b_1^{\parallel}}{\pi c_1 R}\frac{x(x^2 - y^2)}{r^4} \quad (7.3\text{-}14\text{c})$$

$$H_{xx} = -\frac{c_0 k_0 b_1^{\parallel}}{\pi c_1}\left[\frac{R_1}{R}\frac{x^2 y(3x^2 - y^2)}{r^6} + \frac{R_2}{R}\frac{x^3(3y^2 - x^2)}{r^6}\right] \quad (7.3\text{-}14\text{d})$$

$$H_{yy} = -\frac{c_0 k_0 b_1^{\parallel}}{\pi c_1}\left[\frac{R_1}{R}\frac{x^2 y(3x^2 - y^2)}{r^6} - \frac{R_2}{R}\frac{xy^2(3x^2 - y^2)}{r^6}\right] \quad (7.3\text{-}14\text{e})$$

$$H_{xy} = -\frac{c_0 k_0 b_1^{\parallel}}{\pi c_1}\left[\frac{R_1}{R}\frac{xy^2(3x^2 - y^2)}{r^6} + \frac{R_2}{R}\frac{x^2 y(3y^2 - x^2)}{r^6}\right] \quad (7.3\text{-}14\text{f})$$

$$H_{yx} = -\frac{c_0 k_0 b_1^{\parallel}}{\pi c_1}\left[-\frac{R_1}{R}\frac{x^3(3y^2 - x^2)}{r^6} + \frac{R_2}{R}\frac{x^2 y(3x^2 - y^2)}{r^6}\right] \quad (7.3\text{-}14\text{g})$$

现在考虑 $b_1^{\parallel} = 0$ 和 $b_1^{\perp} \neq 0$ 情形。该情形相应的边界条件为

$$\left.\begin{array}{l} \sigma_{ij}(x,y) \to 0,\ H_{ij}(x,y) \to 0\ (\sqrt{x^2 + y^2} \to +\infty) \\ H_{yy}(x,0) = 0 \\ u_x(x,0) = u_y(x,0) = 0 \\ \int_\Gamma \mathrm{d}w_x = b_1^{\perp},\quad \int_\Gamma \mathrm{d}w_y = 0 \end{array}\right\} \quad (7.3\text{-}15)$$

通过类似的分析，相应的位移和应力场能够被确定

$$u_x = \frac{c_1 b_1^{\perp}}{\pi c_0 e_1}\left\{\frac{R_1}{R}\left(\frac{xy}{r^2} - \frac{c_1 - c_2}{c_1}\frac{2xy^3}{r^4}\right) + \frac{R_2}{R}\left[\frac{y^2}{r^2} + \frac{c_1 - c_2}{c_1}\frac{y^2(x^2 - y^2)}{r^4}\right]\right\}$$
$$(7.3\text{-}16\text{a})$$

第 7 章 应用 I ——一维和二维准晶中的若干位错和界面问题及其解答

$$u_y = \frac{c_1 b_1^\perp}{\pi c_0 e_1}\left\{-\frac{R_1}{R}\left[\frac{y^2}{r^2} - \frac{c_1-c_2}{c_1}\frac{y^2(x^2-y^2)}{r^4}\right] + \frac{R_2}{R}\left(\frac{xy}{r^2} + \frac{c_1-c_2}{c_1}\frac{2xy^3}{r^4}\right)\right\}$$

（7.3-16b）

$$w_x = \frac{b_1^\perp}{2\pi}\left[\arctan\frac{y}{x} + \frac{R_1^2-R_2^2}{e_1 R^2}\frac{xy(3x^2-y^2)(3y^2-x^2)}{3r^6} + \frac{2R_1 R_2}{e_1 R^2}\frac{y^2(3x^2-y^2)^2}{3r^6}\right]$$

（7.3-16c）

$$w_y = \frac{b_1^\perp}{2\pi e_1}\left[e_2 \ln\frac{r}{a} + \frac{R_1^2-R_2^2}{R^2}\frac{y^2(3x^2-y^2)^2}{3r^6} - \frac{2R_1 R_2}{e_1 R^2}\frac{xy(3x^2-y^2)(3y^2-x^2)}{3r^6}\right]$$

（7.3-16d）

$$\sigma_{xx} = -\frac{2c_2 b_1^\perp}{\pi e_1 R}\left[\frac{R_1}{R}\frac{x^2 y(3x^2-y^2)}{r^6} + \frac{R_2}{R}\frac{x^3(3y^2-x^2)}{r^6}\right] \quad (7.3\text{-}17\text{a})$$

$$\sigma_{yy} = -\frac{2c_2 b_1^\perp}{\pi e_1 R}\left[\frac{R_1}{R}\frac{y^3(3x^2-y^2)}{r^6} + \frac{R_2}{R}\frac{xy^2(3y^2-x^2)}{r^6}\right] \quad (7.3\text{-}17\text{b})$$

$$\sigma_{xy} = \sigma_{yx} = -\frac{2c_2 b_1^\perp}{\pi e_1 R}\left[\frac{R_1}{R}\frac{xy^2(3x^2-y^2)}{r^6} + \frac{R_2}{R}\frac{x^2(3y^2-x^2)}{r^6}\right] \quad (7.3\text{-}17\text{c})$$

$$H_{xx} = \frac{K_0 b_1^\perp}{2\pi e_1}\left\{-(e_1+e_2)\frac{y}{r^2} + x\left[\frac{R_1^2-R_2^2}{R^2}h_{21}(x,y) - \frac{2R_1 R_2}{R^2}h_{22}(x,y)\right]\right\}$$

（7.3-17d）

$$H_{yy} = -\frac{K_0 b_1^\perp y}{2\pi e_1}\left[\frac{R_1^2-R_2^2}{R^2}h_{22}(x,y) + \frac{2R_1 R_2}{R^2}h_{21}(x,y)\right] \quad (7.3\text{-}17\text{e})$$

$$H_{xy} = \frac{K_0 b_1^\perp}{2\pi e_1}\left\{(e_1+e_2)\frac{x}{r^2} + y\left[\frac{R_1^2-R_2^2}{R^2}h_{21}(x,y) - \frac{2R_1 R_2}{R^2}h_{22}(x,y)\right]\right\}$$

（7.3-17f）

$$H_{yx} = -\frac{K_0 b_1^\perp x}{2\pi e_1}\left[\frac{R_1^2-R_2^2}{R^2}h_{22}(x,y) + \frac{2R_1 R_2}{R^2}h_{21}(x,y)\right] \quad (7.3\text{-}17\text{g})$$

其中

$$\left.\begin{aligned}h_{21}(x,y) &= \frac{2xy(3x^2-y^2)(3y^2-x^2)}{r^8}\\ h_{22}(x,y) &= \frac{2(x^2-y^2)}{r^4} + \frac{(x^2-y^2)(3x^2-y^2)(3y^2-x^2)}{r^8}\end{aligned}\right\} \quad (7.3\text{-}18)$$

位错问题($b_1^\parallel, 0, b_1^\perp, 0$)的解可以通过式（7.3-13）和式（7.3-14）与式（7.3-16）和式（7.3-17）叠加来确定。位错问题($0, b_2^\parallel, 0, b_2^\perp$)的解也可以通过类似的途径确

定。因此，Burgers 矢量($b_1^{\parallel}, b_2^{\parallel}, b_1^{\perp}, b_2^{\perp}$)位错问题的解完全确定了。

以上工作可以在文献［7，8］中找到。

7.4 点群 8mm 八次对称准晶中的位错

点群 8mm 八次对称二维准晶弹性的最终控制方程为

$$(\nabla^2\nabla^2\nabla^2\nabla^2 - 4\varepsilon\nabla^2\nabla^2\Lambda^2\Lambda^2 + 4\varepsilon\Lambda^2\Lambda^2\Lambda^2\Lambda^2)F = 0 \quad (7.4\text{-}1)$$

其中

$$\left.\begin{array}{l} \nabla^2 = \dfrac{\partial^2}{\partial x^2} + \dfrac{\partial^2}{\partial y^2}, \quad \Lambda^2 = \dfrac{\partial^2}{\partial x^2} - \dfrac{\partial^2}{\partial y^2} \\[2mm] \varepsilon = \dfrac{R^2(L+M)(K_2+K_3)}{[M(K_1+K_2+K_3) - R^2][(L+2M)K_1 - R^2]} \end{array}\right\} \quad (7.4\text{-}2)$$

（细节参看式（6.6-10）、式（6.6-11））。式（7.4-1）比式（6.2-7）和式（7.3-1）更复杂，因此，其解比前文那些问题的解更复杂。由于篇幅限制，我们不列出其求解的完整过程，仅仅给出一些主要结果，其中分别使用了 Fourier 分析和复分析方法。

7.4.1 Fourier 分析[9]

考虑位错问题 $\boldsymbol{b}^{\parallel}\oplus\boldsymbol{b}^{\perp} = (b_1^{\parallel}, 0, b_1^{\perp}, 0, 0)$，我们将要确定以下边界条件下的位移场

$$\left.\begin{array}{l} \sigma_{ij}(x,y) \to 0, \quad H_{ij}(x,y) \to 0, \quad \sqrt{x^2+y^2} \to +\infty \\[2mm] \sigma_{yy}(x,0) = 0, \quad H_{yy}(x,0) = 0 \\[2mm] \int_{\Gamma} \mathrm{d}u_x = b_1^{\parallel}, \quad \int_{\Gamma} \mathrm{d}w_x = b_1^{\perp} \end{array}\right\} \quad (7.4\text{-}3)$$

通过对式（7.4-1）施行 Fourier 变换，化为

$$\left[\left(\dfrac{\mathrm{d}^2}{\mathrm{d}y^2} - \xi^2\right)^4 - 4\varepsilon\left(\dfrac{\mathrm{d}^2}{\mathrm{d}y^2} - \xi^2\right)^2 + 4\varepsilon\left(\dfrac{\mathrm{d}^2}{\mathrm{d}y^2} + \xi^2\right)^4\right]\hat{F} = 0 \quad (7.4\text{-}4)$$

式（7.4-4）的特征根依靠参数 ε 的值，周旺尼[9]给出了下面情况的解的详细讨论：① $0 < \varepsilon < 1$ 和 ② $\varepsilon < 0$，但是运算极其复杂和烦琐，这里不写出。对于情形①，其解为

第7章 应用Ⅰ——一维和二维准晶中的若干位错和界面问题及其解答

$$u_x(x,y) = \frac{1}{2\pi}\left\{\frac{b_1^{\parallel}}{2}\left[\arctan\left(\frac{\lambda_1^2+\lambda_2^2}{\lambda_1}\frac{y}{x}+\frac{\lambda_2}{\lambda_1}\right)+\arctan\left(\frac{\lambda_1^2+\lambda_2^2}{\lambda_1}\frac{y}{x}-\frac{\lambda_2}{\lambda_1}\right)\right]+\right.$$

$$(F_3C+F_4D)\left[\arctan\frac{2\lambda_3 xy}{x^2-(\lambda_3^2+\lambda_4^2)y^2}-\arctan\frac{2\lambda_1 xy}{x^2-(\lambda_1^2+\lambda_2^2)y^2}\right]\right\}+$$

$$\frac{1}{4\pi}\left[F_5\ln\frac{x^2+2\lambda_2 xy+(\lambda_1^2+\lambda_2^2)y^2}{x^2-2\lambda_2 xy+(\lambda_1^2+\lambda_2^2)y^2}+F_6\ln\frac{x^2+2\lambda_4 xy+(\lambda_3^2+\lambda_4^2)y^2}{x^2-2\lambda_4 xy+(\lambda_3^2+\lambda_4^2)y^2}\right]$$

$$u_y = \frac{1}{2\pi}\left\{H_1\left[\arctan\frac{2\lambda_1\lambda_2 y^2}{x^2+(\lambda_1^2-\lambda_2^2)y^2}-2\arctan\frac{\lambda_2}{\lambda_1}\right]+\right.$$

$$\left. H_2\left[\arctan\frac{2\lambda_3\lambda_4 y^2}{x^2+(\lambda_3^2-\lambda_4^2)y^2}-2\arctan\frac{\lambda_4}{\lambda_3}\right]\right\}+$$

$$\frac{1}{4\pi}\left\{H_3\ln\left[1+\frac{x^4+2(\lambda_1^2-\lambda_2^2)x^2 y^2}{(\lambda_1^2+\lambda_2^2)^2 y^4}\right]+H_4\ln\left[1+\frac{x^4+2(\lambda_3^2-\lambda_4^2)x^2 y^2}{(\lambda_3^2+\lambda_4^2)^2 y^4}\right]\right\}$$

$$w_x(x,y) = \frac{1}{2\pi}\left\{\frac{b_1^{\perp}}{2}\left[\arctan\left(\frac{\lambda_1^2+\lambda_2^2}{\lambda_1}\frac{y}{x}+\frac{\lambda_2}{\lambda_1}\right)+\arctan\left(\frac{\lambda_1^2+\lambda_2^2}{\lambda_1}\frac{y}{x}-\frac{\lambda_2}{\lambda_1}\right)\right]+\right.$$

$$(G_3C+G_4D)\times\left[\arctan\frac{2\lambda_3 xy}{x^2-(\lambda_3^2+\lambda_4^2)y^2}-\arctan\frac{2\lambda_1 xy}{x^2-(\lambda_1^2+\lambda_2^2)y^2}\right]\right\}+$$

$$\frac{1}{4\pi}\left[G_5\ln\frac{x^2+2\lambda_2 xy+(\lambda_1^2+\lambda_2^2)y^2}{x^2-2\lambda_2 xy+(\lambda_1^2+\lambda_2^2)y^2}+G_6\ln\frac{x^2+2\lambda_4 xy+(\lambda_3^2+\lambda_4^2)y^2}{x^2-2\lambda_4 xy+(\lambda_3^2+\lambda_4^2)y^2}\right]$$

$$w_y = \frac{1}{2\pi}\left\{I_1\left[\arctan\frac{2\lambda_1\lambda_2 y^2}{x^2+(\lambda_1^2-\lambda_2^2)y^2}-2\arctan\frac{\lambda_2}{\lambda_1}\right]+\right.$$

$$\left. I_2\left[\arctan\frac{2\lambda_3\lambda_4 y^2}{x^2+(\lambda_3^2-\lambda_4^2)y^2}-2\arctan\frac{\lambda_4}{\lambda_3}\right]\right\}+$$

$$\frac{1}{4\pi}\left\{I_3\ln\left[1+\frac{x^4+2(\lambda_1^2-\lambda_2^2)x^2 y^2}{(\lambda_1^2+\lambda_2^2)^2 y^4}\right]+I_4\ln\left[1+\frac{x^4+2(\lambda_3^2-\lambda_4^2)x^2 y^2}{(\lambda_3^2+\lambda_4^2)^2 y^4}\right]\right\}$$

(7.4-5)

其中 $F_1,\cdots,F_6,G_1,\cdots,G_6,H_1,\cdots,H_4$ 和 $I_1,\cdots,I_4$ 是关于 $\lambda_1,\lambda_2,\lambda_3$ 和 λ_4 的函数，这些常数由材料常数 M,L,K_1,K_2,K_3 和 R 组成，表达式非常复杂和烦琐，这里不列出。

通过类似的运算,情形②的解也可以获得。由于最终控制方程(7.4-1)的复杂性,求解步骤非常庞杂。限于篇幅,此处略去细节。

7.4.2 复分析法[10]

式(7.4-1)可以用复变函数法来求解。出于这个目的,方程可以重写为

$$\left[\frac{\partial^8}{\partial x^8}+4(1-4\varepsilon)\frac{\partial^8}{\partial x^6\partial y^2}+2(3+16\varepsilon)\frac{\partial^8}{\partial x^4\partial y^4}+4(1-4\varepsilon)\frac{\partial^8}{\partial x^2\partial y^6}+\frac{\partial^8}{\partial y^8}\right]F=0 \tag{7.4-6}$$

式(7.4-1)的解能够用 4 个关于复变量 z_k ($k=1,2,3,4$)的解析函数 $F_k(z_k)$ 来表示,即

$$F(x,y)=2\mathrm{Re}\sum_{k=1}^{4}F_k(z_k), z_k=x+\mu_k y \tag{7.4-7}$$

其中 $\mu_k=\alpha_k+i\beta_k$ ($k=1,2,3,4$)为复参数,它们可以由下列特征方程的根来确定

$$\mu^8+4(1-4\varepsilon)\mu^6+2(3+16\varepsilon)\mu^4+4(1-4\varepsilon)\mu^2+1=0 \tag{7.4-8}$$

基于位移表达式(6.6-12)和位错条件

$$\int_\Gamma \mathrm{d}u_x=b_1^{\parallel}, \quad \int_\Gamma \mathrm{d}u_y=b_2^{\parallel}, \quad \int_\Gamma \mathrm{d}w_x=b_1^{\perp}, \quad \int_\Gamma \mathrm{d}w_y=b_2^{\perp} \tag{7.4-9}$$

能获得如下解

$$u_x=2\mathrm{Re}\sum_{k=1}^{4}a_{1k}f_k(z_k), \quad u_y=2\mathrm{Re}\sum_{k=1}^{4}a_{2k}f_k(z_k)$$

$$w_x=2\mathrm{Re}\sum_{k=1}^{4}a_{3k}f_k(z_k), \quad w_y=2\mathrm{Re}\sum_{k=1}^{4}a_{4k}f_k(z_k)$$

其中

$$f_k(z_k)=\frac{\partial^6 F_k(z_k)}{\partial z_k^6} \tag{7.4-10}$$

此工作只是一个粗略的轮廓。

7.5 点群 $12mm$ 十二次对称准晶中的位错

在专著[5]中,丁棣华等基于 Green 函数法给出了其解,本书未介绍这一方法,因此细节忽略,仅仅列写主要结果,声子位移场为

$$\left.\begin{aligned}u_x &= \frac{b_1^{\|}}{2\pi}\left(\arctan\frac{y}{x} + \frac{L+M}{L+2M}\frac{xy}{r^2}\right) + \\ &\quad \frac{b_2^{\|}}{2\pi}\left(\frac{M}{L+2M}\ln\frac{r}{r_0} + \frac{L+M}{L+2M}\frac{y^2}{r^2}\right) \\ u_y &= -\frac{b_1^{\|}}{2\pi}\left(\frac{M}{L+2M}\ln\frac{r}{r_0} + \frac{L+M}{L+2M}\frac{x^2}{r^2}\right) + \\ &\quad \frac{b_2^{\|}}{2\pi}\left(\arctan\frac{y}{x} - \frac{L+M}{L+2M}\frac{xy}{r^2}\right) \\ u_z &= 0\end{aligned}\right\} \quad (7.5\text{-}1)$$

其中 $L = C_{12}$；$M = (C_{11} - C_{12})/2$，是声子弹性常数；$b_1^{\|}, b_2^{\|}$ 是声子 Burgers 矢量的分量。而相位子场的解为

$$\left.\begin{aligned}w_1 &= \frac{b_1^{\perp}}{2\pi}\left[\arctan\frac{y}{x} - \frac{(K_1+K_2)(K_2+K_3)}{2K_1(K_1+K_2+K_3)}\frac{xy}{r^2}\right] + \\ &\quad \frac{b_2^{\perp}}{4\pi}\left[-\frac{K_2(K_1+K_2+K_3) - K_1 K_3}{K_1(K_1+K_2+K_3)}\ln\frac{r}{r_0} + \frac{(K_1+K_2)(K_2+K_3)}{K_1(K_1+K_2+K_3)}\frac{y^2}{r^2}\right] \\ w_2 &= \frac{b_1^{\perp}}{4\pi}\left[\frac{K_2(K_1+K_2+K_3) - K_1 K_3}{K_1(K_1+K_2+K_3)}\ln\frac{r}{r_0} - \frac{(K_1+K_2)(K_2+K_3)}{K_1(K_1+K_2+K_3)}\frac{x^2}{r^2}\right] + \\ &\quad \frac{b_2^{\perp}}{2\pi}\left[\arctan\frac{y}{x} + \frac{(K_1+K_2)(K_2+K_3)}{2K_1(K_1+K_2+K_3)}\frac{xy}{r^2}\right]\end{aligned}\right\} \quad (7.5\text{-}2)$$

其中 K_1, K_2, K_3 是相位子弹性常数；$b_1^{\perp}, b_2^{\perp}$ 是相位子 Burgers 矢量的分量。

因为在十二次对称准晶中，声子和相位子是解耦的，即耦合常数 $R=0$。

7.6 准晶和晶体的界面问题

在上面小节中，讨论了一维和二维准晶的位错问题，得到一序列的解析解。在第 8 章将讨论该材料的裂纹问题。除了位错与裂纹外，界面也是一种准晶中的缺陷，它对物理过程具有特殊意义。

我们知道到目前为止观察到的固体准晶全部为合金。这种合金具有晶体相，或准晶相，或晶体–准晶共相。李方华等[11, 12]观察到了晶体–准晶相变，且是连续的。这种相变过程产生了晶体和准晶之间的界面问题。因而，准晶界面问题的研究具有重要意义。本小节我们做了一维准晶和各向同性晶体界面问

题的弹性行为唯象研究。文献[11,12]指出了相变是由相位子应变造成的。这个问题的研究是困难的。这里集中于应变的确定，对二十面体和立方晶体界面问题更深一步的研究将在第 9 章给出。

考虑一个位于上半平面（即 y>0）的斜方准晶，其声子–相位子耦合问题由式（5.4-3）控制，即

$$\left(a_1 \frac{\partial^4}{\partial x^4} + a_3 \frac{\partial^4}{\partial x^2 \partial y^2} + a_5 \frac{\partial^4}{\partial y^4}\right) F = 0 \qquad (7.6\text{-}1)$$

其中 $F(x,y)$ 为位移势，为由式（5.3-6）定义，C_{ij}，K_i 和 R_i 组成的材料常数。

假定与准晶共存的晶体位于带厚度的下半平面（即 $-h<y<0$），则平面 y=0 为准晶和晶体的界面，如图 7.6-1 所示。为了简单起见，假定晶体为各向同性体，其材料常数为 $C_{ij}^{(c)}(E^{(c)}, \mu^{(c)})$。在界面上存在如下边界条件

$$y=0, \quad -\infty < x < +\infty: \quad \sigma_{zy} = \tau f(x) + k u(x), \quad H_{zy} = 0 \qquad (7.6\text{-}2)$$

其中 $f(x)$ 为界面上的应力分布函数；$u(x) = u_z(x, 0)$，为声子场位移分量值；τ 为剪切应力常量；k 为材料常数

$$k = \frac{\mu^{(c)}}{h} \qquad (7.6\text{-}3)$$

其中 $\mu^{(c)}$ 和 h 为剪切模量和晶体厚度。进一步假定外部边界为应力自由的。

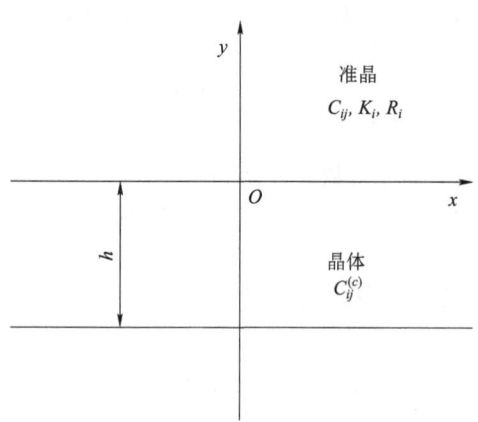

图 7.6-1　准晶–晶体共存相

对式（7.6-1）做 Fourier 变换

$$\hat{F}(\xi, y) = \int_{-\infty}^{+\infty} F(x,y) e^{i\xi x} dx \qquad (7.6\text{-}4)$$

将导致

第7章 应用Ⅰ——一维和二维准晶中的若干位错和界面问题及其解答

$$\left(a_5 \frac{d^4}{dy^4} + a_3 \xi^2 \frac{d^2}{dy^2} + a_1 \xi^4\right) \hat{F} = 0 \qquad (7.6\text{-}5)$$

如果取式（7.6-5）的解

$$\hat{F}(\xi, y) = e^{-\lambda|\xi|y}$$

其中 $y > 0$ 和 λ 为参数，将这个解代入式（7.6-5），得到

$$a_5 \lambda^4 - a_3 \lambda^2 + a_1 = 0 \qquad (7.6\text{-}6)$$

该方程有如下根

$$\lambda_1, \lambda_2, \lambda_3, \lambda_4 = \pm \sqrt{\frac{2a_3 \pm \sqrt{a_3^2 - 4a_1 a_5}}{2a_5}} \qquad (7.6\text{-}7)$$

因此

$$\hat{F}(\xi, y) = A e^{-\lambda_1|\xi|y} + B e^{-\lambda_2|\xi|y} + B e^{-\lambda_3|\xi|y} + D e^{-\lambda_4|\xi|y}$$

考虑到在 $y = +\infty$ 应力是自由的，那么 $C = D = 0$，即

$$\hat{F}(\xi, y) = A e^{-\lambda_1|\xi|y} + B e^{-\lambda_2|\xi|y} \qquad (7.6\text{-}8)$$

根据第 5.4 节，有

$$\left. \begin{array}{l} \sigma_{zy} = (R_6 C_{44} - R_5 C_{55}) \dfrac{\partial^3 F}{\partial x^2 \partial y} \\[6pt] H_{zy} = -\left(C_{55} \dfrac{\partial^2}{\partial x^2} + C_{44} \dfrac{\partial^2}{\partial y^2}\right)\left(K_1 \dfrac{\partial}{\partial x} + K_2 \dfrac{\partial}{\partial y}\right) F \\[6pt] u_z = \left(R_6 \dfrac{\partial^2}{\partial x^2} + R_5 \dfrac{\partial^2}{\partial y^2}\right) F \end{array} \right\} \qquad (7.6\text{-}9)$$

应力和位移的 Fourier 变换为

$$\left. \begin{array}{l} \hat{\sigma}_{zy} = -(R_6 C_{44} - R_5 C_{55}) \xi^2 \dfrac{d\hat{F}}{dy} \\[6pt] \hat{H}_{zy} = -iC_{55} K_1 |\xi| \xi^2 \hat{F} + C_{55} K_2 \xi^2 \dfrac{d\hat{F}}{dy} + iC_{44} K_1 |\xi| \dfrac{d^2 \hat{F}}{dy^2} - C_{44} K_2 \dfrac{d^3 \hat{F}}{dy^3} \\[6pt] \hat{u}_z = \left(-\xi^2 R_6 + R_5 \dfrac{d^2}{dy^2}\right) \hat{F} \end{array} \right\} \qquad (7.6\text{-}10)$$

将式（7.6-8）代入式（7.6-10）的第二式，然后代入式（7.6-2）的第二式，得到

$$B = \alpha A \qquad (7.6\text{-}11)$$

其中

$$\left.\begin{array}{l}\alpha = \dfrac{-\lambda_1 c_2 - \lambda_1^3 c_4 + \mathrm{i}(c_1 + \lambda_1^2 c_3)}{\lambda_2 c_2 + \lambda_2^3 c_4 + \mathrm{i}(-c_1 - \lambda_2^2 c_3)}\\ c_1 = C_{55}K_1, c_2 = C_{55}K_2, c_3 = C_{44}K_1, c_4 = C_{44}K_2\end{array}\right\} \quad (7.6\text{-}12)$$

界面上声子应力和位移分量的 Fourier 变换为

$$\hat{\sigma}_{zy}(\xi,0) = A(\xi)|\xi|(\lambda_1 \mathrm{e}^{-\lambda_1|\xi|y} + \alpha\lambda_2 \mathrm{e}^{-\lambda_2|\xi|y})$$

$$\hat{u}_z(\xi,0) = A(\xi)\xi^2[(-R_6 + \lambda_1^2 R_5)\mathrm{e}^{-\lambda_1|\xi|y} + \alpha(R_6 - \lambda_2^2 R_5)\mathrm{e}^{-\lambda_2|\xi|y}] \quad (7.6\text{-}13)$$

式（7.6-2）第一式的 Fourier 变换为

$$\hat{\sigma}_{zy}(\xi,0) = \tau \hat{f}(\xi) + k\hat{u}(\xi,0) \quad (7.6\text{-}14)$$

从式（7.6-13）和式（7.6-14）出发，能得到未知函数

$$A(\xi) = \dfrac{\tau \hat{f}(\xi)}{|\xi|(\lambda_1 + \alpha\lambda_2) - k\xi^2[-R_6 + \lambda_1^2 R_5 + \alpha(R_6 - \lambda_1^2 R_5)]} \quad (7.6\text{-}15)$$

因此，声子场和相位子场的应力和位移分量都能求出，即

$$\sigma_{zy} = \dfrac{1}{2\pi}\int_{-\infty}^{+\infty} \hat{\sigma}_{zy} \mathrm{e}^{-\mathrm{i}\xi x}\mathrm{d}\xi = \dfrac{1}{2\pi}\int_{-\infty}^{+\infty} A(\xi)|\xi|(\lambda_1 \mathrm{e}^{-\lambda_1|\xi|y} + \alpha\lambda_2 \mathrm{e}^{-\lambda_2|\xi|y})\mathrm{e}^{-\mathrm{i}\xi x}\mathrm{d}\xi$$

$$u_z = \dfrac{1}{2\pi}\int_{-\infty}^{+\infty} \hat{u}_z\, \mathrm{e}^{-\mathrm{i}\xi x}\mathrm{d}\xi$$

$$= \dfrac{1}{2\pi}\int_{-\infty}^{+\infty} A(\xi)\xi^2[(-R_6 + \lambda_1^2 R_5)\mathrm{e}^{-\lambda_1|\xi|y} + \alpha(R_6 - \lambda_2^2 R_5)\mathrm{e}^{-\lambda_2|\xi|y}]\mathrm{e}^{-\mathrm{i}\xi x}\mathrm{d}\xi$$

$$w_z = \dfrac{1}{2\pi}\int_{-\infty}^{+\infty} \hat{w}_z\, \mathrm{e}^{-\mathrm{i}\xi x}\mathrm{d}\xi$$

$$= -\dfrac{1}{2\pi}\int_{-\infty}^{+\infty} A(\xi)\xi^2[(-C_{55} + \lambda_1^2 C_{66})\mathrm{e}^{-\lambda_1|\xi|y} + \alpha(C_{66} - \lambda_2^2 C_{55})\mathrm{e}^{-\lambda_2|\xi|y}]\mathrm{e}^{-\mathrm{i}\xi x}\mathrm{d}\xi$$

$$(7.6\text{-}16)$$

在晶体-准晶相变过程中，相位子应变场显示出重要的影响，它能由上述解确定

$$w_{zx} = \dfrac{\partial w_z}{\partial x}$$

$$= -\mathrm{i}\dfrac{1}{2\pi}\int_{-\infty}^{+\infty} A(\xi)\xi^3[(-C_{55} + \lambda_1^2 C_{66})\mathrm{e}^{-\lambda_1|\xi|y} + \alpha(C_{66} - \lambda_2^2 C_{55})\mathrm{e}^{-\lambda_2|\xi|y}]\mathrm{e}^{-\mathrm{i}\xi x}\mathrm{d}\xi$$

$$w_{zy} = \dfrac{\partial w_z}{\partial y}$$

$$= \dfrac{1}{2\pi}\int_{-\infty}^{+\infty} A(\xi)\xi^2[\lambda_1|\xi|(-C_{55} + \lambda_1^2 C_{66})\,\mathrm{e}^{-\lambda_1|\xi|y} + \lambda_2|\xi|\alpha(C_{66} - \lambda_2^2 C_{55})\,\mathrm{e}^{-\lambda_2|\xi|y}]\mathrm{e}^{-\mathrm{i}\xi x}\mathrm{d}\xi$$

$$(7.6\text{-}17)$$

这个解随着准晶材料常数 C_{ij}, K_i, R_i，晶体材料常数 $\mu^{(c)}$，应力 τ 和晶体尺寸 h 的改变而变化，因此结果是十分有趣的。

进一步的界面问题讨论将在第 9 章第 9.2 小节给出。

7.7 位错塞集、位错群和塑性区

前面得到了某些一维和二维准晶的单个位错解。位错遇到障碍会塞集起来，形成位错群，构成一种塑性区。位错与塑性区对材料的性能影响很大。现在还缺乏准晶的塑性理论，从位错角度去讨论准晶的塑性变形，是最基本的一种方法。它不仅揭示了准晶塑性变形的机制，还为确定材料中塑性变形的模型物理量的定量计算提供了工具。这对第 8 章和第 14 章的研究提供了基础。

位错的缓慢运动，有滑移和攀缘等形式，可参考 Messerschmidt 的专著[13]，它们都与准晶塑性变形有关，我们将在第 14 章进一步讨论。

7.8 总结和讨论

本章写作的目的之一是验证第 5 章和第 6 章中新的求解公式的效能，并非在于完全揭示准晶位错和界面问题的本质。这些物理问题的深入讨论还需要其他知识，读者可以参见其他有关工作[14-21]。读者能够发现位错核周围存在奇异性，例如，应力 $\sigma_{ij}, H_{ij} \sim 1/r (r \to 0)$，这是出现拓扑缺陷对称性破缺的直接结果，其中 r 为到位错核的距离。这和晶体是类似的，即，在晶体中，对称性破缺也导致奇异性的出现。物理上，在晶体和准晶中，位错核周围的高应力或应力集中导致塑性流动。因此，准晶中的位错和其他缺陷会影响自身的力学和物理性质。在塑性变形和塑性断裂的研究中，位错解显示出重要的应用，见文献[16]或本书第 14 章。这里讨论的界面问题是初步的，但是它可能对晶体-准晶的相变研究有用。然而它是一个非常复杂的问题，这个课题所得到的知识目前非常有限。三维准晶中位错和界面问题的解将在第 9 章介绍，动态位错问题在第 10 章讨论。

除了位错和界面问题之外，接触问题也很有意义，陈伟球等[21]最近对这一问题从三维角度做了详细分析，读者可以参考。

参考文献

[1] De P, Pelcovits R A. Linear elasticity theory of pentagonal quasicrystals [J].

Phys. Rev B, 1987, 35 (16): 8609-8620.
[2] De P, Pelcovits R A. Disclination in pentagonal quasicrystals [J]. Phys. Rev B, 1987, 36 (17): 9304-9307.
[3] Ding D H, Wang R H, Yang W G, et al. General expressions for the elastic displacement fields induced by dislocation in quasicrystals [J]. J.Phys. Condens. Matter., 1995, 7 (28): 5423-5436.
[4] Ding D H, Wang R H, Yang W G, et al. Elasticity theory of straight dislocation in quasicrystals [J]. Phil Mag Lett, 1995, 72 (5): 353-359.
[5] 杨顺华, 丁棣华. 晶体位错基础 [M]. 第二卷. 北京: 科学出版社, 1998.
[6] Firth J P, Lothe J. Theory of Dislocations [M]. New York: John Wiley and Sons, 1982.
[7] Li X F, Fan T Y. New method for solving elasticity problems of some planar quasicrystals and solutions [J].
[8] Li X F, Duan X Y, Fan T Y, et al. Elastic field for a straight dislocation in a decagonal quasicrystal [J]. J Phys.: Condens Matter, 1999, 11 (3): 703-711.
[9] 周旺民. 二维与三维准晶的位错，裂纹与接触问题 [D]. 北京：北京理工大学, 2000.
[10] 李联合. 准晶弹性的复变函数方法和精确分析解研究 [D]. 北京：北京理工大学, 2008.
[11] Li F H. in Crystal-Quasicrystal Transitions [M]. Jacaman M J and Torres M, Elsevier Sci. Publ, 1993: 13-47.
[12] Li F H, Teng C M, Huang Z R, et al, In between crystalline and quasicrystalline states [J]. Phil. Mag. Lett., 1988, 57 (1): 113-118.
[13] Messerschmidt U. Dislocation Dynamics during Plastic Deformation [M]. Springer-Verlag, Heidelberg, 2010.
[14] Fan T Y, Li X F, Sun Y F. A moving screw dislocation in an one-dimensional hexagonal quasicrystals [J]. Acta Physica Sinica (Oversea Edition), 1999, 8 (3): 288-295.
[15] Li X F, Fan T Y. A straight dislocation in one-dimensional hexagonal quasicrystals [J]. Phy. Stat Sol (b), 1999, 212 (1): 19-26.
[16] Edagawa K. Dislocations in quasicrystals [J]. Mater Sci Eng A, 2001, 309-310 (2): 528-538.
[17] Fan T Y, Trebin H R, Messeschmidt U, et al. Plastic flow coupled with a crack in some one-and two-dimensional quasicrystals [J]. J Phys.: Condens.

Matter, 2004, 16 (37): 5229-5240.

[18] Hu C Z, Wang R H, Ding D H. Symmetry groups, physical property tensors, elasticity and dislocations in quasicrystals [J]. Rep. Prog. Phys., 2000, 63 (1): 1-39.

[19] Fan T Y, Xie L Y, Fan L, et al. Interface of quasicrystal-crystal [J]. Chin: Phys. B, 2011, 20 (7): 070102.

[20] Kordak M, Fluckider T, Kortan A R et al, Crystal-quasicrystal interface in Al-Pd-Mn [J]. Prog. Surface Sci, 2004, 75 (3-8): 161-175.

[21] Wu Y F, Chen W Q, Li X Y. Indentation on one-dimensional hexagonal quasicrystals: general theory and complete exact solutions [J]. Phil Mag, 2013, 93 (8): 858-882.

第 8 章
应用 II——一维和二维准晶中的孔洞和裂纹问题及解

准晶已成为功能材料和部分地成为结构材料，其强度及韧性将成为人们关注的问题。实验表明[1, 2]，准晶材料在低温和常温下很脆。由普通材料的常识，大家知道脆性材料的破坏与裂纹的存在和传播有关。在第 7 章中已经提到在准晶中发现了位错，而位错的塞积会引发裂纹。现在我们研究准晶中的裂纹问题，一方面具有理论上的意义，另一方面，从它今后的应用上考虑，也具有实际价值。

第 5~7 章讨论了一维和二维准晶的某些弹性和位错问题，并且指出，若准晶中的构型使场变量与第三个坐标 z 无关，则其弹性问题可以化为平面问题与反平面问题的叠加。对于一维准晶，若 z 方向是其准周期对称轴方向，上述平面问题属于经典弹性问题，反平面问题是声子场-相位子场耦合问题。对于二维准晶，若 z 方向是其周期对称轴方向，则上述平面问题是声子场-相位子场耦合问题，反平面问题是经典弹性问题。由于采用这种分解与叠加处理，使问题的求解大为简化。第 5，6 章分别给出了它们的求解公式，第 7 章中针对位错和界面问题做了详细求解。本章针对孔洞与裂纹问题继续采用第 5，6 章中提出的基本解方法和第 7 章中的 Fourier 分析及复分析方法。在第 8.1，8.2，8.4 节及其以后各节中，将着重强调复分析方法的使用。第 8.1 和 8.2 节相对简单，详细讨论可以帮助读者更好地理解和掌握复势法的原理以及技巧，对于理解第 8.4 节以后的各节和下一章中将要讨论的更复杂问题解仍然有所助益。第 11 章将进一步总结此方法，因为本章第 8.4 节之后和第 9 章的复分析的内容已经超越经典 Muskhelishvili 方法的范畴，有必要做进一步深入讨论。有些内容放到第 11 章中介绍，有的则在主附录 I 中加以补充。

我们已经得到许多不同准晶系中裂纹的静力学及动力学问题的精确解，包括线性变形和非线性变形（见本章以及第 9，10，14 章），在这基础上，第

15 章将讨论固体准晶材料的断裂理论，这也是传统结构材料断裂理论的一种发展。

8.1 一维准晶中的裂纹问题

8.1.1 Griffith 裂纹

如图 8.1-1 所示，假设一条 Griffith 裂纹穿透一维六方准晶的准周期对称轴方向（z 方向），受外应力 $\sigma_{yz}^{(\infty)}=\tau_1$ 和/或 $H_{zy}^{(\infty)}=\tau_2$ 作用，这种变形又称为纵向剪切。显然，裂纹的几何不随 z 变化。在这种情况下，所有的场变量都不随 z 变化。

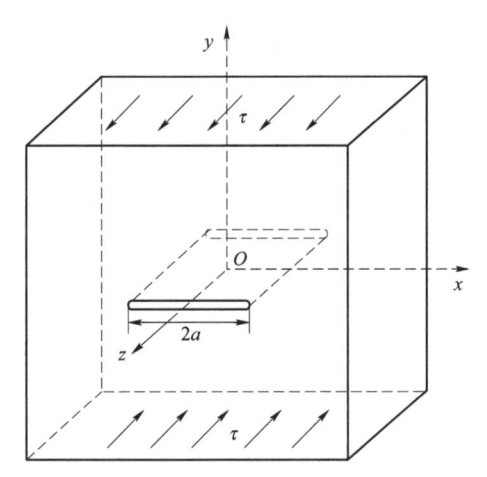

图 8.1-1 受纵向剪切的 Griffith 裂纹，对于声子场，$\tau=\tau_1$；对于相位子场，$\tau=\tau_2$

因此，由第 5 章的分析可知，此问题可以化成一个普通晶体的平面弹性问题和一个声子场-相位子场耦合的反平面弹性问题的叠加。普通晶体的平面弹性问题已由经典弹性理论做了充分研究，其裂纹问题也已由断裂理论做了研究，见参考文献 [3]，这里不再介绍。声子场-相位子场耦合的反平面弹性问题由下列方程组描述：

$$\left.\begin{array}{l}\sigma_{yz}=\sigma_{zy}=2C_{44}\varepsilon_{yz}+R_3 w_{zy}\\ \sigma_{zx}=\sigma_{xz}=2C_{44}\varepsilon_{zx}+R_3 w_{zx}\\ H_{zy}=K_2 w_{zy}+2R_3\varepsilon_{zy}\\ H_{zx}=K_2 w_{zx}+2R_3\varepsilon_{zx}\end{array}\right\} \quad (8.1\text{-}1)$$

$$\left.\begin{aligned}\varepsilon_{yz} &= \varepsilon_{zy} = \frac{1}{2}\frac{\partial u_z}{\partial y}\\\varepsilon_{zx} &= \varepsilon_{xz} = \frac{1}{2}\frac{\partial u_z}{\partial x}\\w_{zy} &= \frac{\partial w_z}{\partial y}\\w_{zx} &= \frac{\partial w_z}{\partial x}\end{aligned}\right\} \quad (8.1\text{-}2)$$

$$\frac{\partial \sigma_{zx}}{\partial x}+\frac{\partial \sigma_{zy}}{\partial y}=0, \quad \frac{\partial H_{zx}}{\partial x}+\frac{\partial H_{zy}}{\partial y}=0 \quad (8.1\text{-}3)$$

第 5 章的推导表明，上述方程组可以化成

$$\nabla^2 u_z = 0, \quad \nabla^2 w_z = 0 \quad (8.1\text{-}4)$$

其中 $\nabla^2 = \partial^2/\partial x^2 + \partial^2/\partial y^2$。

图 8.1-1 表明反平面问题的 Griffith 裂纹问题具有如下边界条件：

$$\left.\begin{aligned}&\sqrt{x^2+y^2}\to+\infty: \quad \sigma_{yz}=\tau_1, \quad H_{zy}=\tau_2, \sigma_{zx}=H_{zx}=0\\&y=0, \ |x|<a: \quad\quad \sigma_{yz}=0, \quad H_{zy}=0\end{aligned}\right\} \quad (8.1\text{-}5)$$

其中 a 代表裂纹长度的一半。

弹性理论分析的结果表明，如果准晶在远处不受外应力而在裂纹表面受 $\sigma_{yz}=-\tau_1$ 和 $H_{zy}=-\tau_2$ 作用，边界条件为

$$\left.\begin{aligned}&\sqrt{x^2+y^2}\to+\infty: \quad \sigma_{yz}=\sigma_{zx}=H_{zx}=H_{zy}=0\\&y=0, \ |x|<a: \quad\quad \sigma_{yz}=-\tau_1, \quad H_{zy}=-\tau_2\end{aligned}\right\} \quad (8.1\text{-}6)$$

这里裂纹面的相位子场应力 τ_2 只是从物理角度的一个假设，它的具体测量值目前还没有报道。也可以简单地假设 $\tau_2=0$。

下面先用复变函数方法求解边值问题（8.1-4）和（8.1-5）。为此，引入复变量

$$t = x+\mathrm{i}y = r\mathrm{e}^{\mathrm{i}\theta}, \quad \mathrm{i}=\sqrt{-1} \quad (8.1\text{-}7)$$

由式（8.1-4）可知，$u_z(x,y)$ 和 $w_z(x,y)$ 是调和函数，它们可以表示成复变量 t 的任意解析函数 $\phi_1(t)$ 和 $\psi_1(t)$ 的实部或虚部，可以简称 $\phi_1(t)$ 和 $\psi_1(t)$ 为复势。这里假设

$$\left.\begin{aligned}u_z(x,y) &= \mathrm{Re}\,\phi_1(t)\\w_z(x,y) &= \mathrm{Re}\,\psi_1(t)\end{aligned}\right\} \quad (8.1\text{-}8)$$

其中 Re 表示复数的实部。

第8章 应用 II——一维和二维准晶中的孔洞和裂纹问题及解

我们知道，若函数 $F(t)$ 是一个解析函数，则有

$$\frac{\partial F}{\partial x} = \frac{\mathrm{d}F}{\mathrm{d}t}, \quad \frac{\partial F}{\partial y} = \frac{\mathrm{i}\mathrm{d}F}{\mathrm{d}t} \tag{a}$$

进一步假设

$$F(t) = P(x, y) + \mathrm{i}Q(x, y) = \operatorname{Re} F(t) + \mathrm{i}\operatorname{Im} F(t) \tag{b}$$

其中符号 Im 代表复数的虚部；$P(x,y)$ 和 $Q(x,y)$ 分别代表 $F(t)$ 的实部和虚部，则 Cauchy-Riemann 的关系为

$$\frac{\partial P}{\partial x} = \frac{\partial Q}{\partial y}, \quad \frac{\partial P}{\partial y} = -\frac{\partial Q}{\partial x} \tag{c}$$

由关系式（a）、式（8.1-8）、式（8.1-1）和式（8.1-2），有

$$\left.\begin{aligned}
\sigma_{yz} = \sigma_{zy} &= C_{44} \frac{\partial}{\partial y} \operatorname{Re}\phi_1 + R_3 \frac{\partial}{\partial y} \operatorname{Re}\psi_1 \\
\sigma_{zx} = \sigma_{xz} &= C_{44} \frac{\partial}{\partial x} \operatorname{Re}\phi_1 + R_3 \frac{\partial}{\partial x} \operatorname{Re}\psi_1 \\
H_{zx} &= K_2 \frac{\partial}{\partial x} \operatorname{Re}\psi_1 + R_3 \frac{\partial}{\partial x} \operatorname{Re}\phi_1 \\
H_{zx} &= K_2 \frac{\partial}{\partial y} \operatorname{Re}\psi_1 + R_3 \frac{\partial}{\partial y} \operatorname{Re}\phi_1
\end{aligned}\right\} \tag{8.1-9}$$

利用 Cauchy-Riemann 关系式（c），上述方程可以写成

$$\left.\begin{aligned}
\sigma_{zx} - \mathrm{i}\sigma_{zy} &= C_{44}\phi_1' + R_3\psi_1' \\
H_{zx} - \mathrm{i}H_{zy} &= K_2\psi_1' + R_3\phi_1'
\end{aligned}\right\} \tag{8.1-10}$$

这里 $\phi_1' = \mathrm{d}\phi_1/\mathrm{d}t$，$\psi_1' = \mathrm{d}\psi_1/\mathrm{d}t$。

根据式（8.1-10），有

$$\left.\begin{aligned}
\sigma_{yz} = \sigma_{zy} &= -\operatorname{Im}(C_{44}\phi_1' + R_3\psi_1') \\
H_{zy} &= -\operatorname{Im}(K_2\psi_1' + R_3\phi_1')
\end{aligned}\right\} \tag{d}$$

对任意复函数 $F(t)$，其虚部为

$$\operatorname{Im} F(t) = \frac{1}{2\mathrm{i}}(F - \overline{F})$$

其中 $\overline{F}$ 代表 F 的复共轭。所以式（d）可以写成

$$\left.\begin{aligned}
\sigma_{yz} = \sigma_{zy} &= -\frac{1}{2\mathrm{i}}[C_{44}(\phi_1' - \overline{\phi_1'}) + R_3(\psi_1' - \overline{\psi_1'})] + \tau_1 \\
H_{zy} &= -\frac{1}{2\mathrm{i}}[K_2(\psi_1' - \overline{\psi_1'}) + R_3(\phi_1' - \overline{\phi_1'})] + \tau_2
\end{aligned}\right\} \tag{8.1-11}$$

由式（8.1-11）可知下式中的解满足所有的边界条件

$$\begin{aligned}\phi_1(t) &= \frac{ia(K_2\tau_1 - R_3\tau_2)}{C_{44}K_2 - R_3^2}\left[\frac{t}{a} - \sqrt{\left(\frac{t}{a}\right)^2 - 1}\right] \\ \psi_1(t) &= \frac{ia(C_{44}\tau_2 - R_3\tau_1)}{C_{44}K_2 - R_3^2}\left[\frac{t}{a} - \sqrt{\left(\frac{t}{a}\right)^2 - 1}\right]\end{aligned} \quad (8.1\text{-}12)$$

详细的复变函数推导过程可以参考本章附录 1，即第 8.12 节。

由式（8.1-12）可得

$$\begin{aligned}\phi_1'(t) &= \frac{i(K_2\tau_1 - R_3\tau_2)}{C_{44}K_2 - R_3^2}\left(1 - \frac{t}{\sqrt{t^2 - a^2}}\right) \\ \psi_1'(t) &= \frac{i(C_{44}\tau_2 - R_3\tau_1)}{C_{44}K_2 - R_3^2}\left(1 - \frac{t}{\sqrt{t^2 - a^2}}\right)\end{aligned} \quad (8.1\text{-}13)$$

把它们代入式（8.1-11）的第一式，得到

$$\sigma_{zx} - i\sigma_{zy} = i\tau_1\left(-\frac{t}{\sqrt{t^2 - a^2}}\right) \quad (8.1\text{-}14)$$

把此式的实部与虚部分离之后发现

$$\begin{aligned}\sigma_{xz} = \sigma_{zx} &= \frac{\tau_1 r}{(r_1 r_2)^{1/2}}\sin\left(\theta - \frac{1}{2}\theta_1 - \frac{1}{2}\theta_2\right) \\ \sigma_{yz} = \sigma_{zy} &= \frac{\tau_1 r}{(r_1 r_2)^{1/2}}\cos\left(\theta - \frac{1}{2}\theta_1 - \frac{1}{2}\theta_2\right)\end{aligned} \quad (8.1\text{-}15)$$

其中

$$t = re^{i\theta}, \quad t - a = r_1 2e^{i\theta_1}, \quad t + a = r_2 2e^{i\theta_2} \quad (8.1\text{-}16)$$

或

$$\begin{aligned}r &= \sqrt{x^2 + y^2}, \quad r_1 = \sqrt{(x-a)^2 + y^2}, \quad r_2 = \sqrt{(x+a)^2 + y^2} \\ \theta &= \arctan\frac{y}{x}, \quad \theta_1 = \arctan\frac{y}{x-a}, \quad \theta_2 = \arctan\frac{y}{x+a}\end{aligned} \quad (8.1\text{-}16')$$

如图 8.1-2 所示。

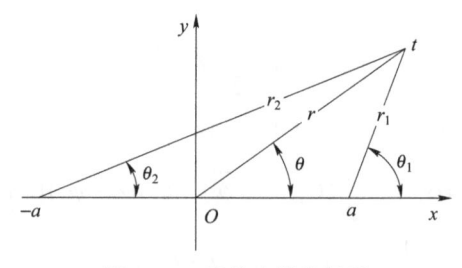

图 8.1-2 裂纹尖端坐标系

第 8 章　应用 II——一维和二维准晶中的孔洞和裂纹问题及解

类似地，得到

$$H_{zx} - iH_{zy} = i\tau_2 \left(-\frac{t}{\sqrt{t^2 - a^2}} \right) \tag{8.1-17}$$

这些应力分量都有类似于式（8.1-15）的表达式。

最终结果如下

$$\sigma_{zy}(x,0) = \begin{cases} \dfrac{\tau_1 x}{\sqrt{x^2 - a^2}}, & |x| > a \\ 0, & |x| < a \end{cases} \tag{8.1-18}$$

$$H_{zy}(x,0) = \begin{cases} \dfrac{\tau_2 x}{\sqrt{x^2 - a^2}} - \tau_2, & |x| > a \\ 0, & |x| < a \end{cases} \tag{8.1-19}$$

上两式表明，在 $y = 0$，$|x| < a$ 处，$\sigma_{zy} = 0$，$H_{zy} = 0$，因此，这个解满足了裂纹面上的边界条件。

式（8.1-14）和式（8.1-17）表明，在 $\sqrt{x^2 + y^2} \to +\infty$ 处，$\sigma_{yz} = \tau_1$，$\sigma_{xz} = 0$，$H_{zy} = \tau_2$，$H_{zx} = 0$，同时解满足无穷远处的边界条件。

8.1.2　脆性断裂理论

上式表明，在裂纹尖端应力具有奇异性，即

$$\begin{cases} \sigma_{zy}(x,0) = \dfrac{\tau_1 x}{\sqrt{x^2 - a^2}} \to +\infty, & x \to a^+ \\ H_{zy}(x,0) = \dfrac{\tau_2 x}{\sqrt{x^2 - a^2}} \to +\infty, & x \to a^+ \end{cases} \tag{8.1-20}$$

如果定义声子场与相位子场的 III 型应力强度因子如下

$$K_{\mathrm{III}}^{\parallel} = \lim_{x \to a^+} \sqrt{2\pi(x-a)} \sigma_{zy}(x,0)$$

$$K_{\mathrm{III}}^{\perp} = \lim_{x \to a^+} \sqrt{2\pi(x-a)} H_{zy}(x,0)$$

则有

$$K_{\mathrm{III}}^{\parallel} = \sqrt{\pi a} \tau_1, \quad K_{\mathrm{III}}^{\perp} = \sqrt{\pi a} \tau_2 \tag{8.1-21}$$

下标 "III" 代表 III 型（纵向剪切型）[3]。

下面计算裂纹应变能：

$$\begin{aligned} W_{\mathrm{III}} &= 2 \int_0^a (\sigma_{zy} \oplus H_{zy})(u_z \oplus w_z) \, \mathrm{d}x \\ &= 2 \int_0^a \left[\sigma_{zy}(x,0) u_z(x,0) + H_{zy}(x,0) w_z(x,0) \right] \mathrm{d}x \end{aligned} \tag{8.1-22}$$

由式（8.1-8）和式（8.1-12）可得

$$\left. \begin{array}{l} u_z(x,0) = \text{Re}(\phi_1(t))_{t=x} = a\dfrac{K_2\tau_1 - R_3\tau_2}{C_{44}K_2 - R_3^2}\sqrt{1-\left(\dfrac{x}{a}\right)^2}, \quad |x|<a \\[2mm] w_z(x,0) = \text{Re}(\psi_1(t))_{t=x} = a\dfrac{C_{44}\tau_2 - R_3\tau_1}{C_{44}K_2 - R_3^2}\sqrt{1-\left(\dfrac{x}{a}\right)^2}, \quad |x|<a \end{array} \right\} \quad (8.1\text{-}23)$$

此外，考虑等价问题（8.1-5）和（8.1-6），在 $|x|<a$ 处，令 $\sigma_{yz}(x,0) = -\tau_1$，$H_{zy} = -\tau_2$，将式（8.1-23）代入式（8.1-22）得

$$W_{\text{III}} = \frac{K_2\tau_1^2 + C_{44}\tau_2^2 - 2R_3\tau_1\tau_2}{C_{44}K_2 - R_3^2}\pi a^2 \quad (8.1\text{-}24)$$

由式（8.1-24）得到裂纹能量释放率（裂纹扩展力）为

$$G_{\text{III}} = \frac{1}{2}\frac{\partial W_{\text{III}}}{\partial a} = \frac{K_2\tau_1^2 + C_{44}\tau_2^2 - 2R_3\tau_1\tau_2}{C_{44}K_2 - R_3^2}\pi a = \frac{K_2(K_{\text{III}}^{\parallel})^2 + C_{44}(K_{\text{III}}^{\perp})^2 - 2R_3 K_{\text{III}}^{\parallel} K_{\text{III}}^{\perp}}{C_{44}K_2 - R_3^2}$$

$$(8.1\text{-}25)$$

显然，裂纹能量和能量释放率均与声子场、相位子场以及声子–相位子耦合场有关。

若 $\tau_2 = 0$，则

$$G_{\text{III}} = \frac{K_2(K_{\text{III}}^{\parallel})^2}{C_{44}K_2 - R_3^2} \quad (8.1\text{-}26)$$

若 $\tau_2 = 0$，$R_3 = 0$，则

$$G_{\text{III}} = \frac{\pi a \tau_1^2}{C_{44}} \text{ 或 } G_{\text{III}} = \frac{(K_{\text{III}}^{\parallel})^2}{C_{44}} \quad (8.1\text{-}27)$$

由于 G_{III} 综合描述了声子场和相位子场耦合的效应，又描写了裂纹尖端的应力状态，我们建议以

$$G_{\text{III}} = G_{\text{III}C} \quad (8.1\text{-}28)$$

作为准晶材料在III型应力状态下的断裂判据，其中 $G_{\text{III}C}$ 为 G_{III} 的临界值（极限值），III型断裂韧性由实验测得。

不管是传统的晶体材料还是准晶材料，应力强度因子和能量释放率都是脆性断裂理论中的基本物理量。

8.2 一维准晶中有限尺寸构型的裂纹问题

上一节讨论了一维六方准晶中 Griffith 裂纹问题，给出了它们的精确解。

本节讨论除 Griffith 裂纹以外的另一些裂纹问题的解。上一节假设准晶体相对于缺陷尺寸来说很大，把准晶体当作无限大处理，而这一节研究准晶体为有限尺寸的情形。

8.2.1 高度为有限的带裂纹狭长体

如图 8.2-1 所示，一维六方准晶体为狭长形，其高度为 $2H$，在狭长体中部有一半无限长裂纹，坐标原点建立在裂纹顶端。在裂纹顶端附近，即 $y=\pm 0$，$-a<x<0$ 上作用着剪应力 $\sigma_{zy}=-\tau_1$，$H_{zy}=0$，a 表示有限尺寸裂纹。狭长体的上下表面应力自由。边界条件如下

$$\left.\begin{aligned}&y=\pm H,-\infty<x<+\infty:\sigma_{zy}=0,H_{zy}=0\\&x=\pm\infty,-H<y<H:\sigma_{zx}=0,H_{zx}=0\\&y=\pm 0,-\infty<x<-a:\sigma_{zy}=0,H_{zy}=0;\ -a<x<0:\sigma_{zy}=-\tau_1,H_{zy}=-\tau_2\end{aligned}\right\} \quad (8.2\text{-}1)$$

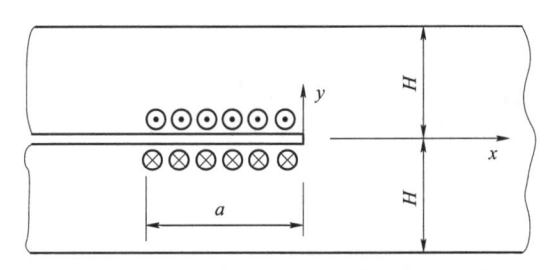

图 8.2-1 有限尺寸六方准晶带裂纹狭长体

上节的式（8.1-1）～式（8.1-10）在这里已然适用，其他符号也是类似的。因此，式（8.1-11）可以改写为

$$\left.\begin{aligned}C_{44}(\phi_1'-\overline{\phi_1'})+R_3(\psi_1'-\overline{\psi_1'})&=2\mathrm{i}\tau_1 f(t)\\K_2(\psi_1'-\overline{\psi_1'})+R_3(\phi_1'-\overline{\phi_1'})&=0\end{aligned}\right\} \quad (8.2\text{-}2)$$

其中

$$f(x)=\begin{cases}0,&x<-a,\\1,&-a<x<0\end{cases} \quad (8.2\text{-}3)$$

利用保角变换

$$t=\omega(\zeta)=\frac{H}{\pi}\ln\left[1+\left(\frac{1+\zeta}{1-\zeta}\right)^2\right] \quad (8.2\text{-}4)$$

把 t 平面上的区域变换到 ξ 平面上的单位圆 γ 内部，$\zeta=\xi+\mathrm{i}\eta$。这样，裂纹顶端 $t=0$ 对应于 $\zeta=-1$，而 $t=-a$ 对应于 ξ 平面上单位圆圆周上的两点：

$$\left.\begin{array}{l}\sigma_{-a} = \dfrac{-\mathrm{e}^{-\pi a/H} + 2\mathrm{i}\sqrt{1-\mathrm{e}^{-\pi a/H}}}{2-\mathrm{e}^{-\pi a/H}} \\[2mm] \overline{\sigma_{-a}} = \dfrac{-\mathrm{e}^{-\pi a/H} - 2\mathrm{i}\sqrt{1-\mathrm{e}^{-\pi a/H}}}{2-\mathrm{e}^{-\pi a/H}}\end{array}\right\} \qquad (8.2\text{-}5)$$

其中 $\sigma = \mathrm{e}^{\mathrm{i}\theta} = \zeta|_{|\zeta|=1}$，代表 ξ 在 γ 上的值。

第 8.1 节和本章附录 1 中的公式在此仍然成立。只需将式（8.12-5）中第一个 $2\mathrm{i}\omega'(\sigma)\tau$ 改成 $2\mathrm{i}f\omega'(\sigma)\tau$，则式（8.12-5）中第一项

$$\frac{2\mathrm{i}\tau_1}{C_{44}}\frac{1}{2\pi\mathrm{i}}\int_\gamma \frac{\omega'(\sigma)}{\sigma-\zeta}\mathrm{d}\sigma$$

改写成

$$\frac{2\mathrm{i}\tau_1}{C_{44}}\frac{1}{2\pi\mathrm{i}}\int_\gamma f\frac{\omega'(\sigma)}{\sigma-\zeta}\mathrm{d}\sigma$$

因而式（8.12-5）将现在的问题化为

$$\left.\begin{array}{l}\phi'(\zeta) + \dfrac{R_3}{C_{44}}\psi'(\zeta) = \dfrac{2\mathrm{i}\tau_1}{C_{44}}\dfrac{1}{2\pi\mathrm{i}}\int_\gamma f\dfrac{\omega'(\sigma)}{\sigma-\zeta}\mathrm{d}\sigma \\[3mm] \psi'(\zeta) + \dfrac{R_3}{K_2}\phi'(\zeta) = 0\end{array}\right\} \qquad (8.2\text{-}6)$$

其中 f 即由式（8.2-3）所给的函数在 ζ 平面上 $\overline{\sigma_{-a}}$ 和 σ_{-a} 之间的取值。

对式（8.2-6）右端项积分得到（推导见主附录Ⅰ）

$$\frac{1}{2\pi\mathrm{i}}\int_\gamma f\frac{\omega'(\sigma)}{\sigma-\zeta}\mathrm{d}\sigma = \frac{1}{2\pi\tau}\left[\frac{1}{1-\zeta}\ln(\sigma-1) - \frac{1+\zeta}{(1-\zeta)(1+\zeta^2)}\ln(\sigma-\zeta) - \frac{\zeta}{2(1+\zeta^2)}\ln(1+\sigma^2) + \frac{1}{2(1-\zeta^2)}\ln\frac{\sigma-\mathrm{i}}{\sigma+\mathrm{i}}\right]_{\sigma=\sigma_a}^{\sigma=\overline{\sigma_{-a}}} \equiv F(\zeta) \qquad (8.2\text{-}7)$$

其中 $\overline{\sigma_{-a}}$ 和 σ_{-a} 由式（8.2-5）给出。根据此式，由式（8.2-6）得到

$$\phi'(\zeta) = \frac{K_2\tau_1}{C_{44}K_2 - R_3^2}2\mathrm{i}F(\zeta), \quad \psi'(\zeta) = \frac{-R_3\tau_1}{C_{44}K_2 - R_3^2}2\mathrm{i}F(\zeta) \qquad (8.2\text{-}8)$$

现在计算应力。计算中将用到

$$\phi_1'(t) = \frac{\phi'(\zeta)}{\omega'(\zeta)} = \frac{2\mathrm{i}K_2\tau_1}{C_{44}K_2 - R_3^2}\cdot\frac{F'(\zeta)}{\omega'(\zeta)}$$

$$\psi_1'(t) = \frac{\psi'(\zeta)}{\omega'(\zeta)} = -\frac{2\mathrm{i}R_3\tau_1}{C_{44}K_2 - R_3^2}\cdot\frac{F'(\zeta)}{\omega'(\zeta)}$$

第8章 应用Ⅱ——一维和二维准晶中的孔洞和裂纹问题及解

代入式（8.1-10）得

$$\left.\begin{array}{l}\sigma_{zx} - \mathrm{i}\sigma_{zy} = \mathrm{i}\tau_1 \dfrac{F'(\zeta)}{\omega'(\zeta)} \\ H_{zx} - \mathrm{i}H_{zy} = 0\end{array}\right\} \quad (8.2\text{-}9)$$

这表明应力分布与材料常数无关。

将式（8.2-7）代入式（8.2-9）得到应力的显示表达式。由于$F(\zeta)$比较复杂，$F'(\zeta)$也比较复杂，用变量$\zeta(=\xi+\mathrm{i}\eta)$表示的应力表达式不长。如果回到$t$平面，则必须用式（8.2-4）的反变换

$$\zeta = \omega^{-1}(t) = \frac{-(\mathrm{e}^{\pi t/H} - 2) \pm 2\mathrm{i}\sqrt{\mathrm{e}^{\pi t/H} - 2}}{\mathrm{e}^{\pi t/H} - 2} \quad (8.2\text{-}10)$$

将式（8.2-10）代入式（8.2-9）得到t平面上σ_{zx}, σ_{zy}, H_{zx}, H_{zx}的最终表达式，但很复杂，这里我们略去此步骤。

现在计算应力强度因子。根据式（8.1-15）和式（8.1-16）可知，在$r_1/a \ll 1$范围内

$$\sigma_{zx} = -\frac{K_{\mathrm{III}}^{\parallel}}{\sqrt{2\pi r_1}} \sin\frac{\theta_1}{2}, \quad \sigma_{zy} = -\frac{K_{\mathrm{III}}^{\parallel}}{\sqrt{2\pi r_1}} \cos\frac{\theta_1}{2}$$

所以

$$\sigma_{zx} - \mathrm{i}\sigma_{zy} = -\frac{K_{\mathrm{III}}^{\parallel}}{\sqrt{2\pi r_1}}\left(\sin\frac{\theta_1}{2} - \mathrm{i}\cos\frac{\theta_1}{2}\right) = -\frac{K_{\mathrm{III}}^{\parallel}}{\sqrt{2\pi t_1}} \quad (8.2\text{-}11)$$

其中$t_1 = r_1 \mathrm{e}^{\mathrm{i}\theta_1} = x_1 + \mathrm{i}y_1$。

用保角变换$t = \omega(\zeta)$，则有

$$t_1 = \omega(\zeta_1) \quad (8.2\text{-}12)$$

其中ζ_1为ζ平面上与t_1对应的点。由式（8.2-11）、式（8.2-12）和式（8.2-9），有定义

$$K_{\mathrm{III}}^{\parallel} = \lim_{\zeta \to -1} \sqrt{\pi}\tau_1 \frac{F'(\zeta)}{\sqrt{\omega''(\zeta)}}, \quad K_{\mathrm{III}}^{\perp} = 0 \quad (8.2\text{-}13)$$

这里$\zeta = -1$是与裂纹尖端对应的点。把式（8.2-4）和式（8.2-7）代入式（8.2-13），得到

$$K_{\mathrm{III}}^{\parallel} = \frac{\sqrt{2H}\tau_1}{2\pi} \ln \frac{2\mathrm{e}^{\pi a/H} - 1 + 2\mathrm{e}^{\pi a/H}\sqrt{1 - \mathrm{e}^{-\pi a/H}}}{2\mathrm{e}^{\pi a/H} - 1 - 2\mathrm{e}^{\pi a/H}\sqrt{1 - \mathrm{e}^{-\pi a/H}}} \quad (8.2\text{-}14)$$

如果在式（8.2-1）中没有假设$\tau_2 = 0$，可以计算出应力强度因子$K_{\mathrm{III}}^{\perp}$，其表达式与式（8.2-14）类似。这是文献[4]的工作在准晶中的推广。

8.2.2 带双裂纹的有限尺寸狭长体

试样如图 8.2-2 所示，有如下边界条件

$$\left.\begin{array}{l} y = \pm H, -\infty < x < +\infty : \sigma_{zy} = 0, \ H_{zy} = 0 \\ x = \pm\infty, -H < y < H : \sigma_{zx} = 0, \ H_{zx} = 0 \\ y = \pm 0, -\infty < x < -a : \sigma_{zy} = 0, \ H_{zy} = 0 \\ -a < x < 0 : \sigma_{zy} = -\tau_1, \ H_{zy} = -\tau_2 \\ L < x < \infty : \sigma_{zy} = 0, \ H_{zy} = 0 \end{array}\right\} \quad (8.2\text{-}15)$$

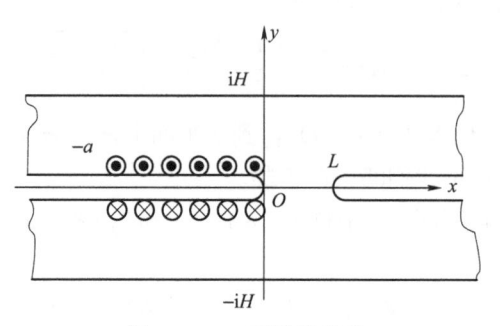

图 8.2-2 双裂纹狭长体

利用保角变换

$$z = \omega(\zeta) = \frac{H}{\pi} \ln \frac{1 + \alpha \left(\frac{1-\zeta}{1+\zeta}\right)^2}{1 + \beta\alpha \left(\frac{1-\zeta}{1+\zeta}\right)^2} \quad (8.2\text{-}16)$$

把 z 平面上的区域变换到 ζ 平面上的单位圆 γ 内部，其中

$$\alpha = \frac{1 - \mathrm{e}^{-\pi a / H}}{1 - \mathrm{e}^{-\pi(a+L)/H}}, \quad \beta = \mathrm{e}^{-\pi L / H} \quad (8.2\text{-}17)$$

将式（8.2-17）代入式（8.2-6）得到 $\phi'(\zeta)$，从而计算出应力强度因子

$$K_{\text{III}}^{\parallel (0,0)} = \lim_{\zeta \to 1+0} \left[-2\sqrt{2\pi\omega(\zeta)} \tau_1 \frac{F(\zeta)}{\omega'(\zeta)} \right] = \frac{\sqrt{2H}\tau_1}{\pi\sqrt{1-\beta}} \left(\ln \frac{1+\sqrt{\alpha}}{1-\sqrt{\alpha}} - \sqrt{\beta} \ln \frac{1+\sqrt{\alpha\beta}}{1-\sqrt{\alpha\beta}} \right)$$

$$K_{\text{III}}^{\parallel (L,0)} = \lim_{\zeta \to -1-0} \left[-2\sqrt{2\pi(L-\omega(\zeta))} \tau_1 \frac{F(\zeta)}{\omega'(\zeta)} \right] = \frac{\sqrt{2H}\tau_1}{\pi\sqrt{1-\beta}} \left(\sqrt{\beta} \ln \frac{1+\sqrt{\alpha}}{1-\sqrt{\alpha}} - \ln \frac{1+\sqrt{\alpha\beta}}{1-\sqrt{\alpha\beta}} \right)$$

$$(8.2\text{-}18)$$

其中

$$\phi'(\zeta) = \frac{K_2 \tau_1}{C_{44}K_2 - R_3^2} 2\mathrm{i}F(\zeta), \quad \psi'(\zeta) = -\frac{R_3 \tau_1}{C_{44}K_2 - R_3^2} 2\mathrm{i}F(\zeta)$$

$$F(\zeta) = \frac{2H}{\pi^2}\left[\frac{\sqrt{\alpha}A}{(1+\zeta)^2 + \alpha(1-\zeta)^2} - \frac{\sqrt{\alpha\beta}M}{(1+\zeta)^2 + \alpha\beta(1-\zeta)^2}\right] +$$

$$\frac{2H}{\pi^2}\frac{\mathrm{i}\alpha(1-\beta)(1-\zeta^2)}{[(1+\zeta)^2+\alpha(1-\zeta)^2][(1+\zeta)^2+\alpha\beta(1-\zeta)^2]}\ln\frac{\mathrm{i}-\zeta}{1-\mathrm{i}\zeta}$$

$$A = \ln\left(\frac{1+\sqrt{\alpha}}{1-\sqrt{\alpha}}\right), \quad M = \ln\left(\frac{1+\sqrt{\alpha\beta}}{1-\sqrt{\alpha\beta}}\right) \tag{8.2-19}$$

如果在式（8.2-15）中没有假设 $\tau_2 = 0$，可以得到应力强度因子 $K_{\mathrm{III}}^{\perp}$，表达式与式（8.2-18）类似，这也是经典弹性理论的推广。细节见文献 [5] 和 [6]，关于 $F(\zeta)$ 的计算见主附录的附录 I。

8.3 点群 5m 和 10mm 准晶中的 Griffith 裂纹问题——位移函数法

文献 [2] 已报道了中国材料科学工作者开始测定准晶的断裂韧性。由于当时尚无准晶裂纹解，该工作是用间接方法测定准晶断裂韧性的。若有了准晶裂纹问题的解，则可以用直接方法测量准晶断裂韧性，那么测试工作不仅简单许多，精度也会提高。

这一节使用位移函数法求解十次对称准晶中的 I 型 Griffith 裂纹。第 6.2 节的基本求解公式和第 7.2 节的 Fourier 变换求解公式是本节的求解基础。为了节约篇幅，以上公式不再一一列出，读者可以查阅前两章。下一节将用应力函数法对此问题进行再计算。一则演示应力函数法的求解程序，二则核对用位移函数法计算的结果，只有用不同方法所得结果完全一致，才能证明所得结果无误。

现在考虑一个 Griffith 裂纹，受 I 型外加应力作用，即 $\sigma_{yy}^{(\infty)} = p$，假设裂纹穿透准晶的周期对称轴方向（z 方向），如图 8.3-1 所示。如上节所分析，在 Griffith 理论框架里，它可以用图 8.3-2 的问题代替。进一步假设外应力不随 z 变化，在这些假设下，准晶体的变形不随 z 变化，因而

$$\frac{\partial u_i}{\partial z} = 0, \quad \frac{\partial w_i}{\partial z} = 0 \quad i = 1, 2, 3 \tag{8.3-1}$$

根据第 6 章的分析，在这种情况下，二维准晶弹性问题可以化成一个准晶

平面弹性问题和一个普通弹性反平面问题的叠加，此式后者在 I 型外应力作用时仅有平凡解，可以忽略不计。十次对称准晶的平面弹性问题在第 6.2 节做了研究，其最终控制方程为

$$\nabla^2\nabla^2\nabla^2\nabla^2 F = 0 \qquad (8.3\text{-}2)$$

这里 $F(x,y)$ 为位移函数，详见第 6.2 节。

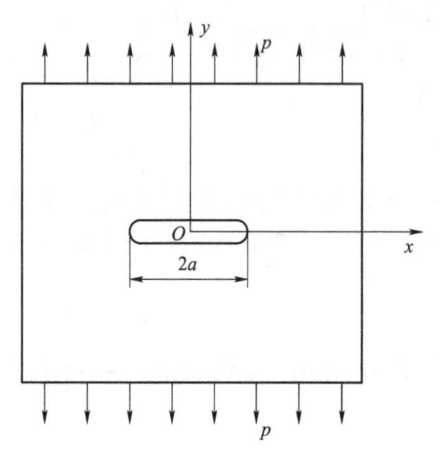

图 8.3-1　受拉伸的 Griffith 裂纹，它穿透二维准晶的周期轴方向

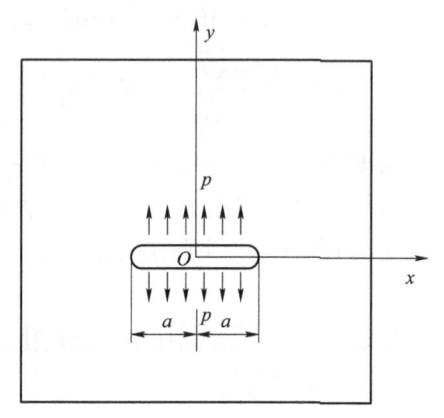

图 8.3-2　和图 8.3-1 所示相同的裂纹，但物体仅在裂纹面上受内压

图 8.3-2 所示的 Griffith 裂纹问题，即准晶体在外部不受应力作用，而在裂纹面上受均匀内压，亦即 $\sigma_{yy}(x,0)=-p$，$|x|<a$。把这个问题化成半平面问题，即仅研究上半平面或下半平面，它具有如下的边界条件

$$\left.\begin{array}{l}\sqrt{x^2+y^2}\to+\infty:\sigma_{ij}=H_{ij}=0\\ y=0,\ |x|<a:\sigma_{yy}=-p,\ \sigma_{yx}=0\\ \qquad\qquad H_{yy}=0,\ H_{yx}=0\\ y=0,\ |x|>a:\sigma_{yx}=0,\ H_{yx}=0\\ \qquad\qquad u_y=0,\ w_y=0\end{array}\right\} \qquad (8.3\text{-}3)$$

对式（8.3-2）做 Fourier 变换

$$\hat{F}(\xi,y)=\int_{-\infty}^{+\infty}F(x,y)\mathrm{e}^{\mathrm{i}\xi x}\mathrm{d}x \qquad (8.3\text{-}4)$$

则化成一个常微分方程

$$\left(\frac{\mathrm{d}^2}{\mathrm{d}y^2}-\xi^2\right)^4\hat{F}(\xi,y)=0 \qquad (8.3\text{-}5)$$

第 8 章 应用 II——一维和二维准晶中的孔洞和裂纹问题及解

若研究上半平面($y>0$)，则上述方程的解为

$$\hat{F}(\xi, y) = (4\xi^4)^{-1} \boldsymbol{X Y} e^{-|\xi|y} \tag{8.3-6}$$

其中 $\boldsymbol{X} = (A, B, C, D)$；$\boldsymbol{Y} = (1, y, y^2, y^3)^{\mathrm{T}}$；$A$，$B$，$C$，$D$ 为参量 ξ 的任意函数，由边界条件确定；"T" 代表矩阵的转置。位移和应力的 Fourier 变换可以用 $\hat{F}(\xi, y)$（即 X, Y）表示，详见第 7.2 节。

解（8.2-6）已经满足了式（8.2-3）中无穷远处的边界条件，由式（8.2-3）中其余的条件得到关系式

$$\left. \begin{aligned} A(\xi) &= [21C(\xi)|\xi| - 3(32 - e_2)D(\xi)]/(2|\xi|^3) \\ B(\xi) &= [6C(\xi)|\xi| - 21D(\xi)]/\xi^2 \end{aligned} \right\} \tag{8.3-7}$$

以及下列对偶积分方程组

$$\left. \begin{aligned} \frac{2}{d_{11}} \int_0^{+\infty} [C(\xi)\xi - 6D(\xi)] \cos(\xi x) \mathrm{d}\xi &= -p, \quad 0 < x < a \\ \int_0^{+\infty} \xi^{-1}[C(\xi)\xi - 6D(\xi)] \cos(\xi x) \mathrm{d}\xi &= 0, \quad x > a \\ \frac{2}{d_{12}} \int_0^{+\infty} D(\xi) \cos(\xi x) \mathrm{d}\xi &= 0, \quad 0 < x < a \\ \int_0^{+\infty} \xi^{-1} D(\xi) \cos(\xi x) \mathrm{d}\xi &= 0, \quad x > a \end{aligned} \right\} \tag{8.3-8}$$

其中 e_2 由式（7.2-12）的第二式给出，即

$$e_2 = \frac{2\alpha\beta}{\omega(\alpha-\beta)(K_1-K_2)} + \frac{\alpha-\beta}{\alpha+\beta}$$

α 和 β 由式（6.2-5）给出，即

$$\alpha = R(L+2M) - \omega K_1, \quad \beta = RM - \omega K_1, \quad \omega = \frac{M(L+2M)}{R}$$

d_{11} 和 d_{12} 为

$$\left. \begin{aligned} d_{11} &= nR/[(4M/L+M)(L+2M)(MK_1 - R^2)] \\ d_{12} &= nR^2/d_0 M(L+2M) \\ d_0 &= -\{(MK_1 - R^2)[(L+2M)(K_1+K_2) - 2R^2] - \\ &\quad [(L+2M)K_1 - R^2][M(K_1+K_2) - 2R^2]\} \end{aligned} \right\} \tag{8.3-9}$$

n 由式（7.2-12）给出，即

$$n = M\alpha - (L+2M)\beta$$

对偶积分方程的理论将在本书的主附录中给出。由该理论得到方程组（8.3-8）的解为

$$2C(\xi)\xi = d_{11}p\alpha J_1(a\xi), \quad D(\xi) = 0 \tag{8.3-10}$$

其中 $J_1(a\xi)$ 为第一类 1 阶 Bessel 函数。

至此，待定函数 $A(\xi)$，$B(\xi)$，$C(\xi)$，$D(\xi)$ 已完全确定。从数学上讲，此问题在 Fourier 变换空间已经得解。从力学上考虑，还需要做 Fourier 反演

$$F(x,y) = \frac{1}{2\pi}\int_{-\infty}^{+\infty}\hat{F}(\xi,y)e^{-i\xi x}d\xi \tag{8.3-11}$$

以便计算物理空间上所有场变量的表达式。

显然，$F(x,y)$ 由积分式（8.3-11）计算出来，代入式（8.3-8）～式（8.3-11）即可求出 u_j，σ_{jk}，H_{jk}。或者把 $X(\xi)$ 与 $Y(\xi)$ 代入式（8.3-8）～式（8.3-11），可以得到 $\hat{u}_j(\xi,y)$，$\hat{w}_j(\xi,y)$，$\hat{\sigma}_{jk}(\xi,y)$ 和 $\hat{H}_{jk}(\xi,y)$，对它们实施 Fourier 反演便可求出 $u_j, w_j, \sigma_{jk}, H_{jk}$。幸运的是，上述含 Bessel 函数的积分都能得到初等表示。虽然它们由初等函数表示，但若以 x, y 作自变量，其形式相当复杂，而如果以 (r,θ)，(r_1,θ_1)，(r_2,θ_2) 表示，则比较简单，它们分别代表以裂纹中心、裂纹左端点和裂纹右端点为原点的极坐标，见图 8.1-2，同式（8.1-16）一样，即

$$\left.\begin{array}{l} x = r\cos\theta = a + r_1\cos\theta_1 = -a + r_2\cos\theta_2 \\ y = r\sin\theta = r_1\sin\theta_1 = r_2\sin\theta_2 \end{array}\right\} \tag{8.3-12}$$

与应力分量计算有关的含 Bessel 函数的无穷积分为

$$\left.\begin{array}{l} \displaystyle\int_0^{+\infty} J_1(a\xi)\,e^{-\xi z}d\xi = \frac{1}{a}\left[1 - \frac{z}{(a^2-z^2)^{1/2}}\right] \\[2mm] \displaystyle\int_0^{+\infty} \xi J_1(a\xi)e^{-\xi z}d\xi = \frac{a}{(a^2-z^2)^{3/2}} \\[2mm] \displaystyle\int_0^{+\infty} \xi^2 J_1(a\xi)\,e^{-\xi z}d\xi = \frac{3az}{(a^2-z^2)^{5/2}} \\[2mm] \displaystyle\int_0^{+\infty} \xi^3 J_1(a\xi)\,e^{-\xi z}d\xi = \frac{3a(4z^2-a^2)}{(a^2-z^2)^{7/2}} \end{array}\right\} \tag{8.3-13}$$

其中 $z = x + iy$。

经过适当的计算得到

第 8 章 应用 II——一维和二维准晶中的孔洞和裂纹问题及解

$$\left.\begin{array}{l}\sigma_{xx} = -p[1+\bar{r}(\bar{r_1 r_2})^{-3/2}\cos(\theta-\bar{\theta})] - p\bar{r}(\bar{r_1 r_2})^{-3/2}\sin\theta\sin 3\bar{\theta} \\ \sigma_{yy} = -p[1-\bar{r}(\bar{r_1 r_2})^{-3/2}\cos(\theta-\bar{\theta})] + p\bar{r}(\bar{r_1 r_2})^{-3/2}\sin\theta\sin 3\bar{\theta} \\ \sigma_{xy} = \sigma_{yx} = p\bar{r}(\bar{r_1 r_2})^{-3/2}\sin\theta\cos 3\bar{\theta} \\ H_{xx} = -4d_{21}p\bar{r}(\bar{r_1 r_2})^{-3/2}\sin\theta\cos 3\bar{\theta} - 6d_{21}p\bar{r}^3(\bar{r_1 r_2})^{-5/2}\sin^2\theta\cos(\theta-5\bar{\theta}) \\ H_{yy} = -6d_{21}p\bar{r}^3(\bar{r_1 r_2})^{-5/2}\sin^2\theta\cos(\theta-5\bar{\theta}) \\ H_{xy} = 6d_{21}p\bar{r}^3(\bar{r_1 r_2})^{-5/2}\sin^2\theta\sin(\theta-5\bar{\theta}) \\ H_{yx} = 4d_{21}p\bar{r}(\bar{r_1 r_2})^{-3/2}\sin\theta\cos 3\bar{\theta} + 6d_{21}p\bar{r}^3(\bar{r_1 r_2})^{-5/2}\sin^2\theta\sin(\theta-5\bar{\theta})\end{array}\right\}$$

(8.3-14a)

其中

$$\bar{r} = r/a, \quad \bar{r_1} = r_1/a, \quad \bar{r_2} = r_2/a, \quad \bar{\theta} = (\theta_1+\theta_2)/2, \quad d_{21} = R(K_1-K_2)/4(MK_1-R^2)$$

(8.3-14b)

类似地，位移分量 u_j 和 w_j 也可以表示成初等函数的形式。以下仅列出一个分量

$$u_y(x,0) = \begin{cases} 0, & |x|>a \\ \dfrac{p}{2}\left(\dfrac{K_1}{MK_1-R^2}+\dfrac{1}{L+M}\right)\sqrt{a^2-x^2}, & |x|<a \end{cases}$$

(8.3-15)

据此可以得到应力强度因子

$$K_{\mathrm{I}}^{\|} = \lim_{x\to a^+}\sqrt{2\pi(x-a)}\,\sigma_{yy}(x,0) = \sqrt{\pi a}\,p$$

(8.3-16)

由式（8.3-15）可得裂纹应变能

$$\begin{aligned}W_{\mathrm{I}} &= 2\int_0^a (\sigma_{yy}(x,0)\oplus H_{yy}(x,0))(u_y(x,0)\oplus w_y(x,0))\mathrm{d}x \\ &= \dfrac{\pi a^2 p^2}{4}\left(\dfrac{1}{L+M}+\dfrac{K_1}{MK_1-R^2}\right)\end{aligned}$$

(8.3-17)

能量释放率为

$$G_{\mathrm{I}} = \dfrac{1}{2}\dfrac{\partial W_{\mathrm{I}}}{\partial a} = \dfrac{1}{4}\left(\dfrac{1}{L+M}+\dfrac{K_1}{MK_1-R^2}\right)(K_{\mathrm{I}}^{\|})^2$$

(8.3-18)

显然能量释放率不仅与声子弹性常数 $L(=C_{12})$，$M(=(C_{11}-C_{12})/2)$ 有关，也与相位子弹性常数 K_1 以及声子–相位子耦合弹性常数 R 有关。

更多讨论详见第 15 章。以上建立了准晶材料断裂力学的基础。细节工作

见参考文献[7]。

8.4 点群$5,\bar{5}$及$10,\overline{10}$准晶中的椭圆孔及裂纹问题——基于应力势的方法

Fourier 方法不能解椭圆孔的问题，而复变函数中保角变换的方法对椭圆孔和裂纹问题都可解。本章应用复势法解点群$5,\bar{5}$及$10,\overline{10}$准晶中的椭圆孔及裂纹的平面弹性问题。此处应用应力势函数法求解，当然也可以用第 6.4 节提到的位移势函数法。

8.4.1 复变函数方法

由第 6.7 节可知，点群$10,\overline{10}$十次准晶平面弹性问题的最终控制方程为

$$\nabla^2\nabla^2\nabla^2\nabla^2 G = 0 \tag{8.4-1}$$

此方程的通解为

$$G = 2\mathrm{Re}\left[g_1(z) + \bar{z}g_2(z) + \frac{1}{2}\bar{z}^2 g_3(z) + \frac{1}{6}\bar{z}^3 g_4(z)\right] \tag{8.4-2}$$

其中$g_j(z)$ $(j=1,\cdots,4)$为复变量$z = x+\mathrm{i}y = r\mathrm{e}^{\mathrm{i}\theta}$的四个解析函数。"$\bar{\ }$"代表共轭，即$\bar{z} = x-\mathrm{i}y = r\mathrm{e}^{-\mathrm{i}\theta}$。可见此处的复分析比经典弹性中的 Muskhelishvili 方法要复杂得多。

8.4.2 应力和位移的复表示

将式（8.4-2）代入式（6.7-6）及式（6.7-2）得到

$$\left.\begin{aligned}
\sigma_{xx} &= -32c_1\mathrm{Re}[\Omega(z) - 2g_4'''(z)] \\
\sigma_{yy} &= 32c_1\mathrm{Re}[\Omega(z) + 2g_4'''(z)] \\
\sigma_{xy} &= \sigma_{yx} = 32c_1\mathrm{Im}\,\Omega(z) \\
H_{xx} &= 32R_1\mathrm{Re}[\Theta'(z) - \Omega(z)] - 32R_2\mathrm{Im}[\Theta'(z) - \Omega(z)] \\
H_{xy} &= -32R_1\mathrm{Im}[\Theta'(z) + \Omega(z)] - 32R_2\mathrm{Re}[\Theta'(z) + \Omega(z)] \\
H_{yx} &= -32R_1\mathrm{Im}[\Theta'(z) - \Omega(z)] - 32R_2\mathrm{Re}[\Theta'(z) - \Omega(z)] \\
H_{yy} &= -32R_1\mathrm{Re}[\Theta'(z) + \Omega(z)] + 32R_2\mathrm{Im}[\Theta'(z) + \Omega]
\end{aligned}\right\} \tag{8.4-3}$$

其中

$$\Theta(z) = g_2^{(\mathrm{IV})}(z) + \bar{z}g_3^{(\mathrm{IV})}(z) + \frac{1}{2}\bar{z}^2 g_4^{(\mathrm{IV})}(z),\quad \Omega(z) = g_3^{(\mathrm{IV})}(z) + \bar{z}g_4^{(\mathrm{IV})}(z) \tag{8.4-4}$$

其中上标"′","″","‴"和(Ⅳ)代表 $g_j(z)(j=1,\cdots 4)$ 关于自变量 z 的 $1\sim 4$ 阶导数；$\Theta'(z) = \mathrm{d}\Theta(z)/\mathrm{d}z$。

现在列出声子场和相位子场位移分量的复表示。式(6.7-3)前两式可以改写为

$$\left.\begin{aligned}\varepsilon_{xx} &= c_2(\sigma_{xx} + \sigma_{yy}) - \frac{K_1+K_2}{2c}\sigma_{yy} - \frac{1}{2c}[R_1(H_{xx}+H_{yy}) + R_2(H_{xy}-H_{yx})] \\ \varepsilon_{yy} &= c_2(\sigma_{xx} + \sigma_{yy}) - \frac{K_1+K_2}{2c}\sigma_{xx} + \frac{1}{2c}[R_1(H_{xx}+H_{yy}) + R_2(H_{xy}-H_{yx})]\end{aligned}\right\} \quad (8.4\text{-}5)$$

其中

$$c_2 = \frac{c + (L+M)(K_1+K_2)}{4(L+M)c} \quad (8.4\text{-}6)$$

将式(8.4-3)代入式(8.4-5)并积分得到

$$u_x = 128c_1c_2 \operatorname{Re} g_4''(z) - \frac{K_1+K_2}{2c}\frac{\partial}{\partial x}\phi +$$
$$\frac{32(R_1^2+R_2^2)}{c}\operatorname{Re}(g_3'''(z) + \overline{z}g_4'''(z) - g_4''(z)) + f_1(y)$$
$$u_y = 128c_1c_2 \operatorname{Im} g_4''(z) - \frac{K_1+K_2}{2c}\frac{\partial}{\partial y}\phi -$$
$$\frac{32(R_1^2+R_2^2)}{c}\operatorname{Im}(g_3'''(z) + \overline{z}g_4'''(z) + g_4''(z)) + f_2(x)$$

利用以上结果和式(6.7-3)其余各式可知

$$-\frac{\mathrm{d}f_1(y)}{\mathrm{d}y} = \frac{\mathrm{d}f_2(x)}{\mathrm{d}x}$$

可见这两个函数必须为常数，代表物体的刚体位移。忽略函数 $f_1(y), f_2(y)$ 后可得

$$u_x + \mathrm{i}u_y = 32(4c_1c_2 - c_3 - c_1c_4)g_4''(z) - 32(c_1c_4 - c_3)(\overline{g_3'''(z)} + z\overline{g_4'''(z)}) \quad (8.4\text{-}7)$$

其中

$$c_3 = \frac{R_1^2+R_2^2}{c}, \quad c_4 = \frac{K_1+K_2}{c} \quad (8.4\text{-}8)$$

类似地，相位子场位移分量的复表示为

$$w_x + \mathrm{i}w_y = \frac{32(R_1 - \mathrm{i}R_2)}{K_1 - K_2}\overline{\Theta(z)} \quad (8.4\text{-}9)$$

8.4.3 椭圆孔问题

前文提到的8阶偏微分方程的复杂应力边值问题可以用应力势函数和复变

函数方法求解。现在计算图 8.4-1（a）所示的椭圆孔 $L: \dfrac{x^2}{a^2} + \dfrac{y^2}{b^2} = 1$ 的应力和位移场，孔内受均匀内压 p，此问题和图 8.4-1（b）所示的无穷大处受拉力、椭圆孔表面应力自由的情形等价，要求 $\alpha = \pi/2$。详见第 11 章第 11.3.9 节。

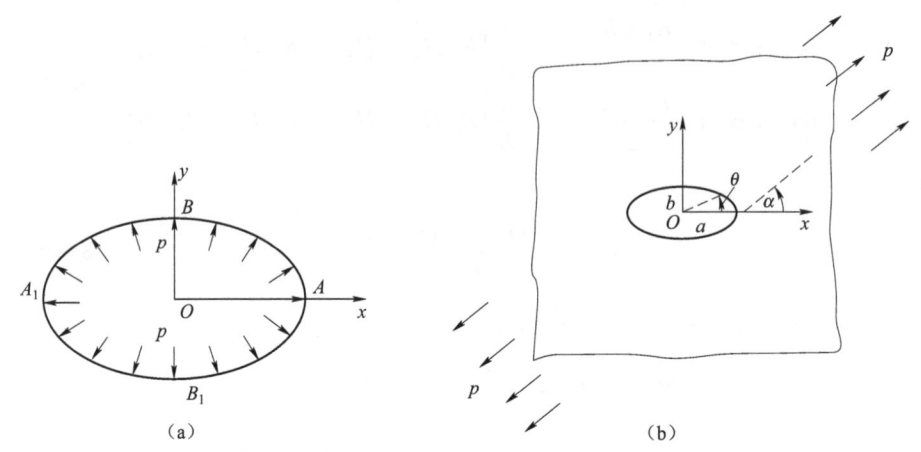

图 8.4-1 （a）十次准晶中受均匀内压的椭圆孔问题，无穷远处应力自由；
（b）受拉伸的带椭圆孔十次准晶无穷大试样

图 8.4-1（a）所示的问题有如下边界条件：

$$\sigma_{xx}\cos(\boldsymbol{n},x) + \sigma_{xy}\cos(\boldsymbol{n},y) = T_x, \quad \sigma_{xy}\cos(\boldsymbol{n},x) + \sigma_{yy}\cos(\boldsymbol{n},y) = T_y, \quad (x,y) \in L \tag{8.4-10}$$

$$H_{xx}\cos(\boldsymbol{n},x) + H_{xy}\cos(\boldsymbol{n},y) = h_x, \quad H_{yx}\cos(\boldsymbol{n},x) + H_{yy}\cos(\boldsymbol{n},y) = h_y, \quad (x,y) \in L \tag{8.4-11}$$

其中 $T_x = -p\cos(\boldsymbol{n},x)$，$T_y = -p\cos(\boldsymbol{n},y)$ 表示表面力的分量；p 代表压力的大小；h_x 和 h_y 代表广义表面力；$\boldsymbol{n}$ 代表边界上任一点的外法线方向。目前尚未看到关于广义表面力的报道，为方便起见，假设 $h_x = 0$，$h_y = 0$。

由式（8.4-3）、式（8.4-4）和式（8.4-10）可知

$$g_4''(z) + \overline{g_3'''(z)} + z\overline{g_4'''(z)} = \dfrac{\mathrm{i}}{32c_1}\int(T_x + \mathrm{i}T_y)\mathrm{d}s = -\dfrac{1}{32c_1}pz, \quad z \in L \tag{8.4-12}$$

上式两端取共轭得

$$\overline{g_4''(z)} + g_3'''(z) + \bar{z}g_4'''(z) = -\dfrac{1}{32c_1}p\bar{z}, \quad z \in L \tag{8.4-13}$$

由式（8.4-3）、式（8.4-4）和式（8.4-11）可知

第 8 章 应用 II——一维和二维准晶中的孔洞和裂纹问题及解

$$\begin{cases} R_1 \operatorname{Im}\Theta(z) + R_2 \operatorname{Re}\Theta(z) = 0 \\ -R_1 \operatorname{Re}\Theta(z) + R_2 \operatorname{Im}\Theta(z) = 0 \end{cases}, \quad z \in L \qquad (8.4\text{-}14)$$

式 (8.4-14) 第二式两端乘以 i 再与第一式相加得到

$$\Theta(z) = 0, \quad z \in L \qquad (8.4\text{-}15)$$

由于位移和应力公式中不出现 $g_1(z)$，由式 (8.4-12)、式 (8.4-13) 和式 (8.4-15) 足够解出未知函数 $g_2(z)$，$g_3(z)$ 和 $g_4(z)$。然而，由于计算的复杂性，我们不可能直接在 z 平面上确定这些函数，需要采用保角映射

$$z = \omega(\zeta) = R_0 \left(\frac{1}{\zeta} + m\zeta \right) \qquad (8.4\text{-}16)$$

把 z 平面上椭圆孔外部映射到 ζ 平面上单位圆 γ 的内部，如图 8.4-2 所示，其中 $\zeta = \xi + \mathrm{i}\eta = \rho \mathrm{e}^{\mathrm{i}\varphi}$，$R_0 = \dfrac{a+b}{2}$，$m = \dfrac{a-b}{a+b}$。

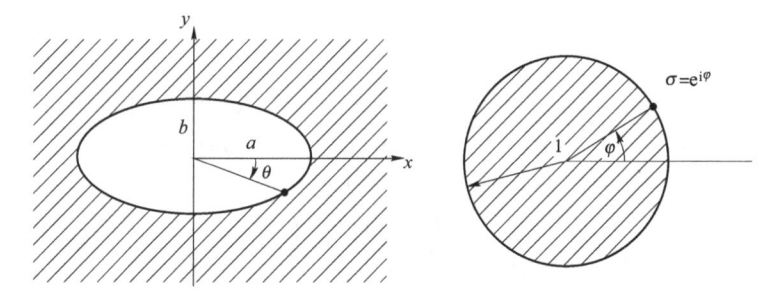

图 8.4-2 椭圆孔外部映射到 ζ 平面上单位圆 γ 的内部

为简便起见，引进新符号

$$g_2^{(\mathrm{IV})}(z) = F_2(z), \quad g_3'''(z) = F_3(z), \quad g_4''(z) = F_4(z) \qquad (8.4\text{-}17)$$

同时有

$$F_j(z) = F_j(\omega(\zeta)) = \Phi_j(\zeta), \quad F_j'(z) = \frac{\Phi_j'(\zeta)}{\omega'(\zeta)}, \quad j=1,\cdots,4 \qquad (8.4\text{-}18)$$

把式 (8.4-17) 代入式 (8.4-12)、式 (8.4-13) 和式 (8.4-15)，方程两边乘以 $\dfrac{1}{2\pi\mathrm{i}} \dfrac{\mathrm{d}\sigma}{\sigma - \zeta}$，并沿单位圆积分得到

$$\frac{1}{2\pi\mathrm{i}} \int_\gamma \frac{\Phi_4(\sigma)\mathrm{d}\sigma}{\sigma - \zeta} + \frac{1}{2\pi\mathrm{i}} \int_\gamma \frac{\overline{\Phi_3(\sigma)}\,\mathrm{d}\sigma}{\sigma - \zeta} + \frac{1}{2\pi\mathrm{i}} \int_\gamma \frac{\omega(\sigma)}{\overline{\omega(\sigma)}} \frac{\overline{\Phi_4'(\sigma)}\,\mathrm{d}\sigma}{\sigma - \zeta} = -\frac{p}{32 c_1} \frac{1}{2\pi\mathrm{i}} \int_\gamma \frac{\omega(\sigma)\mathrm{d}\sigma}{\sigma - \zeta}$$

$$\frac{1}{2\pi\mathrm{i}} \int_\gamma \frac{\overline{\Phi_4(\sigma)}\,\mathrm{d}\sigma}{\sigma - \zeta} + \frac{1}{2\pi\mathrm{i}} \int_\gamma \frac{\Phi_3(\sigma)\mathrm{d}\sigma}{\sigma - \zeta} + \frac{1}{2\pi\mathrm{i}} \int_\gamma \frac{\overline{\omega(\sigma)}}{\omega(\sigma)} \frac{\Phi_4'(\sigma)\mathrm{d}\sigma}{\sigma - \zeta} = -\frac{p}{32 c_1} \frac{1}{2\pi\mathrm{i}} \int_\gamma \frac{\overline{\omega(\sigma)}\,\mathrm{d}\sigma}{\sigma - \zeta}$$

$$\frac{1}{2\pi i}\int_\gamma \frac{\Phi_2(\sigma)\mathrm{d}\sigma}{\sigma-\zeta}+\frac{1}{2\pi i}\int_\gamma \frac{\overline{\omega(\sigma)}}{\omega'(\sigma)}\frac{\Phi_3'(\sigma)\mathrm{d}\sigma}{\sigma-\zeta}+\frac{1}{2\pi i}\left[\int_\gamma \frac{\overline{\omega(\sigma)}^2}{[\omega'(\sigma)]^2}\frac{\Phi_4''(\sigma)\mathrm{d}\sigma}{\sigma-\zeta}-\int_\gamma \frac{\overline{\omega(\sigma)}^2\omega''(\sigma)}{[\omega'(\sigma)]^3}\frac{\Phi_4'(\sigma)\mathrm{d}\sigma}{\sigma-\zeta}\right]=0$$

(8.4-19)

其中 $\sigma=\mathrm{e}^{\mathrm{i}\varphi}$ ($\rho=1$)，表示 ζ 在单位圆上的取值。

根据复变函数理论中的 Cauchy 积分公式和解析延拓定理，与第 8.1 节和第 8.2 节相似，根据式（8.4-19）中的前两个方程可以得到

$$\left.\begin{aligned}\Phi_3(\zeta)&=\frac{pR_0}{32c_1}\frac{(1+m^2)\zeta}{m\zeta^2-1}\\ \Phi_4(\zeta)&=-\frac{pR_0}{32c_1}m\zeta\end{aligned}\right\}$$

(8.4-20)

将下式

$$\overline{\frac{\omega(\sigma)}{\omega'(\sigma)}}=\sigma\frac{\sigma^2+m}{m\sigma^2-1},\quad \overline{\frac{\omega(\sigma)^2\omega''(\sigma)}{\omega'(\sigma)^3}}=-\frac{2\sigma(\sigma^2+m)^2}{(m\sigma^2-1)^3}$$

以及式（8.4-20）代入式（8.4-19）的第三式得到

$$\frac{1}{2\pi i}\int_\gamma \frac{\Phi_2(\sigma)\mathrm{d}\sigma}{\sigma-\zeta}+\frac{1}{2\pi i}\int_\gamma \sigma\frac{\sigma^2+m}{m\sigma^2-1}\frac{\Phi_3'(\sigma)\mathrm{d}\sigma}{\sigma-\zeta}+\frac{1}{2\pi i}\int_\gamma \frac{\sigma(\sigma^2+m)^2}{(m\sigma^2-1)^3}\frac{\Phi_4'(\sigma)\mathrm{d}\sigma}{\sigma-\zeta}=0$$

根据 Cauchy 积分公式，有

$$\frac{1}{2\pi i}\int_\gamma \frac{\Phi_2(\sigma)\mathrm{d}\sigma}{\sigma-\zeta}=\Phi_2(\zeta)$$

$$\frac{1}{2\pi i}\int_\gamma \sigma\frac{\sigma^2+m}{m\sigma^2-1}\frac{\Phi_3'(\sigma)\mathrm{d}\sigma}{\sigma-\zeta}=\zeta\frac{\zeta^2+m}{m\zeta^2-1}\Phi_3'(\zeta)$$

$$\frac{1}{2\pi i}\int_\gamma \frac{\sigma(\sigma^2+m)^2}{(m\sigma^2-1)^3}\frac{\Phi_4'(\sigma)\mathrm{d}\sigma}{\sigma-\zeta}=\frac{\zeta(\zeta^2+m)^2}{(m\zeta^2-1)^3}\Phi_4'(\zeta)$$

将以上三式代入式（8.4-19），最终得到

$$\Phi_2(\zeta)=\frac{pR_0}{32c_1}\frac{\zeta(\zeta^2+m)[(1+m^2)(1+m\zeta^2)-(\zeta^2+m)]}{(m\zeta^2-1)^3}$$

(8.4-21)

利用以上结果，在 ζ 平面上可以确定声子场和相位子场的应力。例如沿孔边（$\rho=1$）声子场应力的表达式为

$$\sigma_{\varphi\varphi}=p\frac{1-3m^2+2m\cos 2\varphi}{1+m^2-2m\cos 2\varphi},\quad \sigma_{\rho\rho}=-p,\quad \sigma_{\rho\varphi}=\sigma_{\varphi\rho}=0$$

这也与经典弹性理论的结果一致。

8.4.4 Griffith 裂纹引起的弹性场

李显方等[7, 8]已经用 Fourier 变换方法得到了受均匀内压的 Griffith 裂纹解，这个问题的解析解也可以当作相应的椭圆孔问题的特殊情况，即 $m=1$, $R_0 = \dfrac{a}{2}$。为了更加明确，我们给出 z 平面上 Griffith 裂纹问题的解析解。$m=1$ 时，式 (8.4-16) 的逆映射为

$$\zeta = \frac{1}{a}(z - \sqrt{z^2 - a^2}) \tag{8.4-22}$$

由式 (8.4-20)、式 (8.4-21) 和式 (8.4-22) 可得

$$\left.\begin{aligned} g_2^{(\mathrm{IV})}(z) &= -\frac{pa^2}{128c_1} \frac{z^2}{\sqrt{(z^2-a^2)^3}} \\ g_3'''(z) &= -\frac{p}{64c_1} \frac{a^2}{\sqrt{z^2-a^2}} \\ g_4''(z) &= \frac{p}{64c_1}(\sqrt{z^2-a^2} - z) \end{aligned}\right\} \tag{8.4-23}$$

因此，位移和应力的表达式可以由复变量 z 表示出来。

与式 (8.1-31) 类似，我们分别在裂纹的中心、右端和左端引入三对极坐标 (r, θ)，(r_1, θ_1) 和 (r_2, θ_2)，满足 $z = r\mathrm{e}^{\mathrm{i}\theta}$，$z-a = r_1\mathrm{e}^{\mathrm{i}\theta_1}$，$z+a = r_2\mathrm{e}^{\mathrm{i}\theta_2}$，这样就可以给出应力场和位移场的表达式。

此外，作为上述结果的直接应用，可以得到应力强度因子和能量释放率如下

$$\left.\begin{aligned} K_\mathrm{I}^{\parallel} &= \lim_{x \to a^+} \sqrt{2\pi(x-a)}\, \sigma_{yy}(x, 0) = \sqrt{\pi a}\, p \\ G_\mathrm{I} &= \frac{1}{2} \frac{\partial}{\partial a}\left\{ 2\int_0^a [(\sigma_{yy}(x,0) \oplus H_{yy}(x,0))((u_y(x,0) \oplus w_y(x,0))]\mathrm{d}x \right\} \\ &= \frac{L(K_1 + K_2) + 2(R_1^2 + R_2^2)}{8(L+M)c}(K_\mathrm{I}^{\parallel})^2 \end{aligned}\right\} \tag{8.4-24}$$

其中 $c = M(K_1 + K_2) - 2(R_1^2 + R_2^2)$，$L = C_{12}$，$M = (C_{11} - C_{12})/2 = C_{66}$。

我们发现，假设广义面力 $h_x = h_y = 0$，裂纹的能量释放率 G_I 与以下三者均有关系：声子弹性常数 $L(=C_{12})$，$M(=(C_{11}-C_{12})/2)$；相位子弹性常数 K_1，K_2；声子-相位子耦合弹性常数 R_1，R_2。

显然上述结果包含了点群 $5m$ 和 $10mm$ 准晶的情况。

用复分析方法求解二维十次对称准晶弹性和裂纹，最初由刘官厅和范天佑开始[8]，基于位移势，文献［9］从应力势出发，与文献［8］不同，从复分析的角度看，它发展了一种更普遍的方法，下面还将进一步介绍其更多的应用。第9章中对三维准晶弹性的位移势做了更大的发展，对有关的复分析也有所发展，第11章中有更深入的讨论。第14章在研究准晶非线性问题时也用复分析方法。

8.5 二维八次对称准晶的椭圆孔/裂纹问题

文献［10，11］利用 Fourier 变换和对偶积分方程的方法得到八次准晶的 Griffith 裂纹解，由于计算十分复杂冗长，此处不一一列写。

论文［12］利用基于应力势函数的复分析方法求解椭圆孔和 Griffith 裂纹问题。

点群 *8mm* 准晶的平面弹性问题最终控制方程与式（6.6-12）相同，如下

$$\left[\frac{\partial^8}{\partial x^8}+4(1-4\varepsilon)\frac{\partial^8}{\partial x^6\partial y^2}+2(3+16\varepsilon)\frac{\partial^8}{\partial x^4\partial y^4}+4(1-4\varepsilon)\frac{\partial^8}{\partial x^2\partial y^6}+\frac{\partial^8}{\partial y^8}\right]G=0$$

（8.5-1）

其中 $G(x,y)$ 是应力势函数，材料常数 ε 与第 6，7 章所给的相同。式（8.5-1）的复表示为

$$G(x,y)=2\text{Re}\sum_{k=1}^{4}G_k(z_k), \quad z_k=x+\mu_k y \quad (8.5\text{-}2)$$

未知函数 $G_k(z_k)$ 是复变量 $z_k(k=1,\cdots,4)$ 的解析函数，待定，其中 $\mu_k=\alpha_k+\mathrm{i}\beta_k$ $(k=1,\cdots,4)$ 是如下方程的根

$$\mu^8+4(1-4\varepsilon)\mu^6+2(3+16\varepsilon)\mu^4+4(1-4\varepsilon)\mu^2+1=0 \quad (8.5\text{-}3)$$

应力由 $G_k(z_k)$ 表示如下

$$\sigma_{xx}=-2c_3c_4\text{Re}\sum_{k=1}^{4}(\mu_k^2+2\mu_k^4+\mu_k^6)g_k'(z_k) \quad (8.5\text{-}4a)$$

$$\sigma_{yy}=-2c_3c_4\text{Re}\sum_{k=1}^{4}(1+2\mu_k^2+\mu_k^4)g_k'(z_k) \quad (8.5\text{-}4b)$$

$$\sigma_{xy}=\sigma_{yx}=2c_3c_4\text{Re}\sum_{k=1}^{4}(\mu_k+2\mu_k^3+\mu_k^5)g_k'(z_k) \quad (8.5\text{-}4c)$$

$$H_{xx}=R\text{Re}\sum_{k=1}^{4}[(4c_4-c_3)\mu_k^2+2(3c_3-2c_4)\mu_k^4-c_3\mu_k^6]g_k'(z_k) \quad (8.5\text{-}4d)$$

$$H_{xy}=-R\text{Re}\sum_{k=1}^{4}[(4c_4-c_3)\mu_k+2(3c_3-2c_4)\mu_k^3-c_3\mu_k^5]g_k'(z_k) \quad (8.5\text{-}4e)$$

$$H_{yx} = -R\,\mathrm{Re}\sum_{k=1}^{4}[c_3\mu_k + 2(c_4-2c_3)\mu_k^3 - (4c_4-c_3)\mu_k^5]g_k'(z_k) \quad (8.5\text{-}4\mathrm{f})$$

$$H_{yy} = R\,\mathrm{Re}\sum_{k=1}^{4}[c_3 + 2(c_4-2c_3)\mu_k^2 - (4c_4-c_3)\mu_k^4]g_k'(z_k) \quad (8.5\text{-}4\mathrm{g})$$

其中

$$g_k(z_k) = \frac{\partial^6 G_k(z_k)}{\partial z_k^6}, \quad g_k'(z_k) = \frac{\mathrm{d}g_k(z_k)}{\mathrm{d}z_k}$$

$$c_3 = \frac{(K_1+K_2+K_3)M - R^2}{K_1+K_2+2K_3}, \quad c_4 = \frac{K_1 M - R^2}{K_1 - K_2}$$

考虑椭圆孔 $L: x^2/a^2 + y^2/b^2 = 1$，边界条件为

$$\begin{aligned}
&\sigma_{xx}\cos(\boldsymbol{n},x) + \sigma_{xy}\cos(\boldsymbol{n},y) = T_x, \quad \sigma_{xy}\cos(\boldsymbol{n},x) + \sigma_{yy}\cos(\boldsymbol{n},y) = T_y, \quad (x,y)\in L\\
&H_{xx}\cos(\boldsymbol{n},x) + H_{xy}\cos(\boldsymbol{n},y) = h_x, \quad H_{yx}\cos(\boldsymbol{n},x) + H_{yy}\cos(\boldsymbol{n},y) = h_y, \quad (x,y)\in L
\end{aligned} \quad (8.5\text{-}5)$$

复变量 z_k 可以改写为

$$\left.\begin{aligned} z_k &= x_k + \mathrm{i} y_k \\ x_k &= x + \alpha_k y \\ y_k &= \beta_k y \end{aligned}\right\} \quad (8.5\text{-}6)$$

上式中的第二式表示坐标变换。

做保角变换，可以得到满足边界条件的复势，细节从略。

8.6 二维五次和十次对称准晶带椭圆孔/裂纹的弯曲试样的近似分析解

范天佑和唐志毅[13]用复分析方法求解带椭圆孔的二维五次与十次对称准晶有限宽弯曲试样，见图 8.6-1。其中图 8.6-1（a）是 Muskhelishvili 最初针对普通工程材料的计算模型，我们的计算为图 8.6-1（b）所示的模型。

按 Muskhelishvili 简化，可以认为试样宽比椭圆尺寸大很多，保角映射 (8.4-16) 仍然可以使用。问题的边界条件如下

$$\left.\begin{aligned}
&y\to\pm\infty, |x|<W/2: B\int_{-W/2}^{W/2}\sigma_{yy}x\mathrm{d}x = M, \quad \sigma_{xy}=0\\
&y=0, |x|<a: \sigma_{yy}=0, \quad \sigma_{xy}=0\\
&x=\pm W/2, -\infty<y<+\infty: \sigma_{xx}=\sigma_{xy}=0
\end{aligned}\right\} \quad (8.6\text{-}1)$$

148 固体与软物质准晶数学弹性与相关理论及应用

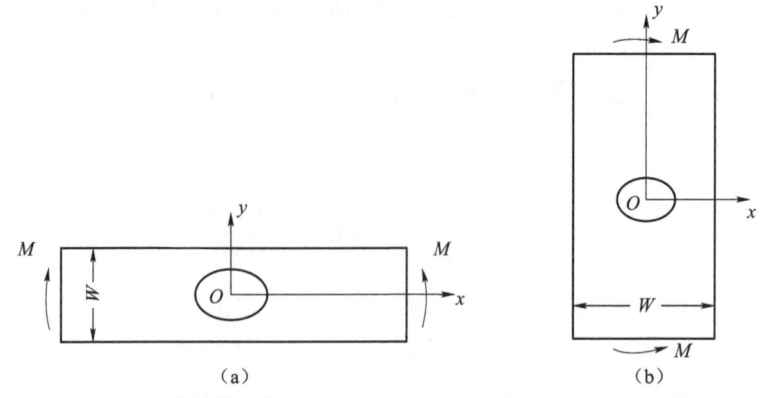

图 8.6-1 带椭圆孔的二维五次与十次对称准晶有限宽弯曲试样

(a) Muskhelishvili 的计算模型（针对普通材料）；(b) 文献 [13] 的计算模型（针对准晶）

虽然 Muskhelishvili[14]讨论过普通材料的椭圆孔问题，认为在条件 $2a/W \leqslant 1/3$ 下既可以用无限大平面中带椭圆模型有效，这时可以用保角映射

$$z = \omega(\zeta) = R_0\left(\frac{1}{\zeta} + m\zeta\right) \tag{8.6-2}$$

把区域映射到 ζ 平面上单位圆的内部，又可以认为试样是有限宽（即宽度为 W），见图 8.6-1。当然这是近似的。不过他所选的坐标系与现在的坐标系不同，他所得的解并不能直接引用。Lokchine[15]所选的坐标系与现在的坐标系一致，不过他是用椭圆坐标法计算的，方法与现在使用的不同。这里我们还用到本书第 6 章的解 (6.9-7)，即

$$\sigma_{yy} = \frac{M}{I}x, \quad I = \frac{BW^3}{12} \tag{8.6-3}$$

其中 $B=1$，把边界条件 (8.6-1) 中的无限远处的边界条件，等价地化成椭圆表面或裂纹面上的条件，从而得到下面的解。这里仅给出裂纹的解，即在式 (8.6-2) 中，取 $m=1$，$R_0 = a/2$。

由第 8.4 节可知，方程组 (8.4-19) 中，对计算裂纹应力强度因子最重要的是方程

$$\frac{1}{2\pi i}\int_\gamma \frac{\Phi_4(\sigma)\mathrm{d}\sigma}{\sigma - \zeta} + \frac{1}{2\pi i}\int_\gamma \frac{\overline{\Phi_3(\sigma)}\,\mathrm{d}\sigma}{\sigma - \zeta} + \frac{1}{2\pi i}\int_\gamma \frac{\omega(\sigma)}{\omega'(\sigma)}\frac{\overline{\Phi_4'(\sigma)}\,\mathrm{d}\sigma}{\sigma - \zeta} = \frac{1}{32c_1}\frac{1}{2\pi i}\int_\gamma \frac{t\mathrm{d}\sigma}{\sigma - \zeta}$$

又 $t = \mathrm{i}\int(T_x + \mathrm{i}T_y)\mathrm{d}s$，把保角映射 (8.6-2) 和裂纹面上的条件 (8.6-3) 代入上面的方程，最后得到

第8章 应用II——一维和二维准晶中的孔洞和裂纹问题及解

$$\Phi_4(\zeta) = \frac{Aa^2}{8}\frac{1}{\zeta^2} + \frac{Aa^2}{4} \quad (8.6\text{-}4)$$

其中

$$A = 12\frac{M}{BW^3} \quad (8.6\text{-}5)$$

根据

$$\sigma_{xx} + \sigma_{yy} = (2/\pi r_1)^{1/2} K_{\mathrm{I}}^{\parallel} \cos(\theta_1/2)$$

和

$$\sigma_{xx} + \sigma_{yy} = -(2/\pi r_1)^{1/2} K_{\mathrm{II}}^{\parallel} \sin(\theta_1/2)$$

定义复应力强度因子

$$\boldsymbol{K} = K_{\mathrm{I}}^{\parallel} - \mathrm{i}K_{\mathrm{II}}^{\parallel}$$

注意 $z - z_1 = r_1 \mathrm{e}^{\mathrm{i}\theta_1}$。其中 z_1 代表裂纹端位置,有

$$\sigma_{xx} + \sigma_{yy} = 2\operatorname{Re}[K/\sqrt{2\pi(z-z_1)}]$$

再次发现

$$\sigma_{xx} + \sigma_{yy} = 128c_1 \operatorname{Re} g_4'''(z) = 128c_1 \operatorname{Re} \Phi_4(\zeta)$$

和应力强度因子表达式

$$\boldsymbol{K} = K_{\mathrm{I}}^{\parallel} - \mathrm{i}K_{\mathrm{II}}^{\parallel} = 32c_1\left(2\sqrt{\pi}\lim_{\zeta \to -1}\frac{\Phi_4'(\zeta)}{\sqrt{\omega''(\zeta)}}\right)$$

把式(8.6-2)代入上式,有

$$K_{\mathrm{I}}^{\parallel} = \sqrt{\pi a}\sigma_N \quad (8.6\text{-}6)$$

其中

$$\sigma_N = 6\frac{Ma}{BW^3}$$

这里 $B=1$,进而得到能量释放率

$$G_{\mathrm{I}} = \frac{1}{4}\left(\frac{1}{L+M} + \frac{K_1}{MK_1 - R^2}\right)(K_{\mathrm{I}}^{\parallel})^2 = \frac{1}{4}\left(\frac{1}{L+M} + \frac{K_1}{MK_1 - R^2}\right)\pi a(\sigma_N)^2 \quad (8.6\text{-}7)$$

这里得到的是近似解,只要满足条件

$$2a/W \leqslant 1/3 \quad (8.6\text{-}8)$$

这一近似解具有较好的精度。

8.7 二维五次和十次对称准晶带裂纹的有限高度狭长体的分析解

复分析的有效性,在很大程度上取决于保角映射的应用。为了进一步显示保角映射的有效性,我们举点群 $5m$ 和 $10mm$ 二维准晶另外的一个例子,由范天佑和唐志毅[16]计算,如图 8.7-1 所示。

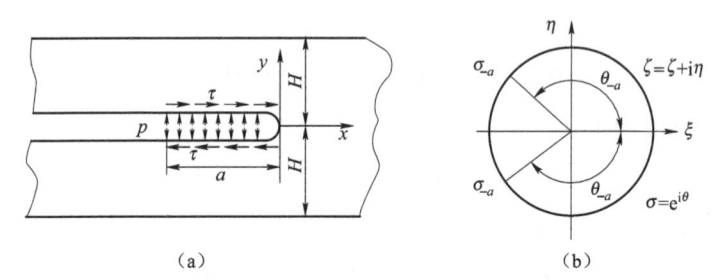

图 8.7-1 准晶裂纹试样 (a) 和保角映射到映射平面上的单位圆 (b)

这里使用对数函数保角映射

$$z = \omega(\zeta) = \frac{H}{\pi} \ln\left[1 + \left(\frac{1+\zeta}{1-\zeta}\right)^2 \right] \tag{8.7-1}$$

把裂纹区域映射到变换平面的单位圆内部,这一映射在一维准晶问题中使用过,见第 8.2 节。范天佑和唐志毅[16]发展了文献 [4] 的方法,用这个保角映射之后,在映射平面的单位圆 γ 上得到边界条件的方程

$$\left. \begin{aligned}
& \frac{1}{2\pi i}\int_\gamma \frac{\Phi_4(\sigma)\mathrm{d}\sigma}{\sigma-\zeta} + \frac{1}{2\pi i}\int_\gamma \frac{\overline{\Phi_3(\sigma)}\,\mathrm{d}\sigma}{\sigma-\zeta} + \frac{1}{2\pi i}\int_\gamma \frac{\omega(\sigma)}{\omega'(\sigma)}\frac{\overline{\Phi_4'(\sigma)}\,\mathrm{d}\sigma}{\sigma-\zeta} = \frac{1}{32c_1}\frac{1}{2\pi i}\int_\gamma \frac{t\mathrm{d}\sigma}{\sigma-\zeta} \\
& \frac{1}{2\pi i}\int_\gamma \frac{\overline{\Phi_4(\sigma)}\,\mathrm{d}\sigma}{\sigma-\zeta} + \frac{1}{2\pi i}\int_\gamma \frac{\Phi_3(\sigma)\mathrm{d}\sigma}{\sigma-\zeta} + \frac{1}{2\pi i}\int_\gamma \frac{\overline{\omega(\sigma)}}{\overline{\omega'(\sigma)}}\frac{\Phi_4'(\sigma)\mathrm{d}\sigma}{\sigma-\zeta} = \frac{1}{32c_1}\frac{1}{2\pi i}\int_\gamma \frac{\overline{t}\mathrm{d}\sigma}{\sigma-\zeta} \\
& \frac{1}{2\pi i}\int_\gamma \frac{\Phi_2(\sigma)\mathrm{d}\sigma}{\sigma-\zeta} + \frac{1}{2\pi i}\int_\gamma \frac{\overline{\omega(\sigma)}}{\overline{\omega'(\sigma)}}\frac{\Phi_3'(\sigma)\mathrm{d}\sigma}{\sigma-\zeta} + \frac{1}{2\pi i}\left[\int_\gamma \frac{\overline{\omega(\sigma)}^2}{[\overline{\omega'(\sigma)}]^2}\frac{\Phi_4''(\sigma)\mathrm{d}\sigma}{\sigma-\zeta} - \right. \\
& \left. \int_\gamma \frac{\overline{\omega(\sigma)}^2\omega''(\sigma)}{[\omega'(\sigma)]^3}\frac{\Phi_4'(\sigma)\mathrm{d}\sigma}{\sigma-\zeta}\right] = \frac{1}{R_1-iR_2}\frac{1}{2\pi i}\int_\gamma \frac{h\mathrm{d}\sigma}{\sigma-\zeta}
\end{aligned} \right\} \tag{8.7-2}$$

由这个函数方程组确定未知的复势,其中 $t = i\int(T_x+iT_y)\mathrm{d}s$, $\overline{t} = -i\int(T_x-iT_y)\mathrm{d}s$,

第 8 章 应用 II ——一维和二维准晶中的孔洞和裂纹问题及解

$h = i\int(h_1 + ih_2)ds$,并且

$$\left.\begin{array}{l} g_2^{(\text{IV})}(z) = h_2(z), \quad g_3'''(z) = h_3(z), \quad g_4''(z) = h_4(z) \\ h_2(z) = h_2(\omega(z)) = \Phi_2(\zeta), \quad h_3(z) = h_3(\omega(z)) = \Phi_3(\zeta) \\ h_4(z) = h_4(\omega(z)) = \Phi_4(\zeta), \quad h_1(z) = h_1(\omega(z)) = \Phi_1(\zeta) = 0 \end{array}\right\} \quad (8.7\text{-}3)$$

保角映射 (8.7-1) 的逆映射为

$$\zeta = \omega^{-1}(z) = \frac{-e^{-\pi z/H} + 2i\sqrt{1 - e^{-\pi z/H}}}{2 - e^{-\pi z/H}} \quad (8.7\text{-}4)$$

和物理平面上的点 $z = (-a, 0^+)$ 及 $z = (-a, 0^-)$ 对应映射平面 γ 上的点为

$$\left.\begin{array}{l} \sigma_{-a} = \dfrac{-e^{-\pi a/H} + 2i\sqrt{1 - e^{-\pi a/H}}}{2 - e^{-\pi a/H}} \\[2mm] \overline{\sigma_{-a}} = \dfrac{-e^{-\pi a/H} - 2i\sqrt{1 - e^{-\pi a/H}}}{2 - e^{-\pi a/H}} \end{array}\right\} \quad (8.7\text{-}5)$$

同时,裂纹顶端映射到 $\zeta = -1$。把保角映射代入

$$\Phi_4(\zeta) + \frac{1}{2\pi i}\int_\gamma \overline{G(\sigma)}\frac{\overline{\Phi_4'(\sigma)}}{\sigma - \zeta}d\sigma + \overline{\Phi_3(0)} = \frac{1}{32c_1}\int_{\sigma_{-a}}^{\overline{\sigma_{-a}}} \frac{i\int(T_x + iT_y)ds}{\sigma - \zeta}d\sigma \quad (8.7\text{-}6)$$

其中

$$G(\zeta) = \frac{\overline{\omega(1/\overline{\zeta})}}{\omega'(\zeta)} \quad (8.7\text{-}7)$$

所以

$$\Phi_4(\zeta) + \overline{G(0)\Phi_4'(0)} + \overline{\Phi_3(0)} = \frac{1}{32c_1}\int_{\sigma_{-a}}^{\overline{\sigma_{-a}}} \frac{i\int(T_x + iT_y)ds}{\sigma - \zeta}d\sigma \quad (8.7\text{-}8)$$

最终得到

$$\Phi_4'(\zeta) = \frac{1}{32c_1} \cdot \frac{1}{2\pi\tau}\left[\frac{1}{1-\zeta}\ln(\sigma-1) - \frac{1+\zeta}{(1-\zeta)(1+\zeta^2)}\ln(\sigma-\zeta) - \right.\\ \left. \frac{\zeta}{2(1+\zeta^2)}\ln(1+\sigma^2) + \frac{1}{2(1-\zeta^2)}\ln\frac{\sigma-i}{\sigma+i}\right]_{\sigma=\sigma_{-a}}^{\sigma=\overline{\sigma_{-a}}} \quad (8.7\text{-}9)$$

类似地,$\Phi_2(\zeta)$ 和 $\Phi_3(\zeta)$ 也可以计算得到。不过,为了计算应力强度因子,得到 $\Phi_4(\zeta)$ 便足够,因为

$$\boldsymbol{K} = K_\text{I}^\| - iK_\text{II}^\| = 32c_1\left(2\sqrt{\pi}\lim_{\zeta \to -1}\frac{\Phi_4'(\zeta)}{\sqrt{\omega''(\zeta)}}\right) \quad (8.7\text{-}10)$$

把以上结果代入此式（注意 $T_x = 0$，$T_y = -p$，$h_x = h_y = 0$），则

$$K_{\mathrm{I}}^{\parallel} = \frac{\sqrt{2}p\sqrt{H}}{2\pi}F(a/H), \quad K_{\mathrm{II}}^{\parallel} = 0 \tag{8.7-11}$$

其中试样的构型因子为

$$F(a/H) = \ln\frac{2e^{\pi a/H} - 1 + 2e^{\pi a/H}\sqrt{1-e^{-\pi a/H}}}{2e^{\pi a/H} - 1 - 2e^{\pi a/H}\sqrt{1-e^{-\pi a/H}}} \tag{8.7-12}$$

能量释放率为

$$G_{\mathrm{I}} = \frac{1}{4}\left(\frac{1}{L+M} + \frac{K_1}{MK_1 - R^2}\right)(K_{\mathrm{I}}^{\parallel})^2 \tag{8.7-13}$$

对 II 型，有

$$K_{\mathrm{II}}^{\parallel} = \frac{\sqrt{2}\tau\sqrt{H}}{2\pi}F(a/H), \quad K_{\mathrm{I}}^{\parallel} = 0 \tag{8.7-14}$$

和

$$G_{\mathrm{II}} = \frac{1}{4}\left(\frac{1}{L+M} + \frac{K_1}{MK_1 - R^2}\right)(K_{\mathrm{II}}^{\parallel})^2 \tag{8.7-15}$$

8.8 二维十次对称准晶单边裂纹有限宽度试样的精确分析解

上面已经提到，复分析的有效性在很大程度上取决于保角映射的应用。为了进一步显示保角映射的有效性，我们再举点群 $5m$，$10mm$ 二维准晶的一个例子，这里使用的是反三角函数保角映射。考虑一个有限宽长条，如图 8.8-1 所示，其带一单边裂纹。

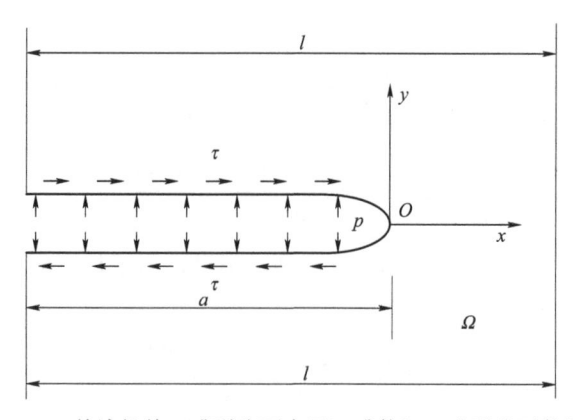

图 8.8-1 单边拉伸（或裂纹面内压）或剪切（或裂纹面剪切）

第 8 章 应用 II——一维和二维准晶中的孔洞和裂纹问题及解

外应力可以加在上下两端,也可以等价地加在裂纹面上。计算公式仍用式(8.4-1)~式(8.4-9),但是边界条件为

$$\left.\begin{aligned}\sigma_{yy}=\sigma_{xy}=0,\quad &H_{yy}=H_{yx}=0,\quad &y=\pm\infty,-a<x<l-a\\ \sigma_{xx}=\sigma_{xy}=0,\quad &H_{xx}=H_{xy}=0,\quad &-\infty<y<+\infty,x=-a,x=l-a\\ \sigma_{yy}=-p,\quad \sigma_{xy}=0,\quad &H_{yy}=H_{yx}=0,\quad &y=\pm 0,-a<x<0\end{aligned}\right\} \quad (8.8\text{-}1)$$

由前面章节可知,只需要求解下列边值方程

$$F_4(z)+\overline{F_3(z)}+z\overline{F_4'(z)}=f_0(z),\quad z\in\partial\Omega \tag{8.8-2}$$

其中

$$f_0(z)=\frac{\mathrm{i}}{32c_1}\int_{-a}^{z}(T_x+\mathrm{i}T_y)\mathrm{d}s=-\frac{1}{32c_1}\int_{-a}^{z}p\mathrm{d}z=\begin{cases}-\dfrac{1}{32c_1}p(z+a),&-a<x<0\\ 0,&x\notin(-a,0)\end{cases} \tag{8.8-3}$$

根据图 8.8-1,保角映射取为

$$z=\omega(\zeta)=\left(\frac{2l}{\pi}\right)\arctan\left(\sqrt{1-\zeta^2}\tan\frac{\pi a}{2l}\right)-a \tag{8.8-4}$$

这一保角映射由文献 [17] 给出,并且得到普通弹性材料的解。把裂纹试样区域映射到 ζ 平面的上半平面,映射平面上的函数 $\Phi_3(\zeta)$ 和 $\Phi_4(\zeta)$ (见第 8.4 节)满足边界方程

$$\Phi_4(\zeta)+\frac{1}{2\pi\mathrm{i}}\int_\gamma\frac{\omega(\sigma)}{\omega'(\sigma)}\frac{\overline{\Phi_4'(\sigma)}}{\sigma-\zeta}\mathrm{d}\sigma+\overline{\Phi_3(0)}=\frac{1}{2\pi\mathrm{i}}\int_\gamma\frac{f_0}{\sigma-\zeta}\mathrm{d}\sigma \tag{8.8-5a}$$

$$\overline{\Phi_4(0)}+\frac{1}{2\pi\mathrm{i}}\int_\gamma\overline{\frac{\omega(\sigma)}{\omega'(\sigma)}}\frac{\Phi_4'(\sigma)}{\sigma-\zeta}\mathrm{d}\sigma+\Phi_3(\zeta)=\frac{1}{2\pi\mathrm{i}}\int_\gamma\frac{\overline{f_0}}{\sigma-\zeta}\mathrm{d}\sigma \tag{8.8-5b}$$

其中 σ 代表 ζ 映射平面的实轴 γ 上的 ξ 值。我们知道函数 $\dfrac{\omega(\zeta)}{\omega'(\zeta)}\overline{\Phi_4'(\zeta)}$ 在下半平面 ($\eta<0$) 解析,并且根据在远处不受应力作用的条件,可以导出

$$\lim_{z\to +\infty}\overline{zF_4'(z)}=0 \tag{8.8-6}$$

这样得到 $\lim\limits_{\zeta\to +\infty}\dfrac{\omega(\zeta)}{\omega'(\zeta)}\overline{\Phi_4'(\zeta)}=\lim\limits_{z\to +\infty}\overline{zF_4'(z)}=0$。应用 Cauchy 积分理论,有

$$\frac{1}{2\pi\mathrm{i}}\int_\gamma\frac{\omega(\sigma)}{\omega'(\sigma)}\frac{\overline{\Phi_4'(\sigma)}}{\sigma-\zeta}\mathrm{d}\sigma=0 \tag{8.8-7}$$

由式(8.8-7)、式(8.8-5a)和式(8.8-3)

$$\Phi_4(\zeta) = -\frac{1}{32c_1}\frac{1}{2\pi i}\int_{-1}^{1}\frac{p(\omega(\sigma)+a)}{\sigma-\zeta}d\sigma \qquad (8.8\text{-}8)$$

进而对式（8.8-8）中 ζ 求导再分部积分，得到

$$\Phi_4'(\zeta) = -\frac{1}{32c_1}\frac{1}{2\pi i}\int_{-1}^{1}\frac{p\omega'(\sigma)}{\sigma-\zeta}d\sigma$$

$$= -\frac{pw}{\pi i}\sin\frac{\pi a}{2w} - \frac{pw}{\pi i}\sin\frac{\pi a}{2w}\frac{\zeta^2\tan^2\frac{\pi a}{2w}}{1+(1-\zeta^2)\tan^2\frac{\pi a}{2w}} +$$

$$\frac{pw}{\pi^2 i}\tan\frac{\pi a}{2w}\frac{\ln|\zeta|}{1+(1-\zeta^2)\tan^2\frac{\pi a}{2w}}\cdot\frac{\zeta}{\sqrt{1-\zeta^2}} \qquad (8.8\text{-}9)$$

其推导细节见主附录 I 的式（A I -21）。

从式（8.8-4）出发，由于

$$\omega''(0) = -\frac{2l}{\pi}\tan\frac{\pi a}{2l}\cos^2\frac{\pi a}{2l} \qquad (8.8\text{-}10)$$

可以得到如下应力强度因子：

对 I 型加载

$$K_I^{\parallel} = \frac{2}{\sqrt{\pi}}\sqrt{\frac{2l}{\pi a}\arctan\frac{\pi a}{2l}}\sqrt{\pi a}\,p\,,\quad K_{II}^{\parallel} = 0 \qquad (8.8\text{-}11)$$

对 II 型加载

$$K_I^{\parallel} = 0\,,\quad K_{II}^{\parallel} = \frac{2}{\sqrt{\pi}}\sqrt{\frac{2l}{\pi a}\arctan\frac{\pi a}{2l}}\sqrt{\pi a}\,\tau \qquad (8.8\text{-}12)$$

这一工作见文献 [18]。

8.9　一维六方准晶的三维椭圆盘状裂纹的摄动解[19]

实际上，所有准晶的弹性都是三维的，即使对一维准晶都是如此。前面以及今后为了简化，我们把复杂的三维弹性分解成反平面与平面弹性及其叠加，因而容易求解。当不能这么分解时，必须求解三维弹性问题。这里以一维六方准晶为例，求解三维椭圆盘状裂纹，其长、短半轴为 a, b，见图 8.9-1，裂纹位于物体中央，假设在远处受拉伸作用。

第 8 章 应用 II——一维和二维准晶中的孔洞和裂纹问题及解

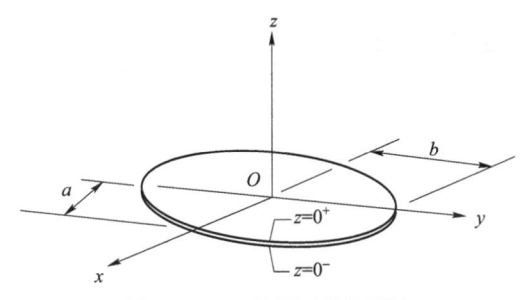

图 8.9-1 三维椭圆盘状裂纹

为简单起见,假设远处不受外应力作用,而在裂纹内表面受均匀压力。这样,有边界条件:

$$\left.\begin{array}{l}\sqrt{x^2+y^2+z^2}\to+\infty: \quad \sigma_{ii}=0, H_{ii}=0 \\ z=0,(x,y)\in\Omega: \quad \sigma_{zz}=-p, H_{zz}=-q, \sigma_{xz}=\sigma_{yz}=0 \\ z=0,(x,y)\notin\Omega: \quad \sigma_{xz}=\sigma_{yz}=0, u_z=0, w_z=0\end{array}\right\} \quad (8.9\text{-}1)$$

其中 Ω 代表裂纹面。

问题的控制方程已在第 5 章第 5.6 节介绍了,这里不必再列出。

由于相位子场和声子场–相位子场的耦合,问题严格求解极其困难。下面用摄动法求解。

假设耦合弹性常数比声子弹性常数和相位子弹性常数小很多,即

$$R_i/C_{jk}, R_i/K_j \sim \varepsilon \ll 1 \quad (8.9\text{-}2)$$

并且做摄动展开

$$u_i=\sum_{n=0}^{+\infty}\varepsilon^n u_i^{(n)} \quad (i=x,y,z), \quad w_z=\sum_{n=0}^{+\infty}\varepsilon^n w_z^{(n)} \quad (8.9\text{-}3)$$

把式(8.9-2)代入基本方程,得到零级摄动解由位移函数的表达关系式

$$\begin{array}{l}u_x^{(0)}=\dfrac{\partial}{\partial x}(F_1+F_2)-\dfrac{\partial}{\partial y}F_3, \quad u_y^{(0)}=\dfrac{\partial}{\partial y}(F_1+F_2)+\dfrac{\partial}{\partial x}F_3 \\ u_z^{(0)}=\dfrac{\partial}{\partial z}(m_1F_1+m_2F_2), \quad u_z^{(0)}=F_4\end{array} \quad (8.9\text{-}4)$$

其中位移函数满足广义调和方程

$$\nabla_i^2 F_i=0 \quad (i=1,2,3,4) \quad (8.9\text{-}5)$$

这里

$$\nabla_i^2=\dfrac{\partial^2}{\partial x^2}+\dfrac{\partial^2}{\partial y^2}+\gamma_i^2\dfrac{\partial^2}{\partial z^2} \quad (8.9\text{-}6)$$

$$\gamma_i^2 = \frac{C_{44} + (C_{13} + C_{44})m_i}{C_{11}} = \frac{C_{33}m_i}{C_{13} + C_{44} + C_{44}m_i} \quad (i=1,2)$$
$$\gamma_3^2 = \frac{C_{44}}{C_{66}}, \quad \gamma_4^2 = \frac{K_1}{K_2} \tag{8.9-7}$$

为简单起见，假设

$$F_2 = F_3 = 0 \tag{8.9-8}$$

这样

$$u_z^{(0)} = m_1 \frac{\partial F_1}{\partial z}, \quad w_z^{(0)} = F_4 \tag{8.9-9}$$

由第 5 章的基本公式得

$$\left. \begin{aligned} \sigma_{zz}^{(0)} &= -C_{13}\gamma_1^2 \frac{\partial^2}{\partial z^2} F_1 + R_2 \frac{\partial}{\partial z} F_4 \\ \sigma_{zx}^{(0)} &= C_{44}(m_1+1)\frac{\partial^2}{\partial x \partial z} F_1 + R_3 \frac{\partial}{\partial x} F_4 \\ \sigma_{zy}^{(0)} &= C_{44}(m_1+1)\frac{\partial^2}{\partial y \partial z} F_1 + R_2 \frac{\partial}{\partial y} F_4 \\ H_{zz}^{(0)} &= -R_1\gamma_1^2 \frac{\partial^2}{\partial z^2} F_1 + K_1 \frac{\partial}{\partial z} F_4 \end{aligned} \right\} \tag{8.9-10}$$

$\sigma_{xx}^{(0)}$，$\sigma_{yy}^{(0)}$，$\sigma_{xy}^{(0)}$ 等应力分量没有列出，因为它们与下面的计算没有直接关系。这样，有关应力分量的 0 阶摄动解由如下表达式

$$\left. \begin{aligned} \sigma_{zz}^{(0)} &\approx -C_{13}\gamma_1^2 \frac{\partial^2}{\partial z^2} F_1^{(0)} \\ \sigma_{zx}^{(0)} &\approx C_{44}(m_1+1)\frac{\partial^2 F_1^{(0)}}{\partial x \partial z} \\ \sigma_{zy}^{(0)} &\approx C_{44}(m_1+1)\frac{\partial^2 F_1^{(0)}}{\partial y \partial z} \\ H_{zz}^{(0)} &\approx K_1 \frac{\partial F_4^{(0)}}{\partial z} \end{aligned} \right\} \tag{8.9-11}$$

给出，其中近似解 $F_1^{(0)}$ 与 $F_4^{(0)}$ 满足方程

$$\nabla_1^2 F_1^{(0)} = 0, \quad \nabla_4^2 F_4^{(0)} = 0 \tag{8.9-12}$$

由于这些处理，边界条件导致

$$\sqrt{x^2 + y^2 + z^2} \to +\infty: \quad f = 0, \quad g = 0$$
$$z = 0, \ (x,y) \in \Omega: \quad 2C_{13}\gamma_1^2 \frac{\partial^2 F_1^{(0)}}{\partial z^2} = -p, \ K_1 \frac{\partial F_4^{(0)}}{\partial z} = -q$$

$$z = 0, (x,y) \notin \Omega: \quad \frac{\partial F_1^{(0)}}{\partial z} = 0, \quad F_4^{(0)} = 0 \quad (8.9\text{-}13)$$

边值问题式（8.9-12）～式（8.9-13）是 Lamb 问题，具有如下的解[20, 21]

$$F_1^{(0)}(x,y,z) = \frac{A}{2}\int_\xi^{+\infty}\left(\frac{x^2}{a^2+s}+\frac{y^2}{b^2+s}+\frac{z^2}{s}\right)\frac{\mathrm{d}s}{\sqrt{Q(s)}}$$
$$F_4^{(0)}(x,y,z) = \frac{B}{2}\int_\xi^{+\infty}\left(\frac{x^2}{a^2+s}+\frac{y^2}{b^2+s}+\frac{z^2}{s}-1\right)\frac{\mathrm{d}s}{\sqrt{Q(s)}} \quad (8.9\text{-}14)$$

其中

$$Q(s) = s(a^2+s)(b^2+s) \quad (8.9\text{-}15)$$

这里 A 和 B 为未知常数；ξ 为椭球坐标。经过复杂的计算（见文献 [3] 或本章的附录 2），可以得到

$$A = \frac{-ab^2 p}{4C_{13}\gamma_1^2 E(k)}, \quad B = \frac{-ab^2 q}{2K_{13}E(k)} \quad (8.9\text{-}16)$$

这里 $E(k)$ 是第二类完全椭圆积分，并且 $k^2 = (a^2-b^2)/a_2$，这样，问题已经得解。0 阶近似应力强度因子为

$$K_1^{\|} = \lim_{\eta\to 0}\sigma_{zz} = \frac{p\sqrt{\pi}}{E(k)}\left(\frac{b}{a}\right)^{1/2}(a^2\sin^2\phi + b^2\cos^2\phi)^{1/4}$$
$$K_1^{\perp} = \lim_{\eta\to 0}H_{zz} = \frac{q\sqrt{\pi}}{E(k)}\left(\frac{b}{a}\right)^{1/2}(a^2\sin^2\phi + b^2\cos^2\phi)^{1/4} \quad (8.9\text{-}17)$$

其中 $\phi = \arctan\dfrac{y}{x}$，此公式的推导详见本章的附录 2。

对 0 阶近似可以修正。把 0 阶近似解代入未经摄动简化的原方程中，得到 1 阶公式

$$\sigma_{zz}^{(1)} = -C_{13}\gamma_2\frac{\partial^2}{\partial z^2}F_1^{(0)} + R_2\frac{\partial}{\partial z}F_1^{(0)}, \quad H_{zz}^{(1)} = K_5\frac{\partial}{\partial z}F_4^{(0)} - R_1\gamma_1^2\frac{\partial^2}{\partial z^2}F_1^{(0)} \quad (8.9\text{-}18)$$

在这种情形下，应力分量已经是声子场–相位子场耦合的，进而可以得到 1 阶近似的应力强度因子，等等。

8.10 其他一维、二维准晶裂纹问题

Peng 和 Fan 在裂纹[22]中关于圆盘状裂纹的工作属于 Fan 和 Guo[19]成果的特殊情况。

刘官厅在他的博士论文[23]中利用复分析给出若干解，尤其对一维准晶的解做了比较系统的讨论。

以上准晶裂纹解构成准晶材料断裂理论的基础，第 15 章将对此做总结。

李翔宇等[24]研究了一维六方准晶的热应力裂纹问题，很有意义，也很有趣，但是篇幅太大，这里不做介绍。

8.11 裂纹顶端的塑性区

由前面的讨论可知，裂纹顶端发生高度的应力集中，应力的最大值早已超过材料的塑性极限，材料已经发生塑性变形，因而在裂纹顶端产生了塑性区。这种塑性区的尺寸如何估计？在工程材料（或结构材料）的经典断裂理论中，用屈服判据来估计这种塑性区。然而准晶材料的塑性理论尚未建立起来，目前还没有屈服判据，怎么去估计这种塑性区的大小呢？回答这一问题，具有很大的困难。

第 7 章研究了准晶位错的解，而位错的出现，已经是塑性变形的开始[25]，位错遇到障碍会塞积起来，形成位错群，构成一种塑性区。用连续分布位错的模型可以计算出这种塑性区的尺寸。裂纹顶端塑性区有大有小。如果塑性区尺寸可以和裂纹长度相比较，称为大范围塑性区，这时问题由塑性变形控制，如果塑性区尺寸和裂纹长度相比很小，则称为小范围屈服区，问题基本由弹性变形控制。第 14 章中将给出详细分析，能得到定量结果。

除了裂纹问题，接触问题也很重要，国内陈伟球等新近对此有深入研究，见文献 [26]，其计算很复杂，这里不做介绍。

8.12 第 8 章附录 1：第 8.1 节中解的推导

与第 8.4 节计算类似，在第 8.1 节中主要讨论了问题的物理学方面，忽略了某些数学细节。但是研究位移的复势十分重要，也是第 8.2 节中解的基础，为此我们进行详细推导如下。

为简便起见，以边值问题（8.1-5）为例。由式（8.1-11）可知

$$\left.\begin{array}{l}\sigma_{yz} = \sigma_{zy} = -\dfrac{1}{2\mathrm{i}}[C_{44}(\phi_1' - \overline{\phi_1'}) + R_3(\psi_1' - \overline{\psi_1'})] + \tau_1 \\[6pt] H_{zy} = -\dfrac{1}{2\mathrm{i}}[K_2(\psi_1' - \overline{\psi_1'}) + R_3(\phi_1' - \overline{\phi_1'})] + \tau_2\end{array}\right\} \quad (8.12\text{-}1)$$

以下用 L 表示裂纹面，则边界问题（8.1-5）中边界条件的第二式可以改写为

第 8 章 应用 II——一维和二维准晶中的孔洞和裂纹问题及解

$$\left.\begin{array}{l}C_{44}(\phi_1' - \overline{\phi_1'}) + R_3(\psi_1' - \overline{\psi_1'}) - 2\mathrm{i}\tau_1 = 0, \quad t \in L \\ K_2(\psi_1' - \overline{\psi_1'}) + R_3(\phi_1' - \overline{\phi_1'}) - 2\mathrm{i}\tau_2 = 0, \quad t \in L\end{array}\right\} \quad (8.12\text{-}2)$$

采用保角变换

$$t = \omega(\zeta) = \frac{a}{2}\left(\zeta + \frac{1}{\zeta}\right) \quad (8.12\text{-}3)$$

将 t 平面上带 Griffith 裂纹的准晶体变换到 ζ 平面上单位圆 γ 的内部（$\zeta = \xi + \mathrm{i}\eta = \rho \mathrm{e}^{\mathrm{i}\varphi}$），椭圆孔 L 则对应于单位圆 γ（类似于图 8.4-2）。

在单位圆 γ 上，$\zeta = \sigma \equiv \mathrm{e}^{\mathrm{i}\varphi}$，$\rho = 1$。利用保角变换（8.12-3），未知函数 $\phi_1(t)$ 和 $\psi_1(t)$，以及相应的导数可以表示为

$$\left.\begin{array}{l}\phi_1(t) = \phi_1[\omega(\zeta)] = \phi(\zeta), \quad \psi_1(t) = \psi_1[\omega(\zeta)] = \psi(\zeta) \\ \phi_1'(t) = \phi'(\zeta)/\omega'(\zeta), \quad \psi_1'(t) = \psi'(\zeta)/\omega'(\zeta)\end{array}\right\} \quad (8.12\text{-}4)$$

与第 8.4 节类似，边界条件化成如下形式

$$\left.\begin{array}{l}\dfrac{1}{2\pi\mathrm{i}}\int_\gamma \dfrac{\phi'(\sigma)}{\sigma - \zeta}\mathrm{d}\sigma - \dfrac{1}{2\pi\mathrm{i}}\int_\gamma \dfrac{\omega'(\sigma)}{\overline{\omega'(\sigma)}}\overline{\phi'(\sigma)}\dfrac{\mathrm{d}\sigma}{\sigma - \zeta} + \dfrac{R_3}{C_{44}}\dfrac{1}{2\pi\mathrm{i}}\int_\gamma \dfrac{\psi'(\sigma)}{\sigma - \zeta}\mathrm{d}\sigma - \\ \dfrac{R_3}{C_{44}}\dfrac{1}{2\pi\mathrm{i}}\int_\gamma \dfrac{\omega'(\sigma)}{\overline{\omega'(\sigma)}}\overline{\psi'(\sigma)}\dfrac{\mathrm{d}\sigma}{\sigma - \zeta} = \dfrac{2\mathrm{i}\tau_1}{C_{44}}\dfrac{1}{2\pi\mathrm{i}}\int_\gamma \dfrac{\omega'(\sigma)}{\sigma - \zeta}\mathrm{d}\sigma \\ \dfrac{1}{2\pi\mathrm{i}}\int_\gamma \dfrac{\psi'(\sigma)}{\sigma - \zeta}\mathrm{d}\sigma - \dfrac{1}{2\pi\mathrm{i}}\int_\gamma \dfrac{\omega'(\sigma)}{\overline{\omega'(\sigma)}}\overline{\psi'(\sigma)}\dfrac{\mathrm{d}\sigma}{\sigma - \zeta} + \dfrac{R_3}{K_2}\dfrac{1}{2\pi\mathrm{i}}\int_\gamma \dfrac{\phi'(\sigma)}{\sigma - \zeta}\mathrm{d}\sigma - \\ \dfrac{R_3}{K_2}\dfrac{1}{2\pi\mathrm{i}}\int_\gamma \dfrac{\omega'(\sigma)}{\overline{\omega'(\sigma)}}\overline{\phi'(\sigma)}\dfrac{\mathrm{d}\sigma}{\sigma - \zeta} = \dfrac{2\mathrm{i}\tau_2}{K_2}\dfrac{1}{2\pi\mathrm{i}}\int_\gamma \dfrac{\omega'(\sigma)}{\sigma - \zeta}\mathrm{d}\sigma\end{array}\right\} \quad (8.12\text{-}5)$$

依然采用与第 8.4 节类似做法，可得

$$\left.\begin{array}{l}\dfrac{1}{2\pi\mathrm{i}}\int_\gamma \dfrac{\phi'(\sigma)}{\sigma - \zeta}\mathrm{d}\sigma = \phi'(\zeta), \quad \dfrac{1}{2\pi\mathrm{i}}\int_\gamma \dfrac{\omega'(\sigma)}{\overline{\omega'(\sigma)}}\overline{\phi'(\sigma)}\dfrac{\mathrm{d}\sigma}{\sigma - \zeta} = 0 \\ \dfrac{1}{2\pi\mathrm{i}}\int_\gamma \dfrac{\psi'(\sigma)}{\sigma - \zeta}\mathrm{d}\sigma = \psi'(\zeta), \quad -\dfrac{1}{2\pi\mathrm{i}}\int_\gamma \dfrac{\omega'(\sigma)}{\overline{\omega'(\sigma)}}\overline{\psi'(\sigma)}\dfrac{\mathrm{d}\sigma}{\sigma - \zeta} = 0 \\ \dfrac{1}{2\pi\mathrm{i}}\int_\gamma \dfrac{\omega'(\sigma)}{\sigma - \zeta}\mathrm{d}\sigma = \dfrac{a}{2}\end{array}\right\} \quad (\mathrm{a})$$

因此式（8.12-5）的解为

$$\phi'(\zeta) = \mathrm{i}a\frac{K_2\tau_1 - R_3\tau_2}{C_{44}K_2 - R_3^2}, \quad \psi'(\zeta) = \mathrm{i}a\frac{C_{44}\tau_2 - R_3\tau_1}{C_{44}K_2 - R_3^2} \quad (8.12\text{-}6)$$

对上式积分得

$$\psi(\zeta) = ia\frac{C_{44}\tau_2 - R_3\tau_1}{C_{44}K_2 - R_3^2}\zeta, \quad \phi(\zeta) = ia\frac{K_2\tau_1 - R_3\tau_2}{C_{44}K_2 - R_3^2}\zeta \quad (8.12\text{-}7)$$

保角变换的单值逆变换为

$$\zeta = \omega^{-1}(t) = \frac{t}{a} - \sqrt{\left(\frac{t}{a}\right)^2 - 1} \quad (8.12\text{-}8)$$

$|t| = +\infty$ 对应于 $\zeta = 0$，代入式（8.10-8）得到

$$\phi(\zeta) = \phi(\omega^{-1}(t)) = \phi_1(t) = ia\frac{K_2\tau_1 - R_3\tau_2}{C_{44}K_2 - R_3^2}\zeta = ia\frac{K_2\tau_1 - R_3\tau_2}{C_{44}K_2 - R_3^2}\left[\frac{t}{a} - \sqrt{\left(\frac{t}{a}\right)^2 - 1}\right]$$

$$\psi(\zeta) = \psi(\omega^{-1}(t)) = \psi_1(t) = ia\frac{C_{44}\tau_2 - R_3\tau_1}{C_{44}K_2 - R_3^2}\zeta = ia\frac{C_{44}\tau_2 - R_3\tau_1}{C_{44}K_2 - R_3^2}\left[\frac{t}{a} - \sqrt{\left(\frac{t}{a}\right)^2 - 1}\right]$$

即为位移的复势（8.1-12）。

8.13 第8章附录2：第8.9节中解的进一步推导

为了确定常数 A, B，尚需做一些复杂的计算，要引进椭圆函数的某些公式。椭圆 Ω 定义的区域及其以外的区域 $(Z - \Omega)$，也可以用椭球坐标 ξ, η, ζ 表示，这里 ξ, η, ζ 是椭球方程

$$\frac{x^2}{a^2 + s} + \frac{y^2}{b^2 + s} + \frac{z^2}{s} - 1 = 0$$

的某些根 s，其中

$$-a^2 \leqslant \xi \leqslant -b^2 \leqslant \eta \leqslant 0 \leqslant \xi \leqslant +\infty$$

椭球坐标 ξ, η, ζ 和直角坐标 x, y, z 的关系是

$$\left. \begin{array}{l} a^2(a^2 - b^2)x^2 = (a^2 + \xi)(a^2 + \eta)(a^2 + \zeta) \\ b^2(b^2 - a^2)y^2 = (b^2 + \xi)(b^2 + \eta)(b^2 + \zeta) \\ a^2 b^2 z^2 = \xi\eta\zeta \end{array} \right\} \quad (8.13\text{-}1)$$

当 $\xi = 0$，相当于 $z = 0$, $(x, y) \in \Omega$；而 $\eta = 0$，相当于 $z = 0$, $(x, y) \in (Z - \Omega)$。因此，用椭球坐标，边界条件（8.9-1）可以表示成更简洁的形式：

$$\xi = 0: \quad \sigma_{zz} = -p_0, \quad \sigma_{xy} = \sigma_{yz} = 0 \quad (8.9\text{-}1')$$

$$\eta = 0: \quad u_z = 0, \quad \sigma_{xz} = \sigma_{yz} = 0 \quad (8.9\text{-}2')$$

第8章 应用Ⅱ——一维和二维准晶中的孔洞和裂纹问题及解

下面的计算中还要用到椭球坐标 ξ 对直角坐标的偏导数公式

$$\frac{\partial \xi}{\partial x} = \frac{x}{2h_1^2(a^2+\xi)}, \quad \frac{\partial \xi}{\partial y} = \frac{y}{2h_1^2(b^2+\xi)}, \quad \frac{\partial \xi}{\partial z} = \frac{z}{2\xi h_1^2} \quad (8.13\text{-}2)$$

其中

$$4h_1^2 Q(\xi) = (\xi-\eta)(\xi-\zeta) \quad (8.13\text{-}3)$$

$Q(\xi)$ 由式（8.9-15）定义。

由式（8.9-14）的第一式对 z 求导数，得到

$$\frac{\partial F_1^{(0)}}{\partial z} = Az \int_\xi^{+\infty} \frac{\mathrm{d}s}{\sqrt{Q(s)}} \quad (8.13\text{-}4)$$

为便于下面的计算，将上式右端的形式做如下变动：

$$\frac{\partial F_1^{(0)}}{\partial z} = Az\left[\frac{2}{\sqrt{Q(s)}} - \int_\xi^{+\infty} \frac{(2s+a^2+b^2)\mathrm{d}s}{(a^2+s)(b^2+s)\sqrt{Q(s)}}\right]$$

做代换

$$\xi = \frac{a^2 \mathrm{cn}^2 u}{\mathrm{sn}^2 u} = a^2(\mathrm{sn}^{-2}u - 1) \quad (8.13\text{-}5)$$

这里 u，$\mathrm{cn}u$，$\mathrm{sn}u$，$\mathrm{sn}^{-2}u$ 等是椭圆函数，其定义和运算详见后面的介绍，将这个代换关系代入上一式，则偏导数 $\partial F_1^{(0)}/\partial z$ 通过椭圆函数表示出来：

$$\frac{\partial F_1^{(0)}}{\partial z} = \frac{2Az}{ab^2}\left[\frac{\mathrm{sn}u \mathrm{d}n u}{\mathrm{cn}u} - E(u)\right] \quad (8.13\text{-}4')$$

这里 $E(u)$ 是第二类椭圆积分（见后面的公式），也可以表示成椭圆函数 $\mathrm{dn}^2 u$ 的积分，即

$$E(u) = \int_0^u \mathrm{dn}^2 \beta \mathrm{d}\beta \quad (8.13\text{-}6)$$

由式（8.13-4'）对 z 再求一次导数，并且利用辅助公式（8.13-2），得到

$$\frac{\partial^2 F_1^{(0)}}{\partial z^2} = A\left\{\frac{2\xi^{1/2}\left[\xi(a^2b^2-\eta\zeta)-a^2b^2(\eta+\zeta)-(a^2+b^2)\eta\zeta\right]}{a^2b^2(\xi-\eta)(\xi-\zeta)(a^2+\xi)^{1/2}(b^2+\xi)^{1/2}} - \frac{2}{ab^2}\left[E(u) - \frac{\mathrm{sn}u\mathrm{cn}u}{\mathrm{dn}u}\right]\right\}$$

$$(8.13\text{-}7)$$

由式（8.13-5）可知，当 $\xi=0$，则 $u=\pi/2$；又由后面的公式可知，这时 $E(u)=E(k)$，$\mathrm{sn}u\mathrm{cn}u/\mathrm{dn}u=0$。于是由式（8.13-7）和式（8.9-1）的第一式对比得到了 A。类似地，确定了 B。

常数 A，B 既已确定，函数（8.9-14）即完全确定。自然地，此问题的应力场和位移场亦完全确定了，不过具体计算仍很复杂。

将函数（8.9-14）代入正应力表达式，对于 $\eta=0$，有

$$\sigma_{zz}(x,y,0) = \frac{p_0}{E(k)}\left\{\frac{ab^2}{\sqrt{Q(\xi)}} - \left[E(u) - \frac{\mathrm{sn}u\,\mathrm{cn}u}{\mathrm{dn}u}\right]\right\}, \quad (8.13\text{-}8)$$

$$(x,y)\in(Z-\Omega)$$

此式是在 $z=0$ 的平面上，裂纹之外的区域中的法向正应力分量。

以下为应力强度因子 K_{I} 的定义

$$K_{\mathrm{I}}^{\|} = \lim_{r_1\to 0}\sqrt{2\pi r_1}\,\sigma_{zz}(x,y,0)\bigg|_{(x,y)\in(Z-\Omega)} \quad (8.13\text{-}9)$$

其中 r_1 是表征裂纹前缘尺寸的几何参量，$r_1\ll a$，$r_1\ll b$（图 8.13-1）。

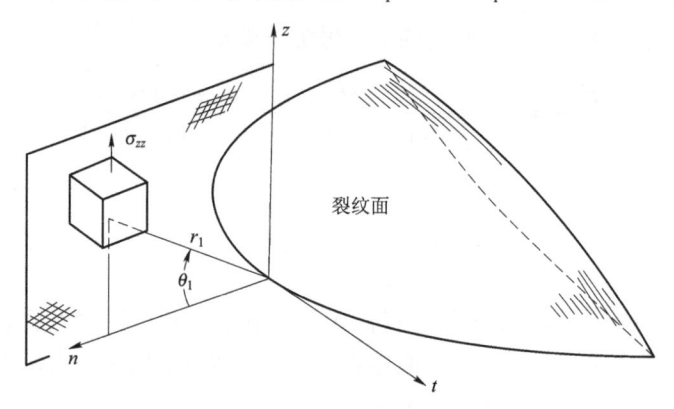

图 8.13-1　裂纹前缘坐标

定义式（8.13-9）中的极限过程，也可以用椭球坐标 $\xi\to 0$ 来表达。在图 8.13-1 所示裂纹前缘处

$$\left.\begin{array}{l} z = r_1\sin\theta_1 \\ \xi = \dfrac{2ab}{(\Pi_0)^{1/2}}r_1\cos^2\dfrac{\theta_1}{2} \end{array}\right\} \quad (8.13\text{-}10)$$

这里的 r_1，θ_1 见图 8.13-1，而

$$\Pi_0 = a^2\sin^2\phi + b^2\cos^2\phi$$

ϕ 是椭圆周界上任一点处的极角（图 8.13-2）。

如前所述，当 $\xi\to 0$ 时，式（8.13-8）中的 $E(u)$ 还原为第二类完全椭圆积分，$(\mathrm{sn}u\,\mathrm{cn}u)/\mathrm{dn}u$ 趋近于零，该公式中的第一项具有 $(2r_1)^{-1/2}$ 阶的奇异性，这个奇异性的系数为

$$\frac{p_0}{E(k)}\Pi_0^{1/4}\left(\frac{b}{a}\right)^{1/2}$$

第 8 章　应用 II——一维和二维准晶中的孔洞和裂纹问题及解　■　163

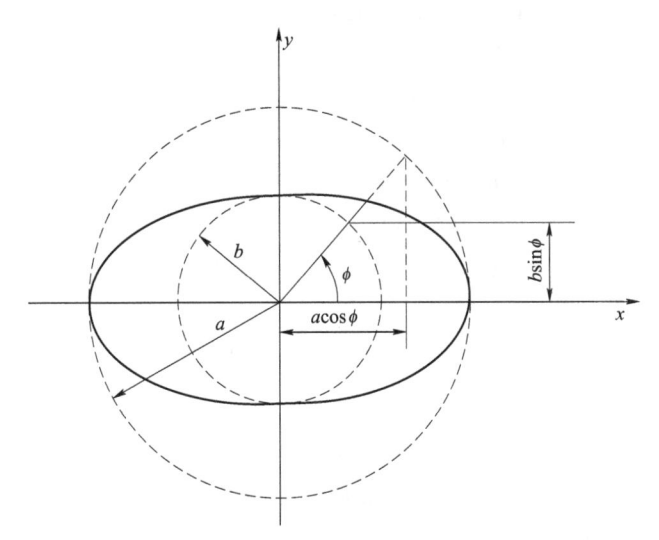

图 8.13-2　与裂纹长、短半轴相联系的几何关系

因而由定义式（8.13-9）立即得到

$$K_1^{\parallel} = \frac{p\sqrt{\pi}}{E(k)}\left(\frac{b}{a}\right)^{1/2}(a^2\sin^2\phi + b^2\cos^2\phi)^{1/4} \tag{8.13-11}$$

这就是式（8.9-17）的第一式，而其第二式可以类似得到。

以上推导中用到若干椭圆函数，列写如下：

记

$$u = \int_0^{\phi}(1 - k^2\sin^2 t)^{-1/2}\mathrm{d}t = F(\phi, k) \tag{a}$$

即定义了 u 是 $x=\sin\phi$ 的（多值）函数；反之，方程（a）也把 ϕ 或 $\sin\phi$ 定义为 u 的一个函数（可能是多值的）。引进记号

$$\phi = \mathrm{am}\,u = \mathrm{am}(u, k) \tag{b}$$

表示它是模 k 和宗量 u 的函数，并且以下列函数为基础函数

$$\mathrm{sn}\,u = \mathrm{sn}(u, k) = \sin(\mathrm{am}\,u) \tag{c}$$

$$\mathrm{cn}\,u = \mathrm{cn}(u, k) = \cos(\mathrm{am}\,u) \tag{d}$$

$$\mathrm{dn}\,u = \mathrm{dn}(u, k) = \Delta(\mathrm{am}\,u, k) = [1 - k^2\sin^2(\mathrm{am}\,u)]^{1/2} \tag{e}$$

这些函数的变化范围是

$$-1 \leqslant \mathrm{sn}\,u \leqslant 1,\quad -1 \leqslant \mathrm{cn}\,u \leqslant 1,\quad k' \leqslant \mathrm{dn}\,u \leqslant 1 \tag{f}$$

除此之外，还有下面常用的 9 种函数

$$\left.\begin{array}{l} \mathrm{ns}u = 1/\mathrm{sn}u, \quad \mathrm{nc}u = 1/\mathrm{cn}u \\ \mathrm{nd}u = 1/\mathrm{dn}u \\ \mathrm{cs}u = \mathrm{cn}u/\mathrm{sn}u, \quad \mathrm{sc}u = \mathrm{sn}u/\mathrm{cn}u \\ \mathrm{sd}u = \mathrm{sn}u/\mathrm{dn}u \\ \mathrm{ds}u = \mathrm{dn}u/\mathrm{sn}u, \quad \mathrm{dc}u = \mathrm{dn}u/\mathrm{cn}u \\ \mathrm{cd}u = \mathrm{cn}u/\mathrm{dn}u \end{array}\right\} \tag{g}$$

以上各函数称为 Jacobi 椭圆函数，有时简称为椭圆函数。

在 $u=0$ 处，可令

$$\mathrm{sn}0=0, \quad \mathrm{cn}0=\mathrm{dn}0=1 \tag{h}$$

此外，还有

$$\mathrm{cn}K=0 \tag{i}$$

椭圆函数 $\mathrm{sn}(u,k)$ 的周期为 $4K$，$\mathrm{i}2K'$；$\mathrm{cn}(u,k)$ 的周期为 $4K$，$2K+\mathrm{i}2K'$；$\mathrm{dn}(u,k)$ 的周期为 $2K$，$\mathrm{i}4K'$。

对于椭圆函数的其他性质，下面仅列出与正文的计算有关系的部分。

$$\mathrm{sn}^2 u + \mathrm{cn}^2 u = 1 \tag{j}$$

$$k^2 \mathrm{sn}^2 u + \mathrm{dn}^2 u = 1 \tag{k}$$

$$\mathrm{dn}^2 u - k^2 \mathrm{cn}^2 u = k'^2 \tag{l}$$

$$k'^2 \mathrm{sn}^2 u + \mathrm{cn}^2 u = \mathrm{dn}^2 u \tag{m}$$

参考文献

[1] 胡承正, 杨文革, 王仁卉, 等. 准晶的对称性和物理性质 [J]. 物理学进展, 1997, 17（4）: 345-376.

[2] 孟祥敏, 佟百运, 吴玉琨. $Al_{65}Cu_{20}Co_{15}$ 准晶的力学性能 [J]. 金属学报, 1994, 30（2）: 61-64.

[3] 范天佑. 断裂理论基础 [M]. 北京: 科学出版社, 2006.

[4] Fan T Y. Exact analytic solutions of stationary and fast propagating cracks in a strip [J]. Science in China, 1991, A. 34 (5): 560-569.

[5] Li L H, Fan T Y. Exact solutions of two semi-infinite collinear cracks in a strip of one-dimensional hexagonal quasicrystal [J]. Applied Mathematics and Computation, 2008, 196 (1): 1-5.

[6] Shen D W, Fan T Y. Exact solutions of two semi-infinite collinear cracks in a strip [J]. Eng. Fracture Mech., 2003, 70 (8): 813-822.

［7］ Li X F, Fan T Y, Sun Y F. A decagonal quasicrystal with a Griffith crack [J]. Phil Mag A, 1999, 79 (8): 1943-1952.
［8］ Liu G T, Fan T Y. The complex method of the plane elasticity in 2D quasicrystals point group 10mm ten-fold rotation symmetry notch problems [J]. Science in China, E, 2003, 46 (3): 326-336.
［9］ Li L H, Fan T Y. Complex function method for solving notch problem of point group 10, $\overline{10}$ two-dimensional quasicrystals based on the stress potential function [J]. J. Phys.: Condens. Matter, 2007, 18 (47): 10631-10641.
［10］ Zhou W M, Fan T Y. Plane elasticity problem of two-dimensional octagonal quasicrystal and crack problem [J]. Chin. Phys., 2001, 10 (8): 743-747.
［11］ 周旺民. 二维与三维准晶的弹性与缺陷的数学分析［D］. 北京：北京理工大学, 2000.
［12］ 李联合. 准晶弹性的复变函数方法和分析解研究［D］. 北京：北京理工大学, 2008.
［13］ Fan T Y, Tang Z Y. Bending problem for a two-dimensional quasicrystal with an elliptic notch and nonlinear analysis [J]. J Math Phys., submitted, 2013.
［14］ Muskhelishvili N I. Some Basic Problems of the Mathematical Theory of Elasticity [M]. Noordhoff Ltd, Groningen, 1953.
［15］ Lokchine M A. Sur l'influence d'un trou elliptique dans la poutre qui eprouve une flexion [J]. C.R.Paris, 1930, 190: 1178-1179.
［16］ Fan T Y, Tang Z Y. Crack Solution of a Strip in a Two-dimensional Quasicrystal [M]. Phil Mag, submitted, 2012.
［17］ FanTY, Yang XC, Li H X. Exact analytic solution for a finite width strip with a single edge crack [J]. Chin Phys. Lett, 1998, 16 (1): 18-21.
［18］ Li W. Analytic solutions of a finite width strip with a single edge crack of two-dimensional quasicrystals [J]. Chin Phys. B. 2011, 20 (11): 116201.
［19］ Fan T Y, Guo R P. Three-dimensional elliptic crack in one-dimensional hexagonal quasicrystals [M]. Acta Mechanica Sinica, in reviewing. 2013.
［20］ Lamb H. Hydrodynamics, 1th Edition [M]. NewYork: Dover, 1933.
［21］ Green A E, Sneddon I N. The distribution of stress in the neighbourhood of a at elliptic crack in an elastic solid [J]. Proc.Camb.Phil.Soc., 1950, 46 (2): 159-163.
［22］ Peng Y Z, Fan T Y. Elastic theory of 1D quasiperiodic stacking of 2D crystals [J]. J. Phys.: Condens. Matter, 2000, 12 (45): 9381-9387.

[23] 刘官厅. 准晶弹性和缺陷的复分析和非线性演化方程的辅助函数法 [D]. 北京理工大学, 2004.
[24] Li X Y. Fundamental solutions of a penny shaped embedded crack and half-infinite plane crack in infinite space of one-dimensional hexagonal quasicrystals under thermal loading [J]. Proc Roy Soc A, 2013, 469 (4): 20130023.
[25] Messerschmidt U. Dislocation Dynamics during Plastic Deformation [M]. Heidelberg: Springer-Verlag, 2010.
[26] Wu Y F, Chen W Q, Li X Y. Indentation on one-dimensional hexagonal quasicrystals: general theory and complete exact solutions [J]. Phil Mag, 2013, 93 (8): 858-882.

第 9 章
三维准晶弹性理论及其应用

在第 5~8 章中，我们讨论了一维和二维固体准晶体弹性理论及其应用。本章将讨论三维固体准晶弹性理论及其应用。三维准晶包括二十面准晶和立方准晶。迄今为止，在所有观察到的 200 多种固体准晶中有超过 100 种是二十面体准晶，因此，它们在准晶的研究中起着重要的作用。

在二十面体对称结构中有一些多面体，它们其中之一如图 9.0-1 所示，图中含有 20 个正三角形和 12 个五次对称轴 A5，20 个三次对称轴 A3 和 30 个二次对称轴 A2，其衍射图如图 3.1-1 所示。

准晶材料被发现不久，人们就已开始研究二十面体准晶的弹性理论，这些工作是准晶弹性理论的奠基性的工作，大大地促进了准晶弹性理论研究的发展，详见第 4 章关于 P. Bak 等工作的介绍。在这之后，丁棣华等[1]建立了二十面体准晶弹性理论的物理框架，他们同时总结了立方准晶弹性的基本关系[2]。在假设声子场与相位子场不耦合的情况下（当然，现在来看，这个假定不正确），杨文革等[3]采用 Green 函数法给出了位错问题的解。本章中，主要讨论二十面体准晶及立方准晶弹性的一般理论及其应用。我们关注准晶弹性理论的数学理论和分析解。由于这两种三维准晶弹性理论中有众多的

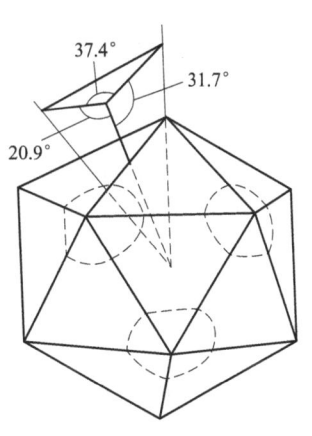

图 9.0-1 二十面体准晶的外形

场变量和场方程，求解非常困难。我们将继续采用以前章节中发展的分解和叠加程序，这将减少若干场变量和场方程，三维弹性可以简化为二维弹性处理，这在实际应用中也很重要。引进位移势函数和应力势函数可以进一步简化问题。本章发展了经典弹性理论中的数学物理方法、复分析理论，获得了一系列的解析解。因为计算是很复杂的，我们将尽可能详细地介绍它们，便于读者理解。

9.1 二十面体准晶弹性的基本方程和材料常数

变形几何学方程是

$$\varepsilon_{ij} = \frac{1}{2}\left(\frac{\partial u_i}{\partial x_j} + \frac{\partial u_j}{\partial x_i}\right), \qquad w_{ij} = \frac{\partial w_i}{\partial x_j} \qquad (9.1\text{-}1)$$

这和以前章节给出的方程形式相似,但这里的 u_i 和 w_i 共有 6 个分量,ε_{ij} 和 w_{ij} 共有 15 个分量。

平衡方程为

$$\frac{\partial \sigma_{ij}}{\partial x_j} = 0, \qquad \frac{\partial H_{ij}}{\partial x_j} = 0 \qquad (9.1\text{-}2)$$

这和以前章节所列的方程有相似的形式,但这里 σ_{ij} 和 H_{ij} 共 15 个应力分量。

广义 Hooke 定律为

$$\sigma_{ij} = C_{ijkl}\varepsilon_{kl} + R_{ijkl}w_{kl}, \qquad H_{ij} = R_{klij}\varepsilon_{kl} + K_{ijkl}w_{kl} \qquad (9.1\text{-}3)$$

声子场弹性常数由下式给出

$$C_{ijkl} = \lambda \delta_{ij}\delta_{kl} + \mu(\delta_{ik}\delta_{jl} + \delta_{il}\delta_{jk}) \qquad (9.1\text{-}4)$$

这里 λ 和 μ(一些参考文献用 G 表示)是 Lamé 常数。

应变分量按张量顺序排列为一维矢量的形式

$$[\varepsilon_{ij}\ w_{ij}] = [\varepsilon_{11}\ \varepsilon_{22}\ \varepsilon_{33}\ \varepsilon_{23}\ \varepsilon_{31}\ \varepsilon_{12}\ w_{11}\ w_{22}\ w_{33}\ w_{23}\ w_{32}\ w_{12}\ w_{32}\ w_{13}\ w_{21}]$$
$$(9.1\text{-}5')$$

应力分量按照相同的顺序排列为一维矢量的形式,即

$$[\sigma_{ij}\ H_{ij}] = [\sigma_{11}\ \sigma_{22}\ \sigma_{33}\ \sigma_{23}\ \sigma_{31}\ \sigma_{12}\ H_{11}\ H_{22}\ H_{33}\ H_{23}\ H_{32}\ H_{12}\ H_{32}\ H_{13}\ H_{21}]$$
$$(9.1\text{-}5'')$$

然后,相位子与声子场-相位子场耦合弹性常数可以通过 **K** 和 **R** 矩阵表示为

$$K = \begin{bmatrix} K_1 & 0 & 0 & 0 & K_2 & 0 & 0 & K_2 & 0 \\ 0 & K_1 & 0 & 0 & -K_2 & 0 & 0 & K_2 & 0 \\ 0 & 0 & K_2+K_1 & 0 & 0 & 0 & 0 & 0 & 0 \\ 0 & 0 & 0 & K_1-K_2 & 0 & K_2 & 0 & 0 & -K_2 \\ K_2 & -K_2 & 0 & 0 & K_1-K_2 & 0 & 0 & 0 & 0 \\ 0 & 0 & 0 & K_2 & 0 & K_1 & -K_2 & 0 & 0 \\ 0 & 0 & 0 & 0 & 0 & -K_2 & K_1-K_2 & 0 & -K_2 \\ K_2 & K_2 & 0 & 0 & 0 & 0 & 0 & K_1-K_2 & 0 \\ 0 & 0 & 0 & -K_2 & 0 & 0 & -K_2 & 0 & K_1 \end{bmatrix}$$

$$R = \begin{bmatrix} 1 & 1 & 1 & 0 & 0 & 0 & 0 & 1 & 0 \\ -1 & -1 & 1 & 0 & 0 & 0 & 0 & -1 & 0 \\ 0 & 0 & -2 & 0 & 0 & 0 & 0 & 0 & 0 \\ 0 & 0 & 0 & 0 & 0 & -1 & 1 & 0 & -1 \\ 1 & -1 & 0 & 0 & 1 & 0 & 0 & 0 & 0 \\ 0 & 0 & 0 & -1 & 0 & -1 & 0 & 0 & 1 \\ 0 & 0 & 0 & 0 & 0 & -1 & 1 & 0 & -1 \\ 1 & -1 & 0 & 0 & 1 & 0 & 0 & 0 & 0 \\ 0 & 0 & 0 & -1 & 0 & -1 & 0 & 0 & 1 \end{bmatrix} \quad (9.1\text{-}6)$$

式（9.1-1）～式（9.1-3）是二十面体准晶弹性理论的基本方程，有 36 个场方程，36 个场变量。它们是相容的，数学上可解。

由于场变量和场方程数目庞大，数学上求解非常复杂。弹性理论问题的解决方法之一是减少场变量和场方程的数量。为了达到这个目的，可以利用经典数学物理中的消元法。

在第 4 章已给出用矩阵表达的广义 Hooke 定律（4.5-3），即

$$\begin{bmatrix} \sigma_{ij} \\ H_{ij} \end{bmatrix} = \begin{bmatrix} C & R \\ R^{\mathrm{T}} & K \end{bmatrix} \begin{bmatrix} \varepsilon_{ij} \\ w_{ij} \end{bmatrix}$$

其中

$$\begin{bmatrix} \sigma_{ij} \\ H_{ij} \end{bmatrix} = \begin{bmatrix} \sigma_{ij} & H_{ij} \end{bmatrix}^{\mathrm{T}}$$

$$\begin{bmatrix} \varepsilon_{ij} \\ w_{ij} \end{bmatrix} = \begin{bmatrix} \varepsilon_{ij} & w_{ij} \end{bmatrix}^{\mathrm{T}}$$

应力和应变之间的关系为

$$\sigma_{xx} = \lambda\theta + 2\mu\varepsilon_{xx} + R(w_{xx} + w_{yy} + w_{zz} + w_{xz})$$
$$\sigma_{yy} = \lambda\theta + 2\mu\varepsilon_{yy} - R(w_{xx} + w_{yy} - w_{zz} + w_{xz})$$
$$\sigma_{zz} = \lambda\theta + 2\mu\varepsilon_{yy} - 2Rw_{zz}$$
$$\sigma_{yz} = 2\mu\varepsilon_{yz} + R(w_{zy} - w_{xy} - w_{yx}) = \sigma_{zy}$$
$$\sigma_{zx} = 2\mu\varepsilon_{zx} + R(w_{xx} - w_{yy} - w_{zx}) = \sigma_{xz}$$
$$\sigma_{xy} = 2\mu\varepsilon_{xy} + R(w_{yx} - w_{yz} - w_{xy}) = \sigma_{yx}$$
$$H_{xx} = R(\varepsilon_{xx} - \varepsilon_{yy} + 2\varepsilon_{zx}) + K_1 w_{xx} + K_2(w_{zx} + w_{xz})$$
$$H_{yy} = R(\varepsilon_{xx} - \varepsilon_{yy} - 2\varepsilon_{zx}) + K_1 w_{yy} + K_2(w_{xz} - w_{zx})$$

$$H_{zz} = R(\varepsilon_{xx} + \varepsilon_{yy} - 2\varepsilon_{zz}) + (K_1 + K_2)w_{zz}$$
$$H_{yz} = -2R\varepsilon_{xy} + (K_1 - K_2)w_{yz} + K_2(w_{xy} - w_{yx})$$
$$H_{zx} = 2R\varepsilon_{zx} + (K_1 - K_2)w_{zx} + K_2(w_{xx} - w_{yy})$$
$$H_{xy} = -2R(\varepsilon_{yz} + \varepsilon_{xy}) + K_1 w_{xy} + K_2(w_{yz} - w_{zy})$$
$$H_{zy} = 2R\varepsilon_{yz} + (K_1 - K_2)w_{zy} - K_2(w_{xy} + w_{yx})$$
$$H_{xz} = R(\varepsilon_{xx} - \varepsilon_{yy}) + K_2(w_{xx} + w_{yy}) + (K_1 - K_2)w_{xz}$$
$$H_{yx} = 2R(\varepsilon_{xy} - \varepsilon_{yx}) + K_1 w_{yx} - K_2(w_{yz} + w_{zy})$$

（9.1-7）

这里 $\theta = \varepsilon_{xx} + \varepsilon_{yy} + \varepsilon_{zz}$ 指的是体积应变，ε_{ij} 和 w_{ij} 见式（9.1-1），详见丁棣华等的论文[1]。把式（9.1-7）代入式（9.1-2）获得最终控制方程，即用位移表示的平衡方程如下

$$\left.\begin{aligned}&\mu\nabla^2 u_x + (\lambda+\mu)\frac{\partial}{\partial x}\nabla\cdot\boldsymbol{u} + R\left(\frac{\partial^2 w_x}{\partial x^2} + 2\frac{\partial^2 w_x}{\partial x\partial z} - \frac{\partial^2 w_x}{\partial y^2} + 2\frac{\partial^2 w_y}{\partial x\partial y} - 2\frac{\partial^2 w_y}{\partial y\partial z} + 2\frac{\partial^2 w_z}{\partial x\partial z}\right) = 0\\
&\mu\nabla^2 u_y + (\lambda+\mu)\frac{\partial}{\partial y}\nabla\cdot\boldsymbol{u} + R\left(-2\frac{\partial^2 w_x}{\partial x\partial y} - 2\frac{\partial^2 w_x}{\partial y\partial z} + \frac{\partial^2 w_y}{\partial x^2} - 2\frac{\partial^2 w_y}{\partial x\partial z} - \frac{\partial^2 w_y}{\partial y^2} + 2\frac{\partial^2 w_z}{\partial y\partial z}\right) = 0\\
&\mu\nabla^2 u_z + (\lambda+\mu)\frac{\partial}{\partial z}\nabla\cdot\boldsymbol{u} + R\left(\frac{\partial^2 w_x}{\partial x^2} - \frac{\partial^2 w_x}{\partial y^2} - 2\frac{\partial^2 w_y}{\partial x\partial y} + \frac{\partial^2 w_z}{\partial x^2} + \frac{\partial^2 w_z}{\partial y^2} - 2\frac{\partial^2 w_z}{\partial z^2}\right) = 0\\
&K_1\nabla^2 w_x + K_2\left(2\frac{\partial^2 w_x}{\partial x\partial z} - \frac{\partial^2 w_x}{\partial z^2} + 2\frac{\partial^2 w_y}{\partial y\partial z} + \frac{\partial^2 w_z}{\partial x^2} - \frac{\partial^2 w_z}{\partial y^2}\right) + \\
&\quad R\left(\frac{\partial^2 u_x}{\partial x^2} - \frac{\partial^2 u_x}{\partial y^2} + 2\frac{\partial^2 u_x}{\partial x\partial z} - 2\frac{\partial^2 u_y}{\partial x\partial y} - 2\frac{\partial^2 u_y}{\partial y\partial z} + \frac{\partial^2 u_z}{\partial x^2} - \frac{\partial^2 u_z}{\partial y^2}\right) = 0\\
&K_1\nabla^2 w_y + K_2\left(2\frac{\partial^2 w_x}{\partial y\partial z} - 2\frac{\partial^2 w_y}{\partial x\partial z} - 2\frac{\partial^2 w_z}{\partial x\partial y} - \frac{\partial^2 w_y}{\partial z^2}\right) + \\
&\quad R\left(2\frac{\partial^2 u_x}{\partial x\partial y} - 2\frac{\partial^2 u_x}{\partial y\partial z} + \frac{\partial^2 u_y}{\partial x^2} - \frac{\partial^2 u_y}{\partial y^2} - 2\frac{\partial^2 u_y}{\partial x\partial z} - 2\frac{\partial^2 u_z}{\partial x\partial y}\right) = 0\\
&(K_1 - K_2)\nabla^2 w_z + K_2\left(\frac{\partial^2 w_x}{\partial x^2} - \frac{\partial^2 w_x}{\partial y^2} - 2\frac{\partial^2 w_y}{\partial x\partial y} + 2\frac{\partial^2 w_z}{\partial z^2}\right) + \\
&\quad R\left(2\frac{\partial^2 u_x}{\partial x\partial z} + 2\frac{\partial^2 u_y}{\partial y\partial z} + \frac{\partial^2 u_z}{\partial x^2} + \frac{\partial^2 u_z}{\partial y^2} - 2\frac{\partial^2 u_z}{\partial z^2}\right) = 0
\end{aligned}\right\}$$

（9.1-8）

其中 $\nabla^2 = \dfrac{\partial^2}{\partial x^2} + \dfrac{\partial^2}{\partial y^2} + \dfrac{\partial^2}{\partial z^2}$；$\nabla\cdot\boldsymbol{u} = \dfrac{\partial u_x}{\partial x} + \dfrac{\partial u_y}{\partial y} + \dfrac{\partial u_z}{\partial z}$。

式（9.1-8）是关于位移 u_i 和 w_i 的 6 个 2 阶偏微分方程。因此，场变量和场方程的个数已经减少，但获得解析解仍然是非常困难的，原因之一是准晶弹性问题的边界条件比经典弹性的复杂得多。在随后的章节中，我们将通过不同的方法解决一些复杂的边值问题。

显然，对于不同二十面体准晶的应力分析，材料常数 λ，μ，K_1，K_2 和 R 是非常重要的，下面是通过不同方法（例如，X 射线衍射、中子散射等）测得的数据，列于表 9.1-1～表 9.1-3。

表 9.1-1 各种二十面体准晶声子场弹性常数

合金	λ	$\mu(G)$	B	ν	文献
Al-Li-Cu	30	35	53	0.23	[4]
Al-Li-Cu	30.4	40.9	57.7	0.213	[5]
Al-Cu-Fe	59.1	68.1	104	0.213	[6]
Al-Cu-Fe-Ru	48.4	57.9	87.0	0.228	[6]
Al-Pd-Mn	74.9	72.4	123	0.254	[6]
Al-Pd-Mn	74.2	70.4	121	0.256	[7]
Ti-Zr-Ni	85.5	38.3	111	0.345	[8]
Cu-Yh	35.28	25.28	52.13	0.291 3	[9]
Zn-Mg-Y	33.0	46.5	64.0	0.208	[10]

其中 λ，μ 和 B 单位是 GPa；$B = (3\lambda + 2\mu)/3$，表示体积模量；$\nu = \lambda/2(\lambda+\mu)$，表示 Poisson 比。

表 9.1-2 各种二十面体准晶相位子场弹性常数

合金	测试方法	测试温度	K_1/MPa	K_2/MPa	文献
Al-Pd-Mn	X-ray	R.T.	43	−22	[11]
Al-Pd-Mn	Neutron	R.T.	72	−37	[11]
Al-Pd-Mn	Neutron	104 3 K	125	−50	[11]
Zn-Mg-Sc	X-ray	R.T.	300	−45	[12]

表 9.1-3 各种二十面体准晶声子场－相位子场耦合弹性常数

合金	测试方法	R	文献
Mg-Ga-Al-Zn	X-ray	-0.04μ	[13]
Al-Cu-Fe	X-ray	0.004μ	[13]

需要指出的是，式（9.1-8）不是二十面体准晶弹性最终控制方程的唯一形式，其他形式将在第 9.5 节中讨论。

9.2 二十面体准晶反平面弹性问题和准晶–晶体界面问题

我们发现式（3.1-8）是非常复杂的，但在物理上一些有意义的情况下它们可以被简化。其中之一是所谓的反平面弹性问题（图 9.2-1），此时非零位移只有 u_z 和 w_z，其他位移为零。特别是，这两种位移及相关的应变和应力与坐标 x_3（或 z）是无关的。此外，如果有 Griffith 裂纹或位错等沿 z 轴，且所施加的外力也与 z 无关，此时场变量和场方程与坐标 z 无关，即

$$\frac{\partial}{\partial x_3}\left(=\frac{\partial}{\partial z}\right)=0 \tag{9.2-1}$$

因为只有两个位移分量 u_z 和 w_z，其他分量为零，相应的应变为

$$\varepsilon_{yz}=\varepsilon_{zy}=\frac{1}{2}\frac{\partial u_z}{\partial y},\quad \varepsilon_{xz}=\varepsilon_{zx}=\frac{1}{2}\frac{\partial u_z}{\partial x},\quad w_{zy}=\frac{\partial w_z}{\partial y},\quad w_{zx}=\frac{\partial w_z}{\partial x} \tag{9.2-2}$$

由第 9.1 节知，非零应力分量为

$$\begin{aligned}
\sigma_{xz}&=\sigma_{zx}=2\mu\varepsilon_{xz}+Rw_{zx}\\
\sigma_{yz}&=\sigma_{zy}=2\mu\varepsilon_{yz}+Rw_{zy}\\
H_{zx}&=(K_1-K_2)w_{zx}+2R\varepsilon_{xz}\\
H_{zy}&=(K_1-K_2)w_{zy}+2R\varepsilon_{yz}\\
H_{xx}&=2R\varepsilon_{xz}+K_2w_{zx}\\
H_{yy}&=-2R\varepsilon_{xz}-K_2w_{zx}\\
H_{xy}&=-2R\varepsilon_{yz}-K_2w_{zy}\\
H_{yx}&=-2R\varepsilon_{yz}-K_2w_{zy}
\end{aligned} \tag{9.2-3}$$

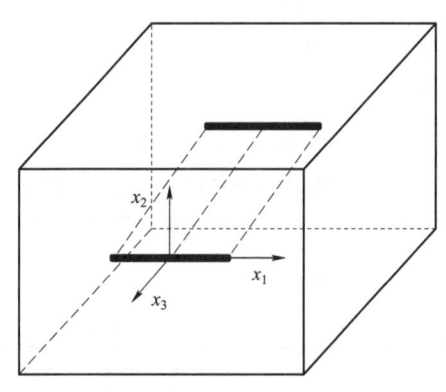

图 9.2-1　平面或者反平面弹性问题的一个构型

平衡方程为

$$\left.\begin{array}{l}\dfrac{\partial \sigma_{zx}}{\partial x}+\dfrac{\partial \sigma_{zy}}{\partial y}=0, \quad \dfrac{\partial H_{zx}}{\partial x}+\dfrac{\partial H_{zy}}{\partial y}=0 \\ \dfrac{\partial H_{xx}}{\partial x}+\dfrac{\partial H_{xy}}{\partial y}=0, \quad \dfrac{\partial H_{yx}}{\partial x}+\dfrac{\partial H_{yy}}{\partial y}=0\end{array}\right\} \tag{9.2-4}$$

式（9.2-2）～式（9.2-4）描述的是反平面弹性问题，其最终控制方程为

$$\nabla_1^2 u_z = 0, \quad \nabla_1^2 w_z = 0 \tag{9.2-5}$$

其中 $\nabla_1^2 = \dfrac{\partial^2}{\partial x^2}+\dfrac{\partial^2}{\partial y^2}$。

可见式（9.2-5）和式（5.2-11）是相似的，可以采用类似于第 5、7、8 章的方法求解。

作为二十面体准晶反平面弹性问题的一个例子，下面讨论体心立方晶体和二十面体准晶体之间的界面问题。

类似 7.6 节中的物理模型，即，假设二十面体准晶位于上半空间 $y>0$，其控制方程已由上面列出，而高度为 h 的体心立方晶体位于下半空间 $y<0$（见图 7.6-1），其控制方程为

$$\nabla^2 u_z^{(c)} = 0 \tag{9.2-6}$$

对于晶体，应力-应变关系为

$$\sigma_{zy}^{(c)} = \sigma_{yz}^{(c)} = 2\mu^{(c)} \varepsilon_{yz}^{(c)}, \quad \sigma_{zx}^{(c)} = \sigma_{xz}^{(c)} = 2\mu^{(c)} \varepsilon_{xz}^{(c)}$$

其中 $\varepsilon_{ij}^{(c)} = (\partial u_i^{(c)}/\partial x_j + \partial u_j^{(c)}/\partial x_i)/2, \mu^{(c)} = C_{44}^{(c)}$。

采用 Fourier 变换，可以获得式（9.2-6）的解为

$$u_z(x,y) = \dfrac{1}{2\pi}\int_{-\infty}^{+\infty} A(\xi)\mathrm{e}^{-|\xi|y-\mathrm{i}\xi x}\mathrm{d}\xi, \quad w_z(x,y) = \dfrac{1}{2\pi}\int_{-\infty}^{+\infty} B(\xi)\mathrm{e}^{-|\xi|y-\mathrm{i}\xi x}\mathrm{d}\xi \tag{9.2-7}$$

应力为

$$\begin{aligned}\sigma_{zy} &= -2\mu \dfrac{1}{2\pi}\int_{-\infty}^{+\infty}|\xi|A(\xi)\mathrm{e}^{-|\xi|y-\mathrm{i}\xi x}\mathrm{d}\xi - R\dfrac{1}{2\pi}\int_{-\infty}^{+\infty}|\xi|B(\xi)\mathrm{e}^{-|\xi|y-\mathrm{i}\xi x}\mathrm{d}\xi \\ H_{zy} &= -R\dfrac{1}{2\pi}\int_{-\infty}^{+\infty}|\xi|A(\xi)\mathrm{e}^{-|\xi|y-\mathrm{i}\xi x}\mathrm{d}\xi - (K_1-K_2)\dfrac{1}{2\pi}\int_{-\infty}^{+\infty}|\xi|B(\xi)\mathrm{e}^{-|\xi|y-\mathrm{i}\xi x}\mathrm{d}\xi\end{aligned} \tag{9.2-8}$$

其中 $y>0$，$A(\xi)$ 和 $B(\xi)$ 是关于 ξ 的任意待定函数。

根据界面处的边界条件

$$y=0, \quad -\infty<x<+\infty: \quad \sigma_{zy}=\tau f(x)+ku(x), \quad H_{zy}=0 \qquad (9.2\text{-}9)$$

其中

$$k=\frac{\mu^{(c)}}{h} \qquad (9.2\text{-}10)$$

可以获得两个未知函数之间的关系是

$$B(\xi)=-\frac{R}{K_1-K_2}A(\xi) \qquad (9.2\text{-}11)$$

由式（9.2-7）和式（9.2-8），有

$$\hat{\sigma}_{zy}=-\left(2\mu+\frac{R^2}{K_1-K_2}\right)A(\xi)|\xi|$$

利用边界条件（9.2-9）的第一个边界条件，可得

$$A(\xi)=-\frac{\tau\hat{f}(\xi)}{\left(\dfrac{R^2}{K_1-K_2}+\mu\right)|\xi|+k} \qquad (9.2\text{-}12)$$

因此

$$B(\xi)=\frac{R\tau\hat{f}(\xi)}{(K_1-K_2)\left(\dfrac{R^2}{K_1-K_2}+\mu\right)|\xi|+k} \qquad (9.2\text{-}13)$$

τ 和 k 的含义见式（9.2-9）和式（9.2-10）。因此，该问题得以解决。相位子应变场可确定为

$$\left.\begin{aligned}w_{zy}(x,y)&=-R\tau\frac{1}{2\pi}\int_{-\infty}^{+\infty}\frac{|\xi|\hat{f}(\xi)}{[R^2-\mu(K_1-K_2)]|\xi|+k(K_1-K_2)}\mathrm{e}^{-|\xi|y-\mathrm{i}\xi x}\mathrm{d}\xi\\ w_{zx}(x,y)&=\mathrm{i}R\tau\frac{1}{2\pi}\int_{-\infty}^{+\infty}\frac{\xi\hat{f}(\xi)}{[R^2-\mu(K_1-K_2)]|\xi|+k(K_1-K_2)}\mathrm{e}^{-|\xi|y-\mathrm{i}\xi x}\mathrm{d}\xi\end{aligned}\right\} \qquad (9.2\text{-}14)$$

需要注意的是 $y>0$。在某些情况下，积分（9.2-14）可以通过留数定理计算。

在第一个例子中，假设当 $-a/2<x<a/2$ 时，$f(x)=1$；当 $x<-a/2$ 和

$x > a/2$ 时，$f(x) = 0$，所以 $\hat{f}(\xi) = \dfrac{2}{\xi}\sin\left(\dfrac{a}{2}\xi\right)$，结合式（9.2-14），得到

$$\left.\begin{aligned}
w_{zy}(x,y) &= \frac{a}{h}\frac{\mu^{(c)}R(K_1-K_2)\tau}{[\mu(K_1-K_2)-R^2]^2}\sin\left[\frac{1}{2}\frac{\mu^{(c)}(K_1-K_2)}{\mu(K_1-K_2)-R^2}\frac{a}{h}\right]\times\\
&\quad \exp\left[-\frac{\mu^{(c)}(K_1-K_2)}{\mu(K_1-K_2)-R^2}\frac{y}{h}\right]\cos\left[\frac{\mu^{(c)}(K_1-K_2)}{\mu(K_1-K_2)-R^2}\frac{x}{h}\right]\\
w_{zx}(x,y) &= \frac{a}{h}\frac{\mu^{(c)}R(K_1-K_2)\tau}{[\mu(K_1-K_2)-R^2]^2}\sin\left[\frac{1}{2}\frac{\mu^{(c)}(K_1-K_2)}{\mu(K_1-K_2)-R^2}\frac{a}{h}\right]\times\\
&\quad \exp\left[-\frac{\mu^{(c)}(K_1-K_2)}{\mu(K_1-K_2)-R^2}\frac{y}{h}\right]\sin\left[\frac{\mu^{(c)}(K_1-K_2)}{\mu(K_1-K_2)-R^2}\frac{x}{h}\right]
\end{aligned}\right\} \quad (9.2\text{-}15)$$

其中 $k = \mu^{(c)}/h$，此处已采用量纲为 1 的变量 $x/h, y/h$。

接下来考虑第二个例子，设 $f(x) = \delta(x)$，由式（9.2-14）可得

$$\left.\begin{aligned}
w_{zy}(x,y) &= \frac{\mu^{(c)}R(K_1-K_2)\tau}{[\mu(K_1-K_2)-R^2]^2}\times\\
&\quad \exp\left[-\frac{\mu^{(c)}(K_1-K_2)}{\mu(K_1-K_2)-R^2}\frac{y}{h}\right]\sin\left[\frac{\mu^{(c)}(K_1-K_2)}{\mu(K_1-K_2)-R^2}\frac{x}{h}\right]\\
w_{zx}(x,y) &= \frac{\mu^{(c)}R(K_1-K_2)\tau}{[\mu(K_1-K_2)-R^2]^2}\times\\
&\quad \exp\left[-\frac{\mu^{(c)}(K_1-K_2)}{\mu(K_1-K_2)-R^2}\frac{y}{h}\right]\cos\left[\frac{\mu^{(c)}(K_1-K_2)}{\mu(K_1-K_2)-R^2}\frac{x}{h}\right]
\end{aligned}\right\} \quad (9.2\text{-}16)$$

详细计算过程见主附录Ⅰ。

在第一个例子中，相位子应变场受准晶弹性常数 μ, K_1, K_2, R，晶体弹性常数 $\mu^{(c)}$，施加的应力 τ 和几何参数 a, h 影响，而在第二个例子中，几何形状参数只有 h。对于不同的 τ/μ，$\mu^{(c)}/\mu$，a/h 且给定的 μ, K_1, K_2 和 R，我们可以发现一系列有意义的计算结果。这里使用的参数值见表 9.1-1、表 9.1-2 和表 9.1-3，即

$$\mu = 72.4\,\text{GPa},\ K_1 = 125\,\text{MPa},\ K_2 = -50\,\text{MPa},\ R = 0.04\mu$$

数值结果见图 9.2-2～图 9.2-5，晶体和准晶的剪切模量的比 $\mu^{(c)}/\mu$ 的影响是非常明显的。此外，所施加的应力 τ/μ 的影响也是很重要的。在第一个例子中，a/h 的影响是不明显的，详见文献[14]。

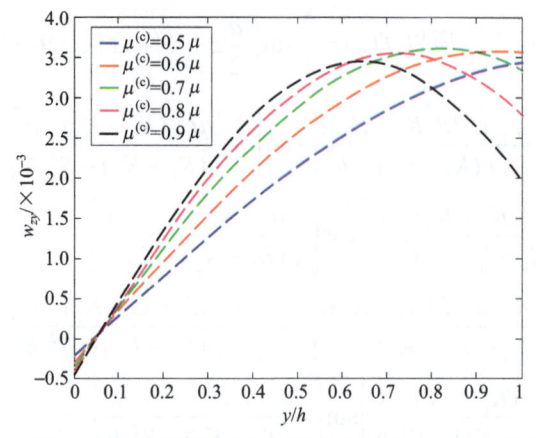

图 9.2-2　晶体-准晶剪切模量之比对相位子应变 w_{zy} 随 x 变化的影响

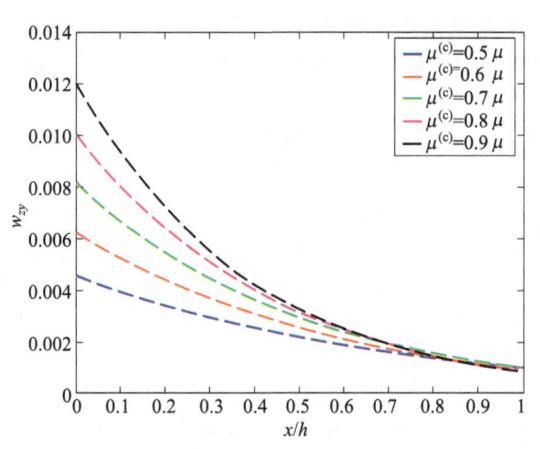

图 9.2-3　晶体-准晶剪切模量之比对相位子应变 w_{zy} 随 y 变化的影响

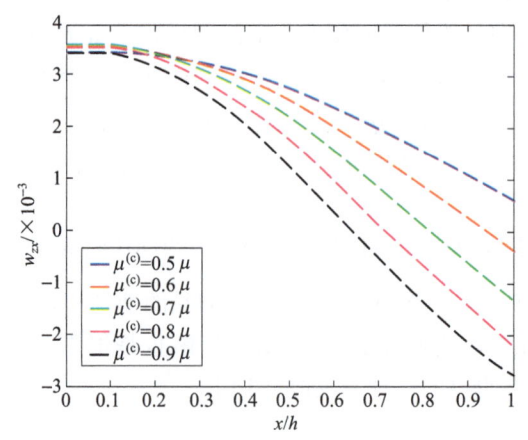

图 9.2-4　晶体-准晶剪切模量之比对相位子应变 w_{zx} 随 x 变化的影响

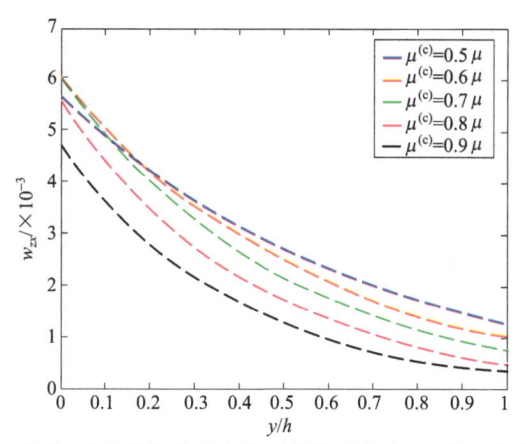

图 9.2-5　晶体–准晶剪切模量之比对相位子应变 w_{zx} 随 y 变化的影响

9.3 假设声子–相位子不耦合的二十面体准晶平面弹性

在假设

$$\frac{\partial}{\partial z} = 0 \tag{9.3-1}$$

且

$$R = 0 \tag{9.3-2}$$

的条件下，杨文革等[3]获得了二十面体准晶直位错问题的近似解。

在条件（9.3-1）和（9.3-2）下，声子场–相位子场不再耦合，且有

$$\varepsilon_{zz} = 0, \ w_{zz} = w_{yz} = w_{xz} = 0 \tag{9.3-3}$$

由条件（9.3-1）和（9.3-2），最终控制方程（9.1-8）简化为

$$\left.\begin{array}{l} \mu\nabla_1^2 u_x + (\lambda + \mu)\dfrac{\partial}{\partial x}\nabla_1 \cdot \boldsymbol{u_1} = 0 \\[6pt] \mu\nabla_1^2 u_y + (\lambda + \mu)\dfrac{\partial}{\partial y}\nabla_1 \cdot \boldsymbol{u_1} = 0 \\[6pt] \mu\nabla_1^2 u_z = 0 \\[6pt] K_1\nabla_1^2 w_x + K_2\left(\dfrac{\partial^2 w_z}{\partial x^2} - \dfrac{\partial^2 w_z}{\partial y^2}\right) = 0 \\[6pt] K_1\nabla_1^2 w_y - 2K_2\dfrac{\partial^2 w_z}{\partial x \partial y} = 0 \\[6pt] (K_1 - K_2)\nabla_1^2 w_z + K_2\left(\dfrac{\partial^2 w_x}{\partial x^2} - 2\dfrac{\partial^2 w_y}{\partial x \partial y} - \dfrac{\partial^2 w_y}{\partial y^2}\right) = 0 \end{array}\right\} \tag{9.3-4}$$

其中

$$\nabla_1^2 = \frac{\partial^2}{\partial x^2} + \frac{\partial^2}{\partial y^2}, \quad \boldsymbol{u}_1 = (u_x, u_y), \quad \nabla_1 \cdot \boldsymbol{u}_1 = \frac{\partial u_x}{\partial x} + \frac{\partial u_y}{\partial y}$$

由于声子场和相位子场不耦合,方程组(9.3-4)的前三个方程是纯声子场平衡方程,方程组(9.3-4)的后三个方程是纯的相位子场平衡方程。

杨文革等人[3]采用格林函数法在位错条件下

$$\int_\Gamma du_i = b_i^\parallel, \quad \int_\Gamma dw_i = b_i^\perp \tag{9.3-5}$$

获得了如下的解,其中 Γ 表示包围位错核的闭曲线。

$$\left.\begin{aligned}
u_x &= \frac{b_1^\parallel}{2\pi}\left(\arctan\frac{y}{x} + \frac{\lambda+\mu}{\lambda+2\mu}\frac{xy}{r^2}\right) + \frac{b_2^\parallel}{2\pi}\left(\frac{\mu}{\lambda+2\mu}\ln\frac{r}{r_0} + \frac{\lambda+\mu}{\lambda+2\mu}\frac{x^2}{r^2}\right) \\
u_y &= -\frac{b_1^\parallel}{2\pi}\left(\frac{\mu}{\lambda+2\mu}\ln\frac{r}{r_0} + \frac{\lambda+\mu}{\lambda+2\mu}\frac{y^2}{r^2}\right) + \frac{b_2^\parallel}{2\pi}\left(\arctan\frac{y}{x} - \frac{\lambda+\mu}{\lambda+2\mu}\frac{xy}{r^2}\right) \\
u_z &= \frac{b_3^\parallel}{2\pi}\arctan\frac{y}{x} \\
w_x &= \frac{b_1^\perp}{2\pi}\left[\arctan\frac{y}{x} + \frac{K_2^2}{2K_5}\left(\frac{2xy^3}{r^4} - \frac{xy}{r^2}\right)\right] - \frac{b_2^\perp}{4\pi}\frac{K_2^2}{K_5}\left(\ln\frac{r}{r_0} + \frac{2x^2y^2}{r^4}\right) + \frac{b_3^\perp}{2\pi}\frac{K_2}{K_1}\frac{xy}{r^2} \\
w_y &= \frac{b_1^\perp}{4\pi}\frac{K_2^2}{K_5}\left(\ln\frac{r}{r_0} - \frac{2x^2y^2}{r^4}\right) + \frac{b_2^\perp}{2\pi}\left[\arctan\frac{y}{x} + \frac{K_2^2}{2K_5}\left(\frac{xy^3 - x^3y}{r^4}\right)\right] - \frac{b_3^\perp}{2\pi}\frac{K_2}{K_1}\frac{y^2}{r^2} \\
w_z &= \frac{b_1^\perp}{2\pi}\frac{K_1K_2}{K_5}\frac{xy}{r^2} - \frac{b_2^\perp}{2\pi}\frac{K_1K_2}{K_5}\frac{y^2}{r^2} + \frac{b_3^\perp}{2\pi}\arctan\frac{y}{x}
\end{aligned}\right\}$$

(9.3-6)

其中

$$r = \sqrt{x^2+y^2}, \quad K_5 = K_1^2 - K_1K_2 - K_2^2 \tag{9.3-7}$$

方程组(9.3-6)的前三个表达式是经典弹性理论中位错问题的解,后三个表达式是关于相位子场的新的结果。由于没考虑耦合,此解不能揭示声子场与相位子场的相互作用,这是一个很大的缺憾!

9.4 二十面体准晶的声子场–相位子场耦合的平面弹性问题——位移势函数方法，六重调和方程

范天佑等[15-17]考虑了声子场和相位子场的耦合效应，即假设

$$R \neq 0$$

获得了解析解。在这项研究中，假设式（9.2-1）或式（9.3-1）仍然保持着，即

$$\frac{\partial}{\partial z} = 0 \tag{9.4-1}$$

在这种情况下，三维弹性问题转化成平面弹性问题。由条件（9.3-1），有

$$\varepsilon_{zz} = w_{zz} = w_{xz} = w_{yz} = 0 \tag{9.4-2}$$

因此，场变量和场方程的数目从 36 减少到 32。虽然总数减少得不是很多，所得到的方程组已经大大简化，具体如下

$$\left. \begin{array}{l} \mu\nabla_1^2 u_x + (\lambda+\mu)\dfrac{\partial}{\partial x}\nabla_1\cdot\boldsymbol{u}_1 + R\left(\dfrac{\partial^2 w_x}{\partial x^2} + 2\dfrac{\partial^2 w_y}{\partial x\partial y} - \dfrac{\partial^2 w_y}{\partial y^2}\right) = 0 \\[6pt] \mu\nabla_1^2 u_y + (\lambda+\mu)\dfrac{\partial}{\partial y}\nabla_1\cdot\boldsymbol{u}_1 + R\left(\dfrac{\partial^2 w_y}{\partial x^2} - 2\dfrac{\partial^2 w_x}{\partial x\partial y} - \dfrac{\partial^2 w_y}{\partial y^2}\right) = 0 \\[6pt] \mu\nabla_1^2 u_z + R\left(\dfrac{\partial^2 w_x}{\partial x^2} - 2\dfrac{\partial^2 w_y}{\partial x\partial y} - \dfrac{\partial^2 w_x}{\partial y^2} + \nabla_1^2 w_z\right) = 0 \\[6pt] K_1\nabla_1^2 w_x + K_2\left(\dfrac{\partial^2 w_z}{\partial x^2} - \dfrac{\partial^2 w_z}{\partial y^2}\right) + R\left(\dfrac{\partial^2 u_x}{\partial x^2} - 2\dfrac{\partial^2 u_y}{\partial x\partial y} - \dfrac{\partial^2 u_x}{\partial y^2} + \dfrac{\partial^2 u_z}{\partial x^2} - \dfrac{\partial^2 u_z}{\partial y^2}\right) = 0 \\[6pt] K_1\nabla_1^2 w_y - 2K_2\dfrac{\partial^2 w_z}{\partial x\partial y} + R\left(\dfrac{\partial^2 u_y}{\partial x^2} + 2\dfrac{\partial^2 u_x}{\partial x\partial y} - \dfrac{\partial^2 u_y}{\partial y^2} - 2\dfrac{\partial^2 u_z}{\partial x\partial y}\right) = 0 \\[6pt] (K_1-K_2)\nabla_1^2 w_z + K_2\left(\dfrac{\partial^2 w_x}{\partial x^2} - 2\dfrac{\partial^2 w_y}{\partial x\partial y} - \dfrac{\partial^2 w_y}{\partial y^2}\right) + R\nabla_1^2 u_z = 0 \end{array} \right\} \tag{9.4-3}$$

其中 ∇_1^2 和 $\nabla_1\cdot\boldsymbol{u}_1$ 见第 9.3 节。为简单起见，在下面将省略二维 Laplace 算子的下标 1。

方程组（9.4-3）比方程组（9.1-8）要简单得多，但仍然相当复杂。如果引入位移势 $F(x,y)$，满足

$$\left.\begin{aligned}
u_x &= R\frac{\partial^2}{\partial x\partial y}\nabla^2\nabla^2[\mu\alpha\Pi_1+\beta(\lambda+2\mu)\Pi_2]F+ \\
&\quad c_0R\frac{\partial^2}{\partial x\partial y}\Lambda^2\left[(3\mu-\lambda)\frac{\partial^4}{\partial x^4}+10(\lambda+\mu)\frac{\partial^4}{\partial x^2\partial y^2}-(5\lambda+9\mu)\frac{\partial^4}{\partial y^4}\right]F \\
u_y &= R\nabla^2\nabla^2\left[\mu\alpha\frac{\partial^2}{\partial y^2}\Pi_1-\beta(\lambda+2\mu)\frac{\partial^2}{\partial x^2}\Pi_2\right]F+ \\
&\quad c_0R\Lambda^2\left[(\lambda+2\mu)\frac{\partial^6}{\partial x^6}-5(2\lambda+3\mu)\frac{\partial^6}{\partial x^4\partial y^2}+5\lambda\frac{\partial^6}{\partial x^2\partial y^4}+\mu\frac{\partial^6}{\partial y^6}\right]F \\
u_z &= c_1\frac{\partial^2}{\partial x\partial y}\left[(\alpha-\beta)\Lambda^2\Pi_1\Pi_2+\alpha\frac{\partial^2}{\partial y^2}\Pi_1^2+\beta\frac{\partial^2}{\partial x^2}\Pi_2^2\right]F \\
w_x &= -\omega\frac{\partial^2}{\partial x\partial y}\nabla^2[2c_0\Lambda^2\nabla^2-(\alpha-\beta)\Pi_1\Pi_2]F \\
w_y &= -\omega\nabla^2\left(c_0\Lambda^2\Lambda^2\nabla^2+\alpha\frac{\partial^2}{\partial y^2}\Pi_1^2+\beta\frac{\partial^2}{\partial x^2}\Pi_2^2\right)F \\
w_z &= c_2\frac{\partial^2}{\partial x\partial y}\left[(\alpha-\beta)\Lambda^2\Pi_1\Pi_2+\alpha\frac{\partial^2}{\partial y^2}\Pi_1^2+\beta\frac{\partial^2}{\partial x^2}\Pi_2^2\right]F
\end{aligned}\right\}$$

(9.4-4)

那么场方程（9.4-3）将被满足，如果

$$\nabla^2\nabla^2\nabla^2\nabla^2\nabla^2\nabla^2 F(x,y)+\nabla^2 LF(x,y)=0 \qquad(9.4\text{-}5)$$

其中

$$\left.\begin{aligned}
&\alpha=(\lambda+2\mu)R^2-\omega K_1,\ \beta=\mu R^2-\omega K_1,\ \omega=\mu(\lambda+2\mu) \\
&c_0=\omega\frac{\mu K_2^2+(K_1-3K_2)R^2}{\mu(K_1-K_2)-R^2},\ c_1=\frac{(K_1-2K_2)R\omega}{\mu(K_1-K_2)-R^2},\ c_2=\frac{(K_2\mu-R^2)\omega}{\mu(K_1-K_2)-R^2} \\
&\Pi_1=3\frac{\partial^2}{\partial x^2}-\frac{\partial^2}{\partial y^2},\ \Pi_2=3\frac{\partial^2}{\partial y^2}-\frac{\partial^2}{\partial x^2},\ \nabla^2=\frac{\partial^2}{\partial x^2}+\frac{\partial^2}{\partial y^2},\ \Lambda^2=\frac{\partial^2}{\partial x^2}-\frac{\partial^2}{\partial y^2}
\end{aligned}\right\}$$

(9.4-6)

这里二维 Laplace 算子的下标 1 已省略，并且算子

$$\begin{aligned}
L=\frac{c_0}{\beta}\bigg[&-\frac{\partial^{10}}{\partial x^{10}}+5\left(4-5\frac{\alpha}{\beta}\right)\frac{\partial^{10}}{\partial x^8\partial y^2}-10\left(11-10\frac{\alpha}{\beta}\right)\frac{\partial^{10}}{\partial x^6\partial y^4}+10\left(10-11\frac{\alpha}{\beta}\right)\frac{\partial^{10}}{\partial x^4\partial y^6}- \\
&5\left(5-4\frac{\alpha}{\beta}\right)\frac{\partial^{10}}{\partial x^2\partial y^8}-\frac{\alpha}{\beta}\frac{\partial^{10}}{\partial y^{10}}\bigg]
\end{aligned}$$

(9.4-7)

假设
$$R^2/(\mu K_1) \ll 1 \tag{9.4-8}$$

（这是可以理解的，因为耦合效应比较弱），再由式（9.4-6）和式（9.4-7）得

$$\beta/\alpha \to 1, \quad \nabla^2 L = \frac{c_0}{\beta}\nabla^2\nabla^2\nabla^2\nabla^2\nabla^2\nabla^2 \tag{9.4-9}$$

将式（9.4-9）代入式（9.4-5），发现

$$\nabla^2\nabla^2\nabla^2\nabla^2\nabla^2\nabla^2 F(x,y) = 0 \tag{9.4-10}$$

这是基于位移势函数的二十面体准晶平面弹性问题的最终控制方程。根据广义 Hooke 定律，声子场和相位子场应力分量也可以用势函数 $F(x,y)$ 表示，为简单起见，这里不做介绍。

换句话说，方程组（9.4-4）给出了二十面体准晶平面弹性问题基于位移势函数 $F(x,y)$ 的基本解，为从根本上解决这类准晶平面弹性力学问题奠定了基础。一旦获得了满足式（9.4-10）及边界条件的位移势函数 $F(x,y)$，可以根据方程组（9.4-4）获得整个弹性场的表达式，见文献 [15]。这在一定程度上是对文献 [18] 中二维准晶弹性问题的发展。具体过程和解见本章第 9.6、9.7 节。

9.5 二十面体准晶的声子场–相位子场耦合的平面弹性问题——应力势函数方法

在上一节，我们采用位移势函数方法把非常复杂的二十面准晶平面弹性问题的控制方程化简成一个 12 阶的偏微分方程，这为进一步求解带来了方便。下面采用应力势函数方法研究同一问题。

由变形几何方程（9.1-1），可获得变形协调方程如下

$$\left. \begin{array}{l} \dfrac{\partial^2 \varepsilon_{xx}}{\partial y^2} + \dfrac{\partial^2 \varepsilon_{yy}}{\partial x^2} = 2\dfrac{\partial^2 \varepsilon_{xy}}{\partial x \partial y}, \quad \dfrac{\partial \varepsilon_{yz}}{\partial x} = \dfrac{\partial \varepsilon_{zx}}{\partial y} \\ \dfrac{\partial w_{xy}}{\partial x} = \dfrac{\partial w_{xx}}{\partial y}, \quad \dfrac{\partial w_{yy}}{\partial x} = \dfrac{\partial w_{yx}}{\partial y}, \quad \dfrac{\partial w_{zy}}{\partial x} = \dfrac{\partial w_{zx}}{\partial y} \end{array} \right\} \tag{9.5-1}$$

如果引进应力势函数

$$\varphi_1(x,y), \ \varphi_2(x,y), \ \psi_1(x,y), \ \psi_2(x,y), \ \psi_3(x,y)$$

满足

$$\left.\begin{aligned}
&\sigma_{xx} = \frac{\partial^2 \varphi_1}{\partial y^2}, \ \sigma_{xy} = -\frac{\partial^2 \varphi_1}{\partial x \partial y}, \ \sigma_{yy} = \frac{\partial^2 \varphi_1}{\partial x^2} \\
&\sigma_{zx} = \frac{\partial \varphi_2}{\partial y}, \ \sigma_{zy} = -\frac{\partial \varphi_2}{\partial x} \\
&H_{xx} = \frac{\partial \psi_1}{\partial y}, \ H_{xy} = -\frac{\partial \psi_1}{\partial x}, \ H_{yx} = \frac{\partial \psi_2}{\partial y} \\
&H_{yy} = -\frac{\partial \psi_2}{\partial x}, \ H_{zx} = \frac{\partial \psi_3}{\partial y}, \ H_{zy} = -\frac{\partial \psi_3}{\partial x}
\end{aligned}\right\} \quad (9.5\text{-}2)$$

且

$$\left.\begin{aligned}
\varphi_1 &= c_2 c_3 R \frac{\partial}{\partial y}\left(2\frac{\partial^2}{\partial x^2}\Pi_2 - \Lambda^2 \Pi_1\right)\nabla^2\nabla^2 G \\
\varphi_2 &= -c_3 c_4 \nabla^2\nabla^2\nabla^2\nabla^2\nabla^2 G \\
\psi_1 &= c_1 c_2 R \frac{\partial^2}{\partial y^2}\left(2\frac{\partial^2}{\partial x^2}\Pi_1\Pi_2 - \Lambda^2 \Pi_1^2\right)\nabla^2 G + c_2 c_4 \Lambda^2 \nabla^2\nabla^2\nabla^2\nabla^2 G \\
\psi_2 &= c_1 c_2 R \frac{\partial^2}{\partial x \partial y}\left(2\frac{\partial^2}{\partial x^2}\Pi_2^2 - \Lambda^2 \Pi_1\Pi_2\right)\nabla^2 G - 2c_2 c_4 \frac{\partial^2}{\partial x \partial y}\nabla^2\nabla^2\nabla^2\nabla^2 G \\
\psi_3 &= -\frac{1}{R}K_2 c_3 c_4 \nabla^2\nabla^2\nabla^2\nabla^2\nabla^2 G
\end{aligned}\right\}$$

$$(9.5\text{-}3)$$

平衡方程和变形协调方程将自动满足。如果

$$\nabla^2\nabla^2\nabla^2\nabla^2\nabla^2\nabla^2 G = 0 \quad (9.5\text{-}4)$$

在 $R^2/K_1\mu \ll 1$ 近似下，其中

$$c_1 = \frac{R(2K_2 - K_1)(\mu K_1 + \mu K_2 - 3R^2)}{2(\mu K_1 - 2R^2)}$$

$$c_2 = \frac{1}{R}K_2(\mu K_2 - R^2) - R(2K_2 - K_1)$$

$$c_3 = \mu(K_1 - K_2) - R^2 - \frac{(\mu K_2 - R^2)^2}{\mu K_1 - 2R^2}$$

$$c_4 = c_1 R + \frac{1}{2}c_3\left(K_1 + \frac{\mu K_1 - 2R^2}{\lambda + \mu}\right)$$

$$\Pi_1 = 3\frac{\partial^2}{\partial x^2} - \frac{\partial^2}{\partial y^2}, \quad \Pi_2 = 3\frac{\partial^2}{\partial y^2} - \frac{\partial^2}{\partial x^2}$$
$$\nabla^2 = \frac{\partial^2}{\partial x^2} + \frac{\partial^2}{\partial y^2}, \quad \Lambda^2 = \frac{\partial^2}{\partial x^2} - \frac{\partial^2}{\partial y^2} \tag{9.5-5}$$

式（9.5-4）是基于应力势函数的二十面体准晶平面弹性问题的最终控制方程，详见文献 [19]，这是二维准晶相关工作的发展 [20, 21]。

二十面体准晶平面弹性问题的应力势函数方法虽然得到了六重调和方程（9.5-4），但是这一推导存在一定的局限性，例如，公式中含有常数 c_2，它与 $1/R$ 成正比，在 $R \to 0$ 时变成无限大，会引起发散。所以本节这套公式不能用于 $R \to 0$ 的情形，不如位移势方法得到的式（9.4-10）普遍有效。

9.6 二十面体准晶中的直位错

在前面的章节中介绍的方法极大地简化了复杂的方程。下面将采用 Fourier 分析和复分析方法研究一些具体的例子。

文献 [3] 在假设声子场和相位子场不耦合（即 $R = 0$）的情况下获得了位错问题的解，但是那个解是不完全的解。本节将考虑声子场–相位子场耦合效应，给出一个完整的分析。

假设位错沿 x_3 轴（或 z 轴）的轴方向，位错核在原点，Burgers 矢量为 $\boldsymbol{b} = \boldsymbol{b}^{\|} \oplus \boldsymbol{b}^{\perp} = (b_1^{\|}, b_2^{\|}, b_3^{\|}, b_1^{\perp}, b_2^{\perp}, b_3^{\perp})$，位错条件为

$$\int_\Gamma \mathrm{d}u_j = b_j^{\|}, \quad \int_\Gamma \mathrm{d}w_j = b_j^{\perp} \tag{9.6-1}$$

其中 $x_1 = x$，$x_2 = y$，$x_3 = z$，式（9.6-1）的积分路径为在空间 $E_{\|}$ 中围绕位错核的 Burgers 回路。我们首先考虑一种特殊情况，即假设

$$b_1^{\|} \neq 0, \ b_1^{\perp} \neq 0, \ b_2^{\|} = b_3^{\|} = 0, \ b_2^{\perp} = b_3^{\perp} = 0$$

考虑到场变量的对称性和反对称性，为简单起见，可以考虑半平面问题，所以有如下的边界条件

$$\sigma_{yy}(x,0) = \sigma_{zy}(x,0) = 0 \tag{9.6-2a,b}$$

$$H_{yy}(x,0) = H_{zy}(x,0) = 0 \tag{9.6-2c,d}$$

$$\int_\Gamma \mathrm{d}u_x = b_1^{\|}, \quad \int_\Gamma \mathrm{d}w_x = b_1^{\perp} \tag{9.6-2e,f}$$

此外，还有在无穷远处的边界条件

$$\sigma_{ij}(x,y) \to 0, \quad H_{ij}(x,y) \to 0, \quad \sqrt{x^2+y^2} \to +\infty \qquad (9.6\text{-}3)$$

以下将利用第 9.4 节的结论来解决上述边值问题。对式（9.3-10）和上述边界条件进行 Fourior 变换，可以得到变换域内的解，再进行逆变换，得到如下解

$$\left.\begin{aligned}
u_x &= \frac{1}{2\pi}\left(b_1^{\parallel} \arctan\frac{y}{x} + c_{12}\frac{xy}{r^2} + c_{13}\frac{xy^3}{r^4} \right) \\
u_y &= \frac{1}{2\pi}\left[-c_{21}\ln\frac{r}{r_0} + c_{22}\frac{y^2}{r^2} + c_{23}\frac{y^2(y^2-x^2)}{2r^4} \right] \\
u_z &= \frac{1}{2\pi}\left(-c_{31}\arctan\frac{y}{x} + c_{32}\frac{xy}{r^2} + c_{33}\frac{xy^3}{r^4} \right) \\
w_x &= \frac{1}{2\pi}\left(b_1^{\perp}\arctan\frac{y}{x} + c_{42}\frac{xy}{r^2} + c_{43}\frac{xy^3}{r^4} \right) \\
w_y &= \frac{1}{2\pi}\left[-c_{51}\ln\frac{r}{r_0} + c_{52}\frac{y^2}{r^2} + c_{53}\frac{y^2(y^2-x^2)}{2r^4} \right] \\
w_z &= \frac{1}{2\pi}\left(-c_{61}\arctan\frac{y}{x} + c_{62}\frac{xy}{r^2} + c_{63}\frac{xy^3}{r^4} \right)
\end{aligned}\right\} \qquad (9.6\text{-}4)$$

其中 $r^2=x^2+y^2$，r_0 表示位错核的半径，常数如下

$$c_{12} = \frac{2c_0\{\mu(2R^2+c_0\mu)(\lambda^2+3\lambda\mu+2\mu^2)b_1^{\parallel} + R[-e(\lambda+\mu)+2\mu c_0(\lambda+2\mu)^2]b_1^{\perp}\}}{-e[2e+\mu c_0(\lambda+2\mu)] + \mu c_0(\lambda+2\mu)[e+2\mu c_0(\lambda+2\mu)]}$$

$$c_{13} = \frac{2c_0R(\lambda+\mu)[2R\mu(\lambda+\mu)b_1^{\parallel} + 2\mu c_0(\lambda+2\mu)b_1^{\perp}]}{-e[2e+\mu c_0(\lambda+2\mu)] + \mu c_0(\lambda+2\mu)[e+2\mu c_0(\lambda+2\mu)]}$$

$$c_{21} = \frac{[2c_0^2\mu^3(\lambda+2\mu)-2e^2]b_1^{\parallel} + 2c_0R(\lambda+3\mu)eb_1^{\perp}}{-e[2e+\mu c_0(\lambda+2\mu)] + \mu c_0(\lambda+2\mu)[e+2\mu c_0(\lambda+2\mu)]}$$

$$c_{22} = \frac{2c_0\{-\mu^2(\lambda+\mu)[-2R^2+c_0\mu(\lambda+2\mu)]b_1^{\parallel} + R[-(\lambda+\mu)e+2c_0\mu^2]b_1^{\perp}\}}{-e[2e+\mu c_0(\lambda+2\mu)] + \mu c_0(\lambda+2\mu)[e+2\mu c_0(\lambda+2\mu)]}$$

$$c_{23} = \frac{2c_0R(\lambda+\mu)[2R\mu(\lambda+\mu)b_1^{\parallel} + 2c_0\mu^2 b_1^{\perp}]}{-e[2e+\mu c_0(\lambda+2\mu)] + \mu c_0(\lambda+2\mu)[e+2\mu c_0(\lambda+2\mu)]}$$

$$c_{31} = (-3c_1 e\{2(c_0\mu+7e)\mu c_0(\lambda+2\mu)b_1^{\parallel} + R(54c_0^2(\lambda^2+3\lambda\mu+\mu^2) - 2(\alpha-\beta)[e+\mu c_0(\lambda+2\mu)]\}b_1^{\perp}) / \{4c_0 R[-e(2e+\mu c_0(\lambda+2\mu))] + \mu c_0(\lambda+2\mu)[e+2\mu c_0(\lambda+2\mu)]\}$$

$$c_{32} = \frac{3c_1 e\{2\mu[-e+\mu c_0(\lambda+2\mu)]b_1^{\parallel} + R[-2e+2\mu c_0(\lambda+2\mu)]b_1^{\perp}\}}{-e[2e+\mu c_0(\lambda+2\mu)] + \mu c_0(\lambda+2\mu)[e+2\mu c_0(\lambda+2\mu)]}$$

$$c_{33} = \frac{-3ec_1[2R\mu(\lambda+\mu)b_1^{\parallel} + 2\mu c_0(\lambda+2\mu)b_1^{\perp}]}{-e[2e + \mu c_0(\lambda+2\mu)] + \mu c_0(\lambda+2\mu)[e + 2\mu c_0(\lambda+2\mu)]}$$

$$c_{42} = \frac{-2e[2R\mu(\lambda+\mu)b_1^{\parallel} + 2\mu c_0(\lambda+2\mu)b_1^{\perp}]}{-e[2e + \mu c_0(\lambda+2\mu)] + \mu c_0(\lambda+2\mu)[e + 2\mu c_0(\lambda+2\mu)]}$$

$$c_{43} = 0$$

$$c_{51} = -(-4e\mu^2 c_0(\lambda+2\mu)b_1^{\parallel} + R[2(\lambda+2\mu)(e+0.5\mu c_0) + \mu\{2\beta^2\mu + 2c_0^2(\lambda+2\mu)^2 + c_0(\lambda+2\mu)[-\beta\mu + R^2(\lambda+\mu)]\}b_1^{\perp})/$$
$$R\{-e[2e + \mu c_0(\lambda+2\mu)] + \mu c_0(\lambda+2\mu)[e + 2\mu c_0(\lambda+2\mu)]\}$$

$$c_{52} = -\frac{2e[2R\mu(\lambda+\mu)b_1^{\parallel} + 2\mu c_0(\lambda+2\mu)b_1^{\perp}]}{-e[2e + \mu c_0(\lambda+2\mu)] + \mu c_0(\lambda+2\mu)[e + 2\mu c_0(\lambda+2\mu)]}$$

$$c_{53} = 0$$

$$c_{61} = -3c_2e\{(2(c_0\mu + 7e)\mu c_0(\lambda+2\mu)b_1^{\parallel} + R(54c_0^2(\lambda^2 + 3\lambda\mu + \mu^2) - 2(\alpha-\beta)[e + \mu c_0(\lambda+2\mu)]b_1^{\perp}\} \times \{4c_0 R[-e(2e + \mu c_0(\lambda+2\mu)] + \mu c_0(\lambda+2\mu)[e + 2\mu c_0(\lambda+2\mu)]\}^{-1}$$

$$c_{62} = \frac{3ec_2\{2\mu[-e + \mu c_0(\lambda+2\mu)]b_1^{\parallel} + R[-2e + 2\mu c_0(\lambda+2\mu)]b_1^{\perp}\}}{-e[2e + \mu c_0(\lambda+2\mu)] + \mu c_0(\lambda+2\mu)[e + 2\mu c_0(\lambda+2\mu)]}$$

$$c_{63} = \frac{-3ec_2[2R\mu(\lambda+\mu)b_1^{\parallel} + 2\mu c_0(\lambda+2\mu)b_1^{\perp}]}{-e[2e + \mu c_0(\lambda+2\mu)] + \mu c_0(\lambda+2\mu)[e + 2\mu c_0(\lambda+2\mu)]}$$

（9.6-5）

其中 $e = -(\lambda+\mu)R^2$。

对于其他两个典型的问题，其中位错伯格斯矢量分别表示为 $(0, b_2^{\parallel}, 0, 0, b_2^{\perp}, 0)$ 和 $(0, 0, b_3^{\parallel}, 0, 0, b_3^{\perp})$，可以类似地求解，此处不做介绍，其解可以表示为 $u_j^{(2)}, w_j^{(2)}$ 和 $u_j^{(3)}, w_j^{(3)}$。位错 $(b_1^{\parallel}, b_2^{\parallel}, b_3^{\parallel}, b_1^{\perp}, b_2^{\perp}, b_3^{\perp})$ 诱导的弹性场可以由 $(b_1^{\parallel}, 0, 0, b_1^{\perp}, 0, 0)$，$(0, b_2^{\parallel}, 0, 0, b_2^{\perp}, 0)$ 和 $(0, 0, b_3^{\parallel}, 0, 0, b_3^{\perp})$ 诱导的解叠加得到，即

$$u_j = u_j^{(1)} + u_j^{(2)} + u_j^{(3)}, \quad w_j = w_j^{(1)} + w_j^{(2)} + w_j^{(3)}, \quad i,j=1,2,3 \quad (9.6\text{-}6)$$

可见，声子-声子、相位子-相位子与声子-相位子之间的相互作用是非常明显的，解（9.6-4）与杨等人[3]的解完全不同（见方程组（9.3-6）），文献[3]假设声子场与相位子场不耦合，即 $R=0$，所以获得的声子场的解与各向同性材料的经典的解相同。由在 $R \neq 0$ 的情况下获得的解（9.6-4）可以看出，其与经典弹性理论的结果是不相同的。为了说明声子场和相位子场的耦合效应，在图 9.6-1 和图 9.6-2 中给出了量纲为 1 的位移 $u_1/b_1^{\parallel}$ 随 x 和 y 的变化规律，由图可以看出，耦合常数 R 的影响是非常明显的。在计算中，采取

弹性模量的数据

$$\lambda = 74.9\,\text{GPa}, \quad \mu = 72.4\,\text{GPa}, \quad K_1 = 72\,\text{MPa}, \quad K_2 = -73\,\text{MPa}$$

声子–相位子耦合弹性系数为三种不同的情况,即,$R/\mu = 0$,$R/\mu = 0.004$ 和 $R/\mu = 0.006$,其中第一个是不耦合的情况。

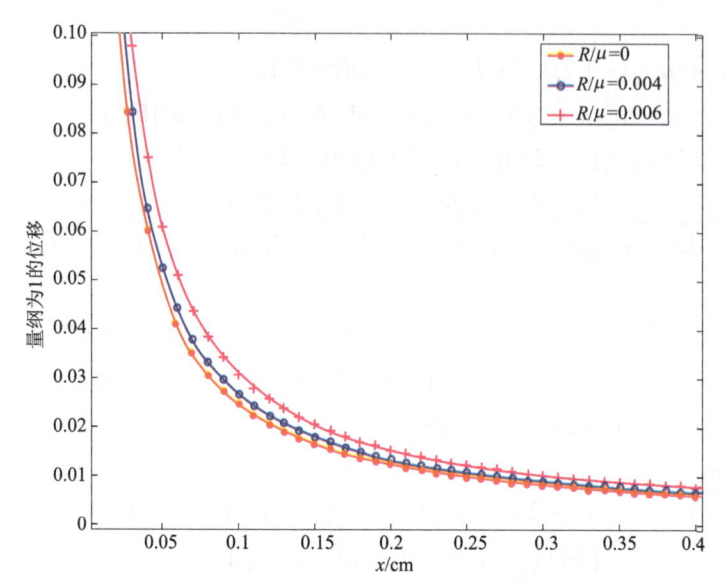

图 9.6-1　位移 $u_1/b_1^{\parallel}$ 随 x 变化,取不同的耦合弹性常数

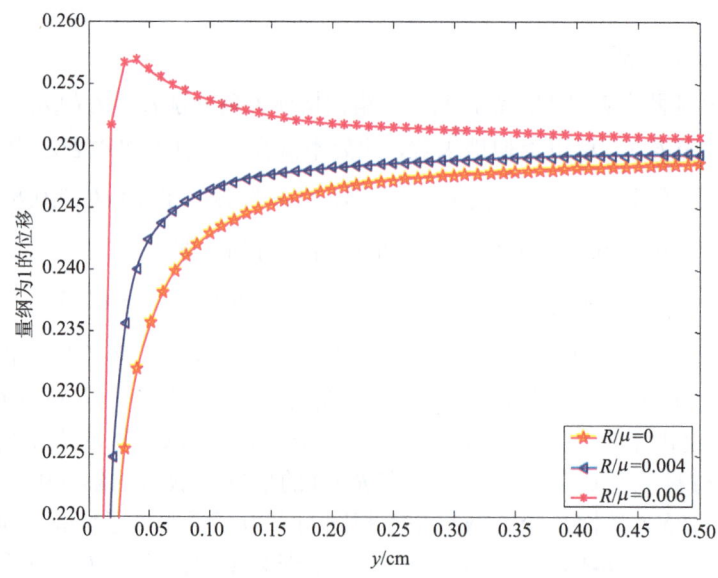

图 9.6-2　位移 $u_1/b_1^{\parallel}$ 随 y 的变化,取不同的耦合弹性常数

图 9.6-1 和图 9.6-2 表明耦合效应是非常重要的，位移随着 R 的增大而增大。对于二十面体准晶位错问题的解来说，有 5 个独立的弹性常数。如果假设 $R=0$，$w_i=0$，解退化成经典弹性理论中位错问题的解，即

$$\left.\begin{aligned} u_x &= \frac{b_1^{\parallel}}{2\pi}\left(\arctan\frac{y}{x} + \frac{\lambda+\mu}{\lambda+2\mu}\frac{xy}{r^2}\right) + \frac{b_2^{\parallel}}{2\pi}\left(\frac{\mu}{\lambda+2\mu}\ln\frac{r}{r_0} + \frac{\lambda+\mu}{\lambda+2\mu}\frac{x^2}{r^2}\right) \\ u_y &= -\frac{b_1^{\parallel}}{2\pi}\left(\frac{\mu}{\lambda+2\mu}\ln\frac{r}{r_0} + \frac{\lambda+\mu}{\lambda+2\mu}\frac{x^2}{r^2}\right) + \frac{b_2^{\parallel}}{2\pi}\left(\arctan\frac{y}{x} - \frac{\lambda+\mu}{\lambda+2\mu}\frac{xy}{r^2}\right) \\ u_z &= \frac{b_3^{\parallel}}{2\pi}\arctan\frac{y}{x} \end{aligned}\right\}$$

（9.6-7）

目前的解揭示了二十面体准晶的声子–声子、相位子–相位子与声子–相位子之间的相互作用。

位移势函数方法奠定了求解含缺陷二十面体准晶弹性问题的基础，极大地简化了求解的过程。接下来，系统地发展了傅里叶变换解法，这种解法不仅对位错问题是有效的，对于更复杂的混合边值问题也是有效的（如裂纹问题，见文献［18］）。本节首次获得了二十面体准晶位错问题完整的解。

本节所获得的解可以作为二十面体准晶中位错问题的基本解。因此，可以通过基本解的叠加直接得到许多二十面体准晶弹性问题的解。

本节内容详见论文［17］。

9.7 二十面体准晶中的 Griffith 裂纹——Fourier 分析

三维准晶的裂纹自然比位错问题复杂得多，也更难求解。祝爱玉和范天佑用 Fourier 变换和对偶积分方程求解了二十面体准晶的裂纹问题，如图 9.7-1 所示。

由于问题的对称性，很自然地将我们的注意力限制在上半部分。这样，与此问题相关的边界条件如下：

$$\left.\begin{aligned} &\sigma_{yy}(x,0) = -p, H_{yy}(x,0) = 0 & & |x| \leqslant a \\ &u_y(x,0) = 0, w_y(x,0) = 0 & & |x| > a \\ &\sigma_{xy}(x,0) = \sigma_{zy}(x,0) = 0, H_{xy}(x,0) = H_{zy}(x,0) = 0 & & -\infty < x < +\infty \end{aligned}\right\}$$

（9.7-1）

另外，还须补充在无穷远处的边界条件，即

$$\sigma_{ij} \to 0, H_{ij} \to 0 \qquad \sqrt{x^2+y^2} \to +\infty$$

（9.7-2）

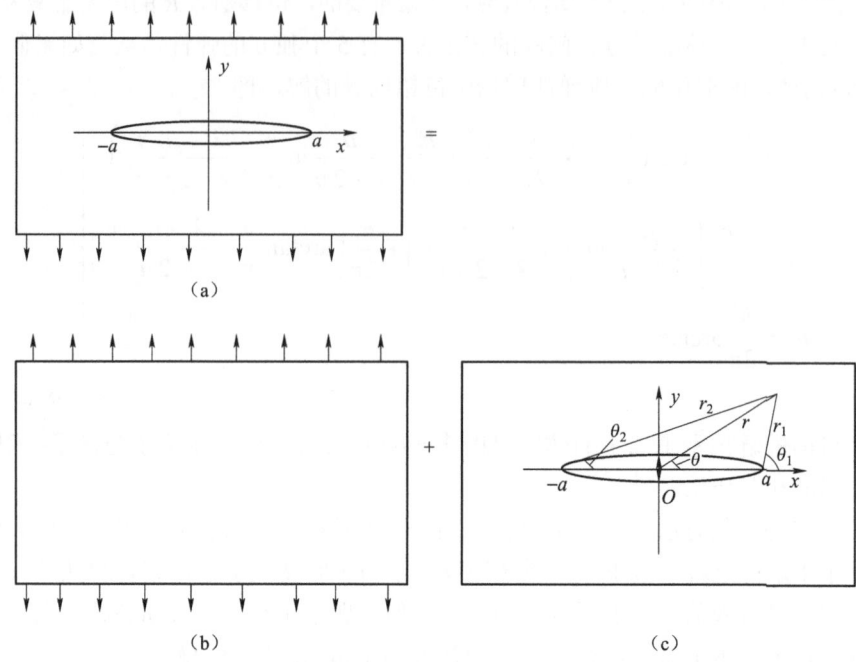

图 9.7-1 沿五次对称轴穿透三维准晶的 Griffith 裂纹在均匀拉伸作用下的求解示意图

用 Fourier 方法求解上面给出的边界值问题。对式（9.4-10）做 Fourier 变换，并考虑到无穷远处的边界条件，所得的常微分方程的通解可表示为

$$\tilde{F} = XY e^{-|\xi|y} \quad (9.7\text{-}3)$$

其中 $X = (A\ B\ C\ D\ E\ F)$，$Y = (1\ y\ y^2\ y^3\ y^4\ y^5)^T$，这里 A, B, C, D, E 和 F 是由边界条件确定的 ξ 的函数，上标 T 表示矩阵的转置。

利用边界条件及前面给出的位移和应力的 Fourier 变换式，可得到

$$\begin{cases} \int_0^{+\infty} \xi A_j \cos\xi x \mathrm{d}x = p\pi b_j & 0 < x \leqslant a \\ \int_0^{+\infty} A_j \cos\xi x \mathrm{d}x = 0 & x \geqslant a \end{cases} \quad (9.7\text{-}4)$$

其中

$$A_1 = \xi^8 A,\ A_2 = |\xi^7| B,\ A_3 = 2\xi^6 C,\ A_4 = 6|\xi^5| D,\ A_5 = 24\xi^4 E,\ A_6 = 120|\xi^3| F \quad (9.7\text{-}5)$$

$$b_j = (-1)^j \frac{\Delta_j}{\Delta} \quad j = 1, 2, \cdots, 6 \quad (9.7\text{-}6)$$

$$\Delta = \begin{vmatrix} b_{11} & b_{12} & b_{13} & b_{14} & b_{15} & b_{16} \\ b_{21} & b_{22} & b_{23} & b_{24} & b_{25} & b_{26} \\ b_{31} & b_{32} & b_{33} & b_{34} & b_{35} & b_{36} \\ b_{41} & b_{42} & b_{43} & b_{44} & b_{45} & b_{46} \\ b_{51} & b_{52} & b_{53} & b_{54} & b_{55} & b_{56} \\ b_{61} & b_{62} & b_{63} & b_{64} & b_{65} & b_{66} \end{vmatrix} \quad \Delta_j = \begin{vmatrix} b_{21} & \cdots & b_{2,j-1} & b_{2,j+1} & \cdots & b_{26} \\ b_{31} & \cdots & b_{3,j-1} & b_{3,j+1} & \cdots & b_{36} \\ b_{41} & \cdots & b_{4,j-1} & b_{4,j+1} & \cdots & b_{46} \\ b_{51} & \cdots & b_{5,j-1} & b_{5,j+1} & \cdots & b_{56} \\ b_{61} & \cdots & b_{6,j-1} & b_{6,j+1} & \cdots & b_{66} \end{vmatrix}$$

（9.7-7）

其中 b_{ij} 为弹性常数，见附录 A。

利用标准对偶积分方程的理论（见主附录Ⅱ），得到此方程的解用 Bessel 函数表示如下

$$A_j = ap\pi b_j J_1(\xi a)/\xi \tag{9.7-8}$$

其中 $J_1(x)$ 是第一类 1 阶 Bessel 函数（见主附录Ⅱ）。

这里仅列出解的位移场

$$\begin{aligned}
u_x/p &= c_{11}[(r_1r_2)^{1/2}\cos\bar{\theta} - r\cos\theta] + c_{12}r^2(r_1r_2)^{-1/2}\sin\theta\sin(\theta-\bar{\theta}) + \\
&\quad 1/2c_{13}r^2(r_1r_2)^{-3/2}a^2\sin^2\theta\cos3\bar{\theta} - 1/2c_{14}r^4(r_1r_2)^{-5/2}a^2\sin^3\theta\sin(\theta-5\bar{\theta}) - \\
&\quad 1/8c_{15}r^4(r_1r_2)^{-7/2}a^2\sin^4\theta h_{21} + 1/8c_{16}r^6(r_1r_2)^{-9/2}a^2\sin^5\theta h_{22} \\
u_y/p &= c_{21}[(r_1r_2)^{1/2}\sin\bar{\theta} - r\sin\theta] + c_{22}r[1 - r(r_1r_2)^{-1/2}\cos(\theta-\bar{\theta})]\sin\theta - \\
&\quad 1/2c_{23}r^2(r_1r_2)^{-3/2}a^2\sin^2\theta\sin3\bar{\theta} + 1/2c_{24}r^4(r_1r_2)^{-5/2}a^2\sin^3\theta\cos(\theta-5\bar{\theta}) + \\
&\quad 1/8c_{25}r^4(r_1r_2)^{-7/2}a^2\sin^4\theta h_{11} - 1/8c_{26}r^6(r_1r_2)^{-9/2}a^2\sin^5\theta h_{12} \\
u_z/p &= c_{31}[(r_1r_2)^{1/2}\cos\bar{\theta} - r\cos\theta] + c_{32}r^2(r_1r_2)^{-1/2}\sin\theta\sin(\theta-\bar{\theta}) + \\
&\quad 1/2c_{33}r^2(r_1r_2)^{-3/2}a^2\sin^2\theta\cos3\bar{\theta} - 1/2c_{34}r^4(r_1r_2)^{-5/2}a^2\sin^3\theta\sin(\theta-5\bar{\theta}) - \\
&\quad 1/8c_{35}r^4(r_1r_2)^{-7/2}a^2\sin^4\theta h_{21} + 1/8c_{36}r^6(r_1r_2)^{-9/2}a^2\sin^5\theta h_{22} \\
w_x/p &= c_{41}[(r_1r_2)^{1/2}\cos\bar{\theta} - r\cos\theta] + c_{42}r^2(r_1r_2)^{-1/2}\sin\theta\sin(\theta-\bar{\theta}) + \\
&\quad 1/2c_{43}r^2(r_1r_2)^{-3/2}a^2\sin^2\theta\cos3\bar{\theta} - 1/2c_{44}r^4(r_1r_2)^{-5/2}a^2\sin^3\theta\sin(\theta-5\bar{\theta}) - \\
&\quad 1/8c_{45}r^4(r_1r_2)^{-7/2}a^2\sin^4\theta h_{21} + 1/8c_{46}r^6(r_1r_2)^{-9/2}a^2\sin^5\theta h_{22} \\
w_y/p &= c_{51}[(r_1r_2)^{1/2}\sin\bar{\theta} - r\sin\theta] + c_{52}r[1 - r(r_1r_2)^{-1/2}\cos(\theta-\bar{\theta})]\sin\theta - \\
&\quad 1/2c_{53}r^2(r_1r_2)^{-3/2}a^2\sin^2\theta\sin3\bar{\theta} + 1/2c_{54}r^4(r_1r_2)^{-5/2}a^2\sin^3\theta\cos(\theta-5\bar{\theta}) + \\
&\quad 1/8c_{55}r^4(r_1r_2)^{-7/2}a^2\sin^4\theta h_{11} - 1/8c_{56}r^6(r_1r_2)^{-9/2}a^2\sin^5\theta h_{12} \\
w_z/p &= c_{61}[(r_1r_2)^{1/2}\cos\bar{\theta} - r\cos\theta] + c_{62}r^2(r_1r_2)^{-1/2}\sin\theta\sin(\theta-\bar{\theta}) + \\
&\quad 1/2c_{63}r^2(r_1r_2)^{-3/2}a^2\sin^2\theta\cos3\bar{\theta} - 1/2c_{64}r^4(r_1r_2)^{-5/2}a^2\sin^3\theta\sin(\theta-5\bar{\theta}) - \\
&\quad 1/8c_{65}r^4(r_1r_2)^{-7/2}a^2\sin^4\theta h_{21} + 1/8c_{66}r^6(r_1r_2)^{-9/2}a^2\sin^5\theta h_{22}
\end{aligned}$$

（9.7-9）

其中

$$\left.\begin{array}{l}h_{11} = a^2 \sin 7\bar{\theta} - 4r^2 \sin(2\theta - 7\bar{\theta}), \quad h_{12} = 3a^2 \cos(\theta - 9\bar{\theta}) + 4r^2 \cos(3\theta - 9\bar{\theta}) \\ h_{21} = a^2 \cos 7\bar{\theta} + 4r^2 \cos(2\theta - 7\bar{\theta}), \quad h_{22} = 3a^2 \sin(\theta - 9\bar{\theta}) + 4r^2 \sin(3\theta - 9\bar{\theta})\end{array}\right\}$$

(9.7-10)

常数 c_{ij} 如下

$$\begin{array}{l}c_{i1} = \sum_{j=1}^{6} a_{j1}b_j, \quad c_{i2} = \sum_{j=1}^{5} a_{j1}b_{j+1}, \quad c_{i3} = \sum_{j=1}^{4} a_{j1}b_{j+2}, \quad c_{i4} = \sum_{j=1}^{3} a_{j1}b_{j+3}, \\ c_{i5} = \sum_{j=1}^{2} a_{j1}b_{j+4}, \quad c_{i6} = \sum_{j=1}^{1} a_{j1}b_{j+5}, \quad i = 1, 2 \cdots 6\end{array}$$

(9.7-11)

其中 $\theta = (\theta_1 + \theta_2)/2$；$a_{ij}$ 为弹性常数，见下面公式：

$a_{11} = R[2c_0(5\lambda + 9\mu) - \alpha\mu]$
$a_{12} = R[\alpha\mu - 2c_0(39\lambda + 67\alpha\mu)]$
$a_{13} = 2R[-6\alpha\mu + 8\beta(\lambda + 2\mu) + c_0(111\lambda + 179\mu)]$
$a_{14} = -2R(157c_0\lambda + 28\beta\lambda + 249c_0\mu - 16\alpha\mu + 56\beta\mu)$
$a_{15} = 5R[-7\alpha\mu + 16\beta(\lambda + 2\mu) + c_0(50\lambda + 82\mu)]$
$a_{16} = R[21\alpha\mu - 58\beta(\lambda + 2\mu) - 8c_0(15\lambda + 26\mu)]$
$a_{21} = c_0 R(32\lambda + 27\mu)$
$a_{22} = -14c_0 R(8\lambda + 5\mu)$
$a_{23} = R[c_0(176\lambda + 59\mu) + 16(\beta\lambda - \alpha\mu + 2\beta\mu)]$
$a_{24} = -8[c_0(20\lambda - 2\mu) - 7\alpha\mu + 5\beta(\lambda + 2\mu)]$
$a_{25} = 10R\{c_0(9\lambda - 7\mu) + 4[-2\alpha\mu + \beta(\lambda + 2\mu)]\}$
$a_{26} = R[62\alpha\mu - 18\beta(\lambda + 2\mu) + c_0(-30\lambda + 62\mu)]$
$a_{31} = 2c_1(24\alpha - 5\beta)$
$a_{32} = c_1(-192\alpha + 78\beta)$
$a_{33} = c_1(340\alpha - 226\beta)$
$a_{34} = c_1(-352\alpha + 306\beta)$
$a_{35} = 5c_1(47\alpha - 43\beta)$
$a_{36} = c_1(-103\alpha + 85\beta)$

$a_{41} = 0$
$a_{43} = -16\omega c_0$
$a_{43} = -16\omega c_0$
$a_{44} = -24\omega(2c_0 - \alpha + \beta)$
$a_{45} = 60\omega(c_0 - \alpha + \beta)$
$a_{46} = -2\omega[20c_0 - 27(\alpha - \beta)]$
$a_{51} = 0$
$a_{52} = 32\omega(\alpha - \beta)$
$a_{53} = -16\omega(c_0 + 7\alpha - 7\beta)$
$a_{54} = 24\omega(2c_0 + 7\alpha - 7\beta)$
$a_{55} = -4\omega(17c_0 + 37\alpha - 33\beta)$
$a_{56} = 2\omega(28c_0 + 43\alpha - 27\beta)$
$a_{61} = 2c_2(24\alpha - 5\beta)$
$a_{62} = c_2(-192\alpha + 78\beta)$
$a_{63} = c_2(340\alpha - 226\beta)$
$a_{64} = c_2(-352\alpha + 306\beta)$
$a_{65} = 5c_2(47\alpha - 43\beta)$
$a_{66} = c_2(-103\alpha + 85\beta)$

(9.7-12)

而 b_j 定义见式（9.2-6），其中元素 b_{ij} 为

$$b_{11} = -R[\alpha\lambda\mu + c_0(22\lambda^2 + 73\lambda\mu + 54\mu^2)]$$

$$b_{12} = R[32\omega(\alpha - \beta) + \alpha\lambda\mu + c_0(66\lambda^2 + 215\lambda\mu + 194\mu^2)]$$

$$b_{13} = -R(c_0(32\omega + 66\lambda^2 + 347\lambda\mu + 258\mu^2) + 4\{36\omega(\alpha - \beta) + \mu[8\beta(\lambda + 2\mu) - \alpha(\lambda + 8\mu)]\})$$

$$b_{14} = R(c_0(112\omega + 22\lambda^2 + 217\lambda\mu + 86\mu^2) + 8\{32\omega(\alpha - \beta) + \mu[14\beta(\lambda + 2\mu) - \alpha(5\lambda + 18\mu)]\})$$

$$b_{15} = R\{-4c_0[44\omega + (\lambda - 43\mu)\mu] + 16\omega(16\beta - 15\alpha) + \mu[-160\beta(\lambda + 2\mu) + \alpha(101\lambda + 272\mu)]\}$$

$$b_{16} = R\{4c_0[41\omega - (25\lambda + 66\mu)\mu] - 12\omega(11\beta - 15\alpha) + \mu[116\beta(\lambda + 2\mu) - \alpha(121\lambda + 284\mu)]\}$$

$$b_{21} = 2(c_2K_2 + c_1R)(24\alpha - 5\beta) + R^2[-c_0(21\lambda + 8\mu) + \beta(\lambda + 2\mu) - 2\alpha\mu]$$

$$b_{22} = (c_2K_2 - c_1R)(-288\alpha + 98\beta) + R^2[c_0(109\lambda - 10\mu) - \beta(\lambda + 2\mu) + 14\alpha\mu]$$

$$b_{23} = 4(c_2K_2 + c_1R)(193\alpha - 98\beta) - 54\alpha\mu R^2 - c_0[16K_1\omega + R^2(220\lambda - 239\mu)]$$

$$b_{24} = 2[-(c_2K_2 - c_1R)(612\alpha - 418\beta) - 12K_1\omega(\alpha - \beta) + 59\alpha\mu R^2] + 5c_0[16K_1\omega + R^2(44\lambda - 157\mu)]$$

$$b_{25} = (c_2K_2 - c_1R)(1\,279\alpha - 1\,053\beta) + 108K_1\omega(\alpha - \beta) - 145\alpha\mu R^2 + c_0[-172K_1\omega - 5R^2(22\lambda - 216\mu)]$$

$$b_{26} = -(c_2K_2 - c_1R)(925\alpha - 821\beta) - 198K_1\omega(\alpha - \beta) + 99\alpha\mu R^2 + c_0[208K_1\omega + R^2(22\lambda - 1\,325\mu)]$$

$$b_{31} = -2[c_2(K_1 - K_2) + c_1R](24\alpha - 5\beta) + RK_2[c_0(42\lambda + 45\mu) - \alpha\mu]$$

$$b_{32} = 2[c_2(K_1 - K_2) + c_1R](144\alpha - 49\beta) - RK_2[c_0(242\lambda + 267\mu) - 3\alpha\mu]$$

$$b_{33} = -4[c_2(K_1 - K_2) + c_1R](193\alpha - 98\beta) + RK_2[c_0(676\lambda + 773\mu) - 31\alpha\mu + 32\beta(\lambda + 2\mu)]$$

$$b_{34} = 4[c_2(K_1 - K_2) + c_1R](306\alpha - 209\beta) - RK_2[c_0(1172\lambda + 1391\mu) - 129\alpha\mu + 144\beta(\lambda + 2\mu)]$$

$$b_{35} = -[c_2(K_1 - K_2) + c_1R](1\,279\alpha - 1\,053\beta) + RK_2[2c_0(675\lambda + 839\mu) - 247\alpha\mu + 288\beta(\lambda + 2\mu)]$$

$$b_{36} = [c_2(K_1 - K_2) + c_1R](925\alpha - 821\beta) + RK_2[34c_0(31\lambda + 41\mu) - 265\alpha\mu + 332\beta(\lambda + 2\mu)]$$

$$b_{41} = -2(c_2R + c_1\mu)(24\alpha - 5\beta)$$
$$b_{42} = -4[(c_2R + c_1\mu)(96\alpha - 39\beta) + R\omega(20\alpha - 16\beta + 2c_0)]$$
$$b_{43} = -4[19(c_2R + c_1\mu)(7\alpha - 4\beta) + 28R\omega(\alpha - \beta)]$$
$$b_{44} = 4[(c_2R + c_1\mu)(61\alpha - 49\beta) - R\omega(64\alpha - 36\beta - 24c_0)]$$
$$b_{45} = (c_2R + c_1\mu)(587\alpha - 521\beta) - R\omega(232\alpha - 216\beta - 40c_0)$$
$$b_{46} = (c_2R + c_1\mu)(338\alpha - 300\beta) + R\omega(200\alpha - 168\beta - 44c_0)$$
$$b_{51} = R\mu[-c_0(42\lambda + 45\mu) + \alpha\mu]$$
$$b_{52} = -2R\{-4\omega(7\alpha - 5\beta) + \mu[11\alpha\mu - 4\beta(\lambda + 2\mu)] + c_0[4\omega + \mu(76\lambda + 93\mu)]\}$$
$$b_{53} = R\{112\omega(\alpha - \beta) + \mu[29\alpha\mu - 32\beta(\lambda + 2\mu)] + c_0[32\omega - \mu(476\lambda + 551\mu)]\}$$
$$b_{54} = 4R\{-\omega(92\alpha - 120\beta) + \mu[31\alpha\mu - 56\beta(\lambda + 2\mu)] + 2c_0[28\omega + \mu(17\lambda - 7\mu)]\}$$
$$b_{55} = R\{16\omega(4\alpha - 3\beta) + \mu[147\alpha\mu - 176\beta(\lambda + 2\mu)] + 2c_0[88\omega - \mu(327\lambda + 419\mu)]\}$$
$$b_{56} = 2R\{2\omega(7\alpha - 15\beta) - \mu[59\alpha\mu - 78\beta(\lambda + 2\mu)] - c_0[78\omega - \mu(200\lambda + 278\mu)]\}$$
$$b_{61} = -2(c_2K_2 + c_1R)(24\alpha - 5\beta) - \omega(\alpha + c_0)(K_1 + R) + Rc_0(42\lambda + 46\mu)$$
$$b_{62} = 6(c_2K_2 + c_1R)(32\alpha - 13\beta) + \omega(9R\alpha - 23K_1\alpha + 32K_1\beta) - 8R^2\alpha\mu + 3c_0[3K_1\omega + R(3\omega - 74R\lambda - 80R\mu)]$$
$$b_{63} = -2(c_2K_2 + c_1R)(170\alpha - 113\beta) + \omega(-36R\alpha + 108K_1\alpha + 144K_1\beta) + 8R^2(\alpha\mu + \beta\lambda) + c_0[-20K_1\omega + R(-36\omega + 510R\lambda + 523R\mu)]$$
$$b_{64} = 2(c_2K_2 + c_1R)(176\alpha - 153\beta) + 2\omega(42R\alpha - 98K_1\alpha + 140K_1\beta) + 4R^2(5\alpha\mu - 56\beta\lambda - 112\beta\mu) + c_0[20K_1\omega + R(84\omega - 650R\lambda - 625R\mu)]$$
$$b_{65} = -5(c_2K_2 + c_1R)(47\alpha - 43\beta) + 2\omega(-63R\alpha + 95K_1\alpha + 150K_1\beta) + 5R^2(-9\alpha\mu + 32\beta\lambda + 64\beta\mu) - 2c_0\{5K_1\omega + R[63\omega - 25R(10\lambda + 9\mu)]\}$$
$$b_{66} = (c_2K_2 + c_1R)(103\alpha - 85\beta) + 6\omega(21R\alpha - 18K_1\alpha + 31K_1\beta) + R^2(37\alpha\mu - 116\beta\lambda - 232\beta\mu) + 2c_0[K_1\omega + R(63\omega - 120R\lambda - 101R\mu)]$$

(9.7-13)

在实际应用中，人们最感兴趣的是裂纹尖端附近的应力场，即渐近场。所以，此处将注意力转移到裂纹（右）端尖端附近。在上面的解析表达式中，忽略高阶无穷小项（$r_1/a \ll 1$），可得到裂纹右端附近渐近的位移，将其代入广义 Hooke 定律得到裂纹右尖端附近处渐近应力场，即可以求出声子场的 I 型应力强度因子

$$K_I^{\parallel} = \lim_{x \to a^+}\{[2\pi(x-a)]^{1/2}\sigma_{yy}(x,0)\} = \sqrt{\pi a}\,p \qquad (9.7\text{-}14)$$

上面的结果表明声子场的应力分布和经典线弹性断裂理论的结论一致，而相位子场的应力分布表明了它在准晶中的独特性质，它是由于声子-相位子耦

合而产生的,在裂纹尖端也呈现出与声子场相同的平方根奇异性。

另外,类似经典断裂理论,也可以给出其能量释放率。为此,先给出其沿裂纹线上非零的位移和应力的解析表达式

$$u_y = \begin{cases} pM\sqrt{a^2-x^2}, & |x| \leqslant a \\ 0, & |x| > a \end{cases} \quad (9.7\text{-}15)$$

$$\sigma_{yy} = \begin{cases} -p, & |x| \leqslant a \\ p\left(\dfrac{|x|}{\sqrt{x^2-a^2}}-1\right), & |x| > a \end{cases} \quad (9.7\text{-}16)$$

其中

$$M = \sum_{j=1}^{6} a_{2j} b_j \quad (9.7\text{-}17)$$

a_{2j} 见式(9.7-12),b_j 见式(9.7-15)的定义。

这样,裂纹应变能 W 和能量释放率 G_I 分别为

$$W = \int_0^a \sigma_{yy}(x,0) u_y(x,0)\mathrm{d}x = M\pi a^2 p^2/2 \quad (9.7\text{-}18)$$

$$G_\mathrm{I} = \frac{1}{2}\frac{\partial W}{\partial a} = M(K_\mathrm{I}^\parallel)^2/2$$

裂纹的能量释放率如图 9.7-2 所示,裂纹张开位移如图 9.7-3 所示。

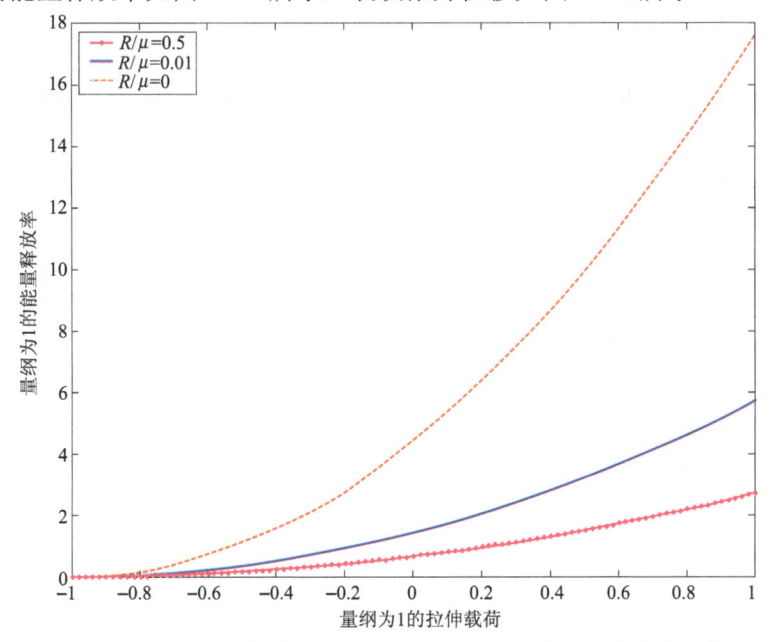

图 9.7-2 裂纹能量释放率随外载荷的变化以及声子–相位子耦合作用的影响

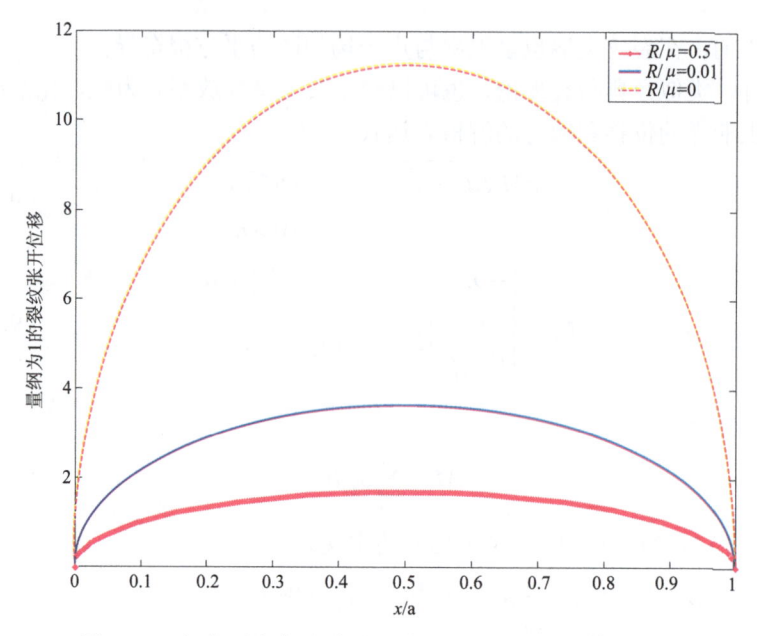

图 9.7-3　相位子和声子-相位子耦合对裂纹张开位移的影响

以上工作不仅获得了准晶弹性和缺陷问题精确解的重要信息，而且大大拓宽和发展了国际著名数学力学家、英国皇家学会会员 I.N.Sneddon 在 Fourier 分析及其应用方面的工作。

9.8　二十面体准晶中的椭圆缺口/Griffith 裂纹——复分析

在 2006 年之前，二十面体准晶的缺口问题还没有解决，困难之处在于这一问题不能用 Fourier 变换方法解决。必须发展其他方法，其中复分析与保角映射方法相结合是非常有效的方法，采用此方法可以获得一些问题的解析解，详见参考论文 [22]，这可以看作是论文 [23] 的进一步发展。

在本节中，考虑一个沿 z 轴穿透二十面体准晶的椭圆缺口。在第 9.5 节获得的基本解的基础上，获得了声子场和相位子场应力和位移的明确表达式。借助保角映射，给出了椭圆缺口问题的解析解。Griffith 裂纹问题的解可以看作是椭圆缺口的特殊情况而直接得到。同时，还给出了应力强度因子和能量释放率的表达式。

9.8.1　应力和位移的复表示

式（9.5-4）的解可以表示为

$$G(x,y) = \text{Re}[g_1(z) + \overline{z}g_2(z) + \overline{z}^2 g_3(z) + \overline{z}^3 g_4(z) + \overline{z}^4 g_5(z) + \overline{z}^5 g_6(z)]$$

（9.8-1）

这里 $g_i(z)$ 是关于变量 $z = x + \mathrm{i}y$ 的任意解析函数；"−"表示复共轭。

由式（9.5-2）～式（9.5-4）和式（9.8-1），应力可以表示为

$$\left.\begin{aligned}
&\sigma_{xx} + \sigma_{yy} = 48c_2c_3R\,\text{Im}\,\Gamma'(z) \\
&\sigma_{yy} - \sigma_{xx} + 2\mathrm{i}\sigma_{xy} = 8\mathrm{i}c_2c_3R[12\overline{\Psi'(z)} - \Omega'(z)] \\
&\sigma_{zy} - \mathrm{i}\sigma_{zx} = -960c_3c_4 f_6'(z) \\
&\sigma_{zz} = \frac{24\lambda R}{\mu + \lambda} c_2 c_3 \,\text{Im}\,\Gamma'(z) \\
&H_{xy} - H_{yx} - \mathrm{i}(H_{xx} + H_{yy}) = -96c_2c_5\overline{\Psi'(z)} - 8c_1c_2 R\Omega'(z) \\
&H_{yx} - H_{xy} + \mathrm{i}(H_{xx} - H_{yy}) = -480c_2c_5\overline{f_6'(z)} - 4c_1c_2R\Theta'(z) \\
&H_{yz} + \mathrm{i}H_{xz} = 48c_2c_6\Gamma'(z) - 4c_2R^2(2K_2 - K_1)\overline{\Omega'(z)} \\
&H_{zz} = \frac{24R^2}{\mu + \lambda} c_2 c_3 \,\text{Im}\,\Gamma'(z)
\end{aligned}\right\}$$

（9.8-2）

其中

$$\left.\begin{aligned}
&c_1 = \frac{R(2K_2 - K_1)(\mu K_1 + \mu K_2 - 3R^2)}{2(\mu K_1 - 2R^2)} \\
&c_2 = \frac{1}{R}K_2(\mu K_2 - R^2) - R(2K_2 - K_1) \\
&c_3 = \mu(K_1 - K_2) - R^2 - \frac{(\mu K_2 - R^2)^2}{\mu K_1 - 2R^2} \\
&c_4 = c_1 R + \frac{1}{2}c_3\left(K_1 + \frac{\mu K_1 - 2R^2}{\lambda + \mu}\right) \\
&c_5 = 2c_4 - c_1 R \\
&c_6 = (2K_2 - K_1)R^2 - 4c_4\frac{\mu K_2 - R^2}{\mu K_1 - 2R^2} \\
&\Psi(z) = f_5(z) + 5\overline{z}f_6'(z) \\
&\Gamma(z) = f_4(z) + 4\overline{z}f_5'(z) + 10\overline{z}^2 f_6''(z) \\
&\Omega(z) = f_3(z) + 3\overline{z}f_4'(z) + 6\overline{z}^2 f_5''(z) + 10\overline{z}^3 f_6'''(z) \\
&\Theta(z) = f_2(z) + 2\overline{z}f_3'(z) + 3\overline{z}^2 f_4''(z) + 4\overline{z}^3 f_5'''(z) + 5\overline{z}^4 f_6^{(\text{IV})}(z)
\end{aligned}\right\}$$

（9.8-3）

在上面的表达式中，函数 $g_1(z)$ 没有出现，求解应力边界值问题只需 5 个复势 $g_2(z)$，$g_3(z)$，$g_4(z)$，$g_5(z)$ 和 $g_6(z)$，可以取 $g_1(z) = 0$。为简单起见，引进了以下符号

$$g_2^{(9)}(z) = f_2(z), \quad g_3^{(8)}(z) = f_3(z), \quad g_4^{(7)}(z) = f_4(z), \\ g_5^{(6)}(z) = f_5(z), \quad g_6^{(5)}(z) = f_6(z) \tag{9.8-4}$$

其中 $g_i^{(n)}$ 表示关于变量 z 的 n 次微分。与第 8 章类似，位移分量的复表示为（这里忽略了刚体位移）

$$\left. \begin{array}{l} u_y + \mathrm{i} u_x = -6c_2 R\left(\dfrac{2c_3}{\mu + \lambda} + c_7\right) - 2c_2 c_7 R \Omega(z) \\[2mm] u_z = \dfrac{4}{\mu(K_1 + K_2) - 3R^2}\{[240c_{10} \operatorname{Im} f_6(z)] + c_1 c_2 R^2 \operatorname{Im}[\Theta(z) - 2\Omega(z) + 6\Gamma(z) - 24\Psi(z)]\} \\[2mm] w_y + \mathrm{i} w_x = -\dfrac{R}{c_1(\mu K_1 - 2R^2)}[24c_9 \overline{\Psi(z)} - c_8 \Theta(z)] \\[2mm] w_z = \dfrac{4(\mu K_2 - R^2)}{(K_1 - 2K_2)R[\mu(K_1 + K_2) - 3R^2]}\{[240c_{10} \operatorname{Im} f_6(z)] + c_1 c_2 R^2 \operatorname{Im}[\Theta(z) - 2\Omega(z) + \\[1mm] \quad 6\Gamma(z) - 24\Psi(z)]\} \end{array} \right\} \tag{9.8-5}$$

其中

$$\left. \begin{array}{l} c_7 = \dfrac{c_3 K_1 + 2c_1 R}{\mu K_1 - 2R^2}, \qquad\qquad c_8 = c_1 c_2 R[\mu(K_1 - K_2) - R^2] \\[2mm] c_9 = c_8 + 2c_2 c_4 \left[c_3 - \dfrac{(\mu K_2 - R^2)^2}{\mu K_1 - 2R^2} \right], \quad c_{10} = c_1 c_2 R^2 - c_4(c_2 R - c_3 K_1) \end{array} \right\} \tag{9.8-6}$$

9.8.2 椭圆缺口问题

假设椭圆缺口沿 z 轴方向穿透二十面体准晶，椭圆缺口的边缘受到均匀压力 p，参见图 9.8-1。

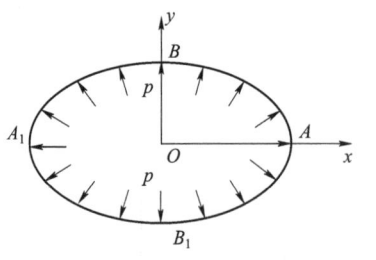

图 9.8-1 受均匀内压的二十面体准晶椭圆缺口

这个问题的边界条件如下

$$\sigma_{xx} \cos(\boldsymbol{n}, x) + \sigma_{xy} \cos(\boldsymbol{n}, y) = T_x, \\ \sigma_{xy} \cos(\boldsymbol{n}, x) + \sigma_{yy} \cos(\boldsymbol{n}, y) = T_y, (x, y) \in L \tag{9.8-7}$$

$$H_{xx}\cos(\boldsymbol{n},x) + H_{xy}\cos(\boldsymbol{n},y) = h_x, \quad H_{yx}\cos(\boldsymbol{n},x) + H_{yy}\cos(\boldsymbol{n},y) = h_y, \quad (x,y) \in L$$
(9.8-8)
$$\sigma_{zx}\cos(\boldsymbol{n},x) + \sigma_{zy}\cos(\boldsymbol{n},y) = 0, \quad H_{zx}\cos(\boldsymbol{n},x) + H_{zy}\cos(\boldsymbol{n},y) = 0, \quad (x,y) \in L$$
(9.8-9)

其中
$$\cos(\boldsymbol{n},x) = \frac{dy}{ds}, \quad \cos(\boldsymbol{n},y) = -\frac{dx}{ds}, \quad T_x = -p\cos(\boldsymbol{n},x), \quad T_y = -p\cos(\boldsymbol{n},y)$$

T_x, T_y 分别表示表面力；p 是压力的大小；h_x，h_y 是广义表面力；$\boldsymbol{n}$ 表示椭圆缺口边界 $L: \dfrac{x^2}{a^2} + \dfrac{y^2}{b^2} = 1$ 上任一点处的单位外法向量。目前为止，尚未见到关于广义表面力的报道，为简单起见，假定
$$h_x = 0, \quad h_y = 0$$

利用式（9.8-2）、式（9.8-3）和式（9.8-7），得到
$$-4c_2c_3R\{3[f_4(z) + 4\bar{z}f_5'(z) + 10\bar{z}^2 f_6''(z)] - [\overline{f_3(z)} + 3z\overline{f_4'(z)} + 6z^2\overline{f_5''(z)} + 10z^3\overline{f_6'''(z)}]\}$$
$$= \int (T_x + iT_y)\,ds = ipz$$
(9.8-10)

在式（9.7-10）两边取复共轭，可得
$$-4c_2c_3R\{3[\overline{f_4(z)} + 4z\overline{f_5'(z)} + 10z^2\overline{f_6''(z)}] -$$
$$[f_3(z) + 3\bar{z}f_4'(z) + 6\bar{z}^2 f_5''(z) + 10\bar{z}^3 f_6'''(z)]\} = -ip\bar{z}$$
(9.8-11)

由式（9.8-2）、式（9.8-3）和式（9.8-8），有
$$\left.\begin{array}{l}48c_2(2c_4 - c_1R)\operatorname{Re}\overline{\Psi(z)} + 2c_1c_2R\operatorname{Re}\Theta(z) = 0 \\ -48c_2(2c_4 - c_1R)\operatorname{Im}\overline{\Psi(z)} - 2c_1c_2R\operatorname{Im}\Theta(z) = 0\end{array}\right\}$$
(9.8-12)

以 $-i$ 乘以式（9.8-12）第二式，并将它添加到第一式，得到
$$48c_2(2c_4 - c_1R)\overline{\Psi(z)} + 2c_1c_2R\Theta(z) = 0$$
(9.8-13)

由式（9.8-2）、式（9.8-3）和式（9.8-9），有
$$\left.\begin{array}{l}f_6(z) + \overline{f_6(z)} = 0 \\ 4c_{11}\operatorname{Re}[f_5(z) + 5\bar{z}f_6'(z)] + (2K_2 - K_1)R\operatorname{Re}[f_4(z) + 4\bar{z}f_5'(z) + 10\bar{z}^2 f_6''(z) + 20f_6(z)] = 0\end{array}\right\}$$
(9.8-14)

其中
$$c_{11} = (2K_2 - K_1)R - \frac{4c_4(\mu K_2 - R^2)}{(\mu K_1 - 2R^2)R}$$
(9.8-15)

然而，进一步在 z 平面上计算是非常困难的，所以采用保角映射

$$z = \omega(\zeta) = R_0\left(\frac{1}{\zeta} + m\zeta\right) \qquad (9.8\text{-}16)$$

将 z 平面上椭圆外部区域变换到 ζ 平面上的单位圆 γ 内部，见图 8.4-2，其中 $R_0 = (a+b)/2$，$m = (a-b)/(a+b)$

令
$$f_j(z) = f_j[\omega(\zeta)] = \Phi_j(\zeta) \qquad (j = 2,3,\cdots,6) \qquad (9.8\text{-}17)$$

将式（9.8-16）代入式（9.8-10）、式（9.8-11）、式（9.8-13）和式（9.8-14），然后在方程组两边乘以 $\mathrm{d}\sigma/[2\pi\mathrm{i}(\sigma-\zeta)]$（$\sigma$ 表示 ζ 在单位圆上的值），沿单位圆积分，利用 Cauchy 积分公式及复变函数理论中的解析延拓定理，有（详见第 11 章的附录）

$$\left.\begin{aligned}
\Phi_2(\zeta) &= \frac{R_0}{2c_2c_3R}\frac{\mathrm{i}p\zeta(\zeta^2+m)(m^3\zeta^2+1)}{(m\zeta^2-1)^3} + \\
&\quad \frac{(2K_2-K_1)R_0}{2c_2c_3C_{11}}\frac{pm\zeta^3(\zeta^2+m)[m^2\zeta^6-(m^3+4m)\zeta^4+(2m^4+4m^2+5)\zeta^2+m]}{(m\zeta^2-1)^5} \\
\Phi_3(\zeta) &= \frac{R_0}{4c_2c_3R}\frac{\mathrm{i}p\zeta(m^2+1)}{m\zeta^2-1} - \frac{(2K_2-K_1)R_0}{12c_2c_3C_{11}}\frac{pm\zeta^3(\zeta^2+m)(m\zeta^2-m^2-2)}{(m\zeta^2-1)^3} \\
\Phi_4(\zeta) &= -\frac{R_0}{12c_2c_3R}\mathrm{i}pm\zeta - \frac{(2K_2-K_1)R_0}{2c_2c_3C_{11}}\frac{pm\zeta(\zeta^2+m)}{m\zeta^2-1} \\
\Phi_5(\zeta) &= -\frac{(2K_2-K_1)R_0}{48c_2c_3C_{11}}pm\zeta \\
\Phi_6(\zeta) &= 0
\end{aligned}\right\}$$

$$(9.8\text{-}18)$$

这样，椭圆缺口问题已经解决了。

相应的 Griffith 裂纹问题的解析解可以视为椭圆孔问题的特殊情况，即 $m=1$，$R_0 = a/2$。在 z 平面上可以获得裂纹的解如下

$$\begin{aligned}
\sigma_{yy} = \mathrm{Im}\Bigg\{&\mathrm{i}p\left[\frac{z}{\sqrt{z^2-a^2}} + \frac{\mathrm{i}a^2 y}{(\sqrt{z^2-a^2})^3} - 1\right] + \frac{3(2K_2-K_1)R}{2c_{11}}\frac{\mathrm{i}pa^2 y}{\sqrt{(z^2-a^2)^3}} + \\
&\frac{(2K_2-K_1)R}{2c_{11}}\frac{\mathrm{i}py(2a^4-3z\bar{z})}{\sqrt{(z^2-a^2)^5}} - \frac{(2K_2-K_1)R}{4c_{11}}\frac{a^2 pz(z\bar{z}-a^2)}{\sqrt{(z^2-a^2)^5}} + \\
&\frac{(2K_2-K_1)R}{4c_{11}}\frac{a^2 p\bar{z}}{\sqrt{(z^2-a^2)^3}}\Bigg\}
\end{aligned}$$

$$(9.8\text{-}19)$$

$$u_y = -6c_2 R\left(\frac{2c_3}{\mu+\lambda} + c_7\right) \text{Re}\left[\frac{ip}{24c_2 c_3 R}\overline{(z-\sqrt{z^2-a^2})} + \frac{2K_2-K_1}{24c_2 c_3 c_{11}} p\left(\frac{z\bar{z}}{\sqrt{z^2-a^2}} - \frac{a^2}{\sqrt{z^2-a^2}} - \sqrt{z^2-a^2}\right)\right] - 2c_2 c_7 \text{Re}\left[\frac{ip}{8c_2 c_3 R}\left(\frac{z\bar{z}}{\sqrt{z^2-a^2}} - \frac{a^2}{\sqrt{z^2-a^2}} - \bar{z}\right) - \frac{2K_2-K_1}{4c_2 c_3 c_{11}} ipy + \frac{2K_2-K_1}{16 c_2 c_3 c_{11}} p \frac{a^2[(z\bar{z}-a^2)+2iy\bar{z}]}{\sqrt{(z^2-a^2)^3}} + \frac{2K_2-K_1}{16 c_2 c_3 c_{11}} p\left(\frac{a^2}{\sqrt{z^2-a^2}} - \frac{2z\bar{z}}{\sqrt{z^2-a^2}} + 2\sqrt{z^2-a^2}\right)\right]$$

(9.8-20)

由式（9.8-19）和式（9.8-20），可以获得应力强度因子和能量释放率的表达式如下

$$K_{\text{I}}^{\parallel} = \sqrt{\pi a}\, p$$

$$G_{\text{I}} = \frac{1}{2}\frac{\partial}{\partial a}\left\{2\int_{-a}^{a}[\sigma_{yy}(x,0)\oplus H(x,0)][u_y(x,0)\oplus w_y(x,0)]\mathrm{d}x\right\} = \frac{1}{2}\left(\frac{1}{\lambda+\mu} + \frac{c_7}{c_3}\right)(K_{\text{I}}^{\parallel})^2$$

(9.8-21)

材料常数 c_3 由式（9.5-5）给出，c_7 由式（9.8-6）给出。这是显而易见的，尽管假设相位子场广义表面力 $h_x = h_y = 0$，然而裂纹能量释放率不仅依赖声子场弹性常数 λ, μ, 而且与相位子场弹性常数 K_1, K_2 和声子–相位子耦合弹性常数都有关。

9.8.3 小结

利用复分析方法，可以获得椭圆缺口问题的解，包括 Griffith 裂纹问题的解。虽然 Fourier 变换方法可以解决 Griffith 裂纹问题，见 9.7 节和论文 [24]，但它解决不了椭圆缺口问题。这里获得的解（包括椭圆缺口或裂纹），不仅揭示了声子场的影响，同时揭示了相位子场及声子–相位子耦合效应，还揭示了缺陷的曲率的效应。

由 Fourier 变换方法给出的解，在不考虑相位子场时都可以退化成经典弹性理论的结果。由于应力势方法存在局限性，即耦合常数 $R \to 0$ 时，应力势方法失效，这时复分析解失效，这并不是复分析方法本身造成的。

这里的研究是对范天佑及其合作者关于二维准晶弹性理论的发展，对定量地解释椭圆缺口和裂纹对二十面体准晶的力学行为的影响是有帮助的。作为直接结果，其获得了断裂理论的两个重要判据的基本物理量——应力强度因子和能量释放率。

严格的复变函数理论见第 11 章，也可参阅文献 [25]。

9.9 立方准晶的弹性理论——反平面和轴对称变形及三维裂纹问题

立方准晶是一种重要的三维准晶体。由于弹性理论基本方程的复杂性，很少有解析解。研究系统和直接的方法解决这类准晶的复杂边界值问题很有必要。在这种情况下，由于相位子场与声子场一样，具有相同的不可约表示，应力和应变张量是对称的。据此，可以讨论两种情况：反平面弹性理论和立方准晶轴对称弹性理论，而后者可以揭示准晶弹性的三维效应，这可能是到目前为止获得的唯一的三维弹性解析解。此外，还考虑了受拉伸作用的圆盘形裂纹问题，利用 Hankel 变换和积分方程理论获得了解析解、应力强度因子和应变能释放率，这为研究准晶材料的变形和断裂提供了一些有用的信息。

立方准晶反平面弹性问题的应力、应变关系如下[2]

$$\sigma_{23} = 2C_{44}\varepsilon_{23} + R_{44}w_{23}$$
$$\sigma_{31} = 2C_{44}\varepsilon_{31} + R_{44}w_{31}$$
$$H_{23} = 2R_{44}\varepsilon_{23} + K_{44}w_{23}$$
$$H_{31} = 2R_{44}\varepsilon_{31} + K_{44}w_{31}$$

变形几何方程

$$\varepsilon_{23} = \frac{1}{2}\frac{\partial u_3}{\partial x_2}, \quad \varepsilon_{31} = \frac{1}{2}\frac{\partial u_3}{\partial x_1}, \quad w_{23} = \frac{\partial w_3}{\partial x_2}, \quad w_{31} = \frac{\partial w_3}{\partial x_1}$$

平衡方程

$$\frac{\partial \sigma_{31}}{\partial x_1} + \frac{\partial \sigma_{32}}{\partial x_2} = 0, \quad \frac{\partial H_{31}}{\partial x_1} + \frac{\partial H_{32}}{\partial x_2} = 0$$

这些方程与一维和二十面体准晶反平面弹性相关方程极其相似，从而可以获得最终控制方程

$$\nabla^2 u_3 = 0, \quad \nabla^2 w_3 = 0$$

上述方程的解类似于第 5、7、8 章和本章第 9.2 节有关的讨论，因此不再介绍。

在轴对称的情况下，周旺民和范天佑[26]采用位移势方法，在圆柱坐标系下，将弹性问题的基本方程简化为一个高阶偏微分方程，即假设

$$\frac{\partial}{\partial \theta} = 0 \tag{9.9-1}$$

由广义 Hooke 定律

$$\left.\begin{aligned}\sigma_{rr} &= C_{11}\varepsilon_{rr} + C_{12}(\varepsilon_{\theta\theta} + \varepsilon_{zz}) + R_{11}w_{rr} + R_{12}(w_{\theta\theta} + w_{zz}) \\ \sigma_{\theta\theta} &= C_{11}\varepsilon_{\theta\theta} + C_{12}(\varepsilon_{rr} + \varepsilon_{zz}) + R_{11}w_{\theta\theta} + R_{12}(w_{rr} + w_{zz}) \\ \sigma_{zz} &= C_{11}\varepsilon_{zz} + C_{12}(\varepsilon_{rr} + \varepsilon_{\theta\theta}) + R_{11}w_{zz} + R_{12}(w_{\theta\theta} + w_{rr}) \\ \sigma_{zr} &= \sigma_{rz} = 2C_{44}\varepsilon_{rz} + 2R_{44}w_{rz} \\ H_{rr} &= R_{11}\varepsilon_{rr} + R_{12}(\varepsilon_{\theta\theta} + \varepsilon_{zz}) + K_{11}w_{rr} + K_{12}(w_{\theta\theta} + w_{zz}) \\ H_{\theta\theta} &= R_{11}\varepsilon_{\theta\theta} + R_{12}(\varepsilon_{rr} + \varepsilon_{zz}) + K_{11}w_{\theta\theta} + K_{12}(w_{rr} + w_{zz}) \\ H_{zz} &= R_{11}\varepsilon_{zz} + R_{12}(\varepsilon_{rr} + \varepsilon_{\theta\theta}) + K_{11}w_{zz} + K_{12}(w_{rr} + w_{\theta\theta}) \\ H_{zr} &= H_{rz} = 2R_{44}\varepsilon_{rz} + 2K_{44}w_{rz} \end{aligned}\right\} \quad (9.9\text{-}2)$$

和变形几何方程

$$\varepsilon_{ij} = \frac{1}{2}\left(\frac{\partial u_i}{\partial x_j} + \frac{\partial u_j}{\partial x_i}\right), \qquad w_{ij} = \frac{1}{2}\left(\frac{\partial w_i}{\partial x_j} + \frac{\partial w_j}{\partial x_i}\right)$$

其中

$$\left.\begin{aligned}\varepsilon_{rr} &= \frac{\partial u_r}{\partial r}, \quad \varepsilon_{\theta\theta} = \frac{u_r}{r}, \quad \varepsilon_{zz} = \frac{\partial u_z}{\partial z} \\ \varepsilon_{rz} &= \varepsilon_{zr} = \frac{1}{2}\left(\frac{\partial u_r}{\partial z} + \frac{\partial u_z}{\partial r}\right) \\ w_{rr} &= \frac{\partial w_r}{\partial r}, \quad w_{\theta\theta} = \frac{w_r}{r}, \quad \varepsilon_{zz} = \frac{\partial w_z}{\partial z} \\ w_{rz} &= w_{zr} = \frac{1}{2}\left(\frac{\partial w_r}{\partial z} + \frac{\partial w_z}{\partial r}\right)\end{aligned}\right\} \quad (9.9\text{-}3)$$

平衡方程

$$\left.\begin{aligned}\frac{\partial \sigma_{rr}}{\partial r} + \frac{\partial \sigma_{rz}}{\partial z} + \frac{\sigma_{rr} - \sigma_{\theta\theta}}{r} &= 0 \\ \frac{\partial \sigma_{zr}}{\partial r} + \frac{\partial \sigma_{zz}}{\partial z} + \frac{\sigma_{zr}}{r} &= 0 \\ \frac{\partial H_{rr}}{\partial r} \frac{\partial \sigma_{zr}}{\partial r} + \frac{\partial \sigma_{zz}}{\partial z} + \frac{\sigma_{zr}}{r} &= 0 \\ \frac{\partial H_{zr}}{\partial r} + \frac{\partial H_{zz}}{\partial z} + \frac{H_{zr}}{r} &= 0\end{aligned}\right\} \quad (9.9\text{-}4)$$

如果所有的位移和应力可以由位移势 $F(r,z)$ 表示，它满足

$$\left[\frac{\partial^8}{\partial z^8} - b\left(\frac{\partial^2}{\partial r^2} + \frac{1}{r}\frac{\partial}{\partial r}\right)\frac{\partial^6}{\partial z^6} + c\left(\frac{\partial^2}{\partial r^2} + \frac{1}{r}\frac{\partial}{\partial r}\right)^2 \frac{\partial^4}{\partial z^4} - \right. \\ \left. d\left(\frac{\partial^2}{\partial r^2} + \frac{1}{r}\frac{\partial}{\partial r}\right)^3 \frac{\partial^2}{\partial z^2} + e\left(\frac{\partial^2}{\partial r^2} + \frac{1}{r}\frac{\partial}{\partial r}\right)^4\right]F = 0 \quad (9.9\text{-}5)$$

那么式（9.9-2）~式（9.9-4）将被自动满足。由于表达式烦琐，此处略去。

作为上述理论和方法的应用，下面将考虑含有圆盘形裂纹立方准晶的弹性场。

若立方准晶材料中央有一半径为 a 的圆盘片状裂纹，厚度很小，近似认为等于零。假设裂纹的尺寸相对于材料很小，可以认为物体为无穷大，在无穷远处作用拉应力 p，坐标系原点取在裂纹中心（见图 9.9-1）。

由于此问题关于平面 $z=0$ 对称，只需研究 $z>0$ 的上半空间或者 $z<0$ 的下半空间。这里研究的是上半空间，在这种情况下，问题的边界条件为

$$\left.\begin{array}{l}\sqrt{r^2+z^2}\to+\infty: \sigma_{zz}=p, H_{zz}=0, \sigma_{rz}=0, H_{rz}=0 \\ z=0,\ 0\leqslant r\leqslant a,\ \sigma_{zz}=\sigma_{rz}=0;\ H_{zz}=H_{rz}=0 \\ z=0,\ r>a: \sigma_{rz}=0,\ u_z=0;\ H_{rz}=0,\ w_z=0\end{array}\right\} \quad (9.9\text{-}6)$$

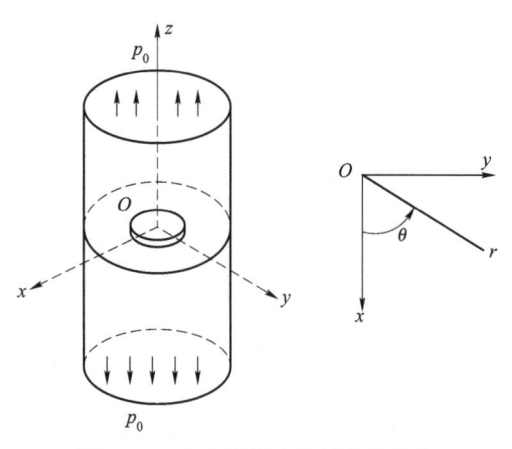

图 9.9-1 立方准晶中的圆盘状裂纹

但是，边界条件可以用下式取代

$$\left.\begin{array}{l}\sqrt{r^2+z^2}\to+\infty: \sigma_{ij}=0;\ H_{ij}=0 \\ z=0,\ 0\leqslant r\leqslant a,\ \sigma_{zz}=-p_0,\ \sigma_{rz}=0;\ H_{zz}=H_{rz}=0 \\ z=0,\ r>a: \sigma_{rz}=0,\ u_z=0;\ H_{rz}=0,\ w_z=0\end{array}\right\} \quad (9.9\text{-}6')$$

如果 $p=p_0$，则这在断裂力学上与式（9.8-6）是等价的。

对式（9.8-1）和边界条件式（9.8-5）进行 Hankel 变换，在变换空间获得如下的解

$$\bar{F}(\xi,z)=A_1 e^{-\lambda_1\xi z}+A_2 e^{-\lambda_2\xi z}+A_3 e^{-\lambda_3\xi z}+A_4 e^{-\lambda_4\xi z} \quad (9.9\text{-}7)$$

其中 $A_i\ (i=1,2,3,4)$ 是关于 ζ 的待定函数；$\lambda_i\ (i=1,2,3,4)$ 是关于 $\bar{F}(\zeta,r)$ 常微分方程的特征根。根据边界条件，$A_i(\xi)$ 由以下对偶积分方程决定

$$\left.\begin{array}{l}\int_0^{+\infty}\xi A_i(\xi)J_0(\xi r)\mathrm{d}\xi = M_i p_0, \quad 0<r<a \\ \int_0^{+\infty}A_i(\xi)J_0(\xi r)\mathrm{d}\xi = 0, \quad r>a\end{array}\right\} \tag{9.9-8}$$

其中 $i=1,2,3,4$；M_i 是常数；$J_0(\xi r)$ 是 0 阶第一类 Bessel 函数。

根据对偶积分方程组的理论（见主附录Ⅱ），获得式（9.9-8）的解如下

$$A_i(\xi) = 2a^2 M_i p(2\pi a\xi)^{-1/2}\xi^{-7}J_{3/2}(a\xi) \tag{9.9-9}$$

其中 $J_{3/2}(a\xi)$ 是 3/2 阶第一类 Bessel 函数（见主附录Ⅱ）。

经过一些计算，可以获得应力强度因子 K_I、应变能 W_I 和能量释放率 G_I 如下

$$K_\mathrm{I} = \frac{2}{\pi}\sqrt{\pi a}\,p, \quad W_\mathrm{I} = Mp^2 a^3, \quad G_\mathrm{I} = \frac{1}{2\pi a}\frac{\partial W_\mathrm{I}}{\partial a} = \frac{3Mp^2 a}{2\pi} \tag{9.9-10}$$

其中 M 为常数，为简单起见，这里略去其具体表达式。

参考文献

[1] Ding D H, Yang W G, Hu C Z, et al. Generalized theory of elasticity of quasicrystals [J]. Phys. Rev. 1993, B, 48 (10): 7003-7010.

[2] Hu C Z, Wang R H, Ding D H, et al. Point groups and elastic properties of two-dimensional quasicrystals [J]. Acta Crystallog 1996, A, 52 (2): 251-256.

[3] Yang W G, Ding D H, et al. Atomtic model of dislocation in icosahedral quasicrystals [J]. Phil. Mag, 1998, A, 77 (6): 1481-1497.

[4] Reynolds G A M, Golding B, Kortan A R, et al. Isotropic elasticity of the Al-Cu-Li quasicrystal [J]. Phys. Rev. 1990, B, 41 (1): 1194-1195.

[5] Spoor P S, Maynard J D, Kortan A R. Elastic isotropy and anisotropy in quasicrystalline and cubic AlCuLi [J]. Phys. Rev. Lett., 1995, 75 (19): 3462-3465.

[6] Tanaka K, Mitarai, Koiwa M. Elastic constants of Al-based icosahedral quasicrystals [J]. Phil. Mag., A. 1996: 1715-1723.

[7] Duquesne J Y, Perrin B. Elastic wave interaction in icosahedral AlPdMn [J]. Physics, B, 2002, 316-317: 317-320.

[8] Foster K, Leisure R G, Shaklee A, et al. Elastic moduli of a Ti-Zr-Ni icosahedral quasicrystal and a 1/1 bcc crystal approximant [J]. Phys. Rev. B, 1999, 59 (17): 11132-11135.

[9] Schreuer J, Steurer W, Lograsso T A, et al. Elastic properties of icosahedral

i-Cd$_{84}$Yb$_{16}$ and hexagonal h-Cd$_{51}$Yb$_{14}$ [J]. Phil. Mag.Lett., 2004, 84 (10): 643-653.
[10] Sterzel R, Hinkel C, Haas A, et al. Ultrasonic measurements on FCI Zn-Mg-Y single crystals [J]. Europhys. Lett., 49 (6): 742-747.
[11] Letoublon A, de Boissieu M, Boudard M, et al. Phason elastic constants of the icosahedral Al-Pd-Mn phase derived from diffuse scattering measurements [J]. Phil. Mag. Lett., 2001, 81 (4): 273-283.
[12] de Boissieu M, Francoual S, Kaneko Y, et al. Diffuse scattering and phason fluctuations in the Zn-Mg-Sc icosahedral quasicrystal and its Zn-Sc periodic approximant [J]. Phys. Rev. Lett., 2005, 95 (10): 105503/1-4.
[13] Edagawa K, So GI Y, Experimental evaluation of phonon-phason coupling in icosahedral quasicrystals [J]. Phil. Mag., 2007, 87 (1): 77-95.
[14] Fan T Y, Fan L, Wang Q Z, et al. Study on interface of quasicrystal-crystal [J]. J. Phys.: Condens. Matter, submitted, 2009.
[15] Fan T Y, Guo L H. Final governing equation of plane elasticity of icosahedral quasicrystals [J]. Phys. Lett. A, 2005, 341 (5): 235-239.
[16] Zhu A Y, Fan T Y. Elastic field of a mode II Griffith crack in icosahedral quasicrystals [J]. Chinese Physics, 2007, 16 (4): 1111-1118.
[17] Zhu A Y, Fan T Y, Guo L H. A straight dislocation in an icosahedral quasicrystal [J]. J. Phys.: Condens. Matter, 2007, 19 (23): 236216.
[18] Li X F, Fan T Y. New method for solving elasticity problems of some planar quasicrystals [J]. Chin. Phys. Lett., 1998, 15 (4): 278-280.
[19] Li L H, Fan T Y. Final governing equation of plane elasticity of icosahedral quasicrystals—stress potential method [J]. Chin. Phys. Lett., 2006, 24 (9): 2519-2521.
[20] 范天佑. 准晶数学弹性理论及应用 [M]. 北京: 北京理工大学出版社, 1999.
[21] Guo Y C, Fan T Y. A mode-II Griffith crack in decagonal quasicrystals [J]. Appl. Math. Mech., 2001, 22 (11): 1311-1317.
[22] Li L H, Fan T Y. Complex variable function method for solving Griffith crack in an icosahedral quasicrystal [J]. Science in China, G, 2008, 51 (6): 723-780.
[23] Li L H, Fan T Y. Complex function method for solving notch problem of point 10 two-dimensional quasicrystal based on the stress potential function [J]. J. Phys.: Condens. Matter, 2006, 18 (47): 10631-10641.
[24] Zhu A Y, Fan T Y. Elastic analysis of a Griffith crack in icosahedral Al-Pd-Mn

quasicrystal [J]. Int. J. Mod. Phys. B, 2009, 23 (10): 1-16.
[25] Fan T Y, Tang Z Y, Li L H, et al. The strict theory of complex variable function method of sextuple harmonic equation and applications [J]. J. Math. Phys., 2010, 61 (5): 053519.
[26] Zhou W M, Fan T Y. Axisymmetric elasticity problem of cubic quasicrystal [J]. Chinese Physics, 2000, 9 (4): 294-303.

第10章
准晶弹性和缺陷动力学

准晶弹性动力学是一门具有很大争论性的学科。争论的焦点是动力学状态下相位子场变量和相位子动力学的意义和作用。

Lubensky 等[1]、Socolar 和 Lubensky[2]指出，声子场 u 和相位子场 w 在准晶流体动力学中扮演完全不同的角色。声子 u 代表波转播，这是世人熟知的。相位子 w 对空间平移不敏感，它代表密度波的相对运动。他们认为相位子场的运动是扩散，而不是振动，这种扩散的时间尺度很大。此外，按照 Bak[3,4]的观点，相位子描述准晶的特殊结构无序性，或者是结构的涨落，它可以在六维空间中建立其数学公式，这与前面各章一致。因为存在 6 个连续对称性，可以用 6 个流体动力学振动模式去描述。遵循 Bak 的上述观点，u 与 w 在动力学中扮演类似的角色，这暗示相位子也代表波转播。这不同于 Lubensky 等的观点。不过，它们的不同之处仅仅是动力学情形。在静力学情形，似乎 Lubensky 等的观点与 Bak 的观点的不同并未显现出来。鉴于此，在前面各章，我们从未谈及 Lubensky 等的观点与 Bak 的观点有什么差异。

也许因为在数学上较简单，在开始阶段，人们对 Bak 的论点比较感兴趣，例如文献 [5-12] 的动力学分析。我们将在第 10.1～10.4 节中介绍这些工作，这构成本章的第一部分。接着将介绍基于 Lubensky 等论点的工作，例如文献 [13-15] 所报道的。Lubensky 等的工作，已不再是纯弹性动力学的范畴，应该说是属于广义流体动力学或弹性-/流体-动力学的范畴，不过这里要介绍的流体动力学或弹性-/流体-动力学，与第 15 章以后要介绍的流体动力学或弹性-/流体-动力学还有差别，我们称它为简单的流体动力学或简单的弹性-/流体-动力学，以区别于第 15 章以后要介绍的流体动力学或弹性-/流体-动力学。这种简单的准晶流体动力学将在第 10.5～10.7 节中介绍。

本章基于不同学说的研究结果予以介绍，让读者去比较和思考。现在看来，基于 Lubensky 等论点的流体动力学更为基本一些，但是尚没有充分的实验数据证明 Bak 的论点和 Lubensky 等的论点孰是孰非。

最近，Coddens[16] 提出一些与 Lubensky 等的论点不同的观点，读者可以自行研究。

10.1 基于 Bak 的论点的准晶弹性动力学

丁棋华等[5]是较早讨论准晶弹性动力学的。变形几何学方程和广义 Hooke 定律与静力学的相同

$$\varepsilon_{ij} = \frac{1}{2}\left(\frac{\partial u_i}{\partial x_j} + \frac{\partial u_j}{\partial x_i}\right), \quad w_{ij} = \frac{\partial w_i}{\partial x_j} \tag{10.1-1}$$

$$\left.\begin{array}{l}\sigma_{ij} = C_{ijkl}\varepsilon_{kl} + R_{ijkl}w_{kl} \\ H_{ij} = K_{ijkl}w_{kl} + R_{klij}\varepsilon_{kl}\end{array}\right\} \tag{10.1-2}$$

他们认为动量守恒定律对声子和相位子都成立，在线性小变形情形下得到

$$\frac{\partial \sigma_{ij}}{\partial x_j} = \rho\frac{\partial^2 u_i}{\partial^2 t}, \quad \frac{\partial H_{ij}}{\partial x_j} = \rho\frac{\partial^2 w_i}{\partial^2 t} \tag{10.1-3}$$

其中 ρ 代表材料的平均质量密度。

这显示他们遵循 Bak 的论点，多年以后，他们仍然坚持这一观点，见 Hu 等的论文[6]。

把式（10.1-1）和式（10.1-2）代入式（10.1-3）就可以得到准晶弹性动力学的终态控制方程，其数学结构比较简单，与经典弹性动力学比较相似。所以，在开始阶段，许多研究者采用这套方程处理动力学问题。下面就这方面的研究做一些介绍。

10.2 某些准晶的反平面弹性动力学

三维二十面体准晶、三维立方准晶和一维六方准晶，它们的反平面弹性动力学方程很相像，可以统一地加以研究。不妨考虑二十面体准晶的反平面弹性，其应力–应变关系为

$$\sigma_{zy} = \sigma_{yz} = \mu\frac{\partial u_z}{\partial y} + R\frac{\partial w_z}{\partial y}$$

$$\sigma_{xz} = \sigma_{zx} = \mu\frac{\partial u_z}{\partial x} + R\frac{\partial w_z}{\partial x}$$

$$H_{zy} = (K_1 - K_2)\frac{\partial w_z}{\partial y} + R\frac{\partial u_z}{\partial y}$$

$$H_{zx} = (K_1 - K_2)\frac{\partial w_z}{\partial x} + R\frac{\partial u_z}{\partial x} \qquad (10.2\text{-}1)$$

把上面公式代入运动方程（10.1-3），得

$$\left.\begin{aligned}\mu\nabla^2 u_z + R\nabla^2 w_z &= \rho\frac{\partial^2 u_z}{\partial t^2} \\ R\nabla^2 u_z + (K_1 - K_2)\nabla^2 w_z &= \rho\frac{\partial^2 w_z}{\partial t^2}\end{aligned}\right\} \qquad (10.2\text{-}2)$$

如果定义位移势函数 ϕ 和 ψ 如下式

$$u_z = \alpha\phi - R\psi, \quad w_z = R\phi + \alpha\psi \qquad (10.2\text{-}3)$$

其中

$$\alpha = \frac{1}{2}\left\{\mu - (K_1 - K_2) + \sqrt{[\mu - (K_1 - K_2)]^2 + 4R^2}\right\} \qquad (10.2\text{-}5)$$

那么方程组（10.2-2）化成下面的标准波动方程组

$$\nabla^2\phi = \frac{1}{s_1^2}\frac{\partial^2\phi}{\partial t^2}, \quad \nabla^2\psi = \frac{1}{s_2^2}\frac{\partial^2\psi}{\partial t^2} \qquad (10.2\text{-}4)$$

其中

$$s_j = \sqrt{\frac{\varepsilon_j}{\rho}}, \quad j = 1, 2 \qquad (10.2\text{-}6)$$

$$\varepsilon_{1,2} = \frac{1}{2}\left\{\mu + (K_1 - K_2) \pm \sqrt{[\mu - (K_1 - K_2)]^2 + 4R^2}\right\}$$

s_j 可以理解为材料的反平面变形的波的传播速度。在 $R \to 0$ 时，得到

$$s_1 \to \sqrt{\frac{\mu}{\rho}}, \quad s_2 \to \sqrt{\frac{K_1 - K_2}{\rho}} \qquad (10.2\text{-}7)$$

其中 $\sqrt{\frac{\mu}{\rho}}$ 代表声子横波的波速；$\sqrt{\frac{K_1 - K_2}{\rho}}$ 为相位子的弹性波波速，要求 $K_1 - K_2 > 0$。

把式（10.2-3）代入式（10.2-1）得

$$\sigma_{yz} = \sigma_{zy} = (\alpha\mu + R^2)\frac{\partial\phi}{\partial y} + R(\alpha - \mu)\frac{\partial\psi}{\partial y}$$

$$\sigma_{xz} = \sigma_{zx} = (\alpha\mu + R^2)\frac{\partial \phi}{\partial x} + R(\alpha - \mu)\frac{\partial \psi}{\partial x}$$

$$H_{zy} = R\big[\alpha + (K_1 - K_2)\big]\frac{\partial \phi}{\partial y} + \big[\alpha(K_1 - K_2) - R^2\big]\frac{\partial \psi}{\partial y}$$

$$H_{zx} = R_3\big[\alpha + (K_1 - K_2)\big]\frac{\partial \phi}{\partial x} + \big[\alpha(K_1 - K_2) - R^2\big]\frac{\partial \psi}{\partial x} \quad (10.2\text{-}8)$$

式（10.2-3）和式（10.2-8）给出用位移势 ϕ 和 ψ 表达位移和应力的公式，位移势 ϕ 和 ψ 满足波动方程组（10.2-4）。

上面的讨论除适合于二十面体准晶的反平面问题，也适合于三维立方准晶和一维六方准晶的反平面问题，它们之间的区别仅在于材料常数的不同，只需要把材料常数做适当替代即可互相转换。如果 μ，$K_1 - K_2$ 和 R 被 C_{44}，K_{44} 和 R_{44}（见第 9.9 节）替代，二十面体准晶的反平面问题的基本方程就化成三维立方准晶的反平面问题的基本方程。如果 μ，$K_1 - K_2$ 和 R 被 C_{44}，K_2 和 R_3 替代，二十面体准晶的反平面问题的基本方程就化成一维六方的点群 $6/m_h$ 和 $6/m_hmm$ 准晶的反平面问题的基本方程（见第 7.1 或 8.1 节）。

波动方程（10.2-4）可以用数学物理方法求解纯波动方程的方法求解。

10.3 反平面弹性的运动螺型位错

假设一直螺型位错平行于准周期轴的方向，它沿某一周期排列方向，例如沿 x 轴方向运动，速度 V 是一个常数。

对这个问题，位错条件为

$$\int_\Gamma du_z = b_3^{\parallel}, \quad \int_\Gamma dw_z = b_3^{\perp} \quad (10.3\text{-}1)$$

也就是说，位错的 Burgers 矢量为 $(0,0,b_3^{\parallel},0,b_3^{\perp})$，在式（10.3-1）中，$\Gamma$ 代表环绕运动位错芯的任何回路。

从现在开始，使用固定坐标系 (x_1, x_2, t) 和运动坐标系 (x, y)。引用 Galilean 变换

$$x = x_1 - Vt, \quad y = x_2 \quad (10.3\text{-}2)$$

把这两个坐标系联系起来，则算子转换 [也就是 $\left(\nabla^2 - \frac{1}{s_1^2}\frac{\partial^2}{\partial t^2}\right) \to \nabla_1^2$,

$\left(\nabla^2 - \frac{1}{s_2^2}\frac{\partial^2}{\partial t^2}\right) \to \nabla_2^2, \nabla^2 = \left(\frac{\partial^2}{\partial x_1^2} + \frac{\partial^2}{\partial x_2^2}\right)$] 使波动方程（10.2-4）化成 Laplace 方程组

$$\nabla_1^2 \phi = 0, \quad \nabla_2^2 \psi = 0 \qquad (10.3\text{-}3)$$

其中

$$\nabla_1^2 = \frac{\partial^2}{\partial x^2} + \frac{\partial^2}{\partial y_1^2}, \quad \nabla_2^2 = \frac{\partial^2}{\partial x^2} + \frac{\partial^2}{\partial y_2^2} \qquad (10.3\text{-}4a)$$

$$y_j = \beta_j y, \quad \beta_j = \sqrt{1 - V^2/s_j^2}, \quad j = 1, 2 \qquad (10.3\text{-}4b)$$

令复变量 z_j 为

$$z_j = x + \mathrm{i} y_j \quad (\mathrm{i} = \sqrt{-1}) \qquad (10.3\text{-}5)$$

式（10.3-3）的解为

$$\phi = \mathrm{Im}\, F_1(z_1), \quad \psi = \mathrm{Im}\, F_2(z_2) \qquad (10.3\text{-}6)$$

其中 $F_1(z_1)$ 和 $F_2(z_2)$ 分别是复变量 z_1 和 z_2 的解析函数，记号 Im 代表复变函数的虚部。

边界条件（10.3-1）最终确定了势函数为

$$\phi(x, y_1) = \frac{A_1}{2\pi} \arctan \frac{y_1}{x}, \quad \psi(x, y_2) = \frac{A_2}{2\pi} \arctan \frac{y_2}{x} \qquad (10.3\text{-}7a)$$

其中常数为

$$A_1 = \frac{\alpha b_3^{\parallel} + R b_3^{\perp}}{\alpha^2 + R^2}, \quad A_2 = \frac{\alpha b_3^{\parallel} - R b_3^{\perp}}{\alpha^2 + R^2} \qquad (10.3\text{-}7b)$$

被确定的位移场用固定坐标表示为

$$u_z(x, y, t) = \frac{1}{2\pi(\alpha^2 + R^2)} \left[\left(\alpha^2 \arctan \frac{\beta_1 y}{x - Vt} + R^2 \arctan \frac{\beta_2 y}{x - Vt} \right) b_3^{\parallel} + \right.$$
$$\left. \left(\arctan \frac{\beta_1 y}{x - Vt} - \arctan \frac{\beta_2 y}{x - Vt} \right) \alpha R b_3^{\perp} \right] \qquad (10.3\text{-}8a)$$

$$w_z(x, y, t) = \frac{1}{2\pi(\alpha^2 + R^2)} \left[\left(R^2 \arctan \frac{\beta_1 y}{x - Vt} + \alpha_3^2 \arctan \frac{\beta_2 y}{x - Vt} \right) b_3^{\perp} + \right.$$
$$\left. \left(\arctan \frac{\beta_1 y}{x - Vt} - \arctan \frac{\beta_2 y}{x - Vt} \right) \alpha R b_3^{\parallel} \right] \qquad (10.3\text{-}8b)$$

应变和应力的表达式在此不再罗列了。

下面给出运动位错的能量计算。W 为运动位错单位长度的能量，由动能 W_k 和势能 W_p 组成，它们分别定义如下

$$W_k = \frac{1}{2} \rho \iint_\Omega \left[\left(\frac{\partial u_z}{\partial t} \right)^2 + \left(\frac{\partial w_z}{\partial t} \right)^2 \right] \mathrm{d}x_1 \mathrm{d}x_2$$

$$W_p = \frac{1}{2}\iint_\Omega \left(\sigma_{ij}\frac{\partial u_z}{\partial t} + H_{ij}\frac{\partial w_z}{\partial t}\right)dx_1 dx_2 \qquad (10.3\text{-}9)$$

其中积分的区域是一个环 $r_0 < r < R_0$，r_0 代表位错芯的尺寸，而 R_0 代表位错网的尺寸，与普通晶体位错的情形相仿。一般 r_0 约为 10^{-8} cm，R_0 约为 $10^4 r_0$。把位移公式和相应的应力公式代入式（10.3-9），得到

$$W_k = \frac{k_k}{4\pi}\ln\frac{R_0}{r_0}, \quad W_p = \frac{k_p}{4\pi}\ln\frac{R_0}{r_0} \qquad (10.3\text{-}10)$$

其中

$$\begin{aligned}
k_k &= \frac{\rho V^2(\alpha^2+R^2)}{2}\left(\frac{A_1^2}{\beta_1}+\frac{A_2^2}{\beta_2}\right) \\
k_p &= \frac{A_1^2}{2}\left[\mu\alpha^2+(K_1-K_2)R^2+2\alpha R^2\right]\left(\beta_1+\frac{1}{\beta_1}\right)+ \\
&\quad \frac{A_2^2}{2}\left[\mu R^2+(K_1-K_2)\alpha^2-2\alpha R^2\right]\left(\beta_2+\frac{1}{\beta_2}\right)
\end{aligned} \qquad (10.3\text{-}11)$$

A_1，A_2 已经由式（10.3-7b）给出。这样总能量为

$$W = \frac{k_k+k_p}{4\pi}\ln\frac{R_0}{r_0} \qquad (10.3\text{-}12)$$

可以发现，$V \to s_2$，即 $\beta_2 \to 0$ 时，能量为无限大，这在物理上是不成立的，所以 s_2 是运动位错速度的极限。另外，如果 $V \ll s_2$，能量就化成如下形式

$$W \approx W_0 + \frac{1}{2}\rho V^2[(b_3^\parallel)^2+(b_3^\perp)^2]\frac{1}{4\pi}\ln\frac{R_0}{r_0} = W_0+\frac{1}{2}m_0 V^2 \qquad (10.3\text{-}13)$$

其中 W_0 是单位长度静止螺型位错的能量，也就是

$$W_0 = [\mu(b_3^\parallel)^2+R(b_3^\perp)^2+2b_3^\parallel b_3^\perp R]\frac{1}{4\pi}\ln\frac{R_0}{r_0} \qquad (10.3\text{-}14)$$

这里 m_0 称为单位长度静止螺型位错的"表观"质量

$$m_0 = [\mu(b_3^\parallel)^2+R(b_3^\perp)^2+2b_3^\parallel b_3^\perp R]\frac{1}{4\pi}\ln\frac{R_0}{r_0} \qquad (10.3\text{-}15)$$

显然，如果 $V=0$，本节得到的解还原为第 7.1 节讨论的静止位错的解。

更进一步，如果 $b_3^\perp = 0$，$R=0$，则 $\varepsilon_1 = \mu$，$\beta_1 = \sqrt{1-V^2/c_2^2}$，$s_1 = c_2 = \sqrt{\mu/\rho}$ 是普通晶体的横波的波速，而动力学解化为

$$\left.\begin{aligned}u_z(x-Vt,y) &= \frac{b}{2\pi}\arctan\frac{\beta_1 y}{x-Vt}\\ \sigma_{yz}=\sigma_{zy} &= \frac{b}{2\pi}\frac{\mu\beta_1(x-Vt)}{(x-Vt)^2+\beta_1^2 y^2}\\ \sigma_{xz}=\sigma_{zx} &= -\frac{b}{2\pi}\frac{\mu\beta_1 y}{(x-Vt)^2+\beta_1^2 y^2}\\ W &\approx (\mu b^2+\frac{1}{2}\rho V^2 b^2)\frac{1}{4\pi}\ln\frac{R_0}{r_0}\\ m_0 &= \frac{\rho b^2}{4\pi}\ln\frac{R_0}{r_0}\end{aligned}\right\} \quad (10.3\text{-}16)$$

这同常规晶体的著名的 Eshellby 解[17]完全一致。

以上公式是针对三维二十面体准晶给出的,但是只要把 μ, $K_1 \sim K_2$ 和 R 用 C_{44}, K_{44} 和 R_{44} 替代,就化成三维立方准晶的解;用 C_{44}, K_2 和 R_3 替代,就化成一维六方准晶的解。

10.4 反平面弹性 III 型运动 Griffith 裂纹

准晶弹性动力学的另一个应用是 III 型运动裂纹,假设以常速度 V 沿 x_1 方向运动(图 10.4-1)。

这里也使用固定坐标 (x_1,x_2,t) 和运动坐标 (x,y),与上一节相同。

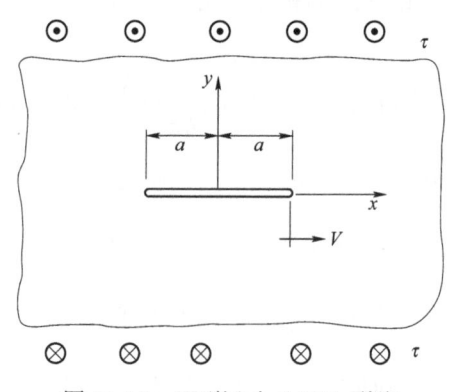

图 10.4-1 III型运动 Griffith 裂纹

在运动坐标系中,此问题的边界条件为

$$\sqrt{x^2+y^2}\to+\infty:\sigma_{ij}=0,\ H_{ij}=0$$

$$y=0, \quad |x|<a: \sigma_{yz}=-\tau, \quad H_{yz}=0 \qquad (10.4\text{-}1)$$

式（10.3-3）的解可以取为

$$\phi(x_1,y_1)=\mathrm{Re}\,F_1(z_1), \quad \psi(x_1,y_2)=\mathrm{Re}\,F_2(z_2) \qquad (10.4\text{-}2)$$

这里 $F_1(z_1)$ 和 $F_2(z_2)$ 为复变量 z_1 与 z_2 的解析函数，Re 代表复数的实部。

因为边界条件（10.4-1）比位错的边界条件（10.3-1）更复杂，在物理平面上，不便求解，我们用下列保角映射

$$z_1, z_2 = \omega(\zeta) = \frac{a}{2}(\zeta + \zeta^{-1}) \qquad (10.4\text{-}3)$$

把问题转化到 $\zeta(=\xi+\mathrm{i}\eta)$ 平面上去求解。

经过若干计算，得到解

$$F_1(z_1)=F_1[\omega(\zeta)]=G_1(\zeta)=\frac{\mathrm{i}\Delta_1}{\Delta}\zeta, \quad F_2(z_2)=F_2[\omega(\zeta)]=G_2(\zeta)=\frac{\mathrm{i}\Delta_2}{\Delta}\zeta$$
$$(10.4\text{-}4)$$

其中

$$\Delta = \beta_1\beta_2\left\{(\alpha\mu+R^2)\left[\alpha(K_1-K_2)-R^2\right]-R^2\left[\alpha+(K_1-K_2)\right](\alpha-\mu)\right\}$$
$$\Delta_1 = \tau\alpha\beta_2\left[\alpha(K_1-K_2)-R^2\right]$$
$$\Delta_2 = \tau\alpha\beta_1 R\left[\alpha+(K_1-K_2)\right] \qquad (10.4\text{-}5)$$

因为

$$\zeta = \omega^{-1}(z_1) = \frac{z_1}{a} - \sqrt{\left(\frac{z_1}{a}\right)^2 - 1} = \omega^{-1}(z_2) = \frac{z_2}{a} - \sqrt{\left(\frac{z_2}{a}\right)^2 - 1} \qquad (10.4\text{-}6)$$

下面的计算可以回到物理平面，即 z_1 平面/ z_2 平面上去进行。

相应的应力分量是

$$\left.\begin{aligned}
\sigma_{yz}=\sigma_{zy} &= (\alpha\mu+R^2)\beta_1\frac{\partial}{\partial y_1}\mathrm{Re}\,F_1(z_1)+R(\alpha-\mu)\beta_2\frac{\partial}{\partial y_2}\mathrm{Re}\,F_2(z_2) \\
\sigma_{xz}=\sigma_{zx} &= (\alpha\mu+R^2)\frac{\partial}{\partial x}\mathrm{Re}\,F_1(z_1)+R_3(\alpha-\mu)\beta_2\frac{\partial}{\partial x}\mathrm{Re}\,F_2(z_2) \\
H_{zy} &= R_3\left[\alpha+(K_1-K_2)\right]\beta_1\frac{\partial}{\partial y_1}\mathrm{Re}\,F_1(z_1)+\left[\alpha(K_1-K_2)-R^2\right]\frac{\partial}{\partial y_2}\mathrm{Re}\,F_2(z_2) \\
H_{zx} &= R_3\left[\alpha+(K_1-K_2)\right]\beta_1\frac{\partial}{\partial x}\mathrm{Re}\,F_1(z_1)+\left[\alpha(K_1-K_2)-R^2\right]\frac{\partial}{\partial x}\mathrm{Re}\,F_2(z_2)
\end{aligned}\right\}$$
$$(10.4\text{-}7)$$

把式（10.4-6）和式（10.4-4）代入式（10.4-7）得到其中一个应力分量的显

示表达

$$\sigma_{yz} = \sigma_{zy} = -\frac{\tau}{\Delta}(\alpha\mu + R^2)\beta_1\beta_2\left[\alpha(K_1-K_2) - R^2\right]\left[1 - \frac{d}{(d_1d_2)^{\frac{1}{2}}}\cos\left(\theta - \frac{1}{2}\theta_1 - \frac{1}{2}\theta_2\right)\right] +$$

$$\frac{\tau}{\Delta}\beta_1\beta_2 R^2\left[\alpha + (K_1-K_2)\right](\alpha-\mu)\left[1 - \frac{D}{(D_1D_2)^{\frac{1}{2}}}\cos\left(\Theta - \frac{1}{2}\Theta_1 - \frac{1}{2}\Theta_2\right)\right] \quad (10.4\text{-}8)$$

这里

$$\left.\begin{aligned}
&d = \sqrt{x^2 + y_1^2}, \; d_1 = \sqrt{(x-a)^2 + y_1^2}, \; d_2 = \sqrt{(x+a)^2 + y_1^2}\\
&D = \sqrt{x^2 + y_2^2}, \; D_1 = \sqrt{(x-a)^2 + y_2^2}, \; D_2 = \sqrt{(x+a)^2 + y_2^2}\\
&\theta = \arctan\frac{y_1}{x}, \; \theta_1 = \arctan\frac{y_1}{x-a}, \; \theta_2 = \arctan\frac{y_1}{x+a}\\
&\Theta = \arctan\frac{y_2}{x}, \; \Theta_1 = \arctan\frac{y_2}{x-a}, \; \Theta_2 = \arctan\frac{y_2}{x+a}
\end{aligned}\right\} \quad (10.4\text{-}9)$$

可以验证边界条件（10.4-8），因而它是精确解。

类似地，$\sigma_{xz} = \sigma_{zx}$，$H_{zx}$ 和 H_{zy} 也能得到显式表达。

由式（10.4-8），当 $y=0$ 时，导出

$$\sigma_{yz}(x,0) = \begin{cases} \dfrac{x\tau}{\sqrt{x^2-a^2}} - \tau, & |x| > a \\ -\tau, & |x| < a \end{cases} \quad (10.4\text{-}10)$$

因而应力在 $x \to a$ 时，具有 $(x-a)^{-1/2}$ 阶的奇异性。

III 型裂纹应力强度因子为

$$K_{\text{III}}^{\parallel} = \lim_{x \to a^+}\sqrt{\pi(x-a)}\sigma_{yz}(x,0) = \sqrt{\pi a}\tau \quad (10.4\text{-}11)$$

这与经典的 Yoffe 解[18]一致，即这里动态应力强度因子与裂纹速度 V 无关。

现在计算运动裂纹的能量

$$W = 2\int_0^a \left[\sigma_{zy}(x,0) \oplus H_{zy}(x,0)\right]\left[u_z(x,0) \oplus w_z(x,0)\right]dx$$

$$= \frac{1}{\Delta}(\Delta_1\alpha - \Delta_2 R)\tau\pi a = \frac{1}{\Delta}\left\{\alpha\beta_2\left[\alpha(K_1-K_2) - R^2\right] - \beta_1 R^2\left[\alpha + (K_1-K_2)\right]\right\}\pi a^2\tau$$

$$(10.4\text{-}12)$$

和能量释放率

$$G = \frac{1}{2}\frac{\partial W}{\partial a} = \frac{1}{2\Delta}\left\{\alpha\beta_2\left[\alpha(K_1-K_2) - R^2\right] - \beta_1 R^2\left[\alpha + (K_1-K_2)\right]\right\}(K_{\text{I}}^{\parallel})^2 \quad (10.4\text{-}13)$$

从式（10.4-12）与式（10.4-13）可见，能量和能量释放率同裂纹运动速度关系密切，并且与材料中声波速度关系密切。

如果材料常数 μ，K_1-K_2 和 R 用 C_{44}，K_{44} 替代，或用 R_{44} C_{44}，K_2 和 R_3 替代，则代表三维立方准晶，或一维六方准晶的解。

10.5 二维准晶简化型弹性–/流体–动力学，基本解

与式（10.1-3）的 Bak 弹性动力学公式不同，这里用 Lubensky 等的线性化（或简写版）的准晶弹性–/流体–动力学方程（见范天佑等的文献 [13]）

$$\rho \frac{\partial^2 u_i}{\partial t^2} = \frac{\partial \sigma_{ij}}{\partial x_j}, \quad \kappa \frac{\partial w_i}{\partial t} = \frac{\partial H_{ij}}{\partial x_j} \qquad (*)$$

其中 $\kappa = 1/\Gamma_w$，Γ_w 为相位子耗散系数，第一个方程为弹性动力学方程（波动方程），第二个方程为扩散方程，它来自准晶流体动力学（Hydrodynamics），与弹性动力学有很大的区别。更进一步的细节见第 16 章和其后的各章以及主附录III，其中全面和详细地讨论了准晶（以及软物质）流体动力学的全貌。为了避免重复，这里不详细介绍流体动力学的有关内容。

这里不讨论一维准晶反平面问题（一维的例子见文献 [13]），而直接讨论二维准晶的平面弹性–/流体–动力学问题，其意义比一维准晶的反平面弹性–/流体–动力学的意义要大，当然，问题也复杂得多，求解也更困难。

李显方[19]研究了十次对称二维准晶的弹性–/流体–动力学的通解，即由 Lubensky 等的线性化方程（*）出发，把广义 Hooke 定律代入，得到以位移表达的下列动力学方程

$$M\nabla^2 u_x + (L+M)\frac{\partial}{\partial x}\left(\frac{\partial u_x}{\partial x} + \frac{\partial u_y}{\partial y}\right) + R\left[\left(\frac{\partial^2}{\partial x^2} - \frac{\partial^2}{\partial y^2}\right)w_x + 2\frac{\partial^2 w_y}{\partial x \partial y}\right] = \rho\frac{\partial^2 u_x}{\partial t^2} \qquad (10.5\text{-}1)$$

$$M\nabla^2 u_y + (L+M)\frac{\partial}{\partial y}\left(\frac{\partial u_x}{\partial x} + \frac{\partial u_y}{\partial y}\right) + R\left[\left(\frac{\partial^2}{\partial x^2} - \frac{\partial^2}{\partial y^2}\right)w_y - 2\frac{\partial^2 w_x}{\partial x \partial y}\right] = \rho\frac{\partial^2 u_y}{\partial t^2} \qquad (10.5\text{-}2)$$

$$K_1\nabla^2 w_x + R\left[\left(\frac{\partial^2}{\partial x^2} - \frac{\partial^2}{\partial y^2}\right)u_x - 2\frac{\partial^2 u_y}{\partial x^2}\right] = \kappa\frac{\partial w_x}{\partial t} \qquad (10.5\text{-}3)$$

$$K_1\nabla^2 w_y + R\left[\left(\frac{\partial^2}{\partial x^2} - \frac{\partial^2}{\partial y^2}\right)u_y + 2\frac{\partial^2 u_x}{\partial x \partial y}\right] = \kappa\frac{\partial w_y}{\partial t} \qquad (10.5\text{-}4)$$

其中 $\nabla^2 = \partial_1^2 + \partial_2^2$。引进辅助函数 Y：

$$u_1 = L_1 Y, \quad u_2 = L_2 Y \qquad (10.5\text{-}5)$$

其中 $L_j(j=1,2)$ 是两个未知的线性算子，它们将在下面予以确定。为了得到 $L_j(j=1,2)$ 的显式表达，把式（10.5-5）代入式（10.5-3）与式（10.5-4），得到

$$K_1 \nabla^2 w_1 + R\left[\left(\frac{\partial^2}{\partial x^2} - \frac{\partial^2}{\partial y^2}\right)L_1 Y - 2\frac{\partial^2}{\partial x \partial y}L_2 Y\right] = \kappa \frac{\partial w}{\partial t}\dot{w}_1 \qquad (10.5\text{-}6)$$

$$K_1 \nabla^2 w_2 + R\left[\left(\frac{\partial^2}{\partial x^2} - \frac{\partial^2}{\partial y^2}\right)L_2 Y + 2\frac{\partial^2}{\partial x \partial y}L_1 Y\right] = \kappa \frac{\partial w}{\partial t}\dot{w}_2 \qquad (10.5\text{-}7)$$

因此，建立

$$w_1 = -R\left[\left(\frac{\partial^2}{\partial x^2} - \frac{\partial^2}{\partial y^2}\right)L_1 - 2\frac{\partial^2 L_2}{\partial x \partial y}\right]Z \qquad (10.5\text{-}8)$$

$$w_2 = -R\left[\left(\frac{\partial^2}{\partial x^2} - \frac{\partial^2}{\partial y^2}\right)L_2 + 2\frac{\partial^2 L_1}{\partial x \partial y}\right]Z \qquad (10.5\text{-}9)$$

$$Y = K_1 \nabla^2 Z - \kappa \dot{Z} \qquad (10.5\text{-}10)$$

由此可以发现，式（10.5-6）与式（10.5-7）将自动满足，其中 Z 代表一个新的未知函数。将式（10.5-8）～式（10.5-10）与式（10.5-5）代入式（10.5-1）与式（10.5-2）得到

$$\left\{\left[K_1 \nabla^2 - \kappa \frac{\partial}{\partial t}\right]\left[(L+M)\frac{\partial^2}{\partial x^2} + M\nabla^2 - \rho \frac{\partial^2}{\partial t^2}\right] - R^2 \nabla^2 \nabla^2\right\} L_1 Z +$$

$$(L+M)\left(K_1 \nabla^2 - \kappa \frac{\partial}{\partial t}\right)\frac{\partial^2}{\partial x \partial y}L_2 Z = 0 \qquad (10.5\text{-}11)$$

$$\left\{\left[K_1 \nabla^2 - \kappa \frac{\partial}{\partial t}\right]\left[(L+M)\frac{\partial^2}{\partial y^2} + M\nabla^2 - \rho \frac{\partial^2}{\partial t^2}\right] - R^2 \nabla^2 \nabla^2\right\} L_2 Z +$$

$$(L+M)\left(K_1 \nabla^2 - \kappa \frac{\partial}{\partial t}\right)\frac{\partial^2}{\partial x \partial y}L_1 Z = 0 \qquad (10.5\text{-}12)$$

如果令

$$L_1 Z = -\left(K_1 \nabla^2 - \kappa \frac{\partial}{\partial t}\right)\frac{\partial^2}{\partial x \partial y}F \qquad (10.5\text{-}13)$$

$$L_2 Z = \frac{1}{L+M}\left\{\left(K_1 \nabla^2 - \kappa \frac{\partial}{\partial t}\right)\left[(L+M)\frac{\partial^2}{\partial x^2} + M\nabla^2 - \rho\frac{\partial^2}{\partial t^2}\right] - R^2 \nabla^2 \nabla^2\right\} F$$

$$(10.5\text{-}14)$$

可知式（10.5-11）自动满足，而式（10.5-12）化成

$$\left\{\left[K_1\nabla^2 - \kappa\frac{\partial}{\partial t}\right]\left[(2M+L)\nabla^2 - \rho\frac{\partial^2}{\partial t^2}\right] - R^2\nabla^2\nabla^2\right\}\left[\left(K_1\nabla^2 - \kappa\frac{\partial}{\partial t}\right)\left(M\nabla^2 - \rho\frac{\partial^2}{\partial t^2}\right) - R^2\nabla^2\nabla^2\right]F = 0 \quad (10.5\text{-}15)$$

在式（10.5-14）中，L_1，L_2 记算子。类似地，取 L_1Z 与 L_2Z 为下列形式

$$L_1Z = \frac{1}{L+M}\left\{\left[K_1\nabla^2 - \kappa\frac{\partial}{\partial t}\right]\left[(L+M)\frac{\partial^2}{\partial y^2} + M\nabla^2 - \rho\frac{\partial^2}{\partial t^2}\right] - R^2\nabla^2\nabla^2\right\}F \quad (10.5\text{-}16)$$

$$L_2Z = -\left(K_1\nabla^2 - \kappa\frac{\partial}{\partial t}\right)\frac{\partial^2}{\partial x \partial y}F \quad (10.5\text{-}17)$$

最后仍然得到终态控制方程（10.5-15）。作为检验，在静力学情形，式（10.5-15）还原为

$$\nabla^2\nabla^2\nabla^2\nabla^2 F = 0 \quad (10.5\text{-}18)$$

这就是第 6 章的式（6.2-7），这说明以上推导正确。

上面得到的方程还可以进一步化简。把 F 分解为 $F = F_1 + F_2$，使得 $F_j (j = 1, 2)$ 分别满足

$$\left(K_1\nabla^2 - \kappa\frac{\partial}{\partial t}\right)\left[(2M+L)\nabla^2 - \rho\frac{\partial^2}{\partial t^2}\right]F_1 - R^2\nabla^2\nabla^2 F_1 = 0 \quad (10.5\text{-}19)$$

$$\left(K_1\nabla^2 - \kappa\frac{\partial}{\partial t}\right)\left(M\nabla^2 - \rho\frac{\partial^2}{\partial t^2}\right)F_2 - R^2\nabla^2\nabla^2 F_2 = 0 \quad (10.5\text{-}20)$$

或

$$\left[K_1(2M+L) - R^2\right]\nabla^2\nabla^2 F_1 - \kappa(2M+L)\nabla^2\frac{\partial}{\partial t}F_1 - \rho K_1\nabla^2\frac{\partial^2}{\partial t^2}F_1 + \kappa\rho\frac{\partial^3}{\partial t^3}F_1 = 0 \quad (10.5\text{-}21)$$

$$\left(K_1 M - R^2\right)\nabla^2\nabla^2 F_2 - \kappa M\nabla^2\frac{\partial}{\partial t}F_2 - \rho K_1\nabla^2\frac{\partial^2}{\partial t^2}F_2 + \kappa\rho\frac{\partial^3}{\partial t^3}F_2 = 0 \quad (10.5\text{-}22)$$

这两个方程为终态控制方程，通过声子–相位子耦合常数 R 的"共轭"，来描述波传播和扩散的相互作用。如果 $R = 0$，那么

$$F_1 = \xi + \zeta \quad (10.5\text{-}23)$$

$$F_2 = \eta + \zeta \qquad (10.5\text{-}24)$$

其中 ξ 和 η 满足

$$(2M+L)\nabla^2 \xi = \rho \frac{\partial^2}{\partial t^2}\xi \qquad (10.5\text{-}25)$$

$$M\nabla^2 \eta = \rho \frac{\partial^2}{\partial t^2}\eta \qquad (10.5\text{-}26)$$

这与经典弹性动力学的著名的 Lamé 势满足的波动方程完全一致，如果材料为各向同性，那么 $L=\lambda$ 和 $M=\mu$，λ 和 μ 为 Lamé 常数。这时 ζ 满足

$$K_1 \nabla^2 \zeta = \kappa \frac{\partial}{\partial t}\zeta \qquad (10.5\text{-}27)$$

这是经典的扩散方程。

一旦势函数 $F_j(j=1,2)$ 得到确定，位移场就可以计算出来。例如，引进记号

$$\varphi = -(K_1\nabla^2 - \kappa\partial_t)(\partial_1+\partial_2)F_1,\ \psi = -(K_1\nabla^2 - \kappa\partial_t)(\partial_1-\partial_2)F_2 \quad (10.5\text{-}28)$$

位移表示成

$$u_x = \left(K_1\nabla^2 - \kappa\frac{\partial}{\partial t}\right)\left(\frac{\partial}{\partial x}\varphi + \frac{\partial}{\partial y}\psi\right) \qquad (10.5\text{-}29)$$

$$u_y = \left(K_1\nabla^2 - \kappa\frac{\partial}{\partial t}\right)\left(\frac{\partial}{\partial y}\varphi - \frac{\partial}{\partial x}\psi\right) \qquad (10.5\text{-}30)$$

$$w_x = R\left(\Pi_2 \frac{\partial}{\partial x}\varphi - \Pi_1 \frac{\partial}{\partial y}\psi\right) \qquad (10.5\text{-}31)$$

$$w_y = -R\left(\Pi_1 \frac{\partial}{\partial y}\varphi + \Pi_2 \frac{\partial}{\partial x}\psi\right) \qquad (10.5\text{-}32)$$

其中

$$\Pi_1 = 3\frac{\partial^2}{\partial x^2} - \frac{\partial^2}{\partial y^2},\quad \Pi_2 = 3\frac{\partial^2}{\partial y^2} - \frac{\partial^2}{\partial x^2}$$

进而得到应力分量

$$\sigma_{xx} = \left[\left(K_1\nabla^2 - \kappa\frac{\partial}{\partial t}\right)\left(L\nabla^2 + 2M\frac{\partial^2}{\partial x^2}\right) - R^2\nabla^2\left(\frac{\partial^2}{\partial x^2} - \frac{\partial^2}{\partial y^2}\right)\right]\varphi +$$
$$2\frac{\partial^2}{\partial x\partial y}\left[M\left(K_1\nabla^2 - \kappa\frac{\partial}{\partial t}\right) - R^2\nabla^2\right]\psi \qquad (10.5\text{-}33)$$

$$\sigma_{yy} = \left[\left(K_1\nabla^2 - \kappa\frac{\partial}{\partial t}\right)\left(L\nabla^2 + 2M\frac{\partial^2}{\partial y^2}\right) + R^2\nabla^2\left(\frac{\partial^2}{\partial x^2} - \frac{\partial^2}{\partial y^2}\right)\right]\varphi -$$

$$2\frac{\partial^2}{\partial x \partial y}\left[M\left(K_1\nabla^2 - \kappa\frac{\partial}{\partial t}\right) - R^2\nabla^2\right]\psi \qquad (10.5\text{-}34)$$

$$\sigma_{xy} = 2\frac{\partial^2}{\partial x \partial y}\left[M\left(K_1\nabla^2 - \kappa\frac{\partial}{\partial t}\right) - R^2\nabla^2\right]\varphi -$$

$$\left(\frac{\partial^2}{\partial x^2} - \frac{\partial^2}{\partial y^2}\right)\left[M\left(K_1\nabla^2 - \kappa\frac{\partial}{\partial t}\right) - R^2\nabla^2\right]\psi \qquad (10.5\text{-}35)$$

$$H_{xx} = R\left[K_1\frac{\partial^2}{\partial x^2}\Pi_2 - K_2\frac{\partial^2}{\partial y^2}\Pi_1 + \left(K_1\nabla^2 - \kappa\frac{\partial}{\partial t}\right)\left(\frac{\partial^2}{\partial x^2} - \frac{\partial^2}{\partial y^2}\right)\right]\varphi -$$

$$R\frac{\partial^2}{\partial x \partial y}\left[K_1\Pi_1 + K_2\Pi_2 - 2\left(K_1\nabla^2 - \kappa\frac{\partial}{\partial t}\right)\right]\psi \qquad (10.5\text{-}36)$$

$$H_{yy} = -R\left[K_1\frac{\partial^2}{\partial y^2}\Pi_1 - K_2\frac{\partial^2}{\partial x^2}\Pi_2 - \left(K_1\nabla^2 - \kappa\frac{\partial}{\partial t}\right)\left(\frac{\partial^2}{\partial x^2} - \frac{\partial^2}{\partial y^2}\right)\right]\varphi -$$

$$R\frac{\partial^2}{\partial x \partial y}\left[K_1\Pi_2 + K_2\Pi_1 - 2\left(K_1\nabla^2 - \kappa\frac{\partial}{\partial t}\right)\right]\psi \qquad (10.5\text{-}37)$$

$$H_{12} = R\frac{\partial^2}{\partial x \partial y}\left[K_1\Pi_2 + K_2\Pi_1 - 2\left(K_1\nabla^2 - \kappa\frac{\partial}{\partial t}\right)\right]\varphi -$$

$$R\left[K_1\frac{\partial^2}{\partial y^2}\Pi_1 - K_2\frac{\partial^2}{\partial x^2}\Pi_2 - \left(K_1\nabla^2 - \kappa\frac{\partial}{\partial t}\right)\left(\frac{\partial^2}{\partial x^2} - \frac{\partial^2}{\partial y^2}\right)\right]\psi \qquad (10.5\text{-}38)$$

$$H_{21} = -R\frac{\partial^2}{\partial x \partial y}\left[K_1\Pi_1 + K_2\Pi_2 - 2\left(K_1\nabla^2 - \kappa\frac{\partial}{\partial t}\right)\right]\varphi -$$

$$R\left[K_1\frac{\partial^2}{\partial x^2}\Pi_2 - K_2\frac{\partial^2}{\partial y^2}\Pi_1 + \left(K_1\nabla^2 - \kappa\frac{\partial}{\partial t}\right)\left(\frac{\partial^2}{\partial x^2} - \frac{\partial^2}{\partial y^2}\right)\right]\psi \qquad (10.5\text{-}39)$$

可以验证以上的解满足了点群 $10mm$ 二维十次对称准晶平面弹性-/流体-动力学的全部方程，下一步是在具体边界条件下求解这些方程。

李显方在文献[20]中进一步发展了以上工作，并且推广到点群 $10, \overline{10}$ 和 $10/m$ 二维十次对称准晶平面弹性-/流体-动力学，确定了有关波速，对波的传播也进行了分析。图 10.5-1 是其计算结果之一。

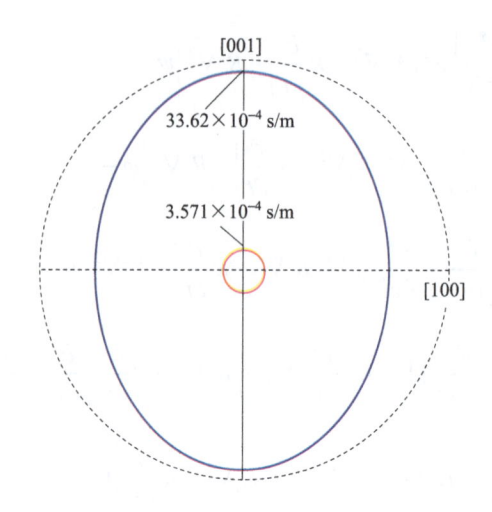

图 10.5-1　在 xz 平面中声波转播的慢曲面的一个截面（材料常数为 $L = 30\,\text{GPa}$，$M = 40\,\text{GPa}$，$K_1 = 300\,\text{MPa}$，$R = -0.05\mu$，$K_2 = -0.52K_1$，$K_3 = 0.5K_1$）

10.6　二维准晶的简化型弹性–/流体–动力学及其在断裂动力学中的应用，数值分析

上面推导的二维十次对称准晶的简单弹性–/流体–动力学的通解，把求解步骤大大简化，是很有意义的工作。但是由它们得到分析解，仍然十分艰难，尤其对复杂的边值–初值问题。现在我们针对若干有实际价值的复杂边值–初值问题，发展数值分析。

10.6.1　二维十次对称准晶裂纹动力学求解公式

考虑二维十次对称准晶，z 轴为周期对称轴，xy 平面是准周期平面。假设存在一 Griffith 裂纹穿透周期对称轴方向，也就是 z 轴方向。又假设外应力沿这个方向均匀，所以场变量同 z 无关，即 $\partial/\partial z = 0$。在这种情形下，应力–应变关系为

$$\left.\begin{aligned}&\sigma_{xx}=L(\varepsilon_{xx}+\varepsilon_{yy})+2M\varepsilon_{xx}+R(w_{xx}+w_{yy})\\&\sigma_{yy}=L(\varepsilon_{xx}+\varepsilon_{yy})+2M\varepsilon_{yy}-R(w_{xx}+w_{yy})\\&\sigma_{xy}=\sigma_{yx}=2M\varepsilon_{xy}+R(w_{yx}-w_{xy})\\&H_{xx}=K_1w_{xx}+K_2w_{yy}+R(\varepsilon_{xx}-\varepsilon_{yy})\\&H_{yy}=K_1w_{yy}+K_2w_{xx}+R(\varepsilon_{xx}-\varepsilon_{yy})\\&H_{xy}=K_1w_{xy}-K_2w_{yx}-2R\varepsilon_{xy}\\&H_{yx}=K_1w_{yx}-K_2w_{xy}+2R\varepsilon_{xy}\end{aligned}\right\}\quad(10.6\text{-}1)$$

其中 $L=C_{12}$, $M=(C_{11}-C_{12})/2$ 为声子弹性常数；K_1 和 K_2 为相位子弹性常数；R 为声子–相位子耦合弹性常数。

把式（10.6-1）代入上一节的式（*），重复前面的结果，不过在形式上略有改动

$$\left.\begin{aligned}&\frac{\partial^2 u_x}{\partial t^2}=c_1^2\frac{\partial^2 u_x}{\partial x^2}+(c_1^2-c_2^2)\frac{\partial^2 u_y}{\partial x\partial y}+c_2^2\frac{\partial^2 u_x}{\partial y^2}+c_3^2\left(\frac{\partial^2 w_x}{\partial x^2}+2\frac{\partial^2 w_y}{\partial x\partial y}-\frac{\partial^2 w_x}{\partial y^2}\right)\\&\frac{\partial^2 u_y}{\partial t^2}=c_2^2\frac{\partial^2 u_y}{\partial x^2}+(c_1^2-c_2^2)\frac{\partial^2 u_x}{\partial x\partial y}+c_1^2\frac{\partial^2 u_y}{\partial y^2}+c_3^2\left(\frac{\partial^2 w_y}{\partial x^2}-2\frac{\partial^2 w_x}{\partial x\partial y}-\frac{\partial^2 w_y}{\partial y^2}\right)\\&\frac{\partial w_x}{\partial t}=d_1^2\left(\frac{\partial^2 w_x}{\partial x^2}+\frac{\partial^2 w_x}{\partial y^2}\right)+d_2^2\left(\frac{\partial^2 u_x}{\partial x^2}-2\frac{\partial^2 u_y}{\partial x\partial y}-\frac{\partial^2 u_x}{\partial y^2}\right)\\&\frac{\partial w_y}{\partial t}=d_1^2\left(\frac{\partial^2 w_y}{\partial x^2}+\frac{\partial^2 w_y}{\partial y^2}\right)+d_2^2\left(\frac{\partial^2 u_y}{\partial x^2}+2\frac{\partial^2 u_x}{\partial x\partial y}-\frac{\partial^2 u_y}{\partial y^2}\right)\end{aligned}\right\}$$

（10.6-2）

其中

$$c_1=\sqrt{\frac{L+2M}{\rho}},\quad c_2=\sqrt{\frac{M}{\rho}},\quad c_3=\sqrt{\frac{R}{\rho}},\quad d_1=\sqrt{\frac{K_1}{\kappa}},\quad d_2=\sqrt{\frac{R}{\kappa}},\quad d_3=\sqrt{\frac{K_2}{\kappa}}$$

（10.6-3）

注意 c_1, c_2 和 c_3 具有弹性波速的物理意义；d_1^2, d_2^2 和 d_3^2 不代表波速，而是扩散系数。

十次对称准晶的裂纹试样如图 10.6-1 所示，其中裂纹长度 $2a(t)$ 一般为时间的函数，但是在静力学时，$a(t)=a_0=$ 常数，试样上边的 ED 和下边的 FC 受动态外应力作用。以下先讨论裂纹动态起始问题，这时裂纹长度不变，然后讨论裂纹快速扩展。考虑到几何上的对称性，研究 1/4 试样即可。

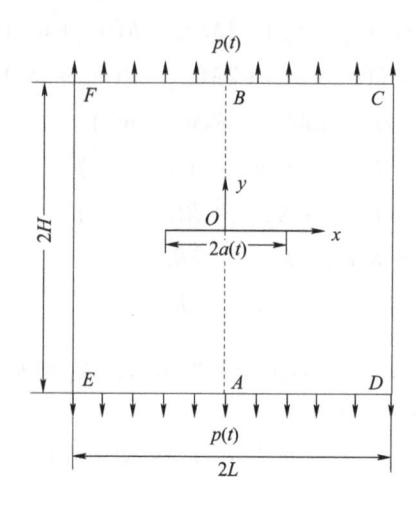

图 10.6-1 中心裂纹试样

下面列出边界条件，仅仅考虑右上 1/4 试样，有如下边界条件：

当 $x=0$，$0 \leqslant y \leqslant H$ 时 $u_x=0$，$\sigma_{xy}=0$，$w_x=0$，$H_{xy}=0$

当 $x=L$，$0 \leqslant y \leqslant H$ 时 $\sigma_{xx}=0$，$\sigma_{xy}=0$，$H_{xx}=0$，$H_{xy}=0$

当 $y=H$，$0 \leqslant x \leqslant H$ 时 $\sigma_{yy}=p(t)$，$\sigma_{yx}=0$，$H_{yy}=0$，$H_{yx}=0$ （10.6-4）

当 $y=0$，$0 < x < a(t)$ 时 $\sigma_{yy}=0$，$\sigma_{yx}=0$，$H_{yy}=0$，$H_{yx}=0$

当 $y=0$，$a(t) < x < L$ 时 $u_y=0$，$\sigma_{yx}=0$，$w_y=0$，$H_{yx}=0$

其中 $p(t)=p_0 f(t)$，当 $f(t)$ 随时间快速变化时，代表随时间变化的动态载荷；否则，为静态载荷（即 $f(t)=$ 常数），并且 $p_0=$ 常数，具有应力的量纲。

此问题的初始条件为

$$\left.\begin{array}{l} u_x(x,y,t)\big|_{t=0}=0, \quad u_y(x,y,t)\big|_{t=0}=0 \\ w_x(x,y,t)\big|_{t=0}=0, \quad w_y(x,y,t)\big|_{t=0}=0 \\ \dfrac{\partial u_x(x,y,t)}{\partial t}\bigg|_{t=0}=0, \quad \dfrac{\partial u_y(x,y,t)}{\partial t}\bigg|_{t=0}=0 \end{array}\right\} \quad (10.6\text{-}5)$$

为了实施有限差分，控制方程（10.6-2）和边界条件及初始条件（10.6-4），（10.6-5）中的所有场变量必须用位移和它们的导数表示出来。这需要用到本构方程（10.6-1），细节见本章的附录。

这一节的有关参量为：实验确定的 Al-Ni-Co 准晶的质量密度 $\rho=4.186\times$

10^{-3} g·mm^{-3}，声子弹性模量由超声共振谱法得到[21]，$C_{11} = 2.3433, C_{12} = 0.5741$ (10^{12} dyn/cm$^2 = 10^2$ GPa) 相位子弹性模量由 Monto-Carlo 模拟得到，$K_1 = 1.22$，$K_2 = 0.24$ (10^{12} dyn/cm$^2 = 10^2$ GPa)[22]，相位子耗散系数为 $\Gamma_w = 1/\kappa = 4.8 \times 10^{-19}$ m^3·s/kg= 4.8×10^{-10} cm^3·μs/g[23]。声子-相位子耦合弹性常数 R 的测量值只针对模型特殊情形得到，见第 6 章和第 9 章的介绍，这里取 $R/M = 0.01$ 代表准晶，$R/M = 0$ 代表晶体。

10.6.2 物理模型的检验

为了检验所建议的物理模型和数值方法，先检查不带裂纹的试样。我们知道，在数学物理中存在有关波传播和扩散运动问题的基本解，在一维情形

$$\left.\begin{array}{l} u \sim e^{i\omega(t-x/c)} \\ w \sim \dfrac{1}{\sqrt{t-t_0}} e^{-(x-x_0)^2/\Gamma_w(t-t_0)} \end{array}\right\} \quad (10.6\text{-}6)$$

其中 ω 为频率；c 为波速；t 为时间；t_0 为时间的一个特殊值；x 为空间距离；x_0 为 x 的一个特殊值；Γ_w 代表相位子的耗散系数。

比较图 10.6-2（a）和图 10.6-2（b）中所示的结果，其中实线代表准晶的数值解，虚线代表数学物理的基本解（10.6-6）。从图 10.6-2（a）和（b）可见，两个声子位移的数值解都呈现波传播的性质，而且都同波动的基本解完美吻合。但是两者之间还存在一些出入，这是因为声子场不可避免地受到相位子的影响以及声子-相位子耦合的影响，这自然与纯基本解有区别。从图 10.6-2（c）可见，相位子呈现扩散的特性。由于受到声子的影响以及声子-相位子耦合的影响，相位子解同扩散的基本解相比，有一些微小出入，它们围绕基本解起伏。这表明现在的动力学模型（即简化的弹性-/流体-动力学模型）的确刻画了声子的波传播物理特性、相位子的扩散物理特性。同时表明数值模拟的正确性。

10.6.3 计算机程序的检验

10.6.3.1 差分格式的稳定性

差分格式的稳定性是有限差分分析的核心，它取决于参量 $\alpha = c_1\tau/h$ 的选取，在某种意义上，它代表时间步长与空间步长的比。在客观上，这一选择与比值 c_1/c_2 有关，也就是与声子场的纵波与横波的比有关。为了确定这个比的上限，根据我们的计算实践，取 $\alpha = 0.8$，这当然也参考了过去国内外同行在普通工程材料方面的经验。

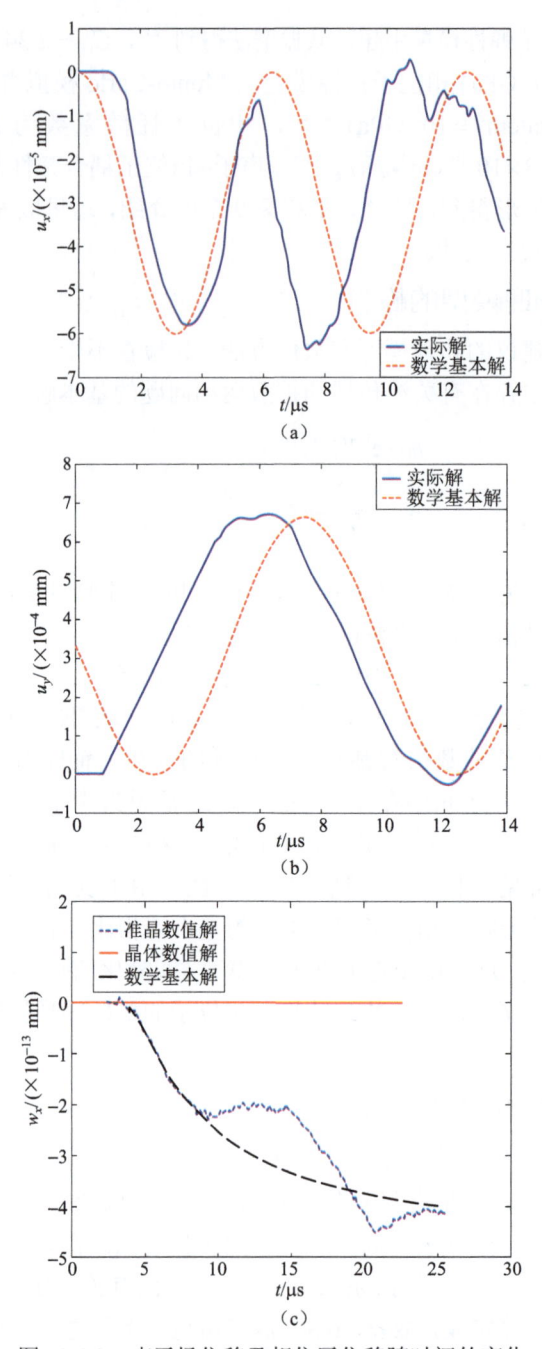

图 10.6-2 声子场位移及相位子位移随时间的变化

（a）声子场位移 u_x 随时间变化；（b）声子场位移 u_y 随时间变化；
（c）相位子位移 w_x 随时间的变化

10.6.3.2 精度检验

保持稳定性仅仅是计算成功的一个必要条件。还必须检查数值解的精度。方法之一是将现在的解同经典解（解析的或数值的解）进行对比。出于这一目的，取材料 $c_1 = 7.34 \text{ mm}/\mu\text{s}$，$c_2 = 3.92 \text{ mm}/\mu\text{s}$，$\rho = 5 \times 10^3 \text{ kg/m}^3$，外加应力 $p_0 = 1 \text{ MPa}$，这与文献 [24-26] 相同（但是与第 10.6.1 节中列举的数值不同）。首先，同经典弹性材料的精确解对比，这时取 $w_x = w_y = 0$（即 $K_1 = K_2 = R = 0$）。取最基本的物理量——动态应力强度因子进行比较

$$K_{\text{I}}(t) = \lim_{x \to a_0^+} \sqrt{\pi(x-a_0)} \sigma_{yy}(x,0,t) \tag{10.6-7}$$

量纲为 1 的动态应力强度因子为 $K_{\text{I}}(t)/K_{\text{I}}^{\text{static}}$，其中 $K_{\text{I}}^{\text{static}}$ 是对应的静态应力强度因子，它的值为 $\sqrt{\pi a_0} p_0$（详见 10.6.3.3 节）。对裂纹的动态起始扩展，在经典的理论中存在唯一的精确解——Maue 解[24]，不过它是针对带裂纹无限大试样求出来的，和我们采用的试样不尽相同。Maue 研究了一无限大物体中带一半无限长裂纹，在裂纹表面上作用 Heaviside 冲击应力。而我们现在研究的试样是带中心裂纹的矩形平板，同时，应力加在试样的上下外边界。显然，Maue 模型并不能描述波与外边界之间的相互作用。然而，考虑一个非常短的时间间隔，也就是，在这段时间内，波从外边界抵达有限尺寸试样裂纹顶端（这个时间记为 t_1），另一个时间是，从有限尺寸试样裂纹顶端发射的波被外边界反射之前（这个时间记为 t_2）。在这个特殊的短时间间隔内，有限尺寸试样可以被视为一个"无限大试样"。图 10.6-3 显示了数值解与 Maue 解在这个解析解有效的短时间范围内精确地一致。

在 $w_x = w_y = 0$ 的情形下，我们的解同普通结构材料的解、Murti[25] 解和 Chen[26] 解进行了对比，如图 10.6-3 所示，显然，我们的数值解具有很高的精度。

10.6.3.3 网格尺寸（空间步长）的影响

算法中网格尺寸（空间步长）也影响计算精度。为了检验计算精度，取不同网格尺寸，其影响列于表 10.6-1，从中可以看出，$h = a_0/40$ 精度就已很好。

表 10.6-1 准晶量纲为 1 的应力强度因子 SIF 随空间步长的变化

h	$a_0/10$	$a_0/15$	$a_0/20$	$a_0/30$	$a_0/40$
$\bar{K}$	0.925 90	0.948 29	0.962 29	0.977 23	0.995 16
误差/%	7.410	5.171	3.771	2.277	0.484

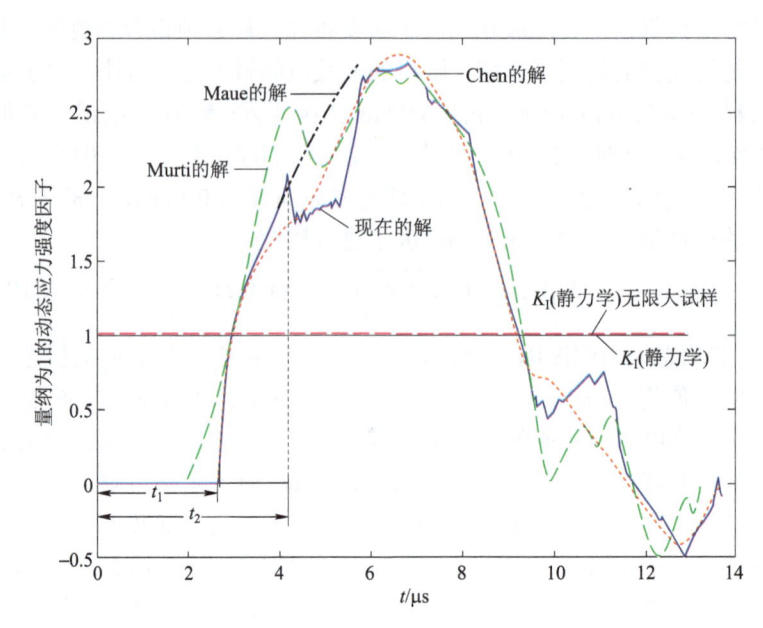

图 10.6-3 现在的解与普通结构材料的经典解析解和数值解的对比

准晶的无限大试样在静力学情形下，裂纹问题存在精确解，见第 8 章，其量纲为 1 的应力强度因子等于 1。在静力学情形下，不存在波传播的效应，如果 $L/a_0 \geqslant 3$，$H/a_0 \geqslant 3$，这时边界的影响就很弱了。对现在的试样，如果 $L/a_0 \geqslant 4$，$H/a_0 \geqslant 8$，在静力学情形下，就可以认为是无限大试样。在这种情形下，静态量纲为 1 的应力强度因子等于 1 是一个很好的近似值。表 10.6-1 显示，步长取 $h = a_0/40$ 时，已经达到很高的精度。

10.6.4 裂纹动态起始扩展的计算结果

动态裂纹问题，存在两个"相"：动态起始扩展和裂纹快速传播。对于动态起始扩展问题，裂纹尺寸为常数，即 $a(t) = a_0$。此时试样带一个稳定裂纹，同时，在迅速变化的应力 $p(t) = p_0 f(t)$ 作用下，其中 p_0 是一个常数，具有应力的量纲，$f(t)$ 为一个 Heaviside 函数。同时我们熟知，声子和相位子的耦合效应很重要，它揭示重要的物理和力学性质，这是使得准晶不同于其他材料的原因之一。研究这一效应很有意义。

准晶的动态应力强度因子 $K_\mathrm{I}(t)$ 的定义与式（10.6-7）的相同，它的数值结果由图 10.6-3 表示，其量纲为 1 的形式为 $K_\mathrm{I}(t)/\sqrt{\pi a_0}\, p_0$。图中有两条曲线，一条对应 $R/M = 0.01$ 的准晶，另外一条对应 $R/M = 0$ 的普通材料。这两条曲线明显不同，但它们在一定程度上又相似。由于存在相位子场以及声子–相位子耦合作用，准晶很显然表现出与普通材料的不同。

在图 10.6-4 中，时刻 t_0 代表波从外表面传播到裂纹表面所需的时间，这里 $t_0 = 2.6735\,\mu s$。那么波传播的速度为 $v_0 = H/t_0 = 7.4807\,km/s$，它正好等于准晶材料的纵波的波速 $c_1 = \sqrt{(L+2M)/\rho}$。这说明现在的波传播–扩散相耦合的复杂系统，声子的波传播起控制作用。

图中存在一些震荡现象。因为这是一个有限尺寸试样，存在许多边界，对外来的波和裂纹面上反射的波，传播到边界，边界是再反射回来，波与波又发生干涉和折射，这些复杂的相互作用，导致动态应力强度因子出现某些震荡。

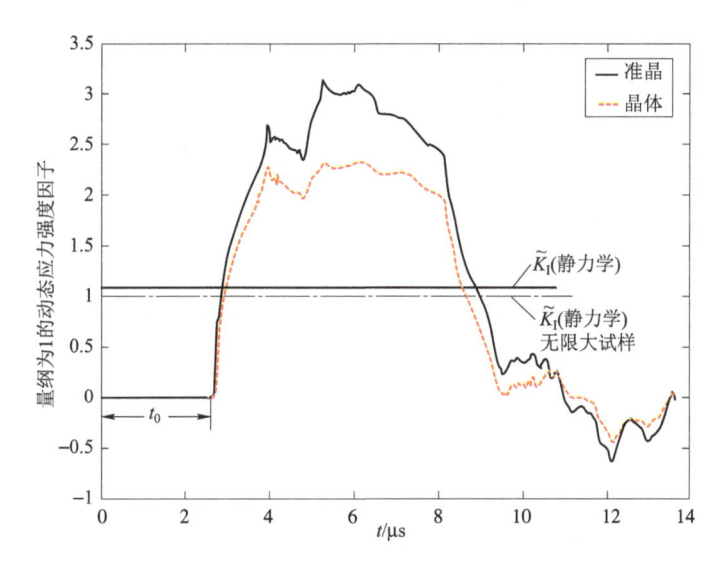

图 10.6-4　量纲为 1 的动态应力强度因子（DSIF）随时间的变化

10.6.5　裂纹快速传播问题讨论

裂纹的快速传播是一个有趣而困难的问题。其表现出高度的非线性。这时裂纹的尺寸在不断变化，它怎么变化，事先我们无法知道，在它上面还要给定边界条件。当然，可以做数值模拟。文献［15，27］有所讨论，但不是针对快速传播裂纹的，文献［28］与此也有关，这里我们不详细介绍，下一节将对二十面体准晶给出传播裂纹的解，可供参考。

10.7 三维二十面体准晶简化型弹性–/流体–动力学及其在断裂动力学中的应用,数值分析

10.7.1 基本方程、边界条件和初始条件

Al-Pd-Mn 二十面体准晶比 Al-Ni-Co 十次对称准晶意义更大。这里裂纹穿透五次对称方向,可以认为是平面问题,因而有

$$\frac{\partial}{\partial z}=0 \qquad (10.7\text{-}1)$$

但是位移 u_z, w_z 和位移 u_x, u_y, w_x, w_y 一样都起作用,应变为

$$\varepsilon_{ij}=\frac{1}{2}\left(\frac{\partial u_i}{\partial x_j}+\frac{\partial u_j}{\partial x_i}\right), \qquad w_{ij}=\frac{\partial w_i}{\partial x_j}$$

$$\sigma_{ij}=C_{ijkl}\varepsilon_{kl}+R_{ijkl}w_{kl}, \qquad H_{ij}=R_{klij}\varepsilon_{kl}+K_{ijkl}w_{kl}$$

其中声子弹性常数为

$$C_{ijkl}=\lambda\delta_{ij}\delta_{kl}+\mu(\delta_{ik}\delta_{jl}+\delta_{il}\delta_{jk}) \qquad (10.7\text{-}2)$$

相位子弹性常数矩阵 K 和声子–相位子弹性耦合常数矩阵 R 已经由第 9 章的式(9.1-6)定义,这里不再列出。

把应力分量代入运动方程

$$\rho\frac{\partial^2 u_i}{\partial t^2}=\frac{\partial \sigma_{ij}}{\partial x_j}, \quad \kappa\frac{\partial w_i}{\partial t}=\frac{\partial H_{ij}}{\partial x_j} \qquad (10.7\text{-}3)$$

通过应力–应变关系和应变–位移关系,得到由位移分量表示的运动方程如下

$$\frac{\partial^2 u_x}{\partial t^2}+\theta\frac{\partial u_x}{\partial t}=c_1^2\frac{\partial^2 u_x}{\partial x^2}+(c_1^2-c_2^2)\frac{\partial^2 u_y}{\partial x\partial y}+c_2^2\frac{\partial^2 u_x}{\partial y^2}+c_3^2\left(\frac{\partial^2 w_x}{\partial x^2}+2\frac{\partial^2 w_y}{\partial x\partial y}-\frac{\partial^2 w_x}{\partial y^2}\right)$$

$$\frac{\partial^2 u_y}{\partial t^2}+\theta\frac{\partial u_y}{\partial t}=c_2^2\frac{\partial^2 u_y}{\partial x^2}+(c_1^2-c_2^2)\frac{\partial^2 u_x}{\partial x\partial y}+c_1^2\frac{\partial^2 u_y}{\partial y^2}+c_3^2\left(\frac{\partial^2 w_y}{\partial x^2}-2\frac{\partial^2 w_x}{\partial x\partial y}-\frac{\partial^2 w_y}{\partial y^2}\right)$$

$$\frac{\partial^2 u_z}{\partial t^2}+\theta\frac{\partial u_z}{\partial t}=c_2^2\left(\frac{\partial^2}{\partial x^2}+\frac{\partial^2}{\partial y^2}\right)u_z+c_3^2\left(\frac{\partial^2 w_x}{\partial x^2}-\frac{\partial^2 w_x}{\partial y^2}-2\frac{\partial^2 w_y}{\partial x\partial y}+\frac{\partial^2 w_z}{\partial x^2}+\frac{\partial^2 w_z}{\partial y^2}\right)$$

$$\frac{\partial w_x}{\partial t}+\theta w_x=d_1\left(\frac{\partial^2}{\partial x^2}+\frac{\partial^2}{\partial y^2}\right)w_x+d_2\left(\frac{\partial^2}{\partial x^2}-\frac{\partial^2}{\partial y^2}\right)w_z+$$

$$d_3\left(\frac{\partial^2 u_x}{\partial x^2} - 2\frac{\partial^2 u_y}{\partial x \partial y} - \frac{\partial^2 u_x}{\partial y^2} + \frac{\partial^2 u_z}{\partial x^2} - \frac{\partial^2 u_z}{\partial y^2}\right)$$

$$\frac{\partial w_y}{\partial t} + \theta w_y = d_1\left(\frac{\partial^2}{\partial x^2} + \frac{\partial^2}{\partial y^2}\right)w_y - d_2\frac{\partial^2 w_z}{\partial x \partial y} + d_3\left(\frac{\partial^2 u_y}{\partial x^2} + 2\frac{\partial^2 u_x}{\partial x \partial y} - \frac{\partial^2 u_y}{\partial y^2} - 2\frac{\partial^2 u_z}{\partial x \partial y}\right)$$

$$\frac{\partial w_z}{\partial t} + \theta w_z = (d_1 - d_2)\left(\frac{\partial^2}{\partial x^2} + \frac{\partial^2}{\partial y^2}\right)w_z + d_2\left(\frac{\partial^2 w_x}{\partial x^2} - \frac{\partial^2 w_x}{\partial y^2} - 2\frac{\partial^2 w_y}{\partial x \partial y}\right) +$$

$$d_3\left(\frac{\partial^2}{\partial x^2} + \frac{\partial^2}{\partial y^2}\right)u_z \tag{10.7-4}$$

其中

$$c_1 = \sqrt{\frac{\lambda + 2\mu}{\rho}}, c_2 = \sqrt{\frac{\mu}{\rho}}, c_3 = \sqrt{\frac{R}{\rho}}, d_1 = \frac{K_1}{\kappa}, d_2 = \frac{K_2}{\kappa}, d_3 = \frac{R}{\kappa} \tag{10.7-5}$$

c_1，c_2 和 c_3 为波速；d_1，d_2 和 d_3 为扩散系数；θ 为人工阻力系数，其仅仅为数值模拟的需要而引进。

考虑一穿透性裂纹，如图 10.6-1 所示，几何与外载荷条件同上一节。右上 1/4 试样边界条件如下

当 $x = 0$，$0 \leqslant y \leqslant H$ 时，$u_x = 0$, $\sigma_{xy} = 0$, $\sigma_{xz} = 0$, $w_x = 0$, $H_{xy} = 0$, $H_{xz} = 0$

当 $x = L$，$0 \leqslant y \leqslant H$ 时，$\sigma_{xx} = 0$, $\sigma_{xy} = 0$, $\sigma_{xz} = 0$, $H_{xx} = 0$, $H_{xy} = 0$, $H_{xz} = 0$

当 $y = H$，$0 \leqslant x \leqslant L$ 时，$\sigma_{yy} = p(t)$, $\sigma_{yx} = 0$, $\sigma_{yz} = 0$, $H_{yy} = 0$, $H_{yx} = 0$, $H_{yz} = 0$

当 $y = 0$，$0 < x < a(t)$ 时，$\sigma_{yy} = 0$, $\sigma_{yx} = 0$, $\sigma_{yz} = 0$, $H_{yy} = 0$, $H_{yx} = 0$, $H_{yz} = 0$

当 $y = 0$，$a(t) < x < L$ 时，$u_y = 0$, $\sigma_{yx} = 0$, $\sigma_{yz} = 0$, $w_y = 0$, $H_{yx} = 0$, $H_{yz} = 0$

$$\tag{10.7-6}$$

初始条件为

$$u_x(x,y,t)\big|_{t=0} = 0, \ u_y(x,y,t)\big|_{t=0} = 0, \ u_z(x,y,t)\big|_{t=0} = 0$$
$$w_x(x,y,t)\big|_{t=0} = 0, \ w_y(x,y,t)\big|_{t=0} = 0, \ w_z(x,y,t)\big|_{t=0} = 0 \tag{10.7-7}$$
$$\frac{\partial u_x(x,y,t)}{\partial t}\bigg|_{t=0} = 0, \ \frac{\partial u_y(x,y,t)}{\partial t}\bigg|_{t=0} = 0, \ \frac{\partial u_z(x,y,t)}{\partial t}\bigg|_{t=0} = 0$$

10.7.2 结果举例

这里集中考虑 Al-Pd-Mn 二十面体准晶的声子场和相位子场的动力学响应，取 $\rho = 5.1 \text{g/cm}^3$ 和 $\lambda = 74.2$，$\mu = 70.4$ GPa，$K_1 = 72$，$K_2 = -37$ MPa（参考第 9 章），$\Gamma_w = 1/\kappa = 4.8 \times 10^{-19}$ m³·s/kg=4.8×10^{-10} cm³·μs/g [23]。但是声子-相位

子耦合弹性常数的实测值很难得到,只好取 $R/\mu = 0.01$ 代表准晶,而 $R/\mu = 0$ 代表普通材料(包括晶体在内)。

采用有限差分求上述问题的解,其算法的原理、差分格式、物理模型、算法的精度检查等与上一节的相同,因而不再重复。

对裂纹动态起始扩展问题,声子位移和相位子位移的数值结果见图 10.7-1。

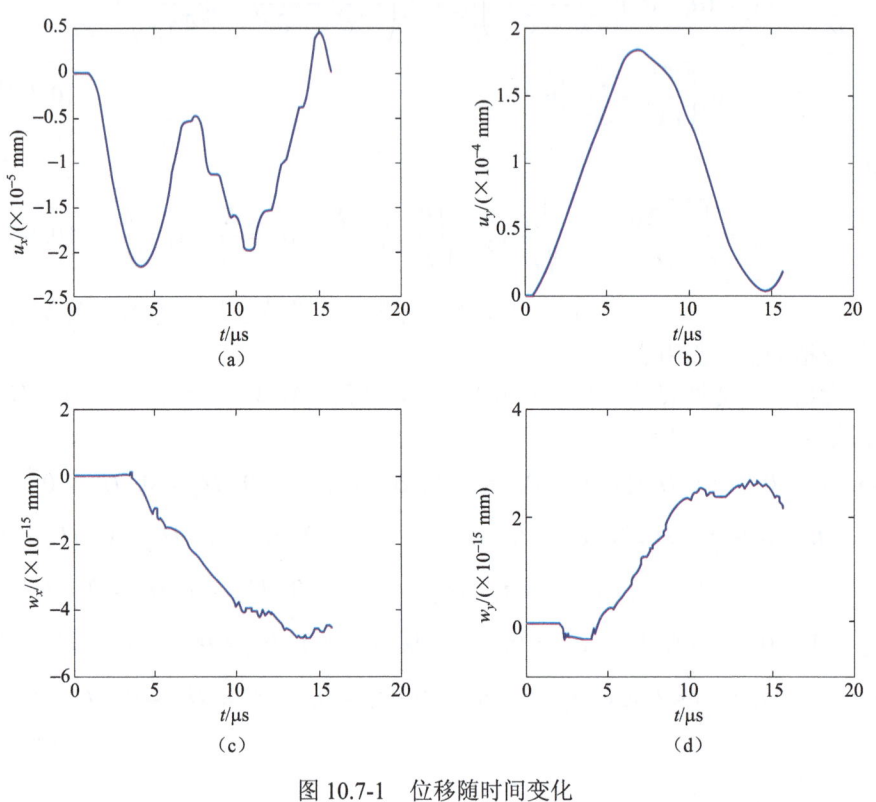

图 10.7-1 位移随时间变化

(a) 位移 u_x;(b) 位移 u_y;(c) 位移 w_x;(d) 位移 w_y

动态应力强度因子 $K_I(t)$ 定义为

$$K_I(t) = \lim_{x \to a_0^+} \sqrt{\pi(x-a_0)}\sigma_{yy}(x,0,t)$$

量纲为 1 的形式为 $\tilde{K}_I(t) = K_I(t)/\sqrt{\pi a_0}\, p_0$,结果如图 10.7-2 所示,并且同普通材料的结果进行了比较。

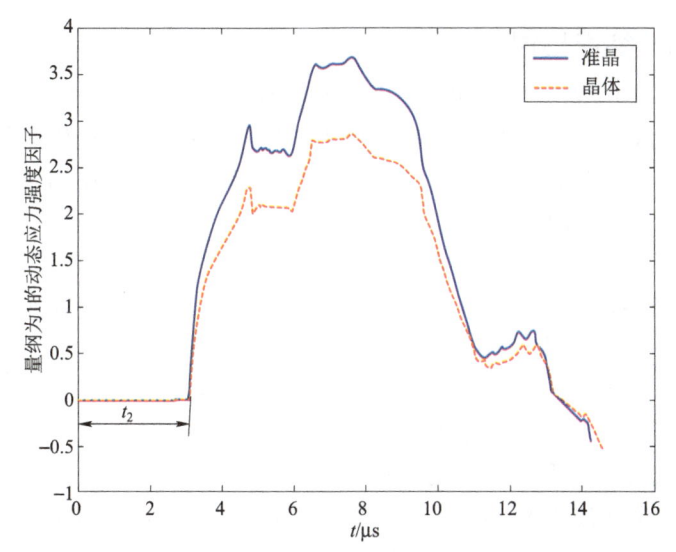

图 10.7-2　冲击载荷作用下的量纲为 1 的动态应力强度
因子随时间变化以及同普通材料解的对比

10.7.3　快速传播裂纹

快速传播裂纹是一个运动边界问题，具有高度的非线性。这里在扩展裂纹顶端加一个补充定解条件，以判断裂纹是扩展或为扩展，使计算得以进行下去，逐步得到裂纹扩展的应力强度因子，如图 10.7-3 所示（裂纹扩展的轮廓太复杂，就不列出来了），细节见文献 [29]。

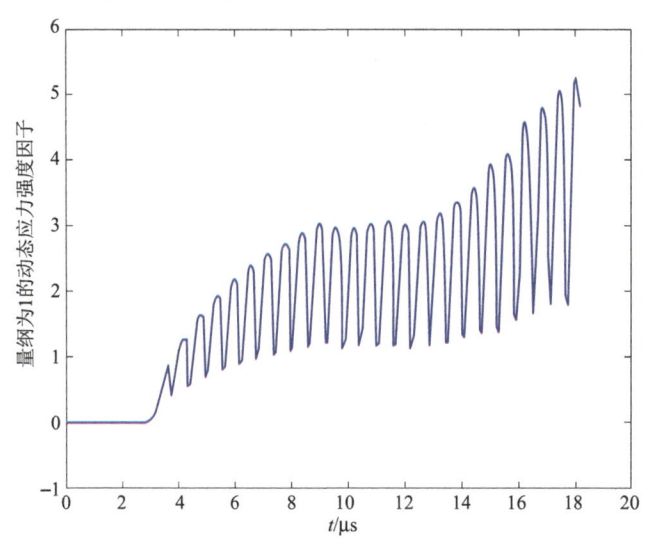

图 10.7-3　快速传播裂纹的量纲为 1 的动态应力强度因子随时间的变化

10.7.4 结论与讨论

第 10.5～10.7 节的讨论在一定程度上是 Bak 的观点和 Lubensky 等人的观点的某种结合,因而称为弹性-/流体-动力学模型,这是一种波传播和扩散相耦合的模型,自然比纯粹的波传播和纯粹的扩散问题要复杂。第 10.5 节希望用解析方法求解,但是困难很大,现在发展了一些势函数法,得到少量特殊情形的解析结果,而有实际意义的问题,只能用数值方法求解。第 10.6～10.7 节针对最重要的二维 Al-Ni-Co 准晶和三维 Al-Pd-Mn 二十面体准晶,发展了比较系统的数值方法,得到一些有意义的结果。

这种准晶流体动力学是一种简化的流体动力学,是更全面的流体动力学,见本书第 16 章、18 章和主附录 III。

在数值方法中,我们只讨论了有限差分法。

现在得到的结果仅仅是初步的。但是开了一个局面,在固体准晶的动力学方面,其他文献,例如文献 [16] 还在讨论,争论并没有结束。有关固体准晶流体动力学的讨论,可以参考第 16 章;有关软物质准晶的流体动力学,可以参考第 18 章。

10.8　第 10 章附录:有限差分格式的细节

满足耦合条件式(10.6-4)与式(10.6-5)的式(10.6-2)是很复杂的,解析解不可能得到,只能用数值方法求解。这里把 Shmuely 和 Alterman[30] 求解普通工程材料的裂纹问题的有限差分法推广到准晶材料的裂纹问题。

图 10.8-1 给出了上半试样的网格划分。为简单起见,x 和 y 方向的网格取

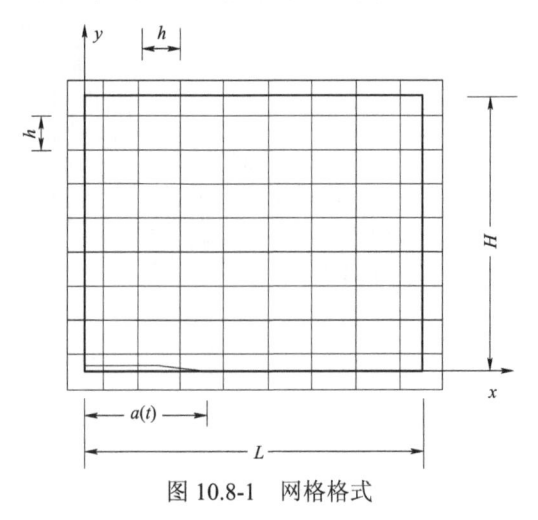

图 10.8-1　网格格式

相同的尺寸 h，另外，外加向外延伸半个网格尺寸的 4 个"虚拟"边界：$x=-h/2$，$x=L+h/2$，$y=-h/2$，$y=H+h/2$。

记 τ 代表时间步长，对式（10.6-2）用中心差分，那么网格内点的差分方程为

$$u_x(x,y,t+\tau) = 2u_x(x,y,t) - u_x(x,y,t-\tau) + \left(\frac{\tau}{h}c_1\right)^2 [u_x(x+h,y,t) - 2u_x(x,y,t) + u_x(x-h,y,t)] + \left(\frac{\tau}{h}\right)^2 (c_1^2 - c_2^2)[u_y(x+h,y+h,t) - u_y(x+h,y-h,t) - u_y(x-h,y+h,t) + u_y(x-h,y-h,t)] + \left(\frac{\tau}{h}c_2\right)^2 [u_x(x,y+h,t) - 2u_x(x,y,t) + u_x(x,y-h,t)] + \left(\frac{\tau}{h}c_3\right)^2 [w_x(x+h,y,t) - 2w_x(x,y,t) + w_x(x-h,y,t)] + 2\left(\frac{\tau}{h}\right)^2 c_3^2 [w_y(x+h,y+h,t) - w_y(x+h,y-h,t) - w_y(x-h,y+h,t) + w_y(x-h,y-h,t)] - \left(\frac{\tau}{h}c_3\right)^2 [w_x(x,y+h,t) - 2w_x(x,y,t) + w_x(x,y-h,t)]$$

$$u_y(x,y,t+\tau) = 2u_y(x,y,t) - u_y(x,y,t-\tau) + \left(\frac{\tau}{h}c_2\right)^2 [u_y(x+h,y,t) - 2u_y(x,y,t) + u_y(x-h,y,t)] + \left(\frac{\tau}{2h}\right)^2 (c_1^2 - c_2^2)[u_x(x+h,y+h,t) - u_x(x+h,y-h,t) - u_x(x-h,y+h,t) + u_x(x-h,y-h,t)] + \left(\frac{\tau}{h}c_1\right)^2 [u_y(x,y+h,t) - 2u_y(x,y,t) + u_y(x,y-h,t)] + \left(\frac{\tau}{h}c_3\right)^2 [w_y(x+h,y,t) - 2w_y(x,y,t) + w_y(x-h,y,t)] - 2\left(\frac{\tau}{2h}\right)^2 c_3^2 [w_x(x+h,y+h,t) - w_x(x+h,y-h,t) - w_x(x-h,y+h,t) + w_x(x-h,y-h,t)] - \left(\frac{\tau}{h}c_3\right)^2 [w_y(x,y+h,t) - 2w_y(x,y,t) + w_y(x,y-h,t)]$$

$$w_x(x,y,t+\tau) = w_x(x,y,t) + d_2^2 \frac{\tau}{h^2}[u_x(x+h,y,t) - 2u_x(x,y,t) + u_x(x-h,y,t)] +$$
$$d_1^2 \frac{\tau}{h^2}[w_x(x+h,y,t) + w_x(x-h,y,t) - 4w_x(x,y,t) + w_x(x,y+h,t) +$$
$$w_x(x,y-h,t)] - 2d_2^2 \frac{\tau}{(2h)^2}[u_y(x+h,y+h,t) - u_y(x+h,y-h,t) -$$
$$u_y(x-h,y+h,t) + u_y(x-h,y-h,t)] - d_2^2 \frac{\tau}{h^2}[u_x(x,y+h,t) -$$
$$2u_x(x,y,t) + u_x(x,y-h,t)]$$
$$w_y(x,y,t+\tau) = w_y(x,y,t) + d_2^2 \frac{\tau}{h^2}[u_y(x+h,y,t) - 2u_y(x,y,t) + u_y(x-h,y,t)] +$$
$$d_1^2 \frac{\tau}{h^2}[w_y(x+h,y,t) + w_y(x-h,y,t) - 4w_y(x,y,t) + w_y(x,y+h,t) +$$
$$w_y(x,y-h,t)] + 2d_2^2 \frac{\tau}{(2h)^2}[u_x(x+h,y+h,t) - u_x(x+h,y-h,t) -$$
$$u_x(x-h,y+h,t) + u_x(x-h,y-h,t)] - d_2^2 \frac{\tau}{h^2}[u_y(x,y+h,t) -$$
$$2u_y(x,y,t) + u_y(x,y-h,t)]$$

（10.8-1）

特殊位置的网格线的 $x = -h/2$ 和 $x = L + h/2$ 上位移的差分由边界条件得到

$$u_x\begin{pmatrix}-\frac{h}{2}\\L+\frac{h}{2}\end{pmatrix},y,t = u_x\begin{pmatrix}-\frac{h}{2}\\L-\frac{h}{2}\end{pmatrix},y,t \pm \frac{1}{2}\frac{d_1^2(c_1^2-2c_2^2)+c_3^2d_2^2}{c_1^2d_1^2-c_3^2d_2^2}\begin{bmatrix}u_y\begin{pmatrix}\frac{h}{2}\\L-\frac{h}{2}\end{pmatrix},y+h,t\\-u_y\begin{pmatrix}\frac{h}{2}\\L-\frac{h}{2}\end{pmatrix},y-h,t\end{bmatrix} \pm$$
$$\frac{1}{2}\frac{c_3^2(d_1^2-d_3^2)}{c_1^2d_1^2-c_3^2d_2^2}\left[w_y\begin{pmatrix}\frac{h}{2}\\L-\frac{h}{2}\end{pmatrix},y+h,t - w_y\begin{pmatrix}\frac{h}{2}\\L-\frac{h}{2}\end{pmatrix},y-h,t\right]$$

（10.8-2a）

$$w_x\begin{pmatrix}-\frac{h}{2}\\L+\frac{h}{2}\end{pmatrix},y,t = w_x\begin{pmatrix}-\frac{h}{2}\\L-\frac{h}{2}\end{pmatrix},y,t \pm 2\frac{d_2^2(c_1^2-2c_2^2)}{c_3^2d_2^2-c_1^2d_1^2}\left[u_y\begin{pmatrix}\frac{h}{2}\\L-\frac{h}{2}\end{pmatrix},y+h,t - u_y\begin{pmatrix}\frac{h}{2}\\L-\frac{h}{2}\end{pmatrix},y-h,t\right] \pm$$
$$\frac{1}{2}\frac{c_3^2d_2^2-c_1^2d_3^2}{c_3^2d_2^2-c_1^2d_1^2}\left[w_y\begin{pmatrix}\frac{h}{2}\\L-\frac{h}{2}\end{pmatrix},y+h,t - w_y\begin{pmatrix}\frac{h}{2}\\L-\frac{h}{2}\end{pmatrix},y-h,t\right]$$

（10.8-2b）

$$u_y\left(\begin{smallmatrix}-\frac{h}{2}\\L+\frac{h}{2}\end{smallmatrix},y,t\right)=u_y\left(\begin{smallmatrix}\frac{h}{2}\\L-\frac{h}{2}\end{smallmatrix},y,t\right)\pm\frac{1}{2}\left[u_x\left(\begin{smallmatrix}\frac{h}{2}\\L-\frac{h}{2}\end{smallmatrix},y+h,t\right)-u_x\left(\begin{smallmatrix}\frac{h}{2}\\L-\frac{h}{2}\end{smallmatrix},y-h,t\right)\right]\pm$$
$$\frac{1}{2}\frac{c_3^2(d_1^2-d_3^2)}{c_2^2d_1^2-c_3^2d_2^2}\left[w_x\left(\begin{smallmatrix}\frac{h}{2}\\L-\frac{h}{2}\end{smallmatrix},y+h,t\right)-w_x\left(\begin{smallmatrix}\frac{h}{2}\\L-\frac{h}{2}\end{smallmatrix},y-h,t\right)\right]$$

（10.8-2c）

$$w_y\left(\begin{smallmatrix}-\frac{h}{2}\\L+\frac{h}{2}\end{smallmatrix},y,t\right)=w_y\left(\begin{smallmatrix}\frac{h}{2}\\L-\frac{h}{2}\end{smallmatrix},y,t\right)\pm\frac{1}{2}\frac{c_3^2d_2^2-c_2^2d_3^2}{c_2^2d_1^2-c_3^2d_2^2}\left[w_x\left(\begin{smallmatrix}\frac{h}{2}\\L-\frac{h}{2}\end{smallmatrix},y+h,t\right)-w_x\left(\begin{smallmatrix}\frac{h}{2}\\L-\frac{h}{2}\end{smallmatrix},y-h,t\right)\right]$$

（10.8-2d）

其中式（10.8-2a）和式（10.8-2b）在 $x=-h/2$ 处成立。由式（10.6-5）的第一个条件可知，在 $x=0$ 处，$u_x=0$ 和 $w_x=0$。为了满足这个条件，u_x 和 w_x 在 $x=-h/2$ 处近似有

$$\left.\begin{array}{l}u_x(x,-h/2,t)=-u_x(x,h/2,t)\\w_x(x,-h/2,t)=-w_x(x,h/2,t)\end{array}\right\}$$

（10.8-3）

在网格线 $y=-h/2$ 和 $y=H+h/2$ 上，有

$$u_x\left(x,\begin{smallmatrix}-\frac{h}{2}\\L+\frac{h}{2}\end{smallmatrix},t\right)=u_x\left(x,\begin{smallmatrix}\frac{h}{2}\\L-\frac{h}{2}\end{smallmatrix},t\right)\pm\frac{1}{2}\left[u_y\left(x+h,\begin{smallmatrix}\frac{h}{2}\\L-\frac{h}{2}\end{smallmatrix},t\right)-u_y\left(x-h,\begin{smallmatrix}\frac{h}{2}\\L-\frac{h}{2}\end{smallmatrix},t\right)\right]\pm$$
$$\frac{1}{2}\frac{c_3^2(d_1^2-d_3^2)}{c_2^2d_1^2-c_3^2d_2^2}\left[w_y\left(x+h,\begin{smallmatrix}\frac{h}{2}\\L-\frac{h}{2}\end{smallmatrix},t\right)-w_y\left(x-h,\begin{smallmatrix}\frac{h}{2}\\L-\frac{h}{2}\end{smallmatrix},t\right)\right]$$

（10.8-4a）

$$w_x\left(x,\begin{smallmatrix}-\frac{h}{2}\\L+\frac{h}{2}\end{smallmatrix},t\right)=w_x\left(x,\begin{smallmatrix}\frac{h}{2}\\L-\frac{h}{2}\end{smallmatrix},t\right)\pm\frac{1}{2}\frac{c_3^2d_2^2-c_2^2d_3^2}{c_2^2d_1^2-c_3^2d_2^2}\left[w_y\left(x+h,\begin{smallmatrix}\frac{h}{2}\\L-\frac{h}{2}\end{smallmatrix},t\right)-w_y\left(x-h,\begin{smallmatrix}\frac{h}{2}\\L-\frac{h}{2}\end{smallmatrix},t\right)\right]$$

（10.8-4b）

$$u_y\left(x,\begin{smallmatrix}-\frac{h}{2}\\L+\frac{h}{2}\end{smallmatrix},t\right)=u_y\left(x,\begin{smallmatrix}\frac{h}{2}\\L-\frac{h}{2}\end{smallmatrix},t\right)\pm\frac{1}{2}\frac{c_3^2d_2^2+d_1^2(c_1^2-2c_2^2)}{c_1^2d_1^2-c_3^2d_2^2}\left[u_x\left(x+h,\begin{smallmatrix}\frac{h}{2}\\L-\frac{h}{2}\end{smallmatrix},t\right)-\right.$$
$$\left.u_x\left(x-h,\begin{smallmatrix}\frac{h}{2}\\L-\frac{h}{2}\end{smallmatrix},t\right)\right]\pm\frac{1}{2}\frac{c_3^2(d_3^2-d_1^2)}{c_1^2d_1^2-c_3^2d_2^2}\left[w_x\left(x+h,\begin{smallmatrix}\frac{h}{2}\\L-\frac{h}{2}\end{smallmatrix},t\right)-\right.$$
$$\left.w_x\left(x-h,\begin{smallmatrix}\frac{h}{2}\\L-\frac{h}{2}\end{smallmatrix},t\right)\right]$$

（10.8-4c）

$$w_y\left(x, -\frac{h}{2}_{L+\frac{h}{2}}, t\right) = w_y\left(x, \frac{h}{2}_{L-\frac{h}{2}}, t\right) \pm \frac{d_2^2(c_1^2 - c_2^2)}{c_1^2 d_1^2 - c_3^2 d_2^2}\left[u_x\left(x+h, \frac{h}{2}_{L-\frac{h}{2}}, t\right) - u_x\left(x-h, \frac{h}{2}_{L-\frac{h}{2}}, t\right)\right] \pm$$

$$\frac{1}{2}\frac{c_1^2 d_3^2 - c_3^2 d_2^2}{c_1^2 d_1^2 - c_3^2 d_2^2}\left[w_x\left(x+h, \frac{h}{2}_{L-\frac{h}{2}}, t\right) - w_x\left(x-h, \frac{h}{2}_{L-\frac{h}{2}}, t\right)\right]$$

（10.8-4d）

其中，式（10.8-4c）和式（10.8-4d）关于 $y = -h/2$ 只在裂纹表面上成立，也就是只对 $x \leqslant a - h/2$，$y = 0$ 成立。由式（10.6-5）的最后一个条件，在 $y = 0$ 和裂纹前方，$u_y = 0$，$w_y = 0$。为了满足这个条件，位移 u_y 和 w_y 在 $y = -h/2$ 近似地取为

$$\left.\begin{array}{l} u_y(x, -h/2, t) = -u_y(x, h/2, t) \\ w_y(x, -h/2, t) = -w_y(x, h/2, t) \end{array}\right\} \quad （10.8\text{-}5）$$

在构造近似式（10.8-2）～式（10.8-5）时，遵循 Shmuely 和 Peretz[31] 建议的方法，该方法也为文献［30］在普通工程材料计算时所采用。按照这一方法，垂直于边界的导数用非中心差分，而平行于边界的导数用中心差分。实际边界位于现在的计算边界（"计算边界"在这里为"虚拟边界"）的半个网格尺寸内。"虚拟边界"位于实际边界的半个网格尺寸外。

试样的四个角点，需要进行特殊处理。差分法处理这些点处的间断问题，前人已经解决。在角点两边对位移做外推，可以得到满意的结果。因此，位移分量 u_x，u_y，w_x，w_y 在点 $(-h/2, -h/2)$ 处由下式给出

$$\begin{array}{l}
\begin{array}{l} u_x \\ u_y \end{array}(-h/2, -h/2, t) = \begin{array}{l} u_x \\ u_y \end{array}(h/2, -h/2, t) + \begin{array}{l} u_x \\ u_y \end{array}(-h/2, h/2, t) - \\
\qquad 0.5\left[\begin{array}{l} u_x \\ u_y \end{array}(3h/2, -h/2, t) + \begin{array}{l} u_x \\ u_y \end{array}(-h/2, 3h/2, t)\right] \\
\begin{array}{l} w_x \\ w_y \end{array}(-h/2, -h/2, t) = \begin{array}{l} w_x \\ w_y \end{array}(h/2, -h/2, t) + \begin{array}{l} w_x \\ w_y \end{array}(-h/2, h/2, t) - \\
\qquad 0.5\left[\begin{array}{l} w_x \\ w_y \end{array}(3h/2, -h/2, t) + \begin{array}{l} w_x \\ w_y \end{array}(-h/2, 3h/2, t)\right]
\end{array}$$

（10.8-6）

在推导角点 $(-h/2, H+h/2)$，$(L+h/2, L+h/2)$ 和 $(L+h/2, -h/2)$ 处的位移时，有类似的表达式遵循前面提出的稳定性判据，计算都是稳定的。

参考文献

[1] Lubensky T C, Ramaswamy S, Joner J. Hydrodynamics of icosahedral quasicrystals [J]. Phys. Rev. 1985, B, 32(11): 7444-7452.
[2] Socolar J E S, Lubensky T C, Steinhardt P J. Phonons, phasons and dislocations in quasicrystals [J]. Phys. Rev. 1986, B, 34(5): 3345-3360.
[3] Bak P. Phenomenological theory of icosahedral in commensurate (quasiperiodic) order in Mn-Al alloys [J]. Phys. Rev. Lett., 1985, 54(14): 1517-1519.
[4] Bak P. Symmetry, stability and elastic properties of icosahedral in commensurate crystals [J]. Phys. Rev. 1985, B, 32(9): 5764-5772.
[5] Ding D H, Yang W G, Hu C Z, et al. Generalized elasticity theory of quasicrystals [J]. Phys. Rev. 1993, B, 48(10): 7003-7010.
[6] Hu C Z, Wang R H, Ding D H. Symmetry groups, physical property tensors, elasticity and dislocations in quasicrystals [J]. Reports on Progress in Physics, 2000, 63(1): 1-39.
[7] Fan T Y, Li X F, Sun Y F. A moving screw dislocation in one-dimensional hexagonal quasicrystal [J]. Acta Physica Sinica (Overseas Edition), 1999, 8(3): 288-295.
[8] Fan T Y. A study on special heat of one-dimensional hexagonal quasicrystals [J]. J. Phys.: Condense. Matter, 1999, 11(45): L513-L517.
[9] Fan T Y, Mai Y W. Partition function and state equation of point group 12mm two-dimensional quasicrystals [J]. Euro. Phys. J. 2003, B, 31(1): 25-27.
[10] Fan T Y, Mai Y W. Elasticity theory, fracture mechanics and some relevant thermal properties of quasicrystalline materials [J]. Appl. Mech. Rev., 2004, 57(5): 325-344.
[11] Li C L, Liu Y Y. Phason-strain influences on low-temperature specific heat of the decagonal Al-Ni-Co quasicrystal [J]. Chin. Phys. Lett. 2001, 18(4): 570-572.
[12] Li C L, Liu Y Y. Low-temperature lattice excitation of icosahedral Al-Mn-Pd quasicrystals [J]. Phys. Rev. 2001, B, 63(6): 064203.
[13] Fan T Y, Wang X F, Li W, et al. Elasto-hydrodynamics of quasicrystals [J]. Phil. Mag., 2009, 89(6): 501-512.
[14] Zhu A Y, Fan T Y. Dynamic crack propagation in a decagonal Al-Ni-Co

quasicrystal [J]. J. Phys.: Condens. Matter, 2008, 20(29): 295217.
[15] Mikulla R, Stadler J, Krul F, et al. Crack propagation in quasicrystals [J]. Phys. Rev. Lett. , 1998, 81(15): 3163-3166.
[16] Coddens G. On the problem of the relation between phason elasticity and phason dynamics in quasicrystals [J]. Eur. Phys. J. B, 2006, 54(1): 37-65.
[17] On the Eshellby's solution one can refer to Hirth J P, Lorthe J, Theory of Dislocations [M]. 2nd Edition. New York: John Wiely & Sons, 1982.
[18] Yoffe E H. Moving Griffith crack [J]. Phil. Mag., 1951, 43(10): 739-750.
[19] Li X F. A general solution of elasto-hydrodynamics of two-dimensional quasicrystals [J]. Philosophical Magazine Letters, 2011, 91(4): 313-320.
[20] Li X F. Elastohydrodynamic problems in quasicrystal elasticity theory and wave propagation [J]. Philosophical Magazine, 2013, 9(13): 1500-1519.
[21] Chernikov M A, Ott H R, Bianchi A, et al. Elastic moduli of a single quasicrystal of decagonal Al-Ni-Co: Evidence for transverse elastic isotropy [J]. Phys. Rev. Lett. 1998, 80(2): 321-324.
[22] Jeong H C, Steinhardt P J. Finite-temperature elasticity phase transition in decagonal quasicrystals [J]. Phys. Rev. 1993, B 48(13): 9394-9403.
[23] Walz C. Zur Hydrodynamik in Quasikristallen [D]. Universitaet, Stuttgart: 2003.
[24] Maue A W. Die entspannungswelle bei ploetzlischem Einschnitt eines gespannten elastischen Koepores [J]. Zeitschrift fuer angewandte Mathematik und Mechanik, 1954, 14(1): 1-12.
[25] Murti V, Vlliappan S. The use of quarter point element in dynamic crack analysis [J]. Engineering Fracture Mechanics, 1982, 23(3): 585-614.
[26] Chen Y M. Numerical computation of dynamic stress intensity factor s by a Lagrangian finite-difference method (the HEMP code) [J]. Engineering Fracture Mechanics, 1975, 7(8): 653-660.
[27] Ebert Ph, Feuerbacher M, Tamura N, et al. Evidence for a cluster-based on structure of Al-Pd-Mn single quasicrystals [J]. Phys. Rev. Lett., 1996, 77(18): 3827-3830.
[28] Takeuchi S, Iwanaga H, Shibuya T. Hardness of quasicrystals [J]. Japanese J. Appl. Phys., 1991, 30(3): 561-562.
[29] Wang X F, Fan T Y, Zhu A Y. Dynamic behaviour of the icosahedral Al-Pd-Mn quasicrystal with a Griffith crack [J]. Chin Phys B, 2009, 18(2):

709-714.
[30] Shmuely M, Alterman Z S. Crack propagation analysis by finite differences [J]. Journal of Applied Mechanics, 1973, 40(4): 902-908.
[31] Shmuely M, Peretz D. Static and dynamic analysis of the DCB problem in fracture mechanics [J]. Int. J. of Solids and Structures, 1976, 12(1): 67.

第 11 章
准晶弹性的复分析方法

在第 7~10 章，我们发展了求解准晶的弹性问题的复分析法，通过该方法获得了很多问题的精确分析解。但在那些章节里，仅仅提供了结果，对其基本原理和方法未进行详细讨论。考虑到这种方法的特点和有效性，我们将进一步给出详细的讨论。当然，这也是对第 7~10 章相关内容的充实，同时对第 14 章和 15 章的讨论也有意义。

众所周知，在经典弹性理论中，用复分析方法求解调和方程与双调和方程获得了巨大的成功，这些方程的解可以表示为关于变量 $z = x + iy$（$i = \sqrt{-1}$）的解析函数。另外，在经典弹性理论中，准双调和方程的解可以表示为关于复变量 $z_1 = x + \alpha_1 y, z_2 = x + \alpha_2 y, \cdots$（其中 $\alpha_1, \alpha_2, \cdots$ 是复常数）的解析函数。研究准晶弹性理论的过程中出现了一些新的多重调和方程和多重准调和方程，如第 5~9 章中介绍的，这些方程在实际中有着广泛的应用。研究这些方程的复分析解法意义重大。我们知道，经典弹性力学的 Muskhelishvili 方法（主要解决了双调和方程）及 Lekhnitskii 方法（主要研究各向异性弹性问题的准双调和方程）在科学和工程领域获得了很大的成功。本章对四重调和方程、六重调和方程及四重准调和方程的研究是对经典弹性力学的复分析方法的新发展。目前这些方法只用来求解准晶弹性问题，但将来它们可以扩展到科学和工程的其他领域。

首先我们简单回顾调和与双调和方程的复分析方法，然后详细讨论四重调和、六重调和方程及四重准调和方程，从弹性理论以及复分析方法两个角度讨论它们的新特征。

11.1 一维准晶反平面弹性问题中的调和方程及准双调和方程

第 5 章给出了一维准晶弹性问题的两种最终控制方程如下

$$c_{44}\nabla^2 u_z + R_3\nabla^2 w_z = 0$$
$$R_3\nabla^2 u_z + K_2\nabla^2 w_z = 0 \qquad (11.1\text{-}1)$$

$$\left(c_1\frac{\partial^4}{\partial x^4} + c_2\frac{\partial^4}{\partial x^3\partial y} + c_3\frac{\partial^4}{\partial x^2\partial y^2} + c_4\frac{\partial^4}{\partial x\partial y^3} + c_5\frac{\partial^4}{\partial y^4}\right)G = 0 \qquad (11.1\text{-}2)$$

式（11.1-1）实际上是关于 u_z 和 w_z 的不耦合的调和方程，第 8.1 和 8.2 节介绍了它的复变函数的方法，在这里不再重复。

式（11.1-2）是一个准双调和方程，它描述了几类一维准晶声子场和相位子场耦合的弹性问题，刘、范和郭[1] 以及刘[2] 用复变函数方法给出了它们的一些解，是对经典的 Lekhnitskii[3] 的工作的发展。

11.2 点群 12mm 二维准晶平面弹性问题的双调和方程

由第 6 章可知，在 12 次对称二维准晶弹性理论中，声子和相位子场是不耦合的，其平面弹性理论的最终控制方程如下

$$\nabla^2\nabla^2 F = 0, \quad \nabla^2\nabla^2 G = 0 \qquad (11.2\text{-}1)$$

式（11.2-1）的解的复表示是

$$\left.\begin{array}{l} F(x,y) = \mathrm{Re}\left[\bar{z}\phi_1(z) + \int\psi_1(z)\mathrm{d}z\right] \\ G(x,y) = \mathrm{Re}\left[\bar{z}\pi_1(z) + \int\chi_1(z)\mathrm{d}z\right] \end{array}\right\} \qquad (11.2\text{-}2)$$

其中 $\phi_1(z)$，$\psi_1(z)$，$\pi_1(z)$ 和 $\chi_1(z)$ 是关于复变量 $z = x + \mathrm{i}y(\mathrm{i} = \sqrt{-1})$ 的任意解析函数。对于这类双调和方程，Muskhelishvili[4] 发展了系统的复变函数的方法，无须再讨论。由于 12 次对称准晶在软物质中一再被观察到，这类准晶的重要性值得注意。

11.3 四重调和方程的复分析方法及其在二维准晶中的应用

由第 6~8 章的讨论可知，对于点群 $5m$，$10mm$，点群 5，$\bar{5}$ 及 10，$\overline{10}$ 的准晶体的平面弹性，由位移势函数法或应力势函数法得到了其最终控制方程都是四重调和方程。刘和范[5] 在位移势函数法的基础上、李和范[6] 在应力势函数法的基础上，发展了四重调和方程的复变函数解法，极大地发展了经典弹性力学中的复分析方法。下面讨论是建立在应力势函数法的基础上的，并只给出了点群 5，$\bar{5}$ 和 10，$\overline{10}$ 准晶体的解析解，这是因为点群 $5m$ 和 $10mm$ 准晶体可以视为前者的一个特例。

11.3.1 控制方程的基本解

这里只讨论点群 5, $\bar{5}$ 的五次对称准晶和点群 10, $\overline{10}$ 的十次对称准晶平面弹性问题的最终控制方程（点群 $5m$ 和 $10mm$ 是这里讨论的特殊情况）

$$\nabla^2\nabla^2\nabla^2\nabla^2 G = 0 \qquad (11.3\text{-}1)$$

其中 $G(x,y)$ 是应力势函数。式（11.3-1）的基本解为

$$G = 2\operatorname{Re}\left[g_1(z) + \bar{z}g_2(z) + \frac{1}{2}\bar{z}^2 g_3(z) + \frac{1}{6}\bar{z}^3 g_4(z)\right] \qquad (11.3\text{-}2)$$

其中 $g_j(z)(j=1,\cdots,4)$ 是关于复变量 $z \equiv x + \mathrm{i}y = re^{\mathrm{i}\theta}$ 的四个解析函数，上标 "−" 表示复共轭，即 $\bar{z} = x - \mathrm{i}y = re^{-\mathrm{i}\theta}$。我们称这些函数是复应力势函数，或复势函数。

11.3.2 应力和位移的复表示

在第 8.4 节，由方程（11.3-2）的基本解可知应力的复表示如下

$$\begin{aligned}
\sigma_{xx} &= -32c_1\operatorname{Re}[\Omega(z) - 2g_4'''(z)] \\
\sigma_{yy} &= 32c_1\operatorname{Re}[\Omega(z) + 2g_4'''(z)] \\
\sigma_{xy} &= \sigma_{yx} = 32c_1\operatorname{Im}\Omega(z) \\
H_{xx} &= 32R_1\operatorname{Re}[\Theta'(z) - \Omega(z)] - 32R_2\operatorname{Im}[\Theta'(z) - \Omega(z)] \\
H_{xy} &= -32R_1\operatorname{Im}[\Theta'(z) + \Omega(z)] - 32R_2\operatorname{Re}[\Theta'(z) + \Omega(z)] \\
H_{yx} &= -32R_1\operatorname{Im}[\Theta'(z) - \Omega(z)] - 32R_2\operatorname{Re}[\Theta'(z) - \Omega(z)] \\
H_{yy} &= -32R_1\operatorname{Re}[\Theta'(z) + \Omega(z)] + 32R_2\operatorname{Im}[\Theta'(z) + \Omega(z)]
\end{aligned} \qquad (11.3\text{-}3)$$

其中

$$\begin{aligned}
\Theta(z) &= g_2^{(\mathrm{IV})}(z) + \bar{z}g_3^{(\mathrm{IV})}(z) + \frac{1}{2}\bar{z}^2 g_4^{(\mathrm{IV})}(z) \\
\Omega(z) &= g_3^{(\mathrm{IV})}(z) + \bar{z}g_4^{(\mathrm{IV})}(z)
\end{aligned} \qquad (11.3\text{-}4)$$

其中上标一撇、两撇和三撇表示求导数，上标（Ⅳ）表示求 4 阶导数。另外，需要注意 $\Theta'(z) = \mathrm{d}\Theta(z)/\mathrm{d}z$，而 $\Theta(z)$ 和 $\Omega(z)$ 不是解析函数。

由式（11.3-3）出发，经过推导，得位移的复表示如下

$$u_x + \mathrm{i}u_y = 32(4c_1c_2 - c_3 - c_1c_4)g_4''(z) - 32(c_1c_4 - c_3)[\overline{g_3'''(z)} + z\overline{g_4'''(z)}] \qquad (11.3\text{-}5)$$

$$w_x + \mathrm{i}w_y = \frac{32(R_1 - \mathrm{i}R_2)}{K_1 - K_2}\overline{\Theta(z)} \qquad (11.3\text{-}6)$$

其中常量

$$c = M(K_1 + K_2) - 2(R_1^2 + R_2^2), \quad c_1 = \frac{c}{K_1 - K_2} + M, \quad c_2 = \frac{c + (L+M)(K_1+K_2)}{4(L+M)c},$$

$$c_3 = \frac{R_1^2 + R_2^2}{c}, \quad c_4 = \frac{K_1 + K_2}{c}$$

(11.3-7)

11.3.3 边界条件的复表示

下面只考虑应力边界问题，即假设已知在边界曲线 L_t 上存在面力 (T_x, T_y) 和广义面力 (h_x, h_y)，应力边界条件如下

$$\sigma_{xx}\cos(\boldsymbol{n}, x) + \sigma_{xy}\cos(\boldsymbol{n}, y) = T_x, \quad \sigma_{xy}\cos(\boldsymbol{n}, x) + \sigma_{yy}\cos(\boldsymbol{n}, y) = T_y, \quad (x,y) \in L_t$$

(11.3-8)

$$H_{xx}\cos(\boldsymbol{n}, x) + H_{xy}\cos(\boldsymbol{n}, y) = h_x, \quad H_{xy}\cos(\boldsymbol{n}, x) + H_{yy}\cos(\boldsymbol{n}, y) = h_y, \quad (x,y) \in L_t$$

(11.3-9)

其中 T_x, T_y 和 h_x, h_y 是边界 L_t 上的表面力和广义面力。

式（11.3-8）经过推导，可得声子场应力边界条件的复表示为

$$g_4''(z) + \overline{g_3'''(z)} + z\overline{g_4'''(z)} = \frac{\mathrm{i}}{32c_1}\int (T_x + \mathrm{i}T_y)\,\mathrm{d}s, \quad z \in L_t \quad (11.3\text{-}10)$$

由式（11.3-9）、式（11.3-3）和式（11.3-4），可以获得相位子场应力边界条件的复表示

$$(R_2 - \mathrm{i}R_1)\Theta(z) = \mathrm{i}\int (h_x + \mathrm{i}h_y)\,\mathrm{d}s, \quad z \in L_t \quad (11.3\text{-}11)$$

11.3.4 复势函数的结构

11.3.4.1 复势函数的任意性

为简单起见，引进新的符号如下

$$g_2^{(\mathrm{IV})}(z) = h_2(z), \quad g_3'''(z) = h_3(z), \quad g_4''(z) = h_4(z) \quad (11.3\text{-}12)$$

则式（11.3-3）可以改写为

$$\sigma_{xx} + \sigma_{yy} = 128c_1 \operatorname{Re} h_4'(z) \quad (11.3\text{-}13)$$

$$\sigma_{yy} - \sigma_{xx} + 2\mathrm{i}\sigma_{xy} = 64c_1 \Omega(z) = 64c_1[h_3'(z) + \bar{z}h_4''(z)] \quad (11.3\text{-}14)$$

$$H_{xy} - H_{yx} - \mathrm{i}(H_{xx} + H_{yy}) = 64(\mathrm{i}R_1 - R_2)\Omega(z) \quad (11.3\text{-}15)$$

$$(H_{xx} - H_{yy}) - \mathrm{i}(H_{xy} + H_{yx}) = 64(R_1 + R_2)\Theta'(z) \quad (11.3\text{-}16)$$

类似于经典弹性理论，由式（11.3-13）~式（11.3-16），声子场应力和相位子场应力保持不变，如果将

$h_4(z)$ 代以	$h_4(z) + Diz + \gamma$	（11.3-17）
$h_3(z)$ 代以	$h_3(z) + \gamma'$	（11.3-18）
$h_2(z)$ 代以	$h_2(z) + \gamma''$	（11.3-19）

其中 D 为任意实常数；γ，γ'，γ'' 为任意复常数。由式（11.3-5）和式（11.3-6）经过直接代换，结果如下

$$u_x + iu_y = 32(4c_1c_2 - c_3 - c_1c_4)h_4(z) - 32(c_1c_4 - c_3)[\overline{h_3(z)} + z\overline{h_4'(z)}] + \\ 32(4c_1c_2 - 2c_3)Diz + [32(4c_1c_2 - c_3 - c_1c_4)\gamma - 32(c_1c_4 - c_3)\overline{\gamma'}] \quad (11.3\text{-}20)$$

$$w_x + iw_y = \frac{32(R_1 - iR_2)}{K_1 - K_2}\left[\overline{h_2(z)} + z\overline{h_3'(z)} + \frac{1}{2}z^2\overline{h_3''(z)}\right] + \frac{32(R_1 - iR_2)}{K_1 - K_2}\overline{\gamma''} \quad (11.3\text{-}21)$$

式（11.3-20）和式（11.3-21）表明形如式（11.3-17）和式（11.3-19）的代换将会影响位移，除非

$$D = 0, \quad \gamma = \frac{c_1c_4 - c_3}{4c_1c_2 - c_3 - c_1c_4}\overline{\gamma'}, \quad \overline{\gamma''} = 0$$

11.3.4.2 有限多连通区域的一般形式

现在假设准晶体所占区域 S 是多连通的。一般的，区域以简单闭曲线 $s_1, s_2, \cdots, s_m, s_{m+1}$ 为界，如图 11.3-1 所示，即，带孔的板。假设这些简单闭曲线彼此不相交。有时称 $s_1, s_2, \cdots, s_m$ 为内部边界，s_{m+1} 为区域的外部边界。显而易见，点 $z_1, z_2, \cdots, z_m$ 是孔中的固定点，但不属于材料。

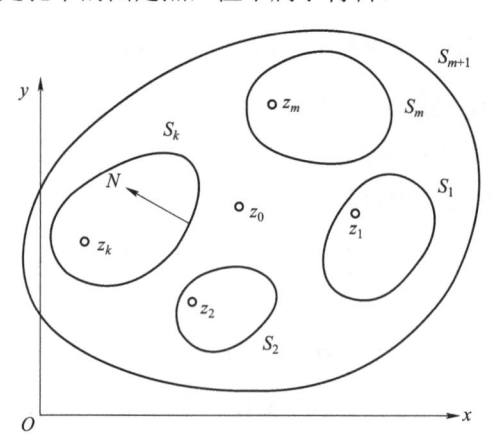

图 11.3-1 有限多连通区域

类似于经典弹性理论的讨论（参见文献 [4]），可以得到

$$h_4'(z) = \sum_{k=1}^{m} A_k \ln(z - z_k) + h_{4*}'(z) \quad (11.3\text{-}22)$$

$$h_4(z) = \sum_{k=1}^{m} A_k z \ln(z - z_k) + \sum_{k=1}^{m} \gamma_k \ln(z - z_k) + h_{4*}(z) \qquad (11.3\text{-}23)$$

$$h_3(z) = \sum_{k=1}^{m} \gamma_k' \ln(z - z_k) + h_{3*}(z) \qquad (11.3\text{-}24)$$

其中 z_k 是区域 S 外的一点，在区域 S 中，$h_{3*}(z)$，$h_{4*}(z)$ 是全纯函数（解析和单值，查阅本章附录）；A_k 为任意实常数；γ_k，γ_k' 为任意复常数。

将式（11.3-22）～式（11.3-24）代入式（11.3-16），得

$$h_2(z) = \sum_{k=1}^{m} \gamma_k'' \ln(z - z_k) + h_{2*}(z) \qquad (11.3\text{-}25)$$

其中 $h_{2*}(z)$ 是多连通体 S 中的单值解析函数；γ_k'' 为任意复常数。

下面考虑给出声子场位移的单值性条件。由式（11.3-5），有

$$u_x + \mathrm{i} u_y = 32(4c_1 c_2 - c_3 - c_1 c_4) h_4(z) - 32(c_1 c_4 - c_3)[\overline{h_3(z)} + z\overline{h_4'(z)}] \qquad (11.3\text{-}26)$$

将式（11.3-23）～式（11.3-25）代入式（11.3-26），有

$$[u_x + \mathrm{i} u_y]_{s_k} = 2\pi\mathrm{i}\,\{[32(4c_1 c_2 - c_3 - c_1 c_4) + 32(c_1 c_4 - c_3)] A_k z + \\ 32(4c_1 c_2 - c_3 - c_1 c_4) \gamma_k + \overline{\gamma_k'(z)}\} \qquad (11.3\text{-}27)$$

其中 $[\,]_{s_k}$ 表示括号中的表达式沿逆时针方向绕行 s_k 一周后得到的增量，因此，在式（11.3-22）～式（11.3-25）中，声子场位移的单值性条件要求

$$A_k = 0,\ \ 32(4c_1 c_2 - c_3 - c_1 c_4) \gamma_k + \overline{\gamma_k'} = 0 \qquad (11.3\text{-}28)$$

与上述讨论相类似，由式（11.3-6），有

$$[w_x + \mathrm{i} w_y]_{s_k} = \frac{32(R_1 - \mathrm{i} R_2)}{K_1 - K_2}(-2\pi\mathrm{i})\overline{\gamma_k''} \qquad (11.3\text{-}29)$$

因此，相位子场位移的单值条件要求

$$\gamma_k'' = 0 \qquad (11.3\text{-}30)$$

现在来说明，常数 γ_k，γ_k' 可以由 X_k，Y_k 来表示，其中 (X_k, Y_k) 是整个内边界 s_k 上的面力主矢量。把式（11.3-10）应用于整个内边界 s_k，有

$$-32 c_1 \mathrm{i}\,[h_4(z) + \overline{h_3(z)} + z\overline{h_4'(z)}]_{s_k} = X_k + \mathrm{i} Y_k \qquad (11.3\text{-}31)$$

和

$$X_k = \int_{s_k} T_x \mathrm{d}s,\ Y_k = \int_{s_k} T_y \mathrm{d}s$$

这里法线 n 垂直于内边界 s_k 向外。因此，绕行的方向必须是顺时针的，得到

$$-2\pi\mathrm{i}\,(\gamma_k - \overline{\gamma_k'}) = \frac{\mathrm{i}}{32 c_1}(X_k + \mathrm{i} Y_k) \qquad (11.3\text{-}32)$$

由式（11.3-28）、式（11.3-31）和式（11.3-32），有

$$A_k = 0, \quad \gamma_k = d_1(X_k + iY_k), \quad \gamma_k' = d_2(X_k - iY_k) \qquad (11.3\text{-}33)$$

其中

$$d_1 = \frac{1}{64c_1\pi[32(4c_1c_2 - c_3 - c_1c_4) + 1]}, \quad d_2 = -\frac{4c_1c_2 - c_3 - c_1c_4}{2c_1\pi[32(4c_1c_2 - c_3 - c_1c_4) + 1]}$$
$$(11.3\text{-}34)$$

而且与下标 k 无关。综上，有

$$\left.\begin{aligned} h_4(z) &= d_1 \sum_{k=1}^{m}(X_k + iY_k)\ln(z - z_k) + h_{4*}(z) \\ h_3(z) &= d_2 \sum_{k=1}^{m}(X_k - iY_k)\ln(z - z_k) + h_{3*}(z) \\ h_2(z) &= h_{2*}(z) \end{aligned}\right\} \qquad (11.3\text{-}35)$$

根据以上的讨论，可以得出结论：为了保证多连通体中应力和位移的单值性，复变函数 $h_2(z)$，$h_3(z)$，$h_4(z)$ 必须由式（11.3-35）表示，其中 $h_{2*}(z)$，$h_{3*}(z)$，$h_{4*}(z)$ 是多连通体 S 中的单值解析函数。

11.3.4.3　无限大多连通体的情形

无限大的多连通体在实际应用中具有很重要的地位。假设外边界 s_{m+1} 趋于无限远，由式（11.3-13）和式（11.3-14），类似于经典弹性理论，有

$$\left.\begin{aligned} h_4(z) &= d_1(X + iY)\ln z + (B + iC)z + h_4^0(z) \\ h_3(z) &= d_2(X - iY)\ln z + (B' + iC')z + h_3^0(z) \end{aligned}\right\} \qquad (11.3\text{-}36)$$

其中 B, C, B', C' 是实常数，并且

$$X = \sum_{k=1}^{m} X_k, \quad Y = \sum_{k=1}^{m} Y_k$$

$h_3^0(z)$，$h_4^0(z)$ 是区域 S 中的单值解析函数，包括在无限远点，即对于充分大的 $|z|$，它们可以展开为如下的形式

$$h_4^0(z) = a_0 + \frac{a_1}{z} + \frac{a_2}{z^2} + \cdots, \quad h_3^0(z) = a_0' + \frac{a_1'}{z} + \frac{a_2'}{z^2} + \cdots \qquad (11.3\text{-}37)$$

由式（11.3-2）可知，若取 $a_0 = a_0' = 0$，应力的状态将不会受到影响。由罗朗（Laurent）定理，在区域 S 中，函数 $h_{2*}(z)$ 可以表示成如下级数形式，包括在无穷远点

$$h_{2*}(z) = \sum_{-\infty}^{+\infty} c_n z^n \qquad (11.3\text{-}38)$$

将式（11.3-36）和式（11.3-38）代入式（11.3-16），有

$$(H_{xx} - H_{yy}) - \mathrm{i}(H_{xy} + H_{yx}) =$$
$$2 \times 32(R_1 + R_2) \left[\sum_{-\infty}^{+\infty} c_n n z^{n-1} + \overline{z}\left(-\frac{d_2}{z^2} + h_3^{0''}(z)\right) + \frac{1}{2}\overline{z}^2\left(\frac{2d_1}{z^3} + h_4^{0'''}(z)\right) \right] \quad (11.3\text{-}39)$$

因此，考虑到应力保持有限，当 $|z| \to +\infty$ 时，必须有

$$c_n = 0 \ (n \geqslant 2)$$

如果这些条件得到满足，声子场应力和相位子场应力将取有限值，因而具有物理意义。因此，有

$$\left.\begin{aligned} h_4(z) &= d_1(X + \mathrm{i}Y)\ln z + (B + \mathrm{i}C)z + h_4^0(z) \\ h_3(z) &= d_2(X - \mathrm{i}Y)\ln z + (B' + \mathrm{i}C')z + h_3^0(z) \\ h_2(z) &= (B'' + \mathrm{i}C'')z + h_2^0(z) \end{aligned}\right\} \quad (11.3\text{-}40)$$

其中 B''，C'' 是实常数，$h_2^0(z)$ 是区域 S 中的单值解析函数，包括无穷远点在内，因此，它有类似于式（11.3-37）的形式：

$$h_2^0(z) = a_0'' + \frac{a_1''}{z} + \frac{a_2''}{z^2} + \cdots \quad (11.3\text{-}41)$$

已经假设 $a_0 = a_0' = 0$，现在进一步假设 $a_0'' = 0$，即

$$h_4^0(\infty) = h_3^0(\infty) = h_2^0(\infty) = 0$$

则由式（11.3-40）和式（11.3-13）～式（11.3-16）能够确定

$$B = \frac{\sigma_{xx}^{(\infty)} + \sigma_{yy}^{(\infty)}}{128c_1}, \ B' = \frac{\sigma_{xx}^{(\infty)} - \sigma_{yy}^{(\infty)}}{64c_1}, \ C' = \frac{\sigma_{xy}^{(\infty)}}{32c_1},$$

$$B'' = \frac{R_2(H_{xy}^{(\infty)} - H_{yx}^{(\infty)}) - R_1(H_{xx}^{(\infty)} + H_{yy}^{(\infty)})}{64(R_1^2 - R_2^2)}, \ C'' = \frac{R_1(H_{xy}^{(\infty)} - H_{yx}^{(\infty)}) - R_2(H_{xx}^{(\infty)} + H_{yy}^{(\infty)})}{64(R_1^2 - R_2^2)}$$

$$(11.3\text{-}42)$$

C 并没有使用，把它设为零，其中，$\sigma_{ij}^{(\infty)}$ 和 $H_{ij}^{(\infty)}$ 表示无穷远处的应力。

11.3.5 保角映射

如果只考虑应力边值问题，在边界条件式（11.3-10）和式（11.3-11）下，问题将得到解决。对于一些复杂的区域，不能直接在物理平面（即 z 平面）上得到解。必须采用保角映射

$$z = \omega(\zeta) \quad (11.3\text{-}43)$$

将 z 平面上研究的区域映射到 ζ 平面上单位圆 γ 内部。

将式（11.3-43）代入式（11.3-40），得

$$\left.\begin{aligned}h_4(z)&=\Phi_4(\zeta)=d_1(X+\mathrm{i}Y)\ln\omega(\zeta)+B\omega(\zeta)+\Phi_4^0(\zeta)\\h_3(z)&=\Phi_3(\zeta)=d_2(X-\mathrm{i}Y)\ln\omega(\zeta)+(B'+\mathrm{i}C')\omega(\zeta)+\Phi_3^0(\zeta)\\h_2(z)&=\Phi_2(\zeta)=(B''+\mathrm{i}C'')\omega(\zeta)+\Phi_2^0(\zeta)\end{aligned}\right\}\quad(11.3\text{-}44)$$

其中

$$\Phi_j(\zeta)=h_j[\omega(\zeta)],\ \Phi_j^0(\zeta)=h_j^0[\omega(\zeta)],\ j=1,\cdots,4$$

另外

$$h_i'(z)=\frac{\Phi_i'(\zeta)}{\omega'(\zeta)}$$

边界条件（11.3-10）和（11.3-11）经过映射后得

$$\Phi_4(\sigma)+\overline{\Phi_3(\sigma)}+\omega(\sigma)\overline{\frac{\Phi_4'(\sigma)}{\omega'(\sigma)}}=\frac{\mathrm{i}}{32c_1}\int(T_x+\mathrm{i}T_y)\mathrm{d}s\quad(11.3\text{-}10')$$

$$(R_2-\mathrm{i}R_1)\Theta(\sigma)=\mathrm{i}\int(h_x+\mathrm{i}h_y)\mathrm{d}s\quad(11.3\text{-}11')$$

其中 $\sigma=\mathrm{e}^{\mathrm{i}\varphi}$，表示 ζ 在单位圆（即 $\rho=1$）上的值。由这些边界方程，可以确定未知函数 $\Phi_j(\zeta)(j=2,3,4)$。

11.3.6 将边界方程转化成函数方程

由于 $\Phi_1(\zeta)=0$，现在有三个未知函数 $\Phi_i(\zeta)(i=2,3,4)$。取式（11.3-10'）的共轭为

$$\overline{\Phi_4(\sigma)}+\Phi_3(\sigma)+\overline{\omega(\sigma)}\frac{\Phi_4'(\sigma)}{\omega'(\sigma)}=-\frac{\mathrm{i}}{32c_1}\int(T_x-\mathrm{i}T_y)\mathrm{d}s\quad(11.3\text{-}10'')$$

将式（11.3-4）中的第一式代入式（11.3-11'），在式（11.3-10'）的两侧同乘以 $\dfrac{1}{2\pi\mathrm{i}}\dfrac{\mathrm{d}\sigma}{\sigma-\zeta}$，由式（11.3-10''）和式（11.3-11）得

$$\frac{1}{2\pi\mathrm{i}}\int_\gamma\frac{\Phi_4(\sigma)\mathrm{d}\sigma}{\sigma-\zeta}+\frac{1}{2\pi\mathrm{i}}\int_\gamma\frac{\overline{\Phi_3(\sigma)}\mathrm{d}\sigma}{\sigma-\zeta}+\frac{1}{2\pi\mathrm{i}}\int_\gamma\frac{\omega(\sigma)}{\overline{\omega'(\sigma)}}\frac{\overline{\Phi_4'(\sigma)}\mathrm{d}\sigma}{\sigma-\zeta}=\frac{1}{32c_1}\frac{1}{2\pi\mathrm{i}}\int_\gamma\frac{t\mathrm{d}\sigma}{\sigma-\zeta}$$

$$\frac{1}{2\pi\mathrm{i}}\int_\gamma\frac{\overline{\Phi_4(\sigma)}\mathrm{d}\sigma}{\sigma-\zeta}+\frac{1}{2\pi\mathrm{i}}\int_\gamma\frac{\Phi_3(\sigma)\mathrm{d}\sigma}{\sigma-\zeta}+\frac{1}{2\pi\mathrm{i}}\int_\gamma\frac{\overline{\omega(\sigma)}}{\omega'(\sigma)}\frac{\Phi_4'(\sigma)\mathrm{d}\sigma}{\sigma-\zeta}=\frac{1}{32c_1}\frac{1}{2\pi\mathrm{i}}\int_\gamma\frac{\bar{t}\mathrm{d}\sigma}{\sigma-\zeta}$$

$$\frac{1}{2\pi\mathrm{i}}\int_\gamma\frac{\Phi_2(\sigma)\mathrm{d}\sigma}{\sigma-\zeta}+\frac{1}{2\pi\mathrm{i}}\int_\gamma\frac{\overline{\omega(\sigma)}}{\omega'(\sigma)}\frac{\overline{\Phi_3'(\sigma)}\mathrm{d}\sigma}{\sigma-\zeta}+\frac{1}{2\pi\mathrm{i}}\left[\int_\gamma\frac{\overline{\omega(\sigma)}^2}{[\omega'(\sigma)]^2}\frac{\Phi_4''(\sigma)\mathrm{d}\sigma}{\sigma-\zeta}-\right.$$

$$\left.\int_\gamma\frac{\overline{\omega(\sigma)}^2\omega''(\sigma)}{[\omega'(\sigma)]^3}\frac{\Phi_4'(\sigma)\mathrm{d}\sigma}{\sigma-\zeta}\right]=\frac{1}{R_1-\mathrm{i}R_2}\frac{1}{2\pi\mathrm{i}}\int_\gamma\frac{h\mathrm{d}\sigma}{\sigma-\zeta}$$

$$(11.3\text{-}45)$$

其中 $t=\mathrm{i}\int(T_x+\mathrm{i}T_y)\mathrm{d}s$；$\bar{t}=-\mathrm{i}\int(T_x-\mathrm{i}T_y)\mathrm{d}s$；$h=\mathrm{i}\int(h_1+\mathrm{i}h_2)\mathrm{d}s$。复势 $\Phi_i(\zeta)$ 在单位圆 γ 的内部是解析的，并在单位圆周上满足边值条件（11.3-45）。

11.3.7 函数方程的解

根据 Cauchy 积分公式（参考本章附录），有

$$\frac{1}{2\pi\mathrm{i}}\int_\gamma \frac{\Phi_i(\sigma)}{\sigma-\zeta}\mathrm{d}\sigma=\Phi_i(\zeta),\quad \frac{1}{2\pi\mathrm{i}}\int_\gamma \frac{\overline{\Phi_i(\sigma)}}{\sigma-\zeta}\mathrm{d}\sigma=\overline{\Phi_i(0)},\quad |\zeta|<1$$

则式（11.3-45）可以改写为

$$\Phi_4(\zeta)+\overline{\Phi_3(0)}+\frac{1}{2\pi\mathrm{i}}\int_\gamma \frac{\omega(\sigma)}{\overline{\omega(\sigma)}}\frac{\overline{\Phi_4'(\sigma)}\mathrm{d}\sigma}{\sigma-\zeta}=\frac{\mathrm{i}}{32c_1}\frac{1}{2\pi\mathrm{i}}\int_\gamma \frac{t\mathrm{d}\sigma}{\sigma-\zeta}$$

$$\overline{\Phi_4(0)}+\Phi_3(\zeta)+\frac{1}{2\pi\mathrm{i}}\int_\gamma \frac{\overline{\omega(\sigma)}}{\omega(\sigma)}\frac{\Phi_4'(\sigma)\mathrm{d}\sigma}{\sigma-\zeta}=-\frac{\mathrm{i}}{32c_1}\frac{1}{2\pi\mathrm{i}}\int_\gamma \frac{\bar{t}\mathrm{d}\sigma}{\sigma-\zeta}$$

$$\Phi_2(\zeta)+\frac{1}{2\pi\mathrm{i}}\int_\gamma \frac{\overline{\omega(\sigma)}}{\omega'(\sigma)}\frac{\Phi_3'(\sigma)\mathrm{d}\sigma}{\sigma-\zeta}+\frac{1}{2\pi\mathrm{i}}\left[\int_\gamma \frac{\overline{\omega(\sigma)}^2}{[\omega'(\sigma)]^2}\frac{\Phi_4''(\sigma)\mathrm{d}\sigma}{\sigma-\zeta}-\right.$$

$$\left.\int_\gamma \frac{\overline{\omega(\sigma)}^2\omega''(\sigma)}{[\omega'(\sigma)]^3}\frac{\Phi_4'(\sigma)\mathrm{d}\sigma}{\sigma-\zeta}\right]=\frac{\mathrm{i}}{R_1-\mathrm{i}R_2}\frac{1}{2\pi\mathrm{i}}\int_\gamma \frac{h\mathrm{d}\sigma}{\sigma-\zeta}$$

（11.3-46）

在式（11.3-46）中，积分的计算取决于具体问题的构型、映射函数 $\omega(\zeta)$ 与所施加的应力 t 和 h。对于一个给定的构型和外力，在下面将会给出一些具体的解。

11.3.8 例1：椭圆缺口/裂纹的问题及其解

下面考虑由含椭圆缺口 $L:\left(\dfrac{x^2}{a^2}+\dfrac{y^2}{b^2}=1\right)$ 的无限大十次准晶诱导的应力和位移场，如图 11.3-2 所示，孔边受均匀压力 p。

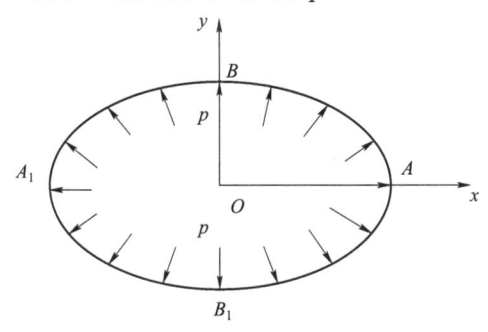

图 11.3-2 十次对称二维准晶的椭圆孔

由式（11.3-10）和式（11.3-11），边界条件可以表述如下

$$\left.\begin{array}{l} h_x = h_y = 0 \\ \mathrm{i}\int (T_x + \mathrm{i}T_y)\mathrm{d}s = \mathrm{i}\int [-p\cos(\boldsymbol{n},x) - \mathrm{i}p\cos(\boldsymbol{n},y)]\mathrm{d}s = -pz = -p\omega(\sigma) \\ \mathrm{i}\int (h_x + \mathrm{i}h_y)\mathrm{d}s = 0 \end{array}\right\} \quad (11.3\text{-}47)$$

此外，在这种情况下，在式（11.3-44）中

$$X = Y = 0 \\ B = 0,\ B' = C' = 0,\ B'' = C'' = 0 \quad (11.3\text{-}48)$$

于是 $\Phi_j(\zeta) = \Phi_j^0(\zeta)$，但在下面为简单起见，省略函数 $\Phi_i^0(\zeta)$ 的上标。

保角映射是

$$z = \omega(\zeta) = R_0\left(\frac{1}{\zeta} + m\zeta\right) \quad (11.3\text{-}49)$$

把 z 平面上椭圆孔的外部映射到 ζ 平面上单位圆的内部，如图 11.3-3 所示，其中 $\zeta = \xi + \mathrm{i}\eta = \rho\mathrm{e}^{\mathrm{i}\varphi}$，$R_0 = \dfrac{a+b}{2}$，$m = \dfrac{a-b}{a+b}$。

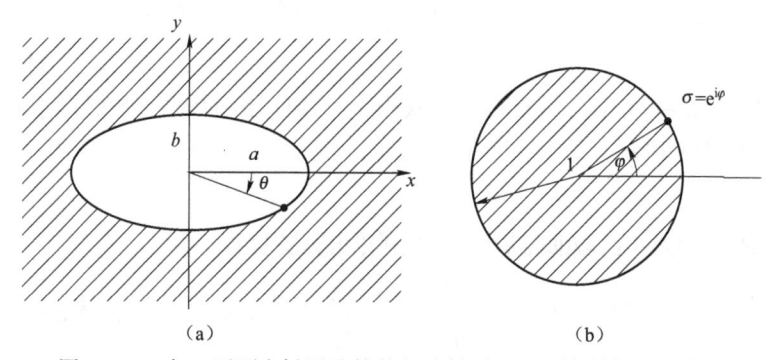

图 11.3-3 把 z 平面上椭圆孔的外部映射到 ζ 平面上单位圆的内部
（a）z 平面；（b）ζ 平面

将式（11.3-48）和式（11.3-49）代入式（11.3-46），得到

$$\Phi_3(\zeta) = \frac{pR_0}{32c_1}\frac{(1+m^2)\zeta}{m\zeta^2 - 1}$$

$$\Phi_4(\zeta) = -\frac{pR_0}{32c_1}m\zeta \quad (11.3\text{-}50)$$

$$\Phi_2(\zeta) = \frac{pR_0}{32c_1}\frac{\zeta(\zeta^2 + m)[(1+m^2)(1+m\zeta^2) - (\zeta^2 + m)]}{(m\zeta^2 - 1)^3}$$

如果设 $m=1$，由式（11.3-50），可以得到 Griffith 裂纹的解，特别地，将 $\zeta=\omega^{-1}(z)=z/a-\sqrt{z^2/a^2-1}$（如 $m=1$）代入有关的式子中能够得出在 z 平面上 Griffith 裂纹问题的精确解。

在第 8.4 节中给出了具体结果，在这里省略。

11.3.9 例 2：在无穷远处受拉力的含椭圆孔的无限准晶平面弹性问题

在这个例子中

$$\left.\begin{aligned}&X=Y=0\\&T_x=T_y=0\\&B=\frac{p}{64c_1},\ B'=C'=0,\ B''=C''=0\\&t=\bar{t}=h=0\end{aligned}\right\} \quad (11.3\text{-}51)$$

因此，由式（11.3-44）得

$$\left.\begin{aligned}h_4(z)&=\Phi_4(\zeta)=B\omega(\zeta)+\Phi_4^0(\zeta)\\h_3(z)&=\Phi_3(\zeta)=\Phi_3^0(\zeta)\\h_2(z)&=\Phi_2(\zeta)=\Phi_2^0(\zeta)\end{aligned}\right\} \quad (11.3\text{-}52)$$

将式（11.3-52）代入式（11.3-45），得到与 $\Phi_j^0(\zeta)(j=2,3,4)$ 类似的函数方程，其解与式（11.3-50）相似。

11.3.10 例 3：部分椭圆孔表面受均匀压力

问题如图 11.3-4 所示。这里使用保角映射

$$z=\omega(\zeta)=R_0\left(\zeta+\frac{m}{\zeta}\right) \quad (11.3\text{-}53)$$

将 z 平面上的区域映射到 ζ 平面单位圆 γ 的外部，如图 11.3-5 所示。

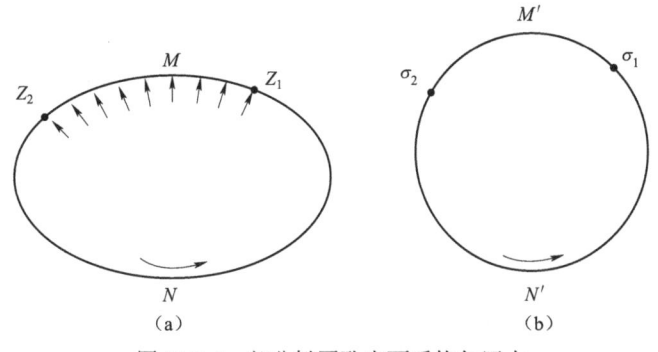

图 11.3-4 部分椭圆孔表面受均匀压力

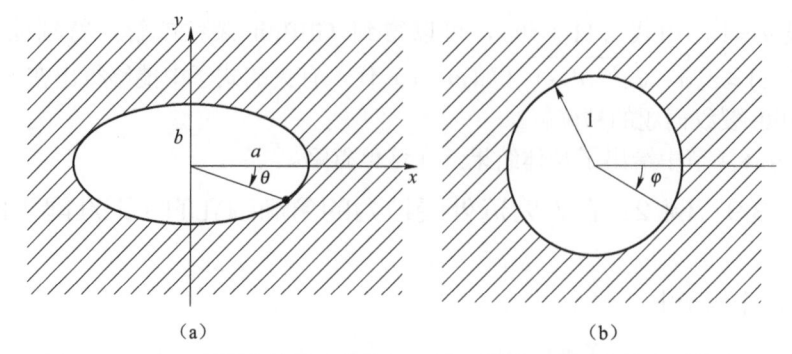

图 11.3-5 把 z 平面上椭圆孔的外部区域映射到 ζ 平面上单位圆的外部

(a) z 平面；(b) ζ 平面

类似于参考文献 [7]，有

$$\Phi_4(\zeta) = \frac{1}{32c_1}\frac{p}{2\pi i}\left[-\frac{mR_0}{\zeta}\ln\frac{\sigma_2}{\sigma_1} + z\ln\frac{\sigma_2-\zeta}{\sigma_1-\zeta} + z_1\ln(\sigma_1-\zeta) - z_2\ln(\sigma_2-\zeta)\right] +$$
$$ip(d_1-d_2)(z_1-z_2)\ln\zeta$$

$$\Phi_3(\zeta) = \frac{1}{32c_1}\frac{p}{2\pi i}\left[-\frac{(1+m^2)R_0\zeta}{\zeta^2-m}\ln\frac{\sigma_2}{\sigma_1} + \frac{R_0(\sigma_1-\sigma_2)(1+m\zeta^2)}{\zeta^2-m} - \overline{z_2}\ln(\sigma_2-\zeta) + \overline{z_1}\ln(\sigma_1-\zeta)\right] -$$
$$ip(d_1+d_2)\cdot\left[(\overline{z_1}-\overline{z_2})\ln\zeta + (z_1-z_2)\frac{(1+m^2)}{\zeta^2-m}\right]$$

$$\Phi_2(\zeta) = \frac{1}{32c_1}\frac{pR_0}{2\pi i}\frac{(m\zeta^2+1)(\zeta^2+m)}{(\zeta^2-m)^3}\left(\ln\frac{\sigma_2}{\sigma_1} + \frac{\sigma_2-\sigma_1}{(\sigma_2-\zeta)(\sigma_1-\zeta)}\right) + \frac{1}{32c_1}\frac{p}{2\pi i}$$
$$\frac{(m\zeta^2+1)}{(\zeta^2-m)^2}\left\{2\operatorname{Re}z_2\cdot\frac{\sigma_2-\sigma_1}{(\sigma_2-\zeta)(\sigma_1-\zeta)} + \left[z_2 - R_0\left(\zeta-\frac{m}{\zeta}\right)\right]\cdot\right.$$
$$\left.\left[\frac{(\sigma_2-\zeta)(\sigma_1-\zeta) + (\sigma_2+\sigma_1-2\zeta)(\sigma_2-\sigma_1)}{(\sigma_2-\zeta)(\sigma_1-\zeta)}\right]\right\}\cdot$$
$$\frac{(m\zeta^2+1)(\zeta^2+m)}{(\zeta^2-m)^3}ip\left\{d_1(\overline{z_1}-\overline{z_2}-z_1+z_2)\frac{1}{\zeta-\sigma_1} + \right.$$
$$\left.(d_2-d_1)(z_1-z_2)\left[\frac{1}{\zeta^2}+\frac{1}{\zeta}+\frac{1}{(\zeta-\sigma_1)^2}\right]\right\}$$

(11.3-54)

其中

$$z_1 = R_0\left(\sigma_1+\frac{m}{\sigma_1}\right), \quad z_2 = R_0\left(\sigma_2+\frac{m}{\sigma_2}\right)$$

计算细节可以在主附录 I 的 AI.2 节中查到。

11.4 六重调和方程的复分析方法及其在三维二十面体准晶中的应用

在第 9 章中，二十面体准晶平面弹性问题的最终控制方程简化为一个六重调和方程，已经通过复分析方法研究了其缺口/裂纹问题的求解问题，在这里，从复变函数论的观点进行深入讨论，目的是发展高阶多重调和方程的复势方法。下面的描述与上一节中介绍的有一些相似的性质，但这里的讨论是必要的，因为二十面体准晶与十次对称二维准晶的控制方程和边界条件有很大的不同。

11.4.1 应力和位移的复表示

由第 9.5 节中的应力势，在假设 $R^2/\mu K_1 \ll 1$ 的条件下，得到最终控制方程

$$\nabla^2\nabla^2\nabla^2\nabla^2\nabla^2\nabla^2 G = 0 \tag{11.4-1}$$

式（11.4-1）的解可由关于复变量 z 的 6 个解析函数表示为

$$G(x,y) = \mathrm{Re}[g_1(z) + \bar{z}g_2(z) + \bar{z}^2 g_3(z) + \bar{z}^3 g_4(z) + \bar{z}^4 g_5(z) + \bar{z}^5 g_6(z)] \tag{11.4-2}$$

其中 $g_i(z)$ 是以复变量 $z = x + \mathrm{i}y$ 为自变量的任意解析函数；上标横线代表复共轭。

由式（11.4-1）、式（11.4-2）和式（9.5-2）、式（9.5-3），应力分量的复变函数表示为

$$\left.\begin{aligned}
&\sigma_{xx} + \sigma_{yy} = 48 c_2 c_3 R \,\mathrm{Im}\,\Gamma'(z) \\
&\sigma_{yy} - \sigma_{xx} + 2\mathrm{i}\sigma_{xy} = 8\mathrm{i}c_2 c_3 R[12\overline{\Psi'(z)} - \Omega'(z)] \\
&\sigma_{zy} - \mathrm{i}\sigma_{zx} = -960 c_3 c_4 f_6'(z) \\
&\sigma_{zz} = \frac{24\lambda R}{(\mu + \lambda)} c_2 c_3 \,\mathrm{Im}\,\Gamma'(z) \\
&H_{xy} - H_{yx} - \mathrm{i}(H_{xx} + H_{yy}) = -96 c_2 c_5 \overline{\Psi'(z)} - 8 c_1 c_2 R \Omega'(z) \\
&H_{yx} + H_{xy} + \mathrm{i}(H_{xx} - H_{yy}) = -480 c_2 c_5 \overline{f_6'(z)} - 4 c_1 c_2 R \Theta'(z) \\
&H_{yz} + \mathrm{i}H_{xz} = 48 c_2 c_6 \Gamma'(z) - 4 c_2 R^2 (2K_2 - K_1)\overline{\Omega'(z)} \\
&H_{zz} = \frac{24 R^2}{\mu + \lambda} c_2 c_3 \,\mathrm{Im}\,\Gamma'(z)
\end{aligned}\right\} \tag{11.4-3}$$

其中

$$\Psi(z) = f_5(z) + 5\bar{z}f_6'(z)$$

$$\Gamma(z) = f_4(z) + 4\bar{z}f_5'(z) + 10\bar{z}^2 f_6''(z)$$

$$\Omega(z) = f_3(z) + 3\bar{z}f_4'(z) + 6\bar{z}^2 f_5''(z) + 10\bar{z}^3 f_6'''(z)$$

$$\Theta(z) = f_2(z) + 2\bar{z}f_3'(z) + 3\bar{z}^2 f_4''(z) + 4\bar{z}^3 f_5'''(z) + 5\bar{z}^4 f_6^{(IV)}(z)$$

$$c_1 = \frac{R(2K_2 - K_1)(\mu K_1 + \mu K_2 - 3R^2)}{2(\mu K_1 - 2R^2)}, \quad c_3 = \frac{1}{R}K_2(\mu K_2 - R^2) - R(2K_2 - K_1),$$

$$c_2 = \mu(K_1 - K_2) - R^2 - \frac{(\mu K_2 - R^2)^2}{\mu K_1 - 2R^2}, \quad c_4 = c_1 R + \frac{1}{2}c_3\left(K_1 + \frac{\mu K_1 - 2R^2}{\lambda + \mu}\right),$$

$$c_5 = 2c_4 - c_1 R, \quad c_6 = (2K_2 - K_1)R^2 - 4c_4 \frac{\mu K_2 - R^2}{\mu K_1 - 2R^2} \tag{11.4-4}$$

注意，这里式（11.4-4）的第二式在 $R = 0$ 时会出问题，也就是说，在这种情形下，解将不适合于声子–相位子非耦合问题。另外，在上面的表达式中，函数 $g_1(z)$ 未出现。所以，为了简单起见，假设 $g_1(z) = 0$，于是 $f_1(z) = 0$，已经引进新的符号如下

$$\begin{aligned} g_2^{(9)}(z) = f_2(z), \quad & g_3^{(8)}(z) = f_3(z), \quad g_4^{(7)}(z) = f_4(z), \\ g_5^{(6)}(z) = f_5(z), \quad & g_6^{(5)}(z) = f_6(z) \end{aligned} \tag{11.4-5}$$

其中 $g_i^{(n)}$ 表示函数 $g_i(z)$ 关于 z 的 n 阶导数。与上一节类似，位移分量的复表示如下（这里忽略了刚体位移）

$$u_y + iu_x = -6c_3 R\left(\frac{2c_2}{\mu + \lambda} + c_7\right)\overline{\Gamma(z)} - 2c_3 c_7 R\Omega(z)$$

$$u_z = \frac{4}{\mu(K_1 + K_2) - 3R^2}\{240 c_{10}\,\mathrm{Im}\,f_6(z) + c_1 c_2 R^2\,\mathrm{Im}[\Theta(z) - 2\Omega(z) + 6\Gamma(z) - 24\Psi(z)]\}$$

$$w_y + iw_x = -\frac{R}{c_1(\mu K_1 - 2R^2)}[24c_9 \overline{\Psi(z)} - c_8 \Theta(z)]$$

$$w_z = \frac{4(\mu K_2 - R^2)}{(K_1 - 2K_2)R\,[\mu(K_1 + K_2) - 3R^2]}[240 c_{10}\,\mathrm{Im}\,f_6(z)] + c_1 c_2 R^2\,\mathrm{Im}[\Theta(z) - 2\Omega(z) + 6\Gamma(z) - 24\Psi(z)]$$

$$\tag{11.4-6}$$

其中

$$c_7 = \frac{c_2 K_1 + 2c_1 R}{\mu K_1 - 2R^2}, \quad c_8 = c_1 c_3 R[\mu(K_1 - K_2) - R^2]$$

$$c_9 = c_8 + 2c_3 c_4\left[c_2 - \frac{(\mu K_2 - R^2)^2}{\mu K_1 - 2R^2}\right], \quad c_{10} = c_1 c_3 R^2 - c_4(c_3 R - c_2 K_1) \tag{11.4-7}$$

11.4.2 边界条件的复变函数表示

二十面体准晶平面弹性的应力边界条件如下：

$$\sigma_{xx}l + \sigma_{xy}m = T_x, \quad \sigma_{yx}l + \sigma_{yy}m = T_y, \quad \sigma_{zx}l + \sigma_{zy}m = T_z \quad (11.4\text{-}8)$$

$$H_{xx}l + H_{xy}m = h_x, \quad H_{yx}l + H_{yy}m = h_y, \quad H_{zx}l + H_{zy}m = h_z \quad (11.4\text{-}9)$$

其中 $(x, y) \in L$，L 表示多连通区域的边界，

$$l = \cos(\boldsymbol{n}, x) = \frac{\mathrm{d}y}{\mathrm{d}s}, \qquad m = \cos(\boldsymbol{n}, y) = -\frac{\mathrm{d}x}{\mathrm{d}s}$$

$\boldsymbol{T} = (T_x, T_y, T_z)$ 和 $\boldsymbol{h} = (h_x, h_y, h_z)$ 分别表示表面力和广义表面力；$\boldsymbol{n}$ 表示边界的任何点的向外的单位法向矢量。

利用式（11.4-3）和式（11.4-8）的前两个式子，有

$$-4c_2c_3R\{3[f_4(z) + 4\bar{z}f_5'(z) + 10\bar{z}^2 f_6''(z)] - [\overline{f_3(z)} + 3z\overline{f_4'(z)} + 6z^2\overline{f_5''(z)} + 10z^3\overline{f_6'''(z)}]\}$$
$$= \mathrm{i}\int(T_x + \mathrm{i}T_y)\,\mathrm{d}s, \quad z \in L$$

$$(11.4\text{-}10)$$

在式（11.4-10）两边取共轭，可得

$$-4c_2c_3R\{3[\overline{f_4(z)} + 4z\overline{f_5'(z)} + 10z^2\overline{f_6''(z)}] - [f_3(z) + 3\bar{z}f_4'(z) + 6z^2 f_5''(z) + 10\bar{z}^3 f_6'''(z)]\}$$
$$= -\mathrm{i}\int(T_x - \mathrm{i}T_y)\,\mathrm{d}s, \quad z \in L$$

$$(11.4\text{-}11)$$

同样，由式（11.4-3）和式（11.4-9）的前两个式子，得到

$$48c_2(2c_4 - c_1R)\overline{\Psi(z)} + 2c_1c_2R\Theta(z) = \mathrm{i}\int(h_x + \mathrm{i}h_y)\,\mathrm{d}s, \quad z \in L \quad (11.4\text{-}12)$$

此外，假设

$$T_z = h_z = 0 \quad (11.4\text{-}13)$$

为简单起见，由式（11.4-8）、式（11.4-9）的第三个方程及式（11.4-3）和式（11.4-13），有

$$\left.\begin{array}{l} f_6(z) + \overline{f_6(z)} = 0 \\ 4c_{11}\operatorname{Re}[f_5(z) + 5\bar{z}f_6'(z)] + (2K_2 - K_1)R\operatorname{Re}[f_4(z) + 4\bar{z}f_5'(z) + 10\bar{z}^2 f_6''(z) + 20 f_6(z)] = 0 \end{array}\right\}$$
$$z \in L$$

$$(11.3\text{-}14)$$

其中

$$c_{11} = (2K_2 - K_1)R - \frac{4c_4(\mu K_2 - R^2)}{(\mu K_1 - 2R^2)R} \quad (11.4\text{-}15)$$

如上一节所讨论的一样，复解析函数（即复势）必须由边值方程来确定，

讨论如下。

11.4.3 复势的结构

11.4.3.1 复势的任意性

由（11.4-3）得

$$\sigma_{zy} - i\sigma_{zx} = -960c_3c_4f_6'(z)$$

$$c_1(\sigma_{yy} - \sigma_{xx} - 2i\sigma_{xy}) + ic_2[H_{xy} - H_{yx} + i(H_{xx} + H_{yy})] = -192ic_2c_3c_4\Psi'(z)$$

$$2c_1(H_{zy} + iH_{zx}) - R(2K_2 - K_1)[H_{xy} - H_{yx} + i(H_{xx} + H_{yy})]$$
$$= 96c_3cR(2K_2 - K_1)\Psi'(z) + 96c_1c_3c_6\Gamma'(z)$$

$$c_5(\sigma_{yy} - \sigma_{xx} + 2i\sigma_{xy}) + ic_2R[H_{xy} - H_{yx} - i(H_{xx} + H_{yy})] = -16ic_2c_3c_4\Omega'(z)$$

$$H_{yx} + H_{xy} + i(H_{xx} - H_{yy}) = -480c_2c_5\overline{f_6'(z)} - 4c_1c_2R\Theta'(z)$$

$$\text{（11.4-16）}$$

与二维准晶的讨论相似，如果将

$$f_i(z) + \gamma_i \quad (i = 2, 3, \cdots, 6) \tag{11.4-17}$$

代以 $f_i(z)$，则声子场应力和相位子场应力保持不变。其中 γ_i 为任意复常数。

现在考虑由式（11.4-6）决定的这些代换如何影响位移，将式（11.4-13）代入式（11.4-8）～式（11.4-12）表明，如果复常数 γ_i 满足

$$\left. \begin{array}{l} 3\left(\dfrac{2c_2}{\mu+\lambda} + c_7\right)\overline{\gamma_4} + c_7\gamma_3 = 0 \\[6pt] 24c_9\overline{\gamma_5} - c_8\gamma_2 = 0 \\[6pt] 40c_{10}\gamma_6 - c_1c_3R^2\left[4\left(1 - \dfrac{c_9}{c_8}\right)\overline{\gamma_5} - \dfrac{2c_2}{(\mu+\lambda)c_7}\gamma_4\right] = 0 \end{array} \right\} \tag{11.4-18}$$

且代换式（11.4-17），才能确保位移保持不变。

11.4.3.2 有限多连通区域内的一般形式

现在考虑如图 11.3-1 所示多连通区域 S。

由于应力必须是单值的，由式（11.4-16）中的

$$\sigma_{zy} - i\sigma_{zx} = -960c_3c_4f_6'(z) \tag{11.4-19}$$

可知 $f_6'(z)$ 在边界 s_{m+1} 区域内是单值解析函数，因此，可以表示为

$$f_6(z) = \int_{z_0}^{z} f_6'(z)\,\mathrm{d}z + \text{常数} \tag{11.4-20}$$

其中 z_0 表示固定点。由式（11.4-20），有

$$f_6(z) = b_k \ln(z - z_k) + f_{6*}(z) \tag{11.4-21}$$

$f_{6*}(z)$ 在边界 s_{m+1} 内是单值解析的。

将式（11.4-21）代入式（11.4-16）的第二式，即

$$c_1(\sigma_{yy} - \sigma_{xx} - 2\mathrm{i}\sigma_{xy}) + \mathrm{i}c_2[H_{xy} - H_{yx} + \mathrm{i}(H_{xx} + H_{yy})] = -192\mathrm{i}c_2 c_3 c_4 \Psi'(z)$$

表明 $f_5'(z)$ 是单值解析的，所以有

$$f_5(z) = c_k \ln(z - z_k) + f_{5*}(z) \tag{11.4-22}$$

$f_{5*}(z)$ 在边界 s_{m+1} 内是单值解析的。

类似于上述的讨论，由式（11.4-16）～式（11.4-18），复变函数 $f_i (i = 2,3,4)$ 可以写成

$$\left. \begin{array}{l} f_4(z) = d_k \ln(z - z_k) + f_{4*}(z) \\ f_3(z) = e_k \ln(z - z_k) + f_{3*}(z) \\ f_2(z) = t_k \ln(z - z_k) + f_{2*}(z) \end{array} \right\} \tag{11.4-23}$$

其中 d_k，e_k 和 t_k 为复常数；$f_{i*}(z)$ $(i = 2,3,4)$ 在边界 s_{m+1} 内是单值解析的。

将式（11.4-21）～式（11.4-23）代入位移的复表达式，将获得位移的单值性条件要求

$$\left. \begin{array}{l} -3\left(\dfrac{2c_2}{\mu + \lambda} + c_7\right)\overline{d_k} + c_7 e_k = 0 \\ 24c_9 \overline{c_k} + c_8 t_k = 0 \\ 240c_{10} b_k + c_1 c_3 R^2 (t_k - 2e_k + 6d_k - 24c_k) = 0 \end{array} \right\} \tag{11.4-24}$$

按照上面给出的 s_k 上的边界条件和式（11.4-24），可知上述复常数可以根据表面力和广义表面力表示为

$$\left. \begin{array}{l} b_k = \dfrac{c_1 c_3 R^2}{240 c_{10}} \left[\dfrac{12 c_2}{(\mu + \lambda) c_7} \overline{d_k} + 24\left(1 + \dfrac{c_9}{c_8}\right) c_k \right] \\ c_k = \dfrac{c_8}{-96\pi[c_3 c_8 (2c_4 - c_1 R) - c_1 c_3 R]} (h_x - \mathrm{i}h_y) \\ t_k = \dfrac{c_8}{4\pi[c_3 c_8 (2c_4 - c_1 R) - c_1 c_3 R]} (h_x + \mathrm{i}h_y) \\ d_k = \dfrac{(\mu + \lambda) c_7}{24\pi c_2 c_3 R[2c_2 + (\mu + \lambda) c_7]} (T_x + \mathrm{i}T_y) \\ e_k = -\dfrac{2c_2 + (\mu + \lambda) c_7}{16\pi c_2^2 c_3 R} (T_x - \mathrm{i}T_y) \end{array} \right\} \tag{11.4-25}$$

对于具有 m 个内边界和一个外边界的一般多连通体，可以将上面的论证推

广，得到一般的表达式。

11.4.4 无限大多连通体的情形

无限大的多连通体在实际应用中具有很重要的地位。我们假设外边界 s_{m+1} 趋于无限远。

与二维准晶的讨论相似，有

$$\left. \begin{aligned} f_6(z) &= \sum_{k=1}^{m} b_k \ln z + f_{6**}(z), \quad f_5(z) = \sum_{k=1}^{m} c_k \ln z + f_{5**}(z) \\ f_4(z) &= \sum_{k=1}^{m} d_k \ln z + f_{4**}(z), \quad f_3(z) = \sum_{k=1}^{m} e_k \ln z + f_{3**}(z) \\ f_2(z) &= \sum_{k=1}^{m} t_k \ln z + f_{2**}(z) \end{aligned} \right\} \quad (11.4\text{-}26)$$

$f_{j**}(z)\,(j=2,3,\cdots,6)$ 是 s_{m+1} 之外的解析函数，但无穷远点可能除外。根据 Laurent 定理，函数 $f_{j**}(z)\,(j=2,3,\cdots,6)$ 可展开成级数

$$f_{ji**}(z) = \sum_{-\infty}^{+\infty} a_{jn} z^n \quad (j=2,3,\cdots,6) \qquad (11.4\text{-}27)$$

将式（11.4-26）和式（11.4-27）的第一式代入式（11.4-16）中的第一式，有

$$\sigma_{zy} - \mathrm{i}\sigma_{zx} = -960 c_3 c_4 \left(\sum_{k=1}^{m} b_k \frac{1}{z} + \sum_{-\infty}^{+\infty} n a_{6n} z^{n-1} \right) \qquad (11.4\text{-}28)$$

因此，当 $|z| \to +\infty$ 时，为了使无限远处应力保持有界，有

$$a_{6n} = 0 \ (n \geqslant 2) \qquad (11.4\text{-}29)$$

同样，由式（11.4-15）～式（11.4-18），为了使应力保持有界，下列条件也要满足

$$a_{jn} = 0 \ (n \geqslant 2, j = 2,3,\cdots,5) \qquad (11.4\text{-}30)$$

因此，当 $|z| \to +\infty$ 时，在应力为有限值的条件下，可以得到 $f_i(z)(i=2,3,\cdots,6)$ 的表达式如下

$$f_6(z) = \sum_{k=1}^{m} b_k \ln z + (B + \mathrm{i}C) z + f_6^0(z) \qquad (11.4\text{-}31)$$

其中 B, C 为实常数；$f_6^0(z)$ 是 s_{m+1} 之外包括无穷远点在内的单值解析函数。未知常数 B, C 等的确定与第 11.3.4 节中给出的类似，由于篇幅有限，细节在此省略。

11.4.5 到 ζ 平面的保角映射和函数方程

现在有 5 个边界方程，即式（11.4-10）～式（11.4-12）和式（11.4-14），

由这些方程将确定未知函数 $f_j(z)(j=2,3,\cdots,6)$，另外，因为没有用到 $f_1(z)$，我们假设 $f_1(z)=0$。对于一些复杂的区域，在物理平面（即 z 平面）上不能直接求解函数方程，此时需要采用保角映射方法。

假设保角映射

$$z=\omega(\zeta) \qquad (11.4\text{-}32)$$

将 z 平面上的区域映射到 ζ 平面上的单位圆 γ 的内部。在这个映射下，未知函数 $f_j(z)$ 变为

$$f_j(z)=f_j[\omega(\zeta)]=\Phi_j(\zeta) \quad (j=2,3,\cdots,6) \qquad (11.4\text{-}33)$$

将式（11.4-32）和式（11.4-33）代入边界条件（11.4-14）的第一个式子可得

$$\frac{1}{2\pi i}\int_\gamma \frac{\Phi_6(\sigma)}{\sigma-\zeta}\mathrm{d}\sigma+\frac{1}{2\pi i}\int_\gamma \frac{\overline{\Phi_6(\sigma)}}{\sigma-\zeta}\mathrm{d}\sigma=0$$

根据 Cauchy 积分公式，可知

$$\Phi_6(\zeta)=0 \qquad (11.4\text{-}34)$$

将式（11.4-32）、式（11.4-33）和式（11.4-34）代入边界条件（11.4-10）～（11.4-12）以及式（11.4-14）的第二个式子，有

$$\begin{aligned}&\frac{3}{2\pi i}\int_\gamma \frac{\Phi_4(\sigma)}{\sigma-\zeta}\mathrm{d}\sigma+\frac{4}{2\pi i}\int_\gamma \frac{\overline{\omega(\sigma)}}{\omega'(\sigma)}\frac{\Phi_5'(\sigma)}{\sigma-\zeta}\mathrm{d}\sigma-\frac{1}{2\pi i}\int_\gamma \frac{\overline{\Phi_3(\sigma)}}{\sigma-\zeta}\mathrm{d}\sigma-\\&3\frac{1}{2\pi i}\int_\gamma \frac{\omega(\sigma)}{\omega'(\sigma)}\frac{\overline{\Phi_4'(\sigma)}}{\sigma-\zeta}\mathrm{d}\sigma-6\frac{1}{2\pi i}\int_\gamma \left[\frac{[\omega(\sigma)]^2\overline{\Phi_5''(\sigma)}}{\overline{\omega'(\sigma)}^2}-\right.\\&\left.\frac{[\omega(\sigma)]^2\overline{\omega''(\sigma)}}{\overline{\omega'(\sigma)}^3}\overline{\Phi_5'(\sigma)}\right]\frac{\mathrm{d}\sigma}{\sigma-\zeta}=\frac{1}{4c_2c_3}\frac{1}{2\pi i}\int_\gamma \frac{t}{\sigma-\zeta}\mathrm{d}\sigma\end{aligned} \qquad (11.4\text{-}35)$$

$$\begin{aligned}&\frac{3}{2\pi i}\int_\gamma \frac{\overline{\Phi_4(\sigma)}}{\sigma-\zeta}\mathrm{d}\sigma+\frac{4}{2\pi i}\int_\gamma \frac{\overline{\omega(\sigma)}}{\omega'(\sigma)}\frac{\Phi_4'(\sigma)}{\sigma-\zeta}\mathrm{d}\sigma-\frac{1}{2\pi i}\int_\gamma \frac{\Phi_3(\sigma)}{\sigma-\zeta}\mathrm{d}\sigma-\\&3\frac{1}{2\pi i}\int_\gamma \frac{\overline{\omega(\sigma)}}{\omega'(\sigma)}\frac{\Phi_3(\sigma)}{\sigma-\zeta}\mathrm{d}\sigma-6\frac{1}{2\pi i}\int_\gamma \left[\frac{\overline{\omega(\sigma)}^2\Phi_5''(\sigma)}{[\omega'(\sigma)]^2}-\right.\\&\left.\frac{\overline{\omega(\sigma)}^2\omega''(\sigma)\Phi_5'(\sigma)}{[\omega'(\sigma)]^3}\right]\frac{\mathrm{d}\sigma}{\sigma-\zeta}=\frac{1}{4c_2c_3R}\frac{1}{2\pi i}\int_\gamma \frac{\bar t}{\sigma-\zeta}\mathrm{d}\sigma\end{aligned} \qquad (11.4\text{-}36)$$

$$\frac{1}{2\pi i}\int_{\gamma}\frac{\Phi_2(\sigma)}{\sigma-\zeta}d\sigma+2\frac{1}{2\pi i}\int_{\gamma}\frac{\overline{\omega(\sigma)}}{\omega'(\sigma)}\frac{\Phi_3'(\sigma)}{\sigma-\zeta}d\sigma+3\frac{1}{2\pi i}\int_{\gamma}\left\{\frac{\overline{\omega(\sigma)}^2\Phi_4''(\sigma)}{[\omega'(\sigma)]^2}-\frac{\overline{\omega(\sigma)}^2\omega''(\sigma)\Phi_4'(\sigma)}{[\omega'(\sigma)]^3}\right\}\frac{d\sigma}{\sigma-\zeta}+4\frac{1}{2\pi i}\int_{\gamma}\left\{\frac{\overline{\omega(\sigma)}^2\Phi_5'''(\sigma)}{[\omega'(\sigma)]^3}-3\frac{\overline{\omega(\sigma)}^3\omega''(\sigma)\Phi_5''(\sigma)}{[\omega'(\sigma)]^4}+3\frac{\overline{\omega(\sigma)}^3\omega''(\sigma)\Phi_5'(\sigma)}{[\omega'(\sigma)]^5}-\frac{\overline{\omega(\sigma)}^3\omega'''(\sigma)\Phi_5'(\sigma)}{[\omega'(\sigma)]^4}\right\}\frac{d\sigma}{\sigma-\zeta}=\frac{1}{2\pi i}\int_{\gamma}\frac{h}{\sigma-\zeta}d\sigma$$

(11.4-37)

$$\frac{4c_{11}}{2\pi i}\int_{\gamma}\frac{\Phi_5(\sigma)}{\sigma-\zeta}d\sigma+\frac{(2K_2-K_1)R}{2\pi i}\int_{\gamma}\left[\frac{\Phi_4(\sigma)}{\sigma-\zeta}+4\frac{\overline{\omega(\sigma)}}{\omega'(\sigma)}\frac{\Phi_5'(\sigma)}{\sigma-\zeta}\right]d\sigma=0 \quad (11.4\text{-}38)$$

其中

$$t=\mathrm{i}\int(T_x+\mathrm{i}T_y)\mathrm{d}s,\quad \bar{t}=-\mathrm{i}\int(T_x-\mathrm{i}T_y)\mathrm{d}s,\quad h=\mathrm{i}\int(h_1+\mathrm{i}h_2)\mathrm{d}s$$

对于给定的构型和应力，通过解这些函数方程可以得到解。

11.4.6 例 4：椭圆缺口问题及其解

考虑一个含有椭圆缺口的三维二十面体准晶，假设椭圆孔沿 z 轴方向穿透准晶体，孔边受到均匀压力 p，如图 11.3-2 所示。

由于到目前为止尚未见到关于广义表面力的报道，为简单起见，假设 $h_x=0$，$h_y=0$。

然而，由于计算的复杂性，我们不可能直接在 z 平面上确定这些函数，应用保角映射

$$z=\omega(\zeta)=R_0\left(\frac{1}{\zeta}+m\zeta\right) \quad (11.4\text{-}39)$$

把在 z 平面上的椭圆孔的外部映射到 ζ 平面上单位圆 γ 的内部，其中

$$R_0=(a+b)/2,\quad m=(a-b)/(a+b)$$

使

$$f_j(z)=f_j[\omega(\zeta)]=\Phi_j(\zeta)\quad (j=2,3,\cdots,6) \quad (11.4\text{-}40)$$

将式（11.4-38）代入式（11.4-25）的第一个式子，然后方程组的两侧同乘以 $d\sigma/[2\pi i(\sigma-\zeta)]$（$\sigma$ 表示单位圆的值），并沿整个孔边积分

$$\frac{1}{2\pi i}\int_{\gamma}\frac{\Phi_6(\sigma)}{\sigma-\zeta}d\sigma+\frac{1}{2\pi i}\int_{\gamma}\frac{\overline{\Phi_6(\sigma)}}{\sigma-\zeta}d\sigma=0 \quad (11.4\text{-}41)$$

通过 Cauchy 积分公式，有

$$\Phi_6(\zeta) = 0 \tag{11.4-42}$$

将式（11.4-38）和式（11.4-42）代入式（11.4-22）～式（11.4-24），然后方程的两侧同乘以 $d\sigma/[2\pi i(\sigma-\zeta)]$（$\sigma$ 代表在单位圆的值），并沿整个孔边积分

$$\frac{3}{2\pi i}\int_\gamma \frac{\overline{\Phi_4(\sigma)}}{\sigma-\zeta}d\sigma + \frac{4}{2\pi i}\int_\gamma \frac{\overline{\omega(\sigma)}}{\omega'(\sigma)}\frac{\Phi_5'(\sigma)}{\sigma-\zeta}d\sigma - \frac{1}{2\pi i}\int_\gamma \frac{\Phi_3(\sigma)}{\sigma-\zeta}d\sigma -$$
$$3\frac{1}{2\pi i}\int_\gamma \frac{\omega(\sigma)}{\omega'(\sigma)}\frac{\overline{\Phi_4'(\sigma)}}{\sigma-\zeta}d\sigma - 6\frac{1}{2\pi i}\int_\gamma \left\{ \frac{[\omega(\sigma)]^2 \overline{\Phi_5''(\sigma)}}{[\omega'(\sigma)]^2} - \right.$$
$$\left. \frac{[\omega(\sigma)]^2 \overline{\omega''(\sigma)}}{[\omega'(\sigma)]^3}\overline{\Phi_5'(\sigma)} \right\}\frac{d\sigma}{\sigma-\zeta} = \frac{p}{4c_2 c_3}\int_\gamma \frac{\omega(\sigma)}{\sigma-\zeta}d\sigma \tag{11.4-43}$$

$$\frac{3}{2\pi i}\int_\gamma \frac{\overline{\Phi_4(\sigma)}}{\sigma-\zeta}d\sigma + \frac{4}{2\pi i}\int_\gamma \frac{\overline{\omega(\sigma)}}{\omega'(\sigma)}\frac{\Phi_5'(\sigma)}{\sigma-\zeta}d\sigma - \frac{1}{2\pi i}\int_\gamma \frac{\Phi_3(\sigma)}{\sigma-\zeta}d\sigma -$$
$$3\frac{1}{2\pi i}\int_\gamma \frac{\overline{\omega(\sigma)}}{\omega'(\sigma)}\frac{\Phi_4'(\sigma)}{\sigma-\zeta}d\sigma - 6\frac{1}{2\pi i}\int_\gamma \left\{ \frac{\overline{\omega(\sigma)}^2 \Phi_5''(\sigma)}{[\omega'(\sigma)]^2} - \right.$$
$$\left. \frac{\overline{\omega(\sigma)}^2 \omega''(\sigma)\Phi_5'(\sigma)}{[\omega'(\sigma)]^3} \right\}\frac{d\sigma}{\sigma-\zeta} = \frac{p}{4c_2 c_3 R}\frac{1}{2\pi i}\int_\gamma \frac{\overline{\omega(\sigma)}}{\sigma-\zeta}d\sigma \tag{11.4-44}$$

$$\frac{1}{2\pi i}\int_\gamma \frac{\Phi_2(\sigma)}{\sigma-\zeta}d\sigma + 2\frac{1}{2\pi i}\int_\gamma \frac{\overline{\omega(\sigma)}}{\omega'(\sigma)}\frac{\Phi_3'(\sigma)}{\sigma-\zeta}d\sigma + 3\frac{1}{2\pi i}\int_\gamma \left\{ \frac{\overline{\omega(\sigma)}^2 \Phi_4''(\sigma)}{[\omega'(\sigma)]^2} - \right.$$
$$\left. \frac{\overline{\omega(\sigma)}^2 \omega''(\sigma)\Phi_4'(\sigma)}{[\omega'(\sigma)]^3} \right\}\frac{d\sigma}{\sigma-\zeta} + 4\frac{1}{2\pi i}\int_\gamma \left\{ \frac{\overline{\omega(\sigma)}^3 \Phi_5'''(\sigma)}{[\omega'(\sigma)]^3} - 3\frac{\overline{\omega(\sigma)}^3 \omega''(\sigma)\Phi_5''(\sigma)}{[\omega'(\sigma)]^4} + \right.$$
$$\left. 3\frac{\overline{\omega(\sigma)}^3 \omega''(\sigma)\Phi_5'(\sigma)}{[\omega'(\sigma)]^5} - \frac{\overline{\omega(\sigma)}^3 \omega'''(\sigma)\Phi_5'(\sigma)}{[\omega'(\sigma)]^4} \right\}\frac{d\sigma}{\sigma-\zeta} = 0$$

$$\tag{11.4-45}$$

$$\frac{4c_{11}}{2\pi i}\int_\gamma \frac{\Phi_5(\sigma)}{\sigma-\zeta}d\sigma + \frac{(2K_2-K_1)R}{2\pi i}\int_\gamma \left[\frac{\Phi_4(\sigma)}{\sigma-\zeta} + 4\frac{\overline{\omega(\sigma)}}{\omega'(\sigma)}\frac{\Phi_5'(\sigma)}{\sigma-\zeta} \right]d\sigma = 0 \tag{11.4-46}$$

因为

$$\frac{\overline{\omega(\sigma)}}{\omega'(\sigma)} = \sigma\frac{\sigma^2+m}{m\sigma^2-1}$$

和

$$\zeta\frac{\zeta^2+m}{m\zeta^2-1}\Phi_5'(\zeta) = \zeta\frac{\zeta^2+m}{m\zeta^2-1}(\alpha_1+2\alpha_2\zeta+3\alpha_3\zeta^2+\cdots)$$

在 $|\zeta|<1$ 是解析的且在单位圆 γ 内是连续的，由 Cauchy 积分公式和式（11.4-43），有

$$\frac{1}{2\pi i}\int_\gamma \frac{\Phi_4(\sigma)}{\sigma-\zeta}d\sigma = \Phi_4(\zeta)$$

$$\frac{1}{2\pi i}\int_\gamma \sigma\frac{\sigma^2+m}{m\sigma^2-1}\frac{\Phi_5'(\sigma)}{\sigma-\zeta}d\sigma = \zeta\frac{\zeta^2+m}{m\zeta^2-1}\Phi_5'(\zeta)$$

将

$$\frac{\omega(\sigma)}{\overline{\omega'(\sigma)}}=-\frac{1}{\sigma}\frac{m\sigma^2+1}{\sigma^2-m},\quad \frac{\omega(\sigma)^2\overline{\omega''(\sigma)}}{\overline{\omega'(\sigma)}^3}=\frac{2\sigma(m\sigma^2+1)^2}{(\sigma^2-m)^3}$$

代入式（11.4-43），并注意

$$-\frac{1}{\zeta}\frac{m\zeta^2+1}{\zeta^2-m}\overline{\Phi_4'(\zeta)} = -\frac{1}{\zeta}\frac{m\zeta^2+1}{\zeta^2-m}\left(\overline{\beta_1}+2\frac{\overline{\beta_2}}{\zeta}+3\frac{\overline{\beta_3}}{\zeta^2}+\cdots\right)$$

$$\frac{2\zeta(m\zeta^2+1)^2}{(\zeta^2-m)^3}\overline{\Phi_5'(\zeta)} = \frac{2\zeta(m\zeta^2+1)^2}{(\zeta^2-m)^3}\left(\overline{\alpha_1}+2\frac{\overline{\alpha_2}}{\zeta}+3\frac{\overline{\alpha_3}}{\zeta^2}+\cdots\right)$$

在 $|\zeta|>1$ 解析且在单位圆 γ 内连续，由 Cauchy 积分公式和复变函数理论中的解析延拓理论，由式（11.4-43），得到

$$\frac{1}{2\pi i}\int_\gamma \frac{\overline{\Phi_3(\sigma)}}{\sigma-\zeta}d\sigma = 0, \quad \frac{1}{2\pi i}\int_\gamma \frac{\omega(\sigma)}{\overline{\omega'(\sigma)}}\frac{\overline{\Phi_4'(\sigma)}}{\sigma-\zeta}d\sigma = 0$$

$$\frac{1}{2\pi i}\int_\gamma \left[\frac{\omega(\sigma)^2\overline{\Phi_5''(\sigma)}}{\overline{\omega'(\sigma)}^2} - \frac{\omega(\sigma)^2\overline{\omega''(\sigma)}}{\overline{\omega'(\sigma)}^3}\overline{\Phi_5'(\sigma)}\right]\frac{d\sigma}{\sigma-\zeta} = 0$$

将以上的结果代入式（11.4-43），并由式（11.4-46），有

$$\left.\begin{aligned}\Phi_4(\zeta) &= \frac{R_0}{12c_2c_3R}pm\zeta - \frac{(2K_2-K_1)R_0}{2c_2c_3C_{11}}\frac{pm\zeta(\zeta^2+m)}{(m\zeta^2-1)} \\ \Phi_5(\zeta) &= -\frac{(2K_2-K_1)R_0}{48c_2c_3C_{11}}pm\zeta\end{aligned}\right\} \quad (11.4\text{-}47)$$

类似于上面的讨论，由式（11.4-44）和式（11.4-45），有

$$\Phi_2(\zeta) = -\frac{R_0}{2c_2c_3R}\frac{p\zeta(\zeta^2+m)(m^3\zeta^2+1)}{(m\zeta^2-1)^3}+$$

$$\frac{(2K_2-K_1)R_0}{2c_2c_3C_{11}}\frac{pm\zeta^3(\zeta^2+m)[m^2\zeta^6-(m^3+4m)\zeta^4+(2m^4+4m^2+5)\zeta^2+m]}{(m\zeta^2-1)^5}$$

$$\Phi_3(\zeta) = -\frac{R_0}{4c_2c_3R}\frac{p\zeta(m^2+1)}{(m\zeta^2-1)} - \frac{(2K_2-K_1)R_0}{12c_2c_3C_{11}}\frac{pm\zeta^3(\zeta^2+m)(m\zeta^2-m^2-2)}{(m\zeta^2-1)^3}$$

$$(11.4\text{-}48)$$

椭圆缺口问题就得到解决了。相应的 Griffith 裂纹问题的解可以看作椭圆孔问题的特殊情况而直接得到，即假设 $m=1$，$R_0=a/2$。裂纹问题的解可以在 z 平面上明确表示，具体结果参阅第 9 章第 9.7 节。

11.5 准四重调和方程的复分析

在第 6~8 章中已经知道，八次对称二维准晶平面弹性理论的最终方程控制为

$$(\nabla^2\nabla^2\nabla^2\nabla^2 - 4\varepsilon\nabla^2\nabla^2\Lambda^2\Lambda^2 + 4\varepsilon\Lambda^2\Lambda^2\Lambda^2\Lambda^2)F = 0 \quad (11.5\text{-}1)$$

其中 F 是位移势或应力势，又

$$\left.\begin{array}{l}\nabla^2 = \dfrac{\partial^2}{\partial x^2} + \dfrac{\partial^2}{\partial y^2}, \quad \Lambda^2 = \dfrac{\partial^2}{\partial x^2} - \dfrac{\partial^2}{\partial y^2} \\ \varepsilon = \dfrac{R^2(L+M)(K_2+K_3)}{[M(K_1+K_2+K_3)-R^2][(L+2M)K_1-R^2]}\end{array}\right\} \quad (11.5\text{-}2)$$

由于算子 Λ^2 的出现，在求解方程（11.5-1）时，它似乎与复变函数没有任何的联系，但是，如果把它改写为

$$\left[\dfrac{\partial^8}{\partial x^8} + 4(1-4\varepsilon)\dfrac{\partial^8}{\partial x^6\partial y^2} + 2(3+16\varepsilon)\dfrac{\partial^8}{\partial x^4\partial y^4} + 4(1-4\varepsilon)\dfrac{\partial^8}{\partial x^2\partial y^6} + \dfrac{\partial^8}{\partial y^8}\right]F = 0$$

$$(11.5\text{-}3)$$

后发现，这是典型的四重准调和方程，其解为

$$F(x,y) = 2\operatorname{Re}\sum_{k=1}^{4} F_k(z_k), z_k = x + \mu_k y \quad (11.5\text{-}4)$$

其中函数 $F_k(z_k)$ 是关于复变量 $z_k(k=1,2,\cdots,4)$ 的解析函数；$\mu_k = \alpha_k + \mathrm{i}\beta_k$（$k=1,2,\cdots,4$）是四个不同的复参数，由下面特征方程的根决定

$$\mu^8 + 4(1-4\varepsilon)\mu^6 + 2(3+16\varepsilon)\mu^4 + 4(1-4\varepsilon)\mu^2 + 1 = 0 \quad (11.5\text{-}5)$$

在第 7 章和第 8 章中已经给出了位错问题（位移势的基础上）和缺口/裂纹（应力势的基础上）的解。

11.6 结论与讨论

四重和六重调和方程的发现，对于弹性理论的发展具有重要意义。本章对这些方程的复分析进行了全面的讨论，我们认为，这项研究是重要的。

上面提到的复分析方法是经典弹性的 Muskhelishvili 方法的一种新的发展,它极大地扩展了这种方法的应用范围。我们相信,四重和六重调和方程不仅在准晶方面有用,而且可能在其他科学和工程问题中也有用。因此,这些复变函数方法可以用于其他研究。

除了发展扩大复分析理论和方法的应用范围外,我们还发展了 Muskhelishvili 的保角映射方法。专著 [4] 中只讨论了有理函数型的保角映射,我们把它推广到超越函数型保角映射,并将其应用于更复杂裂纹问题的求解,见第 8 章。

这些方法不仅适用于弹性问题,也可用来解决塑性问题,如范和范[8]、李和范[9, 10],详见评论性文章 [11]。

11.7 第 11 章附录:复分析基础知识

我们已经了解到,Muskhelishvili[4] 在他关于经典弹性的优秀著作中对弹性的复分析,给出了非常完整和优美的论述,这对读者是非常有帮助的。我们对复分析在准晶弹性中的应用也很重视,但是我们在前几章和本章中的表述显然不可能像 Muskhelishvili 在经典弹性领域做得那么好。这里专门开辟复分析一章,对第 8,9 章涉及复分析的基础知识做一些补充。因为阅读本书的读者面一定很宽,他们对复分析的了解程度互不相同。鉴于此,这里提供若干复分析的基本知识也许是有益的(至少对一部分读者是如此),有关材料可以从若干复分析的著作,例如 I. I. Privalov 的著作 [12] 和 M. A. Lavrentjev 与 B. A. Schabat 的著作 [13] 查到,这里列出一些要点,对读者阅读那些著作会有所帮助。至于对第 8,9 章和本章正文的补充计算,在其他论著中很难查到,或者根本不可能查到,则放到主附录 I 中介绍。特别有益和绝妙的是,本附录对推导主附录 II 中的对偶积分方程的解有用,因为那里用的几乎全是复分析的方法,这再次显示了复分析的高效和优美。看来,我们强调复分析,不仅在于它在求解边值问题中的应用,而且其对研究其他数学和物理学问题也是很有帮助的。

11.7.1 复变函数,解析函数

通常 $z=x+\mathrm{i}y$ 记为一个复变量,其中 $\sqrt{-1}=\mathrm{i}$,或者 $z=r\mathrm{e}^{\mathrm{i}\theta}$。这里 $r=\sqrt{x^2+y^2}$,称为复变量的模;$\theta=\arctan\dfrac{y}{x}$,为 z 的幅角。假设 $f(z)$ 是一个复变量的函数,或简称复变函数,记作

$$f(z)=P(x,y)+\mathrm{i}Q(x,y) \qquad (11.7\text{-}1)$$

其中 $P(x,y)$ 与 $Q(x,y)$ 是实变量的函数,分别称为复变函数的实部和虚部,记为

$$P(x,y) = \text{Re} f(z), \quad Q(x,y) = \text{Im} f(z)$$

有一类复变函数称为解析函数（而单值解析函数称为全纯函数），在数学的许多分支、物理学和工程中有重要应用。解析性等有关概念将在下面讨论。

复变函数 $f(z)$ 在一个区域内解析，是指在这个区域内任一点 z_0 的邻域可以展开成如下式的非负整幂级数（也就是 Taylor 级数）

$$f(z) = \sum_{n=0}^{+\infty} a_n (z-z_0)^n \qquad (11.7\text{-}2)$$

其中 a_n 为任意常数（一般为复数）。这个概念在后面将经常被引用。

解析函数的另外一个定义是，复变函数 $f(z)$ 给定在一个区域中，其实部 $P(x,y)$ 与虚部 $Q(x,y)$ 单值，具有 1 阶连续偏导数，并且在该区域内满足 Cauchy-Riemann 关系

$$\frac{\partial P}{\partial x} = \frac{\partial Q}{\partial y}, \quad \frac{\partial P}{\partial y} = -\frac{\partial Q}{\partial x} \qquad (11.7\text{-}3)$$

这种类型的函数 $P(x,y)$ 和 $Q(x,y)$ 称为互相共轭调和函数。从式（11.7-3）得到

$$\nabla^2 P = \left(\frac{\partial^2}{\partial x^2} + \frac{\partial^2}{\partial y^2}\right) P = 0, \quad \nabla^2 Q = \left(\frac{\partial^2}{\partial x^2} + \frac{\partial^2}{\partial y^2}\right) Q = 0$$

这一概念在后面也将多次用到。

解析函数还可以用积分的形式去定义。假设 $f(z)$ 是在一复数域 D 内的复变函数，Γ 是 D 内的一条简单的闭曲线（有时简称为闭曲线），如果

$$\int_{\Gamma} f(z) \, dz = 0 \qquad (11.7\text{-}4)$$

则 $f(z)$ 是 D 内的解析函数。这个结果被称为 Cauchy 积分定理（或简称 Cauchy 定理），它将经常用到。

复分析的理论证明以上关于解析的各种定义之间相互等价。

11.7.2 Cauchy 公式

Cauchy 定理的一个重要应用是 Cauchy 公式，也就是说，如果 $f(z)$ 在闭曲线 Γ 所界的一单连通区域 D^+ 内解析，在 $D^+ + \Gamma$ 上（见图 11.7-1）连续，那么

$$\frac{1}{2\pi i} \int_{\Gamma} \frac{f(t)}{t-z} \, dt = f(z) \qquad (11.7\text{-}5)$$

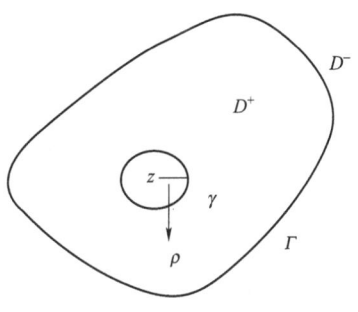

图 11.7-1 一个有限区域 D^+

其中 z 为区域 D^+ 中的任意点。

证明 以 z 为中心，ρ 为半径，在 D^+ 中作一个小圆 γ。按照 Cauchy 定理（11.7-4）有

$$\int_\Gamma \frac{f(t)}{t-z}\mathrm{d}t = \int_\gamma \frac{f(t)}{t-z}\mathrm{d}t \tag{11.7-6}$$

因为 $f(z)$ 在 D^+ 内解析，在 $D^+ + \Gamma$ 上连续，存在一个很小的正数 $\varepsilon > 0$，对任意一点 t 和小圆 γ，若 ρ 充分小，使得

$$|f(t) - f(z)| < \varepsilon$$

并且 $|t - z| = \rho$，那么

$$\lim_{\varepsilon \to 0} \int_\gamma \frac{f(t)}{t-z}\mathrm{d}t = \int_\gamma \frac{f(z)}{t-z}\mathrm{d}t \tag{11.7-7}$$

正如前面提到 $f(z)$ 在 D^+ 内解析，积分

$$\int_\gamma \frac{f(z)}{t-z}\mathrm{d}t$$

的值并不因 ρ 减小而改变。这样式（11.7-7）左端的极限符号可以去掉。同时

$$\int_\gamma \frac{f(z)}{t-z}\mathrm{d}t = f(z)\int_\gamma \frac{\mathrm{d}t}{t-z} = f(z)\int_0^{2\pi}\frac{\rho\mathrm{e}^{\mathrm{i}\theta}}{\rho\mathrm{e}^{\mathrm{i}\theta}}\mathrm{d}\theta = 2\pi\mathrm{i}f(z)$$

根据图（11.7-6）和这个结果，式（11.7-5）得证。

在式（11.7-5）中，若 z 取在闭曲线 Γ 之外的区域 D^-（图 11.7-1），那么

$$\frac{1}{2\pi\mathrm{i}}\int_\Gamma \frac{f(t)}{t-z}\mathrm{d}t = 0 \tag{11.7-8}$$

事实上，这是 Cauchy 定理的结果。这是因为被积函数 $f(\zeta)/(\zeta - z)$ 作为 ζ 的函数，在区域 D^+ 中解析，其中 ζ 是 D^+ 中的一点。

假如和命题（11.7-5）成立所要求的条件相同，那么

$$\frac{1}{2\pi\mathrm{i}}\int_\Gamma \frac{\overline{f(t)}}{t-z}\mathrm{d}t = \overline{f(0)} \tag{11.7-9}$$

证明 为简单起见，不妨取 Γ 是一个圆。在 D^+ 内解析的函数 $f(z)$ 可以展开成非负整幂级数，其中点 $z_0 = 0$，这样

$$f(z) = a_0 + a_1 z + a_2 z^2 + \cdots = f(0) + f'(0)z + \frac{1}{2!}f''(0)z^2 + \cdots$$

式（11.7-9）中的函数 $\overline{f(z)}$ 是圆 Γ 内的函数 $\overline{f}\left(\dfrac{1}{z}\right)$ 的值，这里

$$\overline{f}\left(\frac{1}{z}\right) = \overline{f(0)} + \overline{f'(0)}\frac{1}{z} + \frac{1}{2!}\overline{f''(0)}\frac{1}{z^2} + \cdots$$

它在区域 D^- 解析。由 Cauchy 公式

$$\frac{1}{2\pi i}\int_\Gamma \frac{\mathrm{d}t}{t^k(t-z)} = \begin{cases} 1, & k=0 \\ 0, & k>0 \end{cases}$$

于是式（11.7-9）得证。

和上面相反，现在函数 $f(z)$ 在区域 D^-（包括无限远点 $z=+\infty$），那么

$$\frac{1}{2\pi i}\int_\Gamma \frac{f(z)}{t-z}\mathrm{d}t = \begin{cases} -f(z)+f(+\infty) & z\in D^- \\ f(+\infty) & z\in D^+ \end{cases} \quad (11.7\text{-}10)$$

这个公式的证明可以用证明式（11.7-10）的方式得到，但是注意以下几点：

（i）区域 D^-（包括 $z=+\infty$）中的解析函数 $f(z)$ 可以展开成下列级数

$$f(z) = c_0 + c_1\frac{1}{z} + c_2\frac{1}{z^2} + \cdots$$

（ii）$\dfrac{1}{2\pi i}\int_\Gamma \dfrac{c_0}{t-z}\mathrm{d}t = \begin{cases} 0, & z\in D^- \\ c_0, & z\in D^+ \end{cases}$

其中 $c_0 = f(\infty) \neq 0$。

当所有条件和命题（11.7-10）所要求的相同的情形下，有

$$\frac{1}{2\pi i}\int_\Gamma \frac{\overline{f(t)}}{t-z}\mathrm{d}t = 0 \quad (11.7\text{-}11)$$

11.7.3 极点

假设 z 平面上一个有限点（也就是它不是无限远点），在这个点的邻域，一个函数可以表示成

$$f(z) = G(z) + f_0(z) \quad (11.7\text{-}12)$$

其中 $f_0(z)$ 点 a 的邻域的解析函数，并且

$$G(z) = \frac{A_0}{z-a} + \frac{A_1}{(z-a)^2} + \cdots + \frac{A_m}{(z-a)^m} \quad (11.7\text{-}13)$$

其中 $A_1, A_2, \cdots, A_m$ 是常数，这样 $f(z)$ 称为具有 m 阶极点，$z=a$ 为极点。

如果 a 是无限远点，$f_0(z)$ 是式（11.7-12）中的 $f_0(z)$ 在无限远点解析（也就是，$f(t) = c_0 + c_1 z^{-1} + c_2 z^{-2} + \cdots$），而在 $z=+\infty$ 处，

$$G(z) = A_0 + A_1 z + \cdots + A_m z^m \quad (11.7\text{-}14)$$

则 $f(z)$ m 在 $z=+\infty$ 有 m 阶极点。

11.7.4 留数定理

如果函数 $f(z)$ 在 $z=a$ 具有 m 阶极点，它的积分通过所谓留数容易计算出来。

什么叫作留数？假设 $f(z)$ 在点 $z=a$ 的邻域但是除去点 $z=a$ 外解析，而在 $z=a$ 为无穷大。在这一情形下，点 $z=a$ 称为孤立奇点。函数 $f(z)$ 在 $z=a$ 的留数是下列积分值

$$\frac{1}{2\pi i}\int_\Gamma f(z)\,dz$$

其中 Γ 代表包围 $z=a$ 任一回路。留数可以用记号 $\mathrm{Res}f(a)$ 表示。

如果 $z=a$ 是 $f(z)$ 的 m 阶极点，其留数可以计算如下

$$\mathrm{Res}f(a)=\frac{1}{(m-1)!}\lim_{z\to a}\frac{d^{m-1}}{dz^{m-1}}[(z-a)^m f(z)] \qquad (11.7\text{-}15)$$

显然积分等于

$$\int_\Gamma f(z)dz=2\pi i\,\mathrm{Res}f(a)$$

这表明积分化成求导数，使计算大为简化。特别地，如果 $z=a$ 是 1 阶极点，那么

$$\mathrm{Res}f(a)=\lim_{z\to a}(z-a)f(z) \qquad (11.7\text{-}16)$$

计算更加简单。

接下来，介绍留数定理：要求函数在 D 内除去孤立极点 $a_1,a_2,\cdots,a_n$ 外解析，在 $D+\Gamma$ 上连续，那么

$$\int_\Gamma f(z)dz=2\pi i\sum_{k=1}^n \mathrm{Res}f(a_k) \qquad (11.7\text{-}17)$$

其中 Γ 代表区域 D 的边界。

几乎本书正文和附录中的所有积分都可以用留数定理计算出来。

例 使用留数定理计算积分

$$\frac{1}{2\pi}\int_{-\infty}^{+\infty}\frac{1}{-m\omega^2+k}e^{-i\omega t}d\omega=I \qquad (11.7\text{-}18)$$

其中 m 和 k 为正的常数。

这是一个实积分，由于其积分限为无限，被积函数具有两个奇点，积分计算比较困难，但是如果用留数定理去计算，则比较容易。首先，把实变量 ω 延拓为复变量，即令 $\omega=\omega_1+i\omega_2$，这里 ω_1，ω_2 是实变量。在复平面 ω 上，作一

第 11 章 准晶弹性的复分析方法 ■ 269

个半圆，圆心为 $(0,0)$，而半径 $R \to +\infty$，这个大的半圆周作为积分的附加路线，如图 11.7-2 所示。沿实轴，被积函数有两个极点 $(-\sqrt{k/m},0)$ 和 $(\sqrt{k/m},0)$，积分的值为

$$\frac{1}{2\pi}\int_{-\infty}^{+\infty}\frac{1}{-m\omega^2+k}e^{-i\omega t}d\omega = I_1 = \lim_{R\to+\infty, r\to 0}(\int_{C_R}+\int_1+\int_2+\int_3+\int_{C_1}+\int_{C_2}) \tag{11.7-19}$$

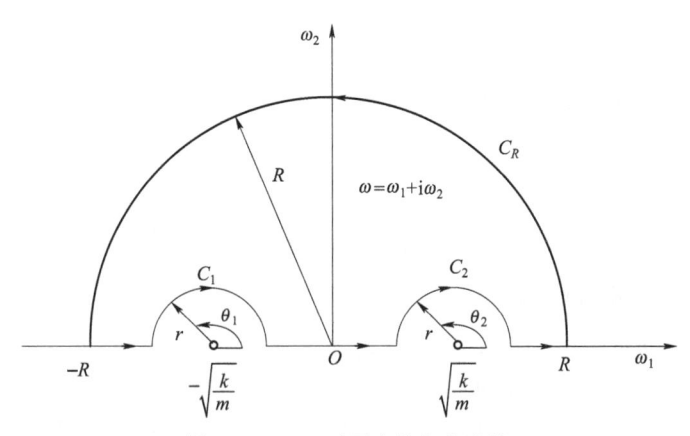

图 11.7-2 ω 平面上的积分路线

其中式（11.7-19）右侧的第一个积分沿大半圆周计算；第二至第四个积分沿实轴计算，但是除去区间 $(-r-\sqrt{k/m},-\sqrt{k/m}+r)$ 和 $(-r+\sqrt{k/m},\sqrt{k/m}+r)$；第五和第六个积分是关于两个小半圆弧 C_1 和 C_2 的计算，它们以 $(-\sqrt{k/m},0)$ 和 $(\sqrt{k/m},0)$ 为圆心，r 为半径。由于被积函数在积分（11.7-19）的回路所包围的区域内解析，按照 Cauchy 定理（参考式（11.7-5））

$$I_1 = 0 \tag{11.7-20}$$

根据被积函数的性态和 Jordan 引理，式（11.7-19）右端第一项必须等于零。这样

$$\lim_{R\to+\infty, r\to 0}(\int_1+\int_2+\int_3+\int_{C_1}+\int_{C_2}) = 0$$

和

$$\lim_{R\to+\infty, r\to 0}(\int_1+\int_2+\int_3) = I = -\lim_{r\to 0}(\int_{C_1}+\int_{C_2})$$

在弧 C_1 上：$\omega+\sqrt{k/m}=re^{i\theta_1}$，$d\omega=ire^{i\theta_1}d\theta_1$，而在弧 C_2 上：$\omega-\sqrt{k/m}=re^{i\theta_2}$，$d\omega=ire^{i\theta_2}d\theta_2$。把这些值代入以上公式，经过简单计算后得到

$$I = \frac{\pi}{m\sqrt{k/m}}\sin\sqrt{k/m}t \tag{11.7-21}$$

对某些积分变换的逆变换，甚至某些积分方程的解，许多关键的计算都依赖于留数计算，与上面的计算步骤相类似，当然有的更复杂。主附录的附录Ⅱ中将进一步介绍有关留数计算。

11.7.5 解析延拓

函数 $f_1(z)$ 在 D_1 中解析，如果能构造在 D_2 中另一解析函数 $f_2(z)$，D_1 与 D_2 不相交但是存在公共边界 Γ，进而

$$f_1(z) = f_2(z), \quad z \in \Gamma$$

则 $f_1(z)$ 与 $f_2(z)$ 互为解析延拓，且函数

$$F(z) = \begin{cases} f_1(z), & z \in D_1 \\ f_2(z), & z \in D_2 \end{cases}$$

在 $D = D_1 + D_2$ 上解析，是 $f_1(z)$ 和 $f_2(z)$ 的解析延拓。

11.7.6 保角映射

在第 7～9 章和第 11 章，用复分析法求解了调和、双调和、四重调和、六重调和、液晶准双调和与准四重调和方程，第一步是给出解的复表示。对某些复杂边值问题，并不能直接在 z 平面上得到解答，而必须用保角映射把边值问题转换到映射平面上去求解，而区域转换成单位圆或上半平面，边界成了一个圆周或一条直线，较容易得到精确分析解。

所谓保角映射，是指复变量 $z = x + iy$ 与另一复变量通过下式相联系

$$z = \omega(\zeta) \tag{11.7-22}$$

其中 $\omega(\zeta)$ 在某区域是 $\zeta = \xi + i\eta$ 单值解析函数。除去某些点，映射（11.7-22）的逆映射（或称反演）存在。对某一区域，如果映射是单值的，我们称它是单值保角映射。一般来说，映射是单值的，逆映射 $\zeta = \omega^{-1}(z)$ 不可能是单值的。保角映射有如下性质：

① 在点 $z = z_0$ 处的一个角，映射之后变成 $\zeta = \zeta_0$ 的一个角，这两个角的值相等，当旋转的方向相同时，称为第一类保角映射（图 11.3-5），当相反时，称为第二类保角映射（图 11.3-3）。

② 如果 $\omega(\zeta)$ 在区域 Ω 中单值解析，变换到区域 D 中，那么逆变换 $\zeta = \omega^{-1}(z)$ 在区域 D 中解析，并且把 D 映射到区域 Ω。

③ 如果 D 是一个区域，c 是该区域内部的一条闭曲线，它的内点属于区域 D，又如果 $\omega^{-1}(z)$ 解析，把曲线 c 双方单值地映射到区域 Ω 上的一个闭曲线 γ，那么 $\omega(\zeta)$ 在区域内单值解析，把 D 映射到 Ω 的内部。

在第 8，9 章和本章正文部分，主要用到如下保角映射，即

① 有理保角映射，例如

$$\omega(\zeta) = \frac{c}{\zeta} + a_0 + a_1\zeta + \cdots + a_n\zeta^n \qquad (11.7\text{-}23)$$

或者

$$\omega(\zeta) = R\zeta + b_0 + b_1\frac{1}{\zeta} + \cdots + b_n\frac{1}{\zeta^n} \qquad (11.7\text{-}24)$$

其中 c，a_0，a_1，…，a_n，R，b_0，b_1，…，b_n 是常数。这些映射把物理平面（即 z 平面）带裂纹的无限大区域映射到映射平面上的单位圆的内部（或外部）。在专著 [4] 中，Muskhelishvili 强调他的方法只适合于这种映射。范天佑[11] 把 Muskhelishvili 的方法推广到超越函数保角映射。对有限尺寸的裂纹物体，这类复杂的构型也得到精确分析解。申大维与范天佑[14]、范天佑等[15] 又做了进一步的发展，见本章正文和主附录 I。

② 超越函数保角映射，例如

$$\omega(\zeta) = \frac{H}{\pi}\ln\left[1 + \frac{(1+\zeta)^2}{(1-\zeta)^2}\right] \qquad (11.7\text{-}25)$$

和

$$\omega(\zeta) = \frac{2W}{\pi}\arctan\left(\sqrt{1-\zeta^2}\tan\frac{\pi a}{2W}\right) - a \qquad (11.7\text{-}26)$$

它们能够把带裂纹有限尺寸试样的区域映射成映射平面上的单位圆或上半平面，其中 H，W 和 a 为试样和裂纹的特征尺寸。这些保角映射在第 8、9 章已经应用，在主附录 I 中给出了进一步的补充计算。

参考文献

[1] Liu G T, Fan TY, Guo R P. Governing equations and general solutions of plane elasticity of one-dimensional quasicrystals [J]. Int. J. Solid and Structures, 2004, 41(14): 3949-3959.

[2] Liu G T. 准晶弹性和缺陷的复变函数方法和某些非线性发展方程的辅助函数法 [D]. 北京：北京理工大学，2004.

[3] Lekhnitskii S G. Theory of Elasticity of an Anisotropic Body [M]. San Francisco: Holden-Day, 1963.

[4] Muskhelishvili N I. Some Basic Problems of the Mathematical Theory of Elasticity [M]. Groningen: P. Noordhoff, 1956.

[5] Liu G T, Fan T Y. The complex method of the plane elasticity in 2D quasicrystals point group 10 mm ten-fold rotation symmetry notch problems [J]. Science in China, Series E, 2003, 46(3): 326-336.

[6] Li L H, Fan T Y. Final governing equation of plane elasticity of icosahedral quasicrystals-stress potential method [J]. Chin. Phys. Lett., 2006, 24(9): 2519-2521.

[7] Li W, Fan T Y. Study on elastic analysis of crack problem of two-dimensional decagonal quasicrystals of point group 10, $\overline{10}$ [J]. Mod. Phys. Lett.B, 2009, 23(16): 1989-1999.

[8] Fan T Y, Fan L. Plastic fracture of quasicrystals [J]. Phil. Mag., 2008, 88(4): 323-335.

[9] Li W, Fan T Y. Plastic solution of crack in three-dimensional icosahedral Al-Pd-Mn quasicrystals [J]. Phili. Mag., 2009, 89(31): 2823-2831.

[10] Fan T Y, Tang Z Y, Li L H, et al. The strict theory of complex variable function method of sextuple harmonic equation and applications [J]. J. Math. Phys., 2010, 51(5): 053519.

[11] Fan T Y. Semi-infinite crack in a strip [J]. Chin. Phys. Lett., 1990, 8(9): 401-404.

[12] Privalov I I. 复变函数引论 [M]. 北京：高等教育出版社，1956.

[13] Lavrentjev M A, Schabat B A. 复变函数论方法 [M]. 北京：高等教育出版社，2006.

[14] Shen D W, Fan T Y. Two collinear semi-infinite cracks in a strip [J]. Eng. Fract. Mech., 2003, 70 (8): 813-822.

[15] Fan T Y, Yang X C, Li H X. Complex analysis of edge crack in a finite width strip [J]. Chin. Phys. Lett., 1998, 18(1): 31-34.

第12章

准晶弹性的变分原理和数值分析与应用

从第5～11章，我们把固体准晶弹性问题转化为一些偏微分方程的边值或初值-边值问题去求解，使用了复分析、积分变换和积分方程等方法。对于某些边值问题，这些方法显得十分有效，甚至能得到精确解。在第14章和主附录里，将进一步将上述的解析方法发展到一些更复杂的问题，如非线性变形与断裂等问题，进行求解。这些解析解非常优美，十分简洁，充分显示了解析方法的效力。

然而，解析方法也具有其自身的局限性。总的来说，它们只能处理一些构型和边界条件较为简单的问题，对于复杂问题，用解析方法难以获得解答。

在第10章，已经采用有限差分法得到了一些准晶的弹性-/流体-动力学简化模型问题的数值解（严格的固体准晶的弹性-/流体-动力学模型问题将在第16章讨论，软物质准晶的弹性-/流体-动力学模型问题将在第19章和第20章讨论）。本章将推导固体准晶弹性的变分原理，这是后续求解准晶问题的有限元方法的基础。离散化是有限差分法和有限元法的主要特征。现已证明，当离散网格（或单元）的尺寸趋于无限小时，这两种离散化方法得到的解能够收敛于精确解。此外，与解析解（或古典解）相比，在现代偏微分方程理论中，有限元方法是弱解（或广义解）的一种，或者说是实现弱解的一种离散化方法。关于准晶弹性弱解的更详细的数学原理将在第13章中介绍，这些数学原理将帮助我们从其他角度了解有限元方法是获得弱解的一种重要的工具。

在目前已发现的200多种固体准晶中，将近一半都是三维二十面体准晶，且这类准晶具有良好的热力学稳定性，在准晶材料中占据重要的位置。本章将以三维二十面体准晶为例，详细论述准晶的有限元分析方法，并给出两个算例说明有限元方法的使用及其合理性。

12.1 二十面体准晶弹性问题的基本方程

在固体准晶弹性理论中,位移分量可以用声子场的位移 u 和相位子场的位移 w 表示,它们都是空间坐标 x 的函数。声子场的应变 ε_{ij} 和相位子场的应变 w_{ij} 通过下列式子来描述

$$\varepsilon_{ij} = \frac{1}{2}\left(\frac{\partial u_i}{\partial x_j} + \frac{\partial u_j}{\partial x_i}\right), \quad w_{ij} = \frac{\partial w_i}{\partial x_j} \qquad (12.1\text{-}1)$$

声子场和相位子场的应力和位移的关系可采用广义 Hooke 定律来描述

$$\sigma_{ij} = C_{ijkl}\varepsilon_{kl} + R_{ijkl}w_{kl}, \quad H_{ij} = R_{klij}\varepsilon_{kl} + K_{ijkl}w_{kl} \qquad (12.1\text{-}2)$$

其中 σ_{ij} 和 H_{ij} 分别是声子场和相位子场的应力张量;C_{ijkl} 和 K_{ijkl} 分别为声子场和相位子场的弹性系数张量;R_{ijkl} 是声子场和相位子场的耦合系数张量;i, j, k, l=1, 2, 3。这些弹性系数可用下述式子来表示

$$C_{ijkl} = \lambda\delta_{ij}\delta_{kl} + \mu(\delta_{ik}\delta_{jl} + \delta_{il}\delta_{jk}) \qquad (12.1\text{-}3)$$

$$K_{ijkl} = K_1\delta_{ik}\delta_{jl} + K_2(\delta_{ij}\delta_{kl} - \delta_{il}\delta_{jk}) \qquad (12.1\text{-}4)$$

$$R_{ijkl} = R(\delta_{i1} - \delta_{i2})(\delta_{ij}\delta_{kl} - \delta_{ik}\delta_{jl} + \delta_{il}\delta_{jk}) \qquad (12.1\text{-}5)$$

λ 和 μ 是 Lamé 系数;K_1 和 K_2 是二十面体准晶相位子场的弹性常数;R 是声子场和相位子场的耦合常数。

应力张量 σ_{ij} 和 H_{ij} 满足下列平衡方程

$$\frac{\partial \sigma_{ij}}{\partial x_j} + f_i = 0, \quad \frac{\partial H_{ij}}{\partial x_j} + g_i = 0 \qquad (12.1\text{-}6)$$

其中 f_i 和 g_i 代表声子场和相位子场的体力。

以上诸方程在区域 Ω 内任一点成立,而在边界 S_t 上,应力满足边界条件

$$\left.\begin{array}{c}\sigma_{ij}n_j = T_i \\ H_{ij}n_j = h_i\end{array}\right\} \qquad (x_1, x_2, x_3) \in S_t \qquad (12.1\text{-}7)$$

在边界 S_u 上,位移满足边界条件

$$\left.\begin{array}{c}u_i = \bar{u}_i \\ w_i = \bar{w}_i\end{array}\right\} \qquad (x_1, x_2, x_3) \in S_u \qquad (12.1\text{-}8)$$

这里,T_i 和 h_i 分别是边界 S_t 上的面力和广义面力;$\bar{u}_i$ 和 $\bar{w}_i$ 是边界 S_u 上的给定的位移;n_j 代表边界上一点的外法线矢量。此外,$S = S_t + S_u$。

12.2 准晶弹性静力学的广义变分原理

变分原理是数学物理中的一个基本原理，它指出一个系统能量泛函的极值（或驻值）与该系统的控制方程和定解条件等价。因而偏微分方程的初值-边值问题的求解可以转化为求相应的能量泛函的极值。在此基础上进行离散化，可以用有限元法求数值解。

这里把经典弹性力学中的最小势能原理[1]推广，建立准晶弹性的广义变分原理如下。

定理 区域 Ω 具有足够光滑的边界 S，若该区域所有的位移 u_i 和 w_i 满足应变-位移关系式（12.1-1）和位移边界条件（12.1-8），则存在使准晶弹性势能的泛函

$$\Pi = \int_\Omega F \mathrm{d}\Omega - \int_\Omega (f_i u_i + g_i w_i) \mathrm{d}\Omega - \int_{S_t} (T_i u_i + h_i w_i) \mathrm{d}S \quad (12.2\text{-}1)$$

取极小值的解，一定满足平衡方程（12.1-6）和应力边界条件（12.1-7），其中 F 为准晶的自由能密度，表达式为

$$\left.\begin{array}{l} F = \int_0^{\varepsilon_{ij}} \sigma_{ij} \mathrm{d}\varepsilon_{ij} + \int_0^{w_{ij}} H_{ij} \mathrm{d}w_{ij} = F_u + F_w + F_{uw} \\ F_u = \dfrac{1}{2} C_{ijkl} \varepsilon_{ij} \varepsilon_{kl} \\ F_w = \dfrac{1}{2} K_{ijkl} w_{ij} w_{kl} \\ F_{uw} = R_{ijkl} \varepsilon_{ij} w_{kl} \end{array}\right\} \quad (12.2\text{-}2)$$

下面给出上述定理的必要性和充分性的证明。

（1）必要性的证明

对式（12.2-1）中的泛函取极值，即 $\delta\Pi = 0$，因此有

$$\delta\Pi = \int_\Omega \left(\frac{\partial F}{\partial \varepsilon_{ij}} \delta\varepsilon_{ij} + \frac{\partial F}{\partial w_{ij}} \delta w_{ij} \right) \mathrm{d}\Omega - \int_\Omega (f_i \delta u_i + g_i \delta w_i) \mathrm{d}\Omega - \int_{S_t} (T_i \delta u_i + h_i \delta w_i) \mathrm{d}S = 0$$

$$(12.2\text{-}3)$$

其中

$$\sigma_{ij} = \frac{\partial F}{\partial \varepsilon_{ij}}, \quad H_{ij} = \frac{\partial F}{\partial w_{ij}} \quad (12.2\text{-}4)$$

注意到 $\dfrac{\partial F}{\partial \varepsilon_{ij}}$ 的下标 i，j 对称，则有

$$\int_\Omega \frac{\partial F}{\partial \varepsilon_{ij}} \delta \varepsilon_{ij} \mathrm{d}\Omega = \int_\Omega \frac{\partial F}{\partial \varepsilon_{ij}} \delta \left(\frac{\partial u_i}{\partial x_j}\right) \mathrm{d}\Omega$$

对上式采用 Green 公式，则有

$$\int_\Omega \frac{\partial F}{\partial \varepsilon_{ij}} \delta \varepsilon_{ij} \mathrm{d}\Omega = \int_\Omega \frac{\partial}{\partial x_j}\left(\frac{\partial F}{\partial \varepsilon_{ij}} \delta u_i\right) \mathrm{d}\Omega - \int_\Omega \frac{\partial}{\partial x_j}\left(\frac{\partial F}{\partial \varepsilon_{ij}}\right) \delta u_i \mathrm{d}\Omega$$

$$= \int_{S_u+S_t} \frac{\partial F}{\partial \varepsilon_{ij}} n_j \delta u_i \mathrm{d}S - \int_\Omega \frac{\partial}{\partial x_j}\left(\frac{\partial F}{\partial \varepsilon_{ij}}\right) \delta u_i \mathrm{d}\Omega$$

因为在边界 S_u 上位移是已知的，所以 $\delta u_i = \delta \overline{u}_i = 0$，上式即可简化为

$$\int_\Omega \frac{\partial F}{\partial \varepsilon_{ij}} \delta \varepsilon_{ij} \mathrm{d}\Omega = \int_{S_t} \frac{\partial F}{\partial \varepsilon_{ij}} n_j \delta u_i \mathrm{d}S - \int_\Omega \frac{\partial}{\partial x_j}\left(\frac{\partial F}{\partial \varepsilon_{ij}}\right) \delta u_i \mathrm{d}\Omega \quad (12.2\text{-}5)$$

鉴于 $w_{ij} = \partial w_i / \partial x_j$，以及经过与上述类似的推导，得到

$$\int_\Omega \frac{\partial F}{\partial w_{ij}} \delta w_{ij} \mathrm{d}\Omega = \int_{S_t} \frac{\partial F}{\partial w_{ij}} n_j \delta w_i \mathrm{d}S - \int_\Omega \frac{\partial}{\partial x_j}\left(\frac{\partial F}{\partial w_{ij}}\right) \delta u_i \mathrm{d}\Omega \quad (12.2\text{-}6)$$

将式（12.2-5）和式（12.2-6）代入变分式（12.2-3）中得到

$$\delta \Pi = -\int_\Omega \left\{\left[\frac{\partial}{\partial x_j}\left(\frac{\partial F}{\partial \varepsilon_{ij}}\right) + f_i\right]\delta u_i + \left[\frac{\partial}{\partial x_j}\left(\frac{\partial F}{\partial w_{ij}}\right) + g_i\right]\delta w_i\right\} \mathrm{d}\Omega +$$
$$\int_{S_t} \left\{\left[\left(\frac{\partial F}{\partial \varepsilon_{ij}}\right)n_j - T_i\right]\delta u_i + \left[\left(\frac{\partial F}{\partial w_{ij}}\right)n_j - h_i\right]\delta w_i\right\} \mathrm{d}S = 0 \quad (12.2\text{-}7)$$

因为式（12.2-7）中 δu_i 和 δw_i 在区域 Ω 和边界 S 上是任意的独立变分，故式（12.2-7）成立，必然有

$$\frac{\partial}{\partial x_j}\left(\frac{\partial F}{\partial \varepsilon_{ij}}\right) + f_i = 0, \quad \frac{\partial}{\partial x_j}\left(\frac{\partial F}{\partial w_{ij}}\right) + g_i = 0, \quad (x_1, x_2, x_3) \in \Omega$$

$$\left(\frac{\partial F}{\partial \varepsilon_{ij}}\right)n_j - T_i = 0, \quad \left(\frac{\partial F}{\partial w_{ij}}\right)n_j - h_i = 0, \quad (x_1, x_2, x_3) \in S_t$$

将式（12.2-4）代入上式可见，它们正好是平衡方程与应力边界条件。这就证明了满足应变-位移边界条件并且使势能泛函取极小值的 u_i 和 w_i 必然是满足平衡方程和应力边界条件的。

（2）充分性的证明

充分性证明的意义是指，若 u_i 和 w_i 满足应变-位移关系和位移边界条件，

而且满足平衡方程和应力边界条件，则一定使泛函 Π 取极小值。

设 u_i，ε_{ij}，w_i 和 w_{ij} 满足应力-应变关系式（12.1-1）和位移边界条件（12.1-8），并且设

$$\varepsilon_{ij}^* = \varepsilon_{ij} + \delta\varepsilon_{ij}, \quad u_i^* = u_i + \delta u_i$$
$$w_{ij}^* = w_{ij} + \delta w_{ij}, \quad w_i^* = w_i + \delta w_i \tag{12.2-8}$$

由应变-位移关系得到

$$\delta\varepsilon_{ij} = \frac{1}{2}(\delta u_{i,j} + \delta u_{j,i}) \tag{12.2-9}$$
$$\delta w_{ij} = \delta w_{i,j}$$

这里 $u_{i,j} = \partial u_i / \partial x_j$，其余类推。

准晶的应变能密度 $F(\varepsilon_{ij}^*, w_{ij}^*)$ 可以展开成 ε_{ij}^* 和 w_{ij}^* 的 Taylor 级数如下

$$F(\varepsilon_{ij}^*, w_{ij}^*) = F(\varepsilon_{ij} + \delta\varepsilon_{ij}, w_{ij} + \delta w_{ij}) = F(\varepsilon_{ij}, w_{ij}) + \frac{\partial F}{\partial \varepsilon_{ij}}\delta\varepsilon_{ij} + \frac{\partial F}{\partial w_{ij}}\delta w_{ij} +$$
$$\frac{1}{2}\frac{\partial^2 F}{\partial \varepsilon_{ij}\partial \varepsilon_{kl}}\delta\varepsilon_{ij}\delta\varepsilon_{kl} + \frac{1}{2}\frac{\partial^2 F}{\partial w_{ij}\partial w_{kl}}\delta w_{ij}\delta w_{kl} + \frac{\partial^2 F}{\partial \varepsilon_{ij}\partial w_{kl}}\delta\varepsilon_{ij}\delta w_{kl} + \cdots \tag{12.2-10}$$

如果准晶的自由能 F 是应变分量的二次齐次式，即准晶是线弹性的，则式（12.2-10）应不含高于 3 阶的高阶项，即

$$\Pi^* = \Pi + \delta\Pi + \delta^2\Pi + O(\delta^3) \tag{12.2-11}$$

其中

$$\delta\Pi = \int_\Omega \left(\frac{\partial F}{\partial \varepsilon_{ij}}\delta\varepsilon_{ij} + \frac{\partial F}{\partial w_{ij}}\delta w_{ij} - f_i\delta u_i - g_i\delta w_i\right)d\Omega - \int_{S_t}(T_i\delta u_i + h_i\delta w_i)dS \tag{12.2-12}$$

$$\delta^2\Pi = \int_\Omega \left(\frac{1}{2}\frac{\partial^2 F}{\partial \varepsilon_{ij}\partial \varepsilon_{kl}}\delta\varepsilon_{ij}\delta\varepsilon_{kl} + \frac{1}{2}\frac{\partial^2 F}{\partial w_{ij}\partial w_{kl}}\delta w_{ij}\delta w_{kl} + \frac{\partial^2 F}{\partial \varepsilon_{ij}\partial w_{kl}}\delta\varepsilon_{ij}\delta w_{kl}\right)d\Omega \tag{12.2-13}$$

对式（12.2-12）使用 Green 定理，又因为 u_i 和 w_i 满足平衡方程和应力边界条件，由式（12.2-12）得到

$$\delta\Pi = 0$$

这表明泛函 Π 取极值。

根据

$$C_{ijkl} = \frac{\partial^2 F}{\partial \varepsilon_{ij}\partial \varepsilon_{kl}}, \quad K_{ijkl} = \frac{\partial^2 F}{\partial w_{ij}\partial w_{kl}}, \quad R_{ijkl} = \frac{\partial^2 F}{\partial \varepsilon_{ij}\partial w_{kl}}, \quad R_{klij} = R'_{ijkl} = \frac{\partial^2 F}{\partial w_{ij}\partial \varepsilon_{kl}}$$

式（12.2-13）可以写为

$$\delta^2 \Pi = \int_\Omega \left(\frac{1}{2} C_{ijkl} \delta\varepsilon_{ij} \delta\varepsilon_{kl} + \frac{1}{2} K_{ijkl} \delta w_{ij} \delta w_{kl} + R_{ijkl} \delta\varepsilon_{ij} \delta w_{kl} \right) \mathrm{d}\Omega \quad (12.2\text{-}14)$$

又因为

$$C_{ijkl}\varepsilon_{ij}\varepsilon_{kl} > 0, \quad K_{ijkl}w_{ij}w_{kl} > 0, \quad R_{ijkl}\varepsilon_{ij}w_{kl} > 0$$

可知

$$C_{ijkl}\delta\varepsilon_{ij}\delta\varepsilon_{kl} > 0, \quad K_{ijkl}\delta w_{ij}\delta w_{kl} > 0, \quad R_{ijkl}\delta\varepsilon_{ij}\delta w_{kl} > 0$$

因此

$$\delta^2 \Pi > 0$$

这就保证了 $\delta\Pi = 0$ 不仅是能量泛函 Π 的一个极值，还是最小值。

结合变分原理和泛函分析理论，可以进一步证明边值问题（12.1-1），（12.1-2），（12.1-6）～（12.1-8）解的适定性，它们不仅是针对有限元的，而且属于准晶弹性中带有普遍性的数学原理，这些证明将在第 13 章给出或参考文献［2］。

上述变分原理可以拓展至动力学问题，只需要将式（12.2-1）能量泛函扩展为

$$\Pi = \int_\Omega F \mathrm{d}\Omega + \int_\Omega [(f_i - \rho\ddot{u}_i)u_i + (g_i - \kappa\dot{w}_i)w_i] \mathrm{d}\Omega + \int_{S_t} (T_i u_i + h_i w_i) \mathrm{d}S \quad (12.2\text{-}15)$$

其中 ρ 和 κ 的定义见第 10 章。从式（12.2-15）可以找到与式（12.2-3）类似的变分等式，该等式等价于简化型准晶弹性-/流体-动力学方程和相关的初边值条件。这里对此不做进一步讨论。

12.3 二十面体准晶弹性的有限元方法

有限元法是离散变分方程和区域 Ω 的一种方法。将所研究的准晶体剖分成 M 个子区域或 M 个单元 $\Omega^{(m)}$，上标 m 为单元的编号，$m=1,\cdots,M$。对于任一单元 $\Omega^{(m)}$，位移分量可以表示为 $u_i^{(m)}$ 和 $w_i^{(m)}$

$$\left. \begin{array}{l} u_i^{(m)} = \sum_{\alpha=1}^n I_\alpha u_{i\alpha}^{(m)} \\ w_i^{(m)} = \sum_{\alpha=1}^n I_\alpha w_{i\alpha}^{(m)} \end{array} \right\} \quad (x,y,z) \in \Omega^{(m)} \quad (12.3\text{-}1)$$

其中 n 是第 m 号单元的节点总数；下标 α 是 m 单元内节点的编号；I_α 是第 α 号节点的插值函数；$u_{i\alpha}^{(m)}$ 和 $w_{i\alpha}^{(m)}$ 则分别是第 α 号节点的声子场和相位子场的第

i 个位移分量。在每一个单元内部，位移 $u_i^{(m)}$ 和 $w_i^{(m)}$ 都是连续并且单值的，在单元的交界面上，位移也是连续的，即

$$\left.\begin{array}{r}u_i^{(m)}=u_i^{(m')}\\ w_i^{(m)}=w_i^{(m')}\end{array}\right\} \quad (x,y,z)\in S^{(mm')} \tag{12.3-2}$$

其中 $S^{(mm')}$ 代表 m 号单元和 m' 单元的交界面。在区域 Ω 的给定位移边界上，位移 S_u 满足位移边界条件（12.1-8）。

在满足这些条件下，能量泛函 Π 的离散形式为

$$\Pi^* = \sum_{m=1}^M \left[\int_{\Omega^{(m)}} \left(\frac{1}{2} C_{ijkl} \varepsilon_{ij}^{(m)} \varepsilon_{kl}^{(m)} + \frac{1}{2} K_{ijkl} w_{ij}^{(m)} w_{kl}^{(m)} + R_{ijkl} \varepsilon_{ij}^{(m)} w_{kl}^{(m)} - f_i^{(m)} u_i^{(m)} - g_i^{(m)} w_i^{(m)} \right) \mathrm{d}\Omega - \int_{S_t^{(m)}} (T_i^{(m)} u_i^{(m)} + h_i^{(m)} w_i^{(m)}) \mathrm{d}S \right] \tag{12.3-3}$$

按照下列顺序，将应变分量整理为一个矢量的形式

$$[\varepsilon_{ij}\ w_{ij}]^{(m)\mathrm{T}}=[\varepsilon_{11}\ \varepsilon_{22}\ \varepsilon_{33}\ \gamma_{23}\ \gamma_{31}\ \gamma_{12}\ w_{11}\ w_{22}\ w_{33}\ w_{23}\ w_{31}\ w_{12}\ w_{32}\ w_{13}\ w_{21}]^{(m)} \tag{12.3-4}$$

其中 $\gamma_{ij}=2\varepsilon_{ij}\ (i\neq j)$，上标 T 表示矩阵的转置。应力分量也可按照上述形式写为

$$[\sigma_{ij}\ H_{ij}]^{(m)\mathrm{T}}=[\sigma_{11}\ \sigma_{22}\ \sigma_{33}\ \sigma_{23}\ \sigma_{31}\ \sigma_{12}\ H_{11}\ H_{22}\ H_{33}\ H_{23}\ H_{31}\ H_{12}\ H_{32}\ H_{13}\ H_{21}]^{(m)} \tag{12.3-5}$$

利用式（12.3-4）和式（12.3-5），将应力和应变的关系式（12.1-2）写为下列形式

$$[\sigma_{ij}\ H_{ij}]^m = \boldsymbol{D}[\varepsilon_{ij}, w_{ij}]^m \tag{12.3-6}$$

其中 $\boldsymbol{D}$ 是弹性常数矩阵，具体为

$$\boldsymbol{D}=\begin{bmatrix} \boldsymbol{C} & \boldsymbol{R} \\ \boldsymbol{R}^\mathrm{T} & \boldsymbol{K} \end{bmatrix} \tag{12.3-7}$$

各个子矩阵分别为

$$\boldsymbol{C}=\begin{bmatrix} \lambda+2\mu & \lambda & \lambda & 0 & 0 & 0 \\ \lambda & \lambda+2\mu & \lambda & 0 & 0 & 0 \\ \lambda & \lambda & \lambda+2\mu & 0 & 0 & 0 \\ 0 & 0 & 0 & \mu & 0 & 0 \\ 0 & 0 & 0 & 0 & \mu & 0 \\ 0 & 0 & 0 & 0 & 0 & \mu \end{bmatrix}$$

$$R = \begin{bmatrix} R & R & R & 0 & 0 & 0 & 0 & R & 0 \\ -R & -R & R & 0 & 0 & 0 & 0 & -R & 0 \\ 0 & 0 & -2R & 0 & 0 & 0 & 0 & 0 & 0 \\ 0 & 0 & 0 & 0 & 0 & -R & R & 0 & -R \\ R & -R & 0 & 0 & 0 & R & 0 & 0 & 0 \\ 0 & 0 & 0 & -R & 0 & -R & 0 & 0 & R \end{bmatrix}$$

$$K = \begin{bmatrix} K_1 & 0 & 0 & 0 & K_2 & 0 & 0 & K_2 & 0 \\ 0 & K_1 & 0 & 0 & -K_2 & 0 & 0 & K_2 & 0 \\ 0 & 0 & K_2+K_1 & 0 & 0 & 0 & 0 & 0 & 0 \\ 0 & 0 & 0 & K_1-K_2 & 0 & K_2 & 0 & 0 & -K_2 \\ K_2 & -K_2 & 0 & 0 & K_1-K_2 & 0 & 0 & 0 & 0 \\ 0 & 0 & 0 & K_2 & 0 & K_1 & -K_2 & 0 & 0 \\ 0 & 0 & 0 & 0 & 0 & -K_2 & K_1-K_2 & 0 & -K_2 \\ K_2 & K_2 & 0 & 0 & 0 & 0 & 0 & K_1-K_2 & 0 \\ 0 & 0 & 0 & -K_2 & 0 & 0 & -K_2 & 0 & K_1 \end{bmatrix}$$

声子场和相位子场的位移分量也可写为一个矢量的形式

$$[\bar{u}^{(m)}]^{\mathrm{T}} = [u_1 \quad u_2 \quad u_3 \quad w_1 \quad w_2 \quad w_3]^{(m)} \tag{12.3-8}$$

根据应变-位移关系式（12.1-1），式（12.3-4）可以表示为

$$[\varepsilon_{ij} \quad w_{ij}]^{(m)} = L[\bar{u}^{(m)}] \tag{12.3-9}$$

其中 L 是单元的应变微分算子矩阵，即

$$L^{\mathrm{T}} = \begin{bmatrix} \partial_1 & 0 & 0 & 0 & \partial_3 & \partial_2 & 0 & 0 & 0 & 0 & 0 & 0 & 0 \\ 0 & \partial_2 & 0 & \partial_3 & 0 & \partial_1 & 0 & 0 & 0 & 0 & 0 & 0 & 0 \\ 0 & 0 & \partial_3 & \partial_2 & \partial_1 & 0 & 0 & 0 & 0 & 0 & 0 & 0 & 0 \\ 0 & 0 & 0 & 0 & 0 & 0 & \partial_1 & 0 & 0 & 0 & \partial_2 & 0 & \partial_3 & 0 \\ 0 & 0 & 0 & 0 & 0 & 0 & 0 & \partial_2 & 0 & \partial_3 & 0 & 0 & 0 & \partial_1 \\ 0 & 0 & 0 & 0 & 0 & 0 & 0 & 0 & \partial_3 & 0 & \partial_1 & 0 & \partial_2 & 0 & 0 \end{bmatrix}$$

$$\tag{12.3-10}$$

其中 $\partial_i = \dfrac{\partial}{\partial x_i}$ $(i=1,2,3)$，将式（12.3-9）代入式（12.3-6），可知

$$[\sigma_{ij} \quad H_{ij}]^{(m)} = DL[\bar{u}^{(m)}] \tag{12.3-11}$$

将式（12.3-8）、式（12.3-9）和式（12.3-11）代入能量泛函 Π 的离散式（12.3-3），得到

$$\Pi^* = \sum_{m=1}^{M}\left\{\int_{\Omega^{(m)}}\frac{1}{2}[\overline{u}^{(m)}]^{\mathrm{T}}\boldsymbol{L}^{\mathrm{T}}\boldsymbol{DL}[\overline{u}^{(m)}]\mathrm{d}\Omega - [\overline{u}^{(m)}]^{\mathrm{T}}\left[\int_{\Omega_m}\binom{f^{(m)}}{g^{(m)}}\mathrm{d}\Omega + \int_{S_t^{(m)}}\binom{T^{(m)}}{h^{(m)}}\mathrm{d}S\right]\right\}$$
（12.3-12）

在第 m 个单元内，位移矢量 $[\overline{u}^{(m)}]$ 可以用每个节点的位移矢量来表示

$$[\overline{u}^{(m)}] = \boldsymbol{I}[\tilde{u}^{(m)}] \tag{12.3-13}$$

其中 $\boldsymbol{I} = [\boldsymbol{I}_1 \quad \boldsymbol{I}_2 \quad \cdots \quad \boldsymbol{I}_n]$，是单元的插值函数矩阵，

$$\boldsymbol{I}_\alpha = \begin{bmatrix} I_\alpha & 0 & 0 & 0 & 0 & 0 \\ 0 & I_\alpha & 0 & 0 & 0 & 0 \\ 0 & 0 & I_\alpha & 0 & 0 & 0 \\ 0 & 0 & 0 & I_\alpha & 0 & 0 \\ 0 & 0 & 0 & 0 & I_\alpha & 0 \\ 0 & 0 & 0 & 0 & 0 & I_\alpha \end{bmatrix}, \quad \alpha=1,2,\cdots,n \tag{12.3-14}$$

$[\tilde{u}^{(m)}] = [[\tilde{u}_1^{(m)}]\ [\tilde{u}_2^{(m)}]\cdots[\tilde{u}_\alpha^{(m)}]\cdots[\tilde{u}_n^{(m)}]]^{\mathrm{T}}$，包含了单元内每一个节点的位移矢量，$[\tilde{u}_\alpha^{(m)}]$ 是节点 α 的位移分量矢量，即

$$[\tilde{u}_\alpha^{(m)}]^{\mathrm{T}} = [u_{1\alpha}\ u_{2\alpha}\ u_{3\alpha}\ w_{1\alpha}\ w_{2\alpha}\ w_{3\alpha}]^{(m)} \tag{12.3-15}$$

将式（12.3-13）代入式（12.3-12），并对式（12.3-12）进行如下计算

$$\delta\Pi^* = 0 \tag{12.3-16}$$

可得到有限元计算格式

$$\boldsymbol{K}[\tilde{u}] = [\boldsymbol{R}] \tag{12.3-17}$$

其中

$$\begin{aligned}\boldsymbol{K} &= \sum_{m=1}^{M}\int_{\Omega^{(m)}}\boldsymbol{B}^{\mathrm{T}}\boldsymbol{DB}\,\mathrm{d}\Omega, \quad \boldsymbol{B}_i = \boldsymbol{LI}_i, \\ [\boldsymbol{R}] &= \sum_{m=1}^{M}\left[\int_{\Omega^{(m)}}\boldsymbol{I}^{\mathrm{T}}\binom{f^{(m)}}{g^{(m)}}\mathrm{d}\Omega + \int_{S_t^{(m)}}\boldsymbol{I}^{\mathrm{T}}\binom{T^{(m)}}{h^{(m)}}\mathrm{d}S\right]\end{aligned} \tag{12.3-18}$$

其中 $\boldsymbol{K}$ 代表体系的总体刚度矩阵（注意这里的 $\boldsymbol{K}$ 不要与相位子弹性常数相混淆）；$[\boldsymbol{R}]$ 为等效节点力矢量（注意这里的 $\boldsymbol{R}$ 不要与声子–相位子耦合弹性常数相混淆）；$[\tilde{u}] = [[\tilde{u}^{(1)}][\tilde{u}^{(2)}]\cdots[\tilde{u}^{(N)}]]$，是区域 Ω 内所有节点的位移矢量；N 是区域离散后节点的总数。由式（12.3-17）解得 $[\tilde{u}]$，进而可以计算出应变与应力。积分形式的矩阵 $\boldsymbol{K}$ 采用 Gauss 积分法进行求解。

每一个准晶体单元 m 内 Gauss 积分点的应力可以由单元节点位移矢量通过如下方式计算得到

$$[\sigma_{ij}\ H_{ij}]^{(m)} = \boldsymbol{DB}[\tilde{u}^{(m)}] \tag{12.3-19}$$

12.4 数值分析算例

为了验证上述二十面体准晶有限元方法的合理性，下面给出一个数值算例。

算例 1：二十面体准晶的单轴拉伸状态

计算一个二十面体准晶的三维长方柱体，如图 12.4-1 所示，柱体高为 H，顶、底部承受均匀拉伸载荷 F，在坐标系 $Oxyz$ 中，底部所在的面为 $z=0$，顶部所在的平面为 $z=H$。坐标原点位于柱体底面的形心位置。柱体横截面的面积为 L^2。

根据长方柱体的受力状态，可知应力分量应满足

$$\sigma_{zz} = \frac{F}{L^2}, \quad \sigma_{xx} = \sigma_{yy} = \sigma_{yz} = \sigma_{zx} = \sigma_{xy} = 0, \quad H_{ij} = 0 \quad (12.4\text{-}1)$$

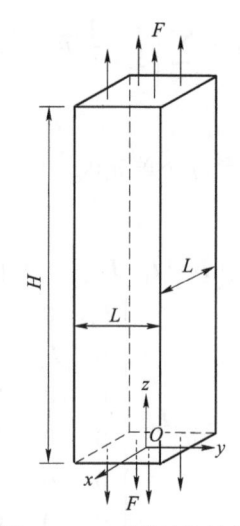

图 12.4-1 受单轴拉伸的二十面体准晶长方柱体

将式（12.4-1）代入下式

$$[\sigma_{ij}, H_{ij}] = \boldsymbol{D}[\varepsilon_{ij}, w_{ij}] \quad (12.4\text{-}2)$$

可知 z 方向的应变为

$$\varepsilon_{zz} = \frac{F\left(\lambda + \mu - \dfrac{R^2}{K_1+K_2}\right)}{L^2\left[2\mu^2 + 3\lambda\mu - \dfrac{R^2(9\lambda+6\mu)}{K_1+K_2}\right]}, \quad w_{zz} = \frac{FR}{L^2[\mu(K_1+K_2)-3R^2]} \quad (12.4\text{-}3)$$

这个问题的位移边界条件可写为

$$u_z = w_z = 0, \quad \text{在 } z=0 \text{ 平面上} \quad (12.4\text{-}4)$$

则相应的 z 方向的位移分量可以求得为

$$u_z = \frac{F\left(\lambda + \mu - \dfrac{R^2}{K_1+K_2}\right)z}{L^2\left[2\mu^2 + 3\lambda\mu - \dfrac{R^2(9\lambda+6\mu)}{K_1+K_2}\right]}, \quad w_z = \frac{FRz}{L^2[\mu(K_1+K_2)-3R^2]}$$

$$(12.4\text{-}5)$$

如果 $R=0$，则式（12.4-5）简化为

$$u_z = \frac{F(\lambda+\mu)z}{L^2(2\mu^2+3\lambda\mu)}, \quad w_z = 0 \qquad (12.4\text{-}6)$$

可以看出，式（12.4-6）即为晶体弹性理论的位移表达式。

取三维二十面体准晶 Al-Pd-Mn 的弹性参数作为本章的计算参数[3-6]：

$$\lambda = 74.9 \text{ GPa}, \quad \mu = 72.4 \text{ GPa}, \quad K_1 = 72 \text{ MPa}, \quad K_2 = -37 \text{ MPa}$$

由于 Al-Pd-Mn 的耦合系数至今还未测得，在计算中，取 $R/\mu = 0$，0.001，0.002，0.004，0.006，0.008 和 0.01 这 7 种情况。长方柱体的高度 H 取 4 cm，横截面的面积为 $L^2 = 1$ cm^2，拉力 F 为 1 kN。该长方柱体采用一排 12 个的 8 节点六面体单元进行网格划分。

计算得到的长方柱体顶部的位移见表 12.4-1，可看出有限元解和理论解是完全一致的。随着 R/μ 的增大，位移 u_z 和 w_z 变得越来越大。当然，这种变化关系并不适用于所有二十面体准晶。R/μ 对位移的影响不仅与 R/μ 自身大小有关，还与 K_1 和 K_2 的取值有关。

表 12.4-1　长方柱体顶部位移的比较　　　　×10^{-2} cm

位移	R/μ	0	0.001	0.002	0.004	0.006	0.008	0.010
u_z	理论解	0.022 02	0.022 14	0.022 49	0.024 05	0.027 32	0.034 16	0.052 15
	有限元解	0.022 02	0.022 14	0.022 49	0.024 05	0.027 32	0.034 16	0.052 15
w_z	理论解	0	0.115 00	0.234 39	0.507 54	0.882 98	1.516 65	3.012 05
	有限元解	0.000 00	0.115 00	0.234 39	0.507 54	0.882 98	1.516 65	3.012 05

为了叙述的完整性，简单给出图 12.4-2 中当 x 或 y 作为拉伸轴时的位移解：

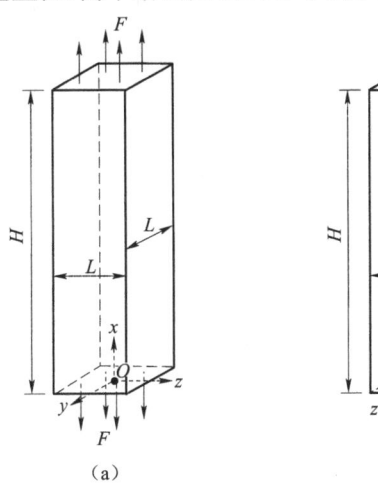

图 12.4-2　不同拉伸轴的情况

① 当 x 轴为拉伸轴时，有

$$u_x = \frac{F\left(\lambda+\mu-\dfrac{R^2}{K_1+K_2}\right)x}{L^2\left[2\mu^2+3\lambda\mu-\dfrac{R^2(9\lambda+6\mu)}{K_1+K_2}\right]}, \quad w_x = -\frac{FRx}{2L^2(\mu K_1+\mu K_2-3R^2)}$$

（12.4-7）

② 当 y 轴为拉伸轴时，有

$$u_y = \frac{F\left(\lambda+\mu-\dfrac{R^2}{K_1+K_2}\right)y}{L^2\left[2\mu^2+3\lambda\mu-\dfrac{R^2(9\lambda+6\mu)}{K_1+K_2}\right]}, \quad w_y = \frac{FRy}{2L^2(\mu K_1+\mu K_2-3R^2)}$$

（12.4-8）

从式（12.4-5）、式（12.4-7）和式（12.4-8）可以看出，三种坐标轴情况下，声子场的拉伸位移完全相同，而相位子场的拉伸位移完全不同，这充分体现了二十面体准晶的三维各向异性。限于篇幅，对式（12.4-7）和式（12.4-8）的证明不再给出。

表 12.4-1 中理论解与有限元解完全一致，是因为该问题是个简单的线性问题。下面以一个二十面体准晶板包含 Griffith Ⅰ 型裂纹的问题来进一步说明有限元方法的合理性。

算例 2：二十面体准晶有限尺寸板含 Griffith Ⅰ 型裂纹

Griffith 裂纹对普通材料[7]和准晶材料都是极其重要的问题。无限大准晶体含 Griffith 裂纹的问题，在第 9 章中分别用 Fourier 分析和复分析进行了严格求解，也可以参考论文 [6, 8]。对于有限尺寸带裂纹体，一般只能用数值方法求解。一个包含 Griffith Ⅰ 型裂纹的二十面体准晶板，其顶、底部受到均匀拉伸应力 p 的作用，如图 12.4-3 所示，裂纹沿 z 方向穿透该薄板，O 为坐标原点。图中，$a=5$ mm，$H=50$ mm，$L=60$ mm，$p/\mu=0.001$，板的厚度为 1 mm，即板前后面分别位于 $z=0$ 和 $z=-1$ mm 面内。弹性参数的取值与算例 1 相同，考虑 R/μ 分别取 0.005 和 0 这两种情况。

根据板结构和受力的对称性，只对 1/4 板即 $0 \leqslant x \leqslant L$，$0 \leqslant y \leqslant H$ 的区域进行建模分析。对应的应力和位移边界条件为

$$\left.\begin{array}{l} a \leqslant x \leqslant L, y=0: \quad u_y=0, w_y=0; \\ x=0, 0 \leqslant y \leqslant H: \quad u_x=0, w_x=0; \\ 0 \leqslant x \leqslant L, y=H: \quad \sigma_{yy}=p; \\ \text{其他}: \sigma_{ij}=0, H_{ij}=0 \end{array}\right\}$$

（12.4-9）

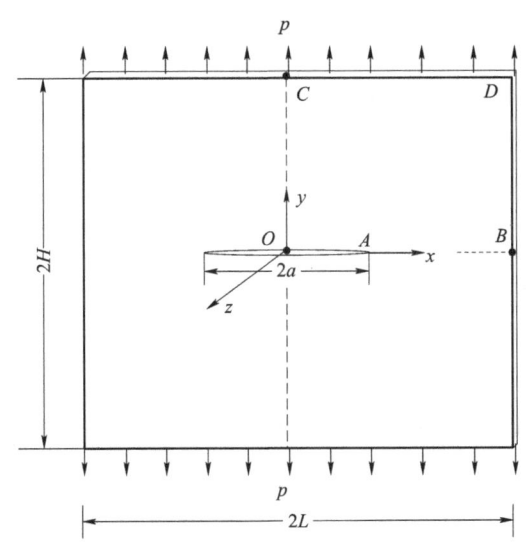

图 12.4-3 包含 Griffith I 型裂纹的二十面体准晶板

将区域 $0 \leqslant x \leqslant L$, $0 \leqslant y \leqslant H$ 采用 20 节点六面体单元离散为 766 个单元和 5 775 个节点, 如图 12.4-4 所示。在 z 方向上只有一层单元, 即单元的厚度为 1 mm。模型的底部布置了一层 0.1 mm 高的单元, 以便于分析裂纹附近的应力强度因子。裂纹区域采用 0.1 mm 高、0.1 mm 宽的单元划分, 单元的宽度是裂纹长度 a 的 2%。模型中每个六面体单元内布置了 27 个 Gauss 点来进行求解, 这样该模型在厚度方向就有 $z = -0.112\,7$ mm, $z = 0.5$ mm 和 $z = 0.887\,3$ mm 共三排 Gauss 点。为模拟裂纹尖端的奇异性, 将裂纹顶端与 A 点相关联的单元处理为 1/4 奇异单元[9, 10]。

取靠近 $OBDC$ 平面的 $z = -0.112\,7$ mm 平面内最底层的一行 Gauss 点 ($y = 0.011$ mm) 作为研究对象, 其正应力比率 σ_{yy}/p 如图 12.4-5 所示, 图中 $r = \sqrt{(x-a)^2 + y^2}$。可以看出, $R/\mu = 0.005$ 时, 正应力比 $R/\mu = 0$ 稍大一些, 且随着比值 r/a 的增大, 二者趋于一致, 最后 σ_{yy}/p 都趋于 1.0, 这说明应力的计算结果满足式 (12.4-7) 的应力边界条件。

$R/\mu = 0.005$ 时, 计算得到 $z = -0.112\,7$ mm 平面内的正应力比值 σ_{yy}/p 的等值线图, 见图 12.4-6。从图中可以看出, 在裂纹尖端的应力等值线密集。这是因为裂纹顶端的应力具有奇异性。远离裂纹顶端, 应力比率趋于 1.0, 再一次说明应力边界处理的正确性。

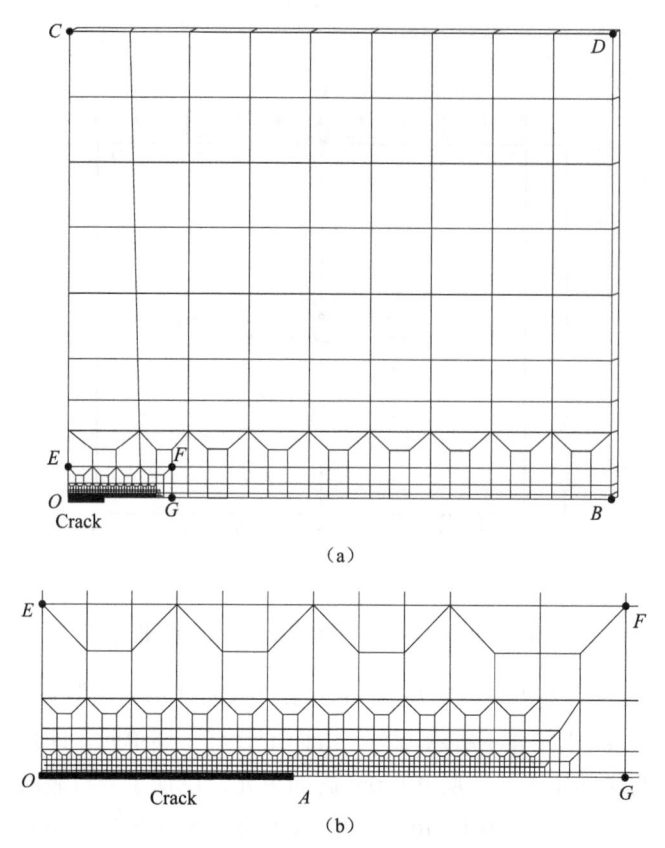

图 12.4-4　二十面体准晶板的有限元网格

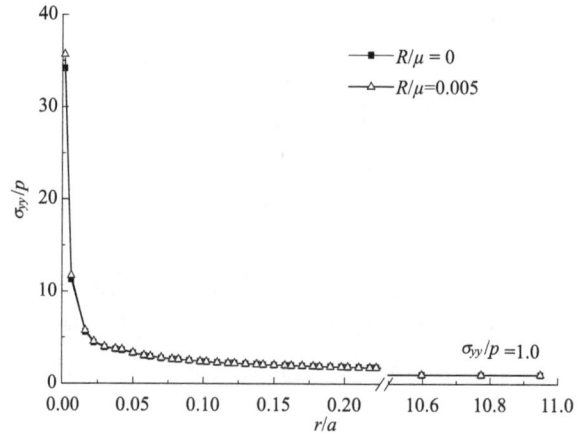

图 12.4-5　声子场的正应力比值 σ_{yy}/p 与比值 r/a 的关系

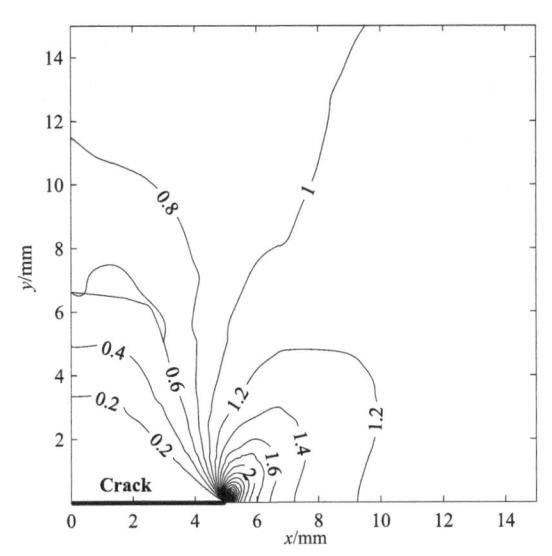

图 12.4-6　$R/\mu = 0.005$ 时，裂纹顶端附近的应力比值 σ_{yy}/p 的等值线

应力强度因子是衡量裂纹的一个重要指标。从文献 [8] 可知，声子场的应力强度因子 $K^{\parallel}$ 可用下式求解

$$K^{\parallel} = \lim_{x \to a^+}[\sqrt{2\pi(x-a)}\sigma_{yy}(x,0)] = f(a/L,a/H)\sqrt{\pi a}\,p \quad (12.4\text{-}10)$$

其中 $f(a/L,a/H)$ 为试样的几何因子（这里 $f(a/L,a/H) \approx 1$，因为 a/L，a/H 很小）。将 $a = 5$ mm 和 $p/\mu = 0.001$ 代入式（12.4-10）可以得到该问题的应力强度因子为 286.95 MPa·mm$^{1/2}$。下面采用基于单元 Gauss 点应力的应力外推方法计算数值解的应力强度因子。对于裂纹前端的每一个 $r_s = \sqrt{(x_s-a)^2 + y_s^2} > 0$ 的 Gauss 点，其对应的正应力表示为 $(\sigma_{yy})_s$，应力强度因子 $K_s^{\parallel}$ 表示为

$$K_s^{\parallel} = \sqrt{2\pi r_s}\,(\sigma_{yy})_s \quad (12.4\text{-}11)$$

式中下标 s 是 Gauss 点的编号。如果取 Q 个 Gauss 点进行研究，则有 $s=1,2,\cdots,Q$。图 12.4-7 给出了 $R/\mu = 0$ 和 $R/\mu = 0.005$ 时应力强度因子 $K_s^{\parallel}$ 和 r 的关系曲线。从图中可以看出，$R/\mu = 0.005$ 和 $R/\mu = 0$ 时应力强度因子 $K_s^{\parallel}$ 基本相同，这与应力强度因子的表达式（12.4-10）及材料参数的无关性是一致的。应力强度因子值在远离裂纹顶端的区域与 r 基本呈直线关系。因此，可以采用最小二乘法求解这条直线的方程[8]，该直线在竖轴上的截距即为该问题的 $K^{\parallel}$，其计算公式如下：

$$K^{\parallel} \approx \frac{\sum r_s \sum r_s K_s^{\parallel} - \sum r_s^2 \sum K_s^{\parallel}}{\left(\sum r_s\right)^2 - Q\sum r_s^2}, \quad (12.4\text{-}12)$$

选取区域 $0.5<r<3$ 内的 Gauss 点的应力值来确定应力强度因子 $K^{\parallel}$，得到的 $R/\mu=0$ 和 $R/\mu=0.005$ 两种情况下的应力强度因子分别为 290.61 MPa·mm$^{1/2}$ 和 290.21 MPa·mm$^{1/2}$。与理论值 286.95 MPa·mm$^{1/2}$ 相比，相对误差分别为 1.3% 和 1.1%。因此，数值计算的应力场是合理的。

这一工作由论文 [11] 给出。

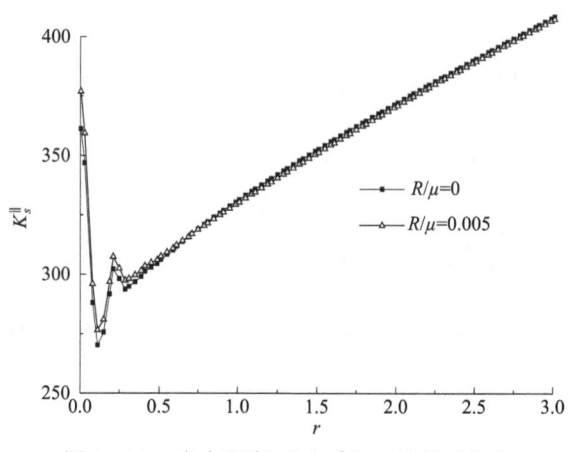

图 12.4-7 应力强度因子 $K_s^{\parallel}$ 与 r 的关系曲线

12.5 结论与讨论

前面介绍的变分原理是针对三维二十面体准晶做出的，显然，对其他准晶系也成立，只需要把应力-应变关系用其他准晶系的关系替代即可。从上面的结果可以看出，数值结果与无限大试样的解析解[6,8]一致。上述两个算例说明了本章有限元方法的正确性和合理性。因此，该数值方法可用于计算二十面体准晶和其他准晶更加复杂的边值问题。

参考文献

[1] 胡海昌. 弹性力学中的变分原理 [M]. 北京：科学出版社，1981.

[2] Guo L H, Fan T Y. Solvability of boundary value problems of elasticity of three-dimensional quasicrystals [J]. Appl. Math. Mech., 2007, 28(8): 1061-1070.

[3] Newman M E, Henley C L. Phason elasticity of a three-dimensional quasicrystal: A transfer-matrix method [J]. Phys. Rev. B, 1995, 52: 6386-6399.

[4] Capitan M J, Calvayrac Y, Quivy A, et al. X-ray diffuse scattering from icosahedral Al-Pd-Mn quasicrystals [J]. Phys. Rev. B, 1999, 60: 6398-6404.
[5] Zhu W J, Henley C L. Phonon-phason coupling in icosahedral quasicrystals [J]. Europhys. Lett., 1999, 46: 748-754.
[6] Zhu A Y, Fan T Y. Elastic analysis of a Griffith crack in icosahedral Al-Pd-Mn quasicrystal [J]. Int. J. Mod. Phys.B, 2009, 23(10): 1-16.
[7] 范天佑. 断裂理论基础 [M]. 北京：科学出版社，2003.
[8] Li L H, Fan T Y. Complex variable method for plane elasticity of icosahedral quasicrystals and elliptic notch problem [J]. Sci. China Ser. G, 2008, 51(10): 773-780.
[9] Henshell R D, Shaw K G. Crack tip finite elements are unnecessary [J]. Int. J. Num. Meth. Eng., 1975, 9: 495-507.
[10] Barsoum R S. On the Use of isoparametric finite elements in linear fracture mechanics [J]. Int. J. Num. Meth. Eng., 1976, 10: 25-37.
[11] Yang L Z, Ricoeur A, He F M, et al. A Finite element algorithm for static problems of icosahedral quasicrystals [J]. Chin. Phys. B, in press, 2014.

第13章 准晶弹性解的某些数学原理

从研究发展的情况看[1],先研究准晶弹性某些数学模型,接着讨论有关的数学解,现在把其中一些解的共同特性做若干进一步讨论,让我们从数学物理的深度上去认识[2]。

13.1 准晶弹性解的唯一性

定理 假设占有区域 Ω 的准晶在边界条件

$$\left.\begin{array}{ll}\sigma_{ij}n_j = T_i, \quad H_{ij}n_j = h_i, & x_i \in S_t \\ u_i = \bar{u}_i, \quad w_i = \bar{w}_i, & x_i \in S_u\end{array}\right\} \quad (13.1\text{-}1)$$

下处于平衡,也就是,方程

$$\frac{\partial \sigma_{ij}}{\partial x_j} + f_i = 0, \quad \frac{\partial H_{ij}}{\partial x_j} + g_i = 0, \quad x_i \in \Omega \quad (13.1\text{-}2)$$

和关系

$$\begin{aligned}\sigma_{ij} &= C_{ijkl}\varepsilon_{kl} + R_{ijkl}w_{kl} \\ H_{ij} &= R_{klij}\varepsilon_{kl} + K_{ijkl}w_{kl}\end{aligned} \quad (13.1\text{-}3)$$

以及

$$\varepsilon_{ij} = \frac{1}{2}\left(\frac{\partial u_i}{\partial x_j} + \frac{\partial u_j}{\partial x_i}\right), \quad w_{ij} = \frac{\partial w_i}{\partial x_j} \quad (13.1\text{-}4)$$

满足边界条件式(13.1-1),那么边值问题式(13.1-1)~式(13.1-4)具有唯一的解。

证明

如果结论不成立,假设存在两个不同的解,都满足式(13.1-2)~式(13.1-4)

和边界条件式（13.1-1）：

$$u_i^{(1)} \oplus w_i^{(1)}, \quad u_i^{(2)} \oplus w_i^{(2)}$$
$$\varepsilon_{ij}^{(1)} \oplus w_{ij}^{(1)}, \quad \varepsilon_{ij}^{(2)} \oplus w_{ij}^{(2)}$$
$$\sigma_{ij}^{(1)} \oplus H_{ij}^{(1)}, \quad \sigma_{ij}^{(2)} \oplus H_{ij}^{(2)}$$

按照线性叠加原理，这两个解的差

$$(u_i^{(1)} - u_i^{(2)}) \oplus (w_i^{(1)} - w_i^{(2)}) = \Delta u_i \oplus \Delta w_i$$
$$(\sigma_{ij}^{(1)} - \sigma_{ij}^{(2)}) \oplus (H_{ij}^{(1)} - H_{ij}^{(2)}) = \Delta \sigma_{ij} \oplus \Delta H_{ij}$$

也应该是问题的解。这个"差"应该满足零边界条件。外力所做的功为

$$0 = \int_\Omega (\Delta \boldsymbol{f} \oplus \Delta \boldsymbol{g}) \cdot (\Delta \boldsymbol{u} \oplus \Delta \boldsymbol{w}) \mathrm{d}\Omega + \int_S (\Delta \boldsymbol{T} \oplus \Delta \boldsymbol{h}) \cdot (\Delta \boldsymbol{u} \oplus \Delta \boldsymbol{w}) \mathrm{d}S$$
$$= 2 \int_\Omega \Delta U \mathrm{d}\Omega$$

（13.1-5）

其中 ΔU 代表对应于两组解的差的应变能，并且在式（13.1-5）最后一步的推导中使用了 Gauss 定理。

因为 ΔU 是 $\Delta \varepsilon_{ij}$ 和 Δw_{ij} 的正定二次型，于是

$$\Delta U \geqslant 0 \quad (13.1\text{-}6)$$

考虑到式（13.1-5）的左端为零，得出

$$\Delta U = 0 \quad (13.1\text{-}7)$$

根据 ΔU 的正定性，$\Delta \varepsilon_{ij}$ 和 Δw_{ij} 必须为零，除去刚体位移外，$\varepsilon_{ij}^{(1)} = \varepsilon_{ij}^{(2)}$，$w_{ij}^{(1)} = w_{ij}^{(2)}$，等。

同时，在边界 S_u 上，有

$$\Delta \overline{u} = 0, \quad \Delta \overline{w} = 0$$

这表明刚体位移也不存在，必然是

$$u_i^{(1)} = u_i^{(2)}, \quad w_i^{(1)} = w_i^{(2)}$$

唯一性定理在准晶弹性研究中是一个重要的工具。例如，解满足全部弹性方程和全部边界条件，它们一定是唯一的解。在第 7～9 章的解和第 10 章中的解析解就具有这种特点。而第 6 章的 6.9 节的 Saint-Venant 问题的解是不唯一的。

13.2 广义 Lax-Milgram 定理

考虑一准晶为式（13.1-2）～式（13.1-4）所描述，在边界条件式（13.1-1）作用下，位移满足下列方程

$$-\left(C_{ijkl}\frac{\partial^2 u_k}{\partial x_j \partial x_l} + R_{ijkl}\frac{\partial^2 w_k}{\partial x_j \partial x_l}\right) = f_i(x,y,z)$$
$$-\left(R_{klij}\frac{\partial^2 u_k}{\partial x_j \partial x_l} + K_{ijkl}\frac{\partial^2 w_k}{\partial x_j \partial x_l}\right) = g_i(x,y,z)$$
$$(x,y,z) \in \Omega \quad (13.2\text{-}1)$$

在边界 S_u 上满足齐次条件

$$u_i\big|_{S_u} = 0, \quad w_i\big|_{S_u} = 0 \quad (13.2\text{-}2)$$

而在边界 S_t 上，满足非齐次条件

$$\left.\begin{array}{l}\left(C_{ijkl}\dfrac{\partial u_k}{\partial x_l} + R_{ijkl}\dfrac{\partial w_k}{\partial x_l}\right)n_j\Big|_{\Gamma_t} = T_i(x,y,z) \\[2mm] \left(R_{klij}\dfrac{\partial u_k}{\partial x_l} + C_{ijkl}\dfrac{\partial w_k}{\partial x_l}\right)n_j\Big|_{\Gamma_t} = h_i(x,y,z)\end{array}\right\} \quad (13.2\text{-}3)$$

其中 $x_1 = x$; $x_2 = y$; $x_3 = z$; $S = S_u + S_t$。

如果 $u_i, w_i \in C^2(\Omega) \cap C^1(\partial\Omega)$，并且满足式（13.2-1）和边界条件式（13.2-2）以及（13.2-3），那么它们是边值问题（13.2-1）～（13.2-4）的古典解，其中 $\partial\Omega = S = S_u + S_t$。

边值问题（13.2-1）～（13.2-3）能化成相应的变分问题。为此，引进范数

$$\left.\begin{array}{l}\|u_i\|_{1,\Omega}^2 = \displaystyle\int_\Omega \left[\left(\dfrac{\partial u_i}{\partial x}\right)^2 + \left(\dfrac{\partial u_i}{\partial y}\right)^2 + \left(\dfrac{\partial u_i}{\partial z}\right)^2\right]\mathrm{d}\Omega \\[4mm] \|w_i\|_{1,\Omega}^2 = \displaystyle\int_\Omega \left[\left(\dfrac{\partial w_i}{\partial x}\right)^2 + \left(\dfrac{\partial w_i}{\partial y}\right)^2 + \left(\dfrac{\partial w_i}{\partial z}\right)^2\right]\mathrm{d}\Omega\end{array}\right\} \quad (13.2\text{-}4)$$

这个范数仅仅适合于齐次边值问题（13.2-2），否则，范数将不表示成现在这种形式。

定义了范数（13.2-4）之后，定义 $u_i(x,y,z)$ 和 $w_i(x,y,z)$ 的空间为 $H'(\Omega)$。如果引进内积

$$\left.\begin{array}{l}(u_i^{(1)}, u_i^{(2)}) = \displaystyle\int_\Omega \left(\dfrac{\partial u_i^{(1)}}{\partial x}\dfrac{\partial u_i^{(2)}}{\partial x} + \dfrac{\partial u_i^{(1)}}{\partial y}\dfrac{\partial u_i^{(2)}}{\partial y} + \dfrac{\partial u_i^{(1)}}{\partial z}\dfrac{\partial u_i^{(2)}}{\partial z}\right)\mathrm{d}\Omega \\[4mm] (w_i^{(1)}, w_i^{(2)}) = \displaystyle\int_\Omega \left(\dfrac{\partial w_i^{(1)}}{\partial x}\dfrac{\partial w_i^{(2)}}{\partial x} + \dfrac{\partial w_i^{(1)}}{\partial y}\dfrac{\partial w_i^{(2)}}{\partial y} + \dfrac{\partial w_i^{(1)}}{\partial z}\dfrac{\partial w_i^{(2)}}{\partial z}\right)\mathrm{d}\Omega\end{array}\right\} \quad (13.2\text{-}5)$$

那么 $H'(\Omega)$ 是 Hilbert 空间，也称为 Sobolev 空间。

定义 V 空间为

$$V = \{(u_i, w_i) \in \boldsymbol{H}'(\Omega), (u_i)_{S_u} = 0, (w_i)_{S_u} = 0\} \quad (13.2\text{-}6)$$

如果在空间 V 定义内积（13.2-5），那么 V 也是一个 Hilbert 空间，并且

$$V \subset \boldsymbol{H}'(\Omega) \quad (13.2\text{-}7)$$

定义空间

$$H = \{X = (u_1, u_2, u_3, w_1, w_2, w_3) \in (\boldsymbol{H}'(\Omega))_1^6, (u_i)_{S_u} = 0, (w_i)_{S_u} = 0\}$$

$$(13.2\text{-}8)$$

并且建立范数

$$\|X\|_{1,\Omega} = [\sum_{i=1}^{3}(\|u_i\|_{1,\Omega}^2 + \|w_i\|_{1,\Omega}^2)]^{1/2} \quad (13.2\text{-}9)$$

对任意 $X = (u_1, u_2, u_3, w_1, w_2, w_3) \in (\boldsymbol{H}'(\Omega))_1^6$，按照准晶的应变-位移关系

$$\varepsilon_{ij}(X) = \varepsilon_{ji}(X) = \frac{1}{2}\left(\frac{\partial u_i}{\partial x_j} + \frac{\partial u_j}{\partial x_i}\right)$$

$$w_{ij}(X) = \frac{\partial w_i}{\partial x_j}$$

和应力-应变关系

$$\sigma_{ij}(X) = \sigma_{ji}(X) = C_{ijkl}\varepsilon_{kl}(X) + R_{ijkl}w_{kl}(X)$$

$$H_{ij} = R_{klij}\varepsilon_{kl}(X) + K_{ijkl}w_{kl}(X)$$

定义双线性泛函

$$B(X^{(1)}, X^{(2)}) = \int_{\Omega}[\sigma_{ij}(X^{(1)})\varepsilon_{ij}(X^{(2)}) + H_{ij}(X^{(1)})w_{ij}(X^{(2)})]\,\mathrm{d}\Omega$$

$$(13.2\text{-}10)$$

其中 $B(X^{(1)}, X^{(2)})$ 具有对称、连续和正定性质。

取线性泛函

$$l(X) = \int_{\Omega}(f_i u_i + g_i w_i)\,\mathrm{d}\Omega + \int_{S_t}(T_i u_i + h_i w_i)\,\mathrm{d}S \quad (13.2\text{-}11)$$

其中 $(f_1, f_2, f_3, g_1, g_2, g_3) \in (\boldsymbol{L}^2(\Omega))^6$，$(T_1, T_2, T_3, h_1, h_2, h_3) \in (\boldsymbol{L}^2(\Omega))^6$，是分别给定在 Ω 和 S 上的函数。可以证明，$l(X)$ 是 X 给定在 Ω 上的 X 的连续泛函，且 L^2 代表 Lebesgue 平方可积。

有如下定理：

定理 1 对应于式（13.2-1）～式（13.2-3）的边值问题，归结为求 $X \in H$ 的变分问题，于是对 X，有

$$B(X,Y) = l(Y), \quad \forall Y \in H \tag{13.2-12}$$

其中 $l(Y)$ 是式（13.2-11）定义的线性泛函。

（证明略）

定理 2 如果 $X = (u_1, u_2, u_3, w_1, w_2, w_3) \in (C^2(\Omega))^6$ 是边值问题（13.2-1）～（13.2-3）的古典解，那么 X 是变分问题（13.2-12）的解，即 X 也是一个广义解（或弱解）。从另一个方面讲，如果 X 是变分问题（13.2-12）的解，又 $X \in (C^2(\Omega))^6$，则它也是边值问题（13.2-1）～（13.2-3）的古典解。

（证明略）

定理 3（广义 Lax-Milgram 定理） 假设 H 是上面定义的 Hilbert 空间，对准晶弹性，$B(X,Y)$ 是 $H \times H$ 上的一个双线性泛函，并且满足

$$B(X,Y) = f(X), \quad \forall Y \in H \tag{13.2-13}$$

允许唯一的解 $X \in H$，以及

$$\|X\| \leqslant \frac{1}{\alpha} \|f\|_{(H)'} \tag{13.2-14}$$

其中 $(H)'$ 是包含所有有界线性泛函的 H 的对偶空间，并且由范数

$$\|f\|_{(H)'} = \sup_{Y \in H, Y \neq 0} \frac{f(Y)}{\|Y\|}$$

所装备。

（证明略）

这个定理是熟知的 Lax-Milgram[3, 4] 定理的扩充。

定理 4 假设

$$J(X) = \frac{1}{2} B(X,X) - l(X) \tag{13.2-15}$$

并且 H 与前面的定义相同，$B(X,Y)$ 是前面式（13.2-10）定义的 $H \times H$ 上的双线性泛函，那么，对 $X \in H$ 的变分问题，要求 $J(X)$ 取极小值

$$J(X_0) = \min_{X \in H} J(X) \tag{13.2-16}$$

其中

① 存在解，并且解的数目不超过一；

② 如果存在问题（13.2-16）的解，它必定是问题（13.2-12）的解，反之亦然（式（13.2-12）称为 Galerkin 变分问题，而式（13.2-16）称为 Ritz 变分问题）；

③ 如果 X^* 是它们的解，那么

第 13 章 准晶弹性解的某些数学原理 ▪ 295

$$J(X) - J(X^*) = \frac{1}{2} B(X - X^*, X - X^*), \quad \forall X \in H \qquad (13.2\text{-}17)$$

（证明略）

以上讨论为下面的内容提供了若干准备。

13.3 三维准晶弹性的矩阵表示[5]

在前一节对准晶弹性的弱解（广义解）进行了讨论。下面将进一步讨论这一问题。第 12 章对二十面体准晶的平面弹性有限元做了介绍，它是一种弱解。本节希望对弱解的理论进行一些探讨。为了使讨论具有普遍性，弹性问题用矩阵表示。由前面的介绍可知，弹性问题的公式为

$$\frac{\partial \sigma_{ij}}{\partial x_j} + f_i = \rho \frac{\partial^2 u_i}{\partial t^2}, \quad \frac{\partial H_{ij}}{\partial x_j} + g_i = \rho \frac{\partial^2 w_i}{\partial t^2} \left(\text{或 } \kappa \frac{\partial w_i}{\partial t} \right) \qquad (13.3\text{-}1)$$

$$\varepsilon_{ij} = \frac{1}{2} \left(\frac{\partial u_i}{\partial x_j} + \frac{\partial u_j}{\partial x_i} \right), \quad w_{ij} = \frac{\partial w_i}{\partial x_j} \qquad (13.3\text{-}2)$$

$$\sigma_{ij} = C_{ijkl} \varepsilon_{kl} + R_{ijkl} w_{kl}, \quad H_{ij} = K_{ijkl} w_{kl} + R_{klij} \varepsilon_{kl} \qquad (13.3\text{-}3)$$

其中 $x_i \in \Omega, i, j = 1, 2, 3; t > 0$；$\boldsymbol{u} = (u_x, u_y, u_z)$，代表声子位移矢量；$\boldsymbol{w} = (w_x, w_y, w_z)$，代表相位子位移矢量；$\varepsilon_{ij}$，$w_{ij}$ 为声子应变、相位子应变；σ_{ij}，H_{ij} 为相应的声子应力、相位子应力；C_{ijkl}，K_{ijkl}，R_{ijkl} 为弹性常数；f_i，g_i 为体积力、广义体积力；ρ 为质量密度，并且 $\kappa = 1/\Gamma_w$。

记 $\partial\Omega = (\partial\Omega)_u + (\partial\Omega)_\sigma$，代表准晶区域的边界，边界条件为

$$\boldsymbol{x} \in (\partial\Omega)_u : u_i = u_i^0, \quad w_i = w_i^0 \qquad (13.3\text{-}4)$$

$$\boldsymbol{x} \in (\partial\Omega)_\sigma : \sigma_{ij} n_j = T_i, \quad H_{ij} n_j = h_i \qquad (13.3\text{-}5)$$

其中 u_i^0 和 w_i^0 代表给定位移的边界 $(\partial\Omega)_u$ 上的已知函数；T_i 和 h_i 是给定应力的边界 $(\partial\Omega)_\sigma$ 上的面力和广义面力；n_j 为边界上任意一点的外法线方向矢量。

对动力学问题，需要给出初始条件：

$$u_i\big|_{t=0} = a_i(\boldsymbol{x}), \; w_i\big|_{t=0} = b_i(\boldsymbol{x}), \; \dot{u}_i\big|_{t=0} = c_i(\boldsymbol{x}), \; \dot{w}_i\big|_{t=0} = d_i(\boldsymbol{x}) \qquad (13.3\text{-}6)$$

（或者：$u_i\big|_{t=0} = a_i(\boldsymbol{x}), w_i\big|_{t=0} = b_i(\boldsymbol{x}), \dot{u}_i\big|_{t=0} = c_i(\boldsymbol{x})$）

这里 a_i, b_i, c_i, d_i 为已知函数；$\boldsymbol{x} = (x_1, x_2, x_3) \in \Omega$。

记

$$\tilde{U}^{\mathrm{T}} = (u_1 \quad u_2 \quad u_3 \quad w_1 \quad w_2 \quad w_3)_{1\times 6}, \tilde{F}^{\mathrm{T}} = (f_i \quad g_i)_{1\times 6} = (f_1 \quad f_2 \quad f_3 \quad g_1 \quad g_2 \quad g_3)_{1\times 6}$$

$$\tilde{\sigma}^{\mathrm{T}} = (\sigma_{11} \quad \sigma_{22} \quad \sigma_{33} \quad \sigma_{12} \quad \sigma_{23} \quad \sigma_{31} \quad H_{11} \quad H_{22} \quad H_{33} \quad H_{12} \quad H_{23} \quad H_{31} \quad H_{13} \quad H_{21} \quad H_{32})_{1\times 15}$$

$$\tilde{\varepsilon}^{\mathrm{T}} = (\varepsilon_{11} \quad \varepsilon_{22} \quad \varepsilon_{33} \quad 2\varepsilon_{12} \quad 2\varepsilon_{23} \quad 2\varepsilon_{31} \quad w_{11} \quad w_{22} \quad w_{33} \quad w_{12} \quad w_{23} \quad w_{31} \quad w_{13} \quad w_{21} \quad w_{32})_{1\times 15}$$

$$\tilde{\partial} = \begin{bmatrix} \tilde{\partial}^{(1)} & 0 \\ \hline 0 & \tilde{\partial}^{(2)} \end{bmatrix}, \tilde{\partial}^{(1)} = \begin{bmatrix} \partial_1 & 0 & 0 \\ 0 & \partial_2 & 0 \\ 0 & 0 & \partial_3 \\ \partial_2 & \partial_1 & 0 \\ 0 & \partial_3 & \partial_2 \\ \partial_3 & 0 & \partial_1 \end{bmatrix}, \tilde{\partial}^{(2)} = \begin{bmatrix} \partial_1 & 0 & 0 \\ 0 & \partial_2 & 0 \\ 0 & 0 & \partial_3 \\ \partial_2 & 0 & 0 \\ 0 & \partial_3 & 0 \\ 0 & 0 & \partial_1 \\ \partial_3 & 0 & 0 \\ 0 & \partial_1 & 0 \\ 0 & 0 & \partial_2 \end{bmatrix}, \left(\partial_i = \frac{\partial}{\partial x_i} \right)$$

其中，$\tilde{U}^{\mathrm{T}}, \tilde{F}^{\mathrm{T}}, \tilde{\partial}^{\mathrm{T}}, \tilde{\sigma}^{\mathrm{T}}, \tilde{\varepsilon}^{\mathrm{T}}$ 为 $\tilde{U}, \tilde{F}, \tilde{\partial}, \tilde{\sigma}, \tilde{\varepsilon}$ 的转置；$\sigma^i = (\sigma_{i1} \quad \sigma_{i2} \quad \sigma_{i3})$，为矩阵 $(\sigma_{ij})_{3\times 3}$ 的第 i 列；$H^i = (H_{i1} \quad H_{i2} \quad H_{i3})$，为矩阵 $(H_{ij})_{3\times 3}$ 的第 i 列。

这样，式（13.3-2）可以写成矩阵的形式

$$\tilde{\varepsilon} = \partial \tilde{U} \tag{13.3-2'}$$

注意 $\left(\dfrac{\partial \sigma_{1j}}{\partial x_j} \quad \dfrac{\partial \sigma_{2j}}{\partial x_j} \quad \dfrac{\partial \sigma_{3j}}{\partial x_j} \quad \dfrac{\partial H_{1j}}{\partial x_j} \quad \dfrac{\partial H_{2j}}{\partial x_j} \quad \dfrac{\partial H_{3j}}{\partial x_j} \right)^{\mathrm{T}} = \partial^{\mathrm{T}} \tilde{\sigma}$，那么式（13.3-1）能够重新写成

$$\partial^{\mathrm{T}} \tilde{\sigma} + F = \rho \ddot{\tilde{U}} \tag{13.3-1'}$$

记

$$C = \begin{bmatrix} C_{11ij} \\ C_{22ij} \\ C_{33ij} \\ \cdots \quad C_{12ij} \quad \cdots \\ C_{23ij} \\ C_{31ij} \end{bmatrix}_{6\times 6} = \begin{bmatrix} C_{1111} & C_{1122} & C_{1133} & C_{1112} & C_{1123} & C_{1131} \\ C_{2211} & C_{2222} & C_{2233} & C_{2212} & C_{2223} & C_{2231} \\ C_{3311} & C_{3322} & C_{3333} & C_{3312} & C_{3323} & C_{3331} \\ C_{1211} & C_{1222} & C_{1233} & C_{1212} & C_{1223} & C_{1231} \\ C_{2311} & C_{2322} & C_{2333} & C_{2312} & C_{2323} & C_{2331} \\ C_{3111} & C_{3122} & C_{3133} & C_{3112} & C_{3123} & C_{3131} \end{bmatrix}_{6\times 6}$$

第 13 章 准晶弹性解的某些数学原理

$$K = \begin{bmatrix} K_{11ij} \\ K_{22ij} \\ K_{33ij} \\ K_{12ij} \\ \cdots K_{23ij} \cdots \\ K_{31ij} \\ K_{13ij} \\ K_{21ij} \\ K_{32ij} \end{bmatrix} = \begin{bmatrix} K_{1111} & K_{1122} & K_{1133} & K_{1112} & K_{1123} & K_{1131} & K_{1113} & K_{1121} & K_{1132} \\ K_{2211} & K_{2222} & K_{2233} & K_{2212} & K_{2223} & K_{2231} & K_{2213} & K_{2221} & K_{2232} \\ K_{3311} & K_{3322} & K_{3333} & K_{3312} & K_{3323} & K_{3331} & K_{3313} & K_{3321} & K_{3332} \\ K_{1211} & K_{1222} & K_{1233} & K_{1212} & K_{1223} & K_{1231} & K_{1213} & K_{1221} & K_{1232} \\ K_{2311} & K_{2322} & K_{2333} & K_{2312} & K_{2323} & K_{2331} & K_{2313} & K_{2321} & K_{2332} \\ K_{3111} & K_{3122} & K_{3133} & K_{3112} & K_{3123} & K_{3131} & K_{3113} & K_{3121} & K_{3132} \\ K_{1311} & K_{1322} & K_{1333} & K_{1312} & K_{1323} & K_{1331} & K_{1313} & K_{1321} & K_{1332} \\ K_{2111} & K_{2122} & K_{2133} & K_{2112} & K_{2123} & K_{2131} & K_{2113} & K_{2121} & K_{2132} \\ K_{3211} & K_{3222} & K_{3233} & K_{3212} & K_{3223} & K_{3231} & K_{3213} & K_{3221} & K_{3232} \end{bmatrix}_{9 \times 9}$$

$$R = \begin{bmatrix} R_{11ij} \\ R_{22ij} \\ R_{33ij} \\ \cdots R_{12ij} \cdots \\ R_{23ij} \\ R_{31ij} \end{bmatrix}_{6 \times 9} = \begin{bmatrix} R_{1111} & R_{1122} & R_{1133} & R_{1112} & R_{1123} & R_{1131} & R_{1113} & R_{1121} & R_{1132} \\ R_{2211} & R_{2222} & R_{2233} & R_{2212} & R_{2223} & R_{2231} & R_{2213} & R_{2221} & R_{2232} \\ R_{3311} & R_{3322} & R_{3333} & R_{3312} & R_{3323} & R_{3331} & R_{3313} & R_{3321} & R_{2232} \\ R_{1211} & R_{1222} & R_{1233} & R_{1212} & R_{1223} & R_{1231} & R_{1213} & R_{1221} & R_{1232} \\ R_{2311} & R_{2322} & R_{2333} & R_{2312} & R_{2323} & R_{2331} & R_{2313} & R_{2321} & R_{2332} \\ R_{3111} & R_{3122} & R_{3133} & R_{3112} & R_{3123} & R_{3131} & R_{3113} & R_{3121} & R_{3132} \end{bmatrix}_{6 \times 9}$$

那么弹性矩阵为

$$D = (d_{ij})_{15 \times 15} = \begin{bmatrix} C & R \\ \hline R^\mathrm{T} & K \end{bmatrix}$$

这里矩阵 C 的下标 i, j 的顺序与声子应变张量的相同；矩阵 K, R 的下标 i, j 的顺序与相位子应变张量的相同；R^T 为 R 的转置。由上面的表达式，人们能够发现，由于矩阵 C 和 K 的对称性（见式（4.4-3）和式（4.4-5）），矩阵 D 是对称的。

广义 Hooke 定律（13.3-3）可以重新写成

$$\tilde{\sigma} = D \tilde{\varepsilon} \tag{13.3-3'}$$

并且式（13.3-1'）和式（13.3-2'）能够集合成下式

$$\partial^\mathrm{T} D \partial \tilde{U} + \tilde{F} = \rho \ddot{\tilde{U}} \tag{13.3-7}$$

记

$$A(x) = \begin{bmatrix} a_1(x) \\ a_2(x) \\ a_3(x) \\ b_1(x) \\ b_2(x) \\ b_3(x) \end{bmatrix}_{6 \times 1}, \quad B(x) = \begin{bmatrix} c_1(x) \\ c_2(x) \\ c_3(x) \\ d_1(x) \\ d_2(x) \\ d_3(x) \end{bmatrix}_{6 \times 1}, \quad \tilde{U}^0 = \begin{bmatrix} u_1^0 \\ u_2^0 \\ u_3^0 \\ w_1^0 \\ w_2^0 \\ w_3^0 \end{bmatrix}_{6 \times 1}, \quad \tilde{\sigma}^0 = \begin{bmatrix} T_1 \\ T_2 \\ T_3 \\ h_1 \\ h_2 \\ h_3 \end{bmatrix}_{6 \times 1}, \quad \tilde{\partial}_n = \begin{bmatrix} \tilde{\partial}_n^{(1)} & 0 \\ 0 & \tilde{\partial}_n^{(2)} \end{bmatrix}$$

$$\tilde{\partial}_n^{(1)} = \begin{bmatrix} \cos(\boldsymbol{n},x_1) & 0 & 0 \\ 0 & \cos(\boldsymbol{n},x_2) & 0 \\ 0 & 0 & \cos(\boldsymbol{n},x_3) \\ \cos(\boldsymbol{n},x_2) & \cos(\boldsymbol{n},x_1) & 0 \\ 0 & \cos(\boldsymbol{n},x_3) & \cos(\boldsymbol{n},x_2) \\ \cos(\boldsymbol{n},x_3) & 0 & \cos(\boldsymbol{n},x_1) \end{bmatrix}, \quad \tilde{\partial}_n^{(2)} = \begin{bmatrix} \cos(\boldsymbol{n},x_1) & 0 & 0 \\ 0 & \cos(\boldsymbol{n},x_2) & 0 \\ 0 & 0 & \cos(\boldsymbol{n},x_3) \\ \cos(\boldsymbol{n},x_2) & 0 & 0 \\ 0 & \cos(\boldsymbol{n},x_3) & 0 \\ 0 & 0 & \cos(\boldsymbol{n},x_1) \\ \cos(\boldsymbol{n},x_3) & 0 & 0 \\ 0 & \cos(\boldsymbol{n},x_1) & 0 \\ 0 & 0 & \cos(\boldsymbol{n},x_2) \end{bmatrix}$$

这里 $\tilde{\partial}_n, \tilde{\partial}_n^{(1)}, \tilde{\partial}_n^{(2)}$ 由微分算子矩阵 $\tilde{\partial}, \tilde{\partial}^{(1)}, \tilde{\partial}^{(2)}$ 得来，其中把 $\cos(\boldsymbol{n},x_i)$ 标记为 ∂_i。

式（13.3-4）可以重新写成

$$\tilde{U}(x,t) = \tilde{U}^0, \quad x \in (\partial\Omega)_u \tag{13.3-4'}$$

考虑到式（13.3-5）的左端与式（13.3-1）第一项的相似性，则式（13.3-5）可写成 $\tilde{\partial}_n^T \tilde{\sigma} = \tilde{\sigma}^0, \, x \in (\partial\Omega)_\sigma$。另外，引用式（13.3-2'）与式（13.3-3'），有

$$\tilde{\partial}_n^T D \tilde{\partial} \tilde{U} = \tilde{\sigma}^0, \quad x \in (\partial\Omega)_\sigma \tag{13.3-5'}$$

如果准晶处于静平衡状态：$\rho \ddot{\tilde{U}} = 0$（也就是惯性力等于零），在这种情形下不需要初始条件，准晶边值问题归结为下列形式

$$-\tilde{\partial}^T D \tilde{\partial} \tilde{U} = \tilde{F}, \quad x \in \Omega, t > 0 \tag{13.3-8}$$

$$\tilde{U}(x,t)\big|_{(\partial\Omega)_u} = \tilde{U}^0, \quad \tilde{\partial}_n^T D \tilde{\partial} \tilde{U}(x,t)\big|_{(\partial\Omega)_\sigma} = \tilde{\sigma}^0 \tag{13.3-9}$$

其中

$$\partial\Omega = (\partial\Omega)_u + (\partial\Omega)_\sigma$$

13.4 准晶弹性边值问题的弱解[5]

为简单起见，下面仅考虑位移边值问题（或称 Dirichlet 问题）。假设 $\tilde{F} \in (L_2(\Omega))^6$，如果 $\tilde{U}(x) \in (C^2(\tilde{\Omega}))^6$ 是问题（13.3-8）和（13.3-9）的解，那么对任意一个矢量函数 $\boldsymbol{\eta} = \begin{bmatrix} \eta_{3\times 1}^1 \\ \eta_{3\times 1}^2 \end{bmatrix} = \begin{bmatrix} \eta_1^1 & \eta_2^1 & \eta_3^1 & \eta_1^2 & \eta_2^2 & \eta_3^2 \end{bmatrix}_{1\times 6}^T \in (C_0^\infty(\Omega))^6$，式（13.3-8）两边乘 $\boldsymbol{\eta}$（做标积），然后沿区域 Ω 积分，有

$$\iiint_\Omega (-\tilde{\partial}^T D \tilde{\partial} \tilde{U}) \cdot \boldsymbol{\eta} \, dx = \iiint_\Omega \tilde{F} \cdot \boldsymbol{\eta} \, dx \tag{13.4-1}$$

由式（13.3-3）和第 4 章可知 $\sigma_{ij} = \sigma_{ji}$，由式（13.3-2′）、式（13.3-3′），以及 Gauss 定理，得

$$\iiint_{\Omega} (-\tilde{\partial}^{\mathrm{T}} \boldsymbol{D} \tilde{\partial} \tilde{\boldsymbol{U}}) \cdot \boldsymbol{\eta} \, \mathrm{d}x = -\iiint_{\Omega} \left(\frac{\partial \sigma_{ij}}{\partial x_j} \eta_i^1 + \frac{\partial H_{ij}}{\partial x_j} \eta_i^2 \right) \mathrm{d}x$$

$$= -\iiint_{\Omega} \left[\frac{\partial}{\partial x_j} (\sigma_{ij} \eta_i^1 + H_{ij} \eta_i^2) - \left(\sigma_{ij} \frac{\partial \eta_i^1}{\partial x_j} + h_{ij} \frac{\partial \eta_i^2}{\partial x_j} \right) \right] \mathrm{d}x$$

$$= -\iint_{\partial\Omega} (\sigma_{ij} \eta_i^1 + H_{ij} \eta_i^2) n_j \mathrm{d}S + \iiint_{\Omega} \left(\sigma_{ij} \frac{\partial \eta_i^1}{\partial x_j} + H_{ij} \frac{\partial \eta_i^2}{\partial x_j} \right) \mathrm{d}x$$

$$= \iiint_{\Omega} \left(\frac{1}{2} \sigma_{ij} \frac{\partial \eta_i^1}{\partial x_j} + \frac{1}{2} \sigma_{ij} \frac{\partial \eta_j^1}{\partial x_i} + H_{ij} \frac{\partial \eta_i^2}{\partial x_j} \right) \mathrm{d}x$$

$$= \iiint_{\Omega} [(\sigma_{ij}(\tilde{\boldsymbol{U}}) \varepsilon_{ij}(\boldsymbol{\eta}^1) + H_{ij}(\tilde{\boldsymbol{U}}) w_{ij}(\boldsymbol{\eta}^2)] \mathrm{d}x$$

$$= \iiint_{\Omega} \tilde{\boldsymbol{\sigma}}(\tilde{\boldsymbol{U}}) \cdot \tilde{\boldsymbol{\varepsilon}}(\boldsymbol{\eta}) \, \mathrm{d}x = \iiint_{\Omega} (\tilde{\partial} \boldsymbol{\eta})^{\mathrm{T}} \boldsymbol{D} \tilde{\partial} \tilde{\boldsymbol{U}} \mathrm{d}x \qquad （13.4-2）$$

再由式（13.4-1）和式（13.4-2）得出

$$\iiint_{\Omega} (\tilde{\partial} \boldsymbol{\eta})^{\mathrm{T}} \boldsymbol{D} \tilde{\partial} \tilde{\boldsymbol{U}} \mathrm{d}x = \iiint_{\Omega} \tilde{\boldsymbol{\sigma}}(\tilde{\boldsymbol{U}}) \cdot \tilde{\boldsymbol{\varepsilon}}(\boldsymbol{\eta}) \, \mathrm{d}x = \iiint_{\Omega} \tilde{\boldsymbol{F}} \cdot \boldsymbol{\eta} \, \mathrm{d}x \qquad （13.4-3）$$

因为 C_0^{∞} 在 $H_0^1(\Omega)$ 中稠密，式（13.4-3）在 $\forall \boldsymbol{\eta}(x) \in (H_0^1(\Omega))^6$ 时也成立。

反之，如果 $\tilde{\boldsymbol{U}}(x) \in (C^2(\overline{\Omega}))^6$，并且式（13.4-3）对 $\forall \boldsymbol{\eta}(x) \in (H_0^1(\Omega))^6$ 成立，可采用与上面程序相反的顺序推导，并且由变分法的基本引理[2]得到式（13.4-1）。于是有

定义 假设 $\tilde{\boldsymbol{F}} \in (L_2(\Omega))^6$，如果 $\tilde{\boldsymbol{U}}(x) \in (H_0^1(\Omega))^6$，并且式（13.4-3）对 $\forall \boldsymbol{\eta}(x) \in (H_0^1(\Omega))^6$ 成立，那么说 $\tilde{\boldsymbol{U}}(x)$ 是边值问题

$$-\tilde{\partial}^{\mathrm{T}} \boldsymbol{D} \tilde{\partial} \tilde{\boldsymbol{U}}(x) = \tilde{\boldsymbol{F}}(x), x \in \Omega, t < 0 \qquad （13.3-8′）$$

$$\tilde{\boldsymbol{U}}(x)\big|_{\partial\Omega} = 0 \qquad （13.3-9′）$$

的弱解（或广义解）。

13.5 弱解的唯一性[5]

用记号 $(\cdot,\cdot)$ 表示 $\boldsymbol{L}^2(\Omega)$ 中的内积，对标量函数 $v \in \boldsymbol{L}_2(\Omega)$，相应的范数是

$$\|\cdot\|:\|v\| = \left(\int_\Omega v^2 \mathrm{d}x\right)^{1/2}$$ 。同时记 $(\cdot,\cdot)_1$ 为空间 $H_0^1(\Omega)$ 中的内积，相应的范数

$$\|\cdot\|_1:\|v\|_1 = \left[\int_\Omega v^2 \mathrm{d}x + \sum_{k=1}^{3}\int_\Omega\left(\frac{\partial v}{\partial x_k}\right)^2 \mathrm{d}x\right]^{1/2}$$ ，并且对标量函数 $v \in L^2(\Omega)$ ，半模为

$$|\cdot|_1:|v|_1 = \left[\sum_{k=1}^{3}\int_\Omega\left(\frac{\partial v}{\partial x_k}\right)^2 \mathrm{d}x\right]^{1/2}$$ 。

注 1 范数 $\|\cdot\|_1$ 等价于半模 $|\cdot|_1$ 。

注 2 标量函数 $v = (v_1, v_2, \cdots, v_n) \in (H_0^1(\Omega))^n$ （有时也记为 $H_0^1(\Omega)$）的范数和半模记为 $\|\cdot\|_1$ 和 $|\cdot|_1$ 。

$$\|v\|_1^2 = \sum_{i=1}^{n}\|v_i\|_1^2 = \sum_{i=1}^{n}\int_\Omega v_i^2 \mathrm{d}x + \sum_{i=1}^{n}\sum_{k=1}^{3}\int_\Omega\left(\frac{\partial v_i}{\partial x_k}\right)^2 \mathrm{d}x = \int_\Omega |v|^2 \mathrm{d}x + \int_\Omega |v_x|^2 \mathrm{d}x$$

$$|v|_1^2 = \sum_{i=1}^{n}\sum_{k=1}^{3}\int_\Omega\left(\frac{\partial v_i}{\partial x_k}\right)^2 \mathrm{d}x$$

其中 $|v|^2 = \sum_{i=1}^{n} v_i^2$ ， $|v_x|^2 = \sum_{i=1}^{n}\sum_{k=1}^{3}\left(\frac{\partial v_i}{\partial x_k}\right)^2$ ， $\frac{\partial v}{\partial x_k} = \left(\frac{\partial v_1}{\partial x_k}, \frac{\partial v_2}{\partial x_k}, \cdots, \frac{\partial v_n}{\partial x_k}\right)$ 。显然，注 1 对矢量函数 v 也成立。

引理（Korn 不等式[6-8]） 假设 Ω 是一个有界的区域，具有在 $\mathbf{R}^n$ 中充分光滑的边界 $\partial\Omega$ ，并且 $\forall \, v = (v_1, v_2, \cdots, v_n) \in H_0^1(\Omega)$ ，那么

$$\sum_{i,k=1}^{n}\int_\Omega\left(\frac{\partial v_i}{\partial x_k} + \frac{\partial v_k}{\partial x_i}\right)^2 \mathrm{d}x \geq c_1 \|v\|_1^2$$

其中正的常数 c_1 只与 Ω 有关。

定理 假设 Ω 空间 $\mathbf{R}^3$ 中的有界区域具有光滑的边界 $\partial\Omega$ ，如果实对称矩阵 $\mathbf{D} = (d_{ij})$ 满足不等式

$$\lambda_1 \sum_{i=1}^{15}\xi_i^2 \leq \sum_{i,j=1}^{15}\xi_i d_{ij}\xi_j \leq \lambda_2 \sum_{i=1}^{15}\xi_i^2$$

其中 λ_1, λ_2 为正的常数，对任意 $\tilde{F} \in (L^2(\Omega))^6$ ，位移边值问题（13.9-8'），（13.9-9'）存在唯一的弱解（或广义解）。

证明 记 $\lfloor \tilde{U}, \eta \rfloor = \iiint_\Omega (\partial\eta)^{\mathrm{T}} \mathbf{D} \partial\tilde{U} \mathrm{d}x$ ，那么式（13.4-3）可以重新写成

$$\lfloor \tilde{U}, \eta \rfloor = (\tilde{F}, \eta), \quad \forall \eta \in (H_0^1(\Omega))^6 \tag{13.5-1}$$

首先证明 $\lfloor \cdot, \cdot \rfloor$ 是 $(H_0^1(\Omega))^6$ 上一个新内积。为此，只需证明对 $\forall \tilde{U} \in (H_0^1(\Omega))^6$ ： $\lfloor \tilde{U}, \tilde{U} \rfloor \geq 0$ ，以及 $\lfloor \tilde{U}, \tilde{U} \rfloor = 0 \Leftrightarrow \tilde{U} = 0$ 。

第 13 章 准晶弹性解的某些数学原理

下面只给出证明的一个梗概，许多细节都省略了。另外，在式（13.5-1）中，$\lfloor \tilde{U}, \eta \rfloor$ 是 $H_0^1(\Omega)$ 中的一个正定双线性泛函，证明用到广义 Lax-Milgram 定理（见本章第 13.2 节）。

根据假定，矩阵 $\boldsymbol{D} = (d_{ij})_{15\times 15}$ 正定。矩阵 $\boldsymbol{D} = (d_{ij})_{15\times 15}$ 和单位矩阵 $\boldsymbol{I}$ 合同，也就是存在一个逆矩阵 $\boldsymbol{C}$，使得 $\boldsymbol{D} = \boldsymbol{C}^T \boldsymbol{C}$（注意，这里的矩阵 $\boldsymbol{C}$ 不是前面定义的声子弹性矩阵），那么

$$\lfloor \tilde{U}, \tilde{U} \rfloor = \iiint_\Omega (\tilde{\partial}\tilde{U})^T \boldsymbol{D}\tilde{\partial}\tilde{U} \mathrm{d}x = \iiint_\Omega (\tilde{\partial}\tilde{U})^T (\boldsymbol{C}^T \boldsymbol{C})\tilde{\partial}\tilde{U} \mathrm{d}x = \iiint_\Omega (\boldsymbol{C}\tilde{\partial}\tilde{U})^T (\boldsymbol{C}\tilde{\partial}\tilde{U}) \mathrm{d}x \geq 0;$$

$$\lfloor \tilde{U}, \tilde{U} \rfloor = 0 \Leftrightarrow \iiint_\Omega (\boldsymbol{C}\tilde{\partial}\tilde{U})^T (\boldsymbol{C}\tilde{\partial}\tilde{U}) \mathrm{d}x = 0 \Leftrightarrow \boldsymbol{C}\tilde{\partial}\tilde{U} = 0$$

因为 $\boldsymbol{C}$ 是可逆的，$\tilde{\partial}\tilde{U} = 0$，也就是，

$$\frac{\partial u_i}{\partial x_i} = 0, \frac{\partial u_i}{\partial x_j} + \frac{\partial u_j}{\partial x_i} = 0 \ (i \neq j), \frac{\partial w_i}{\partial x_j} = 0, \quad i, j = 1, 2, 3$$

这导致 $\dfrac{\partial w_i}{\partial x_j} = 0$，表明 w_i 应该为常数，此外，$\tilde{U}|_{\partial\Omega} = 0$，说明在边界上，$w_i = 0$。用类似方法，可以证明，在边界上，$u_i = 0$。这样，在边界上，$\tilde{U} = 0$。

以这种方式，我们已经证明 $\lfloor \cdot, \cdot \rfloor$ 是 $(H_0^1(\Omega))^6$ 上的新内积，相应的范数为 $\|\tilde{U}\|_{(1)} = \lfloor \tilde{U}, \tilde{U} \rfloor^{1/2}$。

其次，在 $(H_0^1(\Omega))^6$ 上，新的范数 $\|\cdot\|_{(1)}$ 与初始范数 $\|\cdot\|_1$ 等价。下面给出这一点的证明。

根据 Cauchy 不等式、定理的假设和注 1，有

$$\|\tilde{U}\|_{(1)}^2 = \iiint_\Omega \sum_{i,j=1}^{15} (\tilde{\partial}\tilde{U})_i d_{ij} (\tilde{\partial}\tilde{U})_j \mathrm{d}x \leq \lambda_2 \iiint_\Omega (\tilde{\partial}\tilde{U})^T (\tilde{\partial}\tilde{U}) \mathrm{d}x$$

$$= \lambda_2 \iiint_\Omega \left[\sum_{i=1}^3 \left(\frac{\partial u_i}{\partial x_i}\right)^2 + \sum_{\substack{i,j=1 \\ i<j}}^3 \left(\frac{\partial u_i}{\partial x_j} + \frac{\partial u_j}{\partial x_i}\right)^2 + \sum_{i,j=1}^3 \left(\frac{\partial w_i}{\partial x_j}\right)^2 \right] \mathrm{d}x$$

$$\leq \lambda_2 \iiint_\Omega \left\{ \sum_{i=1}^3 \left(\frac{\partial u_i}{\partial x_i}\right)^2 + 2\sum_{\substack{i,j=1 \\ i<j}}^3 \left[\left(\frac{\partial u_i}{\partial x_j}\right)^2 + \left(\frac{\partial u_j}{\partial x_i}\right)^2\right] + \sum_{i,j=1}^3 \left(\frac{\partial w_i}{\partial x_j}\right)^2 \right\} \mathrm{d}x$$

$$\leq 2\lambda_2 \iiint_\Omega \sum_{i,j=1}^3 \left[\left(\frac{\partial u_i}{\partial x_j}\right)^2 + \left(\frac{\partial w_i}{\partial x_j}\right)^2\right] \mathrm{d}x$$

$$= 2\lambda_2 |\tilde{U}|_1^2 \leq 2c \|\tilde{U}\|_1^2$$

此外，由定理的假设、Korn 不等式和注 1，存在

$$\begin{aligned}\|\tilde{U}\|_{(1)}^2 &= \iiint_\Omega \sum_{i,j=1}^{15}(\tilde{\partial}\tilde{U})_i d_{ij}(\tilde{\partial}\tilde{U})_j \mathrm{d}x \geq \lambda_1 \iiint_\Omega (\tilde{\partial}\tilde{U})^{\mathrm{T}}(\tilde{\partial}\tilde{U}) \mathrm{d}x \\ &= \lambda_1 \iiint_\Omega \left[\sum_{i=1}^3 \left(\frac{\partial u_i}{\partial x_i}\right)^2 + \sum_{\substack{i,j=1\\i<j}}^3 \left(\frac{\partial u_i}{\partial x_j}+\frac{\partial u_j}{\partial x_i}\right)^2 + \sum_{i,j=1}^3 \left(\frac{\partial w_i}{\partial x_j}\right)^2 \right] \mathrm{d}x \\ &= \lambda_1 \iiint_\Omega \left[\frac{1}{4}\sum_{i,j=1}^3 \left(\frac{\partial u_i}{\partial x_j}+\frac{\partial u_j}{\partial x_i}\right)^2 + \sum_{i,j=1}^3 \left(\frac{\partial w_i}{\partial x_j}\right)^2 \right] \mathrm{d}x \\ &\geq \frac{1}{4}\lambda_1 c_2 \iiint_\Omega \left(\frac{\partial u_i}{\partial x_j}\right)^2 \mathrm{d}x + \lambda_1 \sum_{i,j=1}^3 \iiint_\Omega \left(\frac{\partial w_i}{\partial x_j}\right)^2 \mathrm{d}x \\ &\geq \min\left\{\frac{1}{4}\lambda_1 c_2, \lambda_1\right\} |\tilde{U}|_1^2 \geq c \|\tilde{U}\|_1^2 \end{aligned}$$

因此，我们证明了新范数 $\|\cdot\|_{(1)}$ 和初始范数 $\|\cdot\|_1$ 是等价的。

最后，对于 $\tilde{F} \in (L^2(\Omega))^6$，用 Schwarz 不等式和镶嵌以及 $H_0^1(\Omega) \subset_\to L_2(\Omega)$ 是紧镶嵌的事实，有

$$\left|\iiint_\Omega \tilde{F}\cdot \eta \mathrm{d}x\right| \leq \|\tilde{F}\|\cdot\|\eta\| \leq M\|\tilde{F}\|\cdot\|\eta\|_1 \leq M_1\|\tilde{F}\|\cdot\|\eta\|_1, \quad \forall \eta \in (H_0^1(\Omega))^6$$

也就是，$\eta \mapsto \iiint_\Omega \tilde{F}\cdot\eta \mathrm{d}x \; (\forall \eta \in (H_0^1(\Omega))^6)$ 是 $(H_0^1(\Omega))^6$ 上的唯一连续线性泛函。

因此，从 Riesz 定理，必须存在唯一的 $y_{\tilde{F}} \in (H_0^1(\Omega))^6$，使得

$$\iiint_\Omega \tilde{F}\cdot\eta\mathrm{d}x = \lfloor y_{\tilde{F}},\eta\rfloor, \quad \forall \eta \in (H_0^1(\Omega))^6$$

这样式（13.5-1）改写成

$$\lfloor \tilde{U},\eta \rfloor = \lfloor y_{\tilde{F}},\eta \rfloor, \quad \forall \eta \in (H_0^1(\Omega))^6$$

这表明 $\tilde{U} = y_{\tilde{F}}$ 是位移边值问题（13.3-8）和（13.3-9′）唯一的弱解（广义解）。

在上面的证明中，Korn 不等式的应用是一个关键（对应力边值问题，将使用 Korn 第二不等式，不过这里不再讨论）。

13.6 结论与讨论

第 13.3～13.5 节的讨论，在某种意义上，从弱解的角度为第 12 章的数值方法提供了一个基础。当然，第 13.4～13.5 节的讨论也存在局限性，它们仅限

于静力学齐次位移边值问题。对应力边值问题和动力学问题，以上讨论还需要扩充。

显然，第 13.3～13.5 节的讨论，对固体准晶中除三维立方准晶外的其他晶系都成立，对三维立方准晶只需要做一点小小的修改，即将 $w_{ij} = \partial w_i / \partial x_j$ 改成 $w_{ij} = (\partial w_i / \partial x_j + \partial w_j / \partial x_i)/2$，以上讨论适用。

参考文献

[1] Fan T Y, Mai Y W. Elasticity theory, fracture mechanics and some relevant thermal properties of quasicrystalline materials[J]. Appl. Mech. Rev., 2004, 57(5): 325-344.
[2] Courant R, Hilbert D. Methods of Mathematical Physics[M]. Interscience Publisher Inc., New York. 1955.
[3] 应隆安. 有限元理论与方法[M]. 北京:科学出版社, 2009.
[4] 姜礼尚. 有限元方法及其理论基础[M]. 北京:人民教育出版社, 1980.
[5] Guo L H, Fan T Y. Solvability on boundary-value problems of elasticity of three-dimensional quasicrystals[J]. Applied Mathematics and Mechanics, 2007, 28(8):1061-1070.
[6] Fikera G. Existence Theorems of Elasticity Theory[M]. World Press, Moscow(in Russian), 1974.
[7] Kondrat'eb W A, Oleinik O A. Korn's Inequality of Boundary Value Problems for Systems of Theory of Elasticity in Boundless Region[M]. UMN Press, Moscow(in Russian), 1988.
[8] Kondrat'eb W A, Oleinik O A. Boundary-value problems for the system of elasticity theory in unbounded domains, Korn's inequalities [J]. Russian Math Surveys, 1988, 43(5): 65-119.

第14章

固体准晶的非线性性能

第4～13章主要讨论了固体准晶弹性和相关的问题，从物理和数学上讲，它们属于线性问题。尽管它们的计算仍相当复杂，但是数学处理相对来说比较容易。

本章将给出固体准晶非线性变形和断裂的简单叙述。这是一个困难的问题。鉴于目前这方面进展有限，讨论受到很大限制。对普通结构材料（或工程材料），包括晶体在内，非线性性能主要是指塑性。在经典塑性的研究中，存在两种不同的理论，其中一种是宏观塑性理论，它依据从宏观实验数据总结出来的某些假定，用连续力学方法，发展了一个分析体系；另一种是晶体塑性理论，它从位错模型出发，把某些冶金因素考虑进去，其在一定程度上可以称为"微观"理论（这里所谓的"微观"并不是物理学的量子层次上的真正的微观，只是因为位错的尺寸很小，在10^{-8} cm数量级，相对于宏观尺寸，其小得多，因而有人很不严格地称它为微观，我们不主张随便使用这一名词，以免造成混乱），但是很难给出定量分析。准晶塑性的困难在于，它既缺乏宏观实验数据，又缺乏位错层次的实验数据。迄今，宏观实验基本未开展。位错机理讨论和有关实验开展了不少研究，但是还处在初步阶段。姑且不说"微观"机理问题，即使是宏观本构方程，也都未建立起来。这一现实导致准晶塑性变形和断裂分析很难开展，也可以说，这些领域还处在未知状态。

尽管这么困难，准晶塑性的研究还是引起了很大的关注[1-8]。但是就定量分析的研究来说，也许还处在发展的初始阶段。考虑到读者的兴趣和现阶段的发展水平，把目前得到的若干结果向读者做一简单介绍，也许是有益的，这些工作主要基于简化模型，以及把线性理论的结果做一些引申。自然，这种讨论很不全面，但也许会对进一步的发展提供一些启发。

本章的内容将做如下安排。首先，讨论准晶非线性变形的某些实验结果，然后叙述可能的本构关系。鉴于塑性本构方程暂时不可能得到，我们将讨论准晶非线性弹性本构关系，它也许较容易得到，不过它并不等价于真正的塑性本构关系。第 14.4 和 14.5 节将讨论上述宏观非线性本构关系的若干应用。第 14.6 节从另外一个角度,即基于位错模型,或所谓"微观"模型去讨论,就非线性裂纹的解而言,它与前两节的结果完全一致。

14.1 准晶塑性变形性能

在中低温度下,准晶呈现脆性,但是在高温下,其戏剧性地呈现良好的塑性。另外,在高应力集中区,例如位错芯附近或裂纹顶端附近,也发生塑性变形。由实验观察到,准晶塑性的机理是位错的运动,说明准晶塑性和它的内部结构缺陷有关,这与晶体是类似的,但是两者之间又有原则上的不同。

很显然,研究准晶塑性的基本方法是实验观察。

同以前各章的讨论一样,本章的研究重点仍然是二十面体准晶和十次对称准晶。二十面体准晶的实验,以 Al-Mn-Pd 二十面体准晶最多。此种材料具有很高的脆性-韧性转变温度。在应变率为 10^{-5} s^{-1} 时,转变温度约为 690 ℃。在低应变率(10^{-6} s^{-1})和低极限韧性下,转变温度约降到 480 ℃。图 14.1-1 显示在 730 ℃~800 ℃高温和应变率为 10^{-5} s^{-1} 时的 Al-Mn-Pd 二十面体准晶的应力-应变曲线。

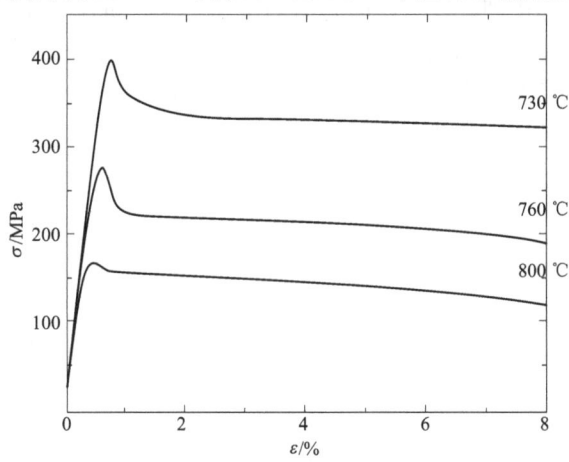

图 14.1-1　Al-Mn-Pd 二十面体准晶在应变率10^{-5} s^{-1} 下的应力-应变关系[9]

作为另一类二十面体准晶,Zn-Mg-Dy 二十面体准晶,由实验得到的应力-应变曲线与图 14.1-1 中的相类似。

Feuerbacher 和 Urban[9]、Guyot 和 Canova[10]、Feuerbacher 等[11] 从位错密度和位错速度的实验数值出发,讨论准晶塑性本构方程,也就是,塑性应变速率与所作用的应力成幂函数关系

$$\dot{\varepsilon}_p = B(\sigma/\hat{\sigma})^m \qquad (14.1\text{-}1)$$

其中 B 和 m 是与温度有关的参数；$\hat{\sigma}$ 为一内变量，可以看成一个参考应力，代表材料当前微结构状态，用于刻画不同材料的模型或硬化机制[12]。结合相关的信息，式（14.1-1）可用于实验曲线，例如图 14.1-1 所示的那些曲线。需要指出的是，尽管式（14.1-1）在形式上同经典塑性的某些公式有一些相似，但它们在实质上不同。例如，参数 B，m 和 $\hat{\sigma}$ 不同于经典塑性的相关参数。经典塑性中的参数是用纯宏观方法得到的，与位错模型不相关。上面提到的实验和对它们结果的提炼，其细节可以在文献 [9-12] 中查到。从方法论上看，其与经典塑性的研究很不相同。然而，准晶材料塑性的多轴加载实验迄今尚未见到报道。

十次对称准晶塑性也是很重要的问题。它令人感兴趣的原因之一，在于它同时存在准周期和周期排列方向，这与二十面体准晶不同。因此，准周期和周期不同的排列对塑性变形的影响，可以直接通过实验观察到。也就是说，其塑性变形具有"各向异性性质"。

在文献 [9] 中，根据 Al-Ni-Co 十角形准晶的实验测量得到的应力-应变曲线如图 14.1-2 所示（注意，这里材料是 b-Co 的 Al-Ni-Co 十角形准晶，为 Al-Ni-Co 十角形准晶的一种），其塑性不同于二十面体准晶的塑性。上面提到这两种材料，其结构不同。二十面体准晶，其三个方向都为准周期排列；十次对称准晶，两个方向为准周期排列，一个方向为周期排列。准周期方向排列和周期方向排列会相互影响，导致十次对称准晶的塑性与试样取向有关。图 14.1-2 揭示了这一效应，即所谓塑性变形的"各向异性"，其中 $A_\parallel$，$A_\perp$ 和 A_{45} 代表不同的实验取向。由此可见，此效应很显著。

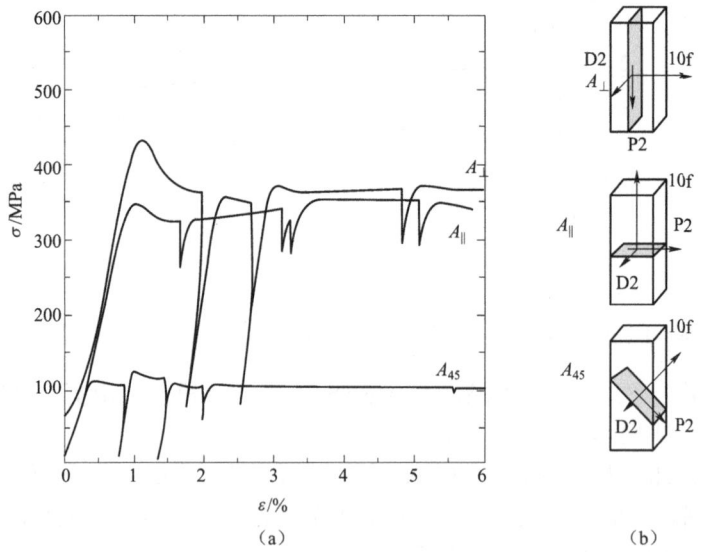

图 14.1-2 （a）十角形 b-Co 的 Al-Ni-Co 十次对称单体准晶，在应变率 10^{-5} s^{-1} 下，不同试样取向的应力-应变曲线；（b）不同试样取向的定义 $A_\perp$，$A_\parallel$ 和 A_{45} [9]

这些实验数据对理论研究很有帮助。

14.2 准晶可能的塑性本构方程

基于位错模型的实验结果的标定公式（14.1-1），有助于对准晶塑性本构方程的研究。

从宏观角度，式（14.1-1）可以看作单轴加载下的应力-应变曲线。现在缺乏多轴加载条件下的实验数据，所以不可能得到本构方程。

我们假设，如果存在某些准晶的屈服面/加载面的实验结果，那么可以写出如下屈服面方程

$$\Phi = \sigma_{\text{eff}} - Y = 0 \qquad (14.2\text{-}1)$$

其中 $\sigma_{\text{eff}} = \sigma_e + f(H_{ij})$，为广义有效应力；$\sigma_e$ 代表经典有效应力，只与 σ_{ij} 有关；$f(H_{ij})$ 代表有效应力中与相位子应力 H_{ij} 有关的部分。如果

$$Y = \sigma_Y = \text{const} \qquad (14.2\text{-}2)$$

这里 σ_Y 是材料的初始屈服极限，则式（14.2-1）代表初始屈服面方程。此外，如果

$$Y = Y(h) \qquad (14.2\text{-}3)$$

h 为与变形历史有关的参量，则式（14.2-1）为描写材料变形的演化方程。当有了像（14.2-1）那样的方程，就可以构造塑性本构关系，如

$$\left. \begin{aligned} \dot{\varepsilon}_{ij} &= \frac{1}{H(\sigma_{\text{eff}})} \dot{\sigma}_{\text{eff}} \frac{\partial \Phi}{\partial \sigma_{ij}} \\ \dot{w}_{ij} &= \frac{1}{H(\sigma_{\text{eff}})} \dot{\sigma}_{\text{eff}} \frac{\partial \Phi}{\partial H_{ij}} \end{aligned} \right\} \qquad (14.2\text{-}4)$$

这里假设采用了塑性力学中各向同性硬化流动法则，其中 Φ 是上面提到的屈服面/加载面函数，物理量上方的点，代表变化率，$H(\sigma_{\text{eff}})$ 代表材料的硬化模量，它可以由单轴应力-应变实验曲线，例如式（14.1-1），标定而得出。在式（14.2-4）中加上弹性本构关系式，就得到弹-塑性本构方程，而弹性的本构关系，前面各章已经做了充分的讨论。

式（14.2-4）是我们期盼的塑性本构定律，它属于一种增量塑性方程，能够刻画变形过程的历史，包括加载/卸载状态。如果它能建立起来，自然是一种完全的本构方程。

存在另一种可能和相对简单的本构方程，称为全量塑性理论或形变塑性理论。那就是，定义一个有效（或称等价）应力 σ_{eff} 和有效（或称等价）应变 ε_{eff}，

其中前者在上面已经定义了，后者类似，定义中不仅包含声子应变 ε_{ij}，也包含相位子应变 w_{ij}。应力与应变的关系为

$$\left.\begin{array}{l}\varepsilon_{ij} - \dfrac{1}{3}\varepsilon_{kk}\delta_{ij} = \dfrac{3\varepsilon_{\text{eff}}}{2\sigma_{\text{eff}}}\left(\sigma_{ij} - \dfrac{1}{3}\sigma_{kk}\delta_{ij}\right) \\ w_{ij} - \dfrac{1}{3}w_{kk}\delta_{ij} = \dfrac{3\varepsilon_{\text{eff}}}{2\sigma_{\text{eff}}}\left(H_{ij} - \dfrac{1}{3}H_{kk}\delta_{ij}\right)\end{array}\right\} \quad (14.2\text{-}5)$$

其中 $\varepsilon_{kk} = \varepsilon_{xx} + \varepsilon_{yy} + \varepsilon_{zz}$，$w_{kk} = w_{xx} + w_{yy} + w_{zz}$，$\sigma_{kk} = \sigma_{xx} + \sigma_{yy} + \sigma_{zz}$，$H_{kk} = H_{xx} + H_{yy} + H_{zz}$。假定

$$\varepsilon_{\text{eff}} = \begin{cases} \varepsilon_{\text{eff}}^{(e)} & ,\sigma_{\text{eff}} < \sigma_0 \\ A(\sigma_{\text{eff}})^n & ,\sigma_{\text{eff}} > \sigma_0 \end{cases} \quad (14.2\text{-}6)$$

这里 σ_0，A 和 n 是准晶的材料常数，可以通过单轴实验测量得出，其中 σ_0 代表单轴拉伸屈服应力值；$\varepsilon_{\text{eff}}^{(e)}$ 代表弹性范围的有效应力值。

不同于式（14.2-4），式（14.2-5）并不能描述变形历史，其在本质上是一种非线性弹性关系。然而，它可以在比例加载和无卸载情形下塑性变形。很显然，无论式（14.2-4）或式（14.2-5），都只是设想的准晶增量塑性或全量塑性的本构方程。由于缺乏实验数据，很难说它们对或错。

如果有了式（14.2-4）或式（14.2-5），那么配合变形几何方程

$$\varepsilon_{ij} = \frac{1}{2}\left(\frac{\partial u_i}{\partial x_j} + \frac{\partial u_j}{\partial x_i}\right), \quad w_{ij} = \frac{\partial w_i}{\partial x_j} \quad (14.2\text{-}7)$$

和平衡方程

$$\frac{\partial \sigma_{ij}}{\partial x_j} = 0, \quad \frac{\partial H_{ij}}{\partial x_j} = 0 \quad (14.2\text{-}8)$$

就可以建立增量或全量意义下的准晶塑性的宏观理论。

迄今缺乏这类实验数据，式（14.2-1）、式（14.2-2）和式（14.2-4）并未建立起来，出于同一原因，式（14.2-5）也未能建立起来。这是宏观塑性理论的根本困难。显然，在塑性变形阶段，这可能的理论是非线性的，因为材料参数不再是常数，而与变形的历史有关。在这种情形下，求解要比弹性阶段的求解困难得多。

由于式（14.2-5）相对比较简单，针对某些简单的构型，例如一维六方准晶的反平面问题、三维立方准晶和二十面体准晶的反平面问题，有可能得到塑性问题的解。

14.3 非线性弹性和求解公式

如上一节所指出,迄今缺乏塑性本构方程,准晶变形的塑性分析尚无可能。我们不妨从非线性弹性分析开始,做一些尝试。当然,非线性弹性与真正的塑性还是存在原则性的区别,进而,非线性弹性与式（14.2-5）（如果该方程能成立）描述的全量塑性也存在某些区别。这里不拘泥于应力与应变之间的具体关系。下面得到的结果可能对进一步的塑性分析提供某些启发。

我们将以下面的方式建立一种非线性弹性本构方程,即定义自由能密度（或应变能密度）如下

$$F(\varepsilon_{ij}, w_{ij}) = \int_0^{\varepsilon_{ij}} \sigma_{ij} d\varepsilon_{ij} + \int_0^{w_{ij}} H_{ij} dw_{ij} \tag{14.3-1}$$

那么存在关系

$$\sigma_{ij} = \frac{\partial F}{\partial \varepsilon_{ij}}, \quad H_{ij} = \frac{\partial F}{\partial w_{ij}} \tag{14.3-2}$$

这样式（14.3-1）和式（14.3-2）可视为准晶的线性或非线性弹性本构关系,它本质上并不能刻画塑性变形。如果存在比例加载和不发生卸载,它可以给出塑性变形的适当描述。

在上面的公式中,ε_{ij} 和 w_{ij} 代表声子位移和相位子位移,声子应变和相位子应变为

$$\varepsilon_{ij} = \frac{1}{2}\left(\frac{\partial u_i}{\partial x_j} + \frac{\partial u_j}{\partial x_i}\right), \quad w_{ij} = \frac{\partial w_i}{\partial x_j} \tag{14.3-3}$$

记声子应力为 σ_{ij},相位子应力为 H_{ij},它们满足平衡方程（体积力和广义体积力不计）

$$\frac{\partial \sigma_{ij}}{\partial x_j} = 0, \quad \frac{\partial H_{ij}}{\partial x_j} = 0 \tag{14.3-4}$$

式（14.3-1）～式（14.3-4）是描述准晶非线性弹性的基本方程组。在本章第 14.5 节,将给出式（14.3-1）～式（14.3-4）的具体应用。这些方程事实上构成第 14.4 节非线性分析的基础。

14.4 基于某些简单模型的非线性解

在这一节将给出基于某些简单模型的非线性解,它们本质上是 Eshelby[13]

框架的推广，经典的 Eshelby 学说是针对线性弹性问题建立的，它可以推广到非线性弹性甚至全量塑性。中国工作者在文献［14］中把它推广到准晶非线性弹性裂纹分析。

14.4.1　某些准晶在反平面状态下的广义Dugdale-Barenblatt模型

准晶在非线性变形情形下的裂纹问题是十分有趣的问题之一。为了求解这类问题，构建了广义 Dugdale-Barenblatt 模型（或简称广义 DB 模型）[15, 16]，它源自经典非线性断裂理论，适用于常规工程材料，包括晶体在内。

某些准晶的反平面裂纹线性问题的解在第 8 章与第 9 章已经得到，与它们不同，现在考虑了材料的非线性，不同之处如下。

非线性问题与线性问题的不同之一，是裂纹顶端存在一个塑性区。假定如图 14.4-1 所示，这个塑性区为所谓"原子内聚力区"，具有长度 d，它的数值暂时未知，随后将被确定。在准晶连续统理论中，这个"原子内聚力区"实际上就是宏观的塑性区。该区内的应力分布应该由实验测量得到，但是目前还缺乏实验结果，我们不妨假设它等于常数 τ_c，它是准晶材料常数，即屈服极限（或剪切屈服强度）。这一假定使问题简化。也就是使非线性问题线性化了。这样，例如第 8 章，那些解法可以用来解决现在的问题。前面介绍的方法中，复分析方法是最有效的方法之一，在此处能发挥作用，当然，计算相当复杂和冗长，这里不一一详叙，但可以参考主附录 I。其主要结果是复势

$$F_1(\zeta) = \frac{2\mathrm{i}}{C_{44}} \left(\frac{2\theta_1}{\pi \zeta^2} \tau_c - \tau_1 \right) \frac{\zeta^2}{\zeta^2 - 1} + \frac{1}{2\pi\mathrm{i}} \frac{2\mathrm{i}}{C_{44}} \tau_c \ln \frac{\mathrm{e}^{2\mathrm{i}\theta_1} - \zeta^2}{\mathrm{e}^{-2\mathrm{i}\theta_1} - \zeta^2}$$

$$F_2(\zeta) = 0 \tag{14.4-1}$$

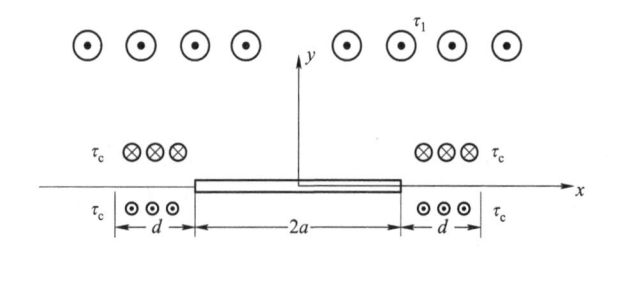

图 14.4-1　某些准晶反平面弹性裂纹顶端附近的原子内聚力区

其中
$$F_1(\zeta) = \phi'(\zeta) + \frac{R_3}{C_{44}}\psi'(\zeta)$$
$$F_2(\zeta) = \psi'(\zeta) + \frac{R_3}{K_2}\phi'(\zeta)$$

而
$$\phi(\zeta) = \phi_1(t) = \phi_1(\omega'(\zeta)), \quad \psi(\zeta) = \psi_1(t) = \psi_1(\omega'(\zeta))$$

这里用到保角映射
$$t = \omega'(\zeta) = \frac{a+d}{2}(\zeta + \zeta^{-1})$$

把 t 平面（xy 平面）保角映射到 ζ 平面。在这个映射下，xy 平面上的区域变换成 ζ 平面上的单位圆的内部，而 $\phi'(\zeta)$ 和 $\psi'(\zeta)$ 代表位移势函数对 ζ 的导数，θ_1 是单位圆上的一个点处的角度，它对应于 xy 平面上裂纹顶端（也就是，$y=0$，$x=a$，同时 t 平面和 ζ 平面上的点之间有关系 $\cos\theta_1 = a/(a+d)$）。

根据这个解，塑性区的尺寸 d 得到确定

$$d = a\left(\sec\frac{\pi\tau_1}{2\tau_c} - 1\right) \qquad (14.4\text{-}2)$$

也就是角度 θ_1 得到确定，即 $\theta_1 = \dfrac{\pi\tau_1}{2\tau_c}$，然后裂纹顶端张开位移得到确定，为

$$\delta_{\mathrm{III}} = \frac{4K_2\tau_c a}{\pi(C_{44}K_2 - R_3^2)}\ln\sec\frac{\pi\tau_1}{2\tau_c} \qquad (14.4\text{-}3)$$

这些结果非常简单和清晰，相位子场和声子–相位子耦合场对塑性变形的影响被定量地揭示出来。这里的裂纹顶端张开位移，可作为准晶非线性断裂的一个控制参量。对一维六方准晶，建议采用如下断裂判据

$$\delta_{\mathrm{III}} = \delta_{\mathrm{IIIC}} \qquad (14.4\text{-}4)$$

其中 δ_{IIIC} 是裂纹顶端张开位移的临界值，由实验测量得到，是一个材料常数。

一般情况下，外加应力都比材料屈服强度小很多，也就是 $\tau_1/\tau_c \ll 1$，所以三角函数可以展开成幂级数

$$\sec\frac{\pi\tau_1}{2\tau_c} = 1 + \frac{1}{2}\left(\frac{\pi\tau_1}{2\tau_c}\right)^2 + \cdots$$

如果仅仅取展开的前两项，把它代入式（14.4-2），得到

$$d = \frac{\pi}{8}\left(\frac{K_{\mathrm{III}}^{\parallel}}{\tau_c}\right)^2 \ll a$$

其中 $K_{\text{III}}^{\parallel} = \sqrt{\pi a}\tau_1$，代表一维准晶反平面问题声子的应力强度因子。这个结果和经典断裂理论中的线性弹性材料在"小范围屈服"的塑性区尺寸非常接近。进而

$$\ln\sec\frac{\pi\tau_1}{2\tau_c} = \frac{1}{2}\left(\frac{\pi\tau_1}{2\tau_c}\right)^2 + \frac{1}{12}\left(\frac{\pi\tau_1}{2\tau_c}\right)^4 + \cdots$$

如果保留前两项，把它代入式（14.4-3），得到

$$\delta_{\text{III}} = \frac{G_{\text{III}}}{\tau_c} \tag{14.4-5}$$

其中 $G_{\text{III}} = \dfrac{K_2(K_{\text{III}}^{\parallel})^2}{C_{44}K_2 - R_3^2}$，代表一维准晶反平面问题线性弹性的能量释放率。这体现"小范围屈服"的塑性情形下，裂纹顶端张开位移与能量释放率成正比。在这种情形下，裂纹顶端张开位移判据与能量释放率判据等价。

上面对一维六方准晶反平面问题的计算，只要材料常数 C_{44}，K_2 和 R_3 被 μ，$K_1 - K_2$ 和 R 替代，则完全适合三维二十面体准晶的反平面问题；只要材料常数 C_{44}，K_2，R_3 被 C_{44}，K_{44} 和 R_{44} 替代，则也适合三维立方准晶的反平面问题。

14.4.2　点群 $5m$，$10mm$ 和 $5,\overline{5}$，$10,\overline{10}$ 二维准晶在反平面状态下的广义 Dugdale-Barenblatt 模型

点群 $5m$ 和 $10mm$ 以及点群 $5,\overline{5}$ 和 $10,\overline{10}$ 二维准晶的平面弹性在第 8.3 节和第 8.4 节用 Fourier 分析和复分析进行了求解，同时，展示了在 $R_1 = R$，$R_2 = 0$ 的条件下，点群 $5,\overline{5}$ 和 $10,\overline{10}$ 的解精确地还原为点群 $5m$ 和 $10mm$ 的解。下面将引用复分析的解。

对二维准晶，有与第 14.4.1 节中给出的类似的广义 Dugdale-Barenblatt 模型，如图 14.4-2 所示，即存在一个内聚力作用区，尺寸为 d，它暂时未知，待定。如果假定内聚力的分布与大小 $\sigma_c = \sigma_c(x)$ 已知，进而假定在区内 $\sigma_c =$ 常数，那么这个问题便已经线性化了，而 σ_c 代表准晶的屈服极限。在本节的第 14.4.1 节中引进的方法，可以推广到现在的二维准晶问题。当然，最有力的分析工具仍然是复变函数-保角映射方法。这在第 14.4.1 节中已经做了演示。详细计算可以参考第 11.3.10 节和主附录的 AI.3 节，这里仅给出最终解答，如下：

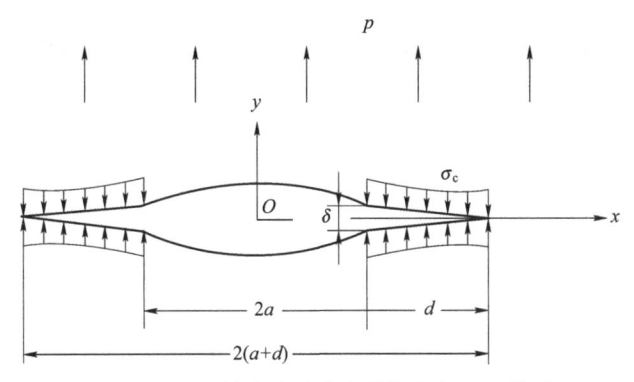

图 14.4-2 二维十次对称准晶的广义 DB 模型

裂纹顶端塑性区尺寸为

$$d = a\left(\sec\frac{\pi p}{2\sigma_c} - 1\right) \qquad (14.4\text{-}6)$$

结果的形式与式（14.4-2）相似，当然，具体含义有区别。对点群 5m 和 10mm，准晶裂纹顶端张开位移为

$$\delta_{\mathrm{I}} = \frac{2\sigma_c a}{\pi}\left(\frac{1}{L+M} + \frac{K_1}{MK_1 - R^2}\right)\ln\sec\frac{\pi p}{2\sigma_c} \qquad (14.4\text{-}7a)$$

对点群 $10, \overline{10}$，准晶则为

$$\delta_{\mathrm{I}} = \frac{2\sigma_c a}{\pi}\left[\frac{1}{L+M} + \frac{K_1}{MK_1 - (R_1^2 + R_2^2)}\right]\ln\sec\frac{\pi p}{2\sigma_c} \qquad (14.4\text{-}7b)$$

这是用类似于求得式（14.4-3）的方法得到的，其中 $L = C_{12}$，$M = (C_{11}-C_{12})/2$ 是声子弹性常数，K_1 为相位子弹性常数，R 为声子–相位子耦合弹性常数。非常有趣的是，解（14.4-7）精确地涵盖了普通结构材料的非线性裂纹解，如果令 $K_1 = R = 0$，那么还原为经典非线性断裂理论的解

$$\delta_{\mathrm{I}} = CTOD = \begin{cases} \dfrac{(1+\kappa)\sigma_c a}{\pi\mu}\ln\sec\left(\dfrac{\pi}{2}\dfrac{p}{\sigma_c}\right) = \dfrac{4(1-\nu)\sigma_c a}{\pi\mu}\ln\sec\left(\dfrac{\pi}{2}\dfrac{p}{\sigma_c}\right), & \text{平面应变} \\[2mm] \dfrac{(1+\kappa')\sigma_c a}{\pi\mu}\ln\sec\left(\dfrac{\pi}{2}\dfrac{p}{\sigma_c}\right) = \dfrac{4\sigma_s a}{(1+\nu)\pi\mu}\ln\sec\left(\dfrac{\pi}{2}\dfrac{p}{\sigma_c}\right), & \text{平面应力} \end{cases}$$

其中 $\kappa = 3 - 4\nu$，为平面应变；$\kappa' = \dfrac{3-\nu}{1+\nu}$，为平面应力；$\nu$ 为材料的 Poisson 比。

这样，晶体材料和普通结构材料的解就是准晶材料的解的特例。图 14.4-3 绘出量纲为 1 的张开位移 δ_{I}/a 随量纲为 1 的外加应力 p/σ_c 的变化图形，也给出了

点群 $10mm$ 和点群 $10,\overline{10}$ 准晶的解与晶体的解的对比。求解的细节见主附录 I。

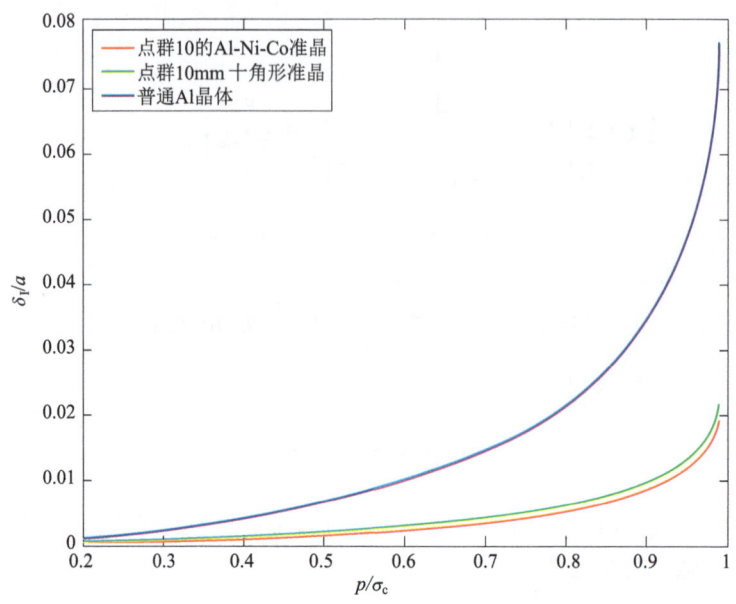

图 14.4-3 量纲为 1 的张开位移 δ_I/a 随量纲为 1 的外加应力 p/σ_c 的变化和对比[27]

基于式（14.4-7）给出的参量 δ_I，可以建议 I 型载荷下五次和十次对称准晶的非线性断裂判据

$$\delta_\mathrm{I} = \delta_\mathrm{IC} \tag{14.4-8}$$

其中 δ_IC 代表裂纹顶端张开位移的临界值，为材料常数，由实验测定。

在线性弹性情形下，即，$p/\sigma_\mathrm{c} \ll 1$，通过与前面类似的分析，可以得到裂纹顶端张开位移为

$$\delta_\mathrm{I} = \frac{G_\mathrm{I}}{\sigma_\mathrm{c}} \tag{14.4-9}$$

这里 G_I 由式（8.3-19）定义。这个公式给出了两个重要参量之间的关系，这也表明，在学习弹性变形情形下，判据（14.4-8）可以化成第 8 章的断裂判据。

14.4.3　三维二十面体准晶的广义 Dugdale–Barenblatt 模型

三维二十面体准晶的广义 Dugdale-Barenblatt 模型的示意图如图 14.4-2 所示，裂纹顶端的塑性区由式（14.4-6）表达，裂纹顶端张开位移如下：

$$\delta_\mathrm{I} = \lim_{x \to l} 2u_y(x,0) = \lim_{\varphi \to \varphi_2} 2u_y(x,0) = 2\left(\frac{1}{\lambda+\mu} + \frac{c_4}{c_2}\right) \cdot \frac{\sigma_\mathrm{s} a}{\pi} \cdot \ln\sec\left(\frac{\pi}{2}\frac{p}{\sigma_\mathrm{s}}\right) \tag{14.4-10}$$

其中
$$c_2 = \mu(K_1 - K_2) - R^2 - \frac{(\mu K_2 - R^2)^2}{\mu K_1 - 2R^2}, \quad c_4 = c_1 R + \frac{1}{2} c_2 \left(K_1 + \frac{\mu K_1 - 2R^2}{\lambda + \mu} \right)$$
（14.4-11）

这里 $c_1 = \dfrac{R(2K_2 - K_1)(\mu K_1 + \mu K_2 - 3R^2)}{2(\mu K_1 - 2R^2)}$。

量纲为 1 的裂纹顶端张开位移随量纲为 1 的外加应力的变化如图 14.4-4 所示。从图中可见，准晶的解与普通结构材料的解之间的差别相当明显，其复分析见第 11 章的参考文献 [10]。

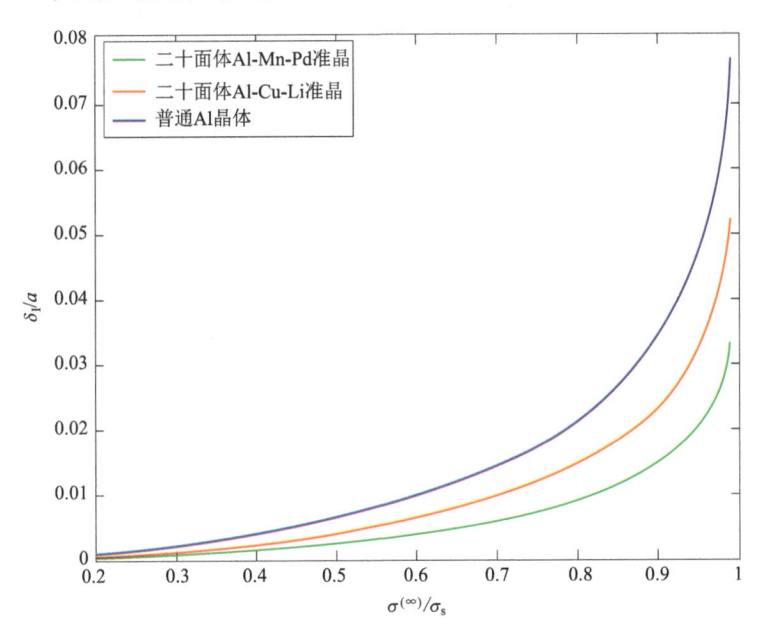

图 14.4-4　量纲为 1 的裂纹顶端张开位移随量纲为 1 的外加应力的变化以及对比[17]

14.5　基于广义 Eshelby 理论的非线性解

前一节采用某些简化物理模型得到一维、二维和三维准晶的非线性解。我们发现，这些解同广义 Eshelby 理论之间存在内在的联系。而广义 Eshelby 理论来源于经典文献 [13]。范天佑等[14]把经典 Eshelby 模型推广到准晶，提出广义 Eshelby 模型。

14.5.1 广义 Eshelby 能量-动量张量和 广义 Eshelby 积分

文献 [14]（也可以参考文献 [18，19]）定义了准晶的广义 Eshelby 能量-动量为

$$G = Fn_1 - \sigma_{ij}n_j \frac{\partial u_i}{\partial x_1} - H_{ij}n_j \frac{\partial w_j}{\partial x_1} \qquad (14.5\text{-}1)$$

这里 F 由式（14.3-1）定义，并且 n_j 是准晶中一个弧线上的外法线单位矢量。同时

$$\sigma_{ij}n_j = T_i, \quad H_{ij}n_j = h_i$$

其中 T_i 为外表面应力矢量；h_i 为广义外表面应力矢量，见图 14.5-1。

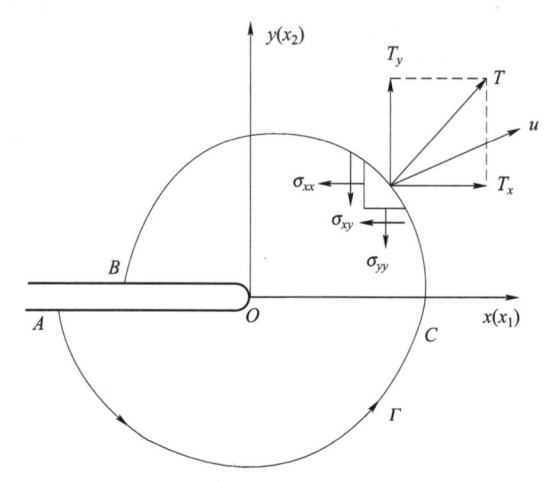

图 14.5-1 广义 Eshelby 积分的路径

进而定义积分如下

$$E = \int_\Gamma G d\Gamma \qquad (14.5\text{-}2)$$

其中 Γ 是包围裂纹顶端的积分回路。为了纪念 Eshelby，该积分称为 Eshelby 积分。这个积分的值与积分路径无关。在第 14.8 节，也就是本章的附录中，将证明这种路径的无关性。

这一积分的重要性表现之一是，它在准晶材料的非线性断裂问题方面具有若干的应用。

另一个重要的性质是，在线性弹性情形下，这个积分的值等于一维、二维和三维准晶的能量释放率 G_{III}（在Ⅲ型加载下），或 G_{II}（在Ⅱ型加载下），或 G_{I}（在Ⅰ型加载下）。这一点的数学证明见本章的附录。

广义 Eshelby 积分（14.5-2）展示的上述性质，在准晶材料的非线性断裂

分析中是有意义的。出于这一目的，下面讨论它的一个应用。

14.5.2 裂纹顶端张开位移和广义 Eshelby 积分之间的关系

利用 E-积分（14.5-2）的路径无关性，不妨把积分路径 Γ 取为图 14.5-2 中红线所示的形式，并且让它尽可能接近塑性区的上、下表面。现在这个积分路径是 $\int_{ACB}$，而且沿线段 AB 和 BC，有

$$dy = 0, \quad T_1 = 0, \quad T_2 = \sigma_c, \quad h_1 = 0, \quad h_2 = H_c$$

所以

$$\begin{aligned} E &= \int_\Gamma G d\Gamma = \int_{ACB} G d\Gamma = \int_A^B \left(\sigma_c \frac{\partial u_y}{\partial x} dx + H_c \frac{\partial w_y}{\partial x} dx \right) \\ &= \sigma_c[(u_y)_B - (u_y)_A] + H_c[(w_y)_B - (w_y)_A] \approx \sigma_c[(u_y)_B - (u_y)_A] = \sigma_c \delta_1 \end{aligned}$$

（14.5-3）

这就证明了广义 Eshelby 积分与裂纹顶端张开位移的关系，也显示了 E-积分与裂纹顶端张开位移的等价性，式中 σ_c 是原子内聚力（或在宏观上代表材料的屈服强度）。一般情况下，把 σ_c 理解为声子场的内聚力。在上面也引进相位子场的内聚力 H_c，或称广义内聚力。从微观层次去理解，H_c 是有意义的，不过迄今尚未测量得到，所以，在式（14.5-3）中把它忽略了。

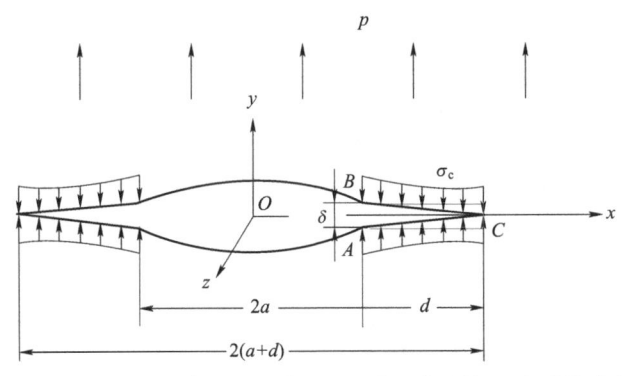

图 14.5-2　为了计算裂纹顶端张开位移而选取的 E-积分的路径

对 II 型与 III 型裂纹，证明是类似的。

因为广义 BCS 模型（见下一节的讨论）和前面讨论过的广义 DB 模型等价，这两个不同的模型，可以得到相同的裂纹顶端张开位移。上面证明了广义 DB 模型与准晶的广义 Eshelby 积分存在内在联系，同样地，广义 BCS 模型也与广义 Eshelby 积分存在内在联系。这使我们认识到，广义 Eshelby 能量-

动量张量是以上两个模型的统一的理论基础。

14.5.3 E-积分在准晶非线性断裂分析中的应用的进一步的表述

在上一子节和本章的附录中，显示广义 Eshelby 积分是一维、二维和三维准晶非线性断裂分析中的广义 BCS 模型和广义 DB 模型的统一的理论基础。我们建议将 E-积分作为一个断裂参量，并且建议

$$E = E_c \tag{14.5-4}$$

作为断裂判据。其中 E_c 是该积分的临界值，为一参量常数，由实验测定。测试方法见本章的附录。

虽然 E-积分的临界值的测量相对容易一些，但是这个积分的计算很困难。因此，判据（14.5-4）在实践中的应用并不很方便。

但是前面的讨论为我们克服这一困难提供了启示。式（14.5-3）证明了广义 Eshelby 积分与裂纹顶端张开位移的等价关系，但是这个积分的计算并不是很方便。利用广义 Eshelby 积分与裂纹顶端张开位移的等价关系，可以把积分转换成张开位移 δ ($\delta_\mathrm{I}, \delta_\mathrm{II}, \delta_\mathrm{III}$) 进行表述。

张开位移是由广义 Dugdale-Barenblatt 模型得到的，见文献 [14，19，17]。这是所能做的准晶弹塑性分析的结果。前面提到，对准晶非线性断裂，建议使用如下断裂判据

$$\delta = \delta_c \tag{14.5-5}$$

其中 δ_c 代表裂纹顶端张开位移的临界值，为一材料常数。采用这一判据的优点是，判据（14.5-5）左端的物理量有若干计算结果（见文献 [14，17，19]），便于使用。这一方法的不足是，判据（14.5-5）右端的材料常数的测量方法尚未建立（当然，可以参考普通工程材料的经验）。不过这一缺点可以通过下述步骤得以克服。因为广义 Eshelby 积分与裂纹顶端张开位移有等价关系，难以测量的 δ_c 可以借助于公式

$$\delta_c = \frac{E_c}{\sigma_c} \tag{14.5-6}$$

表述，而临界值 E_c 的测量比较容易。细节见本章的附录（即第 14.8 节）。所以，把判据（14.5-4）与（14.5-5）相结合，对准晶非线性断裂分析是有帮助的。

14.6 基于位错模型的非线性分析

如在本章的开头所指出的，经典塑性包括两种理论，一种为宏观理论，或唯象理论，即平常所说的塑性理论，另一种为晶体塑性理论，它基于晶体位错

模型。因为位错的尺寸很小，有人说这后一理论是"微观"理论，不过我们再次强调，这与物理学的微观理论，即基于量子效应的理论，相去甚远，所以不随便用"微观"两字。

在第 7 章讨论了一维与二维准晶的相当数量的位错解，在第 9 章讨论了三维准晶的位错解，这些结果对揭示准晶的变形和断裂有意义。因为这一分析可以不求助于宏观的非线性本构定律，同时，在数学方法论上简化了许多。借助于已知的准晶位错解，我们将聚焦于一维、二维和三维准晶裂纹顶端的塑性流动。

14.6.1 一维六方准晶、三维二十面体准晶和立方准晶的螺型位错塞集

这里对范天佑与其合作者[8]发展的准晶广义 BCS 模型介绍如下。

假设一长度为 $2l$ 的穿透 z 轴的裂纹，处在一维或三维准晶中，在远处受一反平面剪切压力 $\tau^{(\infty)}$ 作用（见图 14.6-1）。

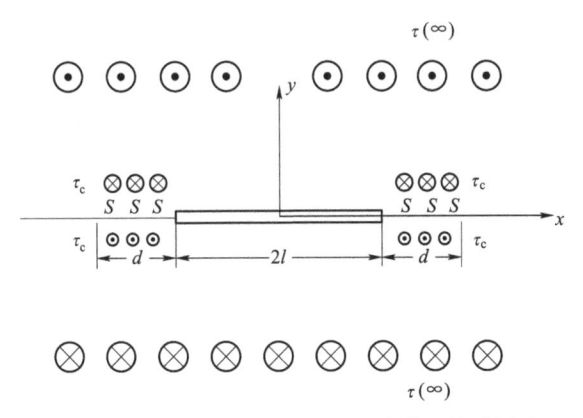

图 14.6-1 准晶反平面应力状态下的螺型位错塞集

在裂纹顶端存在一个尺寸为 d 的位错塞集，此尺寸的大小暂时未知，稍后将确定。在位错塞集区中，材料已经发生了塑性流动，这时应力 σ_{yz} 已达到临界应力 τ_c 的数值，它为原子内聚力，或者材料宏观的流动极限。为简单起见，在远处作用的外加应力可以挪开，把它等价地加在裂纹表面上。这一处理，就断裂理论的意义上考虑，具有等价性（相差仅仅是一个不影响断裂问题本质的平凡解）。这就是我们建议的准晶的广义 BCS 模型。它源于 Bilby、Cottrell 和 Swinden[20]以及 Bilby、Cottrell 和 Swinden[21]的工作。文献 [8] 率先对一维和二维准晶发展了这一模型。现在先考虑反平面问题如下：

$$(x^2+y^2)^{1/2} \to +\infty : \sigma_{ij}=0, H_{ij}=0$$
$$y=0, \quad |x|<l : \sigma_{yz}=-\tau^{(\infty)}, H_{yz}=0 \quad (14.6\text{-}1)$$
$$y=0, \quad l<|x|<l+d : \sigma_{yz}=-\tau^{(\infty)}+\tau_c=0, H_{yz}=0$$

某些计算细节见文献 [19]。

式（14.6-1）给出的这些边界条件，显示该非线性问题在数学上已经线性化了。可以说，它已经转化成等价的线性弹性问题了。因而终态控制方程归结为

$$\nabla^2 u_z=0, \quad \nabla^2 w_z=0 \quad (14.6\text{-}2)$$

边值问题（14.6-1）和（14.6-2）是第 14.4 节中求解过的问题，在那里用的是复变函数-保角映射方法进行求解。不过存在更简单的方法求解它，只要求知道裂纹顶端塑性变形的有关参量即可。而第 7.1 节中提供的位错解，正好提供了这一信息。为此，引进位错密度函数 $f(\xi)$，那么边值问题（14.6-1）和（14.6-2）可以转化成下列奇异积分方程

$$\int_L \frac{f(\xi)\,\mathrm{d}\xi}{\xi-x} = \frac{\tau(x)}{A} \quad (14.6\text{-}3)$$

去求解。其中 ξ 为位错源点的坐标；x 为位错激发的场点位于实轴上的坐标；L 代表区间 $(l,l+d)$。式（14.6-3）中的常数 A 由第 7.1 节的解得到

$$A = -\frac{(C_{44}K_2-R^2)b_3^{\parallel}}{2\pi K_2} \quad (14.6\text{-}4)$$

式（14.6-3）中的应力分布为

$$\tau(x) = \begin{cases} -\tau^{(\infty)}, & |x|<l \\ -\tau^{(\infty)}+\tau_c, & l<|x|<l+d \end{cases}.$$

这对应于式（14.6-1）描述的边界条件。

采用 Muskhelishvili[22] 奇异积分方程理论，范天佑与其合作者[8] 求得了条件（14.6-4）下的奇异积分方程（14.6-3）的解为

$$\begin{aligned}
f(x) &= -\frac{1}{\pi^2 A}\sqrt{\frac{x+(l+d)}{x-(l+d)}}\int_L \sqrt{\frac{\xi-(l+d)}{\xi+(L+d)}}\tau(\xi)\frac{\mathrm{d}\xi}{\xi-x} \\
&= -\frac{1}{\pi^2 A}\sqrt{\frac{x+(l+d)}{x-(l+d)}}\left[\mathrm{i}\left(2\tau_c \arccos\frac{l}{l+d}-\tau^{(\infty)}\pi\right)\right] + \\
&\quad \frac{\tau_c}{\pi^2 A}\left[\mathrm{arccosh}\left|\frac{(l+d)^2-lx}{(l+d)(l-x)}\right| - \mathrm{arccosh}\left|\frac{(l+d)^2+lx}{(l+d)(l+x)}\right|\right]
\end{aligned} \quad (14.6\text{-}5)$$

由于位错密度 $f(x)$ 应该为实数，方程（14.6-5）右端的头一项为纯虚数，因为它有一个虚数乘子，所以这一项必须等于零，这样得到

$$2\tau_c \arccos \frac{l}{l+d} - \tau^{(\infty)}\pi = 0$$

也就是

$$d = l\left(\sec\frac{\pi\tau^{(\infty)}}{2\tau_c} - 1\right) \quad (14.6\text{-}6)$$

这一结果同式（14.4-2）一样，只是 l 取代了 a。

由解（14.6-5）可以计算位错的总量 $N(x)$，即

$$N(x) = \int_0^x f(\xi)\,\mathrm{d}\xi \quad (14.6\text{-}7)$$

把式（16.6-5）代入式（14.6-7）（在条件（14.6-6）下），得到 $N(l+d)$ 和 $N(l)$，所以位错总量乘以 Burgers 矢量为

$$\delta_{\mathrm{III}} = \boldsymbol{b}_3^{\|}[N(l+d) - N(l)] = \frac{2b_3^{\|}l\tau_c}{\pi^2 A}\left(\ln\frac{l+d}{l}\right) = \frac{4K_2\tau_c l}{\pi(C_{44}K_2 - R^2)}\ln\sec\frac{\pi\tau^{(\infty)}}{2\tau_c}$$

$$(14.6\text{-}8)$$

这就是张开位移，与式（14.4-3）相同。

14.6.2 五角形与十角形二维准晶的位错塞集

平面弹性对应于"刃型"位错的塞集，如图 14.6-2 所示，这里考虑五角形与十角形二维准晶的位错塞集。问题具有如下边界条件

$$(x^2 + y^2)^{1/2} \to +\infty: \sigma_{ij} = 0,\ H_{ij} = 0$$
$$y = 0,\ |x| < l: \sigma_{yx} = -\tau^{(\infty)},\ H_{yx} = 0,\ \sigma_{yz} = 0,\ H_{yz} = 0$$
$$y = 0,\ l < |x| < l+d: \sigma_{yx} = -\tau^{(\infty)} + \tau_c,\ H_{yx} = 0,\ \sigma_{yz} = 0,\ H_{yz} = 0$$

$$(14.6\text{-}9)$$

和控制方程

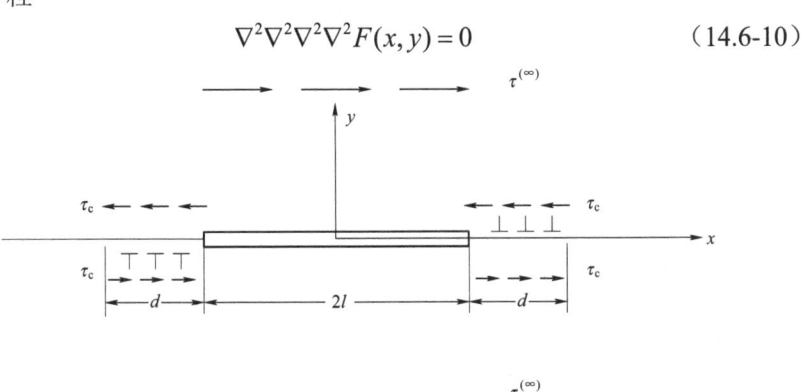

$$\nabla^2\nabla^2\nabla^2\nabla^2 F(x,y) = 0 \quad (14.6\text{-}10)$$

图 14.6-2 准晶平面应力状态下的"刃型"位错塞集的示意图

替代求解边值问题（14.6-9）和（14.6-10），转而求解位错密度函数满足的奇异积分方程（14.6-3），如果常数 A 由二维五次和十次对称准晶的位错解给出，那么问题可以依据上面类似地解出来。这里

$$A = \frac{b_1^{\parallel} l}{\pi} \frac{(L+M)(MK_1 - R^2)}{(L+M)K_1 + (MK_1 - R^2)} \quad (14.6\text{-}11)$$

它由第 7.2 节针对点群 5 m 和 10 mm 准晶"刃型"位错的解得到。

与反平面情形一样，解中含虚数因子 i 的那一项必须等于零，因而得到塑性区尺寸（14.6-6），它与式（14.4-6）实质上是一回事，只是记号有一点出入。

用类似方法计算位错的数目，最后取得裂纹滑开位移为

$$\delta_{\text{II}} = \frac{2b_1^{\parallel} l}{\pi^2 A} \ln\sec \frac{2\tau^{(\infty)}}{\pi \tau_c} = \frac{2\tau_c l}{\pi}\left(\frac{1}{M+K_1} + \frac{K_1}{MK_1 - R^2}\right) \ln\sec \frac{2\tau^{(\infty)}}{\pi \tau_c}$$

$$(14.6\text{-}12)$$

显然式（14.6-12）与式（14.4-7）一致，只是个别记号不同而已。

不过，尽管类似的数学处理并没有困难，I 型裂纹的张开位移仍然不能直接由现成的位错解去计算，这里不做讨论。

14.6.3 三维二十面体准晶的位错塞集问题

三维二十面体准晶的位错塞集问题的数学提法为

$(x^2 + y^2)^{1/2} \to +\infty : \sigma_{ij} = 0,\ H_{ij} = 0$

$y = 0,\ |x| < l : \sigma_{yx} = -\tau^{(\infty)},\ H_{yx} = 0,\ \sigma_{yz} = 0,\ H_{yz} = 0,\ \sigma_{yy} = 0,\ H_{yy} = 0$

$y = 0,\ l < |x| < l+d : \sigma_{yx} = -\tau^{(\infty)} + \tau_c,\ H_{yx} = 0,\ \sigma_{yz} = 0,\ H_{yz} = 0,\ \sigma_{yy} = 0,\ H_{yy} = 0$

$$\nabla^2 \nabla^2 \nabla^2 \nabla^2 \nabla^2 \nabla^2 F(x, y) = 0$$

由于已经得到三维二十面体准晶的位错问题的解，见第 9.6 节，问题可以类似地求解，但是公式太冗长，这里略去。

总之，由位错塞集模型，通过求解奇异积分方程，能够得到准晶裂纹问题的非线性解，结果与广义内聚力模型和广义 Eshelby 模型一致，它对之后两个模型是很有力的支持。

14.7 结论与讨论

本章讨论了准晶非线性变形和断裂，但是这一课题并未得到很好的研究。这些讨论表明，在缺乏塑性本构方程的现在，非线性弹性分析可能是有意义的。基于非线性弹性的广义 Eshelby 原理在揭示准晶断裂性能方面起了重要作用，从某

种意义上讲，它是广义 DB 模型的一个基础。我们体会到，广义 Eshelby 原理和广义 DB 模型是建立在准晶宏观非线性力学基础上的。第 14.6 节中发展的广义 BCS 模型强调塑性变形的位错机理，在某种意义上不妨将它看作所谓"微观"模型。这个模型无论是在物理上还是在数学上，既不同于广义 DB，也不同于广义 Eshelby 原理，有趣的是，由这三个不同模型得到的结果，却惊人地一致。

读者可以发现，尽管准晶缺乏塑性本构方程，它的某些非线性分析仍然可以进行，本章对有关非线性解从物理和数学上进行了若干讨论。

位错对晶体塑性研究很有意义，对准晶塑性同样意义重大。建议读者去阅读 Messerschmidt 的专著 [23] 的第 10 章，里面结合丰富的实验结果，做了深刻翔实的分析，对探索准晶塑性变形有很大帮助，有可能找到克服目前准晶塑性理论困难的启示。

14.8　第 14 章附录：若干数学细节

14.8.1　E-积分的路径无关性的证明

考虑一个单连通区域 D，其边界为一封闭曲线 C（图 14.5-1）。由 Green 公式，积分（14.5-2）左端的第一、第二和第三项得

$$\int_C F n_1 \mathrm{d}\Gamma = \int_C F \mathrm{d}x_2 = \iint_D \frac{\partial F}{\partial x_1} \mathrm{d}x_1 \mathrm{d}x_2$$

$$\int_C \left(\sigma_{ij} n_j \frac{\partial u_i}{\partial x_1} + H_{ij} n_j \frac{\partial w_i}{\partial x_1} \right) \mathrm{d}\Gamma = \iint_D \frac{\partial}{\partial x_j} \left(\sigma_{ij} \frac{\partial u_i}{\partial x_1} + H_{ij} \frac{\partial w_i}{\partial x_1} \right) \mathrm{d}x_1 \mathrm{d}x_2$$

于是

$$\int_C G \mathrm{d}\Gamma = \iint_D \left[\frac{\partial F}{\partial x_1} - \frac{\partial}{\partial x_j} \left(\sigma_{ij} \frac{\partial u_i}{\partial x_1} + H_{ij} \frac{\partial w_i}{\partial x_1} \right) \right] \mathrm{d}x_1 \mathrm{d}x_2 \qquad (14.8\text{-}1)$$

同时，由式（14.3-2）得

$$\frac{\partial F}{\partial x_1} = \frac{\partial F}{\partial \varepsilon_{ij}} \frac{\partial \varepsilon_{ij}}{\partial x_1} + \frac{\partial F}{\partial w_{ij}} \frac{\partial w_{ij}}{\partial x_1} = \sigma_{ij} \frac{\partial \varepsilon_{ij}}{\partial x_1} + H_{ij} \frac{\partial w_{ij}}{\partial x_1}$$

$$= \sigma_{ij} \frac{\partial}{\partial x_1} \left[\frac{1}{2} \left(\frac{\partial u_i}{\partial x_j} + \frac{\partial u_j}{\partial x_i} \right) \right] + H_{ij} \frac{\partial}{\partial x_1} \left(\frac{\partial w_i}{\partial x_j} \right)$$

$$= \sigma_{ij} \frac{\partial}{\partial x_1} \left(\frac{\partial u_i}{\partial x_j} \right) + H_{ij} \frac{\partial}{\partial x_1} \left(\frac{\partial w_i}{\partial x_j} \right)$$

这里张量 ε_{ij} 的对称性（见式（14.3-3））被用到。上面的结果可以重新写成

$$\frac{\partial F}{\partial x_1} = \frac{\partial}{\partial x_j}\left(\sigma_{ij}\frac{\partial u_i}{\partial x_1}\right) - \frac{\partial \sigma_{ij}}{\partial x_j}\frac{\partial u_i}{\partial x_1} + \frac{\partial}{\partial x_j}\left(H_{ij}\frac{\partial w_i}{\partial x_1}\right) - \frac{\partial H_{ij}}{\partial x_j}\frac{\partial w_i}{\partial x_1}$$
$$= \frac{\partial}{\partial x_j}\left(\sigma_{ij}\frac{\partial u_i}{\partial x_1} + H_{ij}\frac{\partial w_i}{\partial x_1}\right) \quad (14.8\text{-}2)$$

在式（14.8-2）的最后一步，用到了平衡方程（14.3-4）。

把式（14.8-2）代入式（14.8-1），有

$$\int_C G d\Gamma = 0$$

如果取 $C = \Gamma + BB' - \Gamma' + A'A$，其中 Γ' 与 Γ 相类似，这两个曲线分别由裂纹下表面 A 和 A' 点出发，交裂纹上表面的 B 和 B' 点。由于

$$dx_2 = dy = 0, \quad T_i = 0, \quad h_i = 0$$

在线段 BB' 和 $A'A$ 上，有

$$\int_{BB'+A'A} G d\Gamma = 0, \quad \int_\Gamma G d\Gamma = \int_{\Gamma'} G d\Gamma$$

因为 Γ 和 Γ' 是任意选取的，这最后一个等式证明了 E-积分的路径无关性。

14.8.2　E-积分在线性情形下等价于准晶能量释放率的证明

在本章的正文部分，当准晶处于线性弹性状态时，认为 E-积分等价于能量释放率，现在给出其数学证明。为简单起见，证明只对一维六方准晶的反平面情形给出。

在线性弹性情形下，广义 Hooke 定律为

$$\sigma_{ij} = C_{ijkl}\varepsilon_{kl} + R_{ijkl}w_{kl}$$
$$H_{ij} = K_{ijkl}w_{kl} + R_{klij}\varepsilon_{kl}$$

针对一维六方准晶的反平面情形，有

$$\sigma_{yz} = \sigma_{yz} = 2C_{44}\varepsilon_{yz} + R_3 w_{zy}$$
$$\sigma_{zx} = \sigma_{xz} = 2C_{44}\varepsilon_{zx} + R_3 w_{zx}$$
$$H_{zy} = K_2 w_{zy} + 2R_3 \varepsilon_{zy}$$
$$H_{zx} = K_2 w_{zx} + 2R_3 \varepsilon_{zx}$$

这种情形虽然简单，却是声子–相位子耦合，比较有意义。这时得到其自由能密度（或应变能密度）为

$$F = C_{44}(\varepsilon_{xz}^2 + \varepsilon_{yz}^2) + \frac{1}{2}K_2(w_{zx}^2 + w_{zy}^2) + R_3(\varepsilon_{zx}w_{zx} + \varepsilon_{yz}w_{zy}) \quad (14.8\text{-}3)$$

把第 8 章的裂纹解代入式（14.8-3），有

$$F = \frac{1}{4(C_{44}K_2 - R_3^2)}[C_{44}(K_2K_{\text{III}}^{\parallel} - R_3K_{\text{III}}^{\perp})^2 + 2K_2(C_{44}K_{\text{III}}^{\perp} - R_3K_{\text{III}}^{\parallel})^2 +$$
$$2R_3(K_2K_{\text{III}}^{\parallel} - R_3K_{\text{III}}^{\perp})(C_{44}K_{\text{III}}^{\perp} - R_3K_{\text{III}}^{\parallel})]$$

（14.8-4）

其中 $K_{\text{III}}^{\parallel} = \sqrt{\pi a}\tau_1$ 和 $K_{\text{III}}^{\perp} = \sqrt{\pi a}\tau_2$ 分别为声子与相位子的应力强度因子。

对式（14.8-4）围绕裂纹顶端的一个回路积分，得到 E-积分的第一项。鉴于积分的路径无关性，不妨以裂纹顶端为原点，r 为半径的半圆，得到

$$\int_{\pi}^{-\pi} F \mathrm{d}y = \int_{\pi}^{-\pi} Fr\cos\theta\mathrm{d}\theta = 0 \quad (14.8\text{-}5)$$

这里 (r,θ) 代表裂纹顶端极坐标。

现在计算积分的第二项与第三项。

按照第 14.3 节的定义，外加表面力和广义外加表面力与声子和相位子应力有如下关系

$$T_z = \sigma_{zx}n_x + \sigma_{zy}n_y = \sigma_{zx}\cos\theta + \sigma_{zy}\sin\theta$$
$$h_z = H_{zx}n_x + H_{zy}n_y = H_{zx}\cos\theta + H_{zy}\sin\theta$$

将第 8.1 节的裂纹解代入以上公式，有

$$T_z = \frac{1}{\sqrt{2\pi r}}K_{\text{III}}^{\parallel}\sin\frac{\theta}{2}, \quad h_z = \frac{1}{\sqrt{2\pi r}}K_{\text{III}}^{\perp}\sin\frac{\theta}{2} \quad (14.8\text{-}6)$$

根据第 8.1 节的裂纹解，还有

$$u_z = \frac{K_2\tau_1 - R_3\tau_2}{C_{44}K_2 - R_3^2}\sqrt{2ar}\sin\frac{\theta}{2}$$
$$w_z = \frac{C_{44}\tau_2 - R_3\tau_1}{C_{44}K_2 - R_3^2}\sqrt{2ar}\sin\frac{\theta}{2}$$

（14.8-7）

另外

$$\frac{\partial}{\partial x} = \frac{\partial}{\partial r}\frac{\partial r}{\partial x} + \frac{\partial}{\partial \theta}\frac{\partial \theta}{\partial x} = \cos\theta\frac{\partial}{\partial r} - \sin\theta\frac{\partial}{\partial \theta}$$

把这些结果和关系代入积分的第二项与第三项中，得到

$$-\int_{\pi}^{-\pi}\left(\sigma_{ij}n_j\frac{\partial u_i}{\partial x_1} + H_{ij}n_j\frac{\partial w_i}{\partial x_1}\right)\mathrm{d}\varGamma = \frac{K_2(K_{\text{III}}^{\parallel})^2 + C_{44}(K_{\text{III}}^{\perp})^2 - 2R_3K_{\text{III}}^{\parallel}K_{\text{III}}^{\perp}}{C_{44}K_2 - R_3^2}$$

（14.8-8）

由式（14.8-5）和式（14.8-8）得到

$$E_{\text{III}} = \frac{K_2(K_{\text{III}}^{\parallel})^2 + C_{44}(K_{\text{III}}^{\perp})^2 - 2R_3 K_{\text{III}}^{\parallel} K_{\text{III}}^{\perp}}{C_{44}K_2 - R_3^2} = G_{\text{III}} \tag{14.8-9}$$

这正是式（8.1-25），即能量释放率。证毕。

类似地，对张开型裂纹，有

$$E_{\text{I}} = G_{\text{I}} \tag{14.8-10}$$

对滑开型裂纹，有

$$E_{\text{II}} = G_{\text{II}} \tag{14.8-11}$$

这里下标 I、II 和 III 代表裂纹的类型。上面的证明说明广义 Eshelby 积分在线性弹性情形与裂纹能量率等价。

在塑性变形下，准晶的广义 Eshelby 积分并不代表能量释放率，原因之一是，裂纹扩展导致卸载，应力-应变关系（14.3-1）和（14.3-2）并不能保证应力和应变是一一对应的，在这种情形下，E-积分赖以建立的物理基础就被破坏了。但是，如果以 Γ 为边界平面区域 Ω 代表的准晶材料的势能，由下式定义

$$V = \int_\Omega F \mathrm{d}x\mathrm{d}y - \int_\Gamma (T_i u_i + h_i w_i) \mathrm{d}\Gamma \tag{14.8-12}$$

又设厚度为 B，则总势能为

$$\Pi S = BV \tag{14.8-13}$$

另外，存在关系

$$E = -\frac{\delta \Pi}{\delta A} = -\frac{1}{B} \frac{\delta \Pi}{\delta a} \tag{14.8-14}$$

这里 E-积分为"差商"，而不是微商。显然差商并不代表能量释放率，仅仅代表相同构型的不同裂纹尺寸的试样的能量差对裂纹尺寸差的比值。式（14.8-14）的物理意义留待进一步讨论，不过，它提供了实验中对积分值测量的标定，有一定的应用价值。进一步的讨论见本附录的下一小节。

14.8.3 关于 E-积分的临界值的计算

E-积分不仅提供了广义 BCS 模型和广义 DB 模型的理论基础，也提供了测量材料常数 E_c 和 δ_c 的有效工具。前面正文部分已提到，δ_c 的测量比较困难，而 E_c 的测量比较容易。但是它们两者有联系，提供后者的测量值可以得到前者。

在低温和中温下，准晶呈现脆性，其断裂韧性的测量可以用压痕法得到，可参考孟祥敏等的论文［24］。在高温时，这种材料呈现很大的塑性变形，可以用弯曲试样进行试验。三点弯曲试样如图 14.8-1 所示，它很有用。测试中有多试样法和单试样法两种测试程序，这里用单试样法。

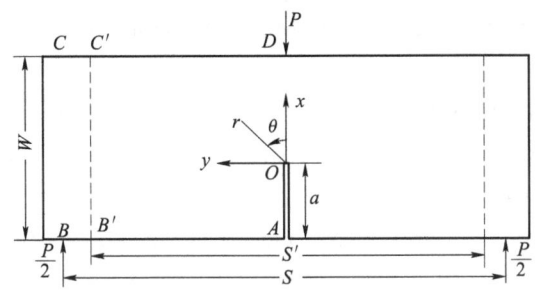

图 14.8-1 三点弯曲试样

对这个试样，E-积分值可以近似得到

$$E = \frac{2U}{B(W-a)} \quad (14.8\text{-}15)$$

其中 W 为试样宽度；B 为厚度；U 代表 P-Δ 曲线（图 14.8-2）下的面积，也就是

$$U = \int P \mathrm{d}\Delta \quad (14.8\text{-}16)$$

其中 P 是加载点的载荷（单位厚度的力）；Δ 为同一点的位移。当观察到裂纹扩展的起始时，E-积分的值被记为准晶的断裂韧性。

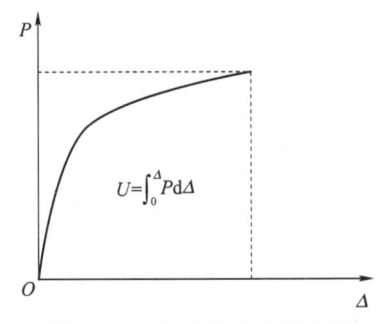

图 14.8-2 变形能试样示意图

如果不存在相位子场，材料即为普通结构材料，包括晶体在内。在这种情形下，E-积分还原为寻常的 Eshelby 积分，或 J-积分，后者由 Rice[25] 和 Cherepanov[26] 在 Eshelby[13] 最早的工作发表 11 年后提出。Begley 和 Landes[27, 28] 发展了工程材料 J-积分的测试，对现在我们测量准晶的广义 Eshelby 积分值会有帮助。

参考文献

[1] Calliard D. Dislocation mechanism and plasticity of quasicrystals: TEM

observations in icosahedral Al-Pd-Mn[J]. Materials Sci. Forum, 2006, 509(1): 49-56.
[2] Geyer B, Bartisch M, Feuerbacher M, et al. Plastic deformation of icosahedral Al-Pd-Mn single quasicrystals, I. Experimental results[J]. Phil. Mag. A, 2000, 80(7): 1151-1164.
[3] Messerschmidt U, Bartisch M, Geyer B, et al. Plastic deformation of icosahedral Al-Pd-Mn single quasicrystals, II, Interpretation of experimental results[J]. Phil. Mag. A, 2000, 80(7): 1165-1181.
[4] Urban K, Wollgarten M. Dislocation and plasticity of quasicrstals[J]. Materials Sci. Forum, 1994, 150-151(2): 315-322.
[5] Wollgarten M, Bartsch M, Messerschmidt U, et al. In-situ observation of dislocation motion in icosahedral Al-Pd-Mn single quasicrystals[J]. Phil. Mag. Lett., 1995, 71(1): 99-105.
[6] Feuerbacher M, Bartsch B, Grushk B, et al. Plastic deformation of decagonal Al-Ni-Co quasicrystals[J]. Phil. Mag. Lett., 1997, 76(4): 396-375.
[7] Messerschmidt U, Bartsch M, Feuerbacher M, et al. Friction mechanism ofdislocation motion in icosahedral Al-Pd-Mn single quasicrystals[J]. Phil. Mag. A, 79(11): 2123-2135.
[8] Fan T Y, Trebin H-R, Messerschmidt U, et al. Plastic flow coupled with a Griffith crack in some one-and two-dimensional quasicrystals[J]. J. Phys. : Condens. Matter, 2004, 16(47): 5229-5240.
[9] Feuerbacher M, Urban K. Platic behaviour of quasicrystalline materials, in : Quasicrystals[M]. Berlin: Wiley Press, 2003.
[10] Guyot P, Canova G. The plasticity of icosahedral quasicrystals[J]. Phil. Mag. A, 1999, 79(11): 2815-2822.
[11] Feuerbacher M, Schall P, Estrin Y, et al. A constitutive model for quasicrystal plasticity[J]. Phil. Mag. Lett, 2001, 81(7): 473-482 .
[12] Estrin Y. Unified Constitutive Laws of Plastic Deformation[M]. New York: Academic Press, 1996.
[13] Eshelby J D. The Continuum Theory of Dislocations in Crystals, Solid State Physics, Vol. 3[M]. New York: Academic Press, 1956.
[14] Fan T Y, Fan L. Plastic fracture of quasicrystals[J]. Phil. Mag., 2008, 88(4): 523-535.
[15] Dugdale D S. Yielding of steel sheets containing slits[J]. J. Mech. Phys.

Solids, 1960, 32(2): 105-108.
[16] Barenblatt G I. The mathematical theory of equilibrium of crack in brittle fracture[J]. Advances in Applied Mechanics, 1962, 7: 55-129.
[17] Li W, Fan T Y. Study on plastic analysis of crack problem of three-dimensional quasicrystalline materials[J]. Phil. Mag., 2009, 89(31): 2823-2831.
[18] Fan T Y, Mai Y W. Elasticity theory, fracture mechanics and some relevant thermal properties of quasicrystalline materials[J]. Appl. Mech. Rev., 2004, 57(5): 325-344.
[19] Fan T Y, Fan L. Relation between generalized Eshelby integral and generalized BCS and generalized DB models for some one- and two-dimensional quasicrystals[J]. Chin. Phys. B, , 2011, 20(4): 036102.
[20] Bilby B A. Cottrell A H, Swinden K H. The spread of plastic yield from a notch[J]. Proc. R. Soc. A, 1963, 272(2): 304-314.
[21] Bilby B A, Cottrell A H, Smith E, et al. Plastic yealding from sharp notches[J]. ibid, 1964, 279(1): 1-9.
[22] Muskhelishvili N I. Singular Integral Equations[M]. English translation by Radok J R M, Noordhoff, Groningen, 1956.
[23] Messerschmidt U. Dislocation Dynamics during Plastic Deformation[M]. Heidelberg: Springer-Verlag, 2010.
[24] Mong X M, Tong B Y, Wu Y K. Mechanical properties of quasicrystals $Al_{65}Cu_{20}Co_{15}$ [J]. Acta Metallurgica Sinica, A, 1994, 30(3): 61-64.
[25] Rice J R. A path independent integral and approximate analysis of strain concentration by notches and cracks[J]. J. Appl. Mech., 1968, 35(4): 379-386.
[26] Cherepanov G P. On crack propagation in solids[J]. Int. J. Solids and Structures, 1969, 5(8): 863-871.
[27] Begley G T, Landes J D. The J-integral as a fracture criterion, Fracture Toughness, ASTM STP 514[J]. American Society for Testing and Materials, Philadelphia, 1972: 1-20.
[28] Landes J D, Begley G T. The effect of specimen geometry on J_{IC}, Fracture Toughness, ASTM STP 514[J]. American Society for Testing and Materials, Philadelphia, 1972:24-29.

第15章 固体准晶断裂理论

固体准晶在常温和低温下很脆，研究其断裂问题很有意义。在前面各章中，许多裂纹问题得到研究，精确分析解、近似解和数值解都已分别求出，它们提供了讨论准晶断裂理论的基础。准晶裂纹的精确分析解意义特别重大，它们揭示这类材料的断裂特性的一些深刻本质。十次对称准晶 Griffith 裂纹的第一个精确解由李显方与范天佑[1]得到。接着，著者和他的学生[1-3]根据得到的各类典型裂纹问题的精确解的共同特性，发展了准晶线性弹性断裂理论。Trebin 等[4]从另外一个角度讨论了有关问题。后来范天佑等[5-7]得到三维二十面体准晶裂纹问题的分析解，范天佑等[8-10]得到准晶塑性裂纹的分析解，祝爱玉与范天佑等[11, 12]得到动态裂纹的数值解。准晶断裂韧性的测试也在我国开展，可参见孟祥敏等的论文[13]。这些丰富的信息，提供了对准晶断裂理论加以总结的素材，也呼唤我们进行总结。本章将承担这一任务，并且对准晶断裂理论的发展提出若干参考建议。

15.1 准晶线性弹性断裂理论

在不同章节中对准晶裂纹解的陈述揭示了裂纹顶端应力场和位移场的共同特征。所有一维、二维和三维准晶裂纹问题在线性弹性框架下的精确解对任意 x 和 y 的值都成立。另外，所得到的准晶动力学和非线性的裂纹精确解也具有这一特点。首先，我们发现线性弹性解。如第 8.1 节所指出的，在线性弹性和无限尖裂纹数学模型下，在裂纹顶端附近，即

$$r_1/a \ll 1 \qquad (15.1\text{-}1)$$

无论声子还是相位子的应力场呈现 $r_1^{-1/2}$ ($r_1 \to 0$)阶的奇异性，其他项同这一项相比，可以忽略。应力奇异性让人难以接受，但它是数学尖裂纹和线性弹性理论

这两个理想化模型的结果。若干研究者指出这一理论存在局限性，且存在方法论上的悖谬[1, 2]，这种批评无疑是正确的。然而，在可以预见的将来，出现更合理、更完美的断裂理论之前，我们还只能沿用存在缺陷的断裂理论。

如果暂时接受奇异性断裂理论，将聚焦裂纹顶端的场变量。如果在式（8.3-14）中仅考虑 $(r_1/a)^{-1/2}$ 阶的项，那么

$$\left.\begin{aligned}
\sigma_{xx} &= \frac{K_I^{\parallel}}{\sqrt{2\pi r_1}} \cos\frac{1}{2}\theta_1 \left(1 - \sin\frac{1}{2}\theta_1 \sin\frac{3}{2}\theta_1\right) \\
\sigma_{yy} &= \frac{K_I^{\parallel}}{\sqrt{2\pi r_1}} \cos\frac{1}{2}\theta_1 \left(1 + \sin\frac{1}{2}\theta_1 \sin\frac{3}{2}\theta_1\right) \\
\sigma_{xy} &= \sigma_{yx} = \frac{K_I^{\parallel}}{\sqrt{2\pi r_1}} \cos\frac{1}{2}\theta_1 \cos\frac{3}{2}\theta_1 \\
H_{xx} &= -\frac{d_{21}K_I^{\parallel}}{\sqrt{2\pi r_1}} \sin\theta_1 \left(2\sin\frac{3}{2}\theta_1 + \frac{3}{2}\sin\theta_1 \cos\frac{5}{2}\theta_1\right) \\
H_{yy} &= \frac{d_{21}K_I^{\parallel}}{\sqrt{2\pi r_1}} \frac{3}{2} \sin^2\theta_1 \cos\frac{5}{2}\theta_1 \\
H_{xy} &= -\frac{d_{21}K_I^{\parallel}}{\sqrt{2\pi r_1}} \frac{3}{2} \sin^2\theta_1 \sin\frac{5}{2}\theta_1 \\
H_{yx} &= \frac{d_{21}K_I^{\parallel}}{\sqrt{2\pi r_1}} \sin\theta_1 \left(2\cos\frac{3}{2}\theta_1 - \frac{3}{2}\sin\theta_1 \sin\frac{5}{2}\theta_1\right)
\end{aligned}\right\} \quad (15.1\text{-}2)$$

其中 $d_{21} = R(K_1 - K_2)/4(MK_1 - R^2)$，由第 8.3 节给出，并且

$$K_I^{\parallel} = \lim_{x \to a^+} \sqrt{2\pi(x-a)} \sigma_{yy}(x, 0) = \sqrt{\pi a}\, p \qquad (15.1\text{-}3)$$

这里

$$\sigma_{yy}(x, 0) = \begin{cases} p\left(\dfrac{x}{\sqrt{x^2 - a^2}} - 1\right), & |x| > a \\ -p, & |x| < a \end{cases} \qquad (15.1\text{-}4)$$

这是第 8.3 节和第 8.4 节的结果。式（15.1-3）是刻画准晶 I 型裂纹断裂性质的一个物理量。

广义外加表面应力 $h_i = H_{ij}n_j$ 与普通外加表面应力 $T_i = \sigma_{ij}n_j$ 一样，具有物理意义，只是目前尚未能测量得到，因而在列写边界条件时，都把它忽略了（即取 h_i 等于零），以至于我们只考虑声子场的应力强度因子 $K_I^{\parallel}$。尽管只计算了声子场的应力强度因子，但用它去刻画整个准晶材料的断裂行为，仍然是有意义

的，这点可以见下面的讨论。

还有一点很有意义，即如果外加应力构成自平衡力系，那么式（15.1-3）定义的应力强度因子 $K_{\mathrm{I}}^{\parallel}$ 与材料常数无关（这点与结构材料包括晶体一样），尽管如此，它仍然能够刻画准晶材料的断裂行为。

裂纹的位移场自然同材料常数紧密相关（这点和结构材料包括晶体一样），计算时必须区分不同的准晶系。

对点群 $5m$ 和 $10mm$ 准晶，由式（8.3-17），有

$$u_y(x,0) = \begin{cases} 0, & |x| > a \\ \dfrac{p}{2}\left(\dfrac{K_1}{MK_1 - R^2} + \dfrac{1}{L+M}\right)\sqrt{a^2 - x^2}, & |x| < a \end{cases} \quad (15.1\text{-}5)$$

$$w_y(x,0) = 0, \quad |x| < +\infty$$

裂纹存在引起的应变能为

$$\begin{aligned} W_I &= 2\int_0^a (\sigma_{yy}(x,0) \oplus H_{yy}(x,0)(u_y(x,0) \oplus w_y(x,0)) \mathrm{d}x \\ &= 2\int_0^a \sigma_{yy}(x,0) u_y(x,0) \mathrm{d}x \\ &= \dfrac{\pi a^2 p^2}{4}\left(\dfrac{1}{L+M} + \dfrac{K_1}{MK_1 - R^2}\right) \end{aligned} \quad (15.1\text{-}6)$$

下标"I"代表 I 型裂纹。

由第 8.3 节和第 8.4 节假定广义外加表面力 $h_i = H_{ij}n_j$ 不存在的情形下得到的结果表明，裂纹应变能不仅与声子弹性模量 $L = C_{12}$，$M = (C_{11} - C_{12})/2$ 有关，还与相位子弹性模量 K_1 以及声子-相位子耦合场弹性模量 R 有关。

类似于第 8.1 节，我们定义点群 $5m$ 和 $10mm$ 二维准晶裂纹应变能释放率（或称裂纹扩展力）为

$$\begin{aligned} G_I &= \dfrac{1}{2}\dfrac{\partial W_I}{\partial a} = \dfrac{\pi a p^2}{4}\left(\dfrac{1}{L+M} + \dfrac{K_1}{MK_1 - R^2}\right) \\ &= \dfrac{1}{4}\left(\dfrac{1}{L+M} + \dfrac{K_1}{MK_1 - R}\right)(K_I^{\parallel})^2 \end{aligned} \quad (15.1\text{-}7)$$

而对于点群 $5, \bar{5}$ 和 $10, \overline{10}$ 二维准晶，则为

$$\left. \begin{aligned} G_I &= \dfrac{L(K_1 + K_2) + 2(R_1^2 + R_2^2)}{8(L+M)c}(K_I^{\parallel})^2 \\ c &= M(K_1 + K_2) - 2(R_1^2 + R_2^2) \end{aligned} \right\} \quad (15.1\text{-}8)$$

对三维二十面体准晶

$$\left.\begin{aligned} G_\mathrm{I}^{\|} &= \frac{1}{2}\left(\frac{1}{\mu+\lambda}+\frac{c_7}{c_3}\right)(K_\mathrm{I}^{\|})^2 \\ c_1 &= \frac{R(2K_2-K_1)(\mu K_1+\mu K_2-3R^2)}{2(\mu K_1-2R^2)} \\ c_3 &= \mu(K_1-K_2)-R^2-\frac{(\mu K_2-R^2)^2}{\mu K_1-2R^2} \\ c_7 &= \frac{c_3 K_1+2c_1 R}{\mu K_1-2R^2} \end{aligned}\right\} \quad (15.1\text{-}9)$$

等等。

在上面的关系式中，对点群 $5m$ 和 $10mm$，由于 $L+M>0$，$MK_1-R^2>0$，$M+L>0$，裂纹能量 W_I 和裂纹能量释放率 G_I 都是正的，具有物理意义，对点群 $5,\bar{5}$ 和 $10,\overline{10}$ 以及三维二十面体准晶也是这样。

鉴于量 G_I 的物理意义鲜明，我们建议将

$$G_\mathrm{I} = G_\mathrm{IC} \quad (15.1\text{-}10)$$

作为裂纹起始扩展的判据，其中 G_IC 是能量释放率的临界值，为一材料常数，由实验测量得到。由于 G_I 的显式表达的可能性，G_IC 又便于测试，下一节将进一步讨论。上述结果在第 8 章和第 9 章及其参考文献中有详细叙述。

根据准晶材料裂纹的这些共同特点，这种材料的断裂理论基础得以建立起来。

15.2 建议的标准试样裂纹扩展力和它的临界值 G_IC 的测量

孟祥敏等[13]用非标准试样，即压痕方法，测量了十次对称 $Al_{65}Cu_{20}Co_{15}$ 准晶的断裂韧性，他们当时之所以这么做，原因之一，是当时还没有得到准晶的应力强度因子和能量释放率的公式。

在表征准晶的力学性能时，类似于普通结构材料，采用标准试样。这里推荐三点弯曲试样和紧凑拉伸试样测量 G_IC，后者如图 15.2-1 所示。而三点弯曲试样在图 14.8-2 中做了介绍。相应的 G_I 的表达式可以根据推广的式（15.1-7）和其他公式得到。

15.2.1 准晶材料三点弯曲试样的 G_I 和 G_IC 的表征

物理量 $K_\mathrm{I}^{\|}$ 在外加应力为自平衡力系时与材料常数无关，按照断裂力学，图 14.8-2 所示的试样，其应力强度因子为

$$K_{\mathrm{I}}^{\parallel} = \frac{PS}{BW^{3/2}}\left[29\left(\frac{a}{W}\right)^{1/2} - 4.6\left(\frac{a}{W}\right)^{3/2} + 21.8\left(\frac{a}{W}\right)^{5/2} - 37.6\left(\frac{a}{W}\right)^{7/2} + 38.7\left(\frac{a}{W}\right)^{9/2}\right]$$

(15.2-1)

式（15.1-17）推广到点群 5m 和 10mm 二维准晶得

$$G_{\mathrm{I}} = \frac{1}{4}\left(\frac{1}{L+M} + \frac{K_1}{MK_1 - R^2}\right)\frac{PS}{BW^{3/2}}\left[29\left(\frac{a}{W}\right)^{1/2} - 4.6\left(\frac{a}{W}\right)^{3/2} + 21.8\left(\frac{a}{W}\right)^{5/2} - 37.6\left(\frac{a}{W}\right)^{7/2} + 38.7\left(\frac{a}{W}\right)^{9/2}\right]$$

(15.2-2)

其中 S 为试样跨度；B 为试样的厚度；W 为试样的宽度；a 为裂纹长度，这个长度包括裂纹前端的机械缺口尺寸；P 为外载荷（单位长度的力）。G_{IC} 的值可通过测量外力的临界值 P_{C} 得到。对其他准晶可以类似地得到相应的结果。

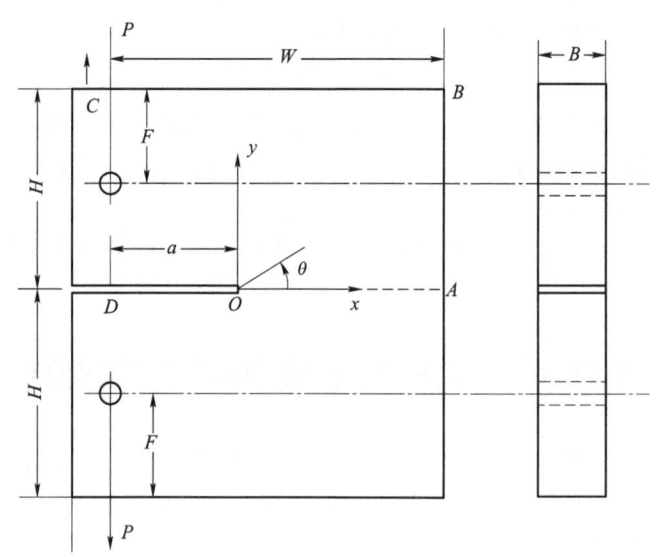

图 15.2-1 准晶材料的紧凑拉伸试样

15.2.2 准晶材料紧凑拉伸试样 G_{IC} 的标定

可以发现，紧凑拉伸试样的应力强度因子为

$$K_{\mathrm{I}}^{\parallel} = \frac{PS}{BW^{3/2}}\left[29.6\left(\frac{a}{W}\right)^{1/2} - 185.5\left(\frac{a}{W}\right)^{3/2} + 655.7\left(\frac{a}{W}\right)^{5/2} - 1017.0\left(\frac{a}{W}\right)^{7/2} + 638.9\left(\frac{a}{W}\right)^{9/2}\right]$$

(15.2-3)

因而，对点群 $5m$ 和 $10mm$ 二维准晶，有能量释放率

$$G_{\mathrm{I}} = \frac{1}{4}\left(\frac{1}{L+M} + \frac{K_1}{MK_1 - R^2}\right)\frac{P}{BW^{3/2}}\left[29.6\left(\frac{a}{W}\right)^{1/2} - \right.$$
$$185.5\left(\frac{a}{W}\right)^{3/2} + 655.7\left(\frac{a}{W}\right)^{5/2} - \qquad (15.2\text{-}4)$$
$$\left.1017.0\left(\frac{a}{W}\right)^{7/2} + 638.9\left(\frac{a}{W}\right)^{9/2}\right]$$

其中 W，a 的意义与上面的相同；P 为集中力。G_{IC} 的值由测量外力的临界值 P_{C} 得到。其他准晶的相应的物理量可以类似地得到。

15.3 非线性断裂理论

对于准晶材料非线性变形情形，应力强度因子和能量释放率已经不能刻画材料的断裂行为，而必须进行弹塑性分析。裂纹的弹塑性的严格解，除了个别特殊情形外，一般不可能得到。幸运的是，这一困难问题在第 14 章进行了详细讨论，这里只罗列其中的几个要点。

我们用裂纹顶端张开位移或 Eshelby 积分取代应力强度因子和能量释放率，作为刻画在准晶非线性变形情形下裂纹顶端的力学参量。这些力学量与材料常数关系密切，所以必须针对具体的准晶系进行讨论。

对一维六方准晶，III 型裂纹顶端滑开位移为（二十面体准晶、立方准晶类似）

$$\delta_{\mathrm{III}} = \frac{4K_2\tau_c a}{\pi(C_{44}K_2 - R_3^2)}\ln\sec\frac{\pi\tau_1}{2\tau_c} \qquad (15.3\text{-}1)$$

对点群 $5m$ 和 $10mm$ 二维准晶，裂纹顶端张开位移为

$$\delta_{\mathrm{I}} = \frac{2\sigma_c a}{\pi}\left(\frac{1}{L+M} + \frac{K_1}{MK_1 - R^2}\right)\ln\sec\frac{\pi p}{2\sigma_c} \qquad (15.3\text{-}2)$$

对三维二十面体准晶，裂纹顶端张开位移为

$$\delta_{\mathrm{I}} = \lim_{x\to l}2u_y(x,0) = \lim_{\varphi\to\varphi_2}2u_y(x,0) = 2\left(\frac{1}{\lambda+\mu} + \frac{c_4}{c_2}\right)\cdot\frac{\sigma_s a}{\pi}\cdot\ln\sec\left(\frac{\pi p}{2\sigma_s}\right)$$

$$(15.3\text{-}3)$$

其中

$$c_2 = \mu(K_1 - K_2) - R^2 - \frac{(\mu K_2 - R^2)^2}{\mu K_1 - 2R^2}, \quad c_4 = c_1 R + \frac{1}{2} c_2 \left(K_1 + \frac{\mu K_1 - 2R^2}{\lambda + \mu} \right)$$

(15.3-4)

和

$$c_1 = \frac{R(2K_2 - K_1)(\mu K_1 + \mu K_2 - 3R^2)}{2(\mu K_1 - 2R^2)}$$

图 15.3-1 展示了二十面体准晶裂纹顶端张开位移随外加应力的变化,同时给出了和晶体解的对比。

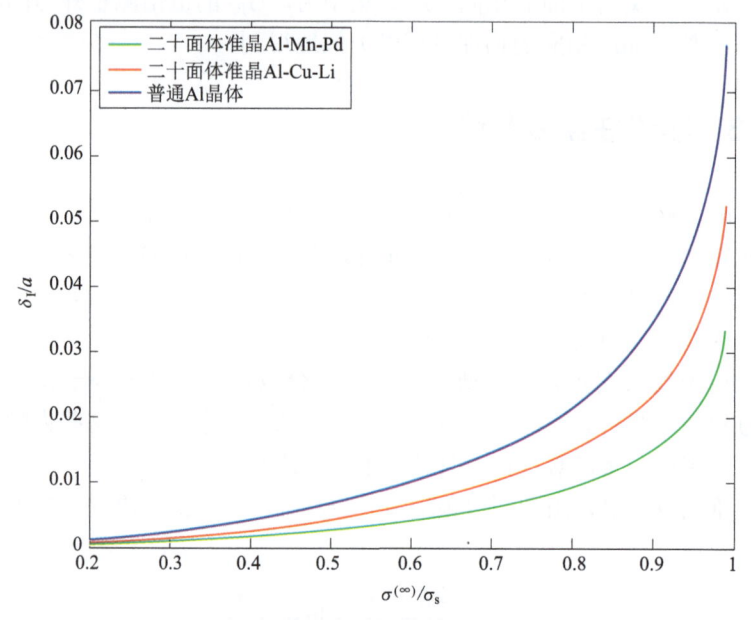

图 15.3-1 二十面体准晶裂纹顶端张开位移随外加应力的变化以及同晶体解的对比

一维六方准晶反平面问题裂纹顶端塑性区的尺寸为（二十面体和立方准晶反平面问题类似）

$$d = a\left(\sec\frac{\pi \tau_1}{2\tau_c} - 1 \right)$$

点群 5m 和 10mm 二维准晶的裂纹顶端塑性区的尺寸为 $d = a\left(\sec\dfrac{\pi p}{2\sigma_c} - 1 \right)$，等等。

以上结果都是带裂纹无限大物体问题的解,对具体试样和结构,还需要考虑有限边界的影响,必须做进一步的分析。

对Ⅰ型裂纹，有非线性断裂判据

$$\delta_\mathrm{I} = \delta_\mathrm{IC} \tag{15.3-5}$$

对Ⅱ型与Ⅲ型裂纹，有类似的判据，见第 14 章的讨论。如第 14 章的讨论，Eshelby 积分也可以作为非线性断裂分析的一个参量，从而建立断裂判据，详细讨论可以查看第 14 章。

非线性断裂韧性的测量见第 14 章的附录，这里不再重复。

15.4 动态断裂理论

在第 10 章提到，准晶动态研究是一个困难课题，自然，动态断裂研究也是如此。

尽管困难，第 10 章仍然提供了若干有意义的结果。

采用简化的弹性-/流体-动力学方程组，准晶裂纹动态起始扩展问题得到有限差分数值分析，刻画裂纹动态起始扩展的动态应力强度因子得以确定，并且在第 10 章中给予介绍。其中的一个结果如图 15.4-1 所示。

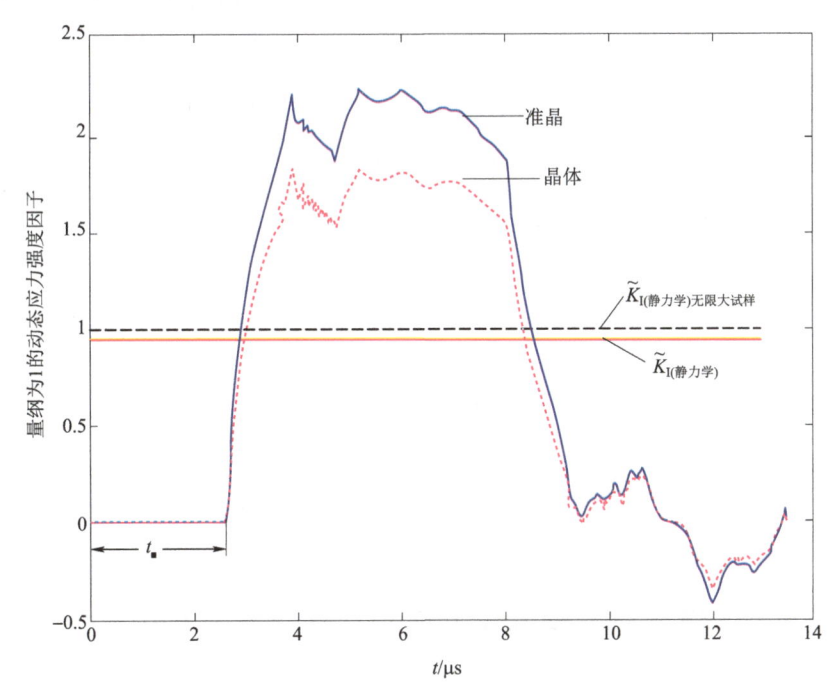

图 15.4-1 在 Heaviside 冲击载荷下，三维二十面体 Al-Pd-Mn 准晶的动态应力强度因子随时间的演化以及同晶体解的对比

根据这些结果，可以建立裂纹动态起始扩展的判据

$$K_\mathrm{I}(t) = K_\mathrm{Id}(\dot{\sigma}) \quad (15.4\text{-}1)$$

其中 $K_\mathrm{I}(t)$ 为动态应力强度因子，由计算得到；$K_\mathrm{Id}(\dot{\sigma})$ 代表裂纹动态起始扩展的断裂韧性值，是加载速率 $\dot{\sigma}$ 的函数。

对快速传播/止裂问题，中心裂纹的动态应力强度因子如图 15.4-2 所示。对这类问题，有断裂/止裂判据

$$K_\mathrm{I}(t) \leqslant K_\mathrm{ID}(V) \quad (15.4\text{-}2)$$

其中 $K_\mathrm{I}(t)$ 为动态应力强度因子；$K_\mathrm{ID}(V)$ 为快速传播/止裂问题的断裂韧性，是裂纹速度 $V = \mathrm{d}a/\mathrm{d}t$ 的函数。在式（15.4-2）中，等号表示传播条件，小于号为止裂条件。

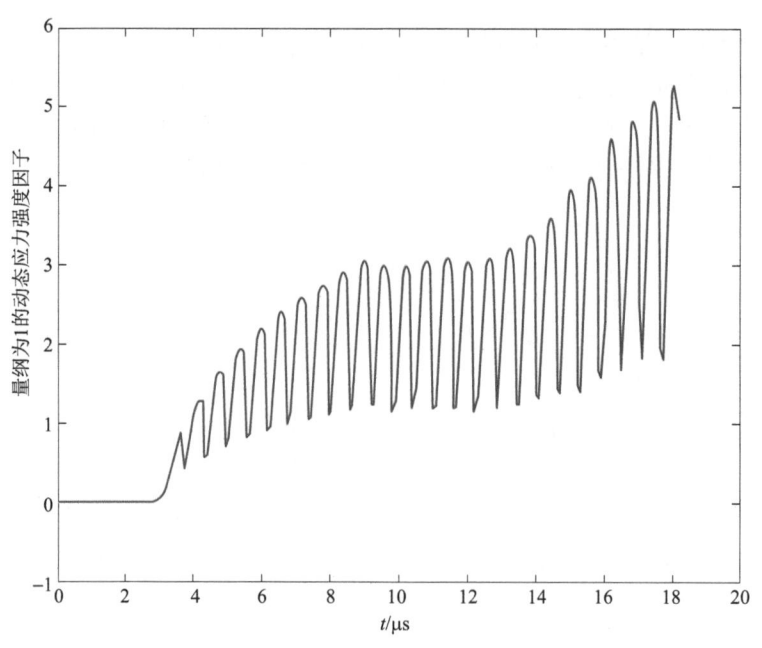

图 15.4-2 Al-Pd-Mn 二十面体准晶中心裂纹试样在常裂纹速度情形下的量纲为 1 的动态应力强度因子的时间演化关系

15.5 固体准晶材料断裂韧性和有关力学性能的测量

文献 [13] 报道了采用压痕方法测量二维十次对称 $Al_{65}Cu_{20}Co_{15}$ 准晶和三维二十面体 Al-Li-Cu 准晶的力学性能。

15.5.1 断裂韧性

断裂韧性是指让材料局部受压，围绕压痕，当应力超过一定数值时，将出现裂纹，这描述了此种状况下，材料发生断裂的能力。当裂纹长度 $2a$ 超过压痕的对角线长度 $2c$ 时，材料断裂韧性可以按下式计算

$$K_{IC} = 0.203 HV \sqrt{c} (\sqrt[3]{c/a}) \tag{15.5-1}$$

其中 HV 为材料的硬度，显然这只是一个经验公式。

上述论文的作者对二维十次对称 Al-Ni-Co 准晶的测量结果为

$$K_{IC} = 1.0 \sim 1.2 \, \text{MPa}\sqrt{m} \tag{15.5-2}$$

其中 $HV = 11.0 \sim 11.5\,\text{GPa}$，而对二十面体 Al-Li-Cu 准晶，得到

$$K_{IC} = 0.94 \, \text{MPa}\sqrt{m} \tag{15.5-3}$$

其中 $HV = 4.10\,\text{GPa}$。

马德林等[14]测量了大量黑色金属的断裂韧性，它们的断裂韧性值比准晶的断裂韧性值高得多。有色金属的断裂韧性也很高，例如 Al 合金，为 $33\,\text{MPa}\sqrt{m}$，见范天佑的著作[15]。经过对比，使我们认识到准晶很脆。

本书著者认为，用压痕测量准晶的断裂韧性是非常近似的，因为式 (15.5-1) 是一个经验公式。测量最好以应力强度因子公式为基础，可以提高测量精度。

15.5.2 准晶拉伸强度的测量

以上论文的作者建议拉伸强度 σ_c 用公式

$$\sigma_c = 0.187 P/a^2 \tag{15.5-4}$$

测量，他们得到文献［13］记载的结果。对于二维十次对称 Al-Ni-Co 准晶，在回火前

$$\sigma_c = 450 \, \text{MPa} \tag{15.5-5}$$

而在回火后

$$\sigma_c = 550 \, \text{MPa} \tag{15.5-6}$$

图 15.5-1 给出了试样内部结构电子扫描电镜图像，图 15.5-2 显示压痕裂纹在 $100g$ 载荷下，回火前与回火后电子扫描图形，图 15.5-3 为二维十次对称 $Al_{65}Cu_{20}Co_{15}$ 准晶断裂面的电子扫描图形。

(a)   (b)

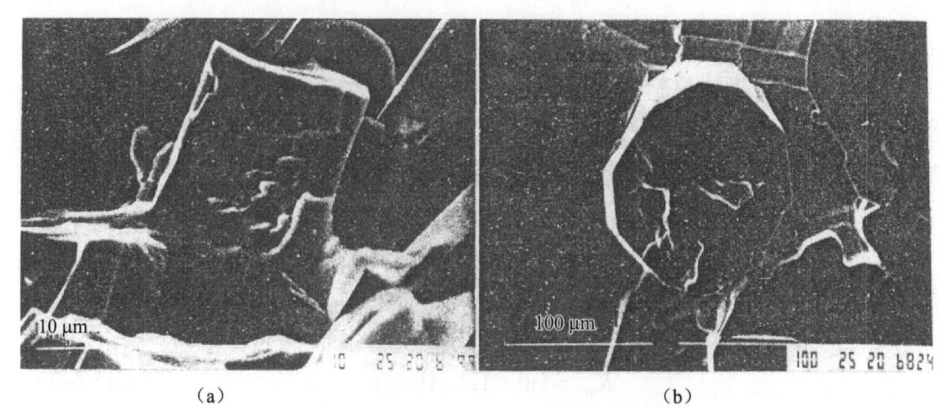

图 15.5-1   洞内晶粒电子扫描电镜形貌图
（a）具有完全基面的棱柱晶粒；（b）具有完全棱柱面的晶粒

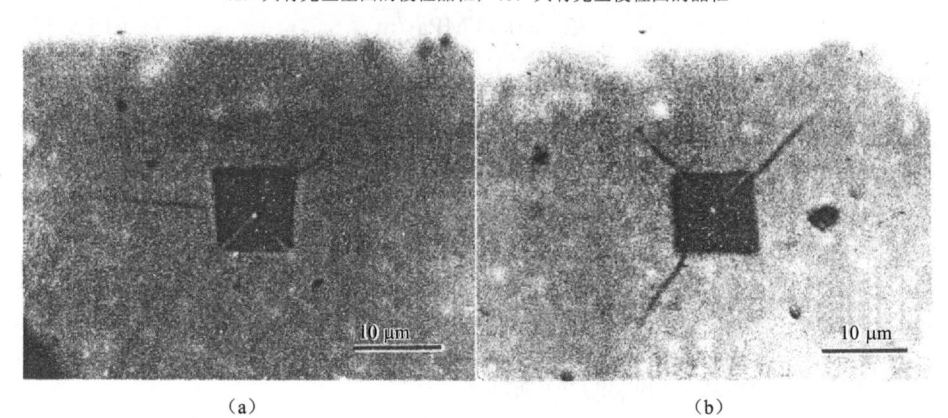

(a)   (b)

图 15.5-2   在 $100\,g$ 载荷下裂纹形貌图
（a）回火前；（b）在 850 ℃下，36 h 回火后

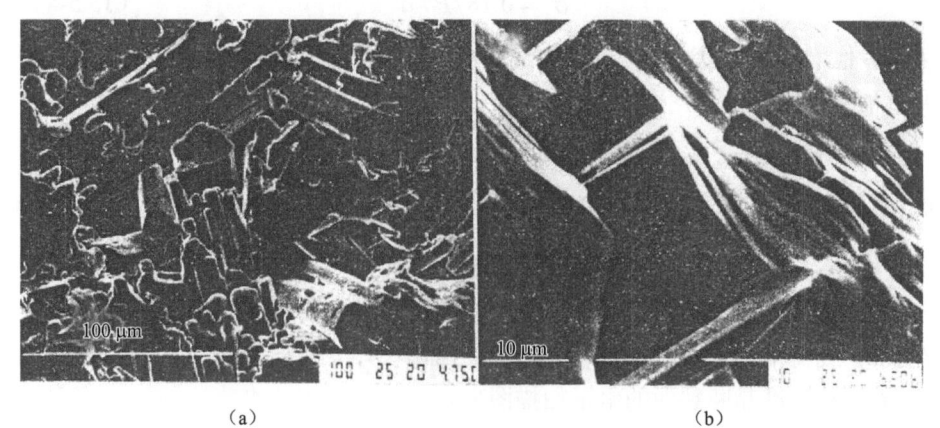

(a)   (b)

图 15.5-3   二维十次对称 $Al_{65}Cu_{20}Co_{15}$ 准晶晶粒断裂面的图形
（a）电子扫描图形；（b）放大图

参考文献

[1] Li X F, Fan T Y, Sun Y F. A decagonal quasicrystal with a Griffith crack [J]. Phil. Mag. A, 1999, 79(8): 1943-1952.

[2] 范天佑. 准晶弹性与缺陷的数学理论[J]. 力学进展, 2000, 30(2): 161-174.

[3] Fan T Y, Mai Y W. Theory of elasticity, fracture mechanics and some relevant thermal properties of quasicrystalline materials [J]. Appl. Mech. Rev., 2004, 57(5): 235-244.

[4] Rudhart C, Gumsch, Trebin H R. Crack Propagation in Quasicrystals, Quasicrystals [M]. Berlin: Wiely Press, 2003.

[5] Fan T Y, Guo L H. The final governing equation of plane elasticity of icosahedral quasicrystals [J]. Phys. Ltte. A, 2005, 341(5): 235-239.

[6] Zhu A Y, Fan T Y. Elastic analysis of Mode II Griffith crack in an icosahedral quasicrystal [J]. Chinese Physics, 2007, 16(4): 1111-1118.

[7] Li L H, Fan T Y. Complex variable method for plane elasticity of icosahedral quasicrystals and elliptic notch problem [J]. Science in China, G, 2008, 51(6): 1-8.

[8] Fan T Y, Fan L. Plastic fracture of quasicrystals [J]. Phil. Mag., 2008, 88(4): 323-335.

[9] Fan T Y, Fan L. The relation between generalized Eshelby energy-momentum tensor and generalized BCS and DB models [J]. Chinese Physics B, 2011, 20(4): 036102.

[10] Li W, Fan T Y. Study on plastic analysis of crack problem decagonal Al-Ni-Co quasicrystals of point group 10, $\overline{10}$ [J]. J Int Mod Physics B, 2009, 23(16): 1989-1999.

[11] Zhu A Y, Fan T Y. Dynamic crack propagation of decagonal Al-Ni-Co decagonal quasicrystals [J]. J. Phys.: Condens. Matter, 2008, 20(29): 295217.

[12] Wang X F, Fan T Y, Zhu A Y. Dynamic behaviour of the icosahedral Al-Pd-Mn quasicrystals with a Griffith crack [J]. Chin. Phys. B, 2009, 18(2): 709-714.

[13] 孟祥敏, 佟百运, 吴玉琨. $Al_{65}Cu_{20}Co_{15}$ 准晶的力学性能[J]. 金属学报, 1994, 30 (1): 61-64.

[14] 马德林. 普通黑色金属断裂力学性能手册 [M]. 北京：兵器工业出版社，1994.
[15] 范天佑. 断裂理论基础 [M]. 北京：科学出版社，2003.
[16] Fan T Y, Tang Z Y, Chen W Q. Theory of linear, nonlinear and dynamic fracture of quasicrystalline materials [J]. Eng Fract Mech, 2012, 82(2): 185-194.

第16章 固体准晶广义流体动力学简介

准晶广义流体动力学（Generalized hydrodynamics），是准晶理论中的很重要的部分，见 Lubensky 等的参考文献 [1, 2]。虽然在第 10 章研究固体准晶弹性与缺陷动力学时，已经初步涉及了准晶的流体动力学，但是那里对准晶流体动力学的讨论还很简单，它可以说是一种特殊形式的准晶流体动力学，由 Rochal 和 Norman [3]、范天佑等 [4] 提出，也可以说是对原创始者 Lubensky 等 [1, 2] 的准晶流体动力学的一个简写版，那里仅仅涉及相位子场耗散运动学系数 Γ_w。它刻画了相位子场的耗散（弛豫）性质，$1/\Gamma_w$ 代表相位子场的扩散系数。从流体动力学（Hydrodynamics）的观点考虑，相位子场代表扩散，而不代表波传播。那里的讨论仅此而已。而固体流体动力学的内容则根本没有涉及。固体流体动力学在准晶发现之前就已有很多研究，例如 Martin 等 [5]、Fleming 和 Cohen [6]。固体流体动力学可以用简单的方式说明（即由于考虑了固体黏性，场变量数目扩大，场方程的数目也必须扩大），其深层次的讨论涉及对称性破缺原理。为简单起见，下面先从通俗的方式谈起。

本书前 15 章专门讨论固体准晶的弹性和少量塑性问题，没有过多涉及流体动力学。但是现在我们不仅研究固体准晶，还要研究软物质准晶，必然涉及流体动力学。但是软物质和软物质准晶的流体动力学，与固体准晶的流体动力学，有相关之处，又有本质的不同。这些讨论，必须牵扯许多相关领域。这些相关领域有：经典（普通）流体力学、固体的黏性及其他耗散、凝聚态物理学的 Poisson 括号、Lie 群和 Lie 代数、热力学和统计物理学等。

下面先介绍固体黏性耗散，再进一步写出普通固体（晶体）的流体动力学方程，最后介绍准晶流体动力学方程，这样是否便于读者理解？这只是我们的一个设想。有关推导需要用凝聚态物理学的 Poisson 括号方法，将在主附录Ⅲ中详细介绍。

16.1 固体的黏性

前 13 章讨论的是弹性，它的变形是可逆的，第 14 章讨论的塑性，变形是不可逆的。塑性变形不可逆，是因为有耗散存在。这里讨论另外一种耗散，它同固体的黏性有关。固体的黏性，在形式上与流体的有些相似[7]。在讨论固体的黏性时，要引进质点的速度 $V = (V_x, V_y, V_z)$ 和变形速度张量

$$\dot{\xi}_{ij} = \frac{1}{2}\left(\frac{\partial V_i}{\partial x_j} + \frac{\partial V_j}{\partial x_i}\right) \quad (16.1\text{-}1)$$

而黏性应力张量在各向同性黏性情形为

$$\sigma'_{ij} = 2\eta_L\left(\dot{\xi}_{ij} - \frac{1}{3}\dot{\xi}_{kk}\delta_{ij}\right) + \eta_T \dot{\xi}_{kk} \delta_{ij} \quad (16.1\text{-}2)$$

其中 η_L 为纵向黏性系数；η_T 为横向黏性系数。式（16.1-2）相当于固体黏性的本构方程。

在各向异性黏性情形下，应力的本构方程为

$$\sigma'_{ij} = 2\eta_{ijkl} \dot{\xi}_{kl} \quad (16.1\text{-}3)$$

其中 η_{ijkl} 为各向异性黏性系数张量。式（16.1-1）～式（16.1-3）与流体在本质上不同，在后面讨论软物质时，会进一步指出。

固体黏性也可以用耗散函数 R 表示，即

$$R = \frac{1}{2}\eta_{ijkl} \dot{\xi}_{ij} \dot{\xi}_{kl} \quad (16.1\text{-}4)$$

那么

$$\sigma'_{ij} = \frac{\partial R}{\partial \dot{\xi}_{ij}} \quad (16.1\text{-}5)$$

这里耗散函数在形式上与弹性应变能密度很相似，黏性常数张量与弹性常数张量很相似。同时，各向同性黏性常数张量可以写成

$$\eta_{ijkl} = \left(\eta_L - \frac{4}{3}\eta_T\right)\delta_{ij}\delta_{kl} + \eta_T\left(\delta_{ik}\delta_{jl} + \delta_{il}\delta_{jk} - \frac{2}{3}\delta_{ij}\delta_{kl}\right) \quad (16.1\text{-}6)$$

上面引入固体黏性后，固体中对应于弹性的场仍然存在，因而总的场变量数目增加了，自然，场方程的数目需要扩大，否则，场变量和场方程的数目不相等，问题将不相容。下面从对称性破缺的原理进一步说明。

16.2 晶体广义流体动力学方程，对称性破缺

一般的读者也许会提出问题：为什么固体也存在流体动力学问题？从表面上看，引进固体的黏性，就可以讨论固体的广义流体动力学。从更深层次去讨论，可以拿固体与普通流体做对比。普通流体由质量守恒、动量守恒和能量守恒定律就能建立其基本方程（只有 5 个流体动力学变量，共 5 个方程，见第 19 章附录）。晶体不同于普通流体，由于对称性破缺，平移不变性不存在了，因而三个位移分量成了新的流体动力学变量，这时必须补充三个方程。即在质量守恒定律

$$\frac{\partial \rho(r,t)}{\partial t} = -\nabla_i(r)(\rho V_i) \qquad (16.2\text{-}1)$$

动量守恒定律

$$\left. \begin{aligned} \frac{\partial g_i(r,t)}{\partial t} &= -\nabla_k(r)(V_k g_i) + \nabla_j(r)(\eta_{ijkl}\nabla_k(r)g_j) - \\ &\quad (\delta_{ij} - \nabla_i(r)u_j)\frac{\delta H}{\delta u_i} - \rho\nabla_i(r)\frac{\delta H}{\delta \rho} \\ g_j &= \rho V_j \end{aligned} \right\} \qquad (16.2\text{-}2)$$

之外，补充声子耗散（弛豫）方程

$$\frac{\partial u_i(r,t)}{\partial t} = -V_j\nabla_j(r)u_i - \Gamma_u\frac{\delta H}{\delta u_i(r,t)} + V_i \qquad (16.2\text{-}3)$$

其中 Hamilton 量为

$$\left. \begin{aligned} H &= \int\left[\frac{g^2}{2\rho} + \frac{1}{2}A\left(\frac{\delta\rho}{\rho_0}\right)^2 + B\left(\frac{\delta\rho}{\rho_0}\right)\nabla\cdot\boldsymbol{u}\right]\mathrm{d}^d r + F_u \\ \boldsymbol{g} &= \rho\boldsymbol{V} \end{aligned} \right\} \qquad (16.2\text{-}4)$$

其中 $\mathrm{d}^d r$ 代表积分体积元；上标 d 表示空间的维数；Γ_u 为声子的耗散系数；A, B 为与质量密度有关的材料模量；F_u 为声子弹性变形能。这里把能量方程省略了，因为后面的讨论可以不使用它。

式（16.2-3）包括三个方程，它们超出了经典流体力学范畴，也超出了经典固体力学范畴，其机理可以从扩散的观点去理解（因为扩散是一种耗散，一般认为这是一种与耗散有关的运动即可），具体推导时，需要用凝聚态物理学的 Poisson 括号方法进行，这一方法是苏联 Landau 学派所创立和发展的。美国和法国的液晶学派也发展了这一方法。不过以上方程的边界条件无人讨论过，其实这

些方程的边值问题存在巨大困难。下一节还会讨论。这些讨论由主附录Ⅲ介绍。

16.3 固体准晶广义流体动力学方程

上一节对普通固体（晶体）的流体动力学做了初步介绍，现在讨论固体准晶的流体动力学。

Lubensky 等[1, 2]采用 Poisson 括号推导了固体准晶流体动力学方程。与普通晶体相比，固体准晶出现了相位子自由度，因而有4组方程，即质量守恒方程、动量守恒方程、声子耗散（弛豫）方程和相位子耗散（弛豫）方程（如果不计能量方程的话）。质量守恒方程为

$$\frac{\partial \rho(r,t)}{\partial t} = -\nabla_i(r)(\rho V_i) \quad (16.3\text{-}1)$$

动量守恒定律为

$$\left.\begin{aligned}\frac{\partial g_i(r,t)}{\partial t} &= -\nabla_k(r)(V_k g_i) + \nabla_j(r)(\eta_{ijkl}\nabla_k(r)g_l) - \\ & (\delta_{ij} - \nabla_i(r)u_j)\frac{\delta H}{\delta u_j} + \nabla_i(r)w_j\frac{\delta H}{\delta w_j} - \rho\nabla_i(r)\frac{\delta H}{\delta \rho} \\ g_j &= \rho V_j\end{aligned}\right\} \quad (16.3\text{-}2)$$

声子耗散（弛豫）方程为

$$\frac{\partial u_i(r,t)}{\partial t} = -V_j\nabla_j(r)u_i - \Gamma_u\frac{\delta H}{\delta u_i(r,t)} + V_i \quad (16.3\text{-}3)$$

相位子耗散（弛豫）方程为

$$\frac{\partial w_i(r,t)}{\partial t} = -V_j\nabla_j(r)w_i - \Gamma_w\frac{\delta H}{\delta w_i(r,t)} \quad (16.3\text{-}4)$$

虽然后两个方程描写的是声子和相位子耗散过程，它们之间也有原则上的区别，在主附录Ⅲ中会详细推导和讨论。上面的符号中，η_{ijkl}是固体黏性系数张量，也可以说是动量的耗散系数，而Γ_u和Γ_w为声子和相位子的耗散系数，另外，Hamilton H量的定义如下：

$$\left.\begin{aligned}H &= \int\left[\frac{g^2}{2\rho} + \frac{1}{2}A\left(\frac{\delta\rho}{\rho_0}\right)^2 + B\left(\frac{\delta\rho}{\rho_0}\right)\nabla\cdot\boldsymbol{u}\right]\mathrm{d}^d r + F_u + F_w + F_{uw} \\ \boldsymbol{g} &= \rho\boldsymbol{V}\end{aligned}\right\} \quad (16.3\text{-}5)$$

式（16.3-5）中的积分代表动量和质量密度的贡献，后三项为声子、相位子和

声子–相位子耦合的弹性势能，积分变量的上标代表维数。式（16.3-1）～式（16.3-4）就是固体准晶广义流体动力学的运动方程，场变量为质量密度 ρ、速度 V_i（或者动量 ρV_i）、声子位移 u_i 和相位子位移 w_i。为写出 Hamilton 量 H（16.3-5）的显式，必须给出准晶的本构方程，这在前 13 章已经详细讨论过，这里不再重复，上式中 A,B 代表两个新的材料模量，刻画与质量密度有关的量。

以上方程为 Lubensky 等[1]在 1985 年推导出来的，但是没有公布推导的细节。由于他们的论文是这方面的第一篇论文，因而被广泛引用，但是争论和讨论也存在，见文献 [3，8，9]。由于这些方程非常复杂，若包括变形几何和本构方程在内，共有 52 个场变量和场方程，而且是变分–微分方程，很难求解，似乎从未见到过它们的任何解析解。Walz[10] 用有限差分法，针对最简单的一维问题做过数值求解，发现质量密度 ρ 的变化非常小，$\Delta\rho/\rho$ 在 10^{-10} 数量级。根据这种结果，不妨用不可压缩假定 $\rho = \text{const}$，那么以上方程可以化简，甚至可以求解析解。

16.4 一个没有解决的困难问题

上面列写的方程极其复杂，这固然是问题困难的一个方面，更大的困难在于与这些方程相应的边界条件和边值问题的可解性尚不清楚。第 16.3 节的方程已经提出 29 年，似乎未曾得到系统求解，估计其困难在于边界条件不清楚，而不是方程本身复杂。这一问题也影响到第 19 章和 20 章，那里出现了相类似的问题。这些问题不解决，研究工作难以取得实质性的进展。

16.5 数值计算举例

准晶广义流体动力学方程是一种微分–变分方程，很复杂，到目前为止，尚未见到过它的解析解，也许，不对它做若干简化之后，不可能解析求解，当然，更困难的是，相应的边界条件不清楚。Walz[10] 针对一维情形，即

$$\boldsymbol{u} = (0,0,u_z), \quad \boldsymbol{w} = (0,0,w_z), \quad \boldsymbol{V} = (0,0,V_z) \tag{16.5-1}$$

消去变形速度张量、应变张量、弹性应力张量和黏性应力张量的分量后，基本方程化成

$$\frac{\partial \rho}{\partial t} = -\frac{\partial(\rho V_z)}{\partial z}$$

$$\frac{\partial(\rho V_z)}{\partial t} = \eta \frac{\partial^2(\rho V_z)}{\partial z^2} + (\lambda + 2\mu - B)\frac{\partial^2 u_z}{\partial z^2} + R\frac{\partial^2 w_z}{\partial z^2} - \frac{1}{\rho_0}(A-B)\frac{\partial(\delta\rho)}{\partial z}$$

$$\frac{\partial u_z}{\partial t} = V_z + \varGamma_u \left[(\lambda + 2\mu) \frac{\partial^2 u_z}{\partial z^2} + \frac{B}{\rho_0} \frac{\partial(\delta\rho)}{\partial z} + R \frac{\partial^2 w_z}{\partial z^2} \right]$$

$$\frac{\partial w_z}{\partial t} = \varGamma_w \left[(K_1 + K_2) \frac{\partial^2 w_z}{\partial z^2} + R \frac{\partial^2 u_z}{\partial z^2} \right]$$

（16.5-2）

他用有限差分法进行过数值求解。

很显然，如果忽略黏性、质量密度的变化，这时声子就没有耗散，因而式 (16.3-2) 就还原为第 10 章讨论过的特殊的弹性-/流体-动力学方程。可见前 13 章的弹性解仍然是现在研究的一个基础。

Walz[10] 计算的是二十面体准晶，采用如下材料常数：

$\rho_0 = 5.08\,\mathrm{g/cm^3}$，$\lambda = 85\,\mathrm{GPa}$，$\mu = 65\,\mathrm{GPa}$，$K_1 = 0.044\,\mathrm{GPa}$，
$K_2 = -0.0396\,\mathrm{GPa}$，$R = 0.2\,\mathrm{GPa}$，
$A = 1\,\mathrm{GPa}$，$B = 1\,\mathrm{GPa}$，$\eta/\zeta = 1\,\mathrm{cm^2/s}$，$\varGamma_u = 4.8 \times 10^{-17}\,\mathrm{m^3 s/kg}$，
$\varGamma_w = 4.8 \times 10^{-19}\,\mathrm{m^3 s/kg}$

他计算的一维问题，相当于计算一个半无限长线条，在左端给出固定边界条件，初始条件为一个冲击（delta 函数）。由于他并没有给出详细的边界条件，人们无法了解他的具体计算，对其计算结果也表示怀疑。他的计算表明，质量密度的变化值 $\delta\rho(t)/\rho_0 \sim 10^{-10}$，这说明可以认为质量密度为常数。同时，动量的计算结果也很小，$\rho V(t)/\rho_0 V_0 \sim 10^{-10}$。另外，量纲为 1 的相位子位移比量纲为 1 的声子位移小一个数量级。

16.6 结论与讨论

以上对著名的 Lubensky 固体准晶广义流体动力学做了初步介绍，很显然它是美国凝聚态物理学派 Martin 等[5] 和 Fleming 与 Cohen[6] 的晶体广义流体动力学的发展，前者发表在准晶发现之前。Lubensky 是该学派中的核心代表人物。在准晶发现前，该学派在液晶等方面做了许多工作，准晶发现一经报道，他们就得到这些新型方程，由于其采用凝聚态物理学的 Poisson 括号推导，很严谨。我们介绍它的目的是为后面将要讨论的软物质和软物质准晶流体动力学作为借鉴，希望读者注意固体黏性耗散、声子耗散和相位子耗散，以便对照后面要介绍的软物质和软物质准晶中的流体黏性耗散、声子耗散和相位子耗散。软物质的唯象理论目前可能尚未完全建立，借鉴液晶力学和 Lubensky 固体准晶广义流体动力学，也许是一条可能的路径。但是那些方程的求解是一项极其艰难的工作。本书作者和他的小组正在开展研究。

由于我国的研究者（包括著者在内）对固体准晶广义流体动力学尚无建树，缺乏这方面的科学实践，因而不能很好地介绍这方面的深刻科学内涵，上面介绍的仅仅是一个框架。有关方程的推导十分冗长，只能放到主附录Ⅲ中去介绍了。

16.7 第16章附录：有关热力学公式介绍

由于我们没有使用能量守恒方程，同时也没有进一步求解前面列出的方程，因而没有涉及过多的热力学讨论。本章是为第 19 章做准备的，在那里需要推导和求解软物质广义流体动力学方程，热力学公式对有关讨论很重要，将在本附录中列出来，供读者参考。

在热力学中，自由能密度是一个基本的物理量，定义如下

$$f = \varepsilon - Ts \tag{16.7-1}$$

其中 ε 代表内能；T 为绝对温度；s 为熵。有时还用到自由能

$$F = \int f \mathrm{d}^d r = \int (\varepsilon - Ts) \mathrm{d}^d r \tag{16.7-2}$$

这里式（16.7-2）也称为能量积分泛函，或 Hamilton 量，积分对 d 维空间进行。

在考虑声子和相位子场的情形下，有

$$T\mathrm{d}s = \mathrm{d}\varepsilon - \mu \mathrm{d}\rho - V_i \mathrm{d}g_i - h_{ij}^u \mathrm{d}(\nabla_i u_j) + h_{ij}^w \mathrm{d}(\nabla_i w_j) \tag{16.7-3}$$

$$\mathrm{d}f = s\mathrm{d}T + \mu \mathrm{d}\rho + V_i \mathrm{d}g_i + h_{ij}^u \mathrm{d}(\nabla_i u_j) + h_{ij}^w \mathrm{d}(\nabla_i w_j) \tag{16.7-4}$$

其中 μ 代表所研究系统的化学势。由以上两式，可以得到声子和相位子的热力学共轭系数

$$\left. \begin{aligned} h_{ij}^u &= \left.\frac{\partial \varepsilon}{\partial \nabla_i u_j}\right|_{s,\rho,g_i \nabla_i w_j} = \left.\frac{\partial f}{\partial \nabla_i u_j}\right|_{s,\rho,g_i \nabla_i w_j} \\ h_{ij}^w &= \left.\frac{\partial \varepsilon}{\partial \nabla_i w_j}\right|_{s,\rho,g_i \nabla_i u_j} = \left.\frac{\partial f}{\partial \nabla_i w_j}\right|_{s,\rho,g_i \nabla_i u_j} \end{aligned} \right\} \tag{16.7-5}$$

通过进一步推导，得到

$$\left. \begin{aligned} \frac{\delta F}{\delta u_j} &= -\nabla_i \frac{\partial f}{\partial (\nabla_i u_j)} = -\nabla_i h_{ij}^u \\ \frac{\delta F}{\delta w_j} &= -\nabla_i \frac{\partial f}{\partial (\nabla_i w_j)} = -\nabla_i h_{ij}^w \end{aligned} \right\} \tag{16.7-6}$$

其中

$$h_{ij}^u = \sigma_{ij} + B\frac{\delta\rho}{\rho_0}\delta_{ij}$$
$$h_{ij}^w = H_{ij}$$

这些关系的得到，有助于正文部分有关公式的化简，见第 19 章的讨论。

参考文献

[1] Lubensky T C, Ramaswamy S, Toner J. Hydrodynamics of icosahedral quasicrystals [J]. Phys. Rev. B, 1985, 32(11): 7444-7452.

[2] Lubensky T C. Symmetry, elasticity and hydrodynamics of quasistructures [M]. in Ed. V M Jaric, Introduction to Quasicrystals, Boston, Academic Press, 1988: 199-280.

[3] Rochal S B, Norman V L. Minimal model of the phonon-phason dynamics of quasicrystals [J]. Phys. Rev. B, 2002, 66: 144204.

[4] Fan TY, Wang X F, Li W, et al. Elasto-hydrodynamics of quasicrystals [J]. Phil. Mag, 2009, 89(6): 501-512.

[5] Martin P C, Parodi O, Pershan P S. Unitied hydrodynamic theory for crystals, liquid crystals and normal fluids. Phys. Rev. A, 1972, 6(6): 2401-2420.

[6] Fleming P D, Cohen C. Hydrodynamics of solids [J]. Phys. Rev. B, 1976, 13(2): 500-516.

[7] Landau L D, Lifshitz E M. Theory of Elasticity [M]. Oxford: Pergamon Press, 1988.

[8] Khannanov S K. Dynamics of elastic and phason field in quasicrystals [J]. Phys. Met. Metallogr. 2002, (USSR), 93: 397-403.

[9] Coddens G. On the problem of the relation between phason elasticity and phason dynamics in quasicrystals[J]. Eur. Phys. J. B, 2006, 54(1): 37-65.

[10] Walz C. Zur Hydrodynamik in Quasikristalen [M]. Diplomarbeit: Universitaet Stuttgart. 2003.

第 17 章
可能的十八次对称的固体准晶及相关理论探索

在前 15 章，研究固体准晶弹性时，讨论了五次、八次、十次和十二次对称准晶。近来，在软物质中已经发现了十二次、十八次和三十六次对称准晶。虽然十二次对称的软物质准晶，在对称性结构上与固体的十二次对称准晶的相同，但是物质结构不同，而十八次和三十六次对称准晶则完全属于新发现，即不仅在物质结构上不同于已知的固体准晶，在对称性结构上也不同于它们。那么固体准晶除了五次、八次、十次和十二次对称准晶之外，有没有可能存在其他类型的准晶呢？胡承正等[1]从对称性的角度对此做了肯定的回答。他们认为可能存在七次、十四次、九次和十八次对称准晶，当时他们只是设想在固体中可能存在这几类准晶，然而从实验上观察到的十八次对称准晶，却是在胶体材料即软物质中发现的[2]，这也是很有意义的。

尽管现在尚未在固体中发现七次、九次、十四次和十八次对称的几类准晶，从对称性的角度讨论它们的结构和物理性质（包括力学性质）是很有意义的，这种讨论不仅对固体准晶有意义，同时为软物质准晶的研究提供一个基础。七次、九次、十四次和十八次对称准晶的讨论还导致了"六维埋藏空间"或"六维镶嵌空间"概念的提出，这是中国科学工作者的首创。

由于七次、九次和十四次对称准晶（无论在固体或软物质中）尚未发现，这里仅讨论十八次对称准晶，它为第 18 章及其以后几章的讨论做准备。

17.1 "六维埋藏空间"或"六维镶嵌空间"概念

七次、九次、十四次和十八次对称准晶与五次、八次、十次和十二次对称准晶在对称性上具有很大的不同。这种不同使得前 15 章中使用的平行空

间 $E_\parallel^3$ 和垂直空间 $E_\perp^3$ 概念需要扩充。胡承正等[1]提出，现在需要由平行空间 $E_\parallel^2$ 和两个垂直空间 $E_{\perp 1}^2$ 及 $E_{\perp 2}^2$ 构成"六维埋藏空间"或"六维镶嵌空间"，即

$$E^6 = E_\parallel^2 \oplus E_{\perp 1}^2 \oplus E_{\perp 2}^2 \qquad (17.1\text{-}1)$$

不妨称 $E_{\perp 1}^2$ 为第一垂直空间，$E_{\perp 2}^2$ 为第二垂直空间。基于这一概念，在前面引用过的 Landau-Anderson 展开式

$$\rho(r) = \sum_{G \in L_R} \rho_G \exp\{i\boldsymbol{G} \cdot \boldsymbol{r}\} = \sum_{G \in L_R} |\rho_G| \exp\{-i\boldsymbol{\Phi}_G + i\boldsymbol{G} \cdot \boldsymbol{r}\} \qquad (17.1\text{-}2)$$

中，相位角需要扩充并且表示成

$$\boldsymbol{\Phi}_n = \boldsymbol{G}_n^\parallel \cdot \boldsymbol{u} + \boldsymbol{G}_n^{\perp 1} \cdot \boldsymbol{v} + \boldsymbol{G}_n^{\perp 2} \cdot \boldsymbol{w} \qquad (17.1\text{-}3)$$

其中 $\boldsymbol{G}_n^\parallel$ 表示平行空间的倒格矢；$\boldsymbol{G}_n^{\perp 1}$ 及 $\boldsymbol{G}_n^{\perp 2}$ 分别代表第一和第二垂直空间 $E_{\perp 1}^2$ 及 $E_{\perp 2}^2$ 中的倒格矢；$\boldsymbol{u}$ 代表平行空间中的声子场；$\boldsymbol{v}$ 及 $\boldsymbol{w}$ 分别代表两个垂直空间中的相位子场。

"六维埋藏空间"或"六维镶嵌空间"的其他内容这里就不进一步讨论了，因为我们重点放在弹性研究方面。

17.2 十八次对称固体准晶的弹性理论

十八次对称固体准晶为二维准晶，这类准晶的声子场、相位子场可以由对称性破缺原理和六维镶嵌空间理论得到。假设 z 方向为十八次旋转对称轴的方向，其位移场 $\boldsymbol{u} = (u_x, u_y)$，$\boldsymbol{v} = (v_x, v_y)$，$\boldsymbol{w} = (w_x, w_y)$ 均为二维矢量场。相应的应变场为

$$\varepsilon_{ij} = \frac{1}{2}\left(\frac{\partial u_i}{\partial x_j} + \frac{\partial u_j}{\partial x_i}\right), \quad v_{ij} = \frac{\partial v_i}{\partial x_j}, \quad w_{ij} = \frac{\partial w_i}{\partial x_j} \qquad (17.2\text{-}1)$$

相应的广义 Hooke 定律为

$$\left.\begin{aligned}\sigma_{ij} &= \frac{\partial F}{\partial \varepsilon_{ij}} = C_{ijkl}\varepsilon_{kl} + r_{ijkl}v_{kl} + R_{ijkl}w_{kl} \\ \tau_{ij} &= \frac{\partial F}{\partial v_{ij}} = T_{ijkl}v_{kl} + r_{klij}\varepsilon_{kl} + G_{ijkl}w_{kl} \\ H_{ij} &= \frac{\partial F}{\partial w_{ij}} = K_{ijkl}w_{kl} + R_{klij}\varepsilon_{kl} + G_{klij}v_{kl}\end{aligned}\right\} \qquad (17.2\text{-}2)$$

其中 $F = F(\boldsymbol{u}, \boldsymbol{v}, \boldsymbol{w})$，为系统的应变能密度；$\sigma_{ij}$ 与 C_{ijkl} 的意义和前面讨论过的

相同；r_{ijkl} 是声子场与第一相位子场的耦合（即 $u-v$ 耦合）弹性常数；R_{ijkl} 是声子场与第二相位子场的耦合（即 $u-w$ 耦合）弹性常数；τ_{ij} 是与第一相位应变张量 v_{ij} 相对应的应力张量；T_{ijkl} 是第一相位子场的弹性常数；H_{ij} 与 K_{ijkl} 的意义虽然和以前相同，它们是与 w 相对应的应力张量和弹性常数，但是，注意现在 w 为第二相位子场，G_{ijkl} 为第一与第二相位子场之间的耦合（即 $v-w$ 耦合）弹性常数。

根据群表示理论，对十八次对称准晶，声子场弹性常数中独立的非零元素仅有两个，即 L 和 M，也就是

$$C_{ijkl} = L\delta_{ij}\delta_{kl} + M(\delta_{ik}\delta_{jl} + \delta_{il}\delta_{jk}) \quad (i,j,k,l = 1,2) \quad (17.2\text{-}3)$$

其中 $L = C_{12}, \ M = (C_{11} - C_{12})/2 = C_{66}$

这与普通的五次、八次、十次和十二次对称准晶的平面问题一致，见表 17.2-1。

表 17.2-1 十八次对称准晶的声子弹性常数

	11	22	12	21
11	C_{11}	C_{12}	0	0
22	C_{12}	C_{11}	0	0
12	0	0	C_{66}	C_{66}
21	0	0	C_{66}	C_{66}

这里取 $x = x_1$，$y = x_2$。

声子场与第一相位子场不耦合，所以

$$r_{ijkl} = 0 \quad (17.2\text{-}4)$$

同时，声子场与第二相位子场也不耦合，并且

$$R_{ijkl} = 0 \ (i,j,k,l=1,2) \quad (17.2\text{-}5)$$

另外，第二相位子场的弹性常数 T_{ijkl} 为

$$T_{ijkl} = T_1\delta_{ik}\delta_{jl} + T_2(\delta_{ij}\delta_{kl} - \delta_{il}\delta_{jk}) \quad (i,j,k,l=1,2) \quad (17.2\text{-}6)$$

$$T_{1111} = T_{2222} = T_{2121} = T_1$$
$$T_{1122} = T_{2211} = -T_{2112} = -T_{1221} = T_2$$

见表 17.2-2。

表 17.2-2　十八次对称准晶第二相位子弹性常数

	11	22	12	21
11	T_1	T_2	0	0
22	T_2	T_1	0	0
12	0	0	T_1	$-T_2$
21	0	0	$-T_2$	T_1

第一与第二相位子场耦合弹性常数

$$G_{ijkl} = G(\delta_{i1} - \delta_{i2})(\delta_{ij}\delta_{kl} - \delta_{ik}\delta_{jl} + \delta_{il}\delta_{jk})\ (i,j,k,l=1,2) \quad (17.2\text{-}7)$$

见表 17.2-3。

表 17.2-3　第一与第二相位子场耦合弹性常数

v_{ij}	w_{ij}			
	11	22	12	21
11	G	G	0	0
22	$-G$	$-G$	0	0
12	0	0	$-G$	G
21	0	0	$-G$	G

相应的运动方程为

$$\left. \begin{aligned} \rho \frac{\partial^2 u_i}{\partial t^2} &= \frac{\partial \sigma_{ij}}{\partial x_j} \\ \kappa_v \frac{\partial v_i}{\partial t} &= \frac{\partial \tau_{ij}}{\partial x_j} \\ \kappa_w \frac{\partial w_i}{\partial t} &= \frac{\partial H_{ij}}{\partial x_j} \end{aligned} \right\} \quad (17.2\text{-}8)$$

其中 ρ 代表材料的质量密度；$\kappa_v = 1/\varGamma_v, \kappa_w = 1/\varGamma_w$，$\varGamma_v$ 和 $\varGamma_w$ 分别是第一和第二相位子场的耗散运动学系数。这表明，声子运动为波传播，相位子运动为扩散。

在静力学情形，式（17.2-6）化成

第 17 章 可能的十八次对称的固体准晶及相关理论探索 ■ 355

$$\left.\begin{array}{l}\dfrac{\partial \sigma_{ij}}{\partial x_j}=0 \\[2mm] \dfrac{\partial \tau_{ij}}{\partial x_j}=0 \\[2mm] \dfrac{\partial H_{ij}}{\partial x_j}=0\end{array}\right\} \qquad (17.2\text{-}9)$$

17.3　十八次对称固体准晶的弹性–/流体–动力学[3,4,5]

十八次对称固体准晶的流体动力学，除弹性位移场 $\boldsymbol{u}=(u_x,u_y)$，$\boldsymbol{v}=(v_x,v_y)$，$\boldsymbol{w}=(w_x,w_y)$ 外，还有流体速度场 $\boldsymbol{V}=(V_x,V_y)$ 和质量密度 ρ，这时密度 ρ 不再作为一个材料常数，而是作为一个场变量。弹性本构关系仍然如上一节所列，流体本构关系为

$$\sigma'_{ij}=\eta_{ijkl}\dot{\xi}_{kl} \qquad (17.3\text{-}1)$$

其中

$$\dot{\xi}_{ij}=\dfrac{1}{2}\left(\dfrac{\partial V_i}{\partial x_j}+\dfrac{\partial V_j}{\partial x_i}\right) \qquad (17.3\text{-}2)$$

代表固体黏性变形速度张量。

流体动力学基本方程为：

质量守恒方程

$$\dfrac{\partial \rho(r,t)}{\partial t}=-\nabla_i(r)(\rho V_i) \qquad (17.3\text{-}3)$$

动量守恒方程

$$\dfrac{\partial g_i(r,t)}{\partial t}=-\nabla_k(r)(V_k g_i)+\nabla_j(r)(\eta_{ijkl}\nabla_k(r)g_j)-$$
$$(\delta_{ij}-\nabla_i(r)u_j)\dfrac{\delta H}{\delta u_i}-\rho\nabla_i(r)\dfrac{\delta H}{\delta \rho} \qquad (17.3\text{-}4)$$
$$g_j=\rho V_j$$

声子耗散（弛豫）方程

$$\dfrac{\partial u_i(r,t)}{\partial t}=-V_j\nabla_j(r)u_i+\varGamma_u\dfrac{\delta H}{\delta u_i(r,t)}+V_i \qquad (17.3\text{-}5)$$

第一相位子耗散（弛豫）方程

$$\frac{\partial v_i(r,t)}{\partial t} = -V_j \nabla_j(r) v_i + \Gamma_v \frac{\delta H}{\delta v_i(r,t)} \tag{17.3-6}$$

第二相位子耗散（弛豫）方程

$$\frac{\partial w_i(r,t)}{\partial t} = -V_j \nabla_j(r) w_i + \Gamma_w \frac{\delta H}{\delta w_i(r,t)} \tag{17.3-7}$$

其中 H 代表 Hamilton 量，其一般表示为

$$H = \int \varepsilon(p, \rho, s) \mathrm{d}^d r$$

对于固体准晶 H 的显式表示由式（16.3-5）给出，对于现在的准晶系，F_u, F_w, F_{uw} 由 $F_u, F_v, F_w, F_{uv}, F_{uw}, F_{vw}$ 所代替。

17.4 十八次对称准晶的弹性和动力学问题的分析解[6]

17.4.1 记号

虽然固体准晶中尚未发现十八次对称准晶，但是已经在软物质中发现了十八次对称准晶[3]，意义重大。这里对十八次对称准晶的弹性和动力学加以研究，为第 18 章及其以后各章研究软物质十八次对称准晶的流体动力学做准备，因为对其弹性研究清楚了，对研究其流体动力学是很有帮助的。

首先，用前 15 章的记号把十八次对称准晶的弹性方程逐一列写一遍，如下：

$$\sigma_{xx} = (L + 2M)\varepsilon_{xx} + L\varepsilon_{yy} \tag{17.4-1}$$

$$\sigma_{yy} = L\varepsilon_{xx} + (L + 2M)\varepsilon_{yy} \tag{17.4-2}$$

$$\sigma_{xy} = 2M\varepsilon_{xy} \tag{17.4-3}$$

$$\tau_{xx} = T_1 v_{xx} + T_2 v_{yy} + G(w_{xx} - w_{yy}) \tag{17.4-4}$$

$$\tau_{yy} = T_2 v_{xx} + T_1 v_{yy} - G(w_{xx} - w_{yy}) \tag{17.4-5}$$

$$\tau_{xy} = T_1 v_{xy} - T_2 v_{yx} + G(w_{yx} + w_{xy}) \tag{17.4-6}$$

$$\tau_{yx} = -T_2 v_{xy} + T_1 v_{yx} + G(w_{yx} + w_{xy}) \tag{17.4-7}$$

$$H_{xx} = K_1 w_{xx} + K_2 w_{yy} + G(v_{xx} - v_{yy}) \tag{17.4-8}$$

$$H_{yy} = K_2 w_{xx} + K_1 w_{yy} - G(v_{xx} - v_{yy}) \tag{17.4-9}$$

$$H_{xy} = K_1 w_{xy} - K_2 w_{yx} + G(v_{xy} + v_{yx}) \tag{17.4-10}$$

$$H_{yx} = K_1 w_{yx} - K_2 w_{xy} + G(v_{xy} + v_{yx}) \quad (17.4\text{-}11)$$

这些符号的意义，见上一节的介绍。它们满足运动方程（17.2-7）。

17.4.2 静力学基本解

声子场静力学的基本解与第 6 章的结果一致，即引进位移势 $F(x_1, x_2)$，使得

$$\left.\begin{array}{l} u_x = (L+M)\dfrac{\partial^2 F}{\partial x \partial y} \\ u_y = -(L+2M)\dfrac{\partial^2 F}{\partial x^2} - M\dfrac{\partial^2 F}{\partial y^2} \end{array}\right\} \quad (17.4\text{-}12)$$

那么由平衡方程得到

$$\nabla^2 \nabla^2 F(x, y) = 0 \quad (17.4\text{-}13)$$

其中 $\nabla^2 = \partial^2/\partial x^2 + \partial^2/\partial y^2$。以上推导的细节见第 6 章。显然式（17.4-13）的解可以由下面两个任意复解析函数表示

$$F(x, y) = \text{Re}\left[\bar{z}\phi(z) + \int\psi(z)\text{d}z\right], \quad z = x + \text{i}y, \quad \bar{z} = x - \text{i}y$$

这在前 15 章已有充分讨论，这里不进一步介绍。

相位子场，因为有两个，而且它们之间耦合，但是与声子场不耦合，还是比较容易化简的。它们的平衡方程用位移表示的形式为

$$T_1 \nabla^2 v_x + G\left(\dfrac{\partial^2 w_x}{\partial x^2} - \dfrac{\partial^2 w_x}{\partial y^2}\right) - 2G\dfrac{\partial^2 w_y}{\partial x \partial y} = 0 \quad (17.4\text{-}14)$$

$$T_1 \nabla^2 v_y + 2G\dfrac{\partial^2 w_1}{\partial x \partial y} + G\left(\dfrac{\partial^2 w_y}{\partial x^2} - \dfrac{\partial^2 w_y}{\partial y^2}\right) = 0 \quad (17.4\text{-}15)$$

$$K_1 \nabla^2 w_x + G\left(\dfrac{\partial^2 v_x}{\partial x^2} - \dfrac{\partial^2 v_x}{\partial y^2}\right) + 2G\dfrac{\partial^2 v_y}{\partial x \partial y} = 0 \quad (17.4\text{-}16)$$

$$K_1 \nabla^2 w_y - 2G\dfrac{\partial^2 v_x}{\partial x \partial y} + G\left(\dfrac{\partial^2 v_y}{\partial x^2} - \dfrac{\partial^2 v_y}{\partial y^2}\right) = 0 \quad (17.4\text{-}17)$$

其中 $\nabla^2 = \partial^2/\partial x_1^2 + \partial^2/\partial x_2^2$。

进而把式（17.4-14）～式（17.4-17）改写成

$$T_1 \nabla^2 v_x - G\nabla^2 w_x + 2G\dfrac{\partial}{\partial x}\left(\dfrac{\partial w_x}{\partial x} - \dfrac{\partial w_y}{\partial y}\right) = 0 \quad (17.4\text{-}18)$$

$$T_1 \nabla^2 v_y - G\nabla^2 w_y + 2G\dfrac{\partial}{\partial y}\left(\dfrac{\partial w_x}{\partial x} - \dfrac{\partial w_y}{\partial y}\right) = 0 \quad (17.4\text{-}19)$$

$$K_1\nabla^2 w_x - G\nabla^2 v_x + 2G\frac{\partial}{\partial x}\left(\frac{\partial v_x}{\partial x} - \frac{\partial v_y}{\partial y}\right) = 0 \quad (17.4\text{-}20)$$

$$K_1\nabla^2 w_y - G\nabla^2 v_y - 2G\frac{\partial}{\partial y}\left(\frac{\partial v_x}{\partial x} - \frac{\partial v_y}{\partial y}\right) = 0 \quad (17.4\text{-}21)$$

$$K_1\nabla^2 w_2 + R_2\nabla^2 v_2 - 2R_2\partial_2(\partial_1 v_1 + \partial_2 v_2) = 0 \quad (17.4\text{-}22)$$

可以引进共轭调和函数

$$\nabla^2 v_j = 0, \quad j = x, y \quad (17.4\text{-}23)$$

$$\nabla^2 w_j = 0, \quad j = x, y \quad (17.4\text{-}24)$$

它们是下列复解析函数的实部和虚部，即

$$v(z) = v_y(x,y) + iv_x(x,y) \quad (17.4\text{-}25)$$

$$w(z) = w_x(x,y) + iw_y(x,y) \quad (17.4\text{-}26)$$

其中 $v(z)$ 和 $w(z)$ 是复变量 $z = x + iy$，$i = \sqrt{-1}$ 的解析函数，不妨称它们为复位移。这样式（17.4-14）～式（17.4-17）自动满足。

17.4.3 动力学基本解

论文 [6] 讨论了动力学的基本解。由于篇幅的限制，这里不再介绍。

17.5 十八次对称准晶的位错

考虑 Burgers 矢量为 $\boldsymbol{b} = \boldsymbol{b} \oplus b_1^\perp \oplus b_2^\perp = \left(b_1^\parallel, b_2^\parallel, b_{11}^\perp, b_{12}^\perp, b_{21}^\perp, b_{22}^\perp\right)$，其中

$$\int_\Gamma du_j = b_j^\parallel, \quad \int_\Gamma dv_j = b_{1j}^\perp, \quad \int_\Gamma dw_j = b_{2j}^\perp \quad (17.5\text{-}1)$$

积分是围绕位错核的任意回路计算的。现在分别计算两种基本问题，即 $(b_1^\parallel, 0, b_{11}^\perp, 0, b_{21}^\perp, 0)$ 与 $(0, b_2^\parallel, 0, b_{12}^\perp, 0, b_{22}^\perp)$。对应于声子 Burgers $b_1^\parallel$ 和 $b_2^\parallel$ 分量的解，已由第 7 章给出，即

$$\begin{aligned}
u_x &= \frac{b_1^\parallel}{2\pi}\left(\arctan\frac{y}{x} + \frac{L+M}{L+2M}\frac{xy}{r^2}\right) + \\
&\quad \frac{b_2^\parallel}{2\pi}\left(\frac{M}{L+2M}\ln\frac{r}{r_0} + \frac{L+M}{L+2M}\frac{y^2}{r^2}\right) \\
u_2 &= -\frac{b_1^\parallel}{2\pi}\left(\frac{M}{L+2M}\ln\frac{r}{r_0} + \frac{L+M}{L+2M}\frac{x^2}{r^2}\right) + \\
&\quad \frac{b_2^\parallel}{2\pi}\left(\arctan\frac{y}{x} - \frac{L+M}{L+2M}\frac{xy}{r^2}\right)
\end{aligned} \quad (17.5\text{-}2)$$

第 17 章　可能的十八次对称的固体准晶及相关理论探索　■　359

下面考虑相位子 Burgers 分量激发的位移场。

为简单起见，首先考虑 $b_{11}^\perp \neq 0$, $b_{21}^\perp \neq 0$ 情形，这时边界条件为

$$\int_\Gamma dv_1 = b_{11}^\perp, \qquad \int_\Gamma dv_2 = 0 \tag{17.5-3}$$

$$\int_\Gamma dw_1 = b_{21}^\perp, \qquad \int_\Gamma dw_2 = 0 \tag{17.5-4}$$

$$H_{ij} \to 0, \qquad Q_{ij} \to 0, \qquad \sqrt{x^2 + y^2} \to +\infty \tag{17.5-5}$$

由这种边界条件可以确定位错问题的复位移为

$$v(z) = \frac{b_{11}^\perp}{2\pi} \ln z, \qquad w(z) = -\frac{ib_{21}^\perp}{2\pi} \ln z \tag{17.5-6}$$

由这个解，再根据式（17.4-25）和式（17.4-26），得到

$$v_x(x,y) = \frac{b_{11}^\perp}{2\pi} \arctan \frac{y}{x} \tag{17.5-7}$$

$$v_y(x,y) = \frac{b_{11}^\perp}{4\pi} \ln \frac{r^2}{r_0^2} \tag{17.5-8}$$

$$w_x(x,y) = \frac{b_{21}^\perp}{2\pi} \arctan \frac{y}{x} \tag{17.5-9}$$

$$w_y(x_1, x_2) = -\frac{b_{21}^\perp}{4\pi} \ln \frac{r^2}{r_0^2} \tag{17.5-10}$$

其中 $r = \sqrt{x_1^2 + x_2^2}$，r_0 代表位错核的尺寸。

现在考虑 $b_{12}^\perp \neq 0$, $b_{22}^\perp \neq 0$ 情形，边界条件为

$$\int_\Gamma dv_1 = 0, \qquad \int_\Gamma dv_2 = b_{12}^\perp \tag{17.5-11}$$

$$\int_\Gamma dw_1 = 0, \qquad \int_\Gamma dw_2 = b_{22}^\perp \tag{17.5-12}$$

相应的解为

$$v_x(x,y) = \frac{b_{11}^\perp}{2\pi} \arctan \frac{y}{x} - \frac{b_{12}^\perp}{2\pi} \ln \frac{r}{r_0} \tag{17.5-13}$$

$$v_y(x,y) = \frac{b_{12}^\perp}{2\pi} \arctan \frac{y}{x} + \frac{b_{11}^\perp}{2\pi} \ln \frac{r}{r_0} \tag{17.5-14}$$

$$w_x(x,y) = \frac{b_{21}^\perp}{2\pi} \arctan \frac{y}{x} + \frac{b_{22}^\perp}{2\pi} \ln \frac{r}{r_0} \tag{17.5-15}$$

$$w_y(x,y) = \frac{b_{22}^\perp}{2\pi} \arctan \frac{y}{x} - \frac{b_{21}^\perp}{2\pi} \ln \frac{r}{r_0} \tag{17.5-16}$$

更详细的推导见文献[6]，其中还给出了位错的应力场，同时，该文献中还详细讨论了动力学问题和解，这里略去了。因为我们介绍这些内容主要是为第 18~20 章讨论已经发现的软物质准晶做准备，不过多讨论尚未发现的固体准晶。

参考文献

[1] Hu C Z, Ding D H, Yang W G, et al. Possible two-dimensional quasicrystals structures with a six-dimensional embedding space [J]. Phys Rev B, 1994, 49 (14): 9423-9427.

[2] Fischer S, Exner A, Zielske K, et al. Colloidal quasicrystals with 12-fold and 18-fold symmery [J]. Proc Nat Ac Sci, 2011, 108: 1810-1814.

[3] Fan T Y. Elasticity and hydrodynamics of quasicrystals with 7-, 14-, 9- and 18-fold symmetries [J]. Arxiv.org, 2012, 1210.067.

[4] Fan T Y. Elasto-/ hydro-dynamics of quasicrystals with 12- and 18-fold symmetries in some soft matters [J]. Arxiv.org, 2012, 1210.1667.

[5] 范天佑. Poisson 括号及其在准晶，液晶和某些软物质中的应用[J]. 力学学报，2013, 45（4）: 448-459.

[6] Li X F, Xie L Y, Fan T Y. Elasticity and dislocations in quasicrystals with 18-fold symmetry [J]. Phys Lett A, 2013, 377 (40): 2810-2814.

第18章 软物质准晶的概况

18.1 软物质准晶的发现

前15章讨论的准晶,是在二元合金与三元合金中发现的,可以称为金属合金准晶,或固体准晶。2009年,美国杂志《Science》上报道发现的天然准晶是固体准晶的一种。

1998年,Denton 和 Noewen[1]用模拟的方法,提出在胶体中可能存在准晶。6年后,这一预言被实验发现所证实。

在2004—2005年,Zeng等[2]在胶束(即一种胶体)中发现了十二次对称准晶。2005年,Takano[3]、2007年 Hayashida等[4]在聚合物中发现了准晶[超分子树突状液体准晶,其电子衍射图形具有十二次旋转对称性(见图18.1-1),因而是一种十二次对称准晶]。十二次对称准晶不仅在聚合物中存在,而且还在硫族化合物(Calcogenides)、树枝状分子(Organic dendrons)中发现。

2009年,Taplin等[5]在二元纳米颗粒复合体中发现了十二次对称准晶。

最近,在胶体中发现了十二次和十八次对称准晶[6],其中十八次对称准晶为首次发现。文献[6]报道的胶体是一种胶束,胶束在自然界也存在。他们是在聚合物胶束 Poly(Isopren-b-ethylene oxide,聚异戊二烯-聚环氧乙烷嵌段共聚物)(PI_n-PEO_m)的一种 PI_{30}-PEO_{120} 中发现十八次对称准晶和十二次对称准晶的,温度为室温,所使用的观察方法为 X 射线散射和小角度中子散射,其电子衍射图形如图18.1-2所示,相应的 Penrose 拼砌如图18.1-3所示。

固体准晶中十二次对称准晶在本书第6~8章讨论过,但是十八次对称准晶还是第一次发现,本书前15章没有讨论过,但是第17章将它作为一种可能的结构进行了初步讨论,现在人们对它的认识还很有限。

这些发现意义很大。首先,软物质在一定温度和密度下,准晶态的稳定存在，从理论上大大推进了对准晶的理解，而在金属合金的准晶态，是在急冷条件下形成的，两者的热力学环境根本不同。十八次对称准晶的发现，产生了新的点群和空间群，在对称性的理论和数学的群论上意义也很大。这一发现大大扩充了准晶的研究范畴。其次，它可能是一种光子带隙材料，在应用上有价值。另外，研究中发展的自组装技术也是有意义的。

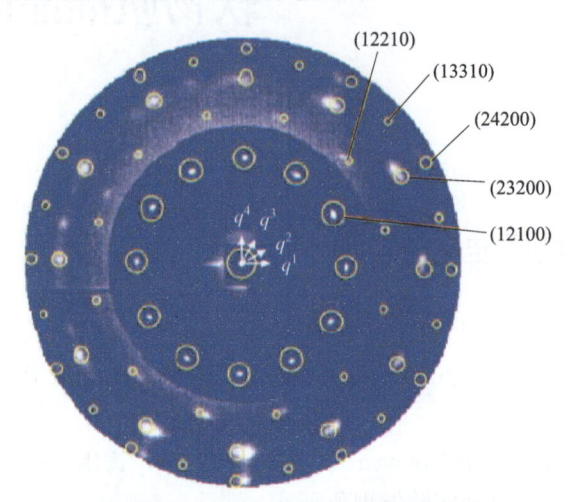

图 18.1-1　软物质中发现的十二次对称准晶的电子衍射图形

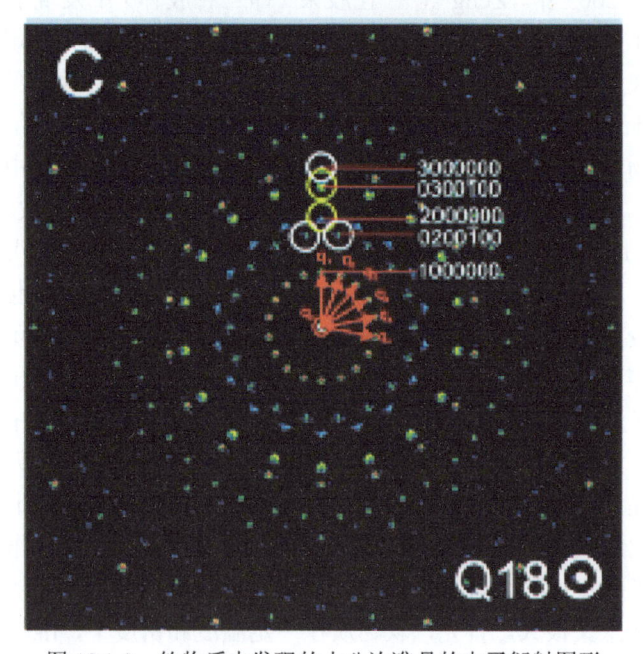

图 18.1-2　软物质中发现的十八次准晶的电子衍射图形

图 18.1-3 软物质中发现的十八次准晶的 Penrose 拼砌

18.2 软物质准晶的特点

从实验过程看，所发现准晶的软物质，种类繁多，极其复杂。我们不可能对这些软物质一一进行详细介绍。有一点比较有意义，即这些物质大部分同聚合物有关。它们是一种新的有序相，具有一个共同的特点，即属于液体和晶体的中间相，或称为复杂流体或有结构的流体，或称为软凝聚态物质。迄今发现的软物质准晶都是二维准晶。

准晶生成过程中有化学反应，同时伴随着相变，其中包含晶体-准晶相变、液晶-准晶相变、胶体中的颗粒具有电性等。如果对这些物理和化学现象一一进行研究，涉及的方面就太多了，也很难讨论。Lifshitz 等[7]是最早从热力学角度讨论软物质准晶的，他们关注的一个方面是软物质准晶的稳定性，如果这种结构不稳定，就成不了材料，也就没有使用价值。实验发现，它们在一定的温度和密度下具有较好的稳定性，所以具有重要的意义。

18.3 软物质准晶的研究内容

目前软物质准晶还没有得到充分的研究。人们对它的了解还很有限。从文献上看，下面的若干问题已有所涉及。

18.3.1 软物质准晶的稳定性

Lifshitz 等[7]提出和研究了这一问题。

他建议材料的电子势或离子势 $\rho(r)$ 可以做 Fourier 展开

$$\rho(r) = \sum_{k \subset L} \rho(k) e^{ikr}$$

并且把系统的自由能当作 $\rho(r)$ 的泛函,表示成

$$F(\rho) = \sum_{n=2}^{+\infty} \sum_{k \subset L} A(k_1, \cdots, k_n) \rho(k_1) \rho(k_2) \cdots \rho(k_n)$$

在这个基础上,再引入有效自由能。根据有效自由能极小,得到 $\rho(x,y,t)$ 的动力学方程,用它去研究软物质准晶的稳定性。

后来,文献 [8] 进一步提出"粗粒化"(Coarse-grained) 解释软物质准晶的稳定性。即认为软物质准晶的稳定性与金属合金准晶不同,它不取决于原子层次,而取决于介观层次(尺寸为 10~100 nm),也就是由"粗粒"决定。同时认为,上面列出的能量原理仍然有效。

由于下面的讨论主要着眼于宏观连续介质模型,要比介观尺寸大得多,这里不进一步介绍 Lifshitz 等的理论了。

18.3.2 软物质准晶的缺陷

像固体准晶一样,软物质准晶也会存在拓扑缺陷,例如位错,这是一个十分重要的问题,但是目前尚未见到其他研究组任何的定量研究成果。后面将会研究软物质准晶位错理论。

18.3.3 软物质准晶的相位子动力学

认识软物质准晶,像人们认识固体准晶一样,从低能元激发入手,是一种可行的方案。引进声子之后,再引进相位子也成了一种准晶研究中的通用方法论。对十二次对称软物质准晶,可以借用固体准晶的相位子理论。对十八次对称软物质准晶,原来固体准晶的相位子理论就不够用了,必须寻找更普遍的理论,而胡承正等[9]的六维镶嵌空间假说可以用上。按照这一假说,将出现两类不同的相位子场,与前 15 章讨论过的五次、八次、十次和十二次对称准晶很不相同。

18.3.4 软物质准晶的弹性与广义流体动力学

考虑软物质准晶的流体-晶体中间相的特性,存在流体速度场、压力场,按照 Landau 学派的理论,它们有一种流体声子,也是一种元激发。它耦合固体声子和相位子两个低能元激发,这也许构成研究软物质准晶的弹性与流体动力学的范式 (Paradigm),这是本书著者建议的[10, 11],见第 19 章和第 20 章的讨论。当然,这把相位子动力学也包括在其中了。不过这是一个很复杂和很困难的问题,现在已经有了初步的理论。提出这一个理论模型,其中必然会包含若干材料常数。这些材料常数,只能由实验确定。现在还没有这种结果。当然,

我们可以从其他软物质的材料常数中去"借用",也可以从固体准晶中去"借用","借用"的结果对不对,一时无法检验,用它们去计算,可能导致误差。这表明计算误差不仅来自方程、边界条件和计算方法,也来自未能精确测量的材料常数。

18.4 软物质材料的初步介绍

前面三节介绍了软物质中发现的准晶,虽然顺便提到了有关软物质的一点知识,但是对软物质和软物质学科,我们还比较陌生。为了在下面研究软物质材料的准晶问题,必须进一步了解什么是软物质,它究竟有什么特点,怎么根据这些特点去讨论它的准晶问题。

软物质这个名称是 1991 年法国物理学家 de Gennes[12] 提出来的,他因为序参量和液晶研究的成就获当年 Nobel 物理学奖(序参量的物理来源和意义见本书第 1 章和第 4 章的附录),该论文是他在授奖大会上的报告。目前大家认为软物质包括液晶(单体液晶和聚合液晶)、聚合物、胶体、泡沫、表面活性剂、乳状液和生物大分子等材料,这是一个极其宽阔的物质类,不同软物质的原子-分子组成、运动的特征时间、时间跨度、特征尺寸和空间范围以及能量范围相差很大,不过,它们具有共同特点:很柔软,在热应力或热涨落作用下很容易变形,有点像液体,但是它既不属于普通液体,也不属于普通固体,而是兼有液体和固体两者的特点。这是不同软物质的最重要的一个共同点。

液晶、聚合物、胶体、泡沫、表面活性剂、乳状液和生物大分子等,除了液晶是化学与物理学共同的研究对象之外,其余物质原来大多属于化学与生物化学的研究对象,现在也成了物理学研究对象,被归结为软凝聚态物理的研究范畴。

从形态上看,液晶、聚合物、胶体、泡沫、表面活性剂、乳状液和生物大分子等很不相同,除了上面所说的宏观上的最重要的共同点之外,从物理学包括力学上去探讨,它们还具有一些其他共性,例如它们尺寸不大,比宏观材料小得多,而介观尺寸(介于微观与宏观之间的尺寸)对它们显示出重要性,Brown 运动和涨落对它们也显示出重要性,但是很难从原子和分子的角度去研究软物质的特性,这可能是它们的自组织或自组装的性能使它们具有了介观物理结构,它们的宏观物理性能在一定程度上受这种介观结构影响。由于可以不从原子和分子的角度去研究软物质,在现阶段研究它们的电子结构并不太重要,即可以不考虑量子理论。虽然它们同介观尺寸有关,但它们不是介观物理学的研究内容。介观物理学的研究对象，不仅尺寸小，而且要具有宏观量子效应。现在人们了解的软物质中量子效应并不重要。我们从粗粒化的角度（热力学平均值的角度）研究就可以。这就是它们在物理上的共性[13-15]。由于这里主要为讨论软物质准晶的内容服务，一般不涉及它们更深层次的物理性质，所以仅限于讨论其力学特性和某些声学，以及热学性能，也就是想了解它们在宏观上的共性。N. J. Israelachvili 的专著《Intermolecular and Surface Forces》（Academic Press, New York, 2010）专门讨论某些软物质的原子和分子间的相互作用力及其影响，读者如有兴趣，可以去读一读，不过我们这里不涉及这些问题。

与上面提到的它们在物理上的共性一样，软物质在力学上也表现出若干共性。de Gennes[16]指出，软物质至少有两大特点：流动性和复杂性。流动性表示它们具有液体的特点，说明它们不会是一般的固体；复杂性说明它们具有一定的内部结构，例如具有各向异性、弹性，能够承受剪切应力的作用，能传播横波，因而它们不是简单的流体。这也许就是它们在力学上的共性。

讲到弹性，自然涉及位移（由 $u=(u_x,u_y,u_z)$ 描述）和变形，这是我们较熟悉的，一般用应变张量 ε_{ij} 和应力张量 σ_{ij} 去描述与弹性变形相关的平衡与运动规律。讲到流动性，自然会涉及压力 p 和速度 $V=(V_x,V_y,V_z)$，与流动性有关的运动规律，可以用流体应力张量 σ'_{ij} 和变形速度张量 $\dot{\xi}_{ij}$ 来描写。

这些基本物理量大大方便了对软物质运动的描述。但是，这还是属于运动学方面的问题，更深层次的是动力学（或称动理学）方面的问题。

对软物质运动的动理学问题进行建模，要依赖实验结果。在实验结果尚不充分的情形下可以提出假设。这些假设可以依据物理学的若干基本定律及参考同它们性质相近的物质的运动规律的现有资料，例如，液晶是软物质中研究得相对比较充分的一类，它的理论可以供我们参考。读者不妨参考 M. Kleman 的专著《Soft Matter Physics: An Introduction》（Springer, 2003），但是它主要涉及液晶，而其他软物质，例如聚合物与胶体的内容就很少。另外的软物质专著，例如，T. A. Witten 和 P. A. Pincus 的《Structured Fluids: Polymers, Colloids, Surfactants》（New York, Oxford University Press, 2004）、M. Motiv 的《Sensitive Matter: Foams, Gels, Liquid Crystals and Other Materials》（Harvard University Press, 2010），读者也可以参考。Witten 是很著名的专家，他强调用标度法研究软物质，这是很重要的方法，这里我们不介绍。我们希望发扬传统连续统理论的偏微分方程方法，通过对初值-边值问题的求解，使问题得到定量描述，以便尽快为工程服务。

本节对软物质的介绍非常简单，它仅仅是一些定性的常识性内容。下一章还将进一步讨论软物质的性质，由定性到定量地介绍。

参考文献

[1] Denton A R, Noewen H. Stability of colloidal quasicrystals[J]. Phys. Rev. Lett, 1998, 81: 469-472.
[2] Zeng X, Ungar G, Liu Y, et al. Supermolecular dentritic liquid quasicrystals[J]. Nature, 2004, 428: 157-160.
[3] Takano K. A mesoscopic Archimedian tiling having a complexity in polymeric stars[J]. J Polym Sci. Pol. Phys., 2005, 43: 2427-2432.
[4] Hayashida K, Dotera T, Takano A, et al. Polymeric quasicrystal: Mesoscopic quasicrystalline tiling in ABC star polymers[J]. Phys. Rev. Lett., 2007, 98: 195502.
[5] Taplin V D. Quasicrystalline order in self-assembled binary nanoparticle superlattices[J]. Nature, 2009, 461: 964-967.
[6] Fischer S, Exner A, Zielske K, et al. Colloidal quasicrystals with 12-fold and 18-fold symmery[J]. Proc. Nat. Ac. Sci., 2011, 108: 1810-1814.
[7] Lifshitz R, Diamant H. Soft quasicrystals—Why are they stable?[J]. Phil Mag, 2007, 87 (18): 3021-3030.
[8] Barkan K, Diamant H, Lifshitz R. Stability of quasicrystals composed of soft isotropic particles [J]. Phys. Rev. B, 2011, 83: 172201.
[9] Hu C Z, Ding D H, Yang W G, et al. Possible two-dimensional quasicrystals structures with a six-dimensional embedding space[J]. Phys. Rev. B, 1994, 49 (14): 9423-9426.
[10] Fan T Y. The elasticity and hydrodynamics of possible 7-, 14-, 9- 1nd 18-fold symmetries in solds[EB/OL]. Arxiv.1210.067.http://arixiv.org/abs/1210.067.
[11] Fan T Y. Elasto-hydrodynamics of quasicrystals with 12-fold and 18-fold symmetry in soft matter and mathematical solutions[EB/OL]. Arxiv. 1210. 1667.http://arixiv.org/abs/1210.1667.
[12] de Gennes P G. Soft matter[J]. Rev. Mod. Phys., 1992, 64(3): 454-458.
[13] Witten T A. Insights from soft condensed matter[J]. Rev. Mod. Phys., 1999, 71(2): 367-373.
[14] Witten T A. Polymer solutions: A geometric introduction[J]. Rev. Mod. Phys., 1998, 70(4): 1531-1544.

[15] Witten T A, Pincus P A. Structured Fluids: Polymers, Colloids, Surfactants [M]. New York: Oxford University Press, 2004.
[16] de Gennes P G, Prost J. The Physics of Liquid Crystals[M]. London: Clarendon, 1993.

第 19 章
一类软物质的可能的数学模型

19.1 软物质概况再介绍

上一章已初步提到，抛开各种软物质之间的不同，从物理学包括力学上去探讨，发现它们具有一些共性。现在人们了解到的各种软物质同宏观材料相比都很小，同时又比原子、分子大得多，介观尺寸（介于微观与宏观之间的尺寸，例如 10～100 nm）是众多软物质的内在结构特征尺寸。这一点特别重要。普通固体材料，例如晶体，在物理与化学上，有一个重要的物理量——熵模量=$k_B T/L^3$，其中 $k_B = 1.38 \times 10^{-16}$ erg/K，为 Bolzman 常数，T 代表绝对温度，在室温下，$k_B T = 4 \times 10^{-21}$ J，代表分子热运动的能量，L 为内部结构特征尺寸，一般取为原子的尺寸。这里熵模量为 $10^{10} \sim 10^{11}$ Pa。Pa 是应力的单位，这里代表单位体积能量的单位，或能量密度的单位。对于软物质，例如 L 为胶体中或液晶中的内部结构特征长度，比原子尺寸大很多，即在 10～100 nm 范围，因而它们的熵模量，在 $10^0 \sim 10^2$ Pa 数量级，只是普通固体材料的 $1/10^{-10}$（或百亿分之一）。这是从能量的角度揭示软物质"软"的原因。由于能量上的这一特点，即是说，在室温下，它们的能量可与分子热运动的能量相比较，所以上一章的简介中提到，量子效应对软物质不重要。$k_B = 1.38 \times 10^{-16}$ erg/K 是熵的一种度量。熵与分子相互作用能之间的竞争决定了软物质的若干重要性质，并且影响了其宏观性质。人们认为软物质为熵所控制，不需要外力，或即使不强的热应力或热涨落对它们也会产生影响。虽然软物质的尺寸同宏观物体相比很小，它们的性质却很难直接由其原子或分子组成去预言和解释。为熵所控制的本质，使它们自组织或自组装成一种介观物理结构，这种结构尺寸比单个原子或分子的大得多。以上特点几乎对所有软物质都有意义，这就是它们在物理学上的一种共性[1,2]。由于这里主要为讨论软物质准晶的力学和少量热力学内容服务，一般不涉及它们更深层次的物理性质，可以仅限于讨论其力学和热力学特性，也就是只想了解它们在力学和热力学上的共性。仅仅从宏观角度考虑就可以。

19.2　一类软物质材料的数学模型

上一节提到软物质材料有许多种，内部结构复杂，而且不同的软物质之间存在很大差异。那么，如何研究它们的准晶的力学性能和力学？这是一个关键问题。

从宏观连续角度考虑，它具有流动性，否则它就是固体；同时，它具有弹性，否则它就是流体。软物质同时具有流动性和弹性，它们是一种流体和固体之间的中间相物质，或者说它们是一种各向异性流体，或者有结构的流体。基于这一模型，可以假定其广义的声子应力张量为

$$\sigma_{ij}^{\text{total}} = \sigma_{ij} + \sigma'_{ij} \tag{19.2-1}$$

其中 $\sigma_{ij}^{\text{total}}$ 代表总应力张量；σ_{ij} 代表声子弹性应力张量；σ'_{ij} 为流体应力张量（也可以说是流体声子应力张量，按照 Landau 学派的观点，流体声波就是一种声子，即流体声子）。

关系式 (19.2-1) 在液晶研究中[3]早就被引用。液晶是软物质中的一类，参考它的一些成果，又不局限于它，我们提出了本节的数学模型，其有可能描述某些软物质准晶。从软物质准晶的特点看，它们具有十二次旋转对称性或十八次旋转对称性，由这些对称性主导，可以不引进液晶中的指向矢（或方向矢），不考虑曲率的效应。同时，本构关系也和液晶不同。但是液晶的质量守恒、动量守恒以及某些耗散定则可以借鉴，液晶和胶体中的某些材料常数可以借用。这当然有待检验。

液晶的弹性模量 $E = 10^8 \text{ erg/cm}^3 = 10^7 \text{ Pa} = 10 \text{ MPa}$，黏性系数 $\eta = 0.1 \text{ Pa·s}$，见 de Gennes 的论文 [3]，这对于研究某些软物质时具有极为重要的参考价值。但是其他的软物质的材料常数与这些数据的值可以相差很大。例如，有一类软物质溶液，$\eta = 0.001 \text{ Pa·s}$（见 Witten 的软物质专著 [4]），是液晶黏性系数的 1/100，与水的黏性系数相同。另外，一类胶体 $E = 10^8 \text{ erg/cm}^3 = 10^7 \text{ Pa} = 10 \text{ MPa}$，单向拉伸屈服极限 $\sigma_Y = 4.47 \text{ MPa}$，Poisson 比 $\upsilon = 0.49$ [5]，下面计算中可以借用这些数据作为一般软物质的基本数据。由于它的弹性模量比普通工程（结构）材料小 3～4 个数量级，甚至更小，软物质与普通固体很不相同。它的黏性系数 ($\eta = 0.1 \text{ Pa·s}$) 比水的黏性系数大 100 倍，比黏性很大的原油的 ($\eta = 0.007\ 2 \text{ Pa·s}$) 还大 14 倍，可以发现，液晶是大黏性

物质，与普通流体也很不相同，与其他软物质的差别也很大。我们从它的 Reynolds 数（$Re=\rho Ul/\eta$）出发，可以初步估计它的流动速度。例如假设特征尺寸 $l=0.1\sim 1$ cm，$\eta=1\sim 0.1$ Poise $=0.1\sim 0.01$ Pa·s，密度 $\rho=1.5$ g/cm^3，又如果 $Re=0.1$（小 Reynolds 数），那么特征速度 $U=6.7\sim 0.067$ mm/s $=0.006\ 7\sim 0.000\ 067$ m/s，或者更小。在液晶中就出现这种范围内的流动速度，见专著[3]。

有些软物质内部有化学反应，有的（例如溶液和胶体）还具有电学效应等，这里都不考虑。因而我们采用的是一种不考虑内部机制的唯象模型。按照这一模型，从质量守恒、动量守恒、能量守恒和有关耗散规律，有可能建立这一类软物质运动方程。这可以说是属于软物质的一种数学理论。其材料常数为密度、黏性系数、弹性模量、声子耗散系数，所以，这种材料与普通流体不同，也与普通固体不同。

上面提到的一本软物质的专著（N J Israelachvili:《Intermolecular and Surface Forces》，New York, Academic Press, 2012），专门讨论某些软物质的原子和分子间的相互作用力及其影响，读者如有兴趣，可以去读一读，不过我们这里不涉及这些问题。

19.3　一类软物质的弹性–/流体–动力学[5, 6]

我们不讨论一般的软物质，这里只限于考虑与软物质准晶有关的软物质，因而是一类很特殊的软物质。这类软物质的动力学方程，原则上可以由质量守恒定律、动量守恒定律和能量守恒定律及有关耗散规律得到。

质量守恒定律为

$$\frac{\partial \rho}{\partial t}+\text{div}(\rho \boldsymbol{V})=0 \quad (19.3\text{-}1)$$

这里 ρ 代表软物质质量密度。动量守恒定律为

$$\rho\frac{\partial V_i}{\partial t}+\rho V_k\frac{\partial V_i}{\partial x_k}=\frac{\partial}{\partial x_j}(\sigma_{ij}+\sigma'_{ij}) \quad (19.3\text{-}2)$$

这可以看作是普通流体的 Navier-Stokes 方程的推广，它比第 16 章的广义 Navier-Stokes 方程简单，因为这里用了第 16 章附录的热力学公式，把变分化成微分。能量守恒定律在不存在耗散的情形下，为

$$\frac{\partial s}{\partial t}+\text{div}(s\boldsymbol{V})=0 \quad (19.3\text{-}3)$$

其中 s 代表熵。今后不考虑式（19.3-3）。

但是以上三组方程尚不足以描述软物质宏观动力学模型，必须补充其他方程。

现在需要补充的方程，属于一种耗散运动方程，它超出了寻常的守恒方程，一般读者不熟悉。我们先把它列出来，即

$$\frac{\partial u_i}{\partial t} + V_k \frac{\partial u_i}{\partial x_k} - \Gamma_u \frac{\partial \sigma_{ij}}{\partial x_j} - V_i = 0 \quad (19.3\text{-}4)$$

其中 Γ_u 称为声子耗散运动系数。此方程的详细推导要用到凝聚态物理的 Poisson 括号、广义 Langevin 方程、广义 "流体动力学" ("Hydrodynamic") 等内容，见主附录Ⅲ。

由式（19.3-1）、式（19.3-2）和式（19.3-4）（一般式（19.3-3）不使用），运动方程有 7 个方程，而场变量为 19 个，方程组尚不封闭。为此，需要给出具体的本构关系。最简单的为下列关系

$$\left.\begin{array}{l} \sigma_{ij} = C_{ijkl}\varepsilon_{kl} \\ \sigma'_{ij} = -p\delta_{ij} + \eta\dot{\xi}_{ij} \end{array}\right\} \quad (19.3\text{-}5)$$

和变形几何方程

$$\left.\begin{array}{l} \varepsilon_{ij} = \dfrac{1}{2}\left(\dfrac{\partial u_i}{\partial x_j} + \dfrac{\partial u_j}{\partial x_i}\right) \\ \dot{\xi}_{ij} = \dfrac{1}{2}\left(\dfrac{\partial V_i}{\partial x_j} + \dfrac{\partial V_j}{\partial x_i}\right) \end{array}\right\} \quad (19.3\text{-}6)$$

很显然，式（19.3-5）的第一个关系为各向异性线性广义 Hooke 定律，第二个关系为不可压缩黏性线性广义 Newton 定律。

现在，式（19.3-1）~式（19.3-6）共有 31 个方程，但是场变量共为 32 个，即位移分量 u_i 3 个、速度分量 V_i 3 个、应变分量 ε_{ij} 6 个、变形速度分量 $\dot{\xi}_{ij}$ 6 个、弹性应力分量 σ_{ij} 6 个、流体应力分量 σ'_{ij}（包括压力 p）7 个、密度 ρ 1 个。方程组仍然不封闭。

为了使方程组封闭，需要给出密度与压力的关系，即

$$p = f(\rho) \quad (19.3\text{-}7)$$

或等价地

$$\rho = g(p) \quad (19.3\text{-}7')$$

这样，共有 32 个场变量和 32 个场方程。

如果为纯弹性，那么式（19.3-4）中的声子耗散运动系数 $\Gamma_u = 0$，同时，取非线性项为零，那么

$$\frac{\partial u_i}{\partial t} = V_i$$

代入式（19.3-2），同时忽略非线性项和流体应力，得到

$$\rho \frac{\partial^2 u_i}{\partial t^2} = \frac{\partial \sigma_{ij}}{\partial x_j}$$

问题就还原为经典弹性动力学问题。

类似地，在式（19.3-2）中忽略弹性应力，那么问题就还原为纯流体动力学问题（见本章的附录，当然，这时式（19.3-4）就不需要了）。

19.4 简化情形——不可压缩假定

以上 32 个场变量和 32 个场方程是很难求解的。为了求解，以便得到软物质中有关的位移、速度、应力（包括压力）分布的信息，必须对上述方程进行简化。

像普通流体那样，可以假设软物质不可压缩。由于不可压缩，则质量密度为常数，即

$$\rho = \text{const} \qquad (19.4\text{-}1)$$

这样，基本场变量为位移 $\boldsymbol{u} = (u_x, u_y, u_z)$、速度 $\boldsymbol{V} = (V_x, V_y, V_z)$ 及弹性和流体应力 σ_{ij} 与 σ'_{ij}，运动方程为

$$\left. \begin{aligned} &\rho \frac{\partial V_i}{\partial t} + \rho V_k \frac{\partial V_i}{\partial x_k} = \frac{\partial}{\partial x_j}(\sigma_{ij} + \sigma'_{ij}) \\ &\frac{\partial V_j}{\partial x_j} = 0 \\ &\frac{\partial u_i}{\partial t} + V(\nabla u_i) - \Gamma_u \frac{\partial \sigma_{ij}}{\partial x_j} - V_i = 0 \end{aligned} \right\} \qquad (19.4\text{-}2)$$

由于速度的数值比较小，方程中的非线性项可以忽略，方程大大简化，即

$$\left. \begin{aligned} &\rho \frac{\partial V_i}{\partial t} = \frac{\partial}{\partial x_j}(\sigma_{ij} + \sigma'_{ij}) \\ &\frac{\partial V_j}{\partial x_j} = 0 \\ &\frac{\partial u_i}{\partial t} - \Gamma_u \frac{\partial \sigma_{ij}}{\partial x_j} - V_i = 0 \end{aligned} \right\} \qquad (19.4\text{-}3)$$

为了便于第 20 章关于软物质准晶中的应用，目前发现的软物质准晶只有十二

次对称和十八次对称的,声子弹性本构方程中的 C_{ijkl} 与六方晶系弹性常数相同,也就是独立的非零弹性常数为 5 个,列写如下:

$$C_{1111} = C_{2222} = C_{11}$$
$$C_{1122} = C_{12}$$
$$C_{1212} = C_{1111} - C_{1122} = C_{11} - C_{12} = 2C_{66}$$

这表明 C_{66} 不是独立的,其他独立的非零元素为

$$C_{2323} = C_{3131} = C_{44}$$
$$C_{1133} = C_{2233} = C_{13}$$
$$C_{3333} = C_{33}$$

它们列于表 19.4-1。

表 19.4-1 六方对称的软物质弹性常数(C_{ijkl})

	11	22	33	23	31	12
11	C_{11}	C_{12}	C_{13}	0	0	0
22	C_{12}	C_{11}	C_{13}	0	0	0
33	C_{13}	C_{13}	C_{33}	0	0	0
23	0	0	0	C_{44}	0	0
31	0	0	0	0	C_{66}	0
12	0	0	0	0	0	C_{66}

迄今发现的软物质准晶都是二维的,若进一步假设现在讨论的软物质为二维的,即

$$\frac{\partial}{\partial z} = 0, \ u_z = 0, \ V_z = 0 \qquad (19.4\text{-}4)$$

同时,把本构关系代入,则式(19.4-2)化简为

$$\left.\begin{aligned}
\rho\frac{\partial V_x}{\partial t} &= -\frac{\partial p}{\partial x} + \eta\nabla^2 V_x + M\nabla^2 u_x + (L+M)\frac{\partial}{\partial x}\nabla \cdot \boldsymbol{u} \\
\rho\frac{\partial V_y}{\partial t} &= -\frac{\partial p}{\partial y} + \eta\nabla^2 V_y + M\nabla^2 u_y + (L+M)\frac{\partial}{\partial y}\nabla \cdot \boldsymbol{u} \\
\frac{\partial V_x}{\partial x} &+ \frac{\partial V_y}{\partial y} = 0 \\
\frac{\partial u_x}{\partial t} &= V_x + \Gamma_u\left[M\nabla^2 u_x + (L+M)\frac{\partial}{\partial x}\nabla \cdot \boldsymbol{u}\right] \\
\frac{\partial u_y}{\partial t} &= V_y + \Gamma_u\left[M\nabla^2 u_y + (L+M)\frac{\partial}{\partial y}\nabla \cdot \boldsymbol{u}\right]
\end{aligned}\right\} \qquad (19.4\text{-}5)$$

其中
$$\nabla \cdot \boldsymbol{u} = \frac{\partial u_x}{\partial x} + \frac{\partial u_y}{\partial y}, \ L = C_{12}, \ M = (C_{11} - C_{12})/2$$

这样，终态场变量减少为 u_x，u_y，V_x，V_y，p，共 5 个，场方程也是 5 个，而且是线性的。

19.5 软物质流体动力学——改进的模型

考虑到上一节的模型存在物理上的严重缺陷，应该考虑可压缩性，在线性近似和二维近似下，则终态控制方程为

$$\left.\begin{aligned}
\rho \frac{\partial V_x}{\partial t} &= -\frac{\partial p}{\partial x} + \eta \nabla^2 V_x + \left(\zeta + \frac{\eta}{3}\right) \frac{\partial}{\partial x} \nabla \cdot \boldsymbol{V} + M \nabla^2 u_x + (L+M) \frac{\partial}{\partial x} \nabla \cdot \boldsymbol{u} \\
\rho \frac{\partial V_y}{\partial t} &= -\frac{\partial p}{\partial y} + \eta \nabla^2 V_y + \left(\zeta + \frac{\eta}{3}\right) \frac{\partial}{\partial y} \nabla \cdot \boldsymbol{V} + M \nabla^2 u_y + (L+M) \frac{\partial}{\partial y} \nabla \cdot \boldsymbol{u} \\
\frac{\partial \rho}{\partial t} &+ \nabla \cdot (\rho \boldsymbol{V}) = 0 \\
\frac{\partial u_x}{\partial t} &= V_x + \Gamma_u \left[M \nabla^2 u_x + (L+M) \frac{\partial}{\partial x} \nabla \cdot \boldsymbol{u} \right] \\
\frac{\partial u_y}{\partial t} &= V_y + \Gamma_u \left[M \nabla^2 u_y + (L+M) \frac{\partial}{\partial y} \nabla \cdot \boldsymbol{u} \right] \\
p &= f(\rho)
\end{aligned}\right\} \quad (19.5\text{-}1)$$

其中 $\nabla \cdot \boldsymbol{u} = \frac{\partial u_x}{\partial x} + \frac{\partial u_y}{\partial y}$，$\nabla \cdot \boldsymbol{V} = \frac{\partial V_x}{\partial x} + \frac{\partial V_y}{\partial y}$，$L = C_{12}, M = (C_{11} - C_{12})/2$

这样，终态场变量减少为 u_x，u_y，V_x，V_y，ρ，p，共 6 个，场方程也是 6 个，但是为非线性的。

19.6 软物质中声音的传播

对二维软物质，存在波速

$$c_1 = \sqrt{\frac{L+2M}{\rho}}, \quad c_2 = \sqrt{\frac{M}{\rho}} \quad (19.6\text{-}1)$$

它们是固体的弹性波波速，第一个为纵波波速，第二个为横波波速。同时还存在

$$c_3 = \sqrt{\left(\frac{\partial p}{\partial \rho}\right)_s} \quad (19.6\text{-}2)$$

式（19.6-2）代表流体的波速（声速，为纵波）。二维物质体系存在三个声速，说明它既不是固体，也不是流体，属于兼有固体与流体性质的中间相物质——软物质。软物质的流体波速，现在还没有见到实际测量的结果。它的大小同弹性波速大小的关系，随不同种类的软物质而异，有待实验给出。

19.7 边界条件和边值问题的可解性讨论

一个真正的数学物理理论，除了基本方程之外，必须提供相应的边界条件，而且边界条件要和基本方程协调，使基本方程的边值问题在数学上适定，方才可以求解。此问题在第 16 章中就曾经提出过。此类问题甚至可以追到液晶理论[7]、晶体的理论[8, 9]和经典流体，那里也出现过基本方程与边界条件不协调的情形[3]。因为那些也是广义流体动力学（Generalized hydrodynamics）问题，而边值问题有待进一步讨论。

现在的软物质广义流体动力学，其边界条件有如下三种情形：
（1）纯位移和速度边值问题

在给定位移和速度的边界部分 $S_{u,V}$ 上，给定 $\bar{u}_i$，$\bar{V}_i$，它们是边界上给定的函数。

（2）纯应力边值问题

在给定应力的边界部分 S_σ，给定表面应力 T_i，而且 $S \equiv S_{\text{total}} = S_{u,V} + S_\sigma$。

（3）混合边值问题

在边界上，同时给出一部分应力边界条件和一部分位移及速度的边界条件。边界条件与方程匹配，问题适定，才可以求解。有时，即使方程与边界条件匹配，边值问题是适定的，也不一定有解，在经典流体动力学中，有些边值问题是适定的，仍然无解（得到的解析解不满足全部边界条件）。例如 Stokes 绕流，三维问题能得到非常好的近似解析解（也有人称为精确解），而二维问题无解，这就是著名的 Stokes 佯谬。而现在的软物质广义流体动力学，这一问题根本没有解决，求解中出现矛盾。

19.8 第 19 章附录：经典流体力学简介

本章正文提到，软物质的运动不仅与固体弹性有关，也与流体运动有关，弹性部分大家比较熟悉，可能有的读者对流体不熟悉，这里简单列出经典流体力学的有关公式，供读者参考。

19.8.1 不可压缩完全流体运动方程

流体有许多模型，其中之一是完全流体，也称为理想流体，是指没有黏性的流体，即

$$\eta = 0, \quad \zeta = 0 \tag{19.8-1}$$

其运动用速度 $V = (V_x, V_y, V_z)$ 和压力 p 描写。进一步假设流体不可压缩，即质量密度等于常数

$$\rho = \text{const} \tag{19.8-2}$$

这种流体运动遵循 Euler 方程，即

$$\frac{\partial V}{\partial t} + (V \cdot \nabla)V = -\frac{1}{\rho}\nabla p \tag{19.8-3}$$

$$\nabla \cdot V = 0 \tag{19.8-4}$$

式（19.8-3）代表动量守恒，式（19.9-4）代表质量守恒。方程的数目为 4 个，未知函数的数目也是 4 个，问题在数学上是相容的。读者不难发现，这里不需要本构方程。式（19.8-3）就是著名的 Euler 方程。

19.8.2 黏性不可压缩流体运动

对于黏性流体，首先必须给出本构方程。最常用的是 Newton 流体模型，即假设流体应力张量和变形速度张量与压力有如下关系

$$\sigma'_{ij} = -p\delta_{ij} + 2\eta\left(\dot{\xi}_{ij} - \frac{1}{3}\dot{\xi}_{kk}\delta_{ij}\right) + \zeta\dot{\xi}_{kk}\delta_{ij} \tag{19.8-5}$$

其中 η 为第一黏性系数；ζ 第二黏性系数，同时，

$$\dot{\xi}_{ij} = \frac{1}{2}\left(\frac{\partial V_i}{\partial x_j} + \frac{\partial V_j}{\partial x_i}\right) \tag{19.8-6}$$

代表变形速度张量。

对于不可压缩黏性流体，质量守恒方程仍然由式（19.8-4）表示，而动量守恒方程则为

$$\frac{\partial V}{\partial t} + (V \cdot \nabla)V = -\frac{1}{\rho}\nabla p + \frac{\eta}{\rho}\nabla^2 V \tag{19.8-7}$$

此方程就是著名的 Navier-Stokes 方程（因为采用了不可压缩假定，$\nabla \cdot V = 0$，因而与第二黏性系数相关的项在式（19.8-7）中不出现）。

式（19.8-3）和式（19.8-7）中，$(V \cdot \nabla)V$ 为非线性项，由流体大变形所引起；式（19.8-7）中，$\frac{\eta}{\rho}\nabla^2 V$ 为由黏性引起的耗散项，由动量输运引起，所以

黏性系数 η 又可以称为动量运动学系数（如果把动量记为 g，那么 η 又可以记为 Γ_g，本章正文部分把声子运动学系数记为 Γ_u），它们都刻画耗散作用。

19.8.3 黏性可压缩流体运动

在这种情形下，假设式（19.8-2）不成立，运动方程有

$$\frac{\partial \rho}{\partial t} + \mathrm{div}(\rho V) = 0 \tag{19.8-8}$$

$$\frac{\partial V}{\partial t} + (V \cdot \nabla)V = \frac{1}{\rho}\nabla \sigma'_{ij} \tag{19.8-9}$$

$$\sigma'_{ij} = -p\delta_{ij} + 2\eta\left(\dot{\xi}_{ij} - \frac{1}{3}\frac{\partial V_k}{\partial x_k}\delta_{ij}\right) + \zeta\frac{\partial V_k}{\partial x_k}\delta_{ij} \tag{19.8-10a}$$

$$\dot{\xi}_{ij} = \frac{1}{2}\left(\frac{\partial V_i}{\partial x_j} + \frac{\partial V_j}{\partial x_i}\right) \tag{19.8-10b}$$

这时 Navier-Stokes 方程可以写成

$$\frac{\partial V}{\partial t} + (V \cdot \nabla)V = -\frac{1}{\rho}\nabla p + \frac{\eta}{\rho}\nabla^2 V + \frac{1}{\rho}\left(\zeta + \frac{1}{3}\eta\right)\nabla\nabla \cdot V \tag{19.8-11a}$$

在这种情形下，还需要补充一个关系

$$p = f(\rho) \tag{19.8-11b}$$

或等价地

$$\rho = g(p) \tag{19.8-11c}$$

方程组才封闭。

我们看到，对普通流体，其运动需要速度 $V = (V_x, V_y, V_z)$、应力 σ'_{ij}（包括压力 p）、变形速度张量 $\dot{\xi}_{ij}$ 和质量密度 ρ，共 17 个场变量去刻画，场方程（19.8-8）～（19.8-11）也是 17 个。由于场方程的数目与场变量的数目相同，在数学上相容，可以求解。方程的解依赖正确的初始条件和边界条件。正确的方程耦合正确的初始和边界条件，则问题在数学上称为适定的，才可以求解。这和前 15 章的讨论是一致的。但是由于篇幅的限制，不可能详细讨论。

参考文献

[1] Witten T A. Insights from soft condensed matter[J]. Rev. Mod. Phys., 1999, 71(2): 367-373.

[2] Witten T A. Polymer solutions: A geometric introduction[J]. Rev. Mod. Phys.,

1998, 70(4): 1531-1544.
[3] de Gennes P G, Prost J. The Physics of Liquid Crystals[M]. London: Clarendon, 1993.
[4] Witten T A, Pincus P A. Structured Fluids: Polymers, Colloids, Surfactants[M]. New York: Oxford University Press, 2004.
[5] Gao F J, Jiang Y, Zeng B F. Advance in polyvinyl alcohol hydrogel replacing articular cartilage[J]. Foreign Medical Bone in Science, 2004, 25(1): 41-44.
[6] Fan T Y. The elasto-/hydro-dynamics of quasicrystals with 12-and 18-fold symmetries in some soft matter[EB/OL]. Arxiv.1210.1667.http://arixiv.org/abs/1210.1667.
[7] 范天佑. Poisson 括号方法及其在准晶，液晶和软物质中的应用[J]. 力学学报，2013, 45(4): 548-559.
[8] Fan T Y, Li X F. The stress field and energy of screw dislocation in smectic A liquid crystals and on the mistakes of the classical solution[J]. Chin. Phys. B, 2014, 23(4),046102.
[9] Martin P, Prrodi O. Unified hydrodynamic theory of crystals, liquid crystals and normal fluids[J]. Phys. Rev. A, 1972, 6(6): 2041-2420.

第20章
软物质准晶理论探索与应用和可能的应用

从第 16 章开始，介绍了固体准晶广义流体动力学、可能的十八次对称固体准晶、软物质准晶的发现和性质以及软物质的宏观唯象模型等内容，都是为本章介绍软物质准晶打基础的。很显然，在前面这几章中，讨论均未展开，因为我们的目的并不在于讨论那些专题，而仅仅是为本章的叙述服务。

软物质中的准晶的理论怎么研究？为回答这个问题，仍然从对称性破缺原理出发。声子和相位子元激发奠定了固体准晶弹性研究的基础，对软物质准晶的弹性-/流体-动力学，或广义流体动力学，是否可以用声子、相位子和流体声子这三种元激发作为它的基础？Landau 的《理论物理学》第九卷《统计物理学 II》[1]，认为流体声波就是一种声子，即流体声子。我们尝试采用声子、相位子和流体声子研究软物质准晶，借鉴液晶等软物质学科和固体准晶广义流体动力学的研究成果。

■ 20.1 十二次对称软物质准晶

软物质准晶[2-6]与第 15 章及之前研究的二元与三元合金中的准晶不同，也不同于一般的软物质，它既是准晶中的一种新结构，又是软物质中的一种新结构。它既兼有液体和固体的特点，也具有准晶的特点。

普通软物质的运动方程已由前一章介绍，那里没有涉及准晶。软物质准晶的运动，除了遵从软物质的运动规律外，还必须遵从准晶的运动规律。

这里研究的软物质十二次对称准晶，它的声子 $u=(u_x,u_y,u_z)$ 和速度 $V=(V_x,V_y,V_z)$ 的运动方程在前面已做了介绍，此外，还有流体压力 p，与它们相关的应力张量为 σ'_{ij}。这里取最简单的流体模型，即 Newton 流体，也就是

第 20 章　软物质准晶理论探索与应用和可能的应用　381

$$\sigma'_{ij} = -p\delta_{ij} + 2\eta\left(\dot{\xi}_{ij} - \frac{1}{3}\frac{\partial V_k}{\partial x_k}\delta_{ij}\right) + \zeta\frac{\partial V_k}{\partial x_k}\delta_{ij} \quad (20.1\text{-}1)$$

$$\dot{\xi}_{ij} = \frac{1}{2}\left(\frac{\partial V_i}{\partial x_j} + \frac{\partial V_j}{\partial x_i}\right) \quad (20.1\text{-}2)$$

本节进一步考虑 Newton 流体中最简单的模式，即不可压缩流体，也就是假设物质的质量密度 ρ 为常数

$$\rho = \text{const} \quad (20.1\text{-}3)$$

考虑这些假定，把前面介绍的软物质动力学方程推广到现在的情形，有运动方程

$$\left.\begin{aligned}&\rho\frac{\partial V_i}{\partial t} + \rho V_k\frac{\partial V_i}{\partial x_k} = \frac{\partial}{\partial x_j}(\sigma_{ij} + \sigma'_{ij}) \\ &\frac{\partial V_j}{\partial x_j} = 0 \\ &\frac{\partial u_i}{\partial t} + V_k\frac{\partial u_i}{\partial x_k} - \Gamma_u\frac{\partial \sigma_{ij}}{\partial x_j} - V_i = 0 \\ &\frac{\partial w_i}{\partial t} + V_k\frac{\partial w_i}{\partial x_k} - \Gamma_w\frac{\partial H_{ij}}{\partial x_j} = 0\end{aligned}\right\} \quad (20.1\text{-}4)$$

其中 ∇ 为梯度算子；σ'_{ij} 为流体应力张量，上面已经介绍；σ_{ij} 代表弹性应力张量，见下面的介绍；u_i 为声子位移（即 $\boldsymbol{u}=(u_x,u_y,u_z)$）；$w_i$ 为相位子位移（即 $\boldsymbol{w}=(w_x,w_y,w_z)$）；$H_{ij}$ 为相位子应力张量；Γ_u 为声子耗散运动学系数；Γ_w 为相位子耗散运动学系数。比较这里的方程与前面介绍过的普通软物质流体动力学的方程，两者的区别在于这里多了场变量——相位子位移矢量 w_i 和相位子应力张量 H_{ij}，还多了相位子耗散运动学方程。

由前 15 章可知，声子应变和相位子应变张量分别为

$$\varepsilon_{ij} = \frac{1}{2}\left(\frac{\partial u_i}{\partial x_j} + \frac{\partial u_j}{\partial x_i}\right), \quad w_{ij} = \frac{\partial w_i}{\partial x_j} \quad (20.1\text{-}5)$$

本构方程为

$$\left.\begin{aligned}\sigma_{ij} &= \frac{\partial F}{\partial \varepsilon_{ij}} = C_{ijkl}\varepsilon_{kl} + R_{ijkl}w_{kl} \\ H_{ij} &= \frac{\partial F}{\partial w_{ij}} = K_{ijkl}w_{kl} + R_{klij}\varepsilon_{kl}\end{aligned}\right\} \quad (20.1\text{-}6)$$

其中 $F = F(u,w) = F(\varepsilon_{ij},w_{ij})$，为体系的弹性自由能密度；$C_{ijkl}$ 为声子弹性模量，

已由表 19.4-1 给出；K_{ijkl} 为相位子弹性模量，见第 6 章式（6.5-2）与式（6.5-3）；R_{ijkl} 为声子-相位子耦合弹性模量，这里

$$R_{ijkl} = 0 \tag{20.1-7}$$

因为十二次对称准晶声子弹性与相位子弹性不耦合。

对二维十二次对称准晶，声子位移分量为

$$u_x = u_x(x,y,z,t), \quad u_y = u_y(x,y,z,t), \quad u_z = u_z(x,y,z,t) \tag{20.1-8}$$

而相位子位移分量为

$$w_x = w_x(x,y,z,t), \quad w_y = w_y(x,y,z,t), \quad w_z = 0 \tag{20.1-9}$$

这里取 z 轴为 12 次旋转对称轴。

为简单起见，下面仅讨论平面弹性-/流体-动力学，这样

$$\frac{\partial}{\partial z} = 0 \tag{20.1-10}$$

对点群 $12mm$ 十二次对称准晶，弹性自由能密度在平面弹性情形为

$$\begin{aligned} F(u,w) = F(\varepsilon_{ij}, w_{ij}) &= \frac{1}{2}L(\nabla \cdot u)^2 + M\varepsilon_{ij}\varepsilon_{ij} + \frac{1}{2}K_1 w_{ij}w_{ij} + \\ &\quad \frac{1}{2}K_2(w_{21}^2 + w_{12}^2 + 2w_{11}w_{22}) + \frac{1}{2}K_3(w_{21} + w_{12})^2 \\ &= F_u + F_w \quad (x = x_1, y = x_2, i = 1,2, j = 1,2) \end{aligned} \tag{20.1-11}$$

其中 F_u 为声子的贡献，F_w 为相位子的贡献，又

$$C_{ijkl} = L\delta_{ij}\delta_{kl} + M(\delta_{jk}\delta_{jl} + \delta_{il}\delta_{jk}) \quad (i,j,k,l = 1,2) \tag{20.1-12}$$

$$L = C_{12}, \quad M = (C_{11} - C_{12})/2 = C_{66} \tag{20.1-13}$$

$$\left. \begin{aligned} K_{1111} = K_{2222} = K_1, \quad K_{1122} = K_{2211} = K_2 \\ K_{1221} = K_{2112} = K_3, \quad K_{2121} = K_{1212} = K_1 + K_2 + K_3 \end{aligned} \right\} \tag{20.1-14}$$

没有列出的元素为零，式（20.1-14）也可以表示为

$$\begin{aligned} K_{ijkl} &= (K_1 - K_2 - K_3)(\delta_{ik} - \delta_{il}) + K_2\delta_{ij}\delta_{kl} + K_3\delta_{il}\delta_{jk} + \\ &\quad 2(K_2 + K_3)(\delta_{i1}\delta_{j2}\delta_{k1}\delta_{l2} + \delta_{i2}\delta_{j1}\delta_{k2}\delta_{l1}) \quad (i,j,k,l = 1,2) \end{aligned} \tag{20.1-15}$$

对于软物质，还存在流动性和黏性，速度场为

$$V_x = V_x(x,y,t), \quad V_y = V_y(x,y,t), \quad V_z = 0 \tag{20.1-16}$$

相应的变形速度张量为

$$\dot{\xi}_{ij} = \frac{1}{2}\left(\frac{\partial V_i}{\partial x_j} + \frac{\partial V_j}{\partial x_i}\right) \tag{20.1-17}$$

第20章 软物质准晶理论探索与应用和可能的应用

流体可压缩本构方程为

$$\sigma'_{ij} = -p\delta_{ij} + 2\eta\left(\dot{\xi}_{ij} - \frac{1}{3}\frac{\partial V_k}{\partial x_k}\delta_{ij}\right) + \zeta\frac{\partial V_k}{\partial x_k}\delta_{ij} \qquad (20.1\text{-}18)$$

总的广义声子（包括声子和流体声子）应力为

$$(\sigma_{ij})_{\text{total}} = \sigma_{ij} + \sigma'_{ij} \qquad (20.1\text{-}19)$$

动量守恒定律为

$$\rho\frac{\partial V}{\partial t} + \rho(V\cdot\nabla)V = \nabla\cdot\sigma, \ \sigma = \sigma_{ij} + \sigma'_{ij}$$

或

$$\rho\frac{\partial V_i}{\partial t} + \rho V_k\frac{\partial V_i}{\partial x_k} = \frac{\partial}{\partial x_j}(\sigma_{ij} + \sigma'_{ij})$$

质量守恒定律为

$$\frac{\partial \rho}{\partial t} + \text{div}(\rho V) = \frac{\partial \rho}{\partial t} + \nabla\cdot(\rho V) = 0$$

消去应变和应力，得到以位移和速度表示的终态运动方程

$$\rho\frac{\partial V_x}{\partial t} = -\frac{\partial p}{\partial x} + \eta\nabla^2 V_x + M\nabla^2 u_x + (L+M)\frac{\partial}{\partial x}\nabla\cdot\boldsymbol{u}$$

$$\rho\frac{\partial V_y}{\partial t} = -\frac{\partial p}{\partial y} + \eta\nabla^2 V_y + M\nabla^2 u_y + (L+M)\frac{\partial}{\partial y}\nabla\cdot\boldsymbol{u}$$

$$\frac{\partial V_x}{\partial x} + \frac{\partial V_y}{\partial y} = 0$$

$$\frac{\partial u_x}{\partial t} = V_x + \Gamma_u\left[M\nabla^2 u_x + (L+M)\frac{\partial}{\partial x}\nabla\cdot\boldsymbol{u}\right]$$

$$\frac{\partial u_y}{\partial t} = V_y + \Gamma_u\left[M\nabla^2 u_y + (L+M)\frac{\partial}{\partial y}\nabla\cdot\boldsymbol{u}\right]$$

$$\frac{\partial w_x}{\partial t} = \Gamma_w\left[K_1\nabla^2 w_x + (K_2+K_3)\frac{\partial}{\partial y}\left(\frac{\partial w_x}{\partial y} + \frac{\partial w_y}{\partial x}\right)\right]$$

$$\frac{\partial w_y}{\partial t} = \Gamma_w\left[K_1\nabla^2 w_x + (K_2+K_3)\frac{\partial}{\partial x}\left(\frac{\partial w_x}{\partial y} + \frac{\partial w_y}{\partial x}\right)\right]$$

$$\nabla\cdot\boldsymbol{u} = \frac{\partial u_x}{\partial x} + \frac{\partial u_y}{\partial y}$$

注意：软物质准晶的声子和相位子耗散系数 Γ_u、Γ_w 与固体准晶在数量上可能不同，但是现在尚无测量值，不妨借用固体准晶的值，即 $\Gamma_u = 4.8\times10^{-17}$ m³·s/kg，

$\Gamma_w = 4.8 \times 10^{-19}$ m³·s/kg。其实即使是固体准晶，声子与相位子耗散系数也存在很大的变化范围，即 $\Gamma_u = 4.8 \times 10^{-17} \sim 4.8 \times 10^{-21}$ m³·s/kg，$\Gamma_w = 4.8 \times 10^{-19} \sim 4.8 \times 10^{-23}$ m³·s/kg，使用时可以选择。

20.2 十八次对称软物质准晶

十八次对称固体准晶在第 17 章进行了介绍。把上一节介绍的流体动力学和第 17 章介绍的十八次对称的固体准晶的方程结合起来，得到不可压缩情形下的十八次对称软物质准晶的流体动力学方程

$$\left.\begin{aligned}
&\rho\frac{\partial V_i}{\partial t} + \rho V(\nabla V_i) = \frac{\partial}{\partial x_j}(\sigma_{ij} + \sigma'_{ij}) \\
&\frac{\partial V_j}{\partial x_j} = 0 \\
&\frac{\partial u_i}{\partial t} + V(\nabla u_i) - \Gamma_u \frac{\partial \sigma_{ij}}{\partial x_j} - V_i = 0 \\
&\frac{\partial v_i}{\partial t} + V(\nabla v_i) - \Gamma_v \frac{\partial \tau_{ij}}{\partial x_j} = 0 \\
&\frac{\partial w_i}{\partial t} + V(\nabla w_i) - \Gamma_w \frac{\partial H_{ij}}{\partial x_j} = 0
\end{aligned}\right\} \quad (20.2\text{-}1)$$

其中 ρ，$\boldsymbol{V} = (V_x, V_y)$，$\nabla = \left(\boldsymbol{i}\dfrac{\partial}{\partial x} + \boldsymbol{j}\dfrac{\partial}{\partial y}\right)$，$\boldsymbol{u} = (u_x, u_y)$，$\boldsymbol{w} = (w_x, w_y)$ 和 σ'_{ij} 与上一节所定义的相同，但是第一相位子场 $\boldsymbol{v} = (v_x, v_y)$ 为新出现的，所以称 $\boldsymbol{w} = (w_x, w_y)$ 为第二相位子场，它对应的应变张量定义如下

$$v_{ij} = \frac{\partial v_i}{\partial x_j} \quad (20.2\text{-}2)$$

相应的应力张量为 τ_{ij}。这样，新弹性本构方程为

$$\left.\begin{aligned}
\sigma_{ij} &= \frac{\partial F}{\partial \varepsilon_{ij}} = C_{ijkl}\varepsilon_{kl} + r_{ijkl}v_{kl} + R_{ijkl}w_{kl} \\
\tau_{ij} &= \frac{\partial F}{\partial v_{ij}} = T_{ijkl}v_{kl} + r_{klij}\varepsilon_{kl} + G_{ijkl}w_{kl} \\
H_{ij} &= \frac{\partial F}{\partial w_{ij}} = K_{ijkl}w_{kl} + R_{klij}\varepsilon_{kl} + G_{klij}v_{kl}
\end{aligned}\right\} \quad (20.2\text{-}3)$$

其中 $F = F(u,v,w) = F(\varepsilon_{ij}, v_{ij}, w_{ij})$ 代表应变能密度

$$\begin{aligned}F(u,v,w) = F(\varepsilon_{ij}, v_{ij}, w_{ij}) &= \frac{1}{2}L(\nabla \cdot u)^2 + M\varepsilon_{ij}\varepsilon_{ij} + T_1[(v_{11}+v_{22})^2 + (v_{21}-v_{12})^2] + \\ &\quad T_2\left[(v_{11}-v_{22})^2 + (v_{21}+v_{12})^2\right] + K_1[(w_{11}+w_{22})^2 + (w_{21}-w_{12})^2] + \\ &\quad T_2[(w_{11}-w_{22})^2 + (w_{21}+w_{12})^2] + G[(v_{11}-v_{22})(w_{11}-w_{22}) + (v_{21}+v_{12}) \\ &\quad (w_{21}+w_{12})] = F_u + F_v + F_w + F_{vw}, \quad (x = x_1, y = x_2, i = 1,2, j = 1,2)\end{aligned}$$
(20.2-4)

而弹性常数 C_{ijkl}，K_{ijkl}，R_{ijkl} 如上一节定义；另外，T_{ijkl} 为第一相位子应变场 v_{ij} 的弹性常数，r_{ijkl} 是 $u-v$ 耦合弹性常数，G_{ijkl} 是 $v-w$ 耦合弹性常数。同时，还存在与第一相位子 $v = (v_x, v_y)$ 场对应的新的运动学耗散系数 Γ_v。

其他弹性常数与前面定义的相同。

相位子场弹性常数 T_{ijkl} 的非零分量为

$$\begin{aligned} T_{1111} &= T_{2222} = T_{2121} = T_1 \\ T_{1122} &= T_{2211} = -T_{2112} = -T_{1221} = T_2 \end{aligned}$$
(20.2-5)

其余的 $T_{ijkl} = 0$。以上结果可以用 4 阶张量表示如下

$$T_{ijkl} = T_1 \delta_{ik}\delta_{jl} + T_2(\delta_{ij}\delta_{kl} - \delta_{il}\delta_{jk}), \quad (i,j,k,l = 1,2)$$ (20.2-6)

另外，声子与第一相位子不耦合，导致

$$r_{ijkl} = 0$$ (20.2-7)

同时，声子与第二相位子也不耦合，所以

$$R_{ijkl} = 0$$ (20.2-8)

而第一相位子与第二相位子耦合，具有如下耦合弹性常数

$$G_{ijkl} = G(\delta_{i1} - \delta_{i2})(\delta_{ij}\delta_{kl} - \delta_{il}\delta_{jk} + \delta_{il}\delta_{jk}), \quad (i,j,k,l = 1,2)$$ (20.2-9)

可以参考第 17 章或胡承正等的论文 [7]。

消去应变和应力，得到以位移和速度表达的终态运动方程

$$\rho \frac{\partial V_x}{\partial t} = -\frac{\partial p}{\partial x} + \eta \nabla^2 V_x + M \nabla^2 u_x + (L+M)\frac{\partial}{\partial x}\nabla \cdot \boldsymbol{u}$$

$$\rho \frac{\partial V_y}{\partial t} = -\frac{\partial p}{\partial y} + \eta \nabla^2 V_y + M \nabla^2 u_y + (L+M)\frac{\partial}{\partial y}\nabla \cdot \boldsymbol{u}$$

$$\frac{\partial V_x}{\partial x} + \frac{\partial V_y}{\partial y} = 0$$

$$\frac{\partial u_x}{\partial t} = V_x + \Gamma_u \left[M\nabla^2 u_x + (L+M)\frac{\partial}{\partial x}\nabla \cdot \boldsymbol{u} \right]$$

$$\frac{\partial u_y}{\partial t} = V_y + \Gamma_u \left[M\nabla^2 u_y + (L+M)\frac{\partial}{\partial y}\nabla \cdot \boldsymbol{u} \right]$$

$$\frac{\partial v_x}{\partial t} = \Gamma_v \left[T_1\nabla^2 v_x + G\left(\frac{\partial^2 w_x}{\partial x^2} - \frac{\partial^2 w_x}{\partial y^2}\right) - 2G\frac{\partial^2 w_y}{\partial x \partial y} \right]$$

$$\frac{\partial v_y}{\partial t} = \Gamma_v \left[T_1\nabla^2 v_y + 2G\frac{\partial^2 w_x}{\partial x \partial y} + G\left(\frac{\partial^2 w_y}{\partial x^2} - \frac{\partial^2 w_y}{\partial y^2}\right) \right]$$

$$\frac{\partial w_x}{\partial t} = \Gamma_w \left[K_1\nabla^2 w_x + G\left(\frac{\partial^2 v_x}{\partial x^2} - \frac{\partial^2 v_x}{\partial y^2}\right) + 2G\frac{\partial^2 v_y}{\partial x \partial y} \right]$$

$$\frac{\partial w_y}{\partial t} = \Gamma_w \left[K_1\nabla^2 w_y - 2G\frac{\partial^2 v_x}{\partial x \partial y} + G\left(\frac{\partial^2 v_y}{\partial x^2} - \frac{\partial^2 v_y}{\partial y^2}\right) \right]$$

$$\nabla \cdot \boldsymbol{u} = \frac{\partial u_x}{\partial x} + \frac{\partial u_y}{\partial y}$$

这里声子与相位子耗散系数也取与上一节相同的值。

以上两节，见范天佑的论文 [8，9]。

20.3 软物质准晶的位错解

上面讨论的软物质准晶，只有两类：十二次对称和十八次对称二维准晶。同固体准晶一样，第一个考虑的问题是它们的位错问题。

如果从上面的广义流体动力学方程去求解十二次对称和十八次对称二维准晶的位错，是相当困难的。但是可以借鉴液晶位错理论。液晶是一种典型的软物质，而且液晶的位错理论发展得较早，以 de Gennes 为代表的法国液晶学派的研究在国际上处于领先地位，并且荣获 1991 年物理 Nobel 奖。他们的有关经验可借鉴。

de Gennes 等在研究液晶位错时，只考虑了弹性应力的效应。参考这一经验，我们研究软物质准晶的位错时，不妨也只考虑弹性应力的效应。

20.3.1 十二次对称软物质准晶的位错

对于软物质十二次和十八次对称准晶声子场和相位子场，如果在动力学方程组中忽略了非线性项（即牵连微商项 $(V \cdot \nabla)v$，$(V \cdot \nabla)w$），可以认为相位子与声子不耦合，这样问题大为简化。另外，借鉴液晶位错求解的经验也使现在的求解大为简化。

十二次对称准晶位错的声子场解为

第 20 章　软物质准晶理论探索与应用和可能的应用　■　387

$$\left.\begin{array}{l}u_x = \dfrac{b_1^{\parallel}}{2\pi}\left(\arctan\dfrac{y}{x} + \dfrac{L+M}{L+2M}\dfrac{xy}{r^2}\right) + \\ \quad \dfrac{b_2^{\parallel}}{2\pi}\left(\dfrac{M}{L+2M}\ln\dfrac{r}{r_0} + \dfrac{L+M}{L+2M}\dfrac{y^2}{r^2}\right) \\ u_y = -\dfrac{b_1^{\parallel}}{2\pi}\left(\dfrac{M}{L+2M}\ln\dfrac{r}{r_0} + \dfrac{L+M}{L+2M}\dfrac{x^2}{r^2}\right) + \\ \quad \dfrac{b_2^{\parallel}}{2\pi}\left(\arctan\dfrac{y}{x} - \dfrac{L+M}{L+2M}\dfrac{xy}{r^2}\right) \\ u_z = 0\end{array}\right\} \quad (20.3\text{-}1)$$

其中 $L = C_{12}$；$M = (C_{11} - C_{12})/2$，为声子弹性常数；$b_1^{\parallel}$，$b_2^{\parallel}$ 是声子 Burgers 矢量的分量。而相位子场的解为

$$\left.\begin{array}{l}w_x = \dfrac{b_1^{\perp}}{2\pi}\left[\arctan\dfrac{y}{x} - \dfrac{(K_1+K_2)(K_2+K_3)}{2K_1(K_1+K_2+K_3)}\dfrac{xy}{r^2}\right] + \\ \quad \dfrac{b_2^{\perp}}{4\pi}\left[-\dfrac{K_2(K_1+K_2+K_3) - K_1K_3}{K_1(K_1+K_2+K_3)}\ln\dfrac{r}{r_0} + \dfrac{(K_1+K_2)(K_2+K_3)}{K_1(K_1+K_2+K_3)}\dfrac{y^2}{r^2}\right] \\ w_y = \dfrac{b_1^{\perp}}{4\pi}\left[\dfrac{K_2(K_1+K_2+K_3) - K_1K_3}{K_1(K_1+K_2+K_3)}\ln\dfrac{r}{r_0} - \dfrac{(K_1+K_2)(K_2+K_3)}{K_1(K_1+K_2+K_3)}\dfrac{x^2}{r^2}\right] + \\ \quad \dfrac{b_2^{\perp}}{2\pi}\left[\arctan\dfrac{y}{x} + \dfrac{(K_1+K_2)(K_2+K_3)}{2K_1(K_1+K_2+K_3)}\dfrac{xy}{r^2}\right]\end{array}\right\} \quad (20.3\text{-}2)$$

其中 K_1，K_2，K_3 是相位子弹性常数；$b_1^{\perp}$，$b_2^{\perp}$ 是相位子 Burgers 矢量的分量。它们在本书第 7 章已给出。

考虑流体效应的软物质准晶的位错解，见范天佑与李显方的论文《Dislocations of soft-matter quasicrystals》(Phil. May. Lett)（印刷中）。

20.3.2　十八次对称软物质准晶的位错

解（20.3-1）对十八次对称准晶的声子仍然成立，所以这里就不再列写了。十八次对称准晶的相位子位错解为（参考文献 [10]）

$$v_x(x,y) = \dfrac{b_{11}^{\perp}}{2\pi}\arctan\dfrac{y}{x} \quad (20.3\text{-}3)$$

$$v_y(x,y) = \dfrac{b_{11}^{\perp}}{4\pi}\ln\dfrac{r^2}{r_0^2} \quad (20.3\text{-}4)$$

$$w_x(x,y) = \dfrac{b_{21}^{\perp}}{2\pi}\arctan\dfrac{y}{x} \quad (20.3\text{-}5)$$

$$w_y(x,y) = -\dfrac{b_{21}^{\perp}}{4\pi}\ln\dfrac{r^2}{r_0^2} \quad (20.3\text{-}6)$$

其中 $b_{11}^\perp$, $b_{12}^\perp$, $b_{21}^\perp$, $b_{22}^\perp$ 分别为第一与第二相位子 Burgers 矢量的分量。

20.4 软物质准晶的比热[11]

软物质中的声子（或固体声子），已经是大家熟悉的概念，软物质中的流体声波，按照 Lifshitz 和 Pitaevskii[1] 的观点，也是一种声子，称为流体声子。这样，对现在讨论的软物质，对三维问题，我们有四种声子，其中三种为固体声子，一种为流体声子。

推广 Debye 模型[12]，有固体声子波速

$$c_1 = \sqrt{\frac{\lambda}{\rho}}, \quad c_2 = c_3 = \sqrt{\frac{\mu}{\rho}} \tag{20.4-1}$$

和流体声子波速

$$c_4 = \sqrt{\frac{dp}{d\rho}} \tag{20.4-2}$$

见第 19 章。

记 ν 为软物质振动频率，$g(\nu)$ 为振动能谱分布函数。推广 Debye[12] 经典理论，可以得到在频率 ν 与 $\nu + d\nu$ 之间的总自由度数目

$$g(\nu)d\nu = B\nu^2 d\nu \tag{20.4-3}$$

其中

$$B = 4\pi V \left(\frac{1}{c_1^3} + \frac{2}{c_2^3} + \frac{1}{c_4^3} \right) \tag{20.4-4}$$

V 代表材料的体积；c_1，$c_2 = c_3$ 和 c_4 已由式（20.4-1）和式（20.4-2）分别定义。如果没有流体声子，式（20.4-4）就还原为关于晶体的经典 Debye 公式，即 $B^c = 4\pi V(1/c_1^3 + 2/c_2^3)$。总自由度数目为 $\int_0^{\nu_D} g(\nu)d\nu = 3N$，其中 ν_D 为广义 Debye 频率

$$\nu_D = (9N/B)^{1/3} \tag{20.4-5}$$

而 N 代表试样的总原子数；B 由式（20.4-4）定义。由这些结果得到体系的配分函数 Φ，即 $\Psi = \ln \Phi = -E_0/k_B T + \int_0^{\nu_D} g(\nu)\ln[1/(1-e^{-h\nu/k_B T})]d\nu$，以及比热

$$\frac{c_V}{k_B} = B \int_0^{\nu_D} \left(\frac{h}{k_B T} \right) \frac{e^{h\nu/k_B T}\nu^4}{(e^{h\nu/k_B T}-1)^2} d\nu \tag{20.4-6}$$

由软物质的状态方程可以得到 $p = k_B T \partial \Psi / \partial V = -\partial E_0/\partial V - [(E-E_0)/\Theta](\partial \Theta / \partial V)$，它是软物质的广义 Ggueneisen 定律，而经典的 Ggueneisen 定律是针对晶体的。现在有 $E = E_0 + \sum \overline{\varepsilon}(\nu) = E_0 + 3Nk_B TD(x)$，其中 $\overline{\varepsilon}(\nu) = h\nu/(e^{h\nu/k_B T}-1)$，

为 Planck 公式；E_0 为常数；$D(x) = 3/x^3 \int_0^x y^3/(e^y-1)\mathrm{d}y$，为 Debye 函数，其中缩写符号 $x = hv_D/k_BT = \Theta/T$，$\Theta = hv_D/k_B$，$y = hv/k_BT$，Θ 可理解为软物质的广义 Debye 特征温度；h 和 k_B 代表 Planck 常数和 Bolzmann 常数；T 为绝对温度。

可以得到软物质热力学有关公式，例如能量、配分函数、状态方程、比热等。其中比热如图 20.4-1～图 20.4-3 所示，这里 $C_{V\infty} = 3Nk_B$ 代表高温时的比热，详细内容见参考文献 [11]。如果流体波速比弹性波速大很多，由 Debye 理论，流体声子对准晶比热的贡献就很小，所以图中仅列出流体波速比弹性波速小的情形的结果。

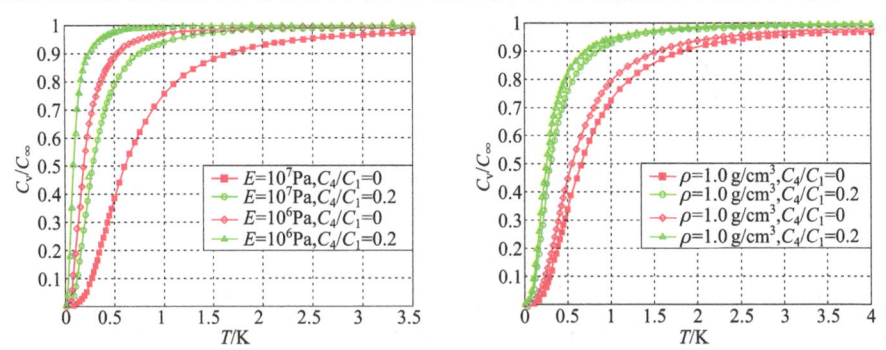

图 20.4-1　软物质准晶材料弹性模量对比热的影响　图 20.4-2　软物质准晶材料密度对比热的影响

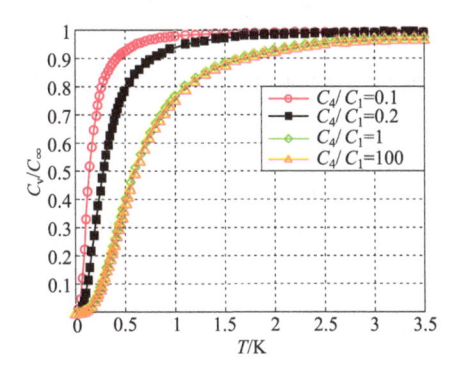

图 20.4-3　软物质准晶材料流体声子速度对比热的影响

20.5　软物质准晶的 Stokes-Oseen 流，交替近似解

有一类软物质准晶的流动性很显著，对它们的求解是一大难题。

现在考虑一个流动性较强的例子。这时会呈现软物质准晶绕流运动。

由于只讨论二维问题，而二维绕流问题存在著名的 Stokes 佯谬。这一问题在软物质绕流运动中也有可能出现。Oseen[13] 对 Stokes 佯谬做了深刻的分析，

认为 Navier-Stokes 方程对二维绕流问题必须修改，因此，应该改成

$$\rho \frac{\partial V_i}{\partial t} + \rho U_k \frac{\partial V_i}{\partial x_k} = \frac{\partial}{\partial x_j}(\sigma_{ij} + \sigma'_{ij}) \tag{20.5-1}$$

其中 U_k 为外加速度场，此方程称为 Stokes-Oseen 方程。由于现在讨论的问题，包含了弹性场，确切地说，应该称为广义 Stokes-Oseen 问题，下面仅考虑定常问题，即 $\frac{\partial}{\partial t} = 0$。

假设有一 x 方向的来流，速度为 U_∞，压力为 p_∞，流经软物质中一个半径为 a 的无限长圆柱见图 20.5-1。流体运动的边界条件，在圆柱坐标系 (r, θ, z) 中为

$$\left. \begin{aligned} & r = \sqrt{x^2 + y^2 + z^2} \to +\infty: V_r = U_\infty \cos\theta, \ V_\theta = -U_\infty \sin\theta \\ & r = a: V_r = V_\theta = 0 \end{aligned} \right\} \tag{20.5-2}$$

暂时不讨论压力的贡献。因为假设柱为无限长，因此，运动与 z 无关。

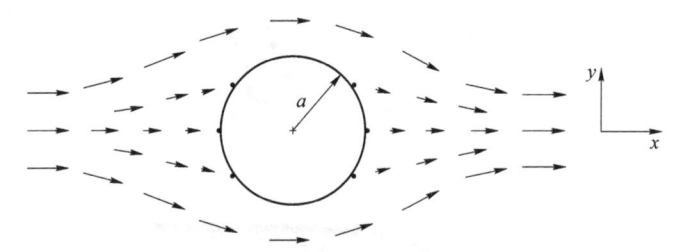

图 20.5-1 软物质准晶绕圆柱流动的示意图

标准解法为分离变量法，即假设

$$\left. \begin{aligned} & V_r = f(r)F(\theta), \ V_\theta = g(r)G(\theta), \ p = \eta h(r)H(\theta), \\ & u_r = j(r)J(\theta), \ u_r = k(r)K(\theta), \ w_r = l(r)L(\theta), \ w_\theta = m(r)M(\theta) \end{aligned} \right\} \tag{20.5-3}$$

其中 $f(r), F(\theta), g(r), G(\theta), h(r), H(\theta), j(r), J(\theta), k(r), K(\theta), l(r), L(\theta), m(r), M(\theta)$ 为未知待定函数。虽然方程可以分离变量，即将偏微分方程化成常微分方程去求解，不过实践表明，这些关于变量 r 的常微分方程不可能解析求解。由于这一巨大的困难，只能采取交替法求近似解析解。第一步，取 Oseen 解为流体速度场的零级近似解（这时假设在质量守恒方程中，$\text{div} V = 0$）:

$$V_r^{(0)} = \frac{U_\infty \cos\theta}{1 - 2\ln\left(\frac{1}{2}ka\right) - 2\gamma} \left(-1 + \frac{a^2}{r^2} + 2\ln\frac{a}{r} \right)$$

$$V_\theta^{(0)} = -\frac{U_\infty \sin\theta}{1 - 2\ln\left(\frac{1}{2}ka\right) - 2\gamma} \left(1 - \frac{a^2}{r^2} + 2\ln\frac{a}{r} \right) \tag{20.5-4}$$

其中
$$2k = \rho U_\infty / \eta, \quad \gamma = 0.5772 \tag{20.5-5}$$

由这个解，可以得到固体应力应该满足的边界条件，在 $r=a$ 处，
$$\left. \begin{aligned} \sigma_{rr} &= -\sigma'_{rr} = 0 \\ \sigma_{r\theta} &= -\sigma'_{r\theta} = -\tau \sin\theta \end{aligned} \right\} \tag{20.5-6}$$

其中
$$\tau = \frac{2\eta U_\infty}{a\left[1 - 2\ln\left(\dfrac{1}{2}ka\right) - 2\gamma\right]} \tag{20.5-7}$$

由边界条件（20.5-5）求解相应的固体问题，得到弹性的零级近似解

$$\left. \begin{aligned} \sigma_{rr}^{(0)} &= \frac{2\eta U_\infty}{a\left[1 - 2\ln\left(\dfrac{1}{2}ka\right) - 2\gamma\right]} \frac{3+\kappa}{1+\kappa}\left(\frac{a}{r} - \frac{a^3}{r^3}\right)\cos\theta \\ \sigma_{\theta\theta}^{(0)} &= \frac{2\eta U_\infty}{a\left[1 - 2\ln\left(\dfrac{1}{2}ka\right) - 2\gamma\right]}\left(-\frac{\kappa}{1+\kappa}\frac{a}{r} + \frac{\kappa}{1+\kappa}\frac{a^3}{r^3}\right)\cos\theta \\ \sigma_{r\theta}^{(0)} &= -\frac{2\eta U_\infty}{a\left[1 - 2\ln\left(\dfrac{1}{2}ka\right) - 2\gamma\right]}\left(\frac{1}{1+\kappa}\frac{a}{r} + \frac{\kappa}{1+\kappa}\frac{a^3}{r^3}\right)\sin\theta \end{aligned} \right\} \tag{20.5-8}$$

其中
$$\kappa = \begin{cases} 3 - 4\nu, & \text{厚物体} \\ \dfrac{3-\nu}{1+\nu}, & \text{薄物体} \end{cases}$$

ν 代表 Poisson 比，即
$$\nu = \frac{L}{2(L+M)}$$

它刻画材料的弹性效应。上面说的厚物体，即平面应变状态，薄物体即平面应力状态。这说明弹性的应力状态对解也是有影响的。由式（20.5-7）可见，弹性应力的大小与流体应力同一个数量级，与下一节的例题的结果不同，因为两者的边界条件完全不同。

这个分析，揭示了软物质准晶绕流的某些运动特征，又揭示了声子与流体声子的相互作用，应该说已经达到了研究的初步目的。由于十二次准晶声子-

相位子不耦合，这里如果取相位场的解为零，应该也是合理的。下一节的严格数值分析也证明了这一点。

由于十二次对称准晶的相位子与声子不耦合，这里对相位子的效应未做详细讨论。如果做很大的近似，可以由解中得到一个因子 $\alpha = \dfrac{K_1 \Gamma_w}{U_\infty}$，可能有意义。

解（20.5-7）的数值结果如图 20.5-2～图 20.5-9 所示，计算中取 $\rho = 1.5\,\text{g/cm}^3$，$\eta = 0.1\,\text{Pa·s}$，$U_\infty = 10^{-2}\,\text{cm/s}$，$10^{-3}\,\text{cm/s}$，$10^{-4}\,\text{cm/s}$，$a = 0.1\,\text{cm}$，$\nu = 0.3, 0.35, 0.4$。

虽然整个运动是由外加速度场（即无穷远来流速度 U_∞）引起的，但是流体速度、压力、应力、弹性位移及应力分别和 U_∞ 呈复杂的关系，从解（20.5-7）可以看出，从图 20.5-2 和图 20.5-3 也可以看出，弹性应力同无穷远来流速度呈现非线性关系。

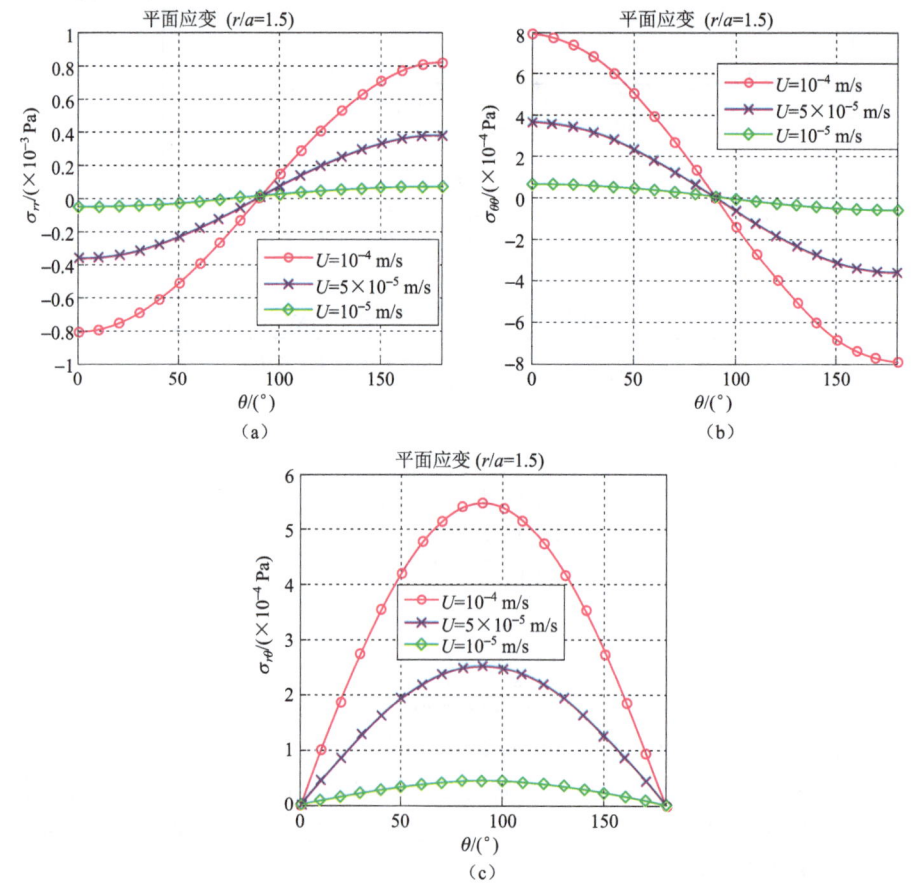

图 20.5-2 弹性应力在不同外部流场作用下的角分布，平面应变情形，$\nu = 0.3$

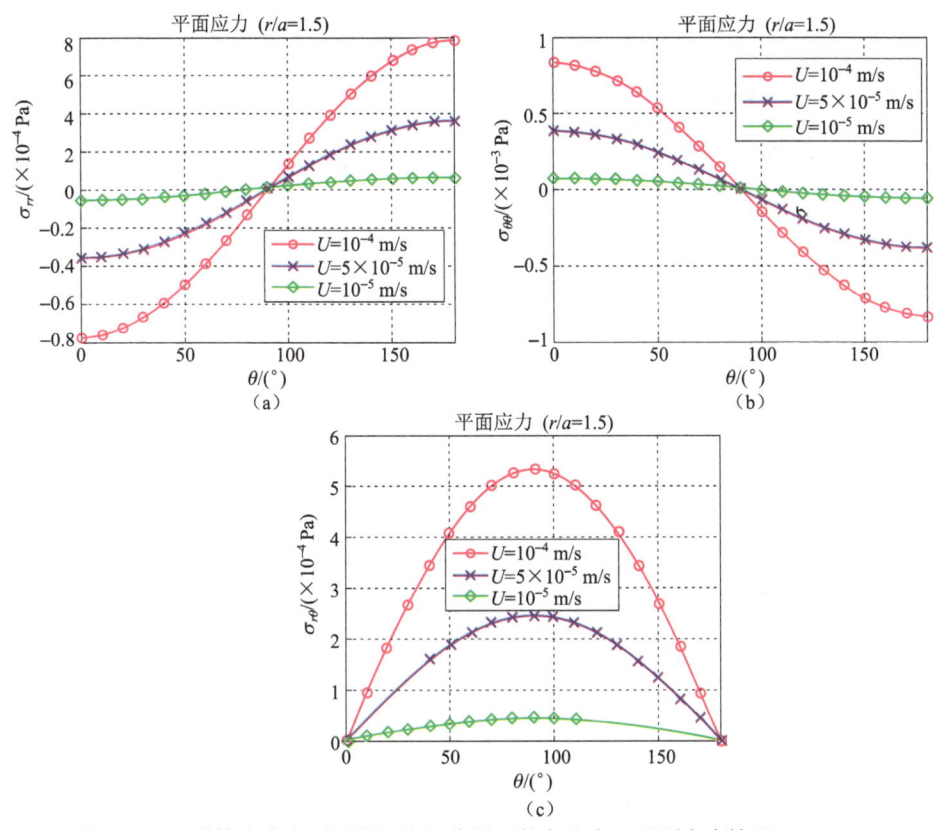

图 20.5-3 弹性应力在不同外部流场作用下的角分布，平面应力情形，$\nu = 0.3$

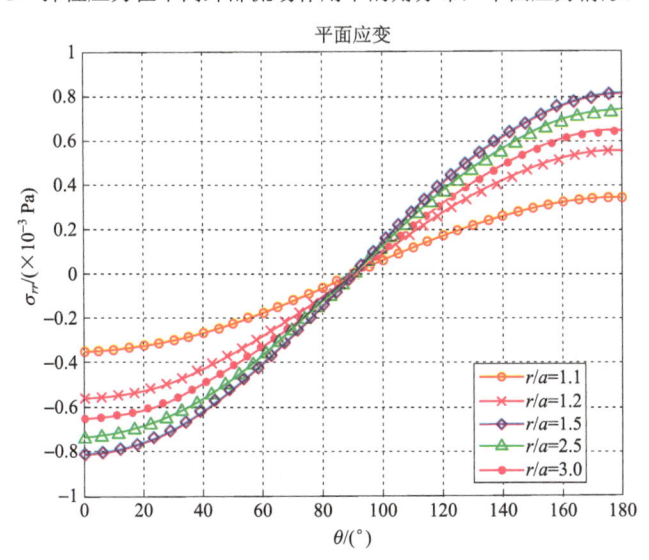

图 20.5-4 弹性径向正应力随圆柱外距离的变化，平面应变情形，$\nu = 0.3$，$U_\infty = 10^{-4}$ m/s

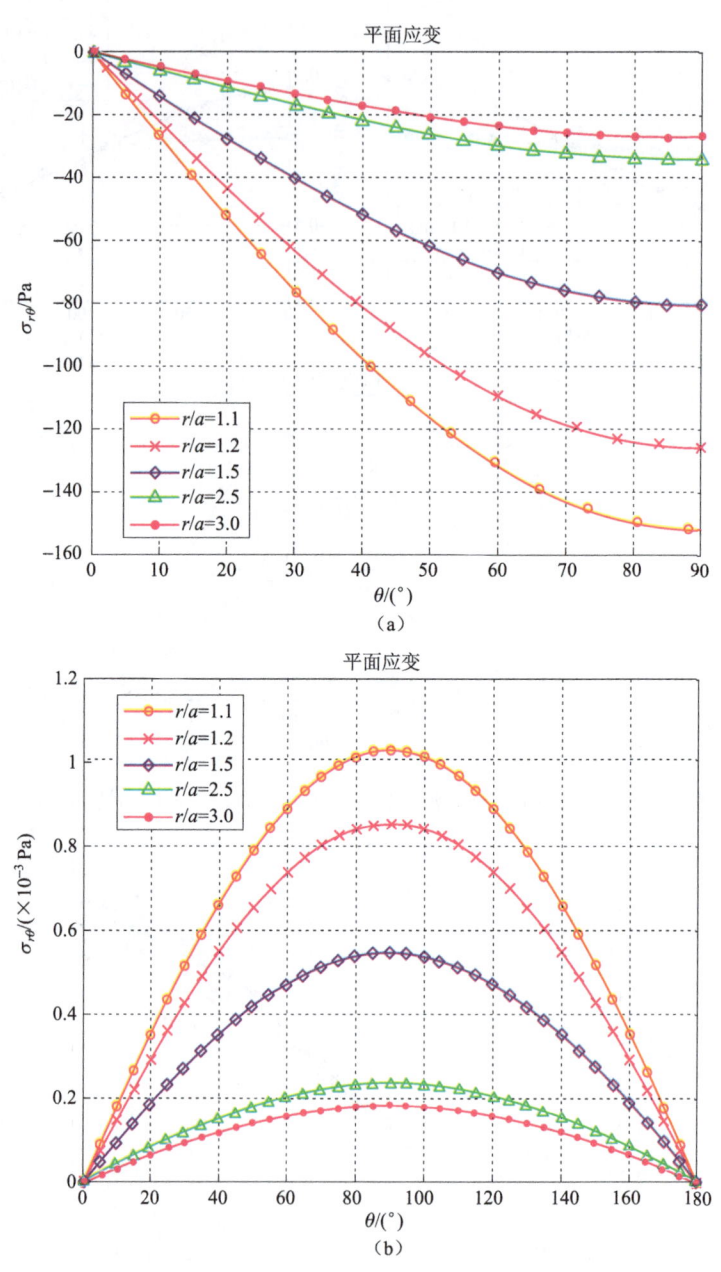

图 20.5-5 弹性剪应力随圆柱外距离的变化，平面应变情形，$\nu = 0.3$，$U_\infty = 10^{-4}$ m/s

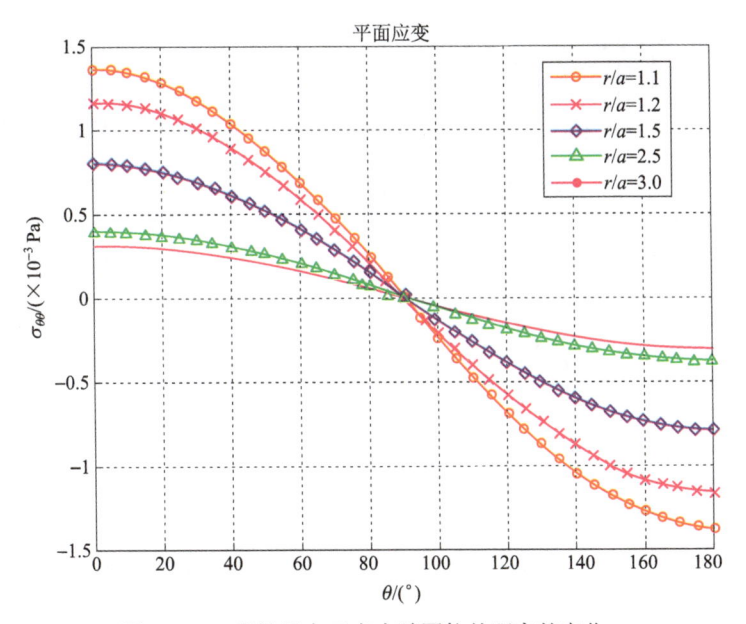

图 20.5-6 弹性周向正应力随圆柱外距离的变化，平面应变情形，$\nu = 0.3$，$U_\infty = 10^{-4}$ m/s

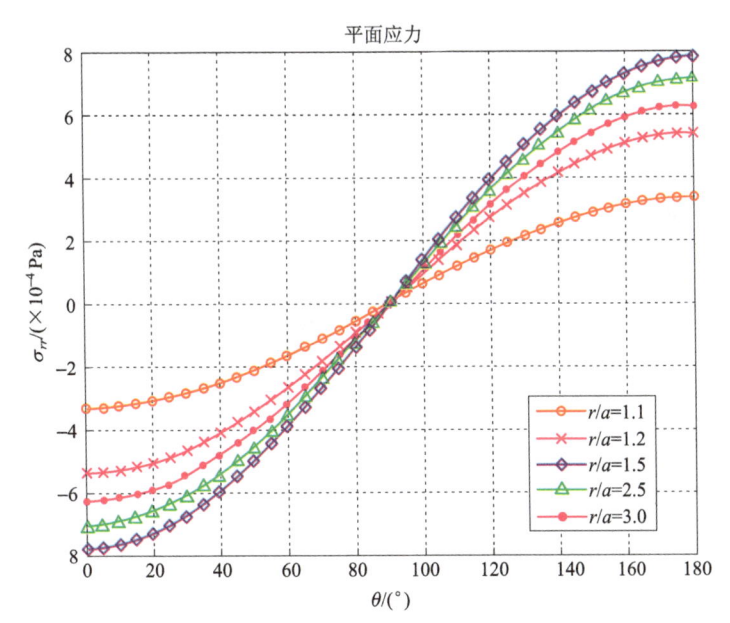

图 20.5-7 弹性径向正应力随圆柱外距离的变化，平面应力情形 $\nu = 0.3$，$U_\infty = 10^{-4}$ m/s

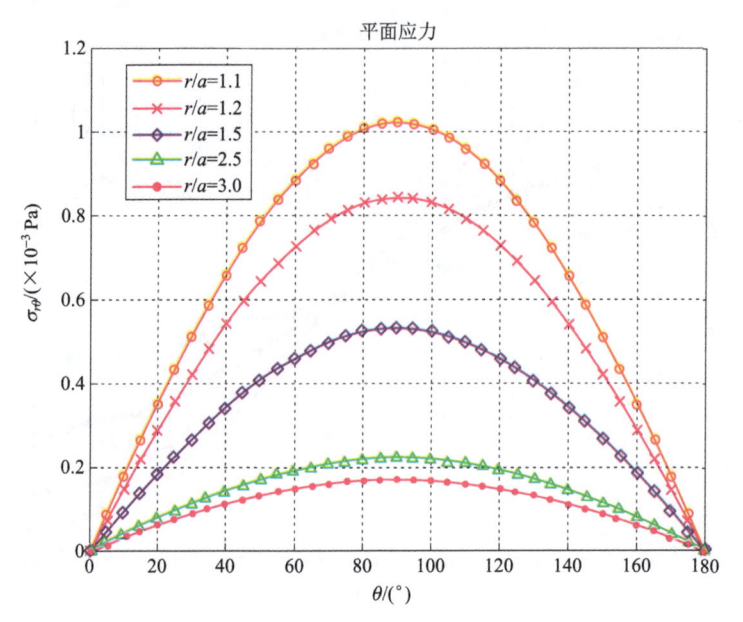

图 20.5-8 弹性剪应力随圆柱外距离的变化，
平面应力情形，$\nu = 0.3$，$U_\infty = 10^{-4}$ m/s

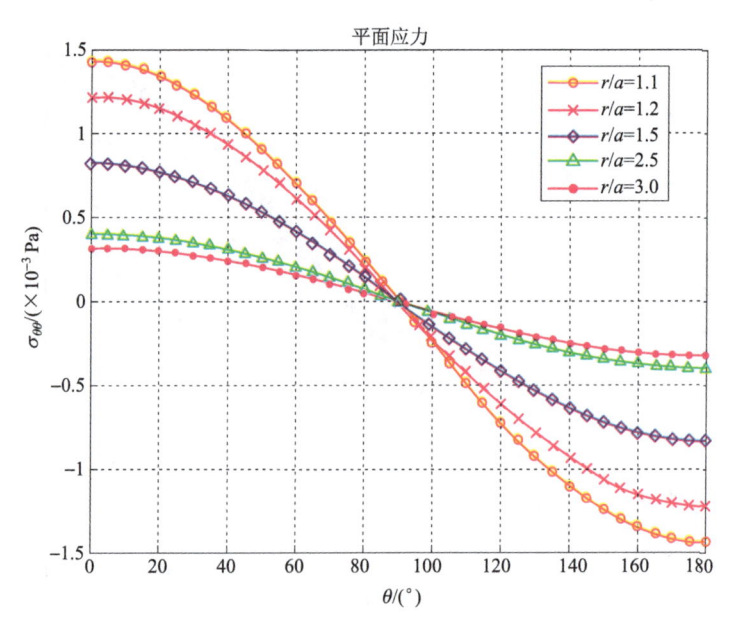

图 20.5-9 弹性周向正应力随圆柱外距离的变化，
平面应力情形，$\nu = 0.3$，$U_\infty = 10^{-4}$ m/s

第 20 章　软物质准晶理论探索与应用和可能的应用　■　397

这一工作由范天佑[14]做出。其结果已经用到软物质准晶的位错理论中去了。

当然，以上工作只是粗糙的近似分析，而严格的分析，目前只能用数值方法。下面将要介绍数值分析，可以考虑比较复杂的几何构型和边界条件，并且包括非线性分析。

20.6　软物质准晶的动力学——对冲击载荷的瞬态响应，有限差分分析[15]

要完整求解动力学问题，目前只能用数值方法。由软物质准晶动力学方程，例如十二次对称软物质准晶，同时考虑方程中的非线性项

$$\rho\frac{\partial V_x}{\partial t}+\rho\left(V_x\frac{\partial V_x}{\partial x}+V_y\frac{\partial V_x}{\partial y}\right)=-\frac{\partial p}{\partial x}+\eta\nabla^2 V_x+M\nabla^2 u_x+(L+M)\frac{\partial}{\partial x}\nabla\cdot\boldsymbol{u}$$

$$\rho\frac{\partial V_y}{\partial t}+\rho\left(V_x\frac{\partial V_y}{\partial x}+V_y\frac{\partial V_y}{\partial y}\right)=-\frac{\partial p}{\partial y}+\eta\nabla^2 V_y+M\nabla^2 u_y+(L+M)\frac{\partial}{\partial y}\nabla\cdot\boldsymbol{u}$$

$$\frac{\partial V_x}{\partial x}+\frac{\partial V_y}{\partial y}=0$$

$$\frac{\partial u_x}{\partial t}+\left(V_x\frac{\partial u_x}{\partial x}+V_y\frac{\partial u_x}{\partial y}\right)=V_x+\Gamma_u\left[M\nabla^2 u_x+(L+M)\frac{\partial}{\partial x}\nabla\cdot\boldsymbol{u}\right]$$

$$\frac{\partial u_y}{\partial t}+\left(V_x\frac{\partial u_y}{\partial x}+V_y\frac{\partial u_y}{\partial y}\right)=V_y+\Gamma_u\left[M\nabla^2 u_y+(L+M)\frac{\partial}{\partial y}\nabla\cdot\boldsymbol{u}\right]$$

$$\frac{\partial w_x}{\partial t}+\left(V_x\frac{\partial w_x}{\partial x}+V_y\frac{\partial w_x}{\partial y}\right)=\Gamma_w\left[K_1\nabla^2 w_x+(K_2+K_3)\frac{\partial}{\partial y}\left(\frac{\partial w_x}{\partial y}+\frac{\partial w_y}{\partial x}\right)\right]$$

$$\frac{\partial w_y}{\partial t}+\left(V_x\frac{\partial w_y}{\partial x}+V_y\frac{\partial w_y}{\partial y}\right)=\Gamma_w\left[K_1\nabla^2 w_x+(K_2+K_3)\frac{\partial}{\partial x}\left(\frac{\partial w_x}{\partial y}+\frac{\partial w_y}{\partial x}\right)\right]$$

$$\nabla\cdot\boldsymbol{u}=\frac{\partial u_x}{\partial x}+\frac{\partial u_y}{\partial y}$$

针对图 20.6-1 所示的试样，受 Heaviside 冲击载荷作用，即 $f(t)=H(t)$，加上初始条件和边界条件

$$u_x(x,y,0)=u_y(x,y,0)=w_x(x,y,0)=w_y(x,y,0)=V_x(x,y,0)=V_y(x,y,0)=0$$
$$y=\pm H, |x|<W: V_x=V_y=0,\ \sigma_{xy}=0,\ \sigma_{yy}=\sigma_0 f(t),\ H_{yx}=H_{yy}=0;$$
$$x=\pm W, |y|<H: V_x=V_y=0,\ \sigma_{xy}=\sigma_{xx}=0,\ H_{xy}=H_{xx}=0$$

可以分析软物质准晶材料对外部载荷的动态响应和材料内的波传播。

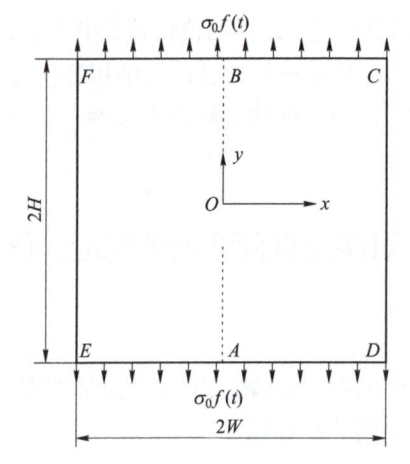

在数值求解的精度范围内，可以计算出试样内任何一点的位移、速度、应力。迄今计算到八万多步，仍然稳定，说明差分格式和程序的稳定性非常好。这里仅举应力计算的结果，图 20.6-2 与图 20.6-3 为声子和流体声子的法向正应力与时间的关系。

计算结果发现，流体应力比弹性应力小两个数量级。计算结果也充分显示软物质材料内部复杂的波传播现象，见文献[15]。同纯粹弹性体相比较，波的传播速度慢了两个数量级（现在以 10^{-4} s 为单位，纯弹性情形下，时间以 10^{-6} s 为单位）。

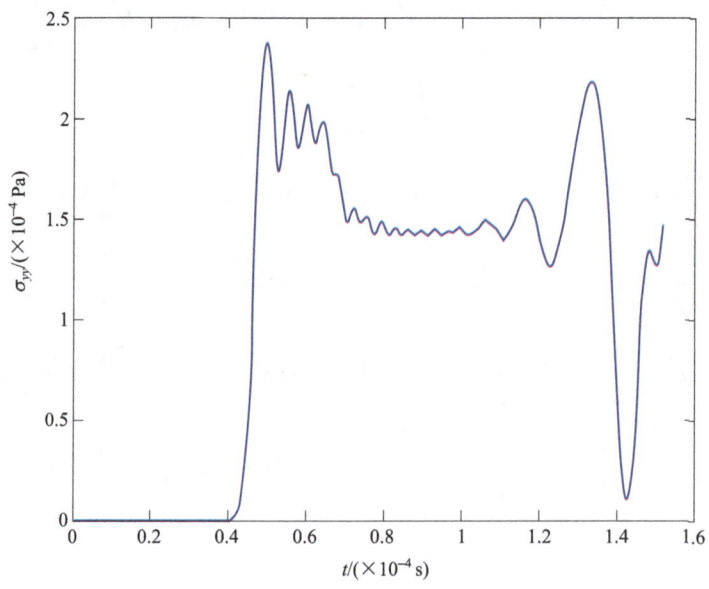

图 20.6-1 受冲击载荷作用的软物质试样

图 20.6-2 试样中线部位的弹性（固体）法向正应力-时间关系

因为十二次对称准晶，声子-相位子不耦合，相位子与流体声子存在非常弱的耦合，加上这里假定相位子的初始和边界条件都是零，所以相位子场得到零解如图 20.6-4 所示，这不等于说相位子场永远为零解；相反，如果把初始或边界条件修改一下，相位子场就得到零解。

位移与速度场的计算结果如图 20.6-5～图 20.6-8 所示。

第 20 章 软物质准晶理论探索与应用和可能的应用 ■ 399

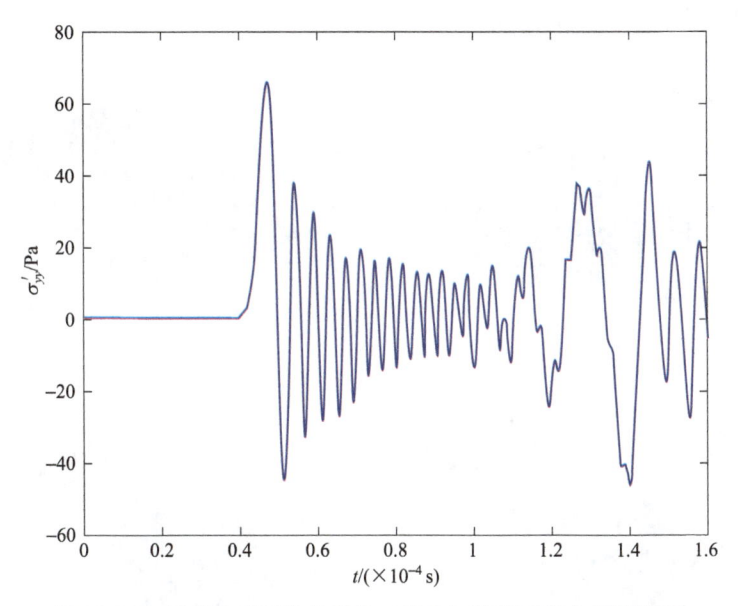

图 20.6-3 试样中线部位的黏性（流体）法向正应力-时间关系

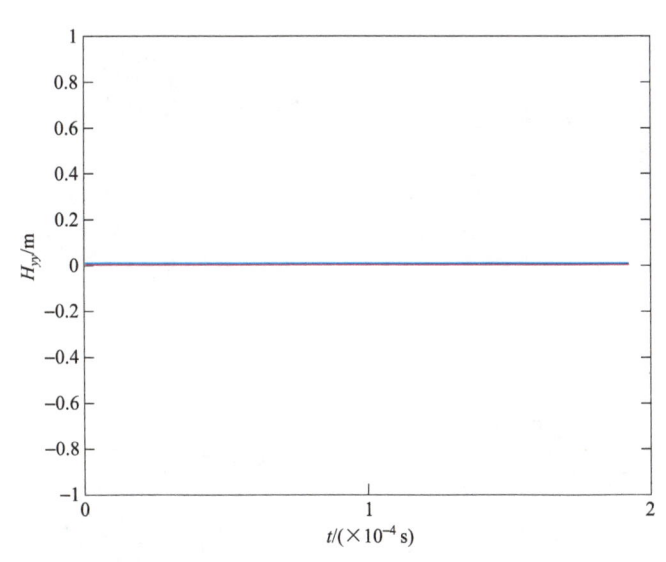

图 20.6-4 试样中心截面处相位子法向应力-时间关系

图 20.6-5 位移 u_x 的分布

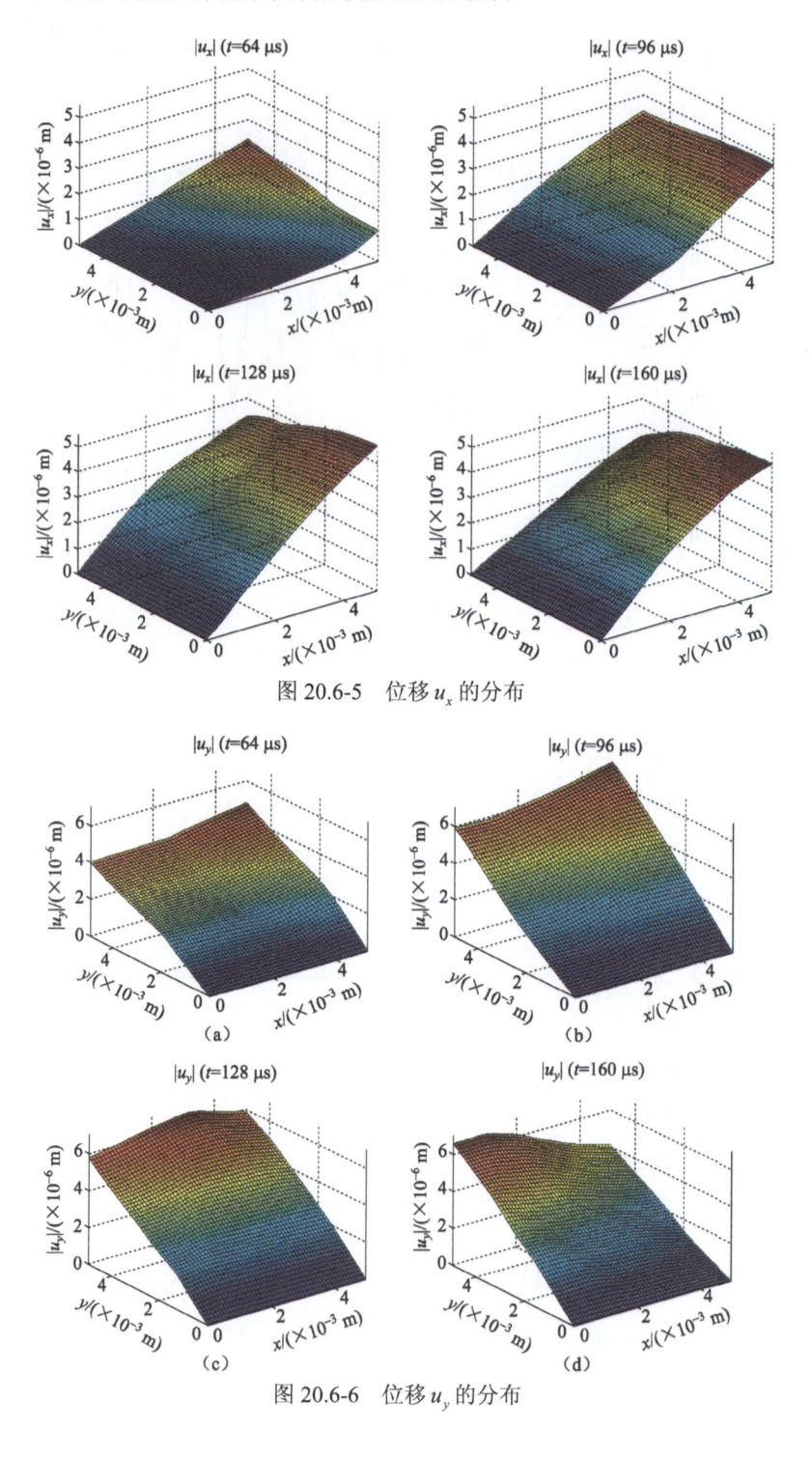

图 20.6-6 位移 u_y 的分布

第 20 章　软物质准晶理论探索与应用和可能的应用　401

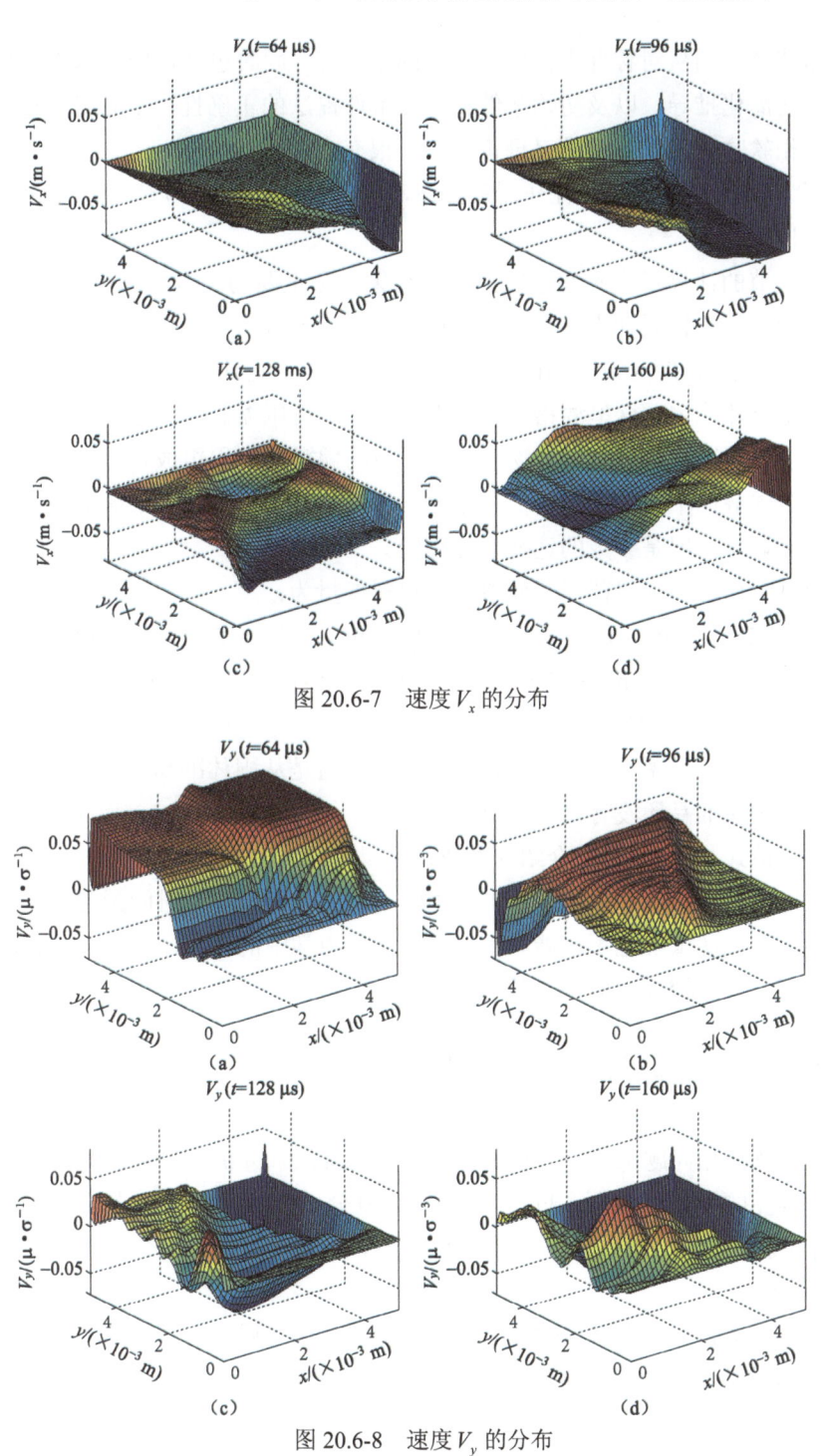

图 20.6-7　速度 V_x 的分布

图 20.6-8　速度 V_y 的分布

这些分布图从对称性上证实了计算的正确性，同时也就证明了基本方程组和它们的简化推导，以及初始条件和边界条件提法的正确性，是对著者建议的近液晶相软物质和软物质准晶理论的一个很有力的检验。

因为声子-流体声子相互作用最强烈，在这里揭示了这一点，也达到了计算的主要目的。

这一节的计算意义不在于得到一些结果，更重要的是对本书著者[8, 15]建议的近液晶相软物质动力学方程组的可解性及正确性进行检验。全面的计算实践表明，方程组可解且正确。在有限差分计算中，我们迭代计算已超过8×10^4步，计算结果仍然稳定。这里要指出，由于采用了不可压缩假定，连续性方程与时间无关，方程组由双曲型、抛物型和椭圆型的偏微分方程组成，差分分析直接用迭代法求解已不可能。我们借用流体力学中的人工压缩法，或虚拟压缩法计算，效果较好。但是参数的选择要凭经验。

计算中使用的外载荷，几何参量和材料参量为：

$2H$=0.01 m，$2W$=0.01 m，$\rho = 1.5\times10^3$ kg/m^3，$\eta = 0.1$ Pa·s，L=10 MPa，M=4 MPa，Γ_u=4.8×10^{-17} m^3·s/kg，σ_0=0.01 MPa，K_1=0.5L，K_2=−0.1L，K_3=0.05L，Γ_w=4.8×10^{-19} m^3·s/kg。

注意声子耗散系数和相位子耗散系数的数值是从固体准晶中借用来的，因为目前软物质准晶还没有这些数据。

差分格式与第 10 章中介绍的类似，这里不一一列举了。

这里要指出，由于采用了不可压缩假定，连续性方程与时间无关，差分分析直接用迭代法求解已不可能。我们借用流体力学中的人工压缩法，或虚拟压缩法计算，效果较好。但是参数的选择要凭经验。

20.7 线性化静力学解的积分表示

在固体准晶问题部分，我们充分发挥了 Fourier 分析和复分析的作用。对软物质准晶的线性化问题，Fourier 分析和复分析仍然很有用，在前面的例题中实际上就使用了它们，不过没有详细提及，这里对 Fourier 分析的用处再做一简单介绍。

对十二次和十八次对称软物质准晶，在线性化之后，这里针对静力学，使用 Fourier 变换，得到解的积分表示如下[9]：

$$\left.\begin{aligned}
&V_y(x,y) = \frac{1}{2\pi}\int_{-\infty}^{+\infty}\bar{V}_y(\xi,y)\exp(-\mathrm{i}\xi x)\mathrm{d}\xi \\
&V_x(x,y) = \frac{1}{2\pi}\int_{-\infty}^{+\infty}\bar{V}_x(\xi,y)\exp(-\mathrm{i}\xi x)\mathrm{d}\xi \\
&p(x,y) = \frac{1}{2\pi}\int_{-\infty}^{+\infty}\bar{p}(\xi,y)\exp(-\mathrm{i}\xi x)\mathrm{d}\xi \\
&\bar{V}_y(\xi,y) = A_1(\xi)\exp\left(-\sqrt{\xi^2 + \frac{1}{\eta\varGamma_u}}\,y\right) + A_2(\xi)\exp\left(\sqrt{\xi^2 + \frac{1}{\eta\varGamma_u}}\right) + \\
&\qquad A_3(\xi)\exp(-|\xi|)y + A_4(\xi)\exp(|\xi|)y \\
&\bar{V}_x(\xi,y) = -\frac{\mathrm{i}}{\xi}\bar{V}_y'(\xi,y) \\
&\bar{p}(\xi,y) = -\frac{\mathrm{i}}{\xi}\left[\mathrm{i}\frac{\eta}{\xi}\left(\frac{\mathrm{d}^2}{\mathrm{d}y^2} - \xi^2\right) - \mathrm{i}\frac{1}{\varGamma_u\xi}\right]\bar{V}_y'(\xi,y)
\end{aligned}\right\} \quad (20.7\text{-}1)$$

其中 $A_1(\xi)$，$A_2(\xi)$，$A_3(\xi)$，$A_4(\xi)$ 为待定函数，由边界条件确定。

声子场解

$$\left.\begin{aligned}
u_x^{(0)}(x,y) &= -(L+M)\frac{1}{2\pi}\int_{-\infty}^{+\infty}\xi^2\big\{-|\xi|\big[B_1(\xi)+B_2(\xi)y\big]\exp(-|\xi|y) + \\
&\qquad |\xi|\big[B_3(\xi)+B_4(\xi)y\big]\exp(|\xi|y)\big\}\exp(-\mathrm{i}\xi x)\mathrm{d}\xi \\
u_y^{(0)}(x,y) &= -(L+3M)\frac{1}{2\pi}\int_{-\infty}^{+\infty}\big\{\xi^2\big[B_1(\xi)+B_2(\xi)y\big]\exp(-|\xi|y) + \\
&\qquad \big[B_3(\xi)+B_4(\xi)y\big]\exp(|\xi|y)\big\}\exp(-\mathrm{i}\xi x)\mathrm{d}\xi
\end{aligned}\right\}$$

$$(20.7\text{-}2)$$

其中 $B_1(\xi)$，$B_2(\xi)$，$B_3(\xi)$，$B_4(\xi)$ 为待定函数，由边界条件确定。式（20.7-2）是声子场的齐次解，加上非齐次解，才是完全解：

$$\left.\begin{aligned}
u_x^{(1)}(x,y) &= u_x^{(0)}(x,y) + u_x^*(x,y) \\
u_y^{(1)}(x,y) &= u_y^{(0)}(x,y) + u_y^*(x,y)
\end{aligned}\right\} \quad (20.7\text{-}3)$$

相位子场解

$$\left.\begin{aligned}
w_x(x,y) &= -(K_1+K_3)\frac{1}{2\pi}\int_{-\infty}^{+\infty}\xi^2\big\{-|\xi|\big[C_1(\xi)+C_2(\xi)y\big]\exp(-|\xi|y) + \\
&\qquad |\xi|\big[C_3(\xi)+C_4(\xi)y\big]\exp(|\xi|y)\big\}\exp(-\mathrm{i}\xi x)\mathrm{d}\xi \\
w_y(x,y) &= -(2K_1+K_2+K_3)\frac{1}{2\pi}\int_{-\infty}^{+\infty}\big\{\xi^2\big[C_1(\xi)+C_2(\xi)y\big]\exp(-|\xi|y) + \\
&\qquad \big[C_3(\xi)+C_4(\xi)y\big]\exp(|\xi|y)\big\}\exp(-\mathrm{i}\xi x)\mathrm{d}\xi
\end{aligned}\right\}$$

$$(20.7\text{-}4)$$

其中 $C_1(\xi)$，$C_2(\xi)$，$C_3(\xi)$，$C_4(\xi)$ 为待定函数。这个解是软物质准晶的第一个解。实际上，前面的位错解就是用这个方法求出来的。这个解揭示了软物质的物理参量 $\eta\Gamma_u$ 的作用，它是声子–流体声子的关联常数，刻画了流体耗散系数与固体耗散系数以乘积的形式出现对物理过程起作用，其深刻的物理内涵有待进一步揭示（注意：$\sqrt{\eta\Gamma_u}$ 具有长度的量纲）。

20.8 可能的五次与十次对称软物质准晶及其广义流体动力学

现在已发现的这两类软物质准晶，由于声子与相位子不耦合，求解相对比较简单。

我们不妨研究可能的五次与十次对称软物质准晶，它的声子与相位子互相耦合。对点群 $5m$ 和 $10mm$ 五次与十次对称软物质准晶，若仅考虑平面问题，其终态方程为

$$\left.\begin{aligned}
&\frac{\partial \rho}{\partial t}+\nabla\cdot(\rho V)=0\\
&\rho\frac{\partial V_x}{\partial t}=-\frac{\partial p}{\partial x}+\eta\nabla^2 V_x+(\zeta+\frac{1}{3}\eta)\frac{\partial}{\partial x}\nabla\cdot V+M\nabla^2 u_x+(L+M)\frac{\partial}{\partial x}\nabla\cdot\boldsymbol{u}+\\
&\qquad R\left(\frac{\partial^2 w_x}{\partial x^2}+2\frac{\partial^2 w_y}{\partial x\partial y}-\frac{\partial w_x}{\partial y^2}\right)\\
&\rho\frac{\partial V_y}{\partial t}=-\frac{\partial p}{\partial y}+\eta\nabla^2 V_y+(\zeta+\frac{1}{3}\eta)\frac{\partial}{\partial y}\nabla\cdot V+M\nabla^2 u_y+(L+M)\frac{\partial}{\partial y}\nabla\cdot\boldsymbol{u}+\\
&\qquad R\left(\frac{\partial^2 w_y}{\partial x^2}-2\frac{\partial^2 w_x}{\partial x\partial y}-\frac{\partial^2 w_y}{\partial y^2}\right)\\
&\frac{\partial u_x}{\partial t}=V_x+\Gamma_u\left[M\nabla^2 u_x+(L+M)\frac{\partial}{\partial x}\nabla\cdot\boldsymbol{u}+R\left(\frac{\partial^2 w_x}{\partial x^2}+2\frac{\partial^2 w_y}{\partial x\partial y}-\frac{\partial w_x}{\partial y^2}\right)\right]\\
&\frac{\partial u_y}{\partial t}=V_y+\Gamma_u\left[M\nabla^2 u_y+(L+M)\frac{\partial}{\partial y}\nabla\cdot\boldsymbol{u}+R\left(\frac{\partial^2 w_y}{\partial x^2}-2\frac{\partial^2 w_x}{\partial x\partial y}-\frac{\partial^2 w_y}{\partial y^2}\right)\right]\\
&\frac{\partial w_x}{\partial t}=\Gamma_w\left[K_1\nabla^2 w_x+R\left(\frac{\partial^2 u_x}{\partial x^2}-2\frac{\partial^2 u_y}{\partial x\partial y}-\frac{\partial^2 u_x}{\partial y^2}\right)\right]\\
&\frac{\partial w_y}{\partial t}=\Gamma_w\left[K_1\nabla^2 w_y+R\left(\frac{\partial^2 u_y}{\partial x^2}+2\frac{\partial^2 u_x}{\partial x\partial y}-\frac{\partial^2 u_y}{\partial y^2}\right)\right]\\
&p=f(\rho)
\end{aligned}\right\} \quad (20.8\text{-}1)$$

由于这类软物质准晶尚未从实验上发现，它们目前仍然只是可能的一种结构。一旦从实验上观察到这种软物质准晶，那么式（20.6-1）将非常有用。现在著者和他的学生已经求解出其速度、压力、应力和位移，因为声子-相位子耦合，其结果比前面两类软物质准晶的结果更加有趣，而且证实了相位场的重要作用。

20.9 结论与讨论

本章讨论了十二次对称软物质准晶和十八次对称软物质准晶的弹性-流体动力学或广义流体动力学理论。此理论由本书著者建议[8,9]，它可能存在缺点甚至错误。现在用有限差分方法对这理论中的非线性偏微分方程组的若干不同的初值-边值问题进行了全面求解，数值解稳定、收敛，得到一系列有物理意义的解答，说明方程组正确、可解，初值或初值-边值问题适定，描写了一类软物质的运动规律。同时，发现两个关联常数：$\alpha = \dfrac{K_1 \Gamma_w}{U_\infty}$ 与 $\sqrt{\eta \Gamma_u}$，它们可能有深刻的物理意义。当然，我们所谓的一类软物质，即近液晶相软物质，并没有明确指哪一类，例如液晶、胶体或聚合物。这说明现在的理论还属于一种数学模型。同时，也进行了解析求解，得到若干近似分析解。实事求是地讲，这些求解还是有限的，并不能断言现在的理论已经很完美了。其中很可能存在严重问题，需要更广泛的求解和更严格的检验！虽然这里讨论的软物质，并没有明确指哪一类，不过，从现在的工作转到液晶（例如层状或柱状液晶）并无困难。但是转到胶体或聚合物，还需要做不少工作。这也是目前遇到的困难之一。

最后讨论了可能的五次与十次对称软物质准晶及其弹性-/流体-动力学或广义流体动力学。五次与十次对称软物质准晶现在尚未观察到，有可能在今后的实验观测中发现。这种结构的声子-相位子耦合，更加有趣。

尽管现在的介绍（包括主附录Ⅲ）很不全面，也很不完整，但是我们看到，其内容仍然相当丰富，涉及对称性理论、流体、固体、热力学、缺陷理论、数学物理、群论、应用数学、计算数学等众多领域，十分有趣，显示软物质准晶给准晶科学带来更加斑斓多彩的篇章，对研究者具有吸引力。

同时应该承认，在第19.7节中所指出的问题依然存在，该问题根本未能解决，现在所得到某些结果，可能包含着错误。

参考文献

[1] Landau L D, Lifshitz E M. Theoretical Physics, Vol 9, Lifshitz E M and Pitaevskii L P, Statistical Physics, Part 2[M]. Oxford: Butterworth-Heinemann, 1980.

[2] Zeng X, Ungar G, Liu Y, et al. Supermolecular dentritic liquid quasicrystals[J]. Nature, 2004, 428: 157-160.

[3] Takano K. A mesoscopic Archimedian tiling having a complexity in polymeric stars[J]. J Polym Sci. Pol. Phys., 2005, 43: 2427-2432.

[4] Hayashida K, Dotera T, Takano A, et al. Polymeric quasicrystal: Mesoscopic quasicrystalline tiling in ABC star polymers[J]. Phys. Rev. Lett., 2007, 98: 195502.

[5] Talapin V D. Quasicrystalline order in self-assembled binary nanoparticle superlattices[J]. Nature, 2009, 461:964-967.

[6] Fischer S, Exner A, Zielske K, et al. Colloidal quasicrystals with 12-fold and 18-fold symmery[J]. Proc-Nat. Ac. Sci., 2011, 108: 1810-1814.

[7] Hu C Z, Ding D H, Yang W G, et al. Possible two-dimensional quasicrystals structures with a six-dimensional embedding space[J]. Phys. Rev. B, 1994, 49: 9423-9426.

[8] Fan T Y. The elasto-/hydro-dynamics of quasicrystals with 12-and 18-fold symmetries in some soft matter[EB/OL]. Arxiv. 1210. 1667. http://arixiv.org/abs/ 1210.1667.

[9] 范天佑. Poisson 括号方法及其在准晶，液晶和软物质中的应用[J]. 力学学报，2013，45（4）：548-559.

[10] Li X F, Xie L Y, Fan T Y. Elasticity and dislocations in quasicrystals with 18-fold symmetry[J]. Phys. Lett. A, 2013, 377(40): 2810-2814.

[11] Fan T Y, Sun J J. Four phonon model of soft matter quasicrystals and the specific heat[J]. Phil. Mag. Lett., 2014, 94(2):112-117.

[12] Debye P. Die Eigentuemlichkeit der spezifischen Waermen bei tiefen Temperaturen[J]. Arch. de Genéve, 1912,33(4): 256-258.

[13] Oseen C W. Ueber die Stokes'sche Formel und ueber eine verwandte Aufgabe in der Hydrodynamik[J]. Arkiv foer Mathematik, Astronomioch

Fysik, 1910, 6(29): 1–20.
[14] Fan T Y. Stokes-Oseen flow in soft matter quasicrystals[J]. Chin. Phys. B, in press, 2014.
[15] Fan T Y, Sun J J, Cheng H, Tang Z Y. Dynamics analysis of soff-matter qnasicrystals[J], Submitted, 2014.

第21章
结束语

准晶弹性与广义流体动力学的讨论到正文第20章已结束。第15章和它以前各章，以讨论固体准晶的弹性为主。其后转到讨论准晶的广义流体动力学，这主要是研究软物质准晶的缘故，软物质不仅与弹性有关，也与流体有关。

弹性是一个非常重要的课题。在最著名的理论物理学的著作，例如在Sommerfeld[1]和Landau与Lifshitz[2]的理论物理学系列著作中，占据重要位置。通过Hooke、Bernoulli、Euler、Navier、Cauchy、Saint-Venant等著名科学家的工作，经典弹性慢慢成熟，成了经典连续统力学的一个优美的分支，同时也是数学物理中许多重要方法的源泉。准晶弹性的研究不仅极大地拓宽了经典弹性的研究范围，而且大大增强了弹性与物理学其他分支的联系，例如凝聚态物质中的元激发理论[3]、对称性和对称性破缺[4]、广义流体动力学[5]（下面还将讨论）等。它也增强了弹性与应用数学的联系，例如偏微分方程、复分析、群论、离散几何、数值分析等。这在正文中进行了若干介绍。特别地，准晶弹性促进了高阶偏微分方程、应用复分析、Fourier方法、弱解和数值方法的发展，正文有关章节中已涉及这些专题。准晶弹性研究也促进了缺陷理论（例如位错理论[6]、断裂理论[7]等）、塑性[8-10]和弹性-/流体-动力学[11, 12]的发展。

由于篇幅的限制，有些问题，例如晶体-准晶相变[13-22]、准晶的比热[23-27]（它可以基于经典Debye[28]理论，在软物质准晶中进一步用到这一理论）、由准晶的理论解反推材料常数[29, 30]等内容都未能讨论。

从第16章开始进一步讨论准晶广义流体动力学，它与普通流体力学有很大区别。广义流体动力学最早似乎开始于Landau学派对液氦超流的研究[31]，但是后来的发展已经大大超出了最初的范围[32-39]，很明显扩充到许多与普通流体无关的领域。其微观领域为量子液体物理学，在统计学上归结为统计物理学Ⅱ（凝聚态理论，见Landau的《理论物理学》第九卷）。在宏观上则形成了新型连续统动力学，值得大家注意。我们这里感兴趣的是晶体等固体广义流体动力学的研究[40, 41]和液晶广义流体动力学的研究[40, 42, 43]。苏联学者对广义流体动力学做了全面总结[33]，认为可以用凝聚态物理学的 Poisson 括号方法以及 Lie 群和 Lie 代数加以统一说明，这也是 Landau 和 Landau 学派开创的，详见本书主附录Ⅲ。而 Lubensky 等[5, 18, 44]对固体准晶的广义流体动力学的研究具有开创性，为我们研究软物质准晶的广义流体动力学提供了借鉴，另一借鉴是 de Gennes 等发展的液晶广义流体动力学[40, 42, 43]。第 16 章以后的讨论，从表面上看，似乎与前 15 章有很大区别，但是，用 Landau 的对称性破缺原理为指导，它们本质上又是一致的。软物质物理已有不少研究[45-49]，但是软物质准晶的研究还不多[50-53]。而软物质准晶的广义流体动力学的研究则更少，或者说，才刚刚开始，目前只是从近液晶相软物质模型出发[52-56]，可以说，这还是一个数学模型，自然很不成熟，而且可能存在诸多问题。把软物质准晶的流体动力学工作做好，还有很长的路要走！

参考文献

[1] Sommerfeld A. Vorlesungen Ueber Theoretische Physik, Vol. V: Elastische Theorie[M]. Wiesbaden: Diederich Verlag, 1952.

[2] Landau L D, Lifshitz E M. Theoretical Physics, Vol. Ⅶ: Theory of Elasticity[M]. Oxford: Pergamon Press,1988.

[3] Bak P. Symmetry, stability and elastic properties of icosahedral incommensurate crystals[J]. Phys. Rev. B, 1985, 32(9): 5764-5772.

[4] Horn P M, Malzfeldt W, DiVincenzo D P, et al. Systematics of disorder in quasiperiodic material[J]. Phys.Rev. Lett., 1986, 57(12):1444-1447.

[5] Lubensky T C. Introduction to Quasicrystals[M]. Boston: Academic Press, 1988.

[6] Hu C Z, Wang R H, Ding D H. Symmetry groups, physical property tensors, elasticity and dislocations in quasicrystals[J]. Rep. Prog. Phys., 2000,63(1): 1-39.

[7] Fan T Y, Mai Y W. Elasticity theory, fracture mechanic and some thermal properties of quasicrystalline materials[J]. Appl. Mech. Rev., 2004, 57(5): 325-344.

[8] Feuerbacher M, Urban K. Platic behaviour of quasicrystalline materials, in: Quasicrystals[M]. Berlin: Wiely Press, 2003.

[9] Fan T Y, Trebin H R, Messerschmidt U, et al. Plastic flow coupled with a crack in some one- and two-dimensional quasicrystals[J]. J. Phys.: Condens. Matter, 2004, 16(47): 5229-5240.

[10] Fan T Y, Fan L. Plastic fracture of quasicrystals[J]. Phil. Mag., 2008, 88(4): 523-535.

[11] Fan T Y, Wang X F, Li W, et al. Elasto-hydrodynamics of quasicrystals[J]. Phil. Mag., 2009, 89(6): 501-512.

[12] Wang X F, Fan T Y. Dynamic crack propagation in icosahedral Al-Pd-Mn quasicrystals[J]. Chin. Phys., 2009, 18(2): 709-714.

[13] Audier M, Guyot. Al$_4$Mn quasicrystal atomic structure, diffraction data and Penrose tiling[J]. Phil. Mag. B, 1986, 53(1): L43-L51.

[14] M V Jaric, D Gratias. Extended Icosahedral Structures[M]. Academic, Boston: 1989.

[15] M V Jaric, S Lundquist. Proc. Adiatico Research Conf. Qusicrystals[M]. Singapore: World Scientific, 1990.

[16] Elser V, Henley C L. Crystal and quasicrystal structures in Al-Mn-Si alloys[J]. Phys. Rev. Lett., 1985, 55(26): 2883-2886.

[17] Henley C L, Elser V. Quasicrystal structure of (Al, Zn)$_{49}$Mg$_{32}$[J]. Phil. Mag. B, 1986, 53(3): L59-L61.

[18] Lubensky T C, Ramaswamy S, Toner J. Hydrodynamics of icosahedral quasicrystals[J]. Phys. Rev. B, 1985, 32(11): 7444-7452.

[19] Lubensky T C, Socolar J E S, Steinhardt P J, et al. Distortion and peak broadening in quasicrystal diffraction patterns[J]. Phys. Rev. Lett.,1986, 57(12): 1440-1443.

[20] Li F H. In Crystal-Quasicrystal Transitions[M]. Amsterdam: Elsevier Sci Publ, 1993.

[21] Li F H, Teng C M, Huang Z R, et al. In between crystalline and quasicrystalline states[J]. Phil. Mag. Lett., 1988, 57 (1): 113-118.

[22] Fan T Y, Xie L Y, Fan L, et al. Study on interface of quasicrystal- crystal[J]. Chin. Phys. B, 2011, 20(7): 076102.

[23] Fan T Y. A study of specific heat of one-dimensional hexagonal quasicrystals[J]. J. Phys.: Condens. Matter,1999, 11(45): L513-L517.

[24] Li C L, Liu Y Y. Phason-strain influence on low-temperature specific heat of the decagonal Al-Ni-Co quasicrystal[J]. Chin. Phys. Lett., 2001,18 (4):

570-573.
[25] Li C L, Liu Y Y. Lower-temperature lattice excitation of icosahedral AL-MN-pd quasicrystals[J]. Phys. Rev. B, 2001, 63(6): 064203.
[26] Fan T Y, Mai Y W. Partition function and state equation of point group 12 mm dodecagonal quasicrystals[J]. Euro. Phys. J. B, 2003, 31(2): 25-27.
[27] Wang J, Fan T Y. An analytic study on specific heat of icosahedral Al-Pd-Mn quasicrystals[J]. Modern. Phys. Lett. B, 2008, 22(17): 1651-1659.
[28] Debye P. Eigentuemlichkeit der spezifischen Waermen bei tiefen Temperaturen [J]. Arch. de Genéve,1912, 33(7): 256-258.
[29] Edagawa K, Giso Y. Experimental evaluation of phonon-phason coupling in icosahedral quasicrystals[J]. Phil. Mag., 2007, 87(1): 77-95.
[30] Edagawa K. Phonon-phason coupling in decagonal quasicrystals[J]. Phil. Mag., 2007, 87(7): 2789-2798.
[31] Landau L D. Theory of superfluidity of He II[J]. Journal of Physics- USSR, 1941, 5: 71-90.
[32] Landau L D, Lifshitz E M. Zur Theorie der Dispersion der magnetische Permeabilität der ferromagnetische Körpern[J]. Physik Zeitschrift fuer Sowjetunion, 1935,8(2): 158-164.
[33] Dzyaloshinskii I E, Volovick G E. Poisson brackets in condensed matter physics[J]. Ann. Phys., 1980, 125(1): 67-97.
[34] Dzyaloshinskii I E, Volovick G E. On concept of local invariance in the spin glass theory[J]. J. de Physique, 1978, 39(6):693-700.
[35] Volovick G E. Additional localized degrees of freedom in spin glasses[J]. Zh Eksp Teor Fiz, 1978, 75(7): 1102-1109.
[36] Halperin B, Hohenberg P. Hydrodynamic theory of spin waves[J]. Phys. Rev., 1969, 188:898-918.
[37] Das S P, Mazhenko G P, Ramasramy S, et al. Hydrodynamic theory of the glass transition[J]. Phys. Rev. Lett., 1985, 54: 118-121.
[38] Das S P, Mazhenko G P. Fluctuating nonlinear hydrodynamics and the liquid glass transition[J]. Phys. Rev. A, 1986, 34: 2265-2282.
[39] Martin P C, Parodi O, Pershan P S. Unified hydrodynamic theory for crystals, liquid crystals, and normal fluids[J]. Phys. Rev. A, 1972, 6(6): 2401-2420.
[40] Fleming P D, Cohen C. Hydrodynamics of solids[J]. Phys. Rev. B, 1976, 13(2): 500-516.

[41] de Gennes P G, Prost J. The Physics of Liquid Crystals[M]. London: Clarendon, 1993.

[42] Stark H, Lubensky T C. Poisson bracket approach to the dynamics of nematic liquid crystals[J]. Phys. Rev. E, 2003, 67: 061709.

[43] Lubensky T C, Ramaswamy S, Toner J. Hydrodynamics of icosahedral quasicrystals[J]. Physical Review B, 1985, 32(11): 7444-7452.

[44] Kleman M, Lavrentovich D. Soft Matter Physics: An Introduction[M]. Berlin: Springer-Verlag, 2003.

[45] Witten T A. Insights from soft condensed matter[J]. Rev. Mod. Phys., 1999, 71(2): 367-373.

[46] Witten T A. Polymer solutions: A geometric introduction[J]. Rev. Mod. Phys., 1998, 70(4):1531-1544.

[47] Witten T A, Pincus P A. Structured Fluids, Polymers, Colloids, Surfactants[M]. New York: Oxford University Press, 2004.

[48] Mitov M. Sensitive Materials: Foams, Gels, Liquid Crystalsand Other Materials[M]. New York: Harvard University Press, 2012.

[49] Lifshitz R, Diamant H. Soft quasicrystals—Why are they stable?[J]. Phil Mag, 2007, 87(21): 3021-3030.

[50] Barkan K, Diamant H, Lifshitz R. Stability of quasicrystals composed of soft isotropic particles[J]. Phys. Rev. B, 2011, 83: 172201.

[51] Fan T Y. The elasto-/hydro-dynamics of quasicrystals with 12-and 18-fold symmetries in some soft matter[EB/OL]. Arxiv.1210.1667. http://arixiv.org/abs/1210.1667.

[52] 范天佑. Poisson 括号及其在准晶，液晶和软物质中的应用[J].力学学报，2013，45(4)：548-559.

[53] Fan T Y, Sun J J. Four phonon model of soft matter quasicrystals and the specific heat[J]. Phil. Mag. Lett., 2014, 94(2): 112-117.

[54] Fan T Y. Stokes-Oseen flow in soft matter quasicrystals[J]. Chin. Phys. B., in press, 2014.

[55] Fan T Y, Sun J J, Chen H, et al. Dynamics analysis of soft-matter quasicrystals, submitted, 2014.

[56] Fan T Y, Li X F. Dislocations of soft-matter quasicrystals[J]. Phil. Mag. Letf., in press, 2014.

主附录　某些数学补充材料

正文各章中求得各种边值问题的数学解，并且逐一做了分析，很显然，裂纹问题的解比位错问题要复杂得多。由于前者边界条件复杂，必须发展某些特殊的技巧，其中复分析结合保角映射，Fourier 分析结合对偶积分方程，是比较有效的技巧。虽然这些技术在前面各章做了充分的演示，在正文有关章节中还给出了若干附录，提供了补充计算，但是对涉及许多章节的若干带普遍性质的问题，由现在这个主附录中的附录Ⅰ与附录Ⅱ做进一步的讨论，仍然十分必要。第 16～20 章中与流体动力学有关的 Poisson 括号问题，也是一个涉及许多章节的带普遍性质的问题，不可能在正文的一个章节中详细交代清楚，由现在这个主附录中的附录Ⅲ做进一步的讨论，也是十分必要的。

有趣的是，附录Ⅰ（联系第 11 章的附录）与附录Ⅱ之间存在某些内在的联系，从数学角度考虑，它们属于分析学的内容，而附录Ⅲ与附录Ⅰ和附录Ⅱ没有直接联系，从数学角度考虑，它与代数学的关系更密切一些。

附录Ⅰ　与复分析有关某些补充计算

复分析对本书特别重要，不仅在前 15 章的许多章节中用到，包括软物质准晶都用到（不过在第 20 章，我们未能介绍有关细节），还专门开辟了第 11 章讨论复分析。有关复分析的基础知识在第 11 章的附录中介绍。这样仍然不足以满足读者的全部需求。这里把若干章节出现的难度比较大的问题给出补充计算，它们在其他论著中很难查到，或者是根本不可能查到。第 11 章附录对主附录Ⅱ很有意义，因为对偶积分方程的解几乎都是用复分析的方法得到的，这再次显示了复分析的效能。由此看来，强调复分析，不仅在于它在求解边值问题中的应用，而且其对其他数学和物理学问题也是有益的。

我们的工作是在苏联 Muskhelishvili[1] 工作的启发下开展的，苏联的 Privalov[2] 和 Lavrentjev 与 Schabat[3] 的复分析著作对我们的工作也有很大的帮助，它们都有中文译本，建议读者参考。

AI.1　解（8.2-19）的补充计算

范天佑[4]、申大维与范天佑[5] 发展了 Muskhelishvili[1] 的有理函数保角映射方法，把它推广到超越函数保角映射，并且得到精确解。其中解（8.2-19）是本小组得到的，由积分（8.2-6）计算出来，保角映射 $\omega(\zeta)$ 由式（8.2-17）给出，是复杂的超越函数。把式（8.2-17）代入式（8.2-6）的右端得到

$$F(\zeta) = -\frac{p}{2\pi i}\int_{-1}^{1}\frac{\omega(\sigma)}{(\sigma-\zeta)^2}\mathrm{d}\sigma = -\frac{p}{2\pi i}\int_{-1}^{1}\frac{\omega'(\sigma)}{\sigma-\zeta}\mathrm{d}\sigma$$

其中

$$\omega'(\sigma) = -\frac{4H\alpha(1-\beta)}{\pi}\frac{1-\sigma}{1+\sigma}\frac{(1+\sigma)^2}{[(1+\sigma)^2+\alpha(1-\sigma^2)^2][(1+\sigma)^2+\beta\alpha(1-\sigma)^2]}$$

单位圆上的复变量 $\sigma = e^{i\varphi}$ 可以用 $(1+ix)/(1-ix)$ 代替，则

$$\frac{1-\sigma}{1+\sigma} = -2x, \quad \mathrm{d}\sigma = \frac{2i}{(1-ix)^2}\mathrm{d}x, \quad (1+\sigma)^2 = \frac{4}{(1-ix)^2},$$

$$\frac{1}{\sigma-\zeta} = \frac{1-ix}{1-\zeta+ix(1+\zeta)} = \frac{(1-ix)[1-\zeta-ix(1+\zeta)]}{(1-\zeta)^2+x^2(1+\zeta)^2}$$

$$\frac{1-\zeta-x^2(1+\zeta)-2ix}{(1-\zeta)^2+x^2(1+\zeta)^2}$$

于是

$$F(\zeta) = -\frac{pH\alpha(1-\beta)}{\pi^2}\int_{-1}^{1}\frac{ix[1-\zeta-x^2(1+\zeta)-2ix]}{(1-\alpha x^2)(1-\beta\alpha x^2)[(1-\zeta)^2+x^2(1+\zeta)^2]}\mathrm{d}x$$

$$= -\frac{4pH\alpha(1-\beta)}{\pi^2}\int_0^1\frac{x^2}{(1-\alpha x^2)(1-\beta\alpha x^2)[(1-\zeta)^2+x^2(1+\zeta)^2]}\mathrm{d}x$$

$$= \frac{2pH}{\pi^2}\frac{\alpha(1-\beta)(1-\zeta^2)}{[\alpha(1-\zeta)^2+(1+\zeta)^2][\beta\alpha(1-\zeta)^2+(1+\zeta)^2]}\times$$

$$\left(\arctan\frac{1+\zeta}{1-\zeta}-\arctan\frac{1+\zeta}{-1-\zeta}\right) - \frac{4pH}{\pi^2}\frac{\sqrt{\alpha}\,\mathrm{arctanh}\sqrt{\alpha}}{\alpha(1-\zeta)^2+(1+\zeta)^2} -$$

$$\frac{\sqrt{\beta\alpha}\,\mathrm{arctanh}\sqrt{\alpha}}{\beta\alpha(1-\zeta)^2+(1+\zeta)^2}$$

（AⅠ-1）

在最后一步的计算中，用到软件手册《Mathematica 3.0》[6]。

考虑到

$$A = \ln\frac{1+\sqrt{\alpha}}{1-\sqrt{\alpha}} = 2\operatorname{arctanh}\sqrt{\alpha}$$

$$M = \ln\frac{1+\sqrt{\gamma\alpha}}{1-\sqrt{\gamma\alpha}} = 2\operatorname{arctanh}\sqrt{\gamma\alpha}$$

$$\arctan\frac{1+\zeta}{-1+\zeta} = -2\arctan\frac{1+\zeta}{1-\zeta} = \frac{i}{2}\ln\frac{i-\zeta}{1-i\zeta}$$

那么（AⅠ-1）正是解（8.2-19）。

在以上计算中，如果令 $L \to 0$，就可以得到积分（8.2-7）。

AⅠ.2 解（11.3-54）的补充计算

第11.3节的例3，计算太冗长，这里提供其计算细节。以函数 $\Phi_4(\zeta)$ 的推导为例进行计算，它由下式表达

$$\Phi_4(\zeta) = d_1(X+iY)\ln\zeta + B\omega(\zeta) + \Phi_4^*(\zeta)$$

其中前两项已清楚，见正文，而单值解析函数 $\Phi_4^*(\zeta)$ 满足下列边界条件

$$\Phi_4^*(\sigma) + \overline{\Phi_3^*(\sigma)} + \frac{\omega(\sigma)}{\omega'(\sigma)} \cdot \overline{\Phi_4^{*\prime}(\sigma)} = f_0$$

这里

$$f_0 = \frac{i}{32c_1}\int(T_x+iT_y)ds - (d_1-d_2)(X+iY)\ln\sigma - \frac{\omega(\sigma)}{\omega'(\sigma)} \cdot d_1(X-iY) \cdot \sigma -$$
$$2B\omega(\sigma) - (B'-iC')\overline{\omega(\sigma)}$$

$$(\mathrm{A\,I\,\text{-}2})$$

以及（参考图11.3-4）

$$T_x = -p\cos(\boldsymbol{n},x),\quad T_y = -p\cos(\boldsymbol{n},y) \text{ 在 } \widehat{z_1 M z_2} \text{ 上}$$

$$(T_x+iT_y)ds = \begin{cases} ipdz & \widehat{z_1 M z_2} \\ 0 & \widehat{z_2 N z_1} \end{cases} \qquad (\mathrm{A\,I\,\text{-}3})$$

$$X+iY = \int(T_x+iT_y)ds = ip(z_1-z_2)$$

将上面边界值方程两端乘以 $\dfrac{1}{2\pi i}\dfrac{d\sigma}{\sigma-\zeta}$，然后沿单位圆积分，得到

$$\frac{1}{2\pi i}\int_\gamma\frac{\Phi_4^*(\sigma)}{\sigma-\zeta}d\sigma + \frac{1}{2\pi i}\int_\gamma\frac{\omega(\sigma)}{\omega'(\sigma)}\frac{\overline{\Phi_4^{*\prime}(\sigma)}}{\sigma-\zeta}d\sigma + \frac{1}{2\pi i}\int_\gamma\frac{\overline{\Phi_3^*(\sigma)}}{\sigma-\zeta}d\sigma = \frac{1}{2\pi i}\int_\gamma\frac{f_0}{\sigma-\zeta}d\sigma$$

(a)

按照Cauchy积分公式（参考第11章附录式（11.7-5）），有

$$\frac{1}{2\pi i}\int_\gamma \frac{\Phi_4^*(\sigma)}{\sigma-\zeta}\mathrm{d}\sigma = \Phi_4^*(\zeta)$$

进而用解析延拓和Cauchy定理

$$\frac{1}{2\pi i}\int_\gamma \frac{\omega(\sigma)}{\omega'(\sigma)}\overline{\frac{\Phi_4^{*'}(\sigma)}{\sigma-\zeta}} = 0$$

按照第11章附录（11.7-9）

$$\frac{1}{2\pi i}\int_\gamma \frac{\overline{\Phi_3^*(\sigma)}}{\sigma-\zeta}\mathrm{d}\sigma = \text{const}$$

于是式（a）化成

$$\Phi_4^*(\zeta) = \frac{1}{2\pi i}\int_\gamma \frac{f_0}{\sigma-\zeta}\mathrm{d}\sigma + \text{const}$$

把式（AⅠ-1）和式（AⅠ-2）代入上式右端得出

$$\frac{1}{2\pi i}\int_\gamma \frac{f_0}{\sigma-\zeta}\mathrm{d}\sigma = \frac{pR_0}{2\pi i c_1}\int_{\sigma_1}^{\sigma_2}\left(\sigma+\frac{m}{\sigma}\right)\frac{\mathrm{d}\sigma}{\sigma-\zeta} + \frac{pz_2}{2\pi i}\int_{\sigma_1}^{\sigma_2}\frac{\mathrm{d}\sigma}{\sigma-\zeta} +$$

$$\frac{p(z_1-z_2)}{2\pi i}\frac{1}{2\pi i}\int_\gamma \frac{\ln\sigma}{\sigma-\zeta}\mathrm{d}\sigma - \frac{p(\overline{z_1}-\overline{z_2})}{2\pi i}\frac{1}{2\pi i}\int_\gamma \frac{\sigma^2+m}{1-m\sigma^2}\frac{\mathrm{d}\sigma}{\sigma-\zeta}$$

其中

$$\int_{\sigma_1}^{\sigma_2}\left(\sigma+\frac{m}{\sigma}\right)\frac{\mathrm{d}\sigma}{\sigma-\zeta} = \sigma_2-\sigma_1-\frac{m}{\zeta}\ln\frac{\sigma_2}{\sigma_1}+\left(\zeta+\frac{m}{\zeta}\right)\ln\frac{\sigma_2-\zeta}{\sigma_1-\zeta}$$

$$\int_{\sigma_1}^{\sigma_2}\frac{\mathrm{d}\sigma}{\sigma-\zeta} = \ln\frac{\sigma_1-\zeta}{\sigma_2-\zeta}$$

按照Cauchy定理（参考第11章附录式（11.7-4））

$$\frac{1}{2\pi i}\int_\gamma \frac{\sigma^2+m}{1-m\sigma^2}\frac{\mathrm{d}\sigma}{\sigma-\zeta} = 0$$

因为被积函数在单位圆 γ 外的区域单值解析。

剩下的一项是

$$I(\zeta) = \frac{1}{2\pi i}\int_\gamma \frac{\ln\sigma}{\sigma-\zeta}\mathrm{d}\sigma$$

为了计算这个积分，考虑

$$\frac{dI}{d\zeta} = \frac{1}{2\pi i}\int_\gamma \frac{\ln\sigma}{(\sigma-\zeta)^2}d\sigma = -\frac{1}{2\pi i}\int_\gamma \ln\sigma d\frac{1}{\sigma-\zeta}$$

$$= -\frac{1}{2\pi i}\left[\frac{\ln\sigma}{\sigma-\zeta}\right]_{\sigma=\exp(i\varphi_1)}^{\sigma=\exp(i\varphi_1+2\pi)} + \frac{1}{2\pi i}\int_\gamma \frac{d\sigma}{\sigma(\sigma-\zeta)}$$

$$= -\frac{1}{2\pi i}\frac{1}{\sigma_1-\zeta}\ln\frac{\exp i(\varphi_1+2\pi)}{\exp(i\varphi_1)} - \frac{1}{\zeta} = -\frac{1}{\sigma_1-\zeta} - \frac{1}{\zeta}$$

积分后得到

$$I(\zeta) = \ln(\sigma_1-\zeta) - \ln\zeta + \text{const}$$

因而 $\Phi_4^*(\zeta)$ 和 $\Phi_4(\zeta)$ 得以确定，而常数被忽略：

$$\Phi_4(\zeta) = \frac{1}{32c_1}\cdot\frac{p}{2\pi i}\cdot\left[-\frac{mR_0}{\zeta}\ln\frac{\sigma_2}{\sigma_1} + z\ln\frac{\sigma_2-\zeta}{\sigma_1-\zeta} + z_1\ln(\sigma_1-\zeta) - z_2\ln(\sigma_2-\zeta)\right] +$$
$$ip(d_1-d_2)(z_1-z_2)\ln\zeta$$

这就是正文式（11.3-53）的第一个公式，其中 d_1 与 d_2 由式（11.3-34）给出。其他结果的推导可以类似地得到。在推导中用了 Muskhelishvili[1] 经典性的成果。

AI.3 点群 $5m$，$10mm$ 和 $10,\overline{10}$ 二维准晶平面塑性的广义内聚力模型复分析的补充推导

在第 11 章用复分析得到的解（11.3-53）可以推广用于现在的非线性问题。十次对称准晶的广义 Dugdale-Barenblatt 模型或广义内聚力模型使塑性问题线性化，因而终态控制方程化成方程

$$\nabla^2\nabla^2\nabla^2\nabla^2 G = 0 \qquad (AI-4)$$

去求解，相应的边界条件为

$$\left.\begin{array}{l}\sigma_{yy}=p,\ \sigma_{xx}=\sigma_{xy}=0,\ H_{xx}=H_{yy}=H_{xy}=H_{yx}=0,\quad \sqrt{x^2+y^2}\to+\infty\\ \sigma_{yy}=\sigma_{xy}=0,\ H_{yy}=H_{yx}=0, \qquad\qquad\qquad\qquad\qquad y=0,\ |x|<a\\ \sigma_{yy}=\sigma_c,\ \sigma_{xy}=0,\ H_{yy}=H_{yx}=0,\qquad\qquad\qquad\qquad y=0,\ a<|x|<a+d\end{array}\right\}$$
$$(AI-5)$$

边界条件（AI-5）可以化成两个条件的叠加，其中一个为

$$\left.\begin{array}{l}\sigma_{xx}=\sigma_{xy}=\sigma_{yy}=0,\ H_{xx}=H_{yy}=H_{xy}=H_{yx}=0,\quad \sqrt{x^2+y^2}\to+\infty\\ \sigma_{yy}=\sigma_{xy}=0,\ H_{yy}=H_{yx}=0,\qquad\qquad\qquad\qquad\qquad y=0,\ |x|<a\\ \sigma_{yy}=\sigma_c,\ \sigma_{xy}=0,\ H_{yy}=H_{yx}=0,\qquad\qquad\qquad\qquad a<|x|<a+d\end{array}\right\}$$
$$(AI-6)$$

另一个为

$$\left.\begin{array}{l}\sigma_{yy}=p, \quad \sigma_{xx}=\sigma_{xy}=0, \quad H_{xx}=H_{yy}=H_{xy}=H_{yx}=0, \quad \sqrt{x^2+y^2}\to+\infty \\ \sigma_{yy}=\sigma_{xy}=0, \quad H_{yy}=H_{yx}=0, \qquad\qquad\qquad\qquad y=0, \quad |x|<a+d\end{array}\right\}$$
（AⅠ-7）

边值问题（AⅠ-4）和（AⅠ-7）的解可以由解（11.3-53）得到，也就是，令 $m=1$，$R_0=(a+d)/2$，这时椭圆孔退化成一个 Griffith 裂纹，其半长为 $(a+d)$。在图 11.3-3 中令 $z_1=(a+d,+0)$，$z_2=(a,+0)$，由解（11.3-53）能够得到一个解。类似地，分别令 $z_1=(a+d,-0)$，$z_2=(a,-0)$，$z_1=(-a-d,+0)$，$z_2=(-a,+0)$，$z_1=(-a-d,-0)$，$z_2=(-a,-0)$。由解（11.3-53）又能得到相应的解。把这些解叠加起来，就得到下面的解

$$\left.\begin{array}{l}\Phi_4^{(1)}(\zeta)=\dfrac{1}{32c_1}\dfrac{\sigma_c(a+d)\varphi_2}{\pi}\dfrac{1}{\zeta}-\dfrac{1}{32c_1}\dfrac{\sigma_c}{2\pi i}\left[z\left(\ln\dfrac{\sigma_2-\zeta}{\sigma_2-\zeta}+\ln\dfrac{\sigma_2+\zeta}{\sigma_2+\zeta}\right)-\right.\\ \qquad\left. l\ln\dfrac{(\zeta-\sigma_2)(\zeta+\overline{\sigma_2})}{(\zeta+\sigma_2)(\zeta-\overline{\sigma_2})}\right]\\ \Phi_3^{(1)}(\zeta)=\dfrac{1}{32c_1}\dfrac{\sigma_c(a+d)\varphi_2}{\pi}\dfrac{2\zeta}{\zeta^2-1}-\dfrac{1}{32c_1}\dfrac{\sigma_c a}{2\pi i}\ln\dfrac{(\zeta-\sigma_2)(\zeta+\overline{\sigma_2})}{(\zeta+\sigma_2)(\zeta-\overline{\sigma_2})}\end{array}\right\}$$
（AⅠ-8）

其中 $\sigma=e^{i\varphi}$ 代表 ζ 在映射平面的低位圆上的值，并且 $\sigma_2=e^{i\varphi_2}$，$a=(a+d)\cos\varphi_2$。

而边值问题（AⅠ-4）和（AⅠ-7），是一个 Griffith 裂纹问题的解，它是已知的，即

$$\left.\begin{array}{l}\Phi_4^{(2)}(\zeta)=-\dfrac{1}{32c_1}\dfrac{p}{2}(a+d)\dfrac{1}{\zeta}\\ \Phi_3^{(2)}(\zeta)=-\dfrac{p}{32c_1}(a+d)\left[\dfrac{\zeta}{(\zeta^2-1)}\right]\end{array}\right\}$$
（AⅠ-9）

由解（AⅠ-8）和（AⅠ-9）相叠加给出整个问题的解，这时 $\Phi_4(\zeta)=\Phi_4^{(1)}(\zeta)+\Phi_4^{(2)}(\zeta)$，$\Phi_3(\zeta)=\Phi_3^{(1)}(\zeta)+\Phi_3^{(2)}(\zeta)$，例如解函数 $\Phi_4(\zeta)$ 的第一项为

$$-\dfrac{1}{32c_1}\dfrac{p}{2}(a+d)\dfrac{1}{\zeta}+\dfrac{1}{32c_1}\dfrac{\sigma_c(a+d)\varphi_2}{\pi}\dfrac{1}{\zeta} \qquad (\text{AⅠ-10})$$

另外，由于公式太冗长，解 $\Phi_2(\zeta)$ 这里未列出。根据前面的基本公式，可知

$$\sigma_{ij},H_{ij}\sim\Phi'(\zeta)/\omega'(\zeta) \qquad (\text{AⅠ-11})$$

这里的函数 $\Phi(\zeta)$ 代表 $\Phi_4(\zeta)$ 或者 $\Phi_3(\zeta)$，而保角映射的导数为

$\omega'(\zeta) \sim 1/(1-\zeta^2)$。

由正文 14.4 节可知，在广义 Dugdale-Barrenblatt 裂纹顶端并不存在应力奇异性，同时，结合式（AⅠ-10）和式（AⅠ-11），要求式（AⅠ-10）的值必须等于零，这就导出了式（14.4-6）。则解 $\Phi_4(\zeta)$ 的最终形式为

$$\Phi_4(\zeta) = -\frac{1}{32c_1}\frac{\sigma_c}{2\pi i}\left[z\left(\ln\frac{\sigma_2-\zeta}{\overline{\sigma_2}-\zeta}+\ln\frac{\sigma_2+\zeta}{\overline{\sigma_2}+\zeta}\right)-a\ln\frac{(\zeta-\sigma_2)(\zeta+\overline{\sigma_2})}{(\zeta+\sigma_2)(\zeta-\overline{\sigma_2})}\right]$$

（AⅠ-12）

裂纹表面的位移为

$$u_y(x,0) = (128c_1c_2 - 64c_3)\text{Im}(\Phi_4(\zeta))_{\zeta=\sigma} \qquad (AⅠ-13)$$

经过适当的计算得到

$$u_y(x,0) = \frac{(4c_1c_2-2c_3)}{c_1}\frac{\sigma_c(a+d)}{2\pi}\cdot\left[\cos\varphi\ln\frac{\sin(\varphi_2-\varphi)}{\sin(\varphi_2+\varphi)}-\cos\varphi_2\ln\frac{\sin\varphi_2-\sin\varphi}{\sin\varphi_2+\sin\varphi}\right]$$

（AⅠ-14）

因而裂纹顶端的张开位移为

$$\delta_t = CTOD = \lim_{x\to l}2u_y(x,0) = \lim_{\varphi\to\varphi_2}2u_y(x,0) = \frac{(8c_1c_2-4c_3)\sigma_s a}{c_1\pi}\ln\sec\left(\frac{\pi}{2}\frac{\sigma^{(\infty)}}{\sigma_s}\right)$$

（AⅠ-15）

其中常数 c_1，c_2，c_3 已由11.3节给出，这个解无论对点群 $5m$，$10mm$ 还是对点群 $5,\overline{5},10,\overline{10}$ 二维准晶都成立。如果在式（11.3-42）中取 $R_1 = R$，$R_2 = 0$，δ_t 将代表点群 $5m$ 和 $10mm$ 二维准晶的裂纹顶端张开位移，即

$$\delta_t = CTOD = \frac{2\sigma_s a}{\pi}\left(\frac{1}{L+M}+\frac{K_1}{MK_1-R^2}\right)\ln\sec\left(\frac{\pi}{2}\frac{\sigma^{(\infty)}}{\sigma_s}\right)$$

这就是正文的解（14.4-7）。如果取 $K_1 = R = 0$，$L = \lambda$，$M = \mu$，上面的解则精确地还原为工程材料（或称结构材料）的经典的Dugdale-Barenblatt解（适用于普通结构材料，包括普通晶体）（参考正文第14.4节）。

更详细的推导见论文 [7]。

AI.4 关于积分（9.2-14）的计算

在式（9.2-14）中，积分对 $y > 0$ 是收敛的。将 ξ 延拓成复数 $\xi_1 + i\xi_2$，在复平面，即 ξ 平面上，积分路线与图 11.7-2 相类似，并且根据物理上的考量，$k(K_1-K_2) > 0$，$\mu(K_1-K_2)-R^2 > 0$，$k = \mu^{(c)}/h$，那么积分（9.2-14）的被积函数在积分路线围成的区域中除去极点

$$\xi_1^{(1)} = \frac{k(K_1 - K_2)}{R^2 - \mu(K_1 - K_2)} < 0, \quad \xi_1^{(2)} = -\frac{k(K_1 - K_2)}{R^2 - \mu(K_1 - K_2)} > 0 \quad (\text{A I -16})$$

外，处处解析，这两个极点在 ξ 平面的实轴，即 ξ_1 轴上。引用广义Jordan引理，沿大半圆周的积分等于零。

下面参考第11章的附录的第4子节（即第11.7.4节）的图11.7-2，令 $\omega = \xi$，$\omega_1 = \xi_1$，$\omega_2 = \xi_2$，$\sqrt{k/m} = \xi_1^{(1)}$，$-\sqrt{k/m} = \xi_1^{(2)}$，按照复 ξ 平面上的附加积分路线，通过与计算积分（AI-18）相类似的步骤，分别得到结果（9.2-15）和（9.2-16），其中 $\xi_1^{(1)}$，$\xi_1^{(2)}$ 由式（AI-16）定义。

AI.5 关于积分（8.8-9）的计算

这个计算最初由文献［8］给出，后来文献［9］做了一些改进并纠正了前者的打印错误。正文中记 $h_4(z) = \Phi_4(\zeta)$，把保角映射（8.8-2）代入式（8.8-7），得到

$$\Phi_4'(\zeta) = \frac{p}{2\pi i} \int_{-1}^{1} \frac{2w}{\pi} \cdot \frac{-\sigma \tan \frac{\pi a}{2w}}{\left[1 + (1 - \sigma^2)\tan^2 \frac{\pi a}{2w}\right]\sqrt{1 - \sigma^2}} \frac{1}{\sigma - \zeta} d\sigma$$

$$= -\frac{pw}{\pi^2 i} \tan \frac{\pi a}{2w} \int_{-1}^{1} \frac{\sigma}{\left[1 + (1 - \sigma^2)\tan^2 \frac{\pi a}{2w}\right]\sqrt{1 - \sigma^2}} \frac{1}{\sigma - \zeta} d\sigma$$

$$(\text{A I -17})$$

令 $m = \tan \frac{\pi a}{2w}$，有 $m^2 = \tan^2 \frac{\pi a}{2w}$。

先求

$$I(\zeta) = \int_{-1}^{1} \left(\frac{\sigma}{\left[1 + (1 - \sigma^2)\tan^2 \frac{\pi a}{2w}\right]\sqrt{1 - \sigma^2}} \right) \frac{1}{\sigma - \zeta} d\sigma$$

$$= \int_{-1}^{1} \left(\frac{1}{[1 + (1 - \sigma^2)m^2]\sqrt{1 - \sigma^2}} \right) d\sigma + \int_{-1}^{1} \left(\frac{\zeta}{[1 + (1 - \sigma^2)m^2]\sqrt{1 - \sigma^2}(\sigma - \zeta)} \right) d\sigma$$

$$= I_1 + I_2$$

$$(\text{A I -18})$$

第一个积分很好计算，我们先求第二个积分，令 $\zeta = b$，$\sigma = x$。

$$I_2 = \int_{-1}^{1} \left(\frac{b}{[1 + (1 - x^2)m^2]\sqrt{1 - x^2}(x - b)} \right) d\sigma$$

令 $x = \sin t$, $t \in \left[-\dfrac{\pi}{2}, \dfrac{\pi}{2}\right]$, $\mathrm{d}x = \cos t \mathrm{d}t$, 当 $\begin{cases} t = -\dfrac{\pi}{2} \text{时}, \ x = -1 \\ t = \dfrac{\pi}{2} \text{时}, \ x = 1 \end{cases}$ 时,

$$原式 = \int_{-\frac{\pi}{2}}^{\frac{\pi}{2}} \frac{b}{(1+m^2 \cos t)(\sin t - b) \cos t} \cos t \mathrm{d}\sigma$$

$$= \int_{-\frac{\pi}{2}}^{\frac{\pi}{2}} \frac{b}{(1+m^2 \cos^2 t)(\sin t - b)} \mathrm{d}t$$

$$= \int_{0}^{\frac{\pi}{2}} \frac{b}{(1+m^2 \cos^2 t)(\sin t - b)} \mathrm{d}t + \int_{-\frac{\pi}{2}}^{0} \frac{b}{(1+m^2 \cos^2 t)(\sin t - b)} \mathrm{d}t$$

（AⅠ-19）

对于式（AⅠ-19）后面的积分, 令 $t = -x$, $\mathrm{d}t = -\mathrm{d}x$, $t = -\dfrac{\pi}{2}$ 时, $x = \dfrac{\pi}{2}$；$t = 0$ 时, $x = 0$, 则

$$\int_{-\frac{\pi}{2}}^{0} \frac{b}{(1+m^2 \cos^2 t)(\sin t - b)} \mathrm{d}t = -\int_{0}^{\frac{\pi}{2}} \frac{b}{(1+m^2 \cos^2 x)(\sin x + b)} \mathrm{d}x$$

所以

$$\int_{-\frac{\pi}{2}}^{\frac{\pi}{2}} \frac{b}{(1+m^2 \cos^2 t)(\sin t - b)} \mathrm{d}t$$

$$= \int_{0}^{\frac{\pi}{2}} \frac{b}{(1+m^2 \cos^2 t)(\sin t - b)} \mathrm{d}t - \int_{0}^{\frac{\pi}{2}} \frac{b}{(1+m^2 \cos^2 t)(\sin t + b)} \mathrm{d}t$$

（AⅠ-20）

$$= \int_{0}^{\frac{\pi}{2}} \frac{2b^2}{(1+m^2 \cos^2 t)(\sin^2 t - b^2)} \mathrm{d}t$$

$$= A \int_{0}^{\frac{\pi}{2}} \frac{1}{1+m^2 \cos^2 t} \mathrm{d}t + B \int_{0}^{\frac{\pi}{2}} \frac{1}{\sin^2 t - b^2} \mathrm{d}t$$

其中 A 与 B 两个常数可以由通分法确定

$$A = \frac{2m^2 b^2}{m^2(1-b^2) + 1}$$

$$B = \frac{2b^2}{m^2(1-b^2) + 1}$$

因此

$$A\int_0^{\frac{\pi}{2}}\frac{1}{1+m^2\cos^2 t}\mathrm{d}t = A\frac{\pi}{2}\cos\frac{\pi a}{2w}$$

$$B\int_0^{\frac{\pi}{2}}\frac{1}{\sin^2 t - b^2}\mathrm{d}t = B\int_0^{\frac{\pi}{2}}\frac{1/2b}{\sin t - b}\mathrm{d}t - B\int_0^{\frac{\pi}{2}}\frac{1/2b}{\sin t + b}\mathrm{d}t$$

$$= B\frac{1}{2b}\left(\int_0^{\frac{\pi}{2}}\frac{1}{\sin t - b}\mathrm{d}t - \int_0^{\frac{\pi}{2}}\frac{1}{\sin t + b}\mathrm{d}t\right)$$

查积分表得到

$$B\int_0^{\frac{\pi}{2}}\frac{1}{\sin^2 t - b^2}\mathrm{d}t = \frac{B}{2b\sqrt{1-b^2}}\left(\ln\left|\frac{-b+1-\sqrt{1-b^2}}{-b+1+\sqrt{1-b^2}}\right| - \ln\left|\frac{1-\sqrt{1-b^2}}{1+\sqrt{1-b^2}}\right| - \right.$$

$$\left.\ln\left|\frac{b+1-\sqrt{1-b^2}}{b+1+\sqrt{1-b^2}}\right| + \ln\left|\frac{1-\sqrt{1-b^2}}{1+\sqrt{1-b^2}}\right|\right)$$

$$= \frac{B}{2b\sqrt{1-b^2}}\left(\ln\left|\frac{-b+1-\sqrt{1-b^2}}{-b+1+\sqrt{1-b^2}} \cdot \frac{b+1+\sqrt{1-b^2}}{b+1-\sqrt{1-b^2}}\right|\right)$$

$$= \frac{B}{2b\sqrt{1-b^2}}\ln\left|\frac{(-2b\sqrt{1-b^2})^2}{4b^2(b^2-1)}\right| = \frac{B}{2b\sqrt{1-b^2}}\ln\left|\frac{1}{b}\right|$$

所以

$$\Phi_4'(\zeta) = -\frac{pw}{\pi\mathrm{i}}\sin\frac{\pi a}{2w} - \frac{pw}{\pi\mathrm{i}}\sin\frac{\pi a}{2w}\frac{\zeta^2\tan^2\frac{\pi a}{2w}}{1+(1-\zeta^2)\tan^2\frac{\pi a}{2w}} + $$

$$\frac{pw}{\pi^2\mathrm{i}}\tan\frac{\pi a}{2w}\frac{\ln|\zeta|}{1+(1-\zeta^2)\tan^2\frac{\pi a}{2w}} \cdot \frac{\zeta}{\sqrt{1-\zeta^2}}$$ （AⅠ-21）

这就是正文式（8.8-9）中所要计算的积分的推导过程。又因为复应力强度因子的定义为

$$K = K_\mathrm{I} - \mathrm{i}K_\mathrm{II} = \frac{\sqrt{\pi}}{16c_1}\lim_{\zeta\to 0}\frac{\Phi_4'(\zeta)}{\sqrt{\omega''(\zeta)}} = \frac{\sqrt{\pi}}{16c_1}\frac{\Phi_4'(0)}{\sqrt{\omega''(0)}}$$

把式（AⅠ-21）代入应力强度因子公式，就得到正文的结果，很容易验证 $\Phi_4'(0) = -\frac{pw}{\pi\mathrm{i}}\sin\frac{\pi a}{2w}$。

参考文献

[1] Muskhelishvili N I. Some Basic Problems of the Mathematical Theory of Elasticity [M]. Groningen: Noordhoff Ltd 1953.
[2] Privalov I I. Introduction to Complex Variable Functions Theory [M]. Moscow: Science, 1984.
[3] Lavrentjev M A, Schabat B V. Methods of Complex Variable Functions Theory [M]. 6th Edition. Moscow: National Technical- Theoretical Literature Press, 1986.
[4] Fan T Y. Semi-infinite crack in a strip [J]. Chin. Phys. Lett., 1990, 8(9): 401-404.
[5] Shen T W, Fan T Y. Two collinear semi-infinite cracks in a strip [J]. Eng. Fract. Mech., 2003, 70 (8): 813-822.
[6] Wolfran St. The Mathematica Book [M]. 3rd Edition. Cambridge: Cambridge University Press, 1996.
[7] Fan T Y, Fan L. Relation between Eshelby integral and generalized BCS and generalized DB models for some one- and two-dimensional quasicrystals [J]. Chin. Phys B.. 2011, 20(4): 036102.
[8] Fan T Y, Yang X C, Li H X. Complex analysis of edge crack in a finite width strip[J] Chin. Phys. Lett., 1998, 18(1): 31-34.
[9] Li W. Analytic solutions of a finite width strip with a single edge crack of two-dimensional quasicrystals [J]. Chin. Phys. B, 2011, 20(11): 116201.

附录 II 对偶积分方程和某些补充计算

AII.1 对偶积分方程

如所熟知，Fourier 变换或 Hankel 变换在求解偏微分方程中是很有用的工具，在第 7~9 章做过若干介绍，当然，那些介绍相当有限。对于非调和和非多调和方程，复分析很难发挥作用，必须用 Fourier 变换、Hankel 变换、Mellin 变换或其他方法去求解。在变换之后，位错边值问题化成代数方程去进一步求解（相对比较简单），而裂纹边值问题则化成下列对偶积分方程

$$\left.\begin{array}{l}\int_0^{+\infty} y^\alpha f(y) J_\nu(xy) \mathrm{d}y = g(x), \quad 0 < x < 1 \\ \int_0^{+\infty} f(y) J_\nu(xy) \mathrm{d}y = 0, \quad x > 1\end{array}\right\} \quad (\text{A}\mathrm{II}\text{-}1)$$

或

$$\left.\begin{array}{l}\int_0^{+\infty} y^{\alpha_j} \sum_{k=1}^n a'_{jk} f_j(y) J_{\nu_j}(xy) \mathrm{d}y = g_j(x), \quad 0 < x < 1 \\ \int_0^{+\infty} \sum_{k=1}^n a_{jk} f_j(y) J_{\nu_j}(xy) \mathrm{d}y = 0, \quad x > 1 \\ (j = 1, 2, \cdots, n)\end{array}\right\} \quad (\text{A}\mathrm{II}\text{-}2)$$

或

$$\left.\begin{array}{l}\int_0^{+\infty}\int_0^{+\infty} g_1(\xi_1,\xi_2,s,x_1,x_2) f(\xi_1,\xi_2,s) J_\alpha(\xi_1 x_1) J_\beta(\xi_2 x_2) \mathrm{d}\xi_1 \mathrm{d}\xi_2 = h(x_1,x_2,s), (x_1,x_2) \in \Omega \\ \int_0^{+\infty}\int_0^{+\infty} g_2(\xi_1,\xi_2,s,x_1,x_2) f(\xi_1,\xi_2,s) J_\alpha(\xi_1 x_1) J_\beta(\xi_2 x_2) \mathrm{d}\xi_1 \mathrm{d}\xi_2 = 0, \quad (x_1,x_2) \in \bar{\Omega}\end{array}\right\}$$
$$(\text{A}\mathrm{II}\text{-}3)$$

其中式（AⅡ-1）是最简单的，下面仅讨论这一类方程组的解。式（AⅡ-2）用来处理多未知函数问题，而式（AⅡ-3）为二维对偶积分方程，这后两类积分方程非常复杂。

在式（AⅡ-1）中，$f(x)$ 是待定的未知函数，$g(x)$ 是已知的函数，α 和 ν 是常数，$J_\nu(xy)$ 为第一类 ν 阶 Bessel 函数。Titchmarsh[1] 和 Busbridge[2] 曾给出过该积分方程的解。若干作者对这一类方程有不同的解法[3-11]。这里仅介绍文献 [1,2] 的解法和结果。Titchmarsh[1] 对 $\alpha > 0$ 的情形给出过方程的形式解，Busbridge[2] 推广到 $\alpha > -2$ 情形，并且给出了解的存在性证明。方程解的复数积分的形式为

$$f(x) = \frac{1}{2\pi\mathrm{i}} \int_{k-\mathrm{i}\infty}^{k+\mathrm{i}\infty} 2^{s-\alpha} \frac{\Gamma\left(\frac{1}{2} + \frac{1}{2}\nu + \frac{1}{2}s\right)}{\Gamma\left(\frac{1}{2} + \frac{1}{2}\nu + \frac{1}{2}\alpha - \frac{1}{2}s\right)} \psi(s) x^{-s} \mathrm{d}s \quad (\text{A}\mathrm{II}\text{-}4)$$

其中 $s = \sigma + \mathrm{i}\tau$，并且

$$\psi(s) = \frac{1}{2\pi\mathrm{i}} \int_{C-\mathrm{i}\infty}^{C+\mathrm{i}\infty} \frac{\Gamma\left(\frac{1}{2} + \frac{1}{2}\nu - \frac{1}{2}\alpha + \frac{1}{2}w\right)}{\Gamma\left(\frac{1}{2} + \frac{1}{2}\nu + \frac{1}{2}w\right)} \frac{\bar{g}(\alpha + 1 - w)}{w - s} \mathrm{d}w \quad (\text{A}\mathrm{II}\text{-}5)$$

这里 $w = u + \mathrm{i}v$（v 代表复变量 w 的虚部，注意，不要同 ν 相混淆，ν 代表 Bessel

函数的阶），$\sigma < u$，并且

$$\bar{g}(\alpha+1-w) = \int_0^1 g(x)x^{\alpha-w}\mathrm{d}x$$

在上面公式中，$\Gamma(x)$ 代表 Euler 伽马函数。解（AⅡ-4）在 $\alpha > 0$ 和 $\alpha > -2$ 两种情形下成立。

对 $\alpha > 0$，解可以表示成积分

$$f(x) = \frac{(2x)^{1-\alpha/2}}{\Gamma(\alpha/2)} \int_0^1 \mu^{1+\alpha/2} J_{\nu+\alpha/2}(\mu x)\mathrm{d}\mu \int_0^1 g(\rho\mu)\rho^{\nu+1}(1-\rho^2)^{\alpha/2-1}\mathrm{d}\rho$$

（AⅡ-4′）

对 $\alpha > -2$，解的积分表示为

$$f(x) = \frac{2^{-\alpha/2} x^{-\alpha}}{\Gamma(1+\alpha/2)} [x^{1+\alpha/2} J_{\nu+\alpha/2}(x) \int_0^1 y^{\nu+1}(1-y^2)^{\alpha/2} g(y)\mathrm{d}y +$$

$$\int_0^1 y^{\alpha+1}(1-y^2)^{\alpha/2}\mathrm{d}y \int_0^1 (xu)^{2+\alpha/2} g(yu) J_{\nu+1+\alpha/2}(xu)\mathrm{d}u]$$

（AⅡ-4″）

定理 如果 $\alpha > -2$，$-\nu-1 < \alpha - \frac{1}{2} < \nu+1$，$g(x)$ 和 $f(x)$ 的 Mellin 变换存在，后者在带形区域 $-\nu < \mathrm{Re}\, s = \sigma < \alpha$ 解析，并且具有阶 $O(|t|^{\sigma-\alpha+\varepsilon})$（$\varepsilon > 0$，$t \to +\infty$），这里 $s = \sigma + \mathrm{i}\tau$ 是 Mellin 变换的参量，那么式（AⅡ-1）有且仅有一个解（AⅡ-4）。

证明

因为 Busbridge[2] 的严格证明非常冗长，我们不列出其细节，只给出其证明的一个大概的轮廓。在这个证明中，主要用到复分析知识，可见积分方程与复分析关系何等密切。这样，第 11 章的附录和本附录Ⅰ的讨论，对现在的问题有很大帮助。

首先假定在条件 $0 < \alpha < 2, -\nu-1 < \alpha - \frac{1}{2} < \nu+1$ 下，函数 $f(x)$ 的 Mellin 变换

$$\bar{f}(s) = \int_0^{+\infty} f(x)x^{s-1}\mathrm{d}x, \quad s = \sigma + \mathrm{i}\tau$$

在区域 $-\nu < \sigma < \alpha$ 中解析；假设当 $\varepsilon > 0$ 和当 $t \to +\infty$ 时，这个积分具有阶 $O(|t|^{-\alpha+\varepsilon})$（实际上，这是一条引理，这里把它的证明省略了）。

按照定义，函数 $y^\alpha J_\nu(xy)$ 的 Mellin 变换是（可查积分变换表）

$$\bar{J}_\alpha(s) \equiv \int_0^{+\infty} [y^\alpha J_\nu(xy)] y^{s-1}\mathrm{d}y = \frac{2^{\alpha+s-1}}{x^{\alpha+s}} \frac{\Gamma\left(\frac{1}{2}\alpha + \frac{1}{2}\nu + \frac{1}{2}s\right)}{\Gamma\left(1 - \frac{1}{2}\alpha + \frac{1}{2}\nu - \frac{1}{2}s\right)}$$

（AⅡ-6）

再重复一遍，$s = \sigma + \mathrm{i}\tau$。在采用 Mellin 变换的记号之后，方程组（AⅡ-1）的

第一式的左端可以写成

$$\int_0^{+\infty} y^\alpha f(y) J_\nu(xy) \mathrm{d}y = \frac{1}{2\pi \mathrm{i}} \int_{C-\mathrm{i}\infty}^{C+\mathrm{i}\infty} \overline{f}(s) \overline{J}_\alpha(1-s) \mathrm{d}s$$

$$\int_0^{+\infty} f(y) J_\nu(xy) \mathrm{d}y = \frac{1}{2\pi \mathrm{i}} \int_{C-\mathrm{i}\infty}^{C+\mathrm{i}\infty} \overline{f}(s) \overline{J}_0(1-s) \mathrm{d}s$$

把式（AⅡ-6）代入上面的方程之后，导出

$$\frac{1}{2\pi \mathrm{i}} \int_{C-\mathrm{i}\infty}^{C+\mathrm{i}\infty} \frac{2^{\alpha-s}}{x^{1-s}} \frac{\Gamma\left(\frac{1}{2}+\frac{1}{2}\alpha+\frac{1}{2}\nu-\frac{1}{2}s\right)}{\Gamma\left(\frac{1}{2}-\frac{1}{2}\alpha+\frac{1}{2}\nu+\frac{1}{2}s\right)} \overline{f}(s) \mathrm{d}s = g(x), \quad 0 < x < 1$$

$$\frac{1}{2\pi \mathrm{i}} \int_{C-\mathrm{i}\infty}^{C+\mathrm{i}\infty} \frac{2^{\alpha-s}\Gamma\left(\frac{1}{2}+\frac{1}{2}\nu-\frac{1}{2}s\right)}{\Gamma\left(\frac{1}{2}+\frac{1}{2}\nu+\frac{1}{2}s\right)} \overline{f}(s) \mathrm{d}s = 0, \quad x > 1$$

记

$$\overline{f}(s) = \frac{2^{\alpha-s}\Gamma\left(\frac{1}{2}+\frac{1}{2}\nu+\frac{1}{2}s\right)}{\Gamma\left(\frac{1}{2}+\frac{1}{2}\alpha+\frac{1}{2}\nu-\frac{1}{2}s\right)} \psi(s) \quad （AⅡ-7）$$

那么，上面的方程化成

$$\left. \begin{aligned} \frac{1}{2\pi \mathrm{i}} \int_{C-\mathrm{i}\infty}^{C+\mathrm{i}\infty} \frac{\Gamma\left(\frac{1}{2}+\frac{1}{2}\nu+\frac{1}{2}s\right)}{\Gamma\left(\frac{1}{2}+\frac{1}{2}\nu-\frac{1}{2}\alpha+\frac{1}{2}s\right)} \psi(s) x^{s-1-\alpha} \mathrm{d}s = g(x), 0 < x < 1 \\ \frac{1}{2\pi \mathrm{i}} \int_{C-\mathrm{i}\infty}^{C+\mathrm{i}\infty} \frac{\Gamma\left(\frac{1}{2}+\frac{1}{2}\nu-\frac{1}{2}s\right)}{\Gamma\left(\frac{1}{2}+\frac{1}{2}\nu+\frac{1}{2}\alpha-\frac{1}{2}s\right)} \psi(s) x^{s-1} \mathrm{d}s = 0, x > 1 \end{aligned} \right\} \quad （AⅡ-8）$$

将式（AⅡ-8）的第一式乘以 $x^{\alpha-w}$，其中 $w = u + \mathrm{i}v$，并且 $\sigma - u > 0$，然后对 x 在区间 $(0,1)$ 上积分，得到

$$\frac{1}{2\pi \mathrm{i}} \int_{C-\mathrm{i}\infty}^{C+\mathrm{i}\infty} \frac{\Gamma\left(\frac{1}{2}+\frac{1}{2}\nu+\frac{1}{2}s\right)}{\Gamma\left(\frac{1}{2}+\frac{1}{2}\nu-\frac{1}{2}\alpha+\frac{1}{2}s\right)} \psi(s) \frac{\mathrm{d}s}{s-w} = \overline{g}(\alpha - w + 1) \quad （AⅡ-9）$$

这里 $u < C$，并且

$$\overline{g}(\alpha - w + 1) = \int_0^1 g(x) x^{\alpha - w} \mathrm{d}x$$

式（AⅡ-9）的左端在带形区域

$$-v < \sigma < \alpha$$

除了极点 $s = w$ 外处处解析，并且具有阶 $O(|t|^{-\alpha + \varepsilon})$。如果把积分路线从 $\sigma = c$ 移动到 $\sigma = c' < u$，见图 AⅡ-1，根据 Cauchy 积分公式［见式（11.7-5）］

$$\frac{1}{2\pi \mathrm{i}} \int_{C'-\mathrm{i}\infty}^{C'+\mathrm{i}\infty} \frac{\Gamma\left(\frac{1}{2} + \frac{1}{2}v + \frac{1}{2}s\right)}{\Gamma\left(\frac{1}{2} + \frac{1}{2}v - \frac{1}{2}\alpha + \frac{1}{2}s\right)} \psi(s) \frac{\mathrm{d}s}{s - w}$$

$$= \overline{g}(\alpha - w + 1) - \frac{\Gamma\left(\frac{1}{2} + \frac{1}{2}v + \frac{1}{2}w\right)}{\Gamma\left(\frac{1}{2} + \frac{1}{2}v - \frac{1}{2}\alpha + \frac{1}{2}w\right)} \psi(w)$$

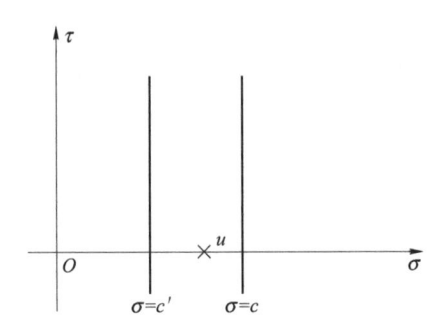

图 AⅡ-1　$s = \sigma + \mathrm{i}\tau$ 平面上的积分路线

这个积分路线的变化对应于形成一个封闭区域。被积函数绕这个封闭区域的积分的值正好等于上面公式的第二项，包括符号在内。由于上面公式等号左端是 $u > c'$ 情形下的解析函数，所以其右端也是同一情形下的解析函数。另外，函数

$$\psi(w) - \frac{\Gamma\left(\frac{1}{2} + \frac{1}{2}v - \frac{1}{2}\alpha + \frac{1}{2}w\right)}{\Gamma\left(\frac{1}{2} + \frac{1}{2}v + \frac{1}{2}\alpha\right)} \overline{g}(\alpha - w + 1) \quad （AⅡ-10）$$

在条件

$$\frac{1}{2}+\frac{1}{2}v-\frac{1}{2}\alpha+\frac{1}{2}w \neq 0,-1,-2,\cdots$$

下解析。

对函数（AⅡ-10）沿具有如下角点

$$C-\mathrm{i}T,\quad C+\mathrm{i}T,\quad -T+\mathrm{i}T,\quad -T-\mathrm{i}T \qquad (T>|v|)$$

的一个很大的矩形积分，可以发现下列积分的绝对值

$$\left|\int_{C-\mathrm{i}T}^{-T+\mathrm{i}T}\right|,\quad \left|\int_{-T+\mathrm{i}T}^{-T-\mathrm{i}T}\right|,\quad \left|\int_{-T-\mathrm{i}T}^{C-\mathrm{i}T}\right|$$

具有阶 $O(|T|^{-\alpha/2+\varepsilon})$，并且这里的 ε 的值总可以取为 $\alpha/2$，那么这些积分的值在 $T\to+\infty$ 时趋于零。按照 Cauchy 积分定理［参考式（11.7-4）］

$$\frac{1}{2\pi\mathrm{i}}\int_{C-\mathrm{i}\infty}^{C+\mathrm{i}\infty}\left[\psi(s)-\frac{\Gamma\left(\frac{1}{2}+\frac{1}{2}v-\frac{1}{2}\alpha+\frac{1}{2}w\right)}{\Gamma\left(\frac{1}{2}+\frac{1}{2}v+\frac{1}{2}s\right)}\overline{g}(\alpha-s+1)\right]\frac{\mathrm{d}s}{s-w}=0,\quad u<C$$

（AⅡ-11）

类似地，将式（AⅡ-8）的第二式乘以 x^{-w}，其中 $\sigma-w<0$，然后对 x 沿区间 $(1,+\infty)$ 积分，得到

$$\frac{1}{2\pi\mathrm{i}}\int_{C'-\mathrm{i}\infty}^{C'+\mathrm{i}\infty}\frac{\Gamma\left(\frac{1}{2}+\frac{1}{2}v-\frac{1}{2}s\right)}{\Gamma\left(\frac{1}{2}+\frac{1}{2}v+\frac{1}{2}\alpha-\frac{1}{2}s\right)}\psi(s)\frac{\mathrm{d}s}{s-w}=0,\quad u>C'$$

移动积分线，可以得到

$$\psi(w)=\frac{1}{2\pi\mathrm{i}}\int_{C-\mathrm{i}\infty}^{C+\mathrm{i}\infty}\psi(s)\frac{\mathrm{d}s}{s-w},\quad u<C \qquad \text{（AⅡ-12）}$$

比较式（AⅡ-11）与式（AⅡ-12），得到式（AⅡ-5），从而得到解式（AⅡ-4），其中

$$\overline{g}(\alpha-s+1)=\int_0^1 g(\xi)\xi^{\alpha-s}\mathrm{d}\xi$$

定理得以证明。

进一步地，可以得到上面解的实积分形式。事实上

$$\frac{1}{s-w}=\int_0^1 \eta^{s-w-1}\mathrm{d}\eta$$

如果交换式（AⅡ-5）的积分次序，可以得到

$$\psi(w) = \int_0^1 g(\xi)\xi^\alpha \mathrm{d}\xi \int_0^1 \eta^{-w-1}\mathrm{d}\eta \times \frac{1}{2\pi\mathrm{i}} \int_{C-\mathrm{i}\infty}^{C+\mathrm{i}\infty} \frac{\Gamma\left(\frac{1}{2}+\frac{1}{2}v-\frac{1}{2}\alpha+\frac{1}{2}s\right)}{\Gamma\left(\frac{1}{2}+\frac{1}{2}v+\frac{1}{2}s\right)} \left(\frac{\xi}{\eta}\right)^{-s} \mathrm{d}s$$

其中积分可以表示成

$$\frac{1}{2\pi\mathrm{i}} \int_{C-\mathrm{i}\infty}^{C+\mathrm{i}\infty} \frac{\Gamma\left(\frac{1}{2}+\frac{1}{2}v-\frac{1}{2}\alpha+\frac{1}{2}s\right)}{\Gamma\left(\frac{1}{2}+\frac{1}{2}v+\frac{1}{2}s\right)} \left(\frac{\xi}{\eta}\right)^{-s} \mathrm{d}s$$

$$= \begin{cases} \dfrac{2}{\Gamma\left(\frac{1}{2}\alpha\right)} \xi^{1+v-\alpha}(\eta^2-\xi^2)^{\alpha/2-1}\eta^{1-v}, & \eta \geqslant \xi \\ 0, & 0 < \eta < \xi \end{cases}$$

于是

$$\psi(w) = \frac{2}{\Gamma(\alpha/2)} \int_0^1 g(\xi)\xi^{1+v}\mathrm{d}\xi \int_\xi^1 \eta^{-w-v}(\eta^2-\xi^2)^{\alpha/2-1}\mathrm{d}\eta$$

交换积分次序，得到

$$\psi(w) = \frac{2}{\Gamma(\alpha/2)} \int_0^1 \eta^{-w-v}\mathrm{d}\eta \int_0^\eta g(\xi)\xi^{1+v}(\eta^2-\xi^2)^{\alpha/2-1}\mathrm{d}\xi$$

$$= \frac{2}{\Gamma(\alpha/2)} \int_0^1 \eta^{\alpha-\omega}\mathrm{d}\eta \int_0^1 g(\xi)\xi^{1+v}(1-\xi^2)^{\alpha/2-1}\mathrm{d}\xi$$

把这一结果代入式（AⅡ-4），得到

$$f(x) = \frac{2}{\Gamma(\alpha/2)} \int_0^1 \eta^\alpha \mathrm{d}\eta \int_0^1 g(\eta\zeta)\zeta^{1+v}(1-\zeta^2)^{\alpha/2-1}\mathrm{d}\zeta \times$$

$$\frac{1}{2\pi\mathrm{i}} \int_{C-\mathrm{i}\infty}^{C+\mathrm{i}\infty} 2^{s-\alpha}(x\eta)^{-s} \frac{\Gamma\left(\frac{1}{2}+\frac{1}{2}v+\frac{1}{2}s\right)}{\Gamma\left(\frac{1}{2}+\frac{1}{2}v+\frac{1}{2}\alpha-\frac{1}{2}s\right)} \mathrm{d}s$$

利用 Mellin 变化的反演[12,13]

$$\frac{1}{2\pi\mathrm{i}} \int_{C-\mathrm{i}\infty}^{C+\mathrm{i}\infty} 2^{s-\alpha} \frac{\Gamma\left(\frac{1}{2}+\frac{1}{2}v+\frac{1}{2}s\right)}{\Gamma\left(\frac{1}{2}+\frac{1}{2}v+\frac{1}{2}\alpha-\frac{1}{2}s\right)} (at)^{-s} \mathrm{d}s = 2^{-\alpha/2}(at)^{1-\alpha/2} J_{v+\alpha/2}(at)$$

就得到解（AⅡ-4′）。

对于情形 $\alpha > -2$,推导方法是类似的,推导过程见 Busbridge[7] 的论文。

下面若干计算实例将给出计算细节,它们在第 8 章和第 9 章中出现过,当时仅给结果,未给出计算细节。

AII.2 对偶积分方程(8.3-8)和(9.7-4)的解的详细推导

$$\left.\begin{aligned}&\frac{2}{d_{11}}\int_0^{+\infty}[C(\xi)\xi-6D(\xi)]\cos(\xi x)\mathrm{d}\xi=-p,\ 0<x<a\\&\int_0^{+\infty}\xi^{-1}[C(\xi)\xi-6D(\xi)]\cos(\xi x)\mathrm{d}\xi=0,\ x>a\\&\frac{2}{d_{12}}\int_0^{+\infty}D(\xi)\cos(\xi x)\mathrm{d}\xi=0,\quad 0<x<a\\&\int_0^{+\infty}\xi^{-1}D(\xi)\cos(\xi x)\mathrm{d}\xi=0,\quad x>a\end{aligned}\right\} \quad (\text{A}\,\text{II}\,\text{-}13)$$

很显然,这里第二对方程只有零解,即 $D(\xi)=0$,因而式(AII-13)简化成

$$\left.\begin{aligned}&\frac{2}{d_{11}}\int_0^{+\infty}C(\xi)\xi\cos(\xi x)\mathrm{d}\xi=-p,0<x<a\\&\int_0^{+\infty}C(\xi)\cos(\xi x)\mathrm{d}\xi=0,x>a\end{aligned}\right\} \quad (\text{A}\,\text{II}\,\text{-}14)$$

因为

$$\cos(\xi x)=\left(\frac{\pi\xi x}{2}\right)^{1/2}J_{-1/2}(\xi x)$$

同时记

$$\xi^{1/2}C(\xi)=f(\xi),\eta=a\xi,\rho=\frac{x}{a},g(\rho)=a\left(\frac{\pi a d_{11}}{2\rho}\right)^{1/2}p$$

那么方程组改写成

$$\left.\begin{aligned}&\frac{2}{d_{11}}\int_0^{+\infty}\eta f(\eta)J_{-1/2}(\eta\rho)\mathrm{d}\eta=g(\rho),0<\rho<1\\&\int_0^{+\infty}f(\eta)J_{-1/2}(\eta\rho)\mathrm{d}\eta=0,\rho>1\end{aligned}\right\} \quad (\text{A}\,\text{II}\,\text{-}14')$$

因而它化成对偶积分方程(AII-1)的那种标准形式,具有

$$\alpha=1,\nu=-1/2,g(\rho)=g_0\rho^{-1/2},g_0=\text{const}=a(\pi a d_{11})^{1/2}p$$

化成这种形式后,就可以引用方程的解(AII-14)[或式(AII-14′)],注意它们是由式(AII-4)和式(AII-5)得来的,其中包含一些复积分的计算,因而

积分路线的选取就很关键。在前面推导 Titchmarsh-Busbridge 解时，我们说过必须要求 $-\nu > k > \alpha$，$-\nu < C < \alpha$ 和 $k < C$。现在的情形是 $\nu = -1/2$，$\alpha = 1$，所以 $1/2 < k < 1$ 和 $1/2 < C < 1$。这样具体的计算由下面给出。

由于

$$\bar{g}(\alpha+1-t) = \int_0^1 g(\rho)\rho^{\alpha-t}d\rho = g_0 \int_0^1 \rho^{-1/2}\rho^{1-t}d\rho = \frac{g_0}{\frac{3}{2}-t}$$

这里 $t = t_1 + \mathrm{i}t_2$，代表一个复变量，并且要求 $t_1 < 3/2$。代入有关的数据到式（AⅡ-5）中，有

$$\psi(s) = g_0 \frac{1}{2\pi\mathrm{i}} \int_{C-\mathrm{i}\infty}^{C+\mathrm{i}\infty} \frac{\Gamma\left(-\frac{1}{4}+\frac{t}{2}\right)}{\Gamma\left(\frac{1}{4}+\frac{t}{2}\right)} \frac{1}{t-s} \frac{1}{\frac{3}{2}-t} dt$$

积分路径如图 AⅡ-2 所示。在这种情形下，被积函数只有一个 1 阶极点 $t = 3/2$。按照留数计算公式（11.7-15），积分容易计算得到

$$\psi(s) = g_0 \frac{\Gamma\left(\frac{1}{2}\right)}{\Gamma(1)} \frac{1}{\frac{3}{2}-s} = g_0 \frac{\sqrt{\pi}}{\frac{3}{2}-s} \qquad (\mathrm{A\,II\,\text{-}15})$$

这里伽马函数 $\Gamma(1) = 1$，$\Gamma\left(\frac{1}{2}\right) = \sqrt{\pi}$。把这些结果代入式（AⅡ-4），得到解

$$f(\eta) = g_0\sqrt{\pi} \frac{1}{2\pi\mathrm{i}} \int_{k-\mathrm{i}\infty}^{k+\mathrm{i}\infty} \frac{2^{s-\alpha}\Gamma\left(\frac{1}{4}+\frac{s}{2}\right)}{\Gamma\left(\frac{1}{4}-\frac{s}{2}\right)} \eta^{-s} ds \qquad (\mathrm{A\,II\,\text{-}16})$$

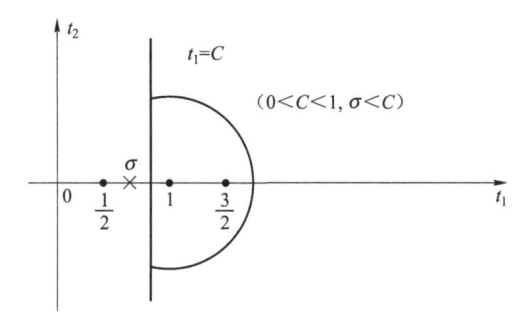

图 AⅡ-2　$t = t_1 + \mathrm{i}t_2$ 平面上的积分路径

从解的积分表示的观点上考虑，问题已经解决。但是人们还是喜欢得到更直接的表示。式（AⅡ-16）的右端是一个 Mellin 变换的逆变换，由 Mellin 变换的反演公式

$$\frac{1}{2\pi i}\int_{k-i\infty}^{k+i\infty} 2^{s-\lambda} \frac{\Gamma\left(\frac{1}{2}+\frac{1}{2}\mu+\frac{1}{2}s\right)}{\Gamma\left(\frac{1}{2}+\frac{1}{2}\mu+\frac{1}{2}\lambda-\frac{1}{2}s\right)}(\beta\eta)^{-s}\mathrm{d}s \quad (\text{AⅡ-17})$$

$$= 2^{-\lambda/2}(\beta\eta)^{1-\lambda/2}J_{\mu+\lambda/2}(\beta\eta)$$

又根据式（AⅡ-16）中的参量 $\mu=-1/2$, $\lambda=3$, $\beta=1$，计算得到

$$f(\eta)=g_0\left(\frac{\pi}{2\eta}\right)^{1/2}J_1(\eta)$$

和

$$C(\xi)=\xi^{-1/2}f(\xi)=\frac{\pi a d_{11}}{2}\xi^{-1}J_1(a\xi)$$

这正是正文的解（8.3-10）和（9.7-8），它们之间的差别仅仅是一个常数因子。

通过对偶积分方程解的实积分表示（AⅡ-4′）和（AⅡ-4″）进行计算，会得到同样的结果，因而验证了以上推导的正确性。

AⅡ.3 对偶积分方程的解（9.8-8）的推导

正文第 9 章第 9.8 节，对偶积分方程为

$$\begin{cases}\int_0^{+\infty}\xi A_i(\xi)J_0(\xi r)\mathrm{d}\xi=M_i p_0, & 0<r<a \\ \int_0^{+\infty}A_i(\xi)J_0(\xi r)\mathrm{d}\xi=0, & r>a\end{cases} \quad (\text{AⅡ-18})$$

它的解为式（9.8-8）。我们现在来推导这个解的计算过程。

按照对偶积分方程的标准形式，这里 $\alpha=1$, $\nu=0$, $g(\rho)=g_0=\mathrm{const}$，如果令 $\rho=r/a$，那么

$$\overline{g}(\alpha+1-t)=\int_0^1 g(\rho)\rho^{\alpha-t}\mathrm{d}\rho=\frac{g_0}{2-t} \quad (\mathrm{Re}\,t=t_1<2)$$

$$\psi(s)=g_0\frac{1}{2\pi i}\int_{C-i\infty}^{C+i\infty}\frac{\Gamma\left(\frac{1}{2}\right)}{\Gamma\left(\frac{1}{2}+\frac{t}{2}\right)}\frac{1}{t-s}\frac{1}{2-t}\mathrm{d}t=g_0\frac{2}{\sqrt{\pi}}\frac{1}{2-s}$$

其中 $s=\sigma+i\tau$，该积分是由极点 $t=2$ 的留数计算得到的，相关的积分路径如图 AⅡ-3 所示。

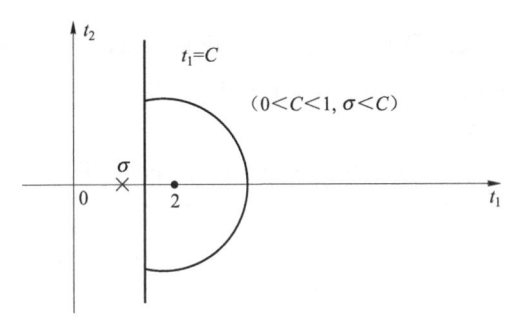

图 AⅡ-3 $t = t_1 + it_2$ 平面上的积分路径

把以上结果代入式（AⅡ-4），得到

$$A_i(\xi) = f(\xi) = g_0 \frac{2}{\sqrt{\pi}} \frac{1}{2\pi i} \int_{k-i\infty}^{k+i\infty} \frac{2^s \Gamma\left(\frac{1}{2} + \frac{s}{2}\right)}{\Gamma\left(2 - \frac{s}{2}\right)} \xi^{-s} \mathrm{d}s = \frac{2g_0}{\sqrt{2\pi}} \xi^{-1/2} J_{3/2}(\xi)$$

这正是解（9.8-9），稍微不同的是，这里用了量纲为 1 的坐标 $\rho = r/a$。在最后一步采用了 Mellin 变换的反演公式（AⅡ-17）。

如果不用复积分，而是用实积分公式（AⅡ-4'）和（AⅡ-4"），得到与上面相同的结果，因而计算的正确性得到了验证。

以上两小节证明，复分析在 Titchmarsh-Busbridge 对偶积分方程理论中发挥了独特的作用。

联立对偶积分方程组（AⅡ-2）和二维对偶积分方程，由 Fan[14] 和 Fan 与 Sun[15] 进行的求解在准晶中也有应用，这里不再讨论了。

积分变换在准晶弹性中的应用很有效，在某些方面比复分析更有效，因而得到许多解，例如李显方[16]、周旺民和范天佑[17]、周旺民[18]、祝爱玉和范天佑[19] 等，由于篇幅的限制，许多结果都未能引用。由于这一方法的应用，出现了某些对偶积分方程，在本附录中讨论这种积分方程和它们的解法很有意义。

参考文献

[1] Titchmarsh B C. Introduction to the Fourier Integrals [M]. Oxford: Clarenden Press, 1937.

[2] Busbridge I W. Dual integral equations [J]. Math. Soc. Proc., 1938, 44(2): 115-129.

[3] Weber H. Ueber die Besselschen Functionen und ihre Anwendung auf die Theorie der electrischen Stroeme [J]. J. fuer reihe und angewandte Mathematik, 1873, 75(1): 5-105.

[4] McDonald H M. The electrical distribution induced on a disk plased in any fluid of force [J]. Phil. Mag., 1895, 26(1): 257-260.

[5] King L V. On the acoustic radiation pressure on circular disk [J]. Roy. Soc. London Proc. Ser A, 1935, 153(1): 1-16.

[6] Copson E T. On the problem of the electric disk [J]. Edinburg Math. Soc. Proc., 1947, 8(1): 5-14.

[7] Tranter C J. On some dual integral equations [J]. Quar. J .Math. Ser 2, 1951, 2(1): 60-66.

[8] Sneddon I N. Fourier Transforms [M]. New York: McGraw-Hill, 1951.

[9] Gordon A N. Dual integral equations [J]. London Math. Soc. J., 1954, 29(5): 360-369.

[10] Noble B. On some dual integral equations [J]. Quar. J. Math. Ser 2, 1955, 6(2): 61-67.

[11] Noble B. The solutions of Bessel function dual integral equations by a multiplying factor method [J]. Cambridge Phil.Soc. Proceeding, 1963, 59(4): 351-362.

[12] Watson G N. A Treatise on the Theory of Bessel Functions [M]. New York: Amazon Com, 1955.

[13] Erdelyi A. Higher Transcendental Functions [M]. New York: McGraw-Hill, 1953.

[14] Fan T Y. Dual integral equations and system of dual integral equations and their applications in solid mechanics and fluid mechanics [J]. Mathematica Applicata Sinica, 1979, 2(3): 212-230 (in Chinese).

[15] Fan T Y, Sun Z F. A class of two-dimensional dual integral equations and applications [J]. Appl. Math. Mech., 2007, 28(2): 247-252.

[16] 李显方. 一维与二维准晶缺陷的弹性场[D]. 北京：北京理工大学，1999.

[17] Zhou W M, Fan T Y. Plane elasticity problem of two-dimensional octagonal quasicrystal and crack problem[J]. Chin. Phys., 2001, 10(8): 743-747.

[18] 周旺民. 二维与三维准晶位错, 裂纹和接触问题 [D]. 北京：北京理工大学，2000.

[19] Zhu A Y, Fan TY. Elastic solution of a Griffith cracpe in icosahedral

Al-Pd-Mn guasicrnstal [J]. Int. J. Mod. Phys, B, 2009, 23(10): 3429-3444.

附录 III 凝聚态物理学的 Poisson 括号方法、Lie 群和 Lie 代数方法及其在固体准晶和软物质准晶的应用

对于介绍固体准晶、软物质和软物质准晶广义流体动力学研究中的第 16 章、第 19 章和第 20 章用到的一些共同的数学方法,这里做一补充介绍。

AIII.1 凝聚态物理学的 Poisson 括号

由于出现对称性破缺,或推导太复杂,有些固体准晶、软物质和软物质准晶的广义流体动力学方程组直接由守恒定律去推导就很困难[1]或根本不可能,需要用所谓凝聚态物理学的 Poisson 括号去推导。为此,不得不介绍与此有关的材料。当然,我们尽量让介绍通俗简短。应该指出,凝聚态物理学的 Poisson 括号是一个相当广泛的论题,最初起源于 Landau 学派对低温超流的研究[2],后来在苏联得到进一步发展[3-6],此后,美国和法国的液晶、磁学和准晶学派[7-10]做了更广泛的发展。

Poisson 括号来自经典分析力学,即两个力学量 f,g 有如下关系

$$\{f,g\} = \sum_i \left(\frac{\partial f}{\partial q_i}\frac{\partial g}{\partial p_i} - \frac{\partial f}{\partial p_i}\frac{\partial g}{\partial q_i} \right) \quad \text{(AIII-1)}$$

其 p_i, q_i 中为正则动量和正则坐标。

在经典统计物理中,Poisson 括号有重要应用。式(AIII-1)称为经典 Poisson 括号。

之所以称式(AIII-1)为经典 Poisson 括号,是因为在量子力学中,以关系

$$\left[\hat{A}, \hat{B}\right] = \hat{A}\hat{B} - \hat{B}\hat{A} \quad \text{(AIII-2)}$$

为基础建立 Poisson 括号,其中 $\hat{A}$, $\hat{B}$ 代表两个算子,例如 $\hat{A}$ 代表坐标算子 x_α, $\hat{B}$ 代表动量算子 p_β,那么

$$[x_\alpha, p_\beta] = i\hbar\delta_{\alpha\beta}, \quad [x_\alpha, x_\beta] = 0, \quad [p_\alpha, p_\beta] = 0 \quad \text{(AIII-3)}$$

其中 $i = \sqrt{-1}$; $\hbar = h/2\pi$, h 代表 Planck 常数; $\delta_{\alpha\beta}$ 代表单位张量。式(AIII-3)称为量子 Poisson 括号。在量子力学中,力学量都用算子代表,式(AIII-3)对一般的算子都成立。

量子 Poisson 括号与经典 Poisson 括号存在内在的联系,即

$$\lim_{\hbar \to 0} \frac{i[\hat{A}\hat{B} - \hat{B}\hat{A}]}{\hbar} = \{A, B\} \qquad (\text{AIII-4})$$

这是量子力学熟知的结果。

Landau[2]在推导超流的流体动力学方程时,采用了量子 Poisson 括号到经典 Poisson 括号的极限过渡(AIII-4)。他把质量密度和动量做如下展开:

$$\hat{\rho}(r) = \sum_{\alpha} m_{\alpha} \delta(r_{\alpha} - r) \qquad (\text{AIII-5})$$

$$\hat{g}_k(r) = \sum_{\alpha} \hat{p}_k^{\alpha} \delta(r_{\alpha} - r) \qquad (\text{AIII-6})$$

它们的量子 Poisson 括号为

$$\left.\begin{aligned} &[\hat{\rho}(r_1), \hat{\rho}(r_2)] = 0 \\ &[\hat{p}_k(r_1), \hat{\rho}(r_2)] = i\hbar \hat{\rho}(r_1) \nabla_k(r_1) \delta(r_1 - r) \\ &[\hat{p}_k(r_1), \hat{p}_l(r_2)] = i\hbar [\hat{p}_l(r_1) \nabla_k(r_1) - \hat{p}_k(r_2) \nabla_k(r_2)] \delta(r_1 - r_2) \end{aligned}\right\} \qquad (\text{AIII-7})$$

其中 $\nabla_k(r_1)$ 代表求导对坐标 r_1 进行, $\nabla_l(r_2)$ 代表求导对坐标 r_2 进行。

利用了量子 Poisson 括号到经典 Poisson 括号的极限过渡(AIII-4),由(AIII-7)可以得到相应的经典 Poisson 括号如下

$$\begin{aligned} &\{p_k(r_1), \rho(r_2)\} = \rho(r_1) \nabla_k(r_1) \delta(r_1 - r_2) \\ &\{p_k(r_1), p_l(r_2)\} = [p_l(r_1) \nabla_k(r_1) - p_k(r_2) \nabla_k(r_2)] \delta(r_1 - r_2) \end{aligned} \qquad (\text{AIII-8})$$

进而把讨论扩展到准晶,把声子位移场 u_i 和相位子位移场 w_i 也做 Landau 展开,有

$$u_k(r) = \sum_{\alpha} u_k^{\alpha} \delta(r_{\alpha} - r) \qquad (\text{AIII-9})$$

$$w_k(r) = \sum_{\alpha} w_k^{\alpha} \delta(r_{\alpha} - r) \qquad (\text{AIII-10})$$

利用了量子 Poisson 括号到经典 Poisson 括号的极限过渡(16.2-4),由式(AIII-9)和式(AIII-10)可以得到相应的经典 Poisson 括号如下

$$\{u_k(r_1), g_l(r_2)\} = [-\delta_{kl} + \nabla_l(r_1) u_k] \delta(r_1 - r_2) \qquad (\text{AIII-11})$$

$$\{w_k(r_1), g_l(r_2)\} = (\nabla_l(r_1) w_k) \delta(r_1 - r_2) \qquad (\text{AIII-12})$$

有关准晶问题的推导是 Lubensky 等[9]做的。显然式(AIII-12)与式(AIII-11)很不相同,这揭示了相位子与声子在流体动力学意义上的不同,下面还将介绍由这一不同导致的其他一些相关公式的不同。

与上面的讨论相似,铁磁体和反铁磁体的磁运动方程,也可以用 Poisson 括号

讨论。与铁磁体的运动状态的"流体动力学"近似，可以用旋量密度算子描写，把它做 Landau 展开

$$\hat{s}(r) = \sum_\alpha \hat{S}_\alpha \delta(r_\alpha - r) \tag{AIII-13}$$

那么有对易关系

$$\left[\hat{s}^\alpha(r_1), \hat{s}^\beta(r_2)\right] = i\hbar \exp(\alpha\beta v)\hat{s}^v(r_1)\delta(r_1 - r_2) \tag{AIII-14}$$

这是量子 Poisson 括号。由量子 Poisson 括号到经典 Poisson 括号的极限过渡（AIII-4），得到相应的经典 Poisson 括号如下

$$\left\{s^\alpha(r_1), s^\beta(r_2)\right\} = -\exp(\alpha\beta v)s^v(r_1)\delta(r_1 - r_2) \tag{AIII-15}$$

根据 Liouville 方程（见式（AIII-19）），可以得到旋量运动方程。由于本书仅讨论准晶，旋量运动方程就不再介绍了。这一工作为 Landau 与 Lifshitz[3] 所开创。

AIII.2 有关公式和变分计算

建立准晶流体动力学，除了需要上面介绍的 Poisson 括号方法外，还需要用到一些其他公式，这里仅介绍同现在讨论的关系最紧密的有关内容。

普通 Langevin 方程为

$$\frac{\partial \Psi(r,t)}{\partial t} = -\Gamma \Psi(r,t) + F_s \tag{AIII-16}$$

其中 $\Psi(r,t)$ 为某一力学量；Γ 为阻力；F_s 为随机力。它描写一种随机过程。Ginzburg 与 Landau 把式（AIII-16）推广到多变量情形

$$\frac{\partial \Psi_\alpha(r,t)}{\partial t} = -\Gamma_{\alpha\beta} \frac{\delta H}{\delta \Psi_\beta(r,t)} + (F_s)_\alpha \tag{AIII-17}$$

注意，式（AIII-17）右端表示对重复下标自动求和，而求和号省去了，其中 $H = H[\Psi(r,t)]$ 是体系的能量泛函，又称为 Hamilton 量，$\dfrac{\delta H}{\delta \Psi_\beta(r,t)}$ 代表 $H = H[\Psi(r,t)]$ 对 $\Psi_\beta(r,t)$ 求变分，$\Gamma_{\alpha\beta}$ 为阻力矩阵元素（或称运动学系数矩阵元素），其他量的物理意义同上。式（AIII-17）是一种广义 Langevin 方程。式（AIII-17）还可以做更普遍的推广。首先宏观量 $\Psi_\alpha(r,t)$ 可以看作微观量 $\Psi_\alpha^\mu(r,\{q^\alpha\},\{p^\alpha\})$ 的热力学平均值，即有热力学平均值

$$\Psi_\alpha(r,t) = \left\langle \Psi_\alpha^\mu(r,\{q^\alpha\},\{p^\alpha\}) \right\rangle \tag{AIII-18}$$

其中 p^α, q^α 为正则动量和正则坐标。微观量遵循 Liouville 方程

$$\frac{\partial \Psi_\alpha^\mu}{\partial t} = \{H^\mu, \Psi_\alpha^\mu\} \qquad (\text{AIII-19})$$

这里 $H^\mu(\{q^\alpha\},\{p^\alpha\})$ 为微观体系的 Hamilton 量。式（AIII-18）也称为粗粒化处理。

在 d 维空间中，宏观量 $\Psi_\alpha(r,t)$ 对时间的偏导数

$$\frac{\partial \Psi_\alpha(r,t)}{\partial t}$$

包含若干项，其中有一项为

$$-\int \left(\{\Psi_\beta(r'),\Psi_\alpha(r)\}\frac{\delta H}{\delta \Psi_\beta(r',t)}\right) \mathrm{d}^d r' \qquad (\text{AIII-20})$$

另一项为

$$\int \left(\frac{\delta\{\Psi_\beta(r'),\Psi_\alpha(r)\}}{\delta \Psi_\beta(r',t)}\right) \mathrm{d}^d r' \qquad (\text{AIII-21})$$

联立式（AIII-20）和式（AIII-21），则式（AIII-17）可推广为

$$\frac{\partial \Psi_\alpha(r,t)}{\partial t} = -\int \left(\{\Psi_\beta(r'),\Psi_\alpha(r)\}\frac{\delta H}{\delta \Psi_\beta(r',t)}\right) \mathrm{d}^d r' + \int \left(\frac{\delta\{\Psi_\beta(r'),\Psi_\alpha(r)\}}{\delta \Psi_\beta(r',t)}\right) \mathrm{d}^d r' -$$

$$\Gamma_{\alpha\beta}\frac{\delta H}{\delta \Psi_\beta(r,t)} + (F_s)_\alpha$$

$$(\text{AIII-22})$$

其中 $\mathrm{d}^d r' = \mathrm{d}V$ 代表积分的微体积元。在式（AIII-8）、式（AIII-11）和式（AIII-12）的基础上，Lubensky 等[9]用此方程推导准晶流体动力学方程，但是在他们的推导中，式（AIII-22）的最后一项未用到。因此，不能说他们用的是广义 Langevin 方程（因为不包含随机力的式（AIII-16）、式（AIII-17）和式（AIII-22）均不能称为 Langevin 方程或广义 Langevin 方程）。

AIII.3 有关动力学方程的推导

上一节介绍了普遍的广义 Langevin 方程，其中 $\mathrm{d}^d r' = \mathrm{d}V$ 代表 d 维空间中积分的微体积元。此方程是下面推导准晶流体动力学方程的一个基础。

Lubensky 等把式（AIII-8）、式（AIII-11）和式（AIII-12）代入式（AIII-22），推导得到固体准晶流体动力学方程，共 4 组方程：质量守恒方程、动量守恒方程、声子弛豫方程和相位子弛豫方程，其中质量守恒方程与普通流体力学得到的完全一样，动量守恒方程与普通流体力学得到的 Navier-Stokes 方程相比，要广泛一些，可以称为广义 Navier-Stokes 方程，或者修正 Navier-Stokes 方程。

Lubensky 等[9]认为,前两个方程已经有人推导过,但是声子弛豫方程和相位子弛豫方程是新的,一般读者不了解它们。由于质量守恒方程简单,可以不介绍。我们先从声子弛豫方程和相位子弛豫方程开始,讨论它们的 Poisson 括号推导方式。

首先考虑声子弛豫方程的推导。

这里取式(AIII-22)中的

$$\Psi_\alpha(r,t) = u_i(r,t), \quad \Psi_\beta(r',t) = g_j(r',t) \qquad \text{(AIII-23)}$$

右端的第二项与第四项可以不考虑,那么

$$\frac{\partial u_i(r,t)}{\partial t} = -\int \left(\{u_i(r'), g_j(r)\} \frac{\delta H}{\delta g_j(r',t)} \right) d^d r' - \Gamma_u \frac{\delta H}{\delta u_i(r,t)}$$

把 Poisson 括号(AIII-11)代入上面公式右端的积分中,有

$$\frac{\partial u_i(r,t)}{\partial t} = \int (-\delta_{ij} + \nabla_j(r) u_i) \delta(r-r') \frac{g_j(r')}{\rho(r')} d^d r' - \Gamma_u \frac{\delta H}{\delta u_i(r,t)}$$

$$= -V_j \nabla_j(r) u_i - \Gamma_u \frac{\delta H}{\delta u_i(r,t)} + V_i \qquad \text{(AIII-24)}$$

这里 Γ_u 为声子耗散(或运动学)系数,推导中用到 Hamilton 量

$$H = H[\Psi(r,t)] = \int \frac{g^2}{2\rho} d^d r + \int \left[\frac{1}{2} A \left(\frac{\delta \rho}{\rho_0} \right)^2 + B \left(\frac{\delta \rho}{\rho_0} \right) \nabla \cdot u \right] d^d r + F_{el} \qquad \text{(AIII-25)}$$

$$= H_{kin} + H_{density} + F_{el}$$

其中 $g = \rho V$;$F_{el} = F_u + F_w + F_{uw}$。等号右边三项分别代表声子变形能、相位子变形能和声子-相位子耦合变形能的和,它们分别为

$$\left. \begin{aligned} F_u &= \int \frac{1}{2} C_{ijkl} \varepsilon_{ij} \varepsilon_{kl} d^d r \\ F_w &= \int \frac{1}{2} K_{ijkl} w_{ij} w_{kl} d^d r \\ F_{uw} &= \int (R_{ijkl} \varepsilon_{ij} w_{kl} + R_{klij} \varepsilon_{ij} w_{kl}) d^d r \end{aligned} \right\} \qquad \text{(AIII-26)}$$

其中 C_{ijkl} 为声子弹性常数;K_{ijkl} 为相位子弹性常数;R_{ijkl},R_{klij} 为声子-相位子耦合弹性常数,相应的声子与相位子应变张量分别为

$$\varepsilon_{ij} = \frac{1}{2} \left(\frac{\partial u_i}{\partial x_j} + \frac{\partial u_j}{\partial x_i} \right), \quad w_{ij} = \frac{\partial w_i}{\partial x_j} \qquad \text{(AIII-27)}$$

并且声子应力张量和相位子应力张量为

$$\left.\begin{aligned}\sigma_{ij} &= C_{ijkl}\varepsilon_{kl} + R_{ijkl}w_{kl} \\ H_{ij} &= K_{ijkl}w_{kl} + R_{klij}\varepsilon_{kl}\end{aligned}\right\} \qquad \text{(AIII-28)}$$

现在进行相位子弛豫方程的推导。

这里取式（AIII-22）中的 $\Psi_\alpha(r,t) = w_i(r,t)$，$\Psi_\beta(r',t) = g_j(r',t)$，不计右端的第二项与第四项，把式（AIII-12）代入式（AIII-22），则

$$\frac{\partial w_i(r,t)}{\partial t} = -\int \left(\{w_i(r'),g_j(r)\}\frac{\delta H}{\delta g_j(r',t)}\right)\mathrm{d}^d r' - \Gamma_w\frac{\delta H}{\delta w_i(r,t)}$$

把 Poisson 括号式（AIII-12）代入上面公式右端的积分中，有

$$\begin{aligned}\frac{\partial w_i(r,t)}{\partial t} &= \int (\nabla_j(r)w_i)\delta(r-r')\frac{g_j(r')}{\rho(r')}\mathrm{d}^d r' - \Gamma_w\frac{\delta H}{\delta w_i(r,t)} \\ &= -V_j\nabla_j(r)w_i - \Gamma_w\frac{\delta H}{\delta w_i(r,t)}\end{aligned} \qquad \text{(AIII-29)}$$

这里 Γ_w 为相位子耗散系数，推导中用到的 Hamilton 量由式（AIII-24）定义。

比较式（AIII-24）与式（AIII-29），发现两者在流体动力学的意义上很不相同，Lubensky 等认为声子代表波传播，相位子代表扩散。当然，声子与相位子场的另一个区别是它们在点群上属于不同的不可约表示，这在第 4 章已经介绍过了。这表明，声子与相位子场除了在对称性上的区别之外，还有流体动力学上的区别。

动量守恒方程的推导比较长一些。把 Poisson 括号式（AIII-8）代入式（AIII-22），计算用到以上动量 $g_j = \rho V_j$、质量密度 ρ、声子 u_i 和相位子 w_i，这表明式（AIII-22）右端的被积函数同时用到 Poisson 括号式（AIII-8）、式（AIII-11）和式（AIII-12），也就是

$$\begin{aligned}\frac{\partial g_i(r,t)}{\partial t} = &-\int\left(\{g_i(r,t),\rho(r',t)\}\frac{\delta H}{\delta\rho(r',t)}\right)\mathrm{d}^d r' - \int\left(\{g_i(r,t),g_j(r',t)\}\frac{\delta H}{\delta g_j(r',t)}\right)\mathrm{d}^d r' - \\ &\int\left(\{g_i(r,t),u_j(r',t)\}\frac{\delta H}{\delta u_j(r',t)}\right)\mathrm{d}^d r' - \int\left(\{g_i(r,t),w_j(r',t)\}\frac{\delta H}{\delta w_j(r',t)}\right)\mathrm{d}^d r' \\ &\int\left(\frac{\delta\{g_i(r,t),\Psi_\beta(r',t)\}}{\delta\Psi_\beta(r',t)}\right)\mathrm{d}^d r' + \Gamma_g\frac{\delta H}{\delta g_i(r,t)},\\ &\Gamma_g = \eta_{ijkl}\end{aligned}$$

$$\text{(AIII-30)}$$

其中右端的第一个积分经过计算为

$$\int \left(\{g_i(r),\rho(r')\}\frac{\delta H}{\delta \rho(r',t)}\right) d^d r' = \int \left[\rho(r)\nabla_i \delta(r-r')\frac{\delta(H_{\text{kin}}+H_{\text{density}})}{\delta \rho(r',t)}\right] d^d r'$$

$$=\rho(r)\nabla_i \int \left[\delta(r-r')\frac{\delta(H_{\text{kin}}+H_{\text{density}})}{\delta \rho(r',t)}\right] d^d r' = \rho(r)\nabla_i \left(\frac{\delta H_{\text{density}}}{\delta \rho}\right) + \rho(r)\nabla_i \left(-\frac{g^2}{2\rho^2}\right)$$

$$=\rho(r)\nabla_i \left(\frac{\delta H_{\text{density}}}{\delta \rho}\right) - g_j \nabla_i V_j$$

类似地，第 2~4 个积分可以得出来，而第 5 个积分为

$$\int \left(\frac{\delta\{g_i(r,t),\Psi_\beta(r',t)\}}{\delta \Psi_\beta(r',t)}\right) d^d r' = \int \left(\frac{\delta\{g_i(r,t),\rho(r',t)\}}{\delta \rho(r',t)}\right) d^d r' +$$

$$\int \left(\frac{\delta\{g_i(r,t),g_j(r',t)\}}{\delta g_j(r',t)}\right) d^d r' + \int \left(\frac{\delta\{g_i(r,t),u_j(r',t)\}}{\delta u_j(r',t)}\right) d^d r' +$$

$$\int \left(\frac{\delta\{g_i(r,t),w_j(r',t)\}}{\delta w_j(r',t)}\right) d^d r'$$

其右端共含四项，其中第三项的计算过程和结果为

$$\int \left(\frac{\delta\{g_i(r,t),u_j(r',t)\}}{\delta u_j(r',t)}\right) d^d r' = \int \left(\frac{\delta\{\delta_{ij}-\nabla_i(r')u_j(r',t)\}}{\delta u_j(r',t)}\delta(r'-r)\right) d^d r'$$

$$=\int \left[\nabla_i(r')\frac{\delta u_j(r',t)}{\delta u_j(r',t)}\delta(r'-r)\right] d^d r' = \int \left[(\nabla_i(r')1)\delta(r'-r)\right] d^d r' = 0$$

类似地，得到第四项。而第一项与第二项的和为零。

然后经过一些简单的代数运算，有

$$\frac{\partial g_i(r,t)}{\partial t} = -\nabla_k(r)(V_k g_i) + \nabla_j(r)(\eta_{ijkl}\nabla_k(r)V_l) - (\delta_{ij}-\nabla_i u_j)\frac{\delta H}{\delta u_j(r,t)} +$$

$$(\nabla_i w_j)\frac{\delta H}{\delta w_j(r,t)} - \rho \nabla_i(r)\frac{\delta H}{\delta \rho(r,t)},$$

$$g_j = \rho V_j$$

（AIII-31）

其中 η_{ijkl} 为固体黏性应力张量

$$\sigma'_{ij} = \eta_{ijkl}\dot{\xi}_{kl} \qquad (\text{AIII-32})$$

中的黏性系数张量，而

$$\dot{\xi}_{kl} = \frac{1}{2}\left(\frac{\partial V_k}{\partial x_l} + \frac{\partial V_l}{\partial x_k}\right) \quad \text{（AIII-33）}$$

代表固体黏性应变速度张量。

式（AIII-24）、式（AIII-29）、式（AIII-31）和质量守恒方程

$$\frac{\partial \rho}{\partial t} + \nabla_k(\rho V_k) = 0 \quad \text{（AIII-34）}$$

就是固体准晶流体动力学的运动方程，场变量为质量密度 ρ、速度 V_i（或者动量 $g_i = \rho V_i$）、声子位移 u_i 和相位子位移 w_i。

以上方程是 Lubensky 等在 1985 年推导出来的，但是没有公布推导的细节。他们的论文被广泛引用，但是争论也不少[11-13]。这些方程非常复杂，而且是变分-微分方程，很难求解，似乎从未见到过它们的任何解析解。第 16 章的数值解表明，质量密度 ρ 的变化很小，即 $\delta\rho/\rho \approx 10^{-10}$。

Lubensky 等的以上工作是针对固体准晶建立的，可以推广到软物质准晶，正文第 18 章中的流体动力学方程就是这一推广的结果。

AIII.4　Lie 群概念和有关公式的推导

上面的推导表明，Poisson 括号的结果式（AIII-8）、式（AIII-11），以及式（AIII-12）十分重要。这些结果也可以用 Lie 群概念推导出来，下面做简单介绍。

Lie 群和前 15 章中介绍的点群都是群，都满足群的四条公设，见第 1 章附录，但是它与后者又不同，Lie 群是一种连续群，并且群元素乘积可以用单值解析函数来描述。因为前面介绍的动量算子是运动群的生成元，旋量算子是旋量空间旋转群的生成元，量子 Poisson 括号同 Lie 群有密切的内在联系，所以文献[2]提出所谓"群 Poisson 括号"概念。

假设 g 是群 G 的一个元素，它用 m 个实的连续参量 α_i 来描写，即

$$g(\alpha_i) \in G, \quad \alpha_i \in \mathbb{R}, i = 1, 2, \cdots, m \quad \text{（AIII-35）}$$

$\mathbb{R}$ 代表实空间。

符号"·"把两个元素 $a(\alpha_i)$ 与 $b(\beta_i)$ 联系起来，给出另一个元素 $c(\gamma_i) \in G$：

$$c(\gamma_i) = a(\alpha_i) \cdot b(\beta_i), \quad i = 1, 2, \cdots, m \quad \text{（AIII-36）}$$

对于连续变化的参量，存在

$$\gamma_i = \varphi_i(\alpha_1, \alpha_2, \cdots, \alpha_m, \beta_1, \beta_2, \cdots, \beta_m) \quad \text{（AIII-37）}$$

如果 φ_i 是 $\alpha_1, \alpha_2, \cdots, \alpha_m, \beta_1, \beta_2, \cdots, \beta_m$ 单值解析函数，这种连续群为 Lie 群。有关单值解析函数的概念，见本书第 11 章的附录。

人们常取恒元素 E（恒元素 E 的概念见第 1 章附录）的参量为零，即 $\alpha_i(E) = 0$。Lie 群的无穷小生成元 L_i，可以用下面的偏导数表示

$$L_i = \mathrm{i} \frac{\partial a(\cdots, \alpha_i, \cdots)}{\partial \alpha_i}\bigg|_{\alpha_i = 0} \quad (\text{AIII-38})$$

群元素 a 可以用下列展开式表示

$$a(\cdots, \alpha_i, \cdots) = E(\cdots, 0, \cdots) + \alpha_i L_i + O(\alpha_i^2) \quad (\text{AIII-39})$$

Lie 群的无穷小元素在 Lie 群中具有重要意义。假设 $D(A)$ 矩阵是 Lie 群 G 元素的表示矩阵。无穷小元素 $A(\alpha)$ 的参量为无穷小量 α_i。矩阵 $D(A)$ 可以做如下展开

$$D(A) = 1 - \mathrm{i}\sum_{j=1}^{N} \alpha_j I_j \quad (\text{AIII-40})$$

又

$$I_j = \mathrm{i} \frac{\partial D(A)}{\partial \alpha_j}\bigg|_{\alpha_j = 0} \quad (\text{AIII-41})$$

N 个 I_j 称为表示 $D(A)$ 的生成元。Lie 代数通过群的生成元之间的对易关系

$$[L_i, L_j] = C_{ij}^{\ k} L_k, \ i,j,k = 1,2,\cdots,m \quad (\text{AIII-42})$$

构建，C_{ij}^k 称为结构常数。Lie 代数的反对称性、线性性质及 Jacobi 恒等关系如下

$$[L_i, L_j] = -[L_j, L_i] \quad (\text{AIII-43})$$

$$[\alpha L_i + \beta L_j, L_k] = \alpha[L_i, L_k] + \beta[L_j, L_k], \ \alpha, \beta \in \mathbb{R} \quad (\text{AIII-44})$$

$$\big[L_i, [L_j, L_k]\big] + \big[L_k, [L_i, L_j]\big] + \big[L_j, [L_k, L_i]\big] = 0 \quad (\text{AIII-45})$$

在弹性理论中使用的坐标变换

$$x^k \to x^k + u^k(r) \quad (\text{AIII-46})$$

在群论中称为平移群，或运动群，或无穷小运动群。尤其有意义的是，$u^k(r)$ 在这里有明确的物理意义，代表位移，或晶格声子。注意，这里 x^k 代表逆变矢量，相反，x_i 代表协变矢量。前面提到有关物理量同群代数的密切联系，因为动量算子是运动群的生成元，旋量算子是旋量空间旋转群的生成元，物理场变量 $a, b, c, \cdots$ 与变换群元素 $A, B, C, \cdots$ 之间可以建立某种关联

$$\{a, b, c, \cdots\} \to \{A, B, C, \cdots\} \quad (\text{AIII-47})$$

群元素的线性组合 A 可以由下列线性表示给出

$$A = \sum_{g \in G} A(g)g, \quad A(g) \in \mathbb{R} \tag{AIII-48}$$

这里 $A(g)$ 可以理解为展开式的系数,注意,这里求和号仅用于离散群,而对于连续群,求和要换成积分,因为在这种情形下,群元素连续变化。

假设 A 可以按下式

$$A \to gAg^{-1} \tag{AIII-49}$$

变换。假设 δg 是一个无穷小变换,若 $g = 1 + \delta g$,那么线性近似为

$$A \to A + \delta A \tag{AIII-50}$$

而

$$\delta A = [\delta g, A] \tag{AIII-51}$$

无穷小变换 δg 可以用无穷小局域变换"角度"$\alpha^k(r)$ 和局域变换群的生成元的 $L^k(r)$ 函数来表示,例如

$$\delta g = \frac{\mathrm{i}}{\hbar} \int \alpha^k(r) L^k(r) \mathrm{d}^d r \tag{AIII-52}$$

其中 $\mathrm{i} = \sqrt{-1}$;$\hbar = h/2\pi$,h 为 Planck 常数。

对于运动群,取 $\alpha^k(r) = u^k(r)$,其生成元为动量算子,那么由式(AIII-50)与式(AIII-52),有

$$\delta A(r) = \frac{\mathrm{i}}{\hbar} \int \alpha^k(r') \left[L^k(r'), A(r) \right] \mathrm{d}^d r' \tag{AIII-53}$$

这个方程表明 δA 是无穷小局域变换"角度"$\alpha^k(r)$ 的线性泛函,相应的变分为

$$\frac{\delta A(r)}{\delta \alpha^k(r')} = \frac{\mathrm{i}}{\hbar}[L^k(r'), A(r)] \tag{AIII-54}$$

量子力学到经典力学的极限过渡为

$$\frac{\delta \hat{A}}{\delta \alpha} = \frac{\mathrm{i}}{\hbar}[\hat{L}, \hat{A}] \to \frac{\delta A}{\delta \alpha} = \{L, A\} \tag{AIII-55}$$

再重复一下,在量子力学中,$\hat{L}$,$\hat{A}$ 代表算子;在经典力学中,L,A 代表场变量。这样,式(AIII-55)右端的公式不妨改写成

$$\frac{\delta a}{\delta \alpha} = \{l, a\} \tag{AIII-56}$$

其中 a 可以代表流体动力学的任何场变量 $a, b, c, \cdots$,l 代表它们所属的生成元 $l^k(r)$,所以由式(AIII-56),有

$$\frac{\delta a(r)}{\delta \alpha^k(r')} = \{l^k(r'), a(r)\} \tag{AIII-57}$$

进而

$$\frac{\delta l^m(r)}{\delta \alpha^k(r')} = \{l^k(r'), l^m(r)\}, \quad \{a,a\} = \{a,b\} = \{b,b\} = 0 \quad \text{(AIII-58)}$$

因为在有限温度下，Hamilton 量可以表示成

$$H = \int \varepsilon(p, \rho, s) \mathrm{d}^d r$$
$$\mathrm{d}\varepsilon = V^k \mathrm{d}p_k + \mu \mathrm{d}\rho + T\mathrm{d}s$$

其中 ε 为能量密度；$p = (p_x, p_y, p_z)$；ρ 意义同前；s 为熵；$V = (V_x, V_y, V_z)$，为速度；μ 为化学势；T 为绝对温度。有

$$\begin{aligned}\delta p_k &= -u^l \nabla_l p_k - p_k \nabla_l u^l - p_k \nabla_l u^l \\ \delta \rho &= -u^l \nabla_l \rho - \rho \nabla_k u^k \\ \delta s &= -u^l \nabla_l s - s \nabla_k u^k\end{aligned} \quad \text{(AIII-59)}$$

由式（AIII-58）和式（AIII-59），得到

$$\begin{aligned}\{p_k(r_1), \rho(r_2)\} &= \rho(r_1) \nabla_k(r_1) \delta(r_1 - r_2) \\ \{p_k(r_1), p_l(r_2)\} &= (p_l(r_1) \nabla_k(r_1) - p_k(r_2) \nabla_k(r_2)) \delta(r_1 - r_2)\end{aligned} \quad \text{(AIII-60)}$$

这和用凝聚态物理学 Poisson 括号所得结果式（AIII-8）完全一样。这是文献 [2] 的结果。

把以上方法用到准晶，有

$$\{u_k(r_1), g_l(r_2)\} = (-\delta_{kl} + \nabla_l(r_1) u_k) \delta(r_1 - r_2) \quad \text{(AIII-61)}$$

$$\{w_k(r_1), g_l(r_2)\} = (\nabla_l(r_1) w_k) \delta(r_1 - r_2) \quad \text{(AIII-62)}$$

这与 Lubensky 等[9] 直接用 Poisson 括号得到的式（AIII-11）和式（AIII-13）也一致。

这表明群论方法的有效性。文献 [4] 还证明，有了以上结果，再使用 Liouville 方程，就可以得到有关运动方程，这实际与 AIII.3 节的方法是一致的。

以上结果不仅可用于固体准晶（见第 16 章的有关内容），同时也可以用于软物质（见第 19 章的有关内容）、软物质准晶（见第 20 章的有关内容）。介绍这方面理论与应用的中文论文，可以见参考文献 [14]。

参考文献

[1] Landau L D, Lifshitz M E. Fluid Mechanics, Theory of Elasticity [M]. Oxford: Pergamon, 1988.

［2］ Landau L D. The theory of superfluidity of heilium II [J]. Zh. Eksp.Teor. Fiz, II, 592, J Phys USSR, 1941, 5: 71.

［3］ Landau L D, Lifshitz E M. Zur Theorie der Dispersion der magnetische Permeabilität der ferromagnetische Körpern [J]. Physik Zeitschrift fuer Sowjetunion, 1935, 8(2): 158-164.

［4］ Dzyaloshinskii I E, Volovick G E. Poisson brackets in condensed matter physics [J]. Ann. Phys., 1980, 125(1): 67-97.

［5］ Dzyaloshinskii I E, Volovick G E. On the concept of local invariance in spin glass theory [J]. J. de Phys., 1978, 39(6): 693-700.

［6］ Volovick G E. Additional localized degrees of freedom in spin glasses [J]. Zh Eksp Teor Fiz, 1978, 75(7): 1102-1109.

［7］ Martin P C, Paron O, Pershan P S. Unified hydrodynamic theory for crystals, liquid crystals, and normal fluids [J]. Phys. Rev. A, 1972, 6(6): 2401-2420.

［8］ Fleming P D, Cohen C. Hydrodynamics of solids [J]. Phys. Rev. B, 1976, 13(2): 500-516.

［9］ Lubensky T C, Ramaswamy S, Toner J. Hydrodynamics of icosahedral quasicrystals [J]. Phys. Rev. B, 1985, 32(11): 7444-7411.

［10］ Lubensky T C. Symmetry, elasticity and hydrodynamics of quasiperioic structures, in Ed M V Jaric, Aperiodic Crystals [M]. Boston: Academic Press, 1988: 99-280.

［11］ Rochal S B, Lorman VL. Minimal model of the phonon-phason dynamics in icosahedral quasicrystals and its application to the problem of internal friction in the i-AlPdMn alloy [J]. Physical Review B, 2002, 66(14): 144204.

［12］ Khannanov S K. Dynamics of elastic and phason fields in quasicrystals [J]. The Physics of Metals and Metallography, 2002, 93(5): 397-403.

［13］ Coddens G. On the problem of the relation between phason elasticity and phason dynamics in quasicrystals [J]. The European Physical Journal B, 2006, 54(1): 37-65.

［14］ 范天佑. Poisson 括号及其在准晶，液晶与软物质中的应用 [J]. 力学学报, 2013, 45(4): 548-559.

索　引

使 用 说 明

1. 本索引采用内容分析索引法编制。正文中有实质检索意义的内容均予以标引，以便检索使用。

2. 本索引基本上按汉语拼音音序排列。具体排列方法如下：以英文字母开头的，排在最前面；汉字标目按首字的音序、音调依次排列，首字相同时，则以第二个字排序，并依此类推。

3. 索引标目后的数字，表示检索内容所在的正文页码；正文中用表格、图片反映的内容，则在索引标目后面用括号注明（表）、（图）字，以区别于文字标目。

4. 为反映索引款目间的隶属关系，对于二级标目，采取在上一级标目下缩两格的形式编排，之下再按汉语拼音音序、音调排列。

A～Z

Al-Mn-Pd 二十面体准晶应力-应变关系（图）　305
Al-Ni-Co 十次对称单体准晶应力-应变曲线（图）　306
Al-Pd-Mn 二十面体准晶中心裂纹试样量纲为 1 的动态应力强度因子时间演化
　　关系（图）　338
Bak　44、206
Born　6、7、11、22
Bravais 晶胞　2
Cauchy 积分　249、265
D.Gratias　23
D.Shechtman　23
De Gennes　366
Debye　6
Dugdale-Barenblatt 模型　310

Einstein　6
Eshelby 积分　316
Eshelby 积分路径（图）　316
Eshelby 能量-动量张量　316
E-积分等价于准晶能量释放率证明　324
E-积分临界值计算　326
E-积分路径无关性证明　323
E-积分应用　318
Fibinacci 数列　46
Fourier 变换方法　199
Fourier 分析　102、114、187
Green 函数法　102
Griffith 裂纹　125、135
　　引起的弹性场　145
Hooke 定律　18、40
Huang K　22、11
I.Blech　23
J.W.Cahn　23
Jacobi 椭圆函数　164
Kronecker 符号　14
Landau　7
Landau 密度波理论　34、44
Landau 元激发理论　44
Lax-Milgram 定理　291、294
Lifshitz　363
Lubensky　206、346、347
Messerschmidt　122、166、329
Miller 指标　26
Muskhelishvili　147
Pauling　25
Penrose　25
Penrose 拼砌　25
Planck　6
Socolar　206

索 引　　449

z 平面上椭圆孔的外部区域映射到 ζ 平面上单位圆的外部（图）　252
z 平面上椭圆孔的外部映射到 ζ 平面上单位圆的内部（图）　250

B

八次对称准晶 Penrose 拼砌（图）　87
八次对称准晶平面弹性　86
八次对称准晶位移势　86
包含 Griffith I 型裂纹的二十面体准晶板（图）　285
保角映射　247、258、270
边界方程　248
边界条件　41
　　复变函数表示　255
　　复表示　243
边值或初值-边值问题数学可解性　42
变形　15
　　张量　35
标架　12
标准试样裂纹扩展力和它的临界值 G_{IC} 测量　333
波动　21
　　方程　21
玻璃体结构　10
不可压缩完全流体运动方程　377

C

差分格式稳定性　225
长方柱体顶部位移比较（表）　283
初始条件　41
脆性断裂理论　129

D

带裂纹狭长体　131
带双裂纹的有限尺寸狭长体　134
带椭圆孔的二维五次与十次对称准晶有限宽弯曲试样（图）　148
单位张量　14

单斜晶系　19
　　弹性　56
倒格矢　5
到 ζ 平面的保角映射和函数方程　258
第 11 Laue 类准晶声子-相位子场耦合弹性常数（表）　67
第 11 Laue 类准晶相位子场弹性常数（表）　67
第 15 Laue 类准晶声子-相位子场耦合弹性常数（表）　68
第 15 Laue 类准晶相位子场弹性常数（表）　67
第一个固体准晶　23
第一与第二相位子场耦合弹性常数（图）　354
点对称性　4
点群　3、4、70、83、86、91、140、312
　　$10,\overline{10}$ 二维准晶广义 Dugdale-Barenblatt 模型　312
　　$10,\overline{10}$ 十次对称准晶弹性应力势　91
　　$10,\overline{10}$ 十次对称准晶平面弹性　79
　　$10,\overline{10}$ 十次对称准晶位错　109
　　$10mm$ 二维准晶广义 Dugdale-Barenblatt 模型　312
　　$10mm$ 十次对称二维准晶 Penrose 拼砌（图）　70
　　$10mm$ 十次对称二维准晶衍射图像（图）　70
　　$12mm$ 二维准晶平面弹性问题双调和方程　241
　　$12mm$ 十二次对称准晶平面弹性　83
　　$12mm$ 十二次对称准晶位错　116
　　$5,\overline{5}$ 二维准晶广义 Dugdale-Barenblatt 模型　312
　　$5,\overline{5}$ 及 $10,\overline{10}$ 准晶中的椭圆孔及裂纹问题　140
　　$5,\overline{5}$ 五次对称准晶弹性应力势　91
　　$5,\overline{5}$ 五次对称准晶平面弹性　79
　　点群 $5,\overline{5}$ 五次对称准晶位错　109
　　$5m$ 二维准晶广义 Dugdale-Barenblatt 模型　312
　　$5m$ 和 $10mm$ 对称准晶位错　103
　　$5m$ 和 $10mm$ 准晶 Griffith 裂纹问题　135
　　$8mm$ 八次对称准晶弹性应力势　93
　　$8mm$ 八次对称准晶平面弹性　86
　　$8mm$ 八次对称准晶位错　114
　　$8mm$ 八次对称准晶位移势　86

动态断裂理论　337
断裂韧性　135、339
对称变换　10
对称面　4
对称性　3
　　破缺　7、345
　　破缺原理　7、8、44
对称中心　4

E

二十面体准晶　24、28
　　Griffith 裂纹　187
　　单轴拉伸状态　282
　　反平面弹性　172
　　裂纹顶端张开位移随外加应力变化以及同晶体解对比（图）　336
　　平面弹性　177
　　声子场弹性常数（表）　171
　　声子场-相位子场耦合弹性常数（表）　171
　　声子场-相位子场耦合平面弹性问题　179、181
　　弹性材料常数　168
　　弹性基本方程　168
　　弹性问题基本方程　274
　　弹性有限元方法　278
　　椭圆缺口（图）　196
　　椭圆缺口/Griffith 裂纹　194
　　外形（图）　167
　　相位子场弹性常数（表）　171
　　衍射图形（图）　24
　　有限尺寸板含 Griffith I 型裂纹　284
　　有限元方法数值分析算例　282
　　直位错　183
二十面体准晶板有限元网格（图）　286
二维八次对称准晶的椭圆孔/裂纹问题　146
二维固体准晶　27、65

二维固体准晶系、Laue 类和点群（表） 27、65
二维十次对称 $Al_{65}Cu_{20}Co_{15}$ 准晶晶粒断裂面图形（图） 340
二维十次对称准晶带椭圆孔/裂纹的弯曲试样近似分析解 147
二维十次对称准晶单边裂纹有限宽度试样精确分析解 152
二维十次对称准晶广义 DB 模型 313
二维十次对称准晶裂纹动力学求解公式 221
二维五次和十次对称准晶带裂纹的有限高度狭长体分析解 150
二维五次对称准晶带椭圆孔/裂纹的弯曲试样近似分析解 147
二维准晶 24、28、29、70
  简化型弹性-/流体-动力学基本解 215
  简化型弹性-/流体-动力学及其应用 220
  裂纹 157
  平面弹性基本方程 69
  平面弹性声子场弹性常数（表） 71
  平面弹性相位子场弹性常数（表） 71
  声子场弹性常数（表） 66
  弹性及其化简 65

F

反平面弹性 65
  Ⅲ型运动 Griffith 裂纹 212
反平面弹性问题构型（图） 172
反平面弹性运动螺型位错 209
反演 4
非零声子弹性常数 42
非线性断裂理论 335
非线性分析 318
非线性解 309、315
非线性弹性本构方程 309
非线性弹性和求解公式 309
非线性性能 304
复变函数 264
复分析 102、194、264
复分析法 116、199

复势函数结构 243
复势函数任意性 243
复势结构 256
复势任意性 256

G

高度为有限的带裂纹狭长体 131
高维空间 26
格波 6
各向同性体 20
各种二十面体准晶声子场弹性常数（表） 171
各种二十面体准晶声子场-相位子场耦合弹性常数（表） 171
各种二十面体准晶相位子场弹性常数（表） 171
工程弹性 96
固体 24
  黏性 344
固体准晶 23
  断裂理论 330
  非线性性能 304
  广义流体动力学 343
  广义流体动力学方程 346
  热学性质 28
  弹性物理基础 34
固体准晶材料断裂韧性 338
固体准晶材料力学性能测量 338
广义 Dugdale-Barenblatt 模型 310
广义 Eshelby 积分 316
广义 Eshelby 积分路径（图） 316
广义 Eshelby 能量-动量张量 316
广义 Hooke 定律 18、40
广义 Lax-Milgram 定理 291、294
广义流体动力学方程 345、346
郭可信 24

H

含椭圆孔无限准晶平面弹性　251
函数方程　248、258
　　解　249
黄昆　11、22

J

基　12
基本方程组化简　77
基矢量　12
基于 Bak 论点的准晶弹性动力学　207
基于广义 Eshelby 理论非线性解　315
基于位错模型非线性分析　318
基于应力势的方法　140
极点　267
计算机程序检验　225
简单模型非线性解　309
渐近场　192
解析函数　86、264
解析延拓　270
界面　101、117
经典流体力学　376
经典弹性控制方程　76
经典弹性理论　12
晶胞　1
晶格　1
　　振动　6
晶格动力学　7
晶体　1
　　32 点群（表）　4
　　对称定律　4
　　对称性　3
　　广义流体动力学方程　345

索　引　455

　　结构周期性　1
　　界面　102、117
　　平移对称性　1
　　取向对称性　3
　　塑性理论　304
晶体和它们边长与夹角的关系（表）　2
晶体学对称基本定律　3
晶体中五次旋转对称性不可能成立（图）　3
晶体-准晶剪切模量之比对相位子应变 w_{zx} 随 x 变化的影响（图）　176
晶体-准晶剪切模量之比对相位子应变 w_{zx} 随 y 变化的影响（图）　177
晶体-准晶剪切模量之比对相位子应变 w_{zy} 随 x 变化的影响（图）　176
晶体-准晶剪切模量之比对相位子应变 w_{zy} 随 y 变化的影响（图）　176
精度检验　225
静力学基本解　357
镜面　4

K

空间步长　225
孔洞　124
控制方程　242
快速传播裂纹　231
　　量纲为 1 的动态应力强度因子随时间的变化（图）　231

L

理想准晶　23
立方晶体　2
立方晶系　20
立方准晶　24
　　反平面　200
　　螺型位错塞集　319
　　三维裂纹　200
　　弹性理论　200
　　圆盘状裂纹（图）　202
　　轴对称变形　200

连续力学基本假定　15
量纲为 1 的动态应力强度因子（DSIF）随时间的变化（图）　227
量纲为 1 的动态应力强度因子随时间变化以及同普通材料解的对比（图）　231
裂纹　124、140
裂纹顶端塑性区　158
裂纹顶端张开位移和广义 Eshelby 积分之间的关系　317
裂纹动态起始扩展计算结果　226
裂纹尖端坐标系（图）　128
裂纹快速传播　227
裂纹能量释放率随外载荷的变化以及声子-相位子耦合作用的影响（图）　193
裂纹前缘坐标（图）　162
流体动力学　343
　　方程　345、346
留数定理　268
六重调和方程　86、179
　　复分析方法　253
　　应用　253
六方对称的软物质弹性常数（图）　374
六方晶系　20
六方准晶弹性　52
六维埋藏空间　351
六维镶嵌空间　351

N

黏性不可压缩流体运动　377
黏性可压缩流体运动　378
凝聚态物理学　7
凝聚态物质对称性破缺原理　44

P

平面弹性　65
　　声子-相位子耦合场弹性常数（表）　72

问题构型（图）　172
平面准晶　29
平移不变性　1
平移对称性　1
平移群　1

Q

七大晶系　2
奇异性断裂理论　331
取向对称性　3
群　10
　　　共同特性　10
　　　数学定义　10
　　　数学概念　10
　　　四条公设　11
　　　线性表示　11
群论方法　26

R

热力学公式　349
软物质　365
　　　比热随温度变化（图）　389
　　　不可压缩假定　373
　　　概况　369
　　　共性　365、366
　　　流体动力学——改进的模型　375
　　　数学模型　369
　　　弹性-/流体-动力学　371
　　　特点　366
软物质材料　365
　　　数学模型　370
软物质广义流体动力学边界条件和边值问题可解性讨论　376
软物质中发现的十八次准晶 Penrose 拼砌（图）　363
软物质中发现的十八次准晶电子衍射图形（图）　362

软物质中发现的十二次对称准晶电子衍射图形（图） 362
软物质中声音的传播 375
软物质准晶 361
  Stokes-Oseen 流 389
  比热 388
  动力学——对冲击载荷的瞬态响应，有限差分分析 397
  发现 361
  广义流体动力学 364
  可能的应用 380
  理论探索与应用 380
  缺陷 364
  绕圆柱的流动示意图（图） 390
  弹性 364
  特点 363
  位错解 386
  稳定性 363
  线性化静力学解积分表示 402
  相位子动力学 364
  研究内容 363
弱解唯一性 299

S

III 型运动 Griffith 裂纹（图） 212
三方晶系 20
三维二十面体 Al-Pd-Mn 准晶的动态应力强度因子随时间演化以及同晶体解对比（图） 337
三维二十面体准晶广义 Dugdale-Barenblatt 模型 314
三维二十面体准晶简化型弹性-/流体-动力学及其在断裂动力学中的应用 228
三维二十面体准晶螺型位错塞集 319
三维二十面体准晶位错塞集 322
三维晶胞（图） 2、3
三维晶格 2
  种类 2
三维椭圆盘状裂纹（图） 155

三维准晶　27、28、167
　　Griffith 裂纹在均匀拉伸作用下求解示意图（图）　188
　　裂纹　187
　　弹性矩阵表示　295
　　弹性理论及其应用　167
三斜晶系　18
声子　6、7
声子场　7、34
　　变形　35
声子场位移及相位子位移随时间的变化（图）　224
声子-相位子不耦合的二十面体准晶平面弹性　177
声子-相位子耦合弹性常数　42
十八次对称固体准晶弹性-/流体-动力学　355
十八次对称固体准晶弹性理论　352
十八次对称固体准晶及相关理论　351
十八次对称软物质准晶　384
　　位错　387
十八次对称准晶弹性和位错问题分析解　356
十八次对称准晶第二相位子弹性常数（图）　354
十八次对称准晶声子弹性常数（图）　353
十八次对称准晶位错　358
十次对称 Al-Ni-Co 准晶相位子场弹性常数（表）　68
十次对称的点群 $10mm$ 准晶平面弹性广义 Hooke 定律　73
十次对称点群 $10,\overline{10}$ Al-Ni-Co 准晶声子-相位子耦合场弹性常数（表）　69
十次对称二维准晶　28
　　椭圆孔　249
十次对称软物质准晶及其广义流体动力学　404
十次对称准晶 Griffith 裂纹　330
十次对称准晶 Penrose 拼砌　70
十次对称准晶梁在纯弯曲作用下（图）　98
十次对称准晶裂纹试样（图）　222
十次对称准晶声子场弹性常数（表）　68
十次对称准晶塑性　306
十次对称准晶衍射图形（图）　70

十次对称准晶中的 I 型 Griffith 裂纹　135
十次准晶中受均匀内压的椭圆孔问题（图）　142
十二次对称软物质准晶　380
　　　位错　386
十二次对称准晶 Penrose 拼砌（图）　83
十二次对称准晶衍射图像（图）　83
十角形二维准晶位错塞集　321
矢量　12
受冲击载荷作用软物质试样（图）　398
受单轴拉伸的二十面体准晶长方柱体（图）　282
受拉伸的 Griffith 裂纹（图）　136
受拉伸的带椭圆孔十次准晶无穷大试样（图）　142
受纵向剪切的 Griffith 裂纹（图）　125
数学弹性　96
数学准晶　25
双裂纹狭长体（图）　134
双调和方程　76、86
四重调和方程　86
四重调和方程复分析方法及其应用　241
四次调和方程　83
四方晶系　19
四方准晶系弹性　60
塑性　304
塑性本构方程　307
塑性区　121

T

弹性常数　38、70
弹性场　145
弹性动力学　21
弹性理论　12
　　　基本假定　15
弹性体中任一点位移（图）　16
弹性问题分解　54

天然准晶　23
调和方程　240
椭圆函数　160、163
椭圆孔　140、141
　　表面受均匀压力　251、(图)251
　　外部映射到 ζ 平面上单位圆 γ 内部（图）　143
椭圆缺口　196
　　问题及其解　260
椭圆缺口/裂纹问题及其解　249

W

网格尺寸　225
位错　101
位错群　121
位错塞集　121
位移　15
　　函数法　135
位移场　7、15、34
位移复表示　140、194、242、253
位移势法　74
位移势函数　76
位移势函数法　74、179
无公度晶体　10
无公度相　10
无限大多连通体　246、258
五次对称二维准晶 Penrose 拼砌（图）　25
五次对称软物质准晶及其广义流体动力学　404
五角形二维准晶位错塞集　321
物理模型检验　223

X

相位子　9
　　变量　47
　　弹性常数　42

相位子场　34、36
相位子和声子-相位子耦合对裂纹张开位移的影响（图）　194
旋转操作　3
旋转-反演轴　4
旋转和反演复合操作　4

Y

一维和二维准晶位错和界面问题及其解答　101
一维和二维准晶中的孔洞和裂纹问题及解　124
一维六方准晶的三维椭圆盘状裂纹摄动解　154
一维六方准晶空间弹性问题和解的表示　61
一维六方准晶螺型位错塞集　319
一维六方准晶中的位错　102
一维准晶　24、26、28、45、51
　　反平面弹性问题中的调和方程及准双调和方程　240
　　晶系、Laue 类和点群　51
　　晶系、Laue 类和点群（表）　26
　　裂纹　125、157
　　弹性理论及其化简　51
　　弹性其他结果　63
　　有限尺寸构型裂纹问题　130
一维准周期结构几何表示　46
应力　17
　　分析　17
　　复表示　140、194、242、253
　　张量　37
应力势法　74、77、181
映射　4
有限差分格式　232
有限尺寸六方准晶带裂纹狭长体（图）　131
有限多连通区域　244、256
有限多连通区域（图）　244
有限元法　278
元胞　1

元激发　7
运动方程　17、37

Z

张量　14
　　代数和　15
　　代数运算　14
　　积　15
　　转置　15
张量与标量点积　15
正交标架　12
正交晶系　19
正交准晶系弹性　59
准晶　23、70
　　常数　42
　　磁学性质　28
　　电学性质　28
　　对称性　26
　　发现　23
　　反平面弹性动力学　207
　　反平面弹性裂纹顶端附近的原子内聚力区（图）　310
　　反平面应力状态下的螺型位错塞集（图）　319
　　工程弹性　96
　　光导率　28
　　广义 Dugdale-Barenblatt 模型　310
　　广义流体动力学　343
　　广义流体动力学方程数值计算举例　347
　　结构　26
　　界面　102、117
　　拉伸强度测量　339
　　量纲为 1 的应力强度因子随空间步长的变化（表）　226
　　裂纹试样和保角映射到映射平面上的单位圆（图）　150
　　平面应力状态下的"刃型"位错塞集示意图（图）　321
　　数学弹性　96
　　物理性能　27

线性弹性断裂理论　330
　　　性质　23
准晶塑性　304
　　　本构方程　307
　　　变形性能　305
准晶弹性　45
　　　边值问题弱解　298
　　　变分原理　273
　　　动力学　206、207
　　　复分析方法　240
　　　和缺陷动力学　206
　　　解数学原理　290
　　　解唯一性　290
　　　静力学广义变分原理　275
　　　数值分析与应用　273
　　　物理基础　34、44
准晶材料广义 Hooke 定律　40
准晶材料紧凑拉伸试样　334
　　　G_{IC} 标定　334
　　　G_I 和 G_{IC} 表征　333
准晶-晶体共存相（图）　118
准晶-晶体界面　172
准双调和方程　240
准四重调和方程复分析　263
准周期晶体　23
自由能　38
　　　密度　349
坐标变换　13